进出境植物检疫标准汇编

（一）

全国植物检疫标准化技术委员会
国家认证认可监督管理委员会科技与标准管理部　编
中国标准出版社第一编辑室

中国标准出版社
北京

图书在版编目(CIP)数据

进出境植物检疫标准汇编. 1/全国植物检疫标准化技术委员会，国家认证认可监督管理委员会科技与标准管理部，中国标准出版社第一编辑室编. —北京：中国标准出版社，2011

ISBN 978-7-5066-6198-0

Ⅰ.①进… Ⅱ.①全…②国…③中… Ⅲ.①植物检疫：国境检疫-标准-汇编-中国 Ⅳ.①S41-65

中国版本图书馆 CIP 数据核字（2011）第 004905 号

中国标准出版社出版发行
北京复兴门外三里河北街 16 号
邮政编码：100045
网址 www.spc.net.cn
电话：68523946 68517548
中国标准出版社秦皇岛印刷厂印刷
各地新华书店经销

*

开本 880×1230 1/16 印张 66 字数 1 905 千字
2011 年 2 月第一版 2011 年 2 月第一次印刷

*

定价 305.00 元

前　　言

进出境植物检疫工作的主要目的是防范检疫性有害生物传入、传出国境，保护农林业、人类健康和生态安全。随着全球贸易自由化的发展，我国的国民经济和世界各国的联系越来越密切，口岸面临防范有害生物入侵的严峻形势，标准作为技术执法的主要依据，其技术支撑能力进一步增强，作用更加重要。近年来，进出境植物检疫标准已进入稳步发展时期，每年都有几十项新标准发布，为了方便口岸植物检疫人员查询、使用标准，我们精心组织编辑了《进出境植物检疫标准汇编》一书。

《进出境植物检疫标准汇编》收录了截至 2010 年 11 月底批准发布且现行有效的植物检疫国家标准和出入境检验检疫行业标准共 318 项，其中国家标准 50 项、出入境检验检疫行业标准 268 项。《进出境植物检疫标准汇编》共分三卷，第一卷内容包括综合类、风险分析类、调查监测类和检疫规程类标准，第二卷内容包括昆虫检疫鉴定类、线虫检疫鉴定类、杂草检疫鉴定类、转基因检测类和物种资源鉴定类标准，第三卷内容包括真菌检测鉴定类、细菌检测鉴定类、病毒检测鉴定类和检疫处理类标准。

本卷为《进出境植物检疫标准汇编》的第一卷，收录了综合类、风险分析类、调查监测类和检疫规程类四部分标准共 109 项，其中国家标准 40 项、出入境检验检疫行业标准 69 项。

本书的编辑出版对我国植物检疫系统的管理和检疫人员、植物和植物产品相关的进出口企业，以及其他关注植物和植物产品进出口贸易的相关人士有所借鉴和帮助。

编　者

2010 年 12 月

目　　录

一、综　合　类

GB/T 20478—2006　植物检疫术语 …… 3
GB/T 21760—2008　植物检疫证书准则 …… 31
GB/T 21761—2008　建立非疫区指南 …… 45
GB/T 23415—2009　隔离检疫圃分级 …… 55
GB/T 23618—2009　检疫性有害生物疫情报告、公布和解除程序 …… 63
GB/T 23621—2009　农业植物检疫实验室基础条件 …… 71
GB/T 23628—2009　建立有害生物低发生率地区的要求 …… 77
GB/T 23629—2009　引进植物病原生物安全控制技术要求 …… 87
GB/T 23630—2009　进境植物检疫管理系统准则 …… 92
GB/T 23631—2009　实蝇非疫区建立的要求 …… 115
GB/T 23632—2009　进境植物检疫截获有害生物鉴定复核规程 …… 127
GB/T 23635—2009　限定性有害生物检测与鉴定规程的编写规定 …… 131
SN/T 1193—2003　基因检验实验室技术要求 …… 139
SN/T 1345—2010　进出境植物检疫标准编写的基本规定 …… 145
SN/T 1582—2005　引进外来有害生物及其控制物检疫规程 …… 163
SN/T 1619—2005　植物隔离检疫圃分级标准 …… 168
SN/T 1847—2006　寡毛实蝇类害虫分类学术语 …… 185
SN/T 1848—2006　植物有害生物鉴定规范 …… 197
SN/T 2118—2008　引进天敌和生物防治物管理指南 …… 203
SN/T 2122—2008　进出境植物及植物产品检疫抽样 …… 209
SN/T 2340—2009　有害生物图像摄取操作规范 …… 221
SN/T 2375—2009　生物安全饲养室准则 …… 235
SN/T 2634—2010　出口柑橘果园检疫管理规范 …… 241

二、风险分析类

GB/T 20879—2007　进出境植物和植物产品有害生物风险分析技术要求 …… 253
GB/T 21658—2008　进出境植物和植物产品有害生物风险分析工作指南 …… 275
GB/T 23633—2009　植物病毒和类病毒风险分析指南 …… 281
SN/T 1893—2007　杂草风险分析技术要求 …… 289

三、调查监测类

GB/T 23478—2009　松材线虫普查监测技术规程 …… 299
GB/T 23617—2009　林业检疫性有害生物调查总则 …… 309
GB/T 23619—2009　柑桔小实蝇疫情监测规程 …… 319
GB/T 23620—2009　马铃薯甲虫疫情监测规程 …… 327

GB/T 23625—2009 郁金香种球疫情监测规程 …… 339
GB/T 23626—2009 红火蚁疫情监测规程 …… 347
SN/T 2029—2007 实蝇监测方法 …… 359

四、检疫规程类

GB 5040—2003 柑桔苗木产地检疫规程 …… 367
GB 7331—2003 马铃薯种薯产地检疫规程 …… 379
GB 7411—2009 棉花种子产地检疫规程 …… 389
GB 7412—2003 小麦种子产地检疫规程 …… 403
GB 7413—2009 甘薯种苗产地检疫规程 …… 417
GB 8370—2009 苹果苗木产地检疫规程 …… 431
GB 8371—2009 水稻种子产地检疫规程 …… 445
GB 12743—2003 大豆种子产地检疫规程 …… 457
GB 15569—2009 农业植物调运检疫规程 …… 467
GB 20817—2006 棉花检疫规程 …… 481
GB/T 23473—2009 林业植物及其产品调运检疫规程 …… 493
GB/T 23474—2009 美国白蛾检疫技术规程 …… 507
GB/T 23475—2009 青杨脊虎天牛检疫技术规程 …… 525
GB/T 23476—2009 松材线虫病检疫技术规程 …… 545
GB/T 23622—2009 香蕉种苗产地检疫规程 …… 563
GB/T 23623—2009 向日葵种子产地检疫规程 …… 573
GB/T 23624—2009 玉米种子产地检疫规程 …… 583
GB/T 23627—2009 杨干象检疫技术规程 …… 593
GB/T 23634—2009 红火蚁检疫规程 …… 611
SN/T 0796—2010 出口荔枝检验检疫规程 …… 621
SN/T 1078—2010 进出境藤柳草制品检疫规程 …… 639
SN/T 1104—2002 进出境新鲜蔬菜检疫规程 …… 644
SN/T 1122—2002 进出境加工蔬菜检疫规程 …… 651
SN/T 1126—2002 进出境木材检疫规程 …… 657
SN/T 1130.1—2002 出口番石榴叶检验检疫规程 …… 663
SN/T 1156—2002 进出境瓜果检疫规程 …… 669
SN/T 1157—2002 进出境植物苗木检疫规程 …… 675
SN/T 1158—2002 进出境植物盆景检疫规程 …… 681
SN/T 1361—2004 进出境棉麻类检疫操作规程 …… 687
SN/T 1386—2004 进出境切花检疫规程 …… 693
SN/T 1424—2004 新疆对日本出口哈密瓜检疫规程 …… 699
SN/T 1458—2004 出境蔺草制品检验检疫操作规程 …… 705
SN/T 1490—2004 进出口茶叶检疫规程 …… 715
SN/T 1508—2005 进出境植物性药材检疫规程 …… 721
SN/T 1577—2005 进出境核桃仁检疫操作规程 …… 729
SN/T 1578—2005 进境洋兰鲜切花检疫操作规程 …… 735
SN/T 1581—2005 对外繁种检疫操作规程 …… 739
SN/T 1584—2005 出境玉米检疫操作规程 …… 749

SN/T 1585—2005　进出境苹果属种苗检疫规程 …… 755
SN/T 1614—2005　出境桐木拼板检疫操作规程 …… 761
SN/T 1639—2005　进出境软木棒检疫规程 …… 765
SN/T 1724—2006　进境针叶树原木、木制品和木质包装材料中松材线虫的检疫操作规程 …… 771
SN/T 1803—2006　进出境红枣检疫规程 …… 781
SN/T 1804—2006　出境速冻豆类检疫规程 …… 787
SN/T 1805—2006　进出境葡萄检疫规程 …… 793
SN/T 1806—2006　出境柑橘鲜果检疫规程 …… 799
SN/T 1807—2006　进出境香蕉检疫规程 …… 803
SN/T 1808—2006　进出境油籽检疫规程 …… 807
SN/T 1809—2006　进出境植物种子检疫规程 …… 811
SN/T 1810—2006　进出境烟草检疫规程 …… 817
SN/T 1811—2006　进境烟草境外产地预检规程 …… 821
SN/T 1815—2006　进出境竹制品检疫规程 …… 827
SN/T 1839—2006　进出境芒果检疫规程 …… 831
SN/T 1849—2006　进境大豆检疫规程 …… 837
SN/T 1894—2007　散装粮谷自动采制样系统操作规程 …… 845
SN/T 1992—2007　进境葡萄繁殖材料植物检疫要求 …… 853
SN/T 2019—2007　出入境杂交水稻种子检验检疫规程 …… 865
SN/T 2076—2008　进出境龙眼检疫规程 …… 873
SN/T 2077—2008　进出境苹果检疫规程 …… 879
SN/T 2088—2008　进境小麦、大麦检验检疫操作规程 …… 884
SN/T 2119—2008　进境观赏鳞球茎检疫操作规程 …… 897
SN/T 2367—2009　进出境植物种子种传病原检测操作规程 …… 905
SN/T 2369—2009　进出境木制品检疫规程 …… 941
SN/T 2455—2010　进出境水果检验检疫规程 …… 947
SN/T 2460—2010　出口橡子淀粉检验检疫规程 …… 955
SN/T 2476—2010　进境植物繁殖材料检疫规程 …… 961
SN/T 2478—2010　进出口面粉检疫操作规程 …… 967
SN/T 2481—2010　进境马铃薯种薯检疫操作规程 …… 973
SN/T 2504—2010　进出口粮谷检验检疫操作规程 …… 983
SN/T 2512—2010　出口杂交水稻种子检疫管理规范 …… 999
SN/T 2516—2010　出口杨梅检验检疫规程 …… 1009
SN/T 2542—2010　进境植物繁殖材料隔离检疫操作规程 …… 1017
SN/T 2546—2010　进境木薯干检验检疫规程 …… 1027
SN/T 2555—2010　出口蔬菜种子检验检疫操作规程 …… 1035
SN/T 2586—2010　进出境组培苗检疫规程 …… 1043

一、综　合　类

ICS 66.020.99
B 16

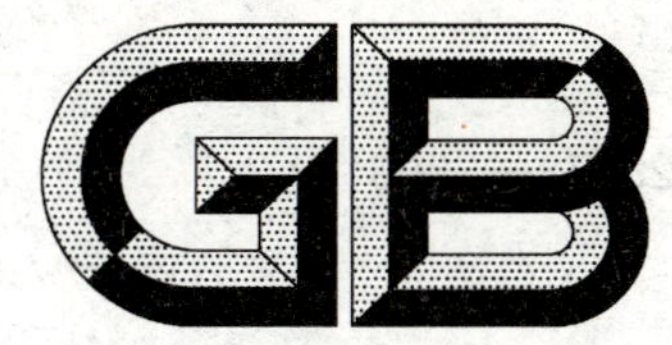

中华人民共和国国家标准

GB/T 20478—2006

植物检疫术语

Glossary of phytosanitary terms

2006-08-31 发布　　　　　　　　2007-03-01 实施

中华人民共和国国家质量监督检验检疫总局
中国国家标准化管理委员会　发布

前　言

本标准修改采用国际植物保护公约组织(International Plant Protection Convention，IPPC)制定、发布的国际植物检疫措施标准第5号出版物《植物检疫术语》2004英文版，包括2005年的修订内容。

《植物检疫术语》是IPPC已制定的24项国际植物检疫措施标准(International Standards For Phytosanitary Measures，ISPMs)中术语的汇编。根据植物检疫术语在我国应用的基本情况以及我国对标准编制的基本规定，本标准与原标准的主要变动如下：

——删除了原标准的批准、应用、审查及修正、分发等四部分；

——删除了原标准的参考文献和简要使用说明；

——重新编写了范围；

——删除了原标准的部分术语；

——删除了原标准的“多语种索引”一章，增加了中文索引和英文索引；

——删除了原标准的“补编1：关于管制性有害生物的官方控制概念的解释与应用准则”和“补编2：关于理解潜在经济重要性和包括涉及环境考虑的相关术语的准则”。

本标准由国家质量监督检验检疫总局提出。

本标准由全国植物检疫标准化技术委员会归口。

本标准起草单位：国家质量监督检验检疫总局标准法规研究中心、中国检验检疫科学研究院、国家质量监督检验检疫总局动植司、农业部农业技术推广中心、国家林业局。

本标准主要起草人：张晓丽、林伟、宋志刚、李尉民、王益愚、王福祥、孟冬、吴坚。

植物检疫术语

1 范围

本标准规定了植物检疫领域具有特定含义的术语和定义。

本标准适用于植物检疫标准化及其相关领域中术语和概念的统一理解和使用。

2 术语和定义

下列术语和定义适用于本标准。

2.1

吸收剂量 absorbed dose

单位质量的特定目标所吸收的辐射能量(以**戈瑞**为单位)。

2.2

附加声明 additional declaration

应输入国要求在**植物检疫证书**上填写的、提供**货物**中有关**管制性有害生物**的特定附加信息的说明。

2.3

拮抗生物 antagonist

对寄主损害不大,但因其定殖而保护寄主随后免遭**有害生物**重大损害的一种**生物**(通常是病原物)。

2.4

地区 area

官方划定的一个国家的全部或部分区域,或几个国家的全部或部分区域。

2.5

受威胁地区 area endangered;endangered area

生态因素适合某种**有害生物**的**定殖**,且该**有害生物**的存在将会造成重大经济损失的**地区**。

2.6

有害生物低度流行区 area of low pest prevalence

主管机构认定某种特定的**有害生物**以低水平发生,并采取了有效的**监督**、**控制**或**根除**措施的**地区**,既可以是一个国家的全部或部分,也可以是几个国家的全部或部分。

2.7

主管机构 authority

国家植物保护机构,或政府为处理《外来生物控制物的输入与释放守则》规定的责任所产生的事项而正式指定的其他实体。

2.8

无皮木材 bark-free wood

除维管形成层、树节周围内生的树皮以及年轮之间的夹皮以外,所有树皮均已被去掉的木材。

2.9

有益生物 beneficial organism

直接或间接对**植物**或**植物产品**有利的任何生物,包括**生物防治物**。

2.10

生物防治 biological control

利用活的**天敌**、**拮抗生物**、**竞争性生物**或其他**生物防治物**进行**有害生物防治**的策略。

2.11

生物防治物 biological control agent

用于有害生物防治的一种天敌、拮抗生物、竞争性生物或其他生物。

2.12

生物农药 biological pesticide(biopesticide)

无具体定义的通用术语，一般是指以化学农药相似的方式配制和施用的一种生物防治物，通常是一种病原物，一般用于迅速减少某种有害生物的种群数量以便进行短期性的有害生物控制。

2.13

缓冲区 buffer zone

围绕或者毗邻受侵染地区、受侵染产地、有害生物低度流行区、非疫区、非疫产地或非疫生产点的地区，在该地区特定有害生物未发生或发生水平低并受到官方控制，且采取植物检疫措施以防止该有害生物的扩散。

2.14

鳞茎和块茎 bulbs and tubers

一种商品类别，用于种植的、处于休眠状态的植物地下部分(包括球茎和根茎)。

2.15

证书 certificate

证明货物的植物检疫状况符合植物检疫法规的官方文件。

2.16

化学加压浸透 chemical pressure impregnation

根据官方的技术规范，用一种化学防腐剂通过加压过程对木材进行处理。

2.17

传统生物防治 classical biological control

有意识地引入和永久定殖一种外来生物防治物，进行长期的有害生物防治。

2.18

(货物的)核准 clearance (of a consignment)

对是否符合植物检疫法规进行确认。

2.19

商品 commodity

因贸易或其他目的而被运输的植物、植物产品或其他物品。

2.20

商品类别 commodity class

从植物检疫法规角度可归为一类的相似商品。

2.21

商品有害生物名单 commodity pest list

某一地区发生的可能与某种特定商品有关的有害生物的名单。

2.22

竞争性生物 competitor

与有害生物争夺环境中的生命必需要素(如食物和庇护所)的一类生物。

2.23

(货物的)检验程序 Compliance procedure (for a consignment)

用于确认某种货物与规定的植物检疫要求相符合的官方程序。

2.24

货物 **consignment**

从一个国家运往另一个国家，必要时在同一**植物检疫证书**中注明的一定数量的**植物**、**植物产品**和(或)其他物品(**货物**可由一种或多种商品组成，或由**批次**组成)。

2.25

过境货物 **consignment in transit**

过境 **transit**

不是进口到某国而是途经该国前往另一国家，并且经过官方程序确保封闭、不分装，也没有与其他货物合并或改变包装的**货物**。

2.26

封锁 **containment**

在受侵染的**地区**及其周围采取**植物检疫措施**，防止某种**有害生物**的**扩散**。

2.27

污染的有害生物 **contaminating pest**

搭载的有害生物 **hitch-hiker pest**

商品携带的**有害生物**，在**商品**为**植物**和**植物产品**时，该**有害生物**不会侵染这些植物或植物产品。

2.28

污染 **contamination**

商品、储存场所、运输工具或集装箱中存在**有害生物**或其他**管制物**，但未构成**侵染**。

2.29

(有害生物的)控制 **control (of a pest)**

对某种**有害生物**种群进行的**抑制**、**封锁**或**根除**。

2.30

控制点 **control point**

系统中能应用特定程序获得**规定的效果**，并且能够被测量、**监测**、控制和修正的一个步骤。

2.31

控制区 **controlled area**

国家植物保护组织确定的、为防止某种有害生物从**检疫区**扩散所必需的最小区域的**管制区**。

2.32

(植物产品的)原产国 **country of origin (of a consignment of plant products)**

生产**植物产品**的**植物**的生长国。

2.33

(植物货物的)原产国 **country of origin (of a consignment of plants)**

植物生长国。

2.34

(植物和植物产品以外的管制物的)原产国 **country of origin (of regulated articles other than plants and plant products)**

管制物首次受到**有害生物污染**的国家。

2.35

切花和枝条 **cut flowers and branches**

一种**商品类别**，指用于装饰而非**种植**的新鲜的**植物**部分。

2.36

去皮　debarking

将**圆木**上的树皮除去(不一定将**圆木**上的皮全部除去)。

2.37

定界调查　delimiting survey

为确定某种**有害生物**侵染**地区**的界限,或为确定没有该**有害生物地区**的界限而进行的**调查**。

2.38

检测调查　detection survey

为确定某**地区**是否存在某些**有害生物**而进行的**调查**。

2.39

扣留　detention

一种植物检疫措施,使**货物**处于**官方**的保管或监护之下。

2.40

丧失活力　devitalization

使**植物**或**植物产品**丧失发芽、生长或进一步繁殖的能力的过程。

2.41

剂量分布测绘　dose mapping

通过在**处理配载**的特定位置使用**剂量测定仪**进行**处理配载**中**吸收剂量**分布的测量。

2.42

剂量测定仪　dosimeter

利用适当的分析技术,可定量显示受到辐照的给定材料中与**吸收剂量**相关的某些特性变化的一种装置。

2.43

剂量测定　dosimetry

用于确定**吸收剂量**的一种方法,包含**剂量测定仪**、计量仪器及其有关的参考标准,以及该方法的使用程序。

2.44

垫木　dunnage

用于固定或支撑**商品**、但与**商品**没有关联的**木质包装材料**。

2.45

生态系统　ecosystem

动物、植物和微生物群落,以及与它们相互作用的非生物环境组成的动态复合体,是一个功能单位。

2.46

(处理)效果　efficacy (treatment)

按规定的**处理**方法所产生的确定的、可测定和可重复的结果。

2.47

紧急行动　emergency action

在新的或意外发生的植物检疫状况下迅速采取的**植物检疫行动**。

2.48

紧急措施　emergency measure

在新的或不利的植物检疫状况下紧急制定的**植物检疫措施**。它可能是也可能不是一项**临时措施**。

2.49

(货物)入境　entry (of a consignment)

货物从入境口岸进入某地区。

2.50

(有害生物)进入　entry (of a pest)

有害生物进入一个地区,在这个地区该有害生物尚未存在,或虽已存在但分布不广且正在被官方控制。

2.51

(植物检疫措施的)等效性　equivalence (of phytosanitary measures)

对于某种特定有害生物的风险,指不同的植物检疫措施都能达到缔约方要求的适宜保护水平的情形。

2.52

根除　eradication

应用植物检疫措施将某种有害生物从某个地区彻底消灭。

2.53

定殖　establishment

当一种有害生物进入一个地区后在可预见的将来能长期生存。

2.54

(生物防治物的)定殖　establishment(of a biological control agent)

当一种生物防治物进入一个地区后在可预见的将来能长期生存。

2.55

外来的　exotic

对某个国家、生态系统和生态区而言不是原生的(适用于因人类活动而有意引进或偶然引进的生物)。当生物防治物从一个国家引入到另一个国家时,用来表示非某个国家原生的生物。

2.56

种植地　field

种植某种商品的产地内划定的一块土地。

2.57

没有发现　find free

对货物、种植地或产地进行检验认为没有某种特定的有害生物。

2.58

非疫(货物、种植地或产地)　free from (of consignment, field or place of production)

按植物检疫程序,未能检测出一定数量的某些(或某种特定的)有害生物。

2.59

新鲜　fresh

活的;未脱水的、深度冷冻的或其他方法保藏的。

2.60

水果和蔬菜　fruits and vegetables

一种商品类别,指新鲜的植物部分,用于消费或加工而不是种植。

2.61

熏蒸　fumigation

用一种气态的或主要呈气态的化学药剂对商品进行处理。

2.62

种质　germplasm

用于育种或品种资源保存规划的**植物**。

2.63

谷物　grain

一种**商品类别**，指用于加工或消费，而非**种植**的**种子**。

2.64

戈瑞　gray (Gy)

吸收剂量单位。1 戈瑞等于每千克物质吸收 1 焦耳的能量(1 Gy=1 J・kg^{-1})。

2.65

生长介质　growing medium

植物的根系在其中生长，或用于此目的的任何物质。

2.66

(植物种的)生长期　growing period (of a plant species)

生长季节期间可有效生长的时期。

2.67

生长季节　growing season

一年之中某个**地区**、**产地**或生产点的**植物**可有效生长的一个或多个时期。

2.68

生境　habitat

为**生物**自然发生或定居提供条件的生态系统的一部分。

2.69

协调一致　harmonization

不同国家以共同的**标准**为基础，制定、确认和实施**植物检疫措施**。

2.70

协调一致的植物检疫措施　harmonized phytosanitary measures

国际植物保护公约的缔约方依照国际标准制定的**植物检疫措施**。

2.71

热处理　heat treatment

按照**官方**的技术规范，对**商品**加热直至该**商品**在最低温度点维持最短时间的过程。

2.72

寄主有害生物名单　host pest list

在全球或某个**地区**侵染某种**植物**的**有害生物**名单。

2.73

寄主范围　host range

在自然条件下能维持某种特定**有害生物**或其他**生物**生存的种类。

2.74

进境许可证　import Permit

按规定的**植物检疫进口要求**批准进口某种**商品**的**官方**文件。

2.75

(生物防治物的)进境许可证　import permit (of a biological control agent)

按规定要求批准输入某种**生物防治物**的**官方**文件。

2.76

灭活　inactivation

使微生物不能发育。

2.77

侵入　incursion

在某地区刚刚发现某种有害生物的独立种群，尚未确定是否已经定殖，但预料近期内将会继续存活。

2.78

（商品的）侵染　infestation(of a commodity)

某种商品中存在相关植物或植物产品的活的有害生物。侵染包括感染。

2.79

检验　inspection

对植物、植物产品或其他管制物进行官方的视觉检查，以确定是否存在有害生物和(或)是否符合植物检疫法规。

2.80

检疫员　inspector

由国家植物保护机构授权履行其职责的人员。

2.81

预定用途　intended use

申明进口、生产或使用植物、植物产品或其他管制物的用途。

2.82

（货物的）拦截　interception (of a consignment)

由于不符合植物检疫法规，进口货物被拒绝或有控制地入境。

2.83

（有害生物的）截获　interception (of a pest)

在进口货物的检验或检测时查获有害生物。

2.84

第三地检疫　intermediate quarantine

在原产国或目的国以外的某个国家进行检疫。

2.85

国际植物保护公约　international plant protection convention(IPPC)

1951 年存放在罗马联合国粮农组织，后来又经过修订的国际植物保护公约。

2.86

国际标准　international standard

依照国际植物保护公约第 X 条第 1 款和第 2 款制定的国际标准。

2.87

国际植物检疫措施标准　international standards for phytosanitary measures，ISPM

粮农组织大会或植物检疫措施临时委员会或植物检疫措施委员会通过的，依据国际植物保护公约制定的国际标准。

2.88

传入　introduction

导致有害生物定殖的进入。

2.89

（生物防治物的）引入　introduction（of a biological control agent）

将**生物防治物**释放到原先没有其存在的**生态系统**中。

2.90

淹没式释放　inundative release

为迅速见效而大规模地释放大量繁殖的**生物防治物**或**有益生物**。

2.91

电离辐射　ionizing radiation

带电粒子和电磁波经过物理作用，通过初级或次级过程产生离子。

2.92

辐照　irradiation

用任意类型的**电离辐射**进行的**处理**。

2.93

窑式烘干　kiln-drying

为达到要求的含水量，在封闭环境中通过加热和/或控制湿度对**木材**进行干燥处理的过程。

2.94

法律法规　legislation

政府颁布的任何法令、法律、法规、准则或其他行政命令。

2.95

活体转基因生物　living modified organism（LMO）

通过**现代生物技术**而具有遗传物质新组合的任何活生物体。

2.96

批次　lot

成分和产地等均相同的单种**商品**的汇集，是**货物**的一部分。

2.97

标记　mark

国际认同的**官方**图章或印记，适用于**管制物**，表明其植物检疫状况。

2.98

微生物　micro-organism

原生动物、真菌、细菌、病毒或其他微小的、能自我复制的生物体。

2.99

最低吸收剂量　minimum absorbed dose（D_{min}）

处理配载中局部最低的**吸收剂量**。

2.100

现代生物技术　modern biotechnology

指下列技术的应用：

a）体外核酸技术，包括脱氧核糖核酸（DNA）重组技术和把核酸直接注入细胞或细胞器的技术；或者

b）生物分类中科以上物种间的细胞融合。

这类技术可克服自然状态下生理繁殖或重组的障碍，但不是传统育种和选种中所采用的技术。

2.101

监测　monitoring

为核查植物检疫状况而进行的持续性**官方**活动。

2.102

监测调查　monitoring survey

为证实某种**有害生物**种群的特性而进行的持续性**调查**。

2.103

国家植物保护机构　national plant protection organization（NPPO）

政府设立的履行《国际植物保护公约》中规定职责的**官方**机构。

2.104

天敌　natural enemy

在其原生地以损害另一种**生物**的方式而生存、并有助于限制该**生物**种群数量的**生物**，包括**拟寄生物**、**寄生物**、**捕食性生物**、植食性生物和**病原物**。

2.105

自然发生　naturally occurring

未经人为方式改变的**生态系统**的一个组成部分，或野生种群中的选择结果。

2.106

非检疫性有害生物　non-quarantine pest

就某个**地区**而言，不属于**检疫性有害生物**的**有害生物**。

2.107

发生　occurrence

官方确认某**地区**存在某种本土或**传入**的**有害生物**，和（或）**官方**没有报道上述**有害生物**已经被**根除**。

2.108

官方　official

由**国家植物保护机构**建立、授权或执行的。

2.109

官方控制　official control

积极实施强制性**植物检疫法规**和应用强制性**植物检疫程序**，以便**根除**或**封锁检疫性有害生物**，或治理**管制**的**非检疫性有害生物**。

2.110

生物　organism

在自然发生状态下能繁殖或复制的任何生命实体。

2.111

突发　outbreak

在某**地区**新近监测到某种**有害生物**的种群（包括**侵入**），或者在某**地区**已经定殖的**有害生物**种群数量突然显著增加。

2.112

包装　packaging

支撑、保护或装载某种**商品**的材料。

2.113

寄生物　parasite

寄宿于较大的**生物**体表或体内，并以其为营养源的**生物**。

2.114

拟寄生物　parasitoid

仅在未成熟阶段寄生并在发育过程中杀死其寄主、成虫自由生活的一类昆虫。

2.115

病原物　pathogen

引起病害的**微生物**。

2.116

途径　pathway

有害生物进入或**扩散**的任何方式。

2.117

有害生物　pest

植物有害生物　plant pest

任何对**植物**或**植物产品**有害的植物、动物或病原物的种、株(品)系或生物型。

2.118

有害生物分类　pest categorization

确定某种**有害生物**是否具有**检疫性有害生物**或**管制的非检疫性有害生物**的特性的过程。

2.119

非疫区　pest free area ,PFA

有科学证据表明某种特定的**有害生物**没有发生,并且**官方**能适当地保持该状况的**地区**。

2.120

非疫产地　pest free place of production

有科学证据表明某种特定的**有害生物**没有发生,并且官方能适当地在一定时期内保持该状况的**产地**。

2.121

非疫生产点　pest free production site

产地内划定的特定区域,其管理方式与**非疫产地**相同;在该区域内,有科学证据表明某种特定的**有害生物**没有发生,并且官方能适当地在一定时期内保持该状况。

2.122

有害生物记录　pest record

提供特定环境条件下某**地区**(通常是一个国家)在某一时期、某一特定地点某种特定**有害生物**存在与否的信息的文件。

2.123

有害生物风险分析　pest risk analysis,PRA

评价生物的或其他科学和经济方面的证据,确定某种**有害生物**是否应予以管制和将要采取的任何针对性**植物检疫措施**的力度的过程。

2.124

(检疫性有害生物)有害生物风险评估　pest risk assessment(for quarantine pest)

评价某种**检疫性有害生物传入**和**扩散**的可能性及其潜在的经济影响。

2.125

(管制的非检疫性有害生物)有害生物风险评估　pest risk assessment (for regulated non-quarantine pests)

评价种植用**植物**中的某种**有害生物**对该**植物**造成无法接受的经济影响,并影响该**植物**的**预定用途**的可能性。

2.126

(检疫性有害生物)有害生物风险管理　pest risk management(for quarantine pest)

评价和选择降低**有害生物传入**和**扩散**风险的方案。

2.127

(管制的非检疫性有害生物)有害生物风险管理　pest risk management (for regulated non-quarantine pests)

种植用植物中的有害生物对这些植物的预定用途会造成无法接受的经济影响，对降低该风险的方案进行评价和选择。

2.128

(某地区的)有害生物状况　pest status (in an area)

根据当前和历史的有害生物记录和其他信息，官方根据专家的判断来确定当前某地区存在或不存在某种有害生物，适当时也包括其分布情况。

2.129

植物检疫行动　phytosanitary action

为执行植物检疫措施而采取的官方活动，如检验、检测、监督或处理。

2.130

植物检疫证书　phytosanitary certificate

参照国际植物保护公约模式证书所制定的证书。

2.131

植物检疫出证　phytosanitary certification

应用植物检疫程序签发植物检疫证书。

2.132

植物检疫进口要求　phytosanitary import requirements

进口国制定的货物入境的特定植物检疫措施。

2.133

植物检疫法律　phytosanitary legislation

授权国家植物保护机构起草植物检疫法规的基本法律。

2.134

植物检疫措施　phytosanitary measure

旨在防止检疫性有害生物传入和(或)扩散，或者限制管制的非检疫性有害生物经济影响的任何法律、法规或官方程序。

2.135

植物检疫程序　phytosanitary procedure

实施植物检疫措施的官方方法，包括对管制性有害生物实施的检验、检测、监督或处理。

2.136

植物检疫法规　phytosanitary regulation

为防止检疫性有害生物的传入和(或)扩散，或者限制管制的非检疫性有害生物的经济影响的官方规定，包括建立植物检疫出证的程序。

2.137

产地　place of production

单一生产或耕作单位的设施或种植地的集合体。可包括为植物检疫目的而单独管理的生产点。

2.138

植物产品　plant product

未经加工的植物原料(包括谷物)以及那些虽经加工，但由于其性质或加工的性质而仍有有害生物传入和扩散的风险的产品。

2.139

植物检疫　plant quarantine

旨在防止检疫性有害生物传入、扩散或确保其官方控制的一切活动。

2.140

种植(包括再种植)　planting (including replanting)

再种植　replanting

将植物置于生长介质中,或通过嫁接或类似的方法,以确保其生长、繁殖的操作。

2.141

植物　plants

活的植物及其器官,包括种子和种质。

2.142

种植用植物　plants for planting

已种植、待种植或再种植的植物。

2.143

组织培养植物　plants in vitro

一种商品类别,指在密封容器内的无菌介质中生长的植物。

2.144

入境口岸　point of entry

官方指定的货物输入和(或)旅客入境的机场、海港或陆地边境口岸。

2.145

入境后检疫　post-entry quarantine

对入境后的货物实施的检疫。

2.146

有害生物风险分析地区　pest risk analysis area

进行有害生物风险分析所涉及的地区。

2.147

基本无疫　practically free

由于在商品的生产和销售过程中采用了良好的栽培和管理措施,对一批货物、种植地或产地而言,其有害生物(或某种特定有害生物)的数量不超过预期的数量。

2.148

预检　pre-clearance

由输入国植物保护机构或在其定期监督下在原产国进行的植物检疫出证和/或核准。

2.149

捕食性生物　predator

一种天敌,捕食其他动物体并在其存活期内杀死一个以上的其他动物。

2.150

处理配载　process load

以特定配置方式作为单一实体处理的一定量的物质。

2.151

加工木质材料　processed wood material

用粘合剂、加热、加压或者这些方法的任意组合制成的复合木材产品。

2.152

禁令　prohibition

禁止特定有害生物或商品的输入或流通的植物检疫法规。

2.153

保护区　protected area

国家植物保护机构确定的为有效保护**受威胁地区**而必需的最小**管制区**。

2.154

临时措施　provisional measure

由于当前缺乏足够的信息，在没有充分技术理由的情况下，建立的植物检疫法规或程序。临时措施应进行阶段性审议并应尽快取得充分的技术理由。

2.155

检疫　quarantine

对**管制物**采取的**官方**限制，以便观察和研究，或进一步**检验**、**检测**和/或**处理**。

2.156

检疫区　quarantine area

已经出现**检疫性有害生物**并受到**官方控制**的**地区**。

2.157

检疫性有害生物　quarantine pest

对**受威胁地区**具有潜在的经济重要性但尚未发生的，或虽已发生但分布不广并受到**官方控制**的**有害生物**。

2.158

隔离场　quarantine station

将**植物**、**植物产品**保持隔离检疫状态的**官方**场所。

2.159

原木　raw wood

未经加工或**处理**的**木材**。

2.160

转口货物　re-exported consignment

某国进口后再出口的**货物**。该货物可储存、分装、与其他货物合并或改变包装。

2.161

参照标本　reference specimen (s)

保存在标本收藏中心，有时是对外开放的，某个特定种群中的单个标本。

2.162

拒绝　refusal

禁止不符合**植物检疫法规**的**货物**或其他**管制物入境**。

2.163

区域植物保护组织　regional plant protection organization(RPPO)

履行**国际植物保护公约**第九条规定职责的政府间组织。

2.164

区域标准　regional standards

区域植物保护组织为指导该组织成员而制定的标准。

2.165

管制区　regulated area

为了防止**检疫性有害生物**的**传入**和/或**扩散**，或降低**管制的非检疫性有害生物**的经济影响，对进入、输出或在其中的**植物**、**植物产品**或其他**管制物**采取**植物检疫法规**或**程序**加以限制的**地区**。

2.166

管制物　regulated article

认为需要采取**植物检疫措施**的任何能藏匿或传播**有害生物**的**植物**、**植物产品**、储存场所、包装物、运输工具、集装箱、土壤以及其他**生物**、物品或材料，特别是在涉及国际运输的情况下。

2.167

管制的非检疫性有害生物　regulated non-quarantine pest(RNQP)

在**种植用植物**中的存在影响这些**植物**的**预定用途**，并产生无法接受的经济影响，因而在输入方领土内受到管制的**非检疫性有害生物**。

2.168

管制性有害生物　regulated pest

检疫性有害生物或**管制的非检疫性有害生物**。

2.169

释放(到环境中)　release (into the environment)

有意将一种**生物**释放到环境中。

2.170

(货物的)放行　release (of a consignment)

经**核准**后允许**入境**。

2.171

要求的效果　required response

某种**处理**结果的特定水平。

2.172

限制　restriction

允许特定**商品**按照具体要求输入或流通的**植物检疫法规**。

2.173

圆木　round wood

未经纵向割锯、仍保持其自然圆柱形形状、带树皮或不带树皮的**木材**。

2.174

锯木　sawn wood

经纵向割锯、具有或不具有其原来的圆柱形形状、带树皮或不带树皮的**木材**。

2.175

种子　seeds

一种**商品类别**，指供**种植**或计划供种植而非消费或加工的籽实。

2.176

专化性　specificity

生物防治物寄主范围的量度，从仅能在单一物种或品系寄主上完成生长过程的极端专化性生物(单食性)至拥有几类生物寄主的泛食性生物(杂食性)。

2.177

扩散　spread

有害生物在某**地区**地理分布的扩展。

2.178

标准　standard

为了在一定的范围内获得最佳秩序，经协商一致制定并由公认机构批准，共同使用的和重复使用的一种规范性文件。

2.179

不育昆虫 **sterile insect**

经过特殊处理后不能繁殖的昆虫。

2.180

昆虫不育技术 **sterile insect technique ,SIT**

将**不育昆虫**进行大范围的**淹没式释放**,以便减少同一物种田间种群的繁殖的**有害生物控制**方法。

2.181

储存产品 **stored product**

未经加工并且以脱水形式储藏的、用于消费或加工的**植物产品**(尤指**谷物**、干的**水果和蔬菜**)。

2.182

抑制 **suppression**

在被感染**地区**实施**植物检疫措施**,以便减少**有害生物**的种群数量。

2.183

监督 **surveillance**

官方通过**调查**、**监测**或其他程序收集和记录**有害生物发生**或不存在的资料的过程。

2.184

调查 **survey**

在某**地区**为了确定某种**有害生物**的种群特性,或为了确定有哪些**有害生物**物种**发生**而在一定时期内采取的**官方**程序。

2.185

系统方法 **systems approach (es)**

不同风险管理措施的综合,其中至少有两项措施可以单独发挥作用,这些措施的累积作用能为抵御某种**管制性有害生物**提供适当的保护水平。

2.186

技术合理 **technically justified**

根据适当的**有害生物风险分析**结论,或根据适当的对现有科学信息的比较研究和评价的结论而有正当理由。

2.187

检测 **test**

为确定是否存在**有害生物**,或为鉴定**有害生物**而进行的视觉检查以外的**官方**检查。

2.188

短暂存在 **transience**

有某种**有害生物**的存在,但预计不会导致**定殖**。

2.189

透明度 **transparency**

将**植物检疫措施**及其基本原理在国际上公开的原则。

2.190

处理 **treatment**

旨在杀灭、**灭活**或去除**有害生物**,或使其丧失繁殖能力或丧失活力的**官方**程序。

2.191

视觉检查 **visual examination**

不经过**检测**或处理,用肉眼或放大镜、体视镜或显微镜对植物、**植物产品**或其他**管制物**进行**有害生物**或**污染物**的物理检查。

2.192

木材　wood

一种**商品类别**,指带树皮或不带树皮的圆木、锯木、木片或垫木。

2.193

木质包装材料　wood packaging material

用于支持、保护或装载**商品**的**木材**或木材产品(包括**垫木**,但不包括纸质产品)。

中 文 索 引

B

包装…………………………………………… 2.112
保护区………………………………………… 2.153
标记 …………………………………………… 2.97
标准…………………………………………… 2.178
病原物………………………………………… 2.115
捕食性生物…………………………………… 2.149
不育昆虫……………………………………… 2.179

C

参照标本……………………………………… 2.161
产地…………………………………………… 2.137
储存产品……………………………………… 2.181
处理…………………………………………… 2.190
处理配载……………………………………… 2.150
（处理）效果 …………………………………… 2.46
传入 …………………………………………… 2.88
传统生物防治 ………………………………… 2.17

D

搭载的有害生物 ……………………………… 2.27
地区……………………………………………… 2.4
第三地检疫 …………………………………… 2.84
电离辐射 ……………………………………… 2.91
垫木 …………………………………………… 2.44
调查…………………………………………… 2.184
定界调查 ……………………………………… 2.37
定殖 …………………………………………… 2.53
短暂存在……………………………………… 2.188

F

发生…………………………………………… 2.107
法律法规 ……………………………………… 2.94
非检疫性有害生物…………………………… 2.106
非疫（货物、种植地或产地）………………… 2.58
非疫区………………………………………… 2.119
非疫生产点…………………………………… 2.121
封锁 …………………………………………… 2.26
辐照 …………………………………………… 2.92
附加声明 ……………………………………… 2.2

G

隔离场………………………………………… 2.158
戈瑞 …………………………………………… 2.64
根除 …………………………………………… 2.52
谷物 …………………………………………… 2.63
官方…………………………………………… 2.108
官方控制……………………………………… 2.109
管制的非检疫性有害生物…………………… 2.167
（管制的非检疫性有害生物）有害生物
　　风险管理 ………………………………… 2.127
（管制的非检疫性有害生物）有害生物
　　风险评估 ………………………………… 2.125
管制区………………………………………… 2.165
管制物………………………………………… 2.166
管制性有害生物……………………………… 2.168
国际标准 ……………………………………… 2.86
国际植物保护公约 …………………………… 2.85
国际植物检疫措施标准 ……………………… 2.87
国家植物保护机构…………………………… 2.103
过境 …………………………………………… 2.25
过境货物 ……………………………………… 2.25

H

化学加压浸透 ………………………………… 2.16
缓冲区 ………………………………………… 2.13
活体转基因生物 ……………………………… 2.95
货物 …………………………………………… 2.24
（货物的）放行 ………………………………… 2.17
（货物的）核准 ………………………………… 2.18
（货物的）检验程序 …………………………… 2.23
（货物的）拦截 ………………………………… 2.82
（货物）入境 …………………………………… 2.49

J

基本无疫……………………………………… 2.147
技术合理……………………………………… 2.186
剂量测定 ……………………………………… 2.43
剂量测定仪 …………………………………… 2.42

剂量分布测绘 …………………………………… 2.41
寄生物……………………………………………… 2.113
寄主范围 ………………………………………… 2.73
寄主有害生物名单 ……………………………… 2.72
加工木质材料…………………………………… 2.151
监测……………………………………………… 2.101
监测调查………………………………………… 2.102
监督……………………………………………… 2.183
检测……………………………………………… 2.187
检测调查 ………………………………………… 2.38
检验 ……………………………………………… 2.79
检疫……………………………………………… 2.155
检疫区…………………………………………… 2.156
检疫性有害生物………………………………… 2.157
(检疫性有害生物)有害生物风险管理…… 2.126
(检疫性有害生物)有害生物风险评估…… 2.124
检疫员 …………………………………………… 2.80
拮抗生物………………………………………… 2.3
紧急措施 ………………………………………… 2.48
紧急行动 ………………………………………… 2.47
进境许可证 ……………………………………… 2.74
禁令……………………………………………… 2.152
竞争性生物 ……………………………………… 2.22
拒绝……………………………………………… 2.162
锯木……………………………………………… 2.174

K

控制点 …………………………………………… 2.30
控制区 …………………………………………… 2.31
扣留 ……………………………………………… 2.39
昆虫不育技术…………………………………… 2.180
扩散……………………………………………… 2.177

L

临时措施………………………………………… 2.154
鳞茎和块茎 ……………………………………… 2.14

M

没有发现 ………………………………………… 2.57
灭活 ……………………………………………… 2.76
(某地区的)有害生物状况……………………… 2.128
木材……………………………………………… 2.192
木质包装材料…………………………………… 2.193

N

拟寄生物………………………………………… 2.114

P

批次 ……………………………………………… 2.96

Q

切花和枝条 ……………………………………… 2.35
侵入 ……………………………………………… 2.77
区域标准………………………………………… 2.164
区域植物保护组织……………………………… 2.163
去皮 ……………………………………………… 2.36

R

热处理 …………………………………………… 2.71
入境后检疫……………………………………… 2.145
入境口岸………………………………………… 2.144

S

丧失活力 ………………………………………… 2.40
商品 ……………………………………………… 2.19
(商品的)侵染 …………………………………… 2.78
商品类别 ………………………………………… 2.20
商品有害生物名单 ……………………………… 2.21
生长季节 ………………………………………… 2.67
生长介质 ………………………………………… 2.65
生境 ……………………………………………… 2.68
生态系统 ………………………………………… 2.45
生物……………………………………………… 2.110
生物防治 ………………………………………… 2.10
(生物防治物的)定殖 …………………………… 2.54
(生物防治物的)进境许可证 …………………… 2.74
(生物防治物的)引入 …………………………… 2.89
生物防治物 ……………………………………… 2.11
生物农药 ………………………………………… 2.12
视觉检查………………………………………… 2.191
释放(到环境中)………………………………… 2.169
受威胁地区……………………………………… 2.5
水果和蔬菜 ……………………………………… 2.60

T

天敌……………………………………………… 2.104

透明度…………………………………… 2.189
突发…………………………………… 2.111
途径…………………………………… 2.116

W

外来的 ………………………………… 2.55
微生物 ………………………………… 2.98
污染 …………………………………… 2.28
污染的有害生物 ……………………… 2.27
无皮木材……………………………… 2.8

X

吸收剂量……………………………… 2.1
系统方法……………………………… 2.185
现代生物技术………………………… 2.100
限制…………………………………… 2.172
协调一致 ……………………………… 2.69
协调一致的植物检疫措施 …………… 2.70
新鲜 …………………………………… 2.59
熏蒸 …………………………………… 2.61

Y

淹没式释放 …………………………… 2.90
窑式烘干 ……………………………… 2.93
要求的效果…………………………… 2.171
抑制…………………………………… 2.182
有害生物……………………………… 2.117
有害生物低度流行区………………… 2.6
有害生物分类………………………… 2.118
有害生物风险分析…………………… 2.123
有害生物风险分析地区……………… 2.146
有害生物记录………………………… 2.122
(有害生物)进入 ……………………… 2.5
(有害生物)进入 ……………………… 2.83
(有害生物的)控制 …………………… 2.29
有益生物……………………………… 2.9
预定用途 ……………………………… 2.81
预检…………………………………… 2.148
原木…………………………………… 2.159
圆木…………………………………… 2.173

Z

再种植………………………………… 2.140
证书 …………………………………… 2.15
植物…………………………………… 2.141
植物产品……………………………… 2.138
(植物产品的)原产国 ………………… 2.32
(植物和植物产品以外的管制物的)
原产国………………………………… 2.34
(植物货物的)原产国 ………………… 2.33
植物检疫……………………………… 2.139
植物检疫程序………………………… 2.135
植物检疫出证………………………… 2.131
植物检疫措施………………………… 2.134
(植物检疫措施的)等效性 …………… 2.51
植物检疫法规………………………… 2.136
植物检疫法律………………………… 2.133
植物检疫进口要求…………………… 2.132
植物检疫行动………………………… 2.129
植物检疫证书………………………… 2.130
植物有害生物………………………… 2.117
(植物种的)生长期 …………………… 2.66
种植(包括再种植)…………………… 2.140
种植地 ………………………………… 2.56
种植用植物…………………………… 2.142
种质 …………………………………… 2.62
种子…………………………………… 2.175
主管机构……………………………… 2.7
专化性………………………………… 2.176
转口货物……………………………… 2.160
自然发生……………………………… 2.105
组织培养植物………………………… 2.143
最低吸收剂量 ………………………… 2.99

英文索引

A

absorbed dose …… 2.1
additional declaration …… 2.2
antagonist …… 2.3
area …… 2.4
area endangered; endangered area …… 2.5
area of low pest prevalence …… 2.6
authority …… 2.7

B

bark-free wood …… 2.8
beneficial organism …… 2.9
biological control …… 2.10
biological control agent …… 2.11
biological pesticide(biopesticide) …… 2.12
buffer zone …… 2.13
bulbs and tubers …… 2.14

C

certificate …… 2.15
chemical pressure impregnation …… 2.16
classical biological control …… 2.17
clearance (of a consignment) …… 2.18
commodity …… 2.19
commodity class …… 2.20
commodity pest list …… 2.21
competitor …… 2.22
compliance procedure (for a consignment) …… 2.23
consignment …… 2.24
consignment in transit …… 2.25
containment …… 2.26
contaminating pest …… 2.27
contamination …… 2.28
control (of a pest) …… 2.29
control point …… 2.30
controlled area …… 2.31
country of origin (of a consignment of plant products) …… 2.32
country of origin (of a consignment of plants) …… 2.33
country of origin (of regulated articles other than plants and plant products) …… 2.34

cut flowers and branches …… 2.35

D

debarking …… 2.36
delimiting survey …… 2.37
detection survey …… 2.38
detention …… 2.39
devitalization …… 2.40
Dmin …… 2.99
dose mapping …… 2.41
dosimeter …… 2.42
dosimetry …… 2.43
dunnage …… 2.44

E

ecosystem …… 2.45
efficacy (treatment) …… 2.46
emergency action …… 2.47
emergency measure …… 2.48
entry (of a consignment) …… 2.49
entry (of a pest) …… 2.50
equivalence (of phytosanitary measures) …… 2.51
eradication …… 2.52
establishment …… 2.53
establishment(of a biological control agent) …… 2.54
exotic …… 2.55

F

field …… 2.56
find free …… 2.57
free from (of consignment, field or place of production) …… 2.58
fresh …… 2.59
fruits and vegetables …… 2.60
fumigation …… 2.61

G

germplasm …… 2.62
grain …… 2.63
gray …… 2.64
growing medium …… 2.65
growing period (of a plant species) …… 2.66
growing season …… 2.67
Gy …… 2.64

H

habitat ………… 2.68
harmonization ………… 2.69
harmonized phytosanitary measures ………… 2.70
heat treatment ………… 2.71
hitch-hiker pest ………… 2.27
host pest list ………… 2.72
host range ………… 2.73

I

import Permit ………… 2.74
import permit (of a biological control agent) ………… 2.75
inactivation ………… 2.76
incursion ………… 2.77
infestation(of a commodity) ………… 2.78
inspection ………… 2.79
inspector ………… 2.80
intended use ………… 2.81
interception (of a consignment) ………… 2.82
interception (of a pest) ………… 2.83
intermediate quarantine ………… 2.84
international plant protection convention ………… 2.85
international standard ………… 2.86
international standards for phytosanitary measures ………… 2.87
introduction ………… 2.88
introduction(of a biological control agent) ………… 2.89
inundative release ………… 2.90
ionizing radiation ………… 2.91
IPPC ………… 2.85
irradiation ………… 2.92
ISPM ………… 2.87

K

kiln-drying ………… 2.93

L

legislation ………… 2.94
living modified organism ………… 2.95
LMO ………… 2.95
lot ………… 2.96

M

mark ………… 2.97

micro-organism ········ 2.98
minimum absorbed dose ········ 2.99
modern biotechnology ········ 2.100
monitoring ········ 2.101
monitoring survey ········ 2.102

N

national plant protection organization ········ 2.103
natural enemy ········ 2.104
naturally occurring ········ 2.105
non-quarantine pest ········ 2.106
NPPO ········ 2.103

O

occurrence ········ 2.107
official ········ 2.108
official control ········ 2.109
organism ········ 2.110
outbreak ········ 2.111

P

packaging ········ 2.112
parasite ········ 2.113
parasitoid ········ 2.114
pathogen ········ 2.115
pathway ········ 2.116
pest ········ 2.117
pest categorization ········ 2.118
pest free area ········ 2.119
pest free place of production ········ 2.120
pest free production site ········ 2.121
pest record ········ 2.122
pest risk analysis ········ 2.123
pest risk assessment (for regulated non-quarantine pests) ········ 2.125
pest risk assessment(for quarantine pest) ········ 2.124
pest risk management (for regulated non-quarantine pests) ········ 2.127
pest risk management(for quarantine pest) ········ 2.126
pest status (in an area) ········ 2.128
PFA ········ 2.119
phytosanitary action ········ 2.129
phytosanitary certificate ········ 2.130
phytosanitary certification ········ 2.131
phytosanitary import requirements ········ 2.132

phytosanitary legislation ········ 2.133
phytosanitary measure ········ 2.134
phytosanitary procedure ········ 2.135
phytosanitary regulation ········ 2.136
place of production ········ 2.137
plant pest ········ 2.117
plant product ········ 2.138
plant quarantine ········ 2.139
planting (including replanting) ········ 2.140
plants ········ 2.141
plants for planting ········ 2.142
plants in vitro ········ 2.143
point of entry ········ 2.144
post-entry quarantine ········ 2.145
PRA ········ 2.123
PRA area ········ 2.146
practically free ········ 2.147
pre-clearance ········ 2.148
predator ········ 2.149
process load ········ 2.150
processed wood material ········ 2.151
prohibition ········ 2.152
protected area ········ 2.153
provisional measure ········ 2.154

Q

quarantine ········ 2.155
quarantine area ········ 2.156
quarantine pest ········ 2.157
quarantine station ········ 2.158

R

raw wood ········ 2.159
re-exported consignment ········ 2.160
reference specimen(s) ········ 2.161
refusal ········ 2.162
regional plant protection organization ········ 2.163
regional standards ········ 2.164
regulated area ········ 2.165
regulated article ········ 2.166
regulated non-quarantine pest ········ 2.167
regulated pest ········ 2.168
release (into the environment) ········ 2.169

release (of a consignment) …… 2. 170
replanting …… 2. 140
required response …… 2. 171
restriction …… 2. 172
RNQP …… 2. 167
round wood …… 2. 173
RPPO …… 2. 163

S

sawn wood …… 2. 174
seeds …… 2. 175
SIT …… 2. 180
specificity …… 2. 176
spread …… 2. 177
standard …… 2. 178
sterile insect …… 2. 179
sterile insect technique …… 2. 180
stored product …… 2. 181
suppression …… 2. 182
surveillance …… 2. 183
survey …… 2. 184
systems approach(es) …… 2. 185

T

technically justified …… 2. 186
test …… 2. 187
transience …… 2. 188
transit …… 2. 25
transparency …… 2. 189
treatment …… 2. 190

V

visual examination …… 2. 191

W

wood …… 2. 192
wood packaging material …… 2. 193

ICS 65.020
B 16

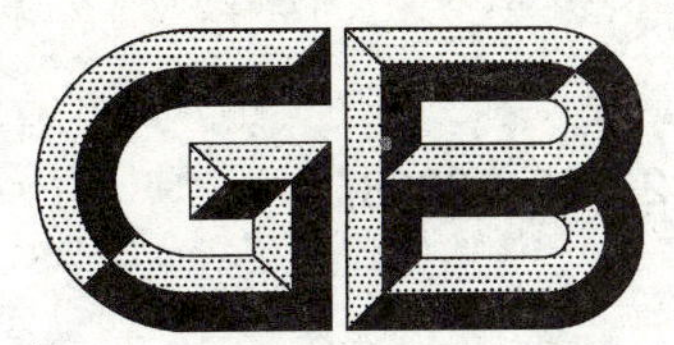

中华人民共和国国家标准

GB/T 21760—2008

植物检疫证书准则

Guidelines for phytosanitary certificates

2008-04-14 发布　　　　2008-07-15 实施

中华人民共和国国家质量监督检验检疫总局
中国国家标准化管理委员会　发布

前　言

本标准修改采用国际植物检疫措施标准(ISPM)第12号出版物(2001)《植物检疫证书准则》,主要差异如下：

——将标准中检疫机构的相关名称统一为"国家植物检疫机构"；

——将原标准中"填写植物检疫证书的要求"的内容放入到附录中；

——将原标准中"制作和分发再输出植物检疫证书的具体原则和准则"的内容放入到附录中；

——删除"原产国"、"协调"、"ISPM"、"国家植物保护机构"和"NPPO"等术语和定义。

本标准的附录A、附录B、附录C、附录D为规范性附录。

本标准由全国植物检疫标准化技术委员会提出并归口。

本标准起草单位:国家林业局森林病虫害防治总站。

本标准主要起草人:李永成、赵宇翔、郑华、丁三寅、董燕、张祥林、崔永三、刘玲玲 、赫传杰、程荣涛。

本标准首次发布。

植 物 检 疫 证 书 准 则

1 范围

本标准规定了制定、签发和使用植物检疫证书的原则和方法。

本标准适用于国内或进出口植物及其产品贸易中使用的《植物检疫证书》。

2 术语和定义

下列术语和定义适用于本标准。

2.1

商品 commodity

为贸易或其他用途被调运的植物、植物产品或其他物品。

2.2

货物 consignment

从一地(国)运往另一地(国),需要时注明在同一植物检疫证书中一定数量的植物、植物产品和(或)其他物品(货物可由一批或数批组成)。

2.3

植物检疫证书 phytosanitary certificate

在经贸活动中,含有可确保货物不携带或基本不携带有害生物的必不可少的全部信息的文件。

2.4

植物检疫措施 phytosanitary measure

旨在防止检疫性有害生物传入和(或)扩散的法律、法规或官方程序。

2.5

植物检疫法规 phytosanitary legislation

为防止检疫性有害生物的传入和(或)扩散或者限制非检疫性限定有害生物经济影响而作出的官方规定,包括建立植物检疫出证体系。

2.6

植物检疫出证 phytosanitary certification

应用植物检疫程序签发植物检疫证书。

2.7

过境货物 consignment in transit

途经某地(国)而不卸货,且在该地(国)未受到有害生物的污染或侵染。货物不得分散、与其他货物合并或改变包装[包括以前的过境地(国)]。

2.8

无疫 free form

按植物检疫程序,未能检查出一定数量的有害生物(或特定有害生物)。

2.9

基本无疫 practically free

因在商品的生产和销售过程中采用了良好的栽培和管理措施,对一批货物、大田或产地而言,其有害生物(或某种特定有害生物)的数量不超过预计的数量。

2.10

输入许可证　import permit

按特定植物检疫要求批准输入某种货物的官方文件。

2.11

检验　inspection

对植物、植物产品或其他限定物进行官方的直观检查以确定是否存在有害生物和(或)是否符合植物检疫法规。

2.12

有害生物　pest

任何对植物或植物产品有害的植物、动物或病原体的种、株(品)系或生物型。

2.13

产地　place of production

单一生产或耕作单位的设施或大田的结合体。可包括为植物检疫目的而单独管理的生产点。

2.14

非疫区　pest free area

科学证据表明,某种特定的有害生物没有发生并且官方能适时保持此状况的地区。

2.15

非疫产地　pest free place of production

科学证据表明,特定有害生物没有发生并且官方能适时在一定时期保持此状况的地区。

2.16

非疫生产点　prest free production site

科学证据表明,特定有害生物没有发生并且官方能适时在一定时期保持此状况的产地内,作为一个单独单位以与非疫产地相同的方式加以管理的限定地点。

2.17

植物　plant

活的植物及其器官,包括种子和种质。

2.18

植物产品　plant product

未经加工的植物性材料(包括谷物)和那些虽经加工,但由于其性质或加工的性质而仍有可能造成有害生物传入和扩散危险的产品。

2.19

检疫性有害生物　quarantine pest

对受其威胁的地区具有潜在的经济和生态重要性,但尚未在该地区发生,或虽已发生但分布不广并得到官方防治的有害生物。

2.20

再输出货物　re-exported consignment

某地(国)已输入,然后在未受到有害生物侵染的情况下再输出的货物。该货物可能被储存、分装、与其他货物合并或改变其包装。

2.21

限定物　regulated article

认为需要采取植物检疫措施的任何能藏带或传播有害生物的植物、植物产品、仓储地、包装、运输工具、集装箱、土壤和其他生物、物品或材料。

2.22

非检疫性限定有害生物　regulated non-quarantine pest

一种非检疫性有害生物，但它在供种植的植物中存在危及这些植物的预期用途而产生一定的经济影响，并在输入地(国)内受到限制。

2.23

限定性有害生物　regulated pest

检疫性有害生物或非检疫性限定有害生物。

2.24

处理　treatment

在杀灭、去除有害生物或使其丧失繁殖能力的官方许可的做法。

2.25

丧失活力　devitalization

使植物或植物产品不能发芽、生长或进一步繁殖的一个程序。

2.26

附加声明　additional declaration

填写在植物检疫证书上说明与货物的植物检疫状况有关的特定附加内容。

3　总则

3.1　植物检疫证书的目的

为说明植物、植物产品或其他限定货物达到国家相关规定的植物检疫输入要求，减少有害生物入侵的可能性，确保输入地的生态、环境、社会的安全。

3.2　植物检疫证书的制定、印刷和签发

植物检疫证书由国家植物检疫机构统一制定、印刷和编号，并由其或其授权下的直属或地方植物检疫检疫机构(按照法律、法规规定的权限)进行植物检疫证书的签发。

3.3　签发人员要求

植物检疫证书的签发人员应为国家植物检疫机构授权下的直属或地方植物检疫机构的，并具有技术资格和相关专业知识的专职工作人员。

4　证书内容

植物检疫证书的式样和填写内容说明见附录A、附录B。转口植物检疫证书的式样及制作和签发见附录C、附录D，填写内容说明参考附录B。

5　证书签发

5.1　目的

签发植物检疫证书是为了说明植物、植物产品或其他限定物达到规定的植物检疫输入要求，并与有关证书样本的证明声明相一致。

5.2　要求

植物检疫证书样本提供了制定官方植物检疫证书时，应当采用的规范措辞和格式，以确保证书的有效性和识别特征。

5.3　输入地对限定物的要求

输入地应仅对限定物要求出具植物检疫证书。限定物包括植物、种实及其他繁殖材料、切花、枝条、生长介质；用于已经加工、但其性质或加工性质有可能造成限定有害生物传入的植物产品，如木材、竹材、棉花等植物产品；在技术上合理地证明需要植物检疫措施的其他限定物，如空集装箱、车辆和生

物体。

输入地不应对已经加工而没有可能导致限定有害生物传入的植物产品或者列入不要求植物检疫措施的其他物品要求植物检疫证书。

5.4 分歧意见的裁定

在关于"是否应要求植物检疫证书"的问题上，输入地和输出地意见分歧时，应由相应的国家植物检疫机构裁定；当与某国家发生这一问题时，由国家对外检疫机构与其协商取得一致意见。裁定和协商结果应尊重科学、透明和非歧视原则。

5.5 签发方式

植物检疫证书是一个原始文件或者在特殊情况下由国家植物检疫机构颁发的经核准的副本，该证书随货物并在抵达输入地(国)时应向国家植物检疫机构的工作人员出示。

5.6 电子验证

植物检疫证书可采用电子验证的方式，要求：

——签发方式和安全为输入地(国)所接受；

——提供的信息与植物检疫证书的信息相一致；

——达到验证的目的；

——可确定签发机构的名称。

6 证书附件

植物检疫证书的官方附件应限于证书上留出的空间不足以容纳填写证书所需信息的情况，包含植物检疫信息的任何附件应载明植物检疫证书编号、日期、签字和盖章应同植物检疫证书一致。植物检疫证书应在适当部分表明，属于这个部分的信息在附件中。附件不应包含任何不应列入植物检疫证书本身的信息。

7 无效植物检疫证书

7.1 无效证书

进出境检疫机构或输入地植物检疫机构不应接受被认为无效或欺骗性证书。对于不可接受或有怀疑的证书或附件，应尽快通知签发机构。输出地的植物检疫机构应及时纠正，以确保签发植物检疫证书的真实性。

出现以下情况为无效植物检疫证书，或有权要求输出地(国)提供更多资料：

——难以阅读；

——未填完；

——有效期限已超过或者没有遵守；

——有未经许可的涂改之处；

——有自相矛盾或不一致的信息；

——措辞与证书样本不一致；

——对禁止产品的验证；

——未经核证的副本；

——印章或签证人签名不完整。

7.2 欺骗性证书

出现以下情况为欺骗性植物检疫证书，应作没收处理：

——未经国家植物检疫机构许可的证书；

——以未经国家植物检疫机构许可的形式签发的证书；

——由未经国家植物检疫机构授权的个人或组织或其他机构签发的证书；

——包含虚假或误导信息的证书。

8 制定和签发植物检疫证书的相关规定

8.1 语言

国家对外检疫机构制定的植物检疫证书应使用汉语和英语两种语言;国内植物检疫机构制定的植物检疫证书只使用汉语。

8.2 有效期限

国家植物检疫机构规定的在检查和(或)处理之后,允许的颁发期限颁发之后,从原产地发运货物允许的期限及证书的有效期限。

8.3 填写

证书的签发内容应用计算机填写。签证人员签名及签发日期使用蓝、黑色墨水书写。签证人员签名后应加盖公章。

8.4 数量单位

以我国规定的数量单位进行登记。

9 制定和签发植物检疫证书的具体原则

植物检疫证书应仅包含与植物检疫事项有关的信息。证书不应包括关于符合质量或等级要求的声明,以及人畜健康事项、农药残留和辐射或信用证等商业信息方面的资料。

为了便于植物检疫证书与那些同植物检疫验证无关的文件(如:信用证、提货单、国际野生动植物濒危物种贸易公约证书等)之间相互参照,在植物检疫证书后面可以附上说明,该说明应与需要参照的有关文件的标识码、符号或编号相一致,且仅在必要时附上,不作为植物检疫证书的正式部分。

植物检疫证书的所有栏目应全部填写。在不填写的地方,应当填写“无”或将这一行用线划掉(以防止作假)。

附　录　A
（规范性附录）
植物检疫证书内容

编号____

证书标识____

发（收）货单位（人）名称和地址：____

申报的收货人姓名和地址：____

货物名称和数量：____

植物学名称（可选）：____

数量（单位）：____

包装种类、编号和说明：____

运输方式：____

运输起讫：____

有效期限：____

货物产地：____

申报的入境地点（可选）：____

识别标记（可选）：____

兹证明本证说明的植物、植物产品或其他限定物已按照官方程序检查和（或）检验，被认为无输入地（国）规定的检疫性有害生物，符合输入地（国）的植物检疫要求，包括对非检疫性限定有害生物的要求。

杀虫和（或）灭菌处理

处理日期：____________________ 药剂及浓度：____________________

处理方法：____________________ 持续时间及温度：____________________

附　加　声　明

签证地点：____

签证日期：____

签证人签名：____

备注：

附 录 B
（规范性附录）
植物检疫证书填写说明

B.1 编号

指证书识别号。编号应为同识别系统有关的一种独特序号，便于追溯、审查和记录保管。

B.2 证书标识

指国家植物检疫机构在植物检疫证书上印制的标识图案。

B.3 基本情况说明

B.3.1 发货单位（人）名称和地址

确定货物来源，便于输出货物的植物检疫机构追溯和审查。名称和地址应在输出地内。当输出单位为国外的一家国际公司时，应使用输出单位的当地代理机构或运输公司的名称和地址。

B.3.2 收货单位（人）名称和地址

应提供详细姓名和地址以便输入地（国）植物检疫机构能够确认收货人的身份。输入地（国）可以要求地址在输入地（国）内。

B.3.3 货物名称和数量

包括品名、种类、数量、单位等。本项内容应详细填写，以便使输入地（国）植物检疫机构能够识别货物种类、成分、数量及大小。出口货物可以使用国际编码以便于识别（如：海关编码），并应尽量使用国际上公认的单位和名称。

对于货物的不同最终用途（如：消费与繁殖）或不同状况（如：新鲜产品与干产品）可以采用不同植物检疫要求。

应表明货物的预期用途或状况，但不应提到厂商名称、大小、等级或其他商业名称。

B.3.4 植物学名称（可选）

植物的植物学名称应为学名，至少是属名，最好是种名来说明植物和植物产品。

关于成分复杂的某些限定物和产品，在提供不了植物学说明时，植物检疫机构应双方商定一个适宜的普通名称描述，或者可以写上“不适用”。

B.3.5 包装种类、编号和说明

填写货物包装的类别及货物说明。货物多于2件时，还应填写货物编号。若以集装箱运输时，应填写集装箱编号。

B.3.6 运输方式

填写海运、空运、公路、铁路、邮件和旅客携带等方式，并注明运输船的名称、船次或飞机航班号、车牌号、火车车次，以及旅客乘坐船的名称、船次或飞机航班号、车牌号、火车车次。

B.3.7 运输起讫

指货物开始起运的地点到最终到达的地点。必要时应加注途经地点。

B.3.8 有效期限

见8.2。

B.3.9 货物产地

指货物获得其植物检疫状况的地点，及货物在可能受有害生物侵染或污染的地点。一般指商品生产的地点。如果商品储存或转移，其植物检疫状况在一段时间之后可能因其新的地点而改变。在这种

情况下，新的地点可以视为原产地。在特殊情况下，商品可能从几个地方获得其植物检疫状况。在这种情况下可能涉及一个或几个地方的有害生物，植物检疫机构应当确定哪个或哪些原产地最能确切地说明商品的检疫状况，并应说明每一个地方的检疫状况。

对于如几批种子混合，不可能确定单个原产地的特殊情况，有必要说明所有可能的原产地。

在“产地”一项中还应详细说明“非疫区”、“非疫产地”或“非疫生产点”，若无法说明，至少应说明原产地(国)。

B.3.10 申报的入境地点

可选项。一般为进出口植物检疫机构的检疫证书上使用。指抵达最终目的地国家的第一个地点，如果不清楚则填上国家名称。当入境国家在一个以上时，应列出第一个输入国的入境地点。如果货物从另一国过境，应当列出最终目的地国家的入境地点。若过境国家在本项中列出，过境国家的入境地点和最终目的地国家的入境地点都应列出(如A地点，经过B地点)。

B.3.11 识别标记

可选项。在植物检疫证书或在盖了章和签了字的证书附件上标注识别标记。在袋子、纸箱或其他容器上标注识别标记时，只有当有助于识别货物时才可使用。

B.3.12 证书声明

兹证明声明的植物、植物产品或其他限定物已按照官方程序检查和(或)检验，被认为无输入地(国)规定的检疫性有害生物，符合输入地(国)的植物检疫要求，包括对非检疫性限定有害生物的要求。其中：

——“官方程序”指由植物检疫机构或其授权的个人为植物检疫验证目的而执行的程序。这种程序应当符合国际植检措施标准。当与国际(内)植检措施标准无关或者没有这方面的国际(内)植检措施标准时，可由输入地(国)植物检疫机构规定程序(国内应由省级以上植物检疫机构规定)；

——“被认为无检疫性有害生物”指通过检查或消灭有害生物的程序，认为不存在检疫性有害生物。但不能理解为在所有情况下都绝对没有有害生物。应认识到植物检疫程序所固有的不确定性和易变性，以及植物检疫程序涉及的检查不到或消灭不尽有害生物的可能性。官方在规定有关程序时应予以考虑；

——“植物检疫要求”指为防治有害生物的传入和(或)扩散而官方规定的需要达到的条件。输入地(国)植物检疫机构应预先在立法、法规或其他文件中(如：输入许可证和双边协定及安排等)规定植物检疫要求(国内应由省级以上植物检疫机构管理)。

B.4 杀虫和(或)灭菌处理

本项内容仅指那些为输入地(国)所接受、为达到输入地(国)的植物检疫要求而在输出地(国)或经过的地方或国家进行的处理。处理结果应达到通过检查或消灭有害生物的程序，认为不存在检疫性有害生物的程度。

本项内容应详细填写日期、药剂及浓度、处理方法、持续时间及温度等内容。

B.5 附加声明

B.5.1 内容和要求

指那些包含输入地(国)所要求的而在证书的其他地方未说明的信息的声明。附加声明应尽可能简短。附加声明文本可以在植物检疫法规、输入许可或双边协定中作出规定。

B.5.2 签章

指签发证书的植物检疫机构的公章。可以在证书上签章或者由签发人员在填完表格之后盖章。应注意确保盖章不造成必要信息模糊不清。

B.5.3 签发人签名和签发日期、地点

签名日期应与证书签发日期一致，不得提前和推迟，也不应在货物发运之后签发，禁止补签植物检疫证书。在必要情况下，输入地植物检疫机构应核实签发人员签名的真实性。

B.5.4 备注

针对本证书的限定说明或财政义务声明。

附 录 C
（规范性附录）
转口植物检疫证书制作和签发

C.1 植物转口检疫证书的制作

植物转口检疫证书由国家对外检疫机构统一制定和印刷，证书的格式统一编号，并由其或其授权下的直属植物检疫机构进行签发。签发人员的要求同植物检疫证书。

植物转口检疫证书的内容除验证部分外同植物检疫证书。

C.2 植物转口检疫证书的填写

检疫机构在填写植物转口检疫证书验证部分时，应在适当的方框内打勾说明证书是附有最初的植物检疫证书还是附有其经核准的副本，货物是否重新包装，集装箱是否更换，是否进行了再检验、检验结果及处理结果等内容。

植物转口检疫证书其他部分填写同植物检疫证书。

C.3 转口植物检疫证书的签发条件

当货物输入后再输出到另一国时，进出境检疫机构应签发转口植物检疫证书。

在植物检疫证书有效期内，如果检疫机构确信符合输入国的相关规定，检疫机构只作验证处理，并出具输入货物再输出证明。如果货物进行了储藏、分散、同其他货物合并或者重新包装，仍需进行再输出检验，以确定货物未受有害生物侵染，则应签发植物转口检疫证书，原植物检疫证书或其经核准的副本作附件同行。

C.4 输入货物签发植物检疫证书的条件

如果货物已受有害生物的侵染，或已丧失其整体性或名称，或已进行加工并改变性质。检疫机构在确定符合输入国的相关法规的前提下，签发植物检疫证书，并只在植物检疫证书上注明原产国。

如果货物输入达一定时间，通常指一个生长季节或者更长时间，可视为改变了其原产国。

C.5 过境

如果货物没有输入、而是过境或中转但未遭受有害生物的侵染，检疫机构不需要签发植物检疫证书或植物转口检疫证书。货物若遭受有害生物的侵染，或货物被分散、同其他货物合并或重新包装，检疫机构应签发植物转口检疫证书。

附 录 D
（规范性附录）
植物转口检疫证书内容

编号______

证书标识______

发(收)货单位(人)名称和地址:______

申报的收货人姓名和地址:______

货物名称和数量:______

植物学名称:______

数量(单位):______

包装种类、编号和说明:______

运输方式:______

运输起讫:______

有效期限:______

货物产地:______

申报的入境地点(可选):______

识别标记(可选):______

兹证明上述植物、植物产品或其他限定物从______运入中国,附有编号为______的植物检疫证书,其正本□ *经签署的副本□附于本证书后;并证明这些植物及植物产品以原来的□新的□容器进行包装□再包装□;根据原来的植物检疫证书□和进一步检验□,被认为符合输入国或地区现行的植物检疫要求,而且在中国存放期间,该批货物没有受到有害生物的感染。

* 在适当的□内划"√"

杀虫和(或)灭菌处理

处理日期:______ 药剂及浓度:______

处理方法:______ 持续时间及温度:______

附 加 声 明

签证地点:______

签证日期:______

签证人签名:______

备注:中华人民共和国出入境检验检疫机构及其官员或代表不承担签发本证书的任何财经责任。

参 考 文 献

［1］ 国际植物保护公约.粮农组织.罗马,1997 年.

［2］ 实施卫生和植物检疫措施协定.世界贸易组织.日内瓦,1994 年.

［3］ 国际贸易中植物保护和植物检疫措施使用原则.《国际植检措施标准》第 1 号出版物.粮农组织.罗马,2006 年.

［4］ 植物检疫术语表.《国际植检措施标准》第 5 号出版物.粮农组织.罗马,2007 年.

［5］ 出口验证制度.《国际植检措施标准》第 7 号出版物.粮农组织.罗马,1997 年.

［6］ 建立非疫产地和非疫生产点的要求.《国际植检措施标准》第 10 号出版物.粮农组织.罗马,1999 年.

ICS 65.020
B 16

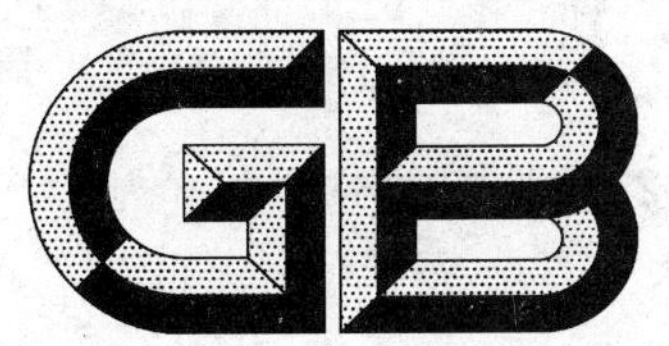

中华人民共和国国家标准

GB/T 21761—2008

建立非疫区指南

Guide for the establishment of pest free areas

2008-04-14 发布

2008-07-15 实施

中华人民共和国国家质量监督检验检疫总局
中国国家标准化管理委员会 发布

前　言

本标准修改采用了国际植物检疫措施标准(ISPM)第4号出版物(1996)《建立非疫区的要求》主要差异如下：

——增加了一般调查和专项调查的具体方法；

——删除了“术语和定义”中的“国家植物保护机构”和“国际植物保护公约”两条，增加了“无疫”、“商品”、“货物”和“缓冲区”的术语和定义；

——修改了原标准中针对国际植物保护公约缔约国提出的要求和内容。

本标准由全国植物检疫标准化委员会提出并归口。

本标准起草单位：国家林业局森林病虫害防治总站、湖南省森林病虫害防治检疫站、广东省森林病虫害防治检疫站、辽宁省森林病虫害防治检疫站、中华人民共和国国家质量监督检验检疫总局、恒仁县森林病虫害防治检疫站。

本标准主要起草人：潘宏阳、王明旭、陈沐荣、汪志红、马晓光、范晓虹、赵宇翔、方国飞、董振辉、娄杰、杨云搏、牛景富、孙向文。

本标准首次发布。

建立非疫区指南

1 范围

本标准规定了建立、保持和撤销植物有害生物非疫区的程序和要求。

本标准适用于国家和省级行政区的非疫区建立、保持和撤销。

2 术语和定义

下列术语和定义适用于本标准。

2.1

地区 area

官方划定的一个省的全部或部分，或若干省的全部或部分。

2.2

定界调查 delimiting survey

为确定被某种有害生物侵染或无此有害生物的地区界限而进行的调查。

2.3

发生调查 detecting survey

为确定某地区是否存在有害生物而进行的调查。

2.4

监测调查 monitoring survey

为证实一种有害生物种群的特性而进行的持续性调查。

2.5

有害生物 pest

任何对植物或植物产品有害的植物、动物或微生物的种、株(品)系或生物型。

2.6

非疫区 pest-free area

科学证据表明，某种特定的有害生物没有发生并且官方能适时保持此状况的地区。

2.7

无疫 free form

按植物检疫程序，未能检查出一定数量的有害生物。

2.8

植物检疫措施 phytosanitary measure

旨在防止检疫性有害生物传入和(或)扩散或限制非检疫性限定有害生物的经济影响而制定的法律、法规或官方程序。

2.9

植物检疫法规 phytosanitary regulation

为防止检疫性有害生物的传入和(或)扩散或者限制非检疫性限定有害生物经济影响而作出的官方规定，包括制定植物检疫验证程序。

2.10

调查 survey

在一个地区内为确定有害生物的种群特性或确定存在的品种情况而在一定时期采取的官方程序。

2.11

商品　commodity

为贸易或其他用途被调运的一种植物、植物产品或其他产品。

2.12

货物　consignment

从一个地区运往另一个地区，当有要求时注明在同一植物检疫证书中一定数量的植物、植物产品和(或)其他物品(货物可为一批或数批组成)。

2.13

缓冲区　buffer zone

特定有害生物未发生或发生率低并加以官方防治、包围或毗邻侵染地区、侵染产地、非疫区、非疫产地、非疫生产点已经为防止该有害生物扩散而采取植物检疫措施的地区。

3　总则

3.1　非疫区是根据非疫区定界确定不存在某种有害生物的一个地区，是进口国或地区为保护受威胁地区而提出采取植检措施理由的一个要素，也是一个无有害生物状况的地区作为对有害生物的寄主植物及其产品和其他限定物实施检疫的依据，还作为有害生物风险分析的一个组成部分，从科学上证实一个地区不存在某种有害生物。

3.2　来自非疫区的植物及其产品和其他限定物，在输入一个地区时，不需要实施额外的检疫措施；而从疫区输入到非疫区的植物、植物产品和其他限定物应采取必要的植物检疫措施。

3.3　应根据有害生物的生物学特性和发生危害情况确定非疫区的范围及边界类型。在实际操作中，可选择容易识别的边界来界定非疫区。如行政边界、自然特点边界或财产边界等。在某种情况下还可不确切地界定非疫区的真正范围。

4　非疫区的建立和保持

4.1　非疫区的建立和保持的内容

非疫区的建立和保持，包括：

——确定无疫的方法；

——保持无疫的植检措施；

——核查无疫的检验。

这些组成部分的性质将视以下情况而异：

a)　有害生物的生物学，包括其：

　——生存潜力；

　——繁殖力；

　——传播手段；

　——寄主植物分布等；

b)　非疫区的有关特点，包括其：

　——范围；

　——隔离程度；

　——生态条件；

　——均一性等。

4.2 确定无疫的方法

4.2.1 一般调查

4.2.1.1 信息来源

有害生物信息可来源于多个方面，包括：

——国家植物保护机构、其他国家和地方政府机构、研究机构、大学、科学团体等；

——生产者、咨询人员、博物馆、社会公众、科学和贸易杂志、未公布的资料、时事新闻等；

——联合国粮农组织、区域植物保护组织等国际机构。

4.2.1.2 信息的收集、保存和检索

国家植物检疫机构应建立一个系统来收集、证实和汇编需注意的有害生物的有关信息，内容包括：

——指定信息保管机构；

——建立记录保存和检索系统；

——明确资料核实程序；

——按国家植物检疫机构规定的信息渠道传输信息。

国家植物检疫机构应建立信息报告的鼓励措施，包括：

——明确社会公众和专门机构报告信息的法律义务；

——建立国家植物检疫机构与专门机构之间的合作机制；

——利用联络员加强国家植物检疫机构间的信息沟通；

——制定宣传计划，开展公众教育。

4.2.1.3 信息的使用

通过一般调查收集到的信息主要用于：

——证实国家植物检疫机构发布的无有害生物的声明；

——协助尽早发现新的有害生物；

——向联合国粮农组织、区域植物保护组织等国际机构提供信息；

——汇编寄主和商品有害生物清单及分布记录。

4.2.2 专项调查

4.2.2.1 调查计划

专项调查为官方调查，可分为发生、定界和监测调查。

调查工作应按照经国家植物检疫机构批准的调查计划进行，内容包括：

——确定调查目的(如：及早发现疫情、提供非疫区保证、制定寄主和商品有害生物清单)和植物检疫要求；

——确定目标有害生物(传入和定殖的可能性)；

——确定调查范围(地区、生产系统、季节)；

——确定调查时间(日期、次数、期限)；

——确定目标商品(应施检疫的植物及其产品)；

——说明统计依据(可靠程度、抽样率、地点的选择和数量、抽样次数、假定条件)；

——说明调查方法和要求(抽样程序、分析程序、报告程序)。

4.2.2.2 有害生物调查

适宜的调查地点可以按下列情况选择：

——是否报告过有害生物发生和分布情况；

——有害生物的生物学特性；

——有害生物寄主植物的分布，尤其是其商业性产区的分布；

——气候状况是否适合有害生物的生存。

调查时间可以按下列因素确定：

——有害生物的生活周期；
——有害生物及其寄主的物候学；
——有害生物的防治时间；
——有害生物最容易发现的时间。

有害生物专项调查所提供的信息主要用于：
——证实国家植物检疫机构无有害生物的声明；
——协助及早发现新的有害生物；
——向联合国粮农组织、区域植物保护组织等国际机构提供信息。

对仅可能为新传入有害生物适宜调查地点的选择，还需考虑可能的入侵点、扩散途径、进口商品的销售地点、进口商品用作种植材料的地点。

调查程序的选择可以按可辩明有害生物的迹象或症状、发现有害生物所用技术的准确性或敏感性而定。

4.2.2.3 寄主植物及其产品调查

寄主植物及其产品专项调查的地点可按以下因素选择：
——产区的地理分布和(或)其面积；
——有害生物防治计划；
——现有栽培品种；
——植物产品的堆放地点。

调查时间取决于作物的收获时间及其收获后的抽样方法。

4.2.3 记录保存

国家植物检疫机构应保存一般调查和专项调查的有关记录，保存的资料应符合预定目的，必要时应保存样品(标本和图像资料)。记录内容应包括：
——有害生物的学名和编号；
——有害生物的分类地位；
——寄主的学名和编号，寄主植物被害状和采集方法、土壤样本；
——采集地点；
——采集日期和采集者姓名；
——鉴定日期和鉴定者姓名；
——验证日期和验证者姓名；
——参考资料；
——其他信息。

4.3 保持无疫状况的植检措施

4.3.1 防止有害生物侵入和传播应采取如下具体措施：
——将某种有害生物列入检疫性有害生物名单；
——规定商品或货物输入到一个地区时的检疫要求；
——限制某些产品的流动；
——开展常规监测；
——向生产者提供疫情通报和技术咨询。

4.3.2 在有害生物适生区应采取植检措施保持无疫状况。

4.4 核查无疫状况的检验

在非疫区采取植检措施后，应对其保持无疫状况进行检验，包括：
——对某些输出货物进行特别检查；
——将有害生物的发生情况通知国家植物检疫机构；

——实施监测调查。

4.5 非疫区的定期审查与信息管理

4.5.1 定期审查

对非疫区的建立和保持应作好记录和定期审查。审查时应提供以下材料：

——为建立非疫区而收集的资料；

——为支持非疫区而采取的各种行政措施；

——非疫区的界定；

——采用的植检法规；

——采用的调查监测系统的详细技术情况；

——根据非疫区的管理要求制定的实施计划。

4.5.2 信息管理

国家植物检疫机构应将有关非疫区的信息连同其详细情况及时提供给国家有关部门，以便将这些信息及时提供给有关国家植物检疫机构。

5 划分不同类型非疫区的具体要求

5.1 非疫区的分类

非疫区可分为三类：

——整个省为非疫区；

——局部染疫省中的非疫区；

——大量染疫省中的非疫区。

5.2 整个省为非疫区

5.2.1 确定无疫的方法

整个省级行政区均未发生某种有害生物。

一般调查和专项调查结果均可作为确定是否无疫的依据，可根据不同风险管理种类和水平选择不同的方法。

5.2.2 “保持无疫状况的植检措施”、“核查无疫状况的检验”和“非疫区的定期审查与信息管理”的具体方法分别见 4.3、4.4 和 4.5。

5.3 局部染疫省中的非疫区

5.3.1 确定无疫的方法

仅局部发生某种有害生物的省级行政区中的特定地区。

主要采取专项调查方法确定无疫状况。通过定界调查确定有害生物的危害范围，通过发生调查确定有害生物的有无。必要时还可开展一般调查。

5.3.2 保持无疫状况的植检措施

除 4.3 所列措施外，在疫区和非疫区之间还应划定缓冲区，同时制定限制商品或货物从疫区向缓冲区、非疫区流动的植检法规，以防止有害生物传播。

5.3.3 核查无疫状况的检验

除 4.4 所列检验措施外，还应在缓冲区内定期开展监测调查，以保持无疫状况。

5.3.4 非疫区的定期审查与信息管理

见 4.5。

5.4 大量染疫省中的非疫区

5.4.1 确定无疫的方法

广泛发生某种有害生物的省级行政区中的特定地区。此类非疫区应与该有害生物疫区保持一定的生态学隔离。

可采用定界调查和发生调查方法确定非疫区，也可在确切掌握某种有害生物分布危害状况的情况下不经过调查直接建立非疫区。

5.4.2 保持无疫状况的植检措施

除4.3所列措施外，应重点考虑通过制定植检法规来管理疫区的寄主植物及其产品向非疫区流动，以防止有害生物传播。

5.4.3 核查无疫状况的检验

见4.4。

5.4.4 非疫区的定期审查与信息管理

除4.5所列各项外，还需在贸易协定中提出检疫要求，协定的执行工作由输入地国家植物检疫机构进行出证、审查和评价。

参 考 文 献

[1] 国际植物保护公约.粮农组织.罗马,1997年.
[2] 实施卫生和植物检疫措施协定.世界贸易组织.日内瓦,1994年.
[3] 国际贸易中植物保护和植物检疫措施使用原则.《国际植检措施标准》第1号出版物.粮农组织.罗马,2006年.
[4] 有害生物风险分析准则.《国际植检措施标准》第2号出版物.粮农组织.罗马,1995年.
[5] 植物检疫术语表.《国际植检措施标准》第5号出版物.粮农组织.罗马,2007年.
[6] 监测准则.《国际植检措施标准》第6号出版物.粮农组织.罗马,1997年.
[7] 某一地区有害生物状况的确定.《国际植检措施标准》第8号出版物.粮农组织.罗马,1998年.
[8] 植物检疫证书准则.《国际植检措施标准》第12号出版物.粮农组织.罗马,2001年.

ICS 65.020.01
B 15

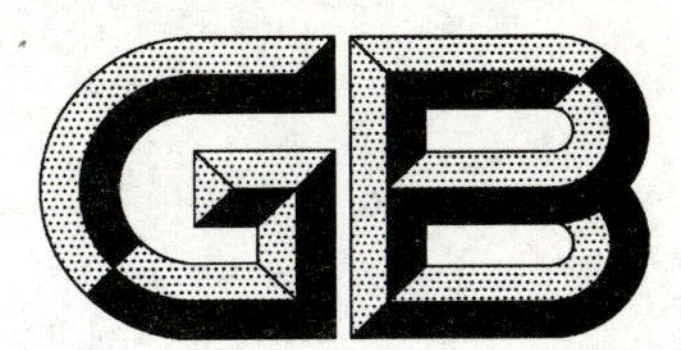

中华人民共和国国家标准

GB/T 23415—2009

隔离检疫圃分级

Classification for post-entry quarantine station

2009-03-28 发布　　2009-10-01 实施

中华人民共和国国家质量监督检验检疫总局
中国国家标准化管理委员会　发布

前　言

本标准的附录A为规范性附录，附录B为资料性附录。

本标准由全国植物检疫标准化技术委员会提出并归口。

本标准负责起草单位：中国检验检疫科学研究院。

本标准参加起草单位：中华人民共和国辽宁出入境检验检疫局、中华人民共和国海南出入境检验检疫局、农业部农业技术推广中心。

本标准主要起草人：李明福、刘伟、张永江、王有福、王秀芬、赵守岐、张健、林明光。

隔离检疫圃分级

1 范围

本标准规定了植物隔离检疫圃的术语和定义、分级原理、分级依据及分级应用。

本标准适用于对引种、生产、检验检疫和研究为目的各种隔离检疫场所。

2 规范性引用文件

下列文件中的条款通过本标准的引用而成为本标准的条款。凡是注日期的引用文件,其随后所有的修改单(不包括勘误的内容)或修订版均不适用于本标准,然而,鼓励根据本标准达成协议的各方研究是否可使用这些文件的最新版本。凡是不注日期的引用文件,其最新版本适用于本标准。

GB/T 20879 进出境植物和植物产品有害生物风险分析技术要求

SN/T 1619 植物隔离检疫圃分级标准

3 术语和定义

下列术语和定义适用于本标准。

3.1

植物 plants

用做繁殖材料的活的植物及其部分,包括种子和种质。种子是供种植而非消费或加工用的籽实;种质是指代表物种生物学和遗传特性的材料,包括核酸、组织细胞、植物繁殖材料及其无性系等。

3.2

隔离设施 quarantine facilities

阻止有害生物从一定场所扩散传出的人工设施和设备。

3.3

隔离检疫 isolated quarantine

在具有自然或人工防护条件的场所或隔离设施内对种苗所实施的检验和检疫,通常需要实施一个生长季。

3.4

生物安全水平 biosafety level

通过不同的措施,包括自然或人工措施,与周围环境分离,为人员、环境和社区所提供的安全保护程度。

3.5

隔离检疫圃 post-entry quarantine station,PEQS

经过专业设计,具备相应隔离设备和专门设施,并由检疫行政主管部门设立或许可,按照规定程序操作,专门承担引进植物繁殖材料隔离种植、隔离检疫任务的植物隔离(场)圃。

3.6

极高风险植物 plants of extremely high pest risk

根据有害生物(包括可能成为有害生物的外来植物)风险评估结果确定的、可传带经气流或虫媒传播的检疫性有害生物并对经济活动、人类安全和生态环境有高度潜在危险的一类植物。风险系数为0.8~1,风险分析见GB/T 20879。

3.7

高风险植物 plants of high pest risk

根据有害生物(包括可能成为有害生物的外来植物)风险评估结果确定的、可传带非气传的检疫性有害生物并对经济活动、农业生产和生态环境有高度潜在危险的一类植物。风险系数为0.6~0.8,风险分析见GB/T 20879。

3.8

中风险植物 plants of middle pest risk

根据有害生物(包括可能成为有害生物的外来植物)风险评估结果确定的、可能传带管制的非检疫性有害生物并对经济活动、农业生产和环境安全有中度潜在危险的一类种苗。风险系数为0.2~0.6,风险分析见GB/T 20879。

3.9

低风险植物 plants of lower pest risk

根据有害生物(包括可能成为有害生物的外来植物)风险评估结果确定的、可能传带的有害生物为非检疫性有害生物并对经济活动、农业生产和环境安全影响小的一类植物。风险系数为0~0.2,风险分析见GB/T 20879。

4 分级原理

4.1 分级依据

4.1.1 植物检疫风险。

4.1.2 生物安全水平。

4.1.3 行政隶属关系。

4.2 隔离检疫圃分级要素分布图

隔离检疫圃分级要素分布图见图1。

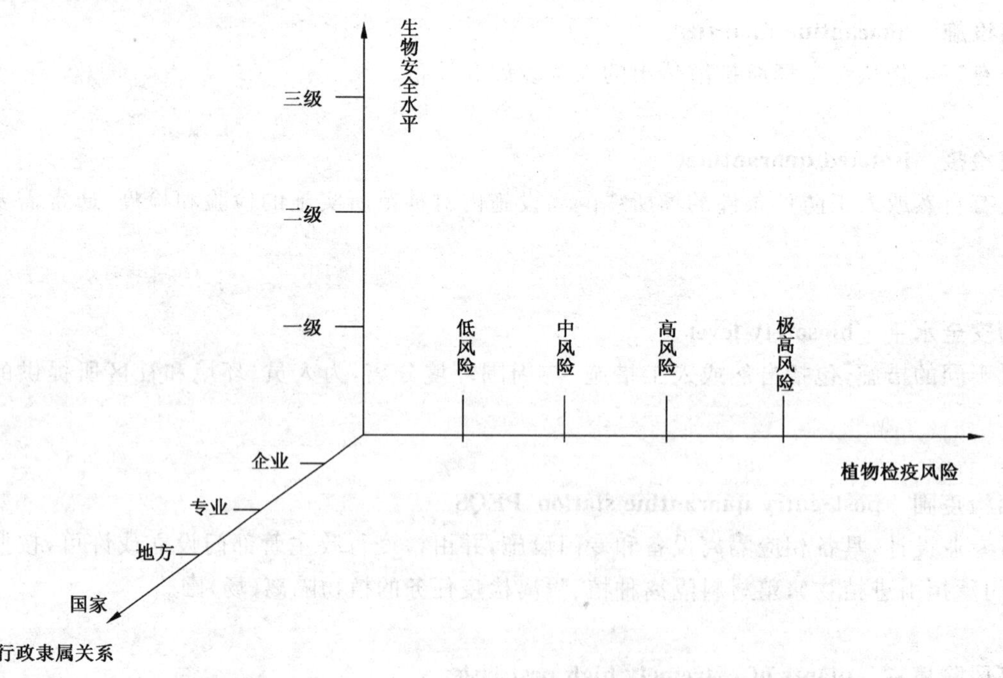

图1 分级要素分布图

5 分级依据

5.1 按生物安全水平分级

5.1.1 一级植物隔离检疫圃(PEQS-1)

主要通过自然隔离,一般为生产田,无专门隔离设施;操作上一般不涉及检疫性有害生物。具体生物安全措施见 SN/T 1619。

5.1.2 二级植物隔离检疫圃(PEQS-2)

人工隔离,有隔离温室或网室;操作上可能涉及检疫性有害生物,但检疫性有害生物不易扩散逃逸。具体生物安全措施见 SN/T 1619。

5.1.3 三级植物隔离检疫圃(PEQS-3)

人工严格隔离,具备负压及高效过滤隔离设施;涉及检疫性有害生物,操作上要能防止检疫性有害生物扩散逃逸。具体生物安全措施见 SN/T 1619。

5.2 按行政隶属关系分级

5.2.1 国家隔离检疫圃

由国家检疫主管部门设立或许可,承担指定隔离检疫任务的场所,隔离条件和生物安全措施符合 PEQS-2 或 PEQS-3。

5.2.2 地方隔离检疫圃

由地方检疫主管部门设立或许可,承担隔离检疫任务的场所,隔离条件和生物安全措施符合 PEQS-2 或 PEQS-3。

5.2.3 专业隔离检疫圃

由相关事业或科研单位设立,能完成隔离检疫任务的场所,隔离条件和生物安全措施符合相应级别的 PEQS-1、PEQS-2 或 PEQS-3。

5.2.4 企业隔离检疫圃

由企业或生产单位自主建设设立,能完成隔离检疫任务的场所,隔离条件和生物安全措施符合相应级别的 PEQS-1、PEQS-2 或 PEQS-3。

5.3 按植物检疫风险分级

5.3.1 极高风险植物隔离检疫圃

专门承担国家明令禁止进境的高风险植物隔离检疫的场所,隔离条件和生物安全措施符合 PEQS-3。

5.3.2 高风险植物隔离检疫圃

对高风险植物进行隔离检疫的场所,隔离条件和生物安全措施符合 PEQS-3。

5.3.3 中风险植物隔离检疫圃

对中低风险植物进行隔离检疫的场所,隔离条件和生物安全措施符合 PEQS-2。

5.3.4 低风险植物隔离种植圃

对低风险植物进行隔离检疫的场所,隔离条件和生物安全措施符合 PEQS-1

6 分级应用

6.1 注册

隔离检疫圃应向检疫管理部门申请登记注册、分级和考核。申请者按 SN/T 1619 填写等级考核申请书。进出境植物隔离检疫圃考核由出入境检疫主管部门负责,其他隔离检疫圃的考核由相关检疫主管部门负责。

6.2 许可

隔离检疫圃开展隔离检疫业务应经检疫主管部门许可。检疫主管部门在种苗入圃前对隔离检疫圃注册信息和相关隔离技术条件进行审核,经审核通过后,方可根据其级别确定开展相应的植物隔离检疫业务。

6.3 应用

植物隔离检疫圃的应用要根据隔离需求、隔离条件综合考虑。隔离检疫圃要求见附录 A,分级应用对照表参见附录 B。

附 录 A
(规范性附录)
植物隔离检疫圃要求

表 A.1 植物隔离检疫圃要求

要 求	PEQS-1	PEQS-2	PEQS-3
设施要求 facility requirements			
自然隔离 isolation in nature	R	O	R*
生产田 field site	R	O	O
网室 screen house	N	R	O
温室 glasshouse	N	R*	R
设施描述 delineation of facility	R	R	R
物理要求 physical requirements			
窗/温室玻璃防护材料 breakage-resistant window/glasshouse materials	N	O	R
硬化地面 concrete floor	N	R	R
面门廊 vestibule entrance	N	R	R
自关门 self-closing doors	N	O	R
自锁门 self-locking doors	N	O	O
气道或下水道过滤 screen on openings such as air vents,drains	N	R	R
封闭窗 sealed windows	N	R*	R
防渗密封 all penetrations sealed	N	R*	R
负压 negative air pressure	N	N	R*
气压差 air pressure gradient	N	N	O
高效过滤器 HEPA filtration	N	N	R*
生物安全柜 biological safety cabinet	N	O	O
废水处理 waste water treatment	O	R	R*
废弃物处理 solid waste treatment	R	R	R
备用电源 backup source of electricity	N	O	R*
操作要求 operational requirements			
良好管理规范 good management practices	R	R	R
授权 under NPPO or responsible authority	R	R	R
限制进入 restricted access	R	R	R
防护服 protective clothing	O	R	R
设备净化 decontamination of equipment upon egress	O	R	R
工具消毒 decontamination of implements upon egress	O	R	R
吸收 hand washing upon egress	O	R	R
出口淋浴 shower out	N	N	O
注:N为无;O为选配;R为必须;R* 为必须,也有例外。			

附 录 B
(资料性附录)
隔离检疫圃分级应用对照

B.1 隔离检疫圃分级应用见表B.1。

表B.1 隔离检疫圃分级应用

隶属关系		国家		地方		专业			企业			隔离检疫圃
植物生物安全措施		三级	二级	三级	二级	三级	二级	一级	三级	二级	一级	
隔离植物风险	极高 (0.8～1)	√										极高风险植物隔离圃(符合PEQS-3)
	高 (0.6～0.8)	√	√	√	√	√	√		√			高风险植物隔离圃(符合PEQS-3)
	中 (0.2～0.6)		√	√	√	√	√	√	√	√	√	中风险植物隔离圃(符合PEQS-2)
	低 (0～0.2)						√	√		√	√	低风险隔离种植圃(符合PEQS-1)

B.2 基于植物风险的隔离圃安排见表B.2。

表B.2 隔离圃安排

植物(有害生物逃逸和定殖)风险	有害生物逃逸和定殖后果		
	低	中	高
极高	PEQS-2	PEQS-3	PEQS-3
高	PEQS-2	PEQS-3	PEQS-3
中	PEQS-1	PEQS-2	PEQS-3
低	PEQS-1	PEQS-1	PEQS-2

ICS 65.020
B 16

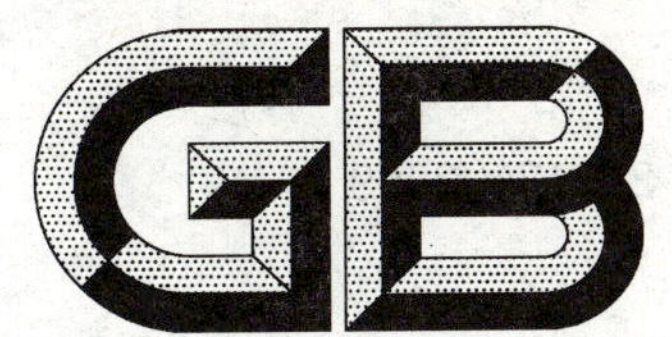

中华人民共和国国家标准

GB/T 23618—2009

检疫性有害生物疫情报告、公布和解除程序

Report, publication and disestablishment process of quarantine pests

2009-04-27 发布　　2009-10-01 实施

中华人民共和国国家质量监督检验检疫总局
中国国家标准化管理委员会　发布

前　　言

本标准由全国植物检疫标准化技术委员会提出并归口。

本标准负责起草单位：国家林业局森林病虫害防治总站。

本标准主要起草人：胡学兵、赵宇翔、李娟、崔永三、郑华。

检疫性有害生物
疫情报告、公布和解除程序

1 范围

本标准规定了检疫性有害生物的疫情报告、公布和解除的程序和要求等内容。

本标准适用于官方对检疫性有害生物疫情的报告、公布和解除。

2 术语和定义

下列术语和定义适用于本标准。

2.1

检疫性有害生物 quarantine pest

对受其威胁的地区具有潜在的经济或生态重要性，但尚未在该地区发生，或虽已发生但分布不广，并得到政府主管部门确认的有害生物。本标准中指的是农业、林业、进出境植物检疫性有害生物。

2.2

疫情 pest epidemic situation

本标准中指检疫性有害生物的发生或传播对农业、林业生产安全、生态安全及人类生命健康等造成危害或威胁的情形。

2.3

有害生物风险分析 pest risk analysis

评价一种有害生物是否为检疫性有害生物和其传入的可能性及将为此采取的植物检疫措施力度的过程。

2.4

植物 plant

栽培植物、野生植物及其种子、种苗及其他繁殖材料等。

2.5

植物产品 plant product

来源于植物未经加工或者虽经加工但仍有可能传播有害生物的产品。

2.6

监测 monitoring

为及时发现检疫性有害生物是否存在以及掌握其发生动态而持续进行的调查。

2.7

扩散 spread

有害生物在某个地区内地理分布的扩展。

2.8

根除 eradication

采取植物检疫措施将一种有害生物从一个地区彻底消灭。

3 检疫性有害生物的确定程序

3.1 名单的提出

3.1.1 国务院检验检疫主管部门组织农业、林业、进出境植物检疫机构、全国科研院所、大专院校专家提出《进境植物检疫性有害生物》初选名单。

3.1.2 国务院农业主管部门组织有关科研院所、大专院校及植物检疫机构的有关专家提出《农业植物检疫性有害生物》、《引进植物种苗时禁止携带的危险性有害生物》、《调运植物及植物产品防止传播的危险性有害生物》的初选名单。

3.1.3 国务院林业主管部门组织有关科研院所、大专院校及植物检疫机构的有关专家提出《林业植物检疫性有害生物》、《引进林木种苗时禁止携带的危险性有害生物》、《调运林业植物及其产品防止传播的危险性有害生物》的初选名单。

3.1.4 各省(自治区、直辖市)农业、林业主管部门分别组织有关科研院所、大专院校及植物检疫机构的有关专家提出本省(自治区、直辖市)的农业、林业补充植物检疫性有害生物的初选名单。

3.2 风险分析

3.2.1 国务院农业、林业、检验检疫主管部门组织有关专家各自对提出的3.1.1、3.1.2、3.1.3所列的初选名单中的种类开展有害生物风险分析，并根据风险分析结论提出征求意见稿。

3.2.2 各省(自治区、直辖市)农业、林业主管部门组织有关专家各自对3.1.4所列的初选名单中的种类开展有害生物风险分析，并根据风险分析结论提出征求意见稿。

3.3 征求意见

3.3.1 《进境植物检疫性有害生物名单》应征求国务院农业、林业主管部门意见，并通报WTO秘书处。

3.3.2 《农业植物检疫性有害生物名单》、《引进植物种苗时禁止携带的危险性有害生物名单》、《调运植物及植物产品防止传播的危险性有害生物名单》应分别征求各省(自治区、直辖市)农业主管部门意见。

3.3.3 《林业植物检疫性有害生物名单》、《引进林木种苗时禁止携带的危险性有害生物名单》、《调运林业植物及其产品防止传播的危险性有害生物名单》应分别征求各省(自治区、直辖市)林业主管部门意见。

3.3.4 各省(自治区、直辖市)的《农业植物检疫性有害生物补充名单》、《林业植物检疫性有害生物补充名单》应分别征求本省(自治区、直辖市)各级农业、林业主管部门意见。

3.4 名单的确定及颁布

3.4.1 国务院农业、林业、检验检疫主管部门，各省(自治区、直辖市)农业、林业主管部门各自对反馈意见进行处理，并组织有关专家对征求意见后的名单进行论证。

3.4.2 国务院农业、林业、检验检疫主管部门根据专家论证会议意见确定《进境植物检疫性有害生物名单》，并由国务院农业主管部门颁布。

3.4.3 国务院农业主管部门根据专家论证会议意见确定并颁布《农业植物检疫性有害生物名单》、《引进植物种苗时禁止携带的危险性有害生物名单》、《调运植物及植物产品防止传播的危险性有害生物名单》。

3.4.4 国务院林业主管部门根据专家论证会议意见确定并颁布《林业植物检疫性有害生物名单》、《引进林木种苗时禁止携带的危险性有害生物名单》、《调运林业植物及植物产品防止传播的危险性有害生物名单》。

3.4.5 各省(自治区、直辖市)农业、林业主管部门根据专家论证会议意见，分别确定并颁布本省(自治区、直辖市)《农业植物检疫性有害生物补充名单》、《林业植物检疫性有害生物补充名单》。

3.5 名单中种类的删除

3.5.1 删除名单中的种类按确定的程序规定进行。

3.5.2 删除检疫性有害生物名单中的种类应符合如下条件之一：

a) 发生范围普遍，采取植物检疫措施进行疫情封锁控制无实际意义；

b) 其发生或传播不再对农业、林业生产安全、生态安全及人类生命健康等造成危害或威胁。

4 疫情确认和疫情报告程序

4.1 引进植物种苗在隔离种植或分散种植期间的疫情确认和疫情报告

4.1.1 引进植物种苗在检疫隔离种植或分散种植期间发现的《进境植物检疫性有害生物名录》或《引进植物种苗时禁止携带的危险性有害生物名单》中的疑似种类，由国务院检验检疫主管部门指定的鉴定机构负责疫情确认。

4.1.2 疫情确认后负责检疫监管的进出境动植物检疫机构、或农业(林业)植物检疫机构应向分别向国务院检验检疫主管部门、农业或林业主管部门报告有关情况。

4.1.3 国务院检验检疫主管部门、国务院农业或林业主管部门分别通报各级进出境动植物检疫机构、各级农业或林业植物检疫机构，以加强对此类引进植物种苗的口岸检疫和种植期间的检疫监管。

4.2 初发疫情的确认和报告

4.2.1 县级行政区初次发现《农业植物检疫性有害生物名单》、《林业植物检疫性有害生物名单》中的种类，分别由本省(自治区、直辖市)农业、林业植物检疫机构或其指定的机构鉴定确认；由所在地县级农业、林业植物检疫机构负责向当地农业、林业行政主管部门报告，并逐级向市、省级农业、林业植物检疫机构报告。

4.2.2 省(自治区、直辖市)初次发现《农业植物检疫性有害生物名单》、《林业植物检疫性有害生物名单》中的种类，由国务院农业或林业主管部门或其指定的机构进行最终鉴定确认。由省(自治区、直辖市)农业、林业植物检疫机构负责向当地农业、林业行政主管部门和国务院农业、林业主管部门报告。

4.2.3 出入境植物检疫机构初次发现《进境植物检疫性有害生物名单》中的种类，由国务院检验检疫主管部门指定的机构确认。由出入境植物检疫机构负责逐级向国务院检验检疫主管部门报告。

4.3 其他疫情的确认和报告

4.3.1 当地已分布的《农业植物检疫性有害生物名单》、《林业植物检疫性有害生物名单》、本省(自治区、直辖市)《农业植物检疫性有害生物补充名单》、《林业植物检疫性有害生物补充名单》中的种类，由本省(自治区、直辖市)农业、林业植物检疫机构或其指定的机构鉴定确认。

4.3.2 调运植物及植物产品在途中检疫检查，或在调入地检疫复检时发现携带调出省(自治区、直辖市)《农业植物检疫性有害生物补充名单》、《林业植物检疫性有害生物补充名单》中的种类，或调入省(自治区、直辖市)提出调入农业(林业)植物及植物产品时要求检疫的危险性有害生物种类，由本省(自治区、直辖市)农业、林业植物检疫机构指定的机构鉴定确认。

4.3.3 调运植物及植物产品在途中检疫检查，或在调入地检疫复检时发现携带调入省(自治区、直辖市)或调出省(自治区、直辖市)《农业植物检疫性有害生物补充名单》、《林业植物检疫性有害生物补充名单》中的种类，或调入省(自治区、直辖市)提出调入农业(林业)植物及植物产品时要求检疫的危险性有害生物种类，由发现地县级农业、林业植物检疫机构负责向省(自治区、直辖市)农业、林业植物检疫机构报告；省(自治区、直辖市)农业、林业植物检疫机构负责通报调出地省(自治区、直辖市)农业、林业植物检疫机构，并抄送国务院农业、林业主管部门。

4.4 疫情报告的内容

疫情报告应采用书面报告，包括下列内容：

a) 检疫性有害生物中文名、学名、异名；
b) 疫情发生的时间、地点、发生面积、危害程度；
c) 检疫性有害生物鉴定证明；
d) 已采取的控制措施；
e) 疫情报告的单位、负责人、报告人及联系方式。

5 疫情公布程序

5.1 国务院农业、林业主管部门根据全国检疫性有害生物疫情调查结果、各省(自治区、直辖市)疫情报告情况，向社会公布《农业植物检疫性有害生物名单》、《林业植物检疫性有害生物名单》、调运植物及植物产品防止传播的危险性有害生物名单》、《调运林业植物及其产品防止传播的危险性有害生物名单》中的种类的疫情信息。

5.2 各省（自治区、直辖市）农业、林业主管部门根据本辖区检疫性有害生物疫情调查结果、各地疫情报告情况，向社会公布《农业植物检疫性有害生物补充名单》、《林业植物检疫性有害生物补充名单》中的种类的疫情信息。

5.3 公布疫情应包括下列内容：

a） 检疫性有害生物中文名、拉丁学名、异名；

b） 检疫性有害生物的寄主；

c） 检疫性有害生物分布的乡镇级行政单位名称，同时注明所属的省、市、县。

6 疫情解除程序

6.1 当检疫性有害生物在分布区内（乡镇级以上行政区，下同）通过有效手段根除后，由主管部门向社会宣布该地解除疫情。

6.2 疫情解除程序参照 5.1 和 5.2。

6.3 疫情的解除应满足下列条件之一：

a） 通过有效手段根除后，分布区内没有该检疫性有害生物的寄主植物；

b） 通过有效手段根除后，在分布区连续 3 年疫情监测调查中没有发现该检疫性有害生物。

参 考 文 献

[1] 《国际植物保护公约》,粮农组织,1997.
[2] 《实施卫生和植物检疫措施协定》,世界贸易组织,1994.
[3] 《植物检疫术语表》,《国际植检措施标准》第5号出版物,粮农组织,2007.
[4] 《检疫性有害生物风险分析》,《国际植检措施标准》第11号出版物,粮农组织,2001.
[5] 《中华人民共和国进出境动植物检疫法》,全国人民代表大会常务委员会,1991.
[6] 《中华人民共和国进出境动植物检疫法实施条例》,国务院,1997.
[7] 《植物检疫条例》,国务院,1992.
[8] 《植物检疫条例实施细则(林业部分)》,林业部,1994.
[9] 《植物检疫条例实施细则(农业部分)》,农业部,1997.

ICS 65.020.01
B 16

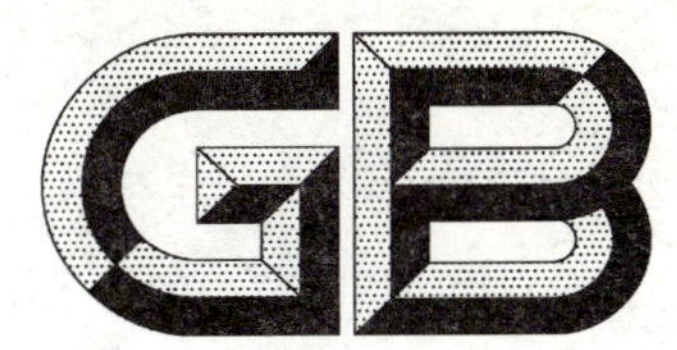

中华人民共和国国家标准

GB/T 23621—2009

农业植物检疫实验室基础条件

Guidelines for the establishment of plant quarantine laboratory

2009-04-27 发布

2009-10-01 实施

中华人民共和国国家质量监督检验检疫总局
中国国家标准化管理委员会 发布

前　言

本标准由全国植物检疫标准化技术委员会提出并归口。

本标准起草单位：全国农业技术推广服务中心、四川省植物检疫站。

本标准主要起草人：吴立峰、宁红、郭迪金、谢成伦、刘慧、黄玲、熊玉兰。

农业植物检疫实验室基础条件

1 范围

本标准规定了各级农业植物检疫实验室在人员配备、检验用房、设施、环境条件及仪器设备等方面的基础条件要求。

本标准适用于各级农业植物检疫实验室建设。

2 术语和定义

下列术语和定义适用于本标准。

2.1

农业植物检疫实验室 plant quarantine laboratory

各级农业植物检疫机构设立的主要承担植物检疫性有害生物检验鉴定任务的实验室。

3 农业植物检疫实验室人员配备

3.1 人员配备要求

各级植物检疫实验室应合理配备与检验和其他工作任务相适应的高、中、初级专业技术人员，包括实验室主任、技术负责人、检验人员和辅助人员。实验室主任、技术负责人、检验人员应由专职植物检疫员担任。省级和省级以上的植物检疫实验室应配备3人以上的固定专业技术人员，市级和县级植物检疫实验室应配备2人以上的固定专业技术人员。

3.2 专业技术人员技能要求

3.2.1 省级和省级以上植物检疫实验室

——具备植物病原物、农业昆虫及农田杂草分类基础知识和常规检验技术；

——识别检疫性有害生物的形态特征和为害症状，熟悉其生物学特性、传播途径、发生规律及除害处理技术；

——熟练掌握有害生物的针对性检验技术及其他新技术；

——了解国内外相关检疫性有害生物疫情动向及相关学科知识。

3.2.2 市级和县级植物检疫实验室

——具备植物病原物、农业昆虫及农田杂草分类基础知识和常规检验技术；

——识别检疫性有害生物的形态特征和为害症状，熟悉其生物学特性、传播途径、发生规律及除害处理技术；

——掌握检疫性有害生物针对性检验技术。

3.3 辅助人员技能要求

实验室辅助人员应经过专门培训，具备相应的实际操作技能。

4 植物检疫实验室用房、设施及环境条件

4.1 用房

各级植物检疫实验室用房应不低于表1的基本要求。

表 1　植物检疫实验室用房

实验室类别	用房名称	数量/间	使用面积/m^2
省级和省级以上植物检疫实验室	办公室	1	20
	病害检验室	2	40
	虫害检验室	2	40
	杂草检验室	1	20
	精密仪器室	1	20
	接种及培养室	1	20
	准备室	1	40
	除害处理室	1	20
	标本室	1	20
市级和县级植物检疫实验室	办公室	1	20
	病害检验室	1	20
	害虫杂草检验室	1	20
	准备室	1	20
	除害处理室	1	15
	标本室	1	15

4.2　设施

省级和省级以上植物检疫实验室除应具备4.1规定的用房要求外，还应具备表2规定的检验设施，市级和县级植物检疫实验室可根据工作的实际情况，建设一定面积的温室、网室。

表 2　省级和省级以上植物检疫设施

设施名称	面积/m^2	技术指标
温室	40	控温、控湿，密闭条件好，具缓冲间
网室	100	纱网目数不低于60目，具缓冲间

4.3　环境条件

4.3.1　外部环境条件

植物检疫实验室应具备良好的外部环境条件，避免尘埃、烟雾、有毒有害物质、振动等影响检验结果。

4.3.2　内部环境条件

室内具备废气、污水、污物处理和排放设施和通道；配置安全、消防设施和符合生物安全的灭活处理设备；满足对环境条件有特殊要求的仪器设备所需要的环境条件。

5　植物检疫实验室仪器设备

各级植物检疫实验室应具备表3规定的仪器设备基本配置。

表 3 各级植物检疫实验室仪器设备基本配置

名称	省级和省级以上		市级和县级	
	是否配备	数量/台(套)	是否配备	数量/台/(套)
电脑	√	2	√	2
照相机	√	1	√	1
投影仪	√	1	√	1
打印机	√	1	√	1
扫描仪	√	1	√	1
卫星定位设备(GPS)	√	3	√	2
−80 ℃超低温冰箱	√	1		
−20 ℃低温冰柜	√	1	√*	1
普通冰箱	√	3	√	2
相差显微镜(带照相)	√	1	√	1
倒置显微镜	√	1		
普通生物显微镜	√	2	√	1
高倍体视显微镜(带照相)	√	1	√*	1
体视显微镜	√	3	√	2
放大镜	√	10	√	5
低速离心机	√	2	√	1
水浴循环	√	1		
恒温水浴摇床	√	1		
控温空气浴摇床	√	1	√*	1
恒温培养箱	√	1	√	1
光照培养箱	√	3	√	1
人工气候箱	√	2	√*	1
液氮罐	√	1		
微量移液器	√	3	√*	2
组织切片机	√	1		
高速冷冻离心机	√	1		
紫外分光光度计	√	1		
电泳设备	√	1		
凝胶成像系统	√	1		
PCR 仪	√	1		
酶标仪	√	1		
纯水仪	√	1		
超净工作台	√	1	√*	1
定时光照培养架	√	5		

表3(续)

名　称	省级和省级以上		市级和县级	
	是否配备	数量/台(套)	是否配备	数量/台/(套)
臭氧消毒器	√	1		
通风厨	√	1		
1/10 000 电子天平	√	1		
1/1 000 电子天平	√	1	√*	1
1/100 电子天平	√	1	√	1
干热灭菌器	√	2	√	1
高压灭菌器	√	1	√	1
微波炉	√	1	√	1
pH 计	√	1	√*	1
磁力搅拌器	√	2		
旋涡混合仪	√	2		
超声波清洗器	√	1		
定时器	√	2	√	1
高速粉碎器	√	1	√*	1
养虫设备	√	2	√	1
线虫分离器	√	2	√	1
标本制作工具	√	2	√	1
工具箱	√	3	2	
实验用具及易耗品	√	若干	√	若干
专用药品柜	√	3	√	2
特殊药品存放柜	√	1	√	1
标本柜	√	3	√	2
样品保存柜	√	3	√	2
标本盒、标本瓶	√	若干	√	若干
干燥器	√	10	√	5
抽湿机	√	1	√	1

* 表示县级植物检疫实验室可以根据实际情况选配。

ICS 65.020.01
B 16

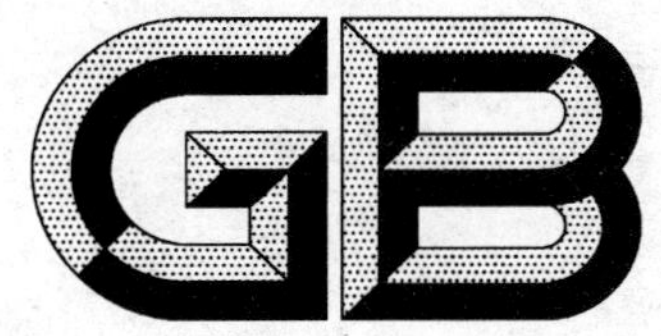

中华人民共和国国家标准

GB/T 23628—2009

建立有害生物低发生率地区的要求

Requirements for the establishment of areas of low pest prevalence

2009-04-27 发布　　2009-10-01 实施

中华人民共和国国家质量监督检验检疫总局
中国国家标准化管理委员会　发布

前　言

本标准修改采用国际植物检疫措施第二十二号国际标准(以下统一为:ISPM No. 22)《关于建立有害生物低发生率地区的要求》(2005,英文版)。

本标准作了编辑性修改,在附录B中给出了编辑性差异及其原因的一览表以供参考。

本标准的附录A、附录B为资料性附录。

本标准由全国植物检疫标准化技术委员会提出并归口。

本标准负责起草单位:中华人民共和国江苏出入境检验检疫局。

本标准参加起草单位:中华人民共和国上海出入境检验检疫局、中华人民共和国国家质量监督检验检疫总局。

本标准主要起草人:安榆林、殷玉生、吴翠萍、赵宇、杨晓军、朱明道、印丽萍、黄冠胜。

引　言

《国际植物保护公约》和世界贸易组织的《卫生和植物卫生措施协定》提及了有害生物低发生率地区概念。建立一个有害生物低发生率地区是防治有害生物的一种方法，用于使一个地区的有害生物种群保持或减少到低于特定的水平。有害生物低发生率地区有助于促进出口或限制该地区的有害生物影响。

确定一个特定的有害生物低水平时，国家相关植物保护机构应考虑建立一项计划（以下简称官方计划）来达到或保持该水平的全面性和经济可行性，以及达到建立一个有害生物低发生率地区的目的。

在确定有害生物低发生率地区时，国家相关植物保护机构应说明所涉及的地区或国家。同时国家相关植物保护机构也可因某一进口国的要求而建立和保持该进口国关注的有害生物低发生率地区。

应按照适当的规程监测相关的有害生物。建立和保持一个有害生物低发生率地区可能需要额外的植物检疫程序。

有害生物低发生率地区一旦建立，应继续实施其建立时使用的措施和必要的文献记录及验证程序来予以保持。在大多数情形下，国家相关植物保护机构需要完善一项执行计划，明确规定所需的植物检疫程序。如果有害生物低发生率地区状况发生变化，就应当实施一项纠偏行动计划。

建立有害生物低发生率地区的要求

1 范围

本标准规定了为某一地区的限定性有害生物以及为便于出口而仅为某一进口国限定有害生物建立有害生物低发生率地区的要求和程序。

本标准适用于有害生物低发生率地区的确定、验证、保持和使用。

2 规范性引用文件

下列文件中的条款通过本标准的引用而成为本标准的条款。凡是注日期的引用文件，其随后所有的修改单(不包括勘误的内容)或修订版均不适用于本标准，然而，鼓励根据本标准达成协议的各方研究是否可使用这些文件的最新版本。凡是不注日期的引用文件，其最新版本适用于本标准。

GB/T 20478 植物检疫术语

卫生和植物卫生措施协定(1994 年，世界贸易组织)

国际植物保护公约(1997 年，粮农组织)

ISPM No. 6 监视准则(1997 年，粮农组织)

ISPM No. 11 检疫性有害生物风险分析(2004 年，粮农组织)

ISPM No. 14 采用系统综合措施进行有害生物风险治理(2002 年，粮农组织)

ISPM No. 16 非检疫性限定有害生物：概念及应用(2002 年，粮农组织)

ISPM No. 17 有害生物报告(2002 年，粮农组织)

ISPM No. 20 进境植物检疫管理系统准则(2004 年，粮农组织)

ISPM No. 21 非检疫性限定有害生物风险分析(2004 年，粮农组织)

3 术语和定义

GB/T 20478 确立的术语和定义适用于本标准。

4 一般要求

4.1 有害生物低发生率地区的确定

建立有害生物低发生率地区是一项有害生物治理方案，用于使一个地区的有害生物种群保持或降至低于特定水平。它可用于促进某种商品从有害生物发生的地区向其他未发生地区流动，从而减少或限制该地区的有害生物影响，如国内流动或出口。也可在普遍环境条件下为具有广泛寄主范围的有害生物建立有害生物低发生率地区，同时建立有害生物低发生率地区还应考虑该有害生物的生物学特性和该地区的特点。有害生物低发生率地区可因不同目的而建立，故有害生物低发生率地区的规模和说明应视目的而定。

根据本标准，可由国家相关植物保护机构建立有害生物低发生率地区的情况有：

——供出口产品的生产地区；

——正在执行一项根除计划或抑制计划的地区；

——作为缓冲区保护非疫区的地区；

——处于改变状态的非疫区之内并处于紧急措施方案下的地区；

——作为限定的非检疫性有害生物的官方防治的一部分(见 ISPM No. 16)；

——处于受侵染地区之内且其产品打算运往另一个有害生物低发生率地区的生产地区。

在已经建立有害生物低发生率地区以及寄主材料打算出口的情况下，可能还需要对这些寄主材料采取额外的植物检疫措施。这样，一个有害生物低发生率地区将成为系统方法的一部分。ISPM No.14 中详细说明了系统方法。该系统方法可非常有效地将有害生物风险降至进口国的可接受水平，因此在某些情况下，有害生物风险可以降至非疫区的寄主材料的风险水平。

4.2 执行计划

在多数情况下，国家植物保护机构需要制定一项官方执行计划来规定所采用的植物检疫程序。如果是为了利用有害生物低发生率地区促进我国与别国进行贸易，这种官方执行计划可以作为进口缔约方国家植物保护机构与我国相关国家植物保护机构之间双边协议的一项具体工作计划，或者可以作为进口国的一项一般要求，当进口国提出要求时，我国应当向进口国提供这种官方执行计划。为确保达到进口国的要求，建议相关植物保护机构应提前与进口国进行协商。

5 具体要求

5.1 有害生物低发生率地区的建立

有害生物低发生率地区可以自然产生，也可以通过制定及采用旨在防治有害生物的植物检疫措施建立。

5.1.1 特定有害生物水平的确定

应由国家相关植物保护机构确定特定有害生物水平，并且这些水平应相当确切以便能够评估监测数据和规程是否足以确定有害生物发生率低于这些水平。可以通过有害生物风险分析来确定特定有害生物水平，ISPM No.11 和 ISPM No.21 中对此作了举例说明。如果建立有害生物低发生率地区是为了便于出口，那么我国应与进口国一起确定特定有害生物水平。

5.1.2 地域说明

国家相关植物保护机构应说明有害生物低发生率地区，并附有地图以表明该地区的确切范围。关于该地区的说明还可以酌情包括产地、商业生产区附近的寄主植物、可以隔离该地区的天然屏障和(或)缓冲区。

有必要说明天然屏障和缓冲区的范围、外型以及如何有助于将有害生物排除在外或者治理有害生物，或者它们为什么成为有害生物的屏障。

5.1.3 文献记录和验证

国家相关植物保护机构应当验证及记录所有程序是否得到实施。该项工作的内容应包括：

——记录采用的程序(即程序手册)；

——实施程序并作记录；

——对程序进行检查；

——制定及实施纠偏行动。

5.1.4 植物检疫程序

5.1.4.1 监测活动

根据特定有害生物的敏感性来确定有害生物低发生率地区和缓冲区的有关有害生物状况，在适当时期和适当置信水平上应有监测活动(ISPM No.6 对此作了说明)。监测应按照特定有害生物规程进行。这些规程应包括如何衡量特定有害生物水平是否得到保持，例如诱捕器种类、每公顷诱捕器数量、每天或每周每个诱捕器可接受的有害生物数量、需要试验或检查的每公顷样品数、需要进行试验或检查的植物器官等。

应收集和记录监测数据，以表明在拟议的有害生物低发生率地区和任何相关缓冲区内的特定有害生物种群不超过特定水平。必要时，这种监测数据还应当包括对栽培寄主、非栽培寄主或生境(有害生物是一种植物的情况下)的调查。监测数据应同特定有害生物的生命周期相关，并应进行统计验证以便对有害生物种群水平进行检测和特性鉴定。

在建立一个有害生物低发生率地区时，对特定有害生物进行检测的技术报告和监测活动结果应作记录并保存多年，这种记录和保存期限视特定有害生物的生物学、繁殖力和寄主范围而定。在某些情况下，为了对这些资料加以补充，应在有害生物低发生率区建立之前尽可能提供更多年份的数据。

5.1.4.2 有害生物水平的降低及低发生率的保持

在拟议的有害生物低发生率地区，应记录和应用植物检疫程序，以达到栽培寄主和非栽培寄主或生境所要求的特定有害生物水平。植物检疫措施应同特定有害生物的生物学和行为相关。用于达到特定有害生物水平的程序有：消除替代寄主；施用农药；释放生物防治物；采用高强度诱捕技术来捕获有害生物。

在建立一个有害生物低发生率地区时，应记录多年的防治活动。记录的年份视特定有害生物的生物学、繁殖力和寄主范围而定。有时为了对这种资料加以补充，应在有害生物低发生率地区建立之前尽可能提供更多年份的数据。

5.1.4.3 减少特定有害生物进入的风险

当有害生物低发生率地区是针对一种限定有害生物建立时，可能需要采取植物检疫措施来减少特定有害生物进入该有害生物低发生率区的风险(参见 ISPM No.20)。这些植物检疫措施包括：

——为保持有害生物低发生率地区而需要控制的途径和物品的管理。应当查明有害生物低发生率地区的所有进出途径，包括指定进入点以及在进入该地区之前或者进入该地区时要求提供文件、进行处理、检验或抽样；

——验证货物文件和植检情况，包括查明截获的特定有害生物样品和保持抽样记录；

——确认按要求进行的处理及其效果；

——记载其他任何植物检疫程序。

建立有害生物低发生率地区可以是针对我国限定的有害生物，也可以是为了便于出口而针对某进口国限定的有害生物。当有害生物低发生率地区是针对某一地区的非限定有害生物建立时，也可以采用减少进入的措施。但这种措施不应限制进入我国的植物和植物产品贸易，对于进口商品和我国生产的商品应一视同仁。

5.1.4.4 纠偏行动计划

如果有害生物低发生率地区或缓冲区内的有害生物水平超过特定有害生物水平时，国家相关植物保护机构应制定一项计划并实施(5.3 说明了一个有害生物低发生率地区的状况可能改变的其他情况)。该计划可包括通过定界调查以确定是哪个地区的有害生物水平超过了特定有害生物水平、商品抽样、农药施用和(或)其他抑制活动。

5.1.5 有害生物低发生率地区的验证

针对将要建立的有害生物低发生率地区，国家相关植物保护机构应验证达到有害生物低发生率地区的要求所必需的措施已经实施。这包括 5.1.3 中所说明的文献记录和验证程序的所有方面均得到实施。如果该地区用于出口，进口国的国家植物保护机构可能还希望验证执行情况。

5.2 有害生物低发生率地区的保持

一旦建立有害生物低发生率区，国家相关植物保护机构应保持相关文献记录及验证程序，继续实施植物检疫程序和动态控制措施并保持记录。至少应保存前两年或必要长时间的记录以支持该项计划。如果有害生物低发生率地区用于出口目的，当进口国提出要求时应向其提供记录。此外，对制定的程序应定期审核，至少一年一次。

5.3 有害生物低发生率地区状况的变化

导致有害生物低发生率地区状况变化的主要原因是有害生物水平超过了特定水平。

可能导致有害生物低发生率地区状况发生变化以及需要采取行动的其他原因有：

——管理程序反复失效；

——因记录不完备而影响有害生物低发生率区的完整性。

5.1.4.4 指出，在有害生物低发生率地区的状况发生变化的情况下应实施纠偏行动计划。在确认有害生物低发生率地区内的有害生物水平超过了特定水平时应尽快采取纠偏行动。

视所采取的行动结果，有害生物低发生率地区的状况可以发生变化：

——如果所采取的植物检疫行动(作为当发现有害生物水平超过特定水平时纠偏行动计划的一部分)取得了成功，继续保持(有害生物低发生率地区状况没有失去)；

——如果管理行动的失败或其他缺陷得到纠偏，继续保持；

——如果可以查明并且隔离的有限地区内的有害生物水平超过特定水平，应重新确定范围以便将某个地区排除在外；

——中止(有害生物低发生率地区状况丧失)。

如果有害生物低发生率地区用于出口目的，进口国可以要求向其报告这种情况和有关活动。ISPM No.17 中提供了更多的指导。此外，该进口国和我国可商定一项纠偏行动计划。

5.4 有害生物低发生率地区状况的中止和恢复

如果一个有害生物低发生率地区被中止，应开展调查以确定失败的原因，并采取纠偏行动和其他必要保护措施，以防止再次被中止。有害生物低发生率地区的中止状况保持到有害生物种群在适当时期内低于特定水平或者其他缺陷得到纠偏时为止。至少需要多长时间低于特定有害生物水平才能恢复有害生物低发生率地区，将视特定有害生物的生物学特性而定，这同最初建立有害生物低发生率区的情况一样。一旦失败的原因得到纠偏并且该系统的完整性得到验证，有害生物低发生率地区可以恢复。

附 录 A
（资料性附录）
本标准章条编号与国际标准 ISPM No.22 章条编号对照

表 A.1 给出了本标准章条编号与国际标准 ISPM No.22 章条编号对照。

表 A.1 本标准章条编号与国际标准 ISPM No.22 章条编号对照一览表

本标准章条编号	国际标准 ISPM No.22 章条编号
引言	ISPM No.22 引言中的要求概要，背景中 1.1 的第一段
1 范围	ISPM No.22 引言中的范围
2 规范性引用文件	ISPM No.22 引言中的参考文献的部分内容
3 术语和定义	GB/T 20478 植物检疫术语中有关术语和定义
4	2
4.1～4.2	2.1～2.2
5	3
5.1～5.4	3.1～3.4

附 录 B
（资料性附录）
本标准与国际标准 ISPM No.22 的编辑性差异及其原因

表 B.1 给出了本标准与国际标准 ISPM No.22 的编辑性差异及其原因。

表 B.1 本标准与国际标准 ISPM No.22 的编辑性差异及其原因一览表

本标准章条编号	编辑性差异	原 因
—	删除 ISPM No.22 背景中 1.1 的第二、三段及 1.2 和 1.3	这些内容是关于有害生物低发生率区概念、采用有害生物低发生率区的优点、有害生物低发生率区与非疫区的区别。本标准是以 ISPM No.22(2005,英文版)为范本,制定关于建立有害生物低发生率地区的要求的国家标准,对以上内容不再赘述
前言	在第一行括号中增加注解内容“以下统一为:ISPM No.22”	是直接引用国际标准名称编码
引言	综合了 ISPM No.22 中背景和要求概要等内容	以适应国家标准的叙述规范
2 规范性引用文件	所引用的文件是 ISPM No.22 引言中的参考文献中的部分内容	以适应国家标准的格式和表达
3 术语和定义	直接引用 GB/T 20478 植物检疫术语中相关术语和定义	以适应国家标准的格式和表达

ICS 65.020.01
B 16

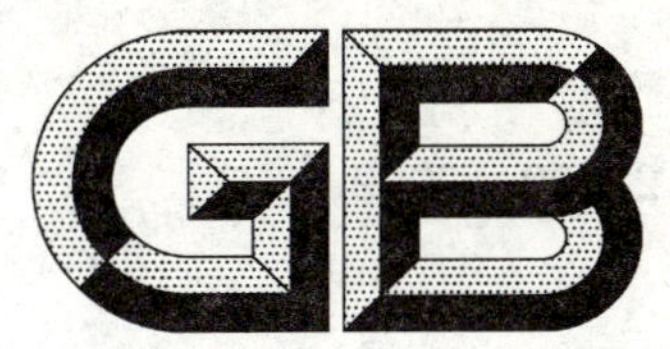

中华人民共和国国家标准

GB/T 23629—2009

引进植物病原生物安全控制技术要求

General requirements for the introduction of plant pathogens

2009-04-27 发布

2009-10-01 实施

中华人民共和国国家质量监督检验检疫总局
中国国家标准化管理委员会 发布

前　言

本标准由全国植物检疫标准化技术委员会提出并归口。

本标准起草单位:中国检验检疫科学研究院、中华人民共和国厦门出入境检验检疫局、中华人民共和国北京出入境检验检疫局。

本标准主要起草人:陈红运、赵文军、葛建军、黄英、李建光、梁新苗、李桂芬、李明福、严进、陈乃中、朱水芳。

引进植物病原生物安全控制技术要求

1 范围

本标准规定了引进植物病原生物的安全控制技术要求。

本标准适用于引进植物病原生物的安全评价及安全控制。

2 规范性引用文件

下列文件中的条款通过本标准的引用而成为本标准的条款。凡是注日期的引用文件，其随后所有的修改单(不包括勘误的内容)或修订版均不适用于本标准，然而，鼓励根据本标准达成协议的各方研究是否可使用这些文件的最新版本。凡是不注日期的引用文件，其最新版本适用于本标准。

GB 19489—2004 实验室 生物安全通用要求

中华人民共和国进出境动植物检疫法

3 术语和定义

下列术语和定义适用于本标准。

3.1

植物病原生物 plant pathogens

任何对植物或植物产品有害的真菌、原核生物(细菌、植原体等)、病毒和线虫的种、株(品)系或致病型。

3.2

特许审批 import permit

针对因科学研究等特殊原因，需要引进禁止进境物的检疫审批。

4 申请材料

植物病原生物属于特许审批范畴。申请人应提交拟引进的植物病原生物的详尽资料，主要包括：

a) 背景资料

 1) 学名、俗名和其他名称；

 2) 分类学地位；

 3) 地理分布；

 4) 寄主植物范围；

 5) 致病性。

b) 用途。

c) 安全措施

 主要包括实验室管理、设施和设备条件、废弃物处理等内容。

5 安全评价

5.1 引进种类

申请引进的植物病原生物不应属于下列情形中规定的种类：

a) 《中华人民共和国进境植物检疫性有害生物名录》、《全国农业植物检疫性有害生物名单》和《全国林业检疫性有害生物名单》中规定的植物病原生物；

b) 中国与输出国签订的双边检疫协定(含协定、备忘录、检疫议定书)中规定的植物病原生物;

c) 主管部门发布公告或警示通报的植物病原生物。

5.2 资料审核

应审核拟引进植物病原生物背景资料的完整性,重点分析其地理分布、寄主植物范围和致病性。

5.3 用途

应有科研项目(含标准研制项目)支持,考核指标应与拟引进植物病原生物之间有明确的对应关系。

如无科研项目支持,应有书面申请材料并加盖单位(需有法人资格)公章,明确引进植物病原生物的用途。

5.4 责任人和直接责任人

申请材料中应明确申请单位法人为责任人,科研项目负责人为直接责任人,申请材料中应有直接责任人的手写签名。

5.5 设施和设备要求

实验室的设施和设备应满足 GB 19489—2004 中第 6 章的规定。

5.6 管理要求

申请人所在实验室的管理应满足 GB 19489—2004 中第 9 章的规定。管理要求至少应包括以下要素:

a) 管理责任。

b) 安全设计

实验室的进入应仅限于经授权的人员。植物病原生物的存放应采取适当的保安措施,如可锁闭的低温冰箱、特殊人员的进入限制等。

c) 程序

实验室应制定标准操作程序,应包括详细的作业指导书。管理责任人每年应对这些程序至少评审和更新一次。应制定书面计划,至少包括以下内容:

1) 植物病原生物的安全存放程序;

2) 防止植物病原生物失窃的程序;

3) 废弃物(包括废液、废水和废渣等)的处理程序;

4) 事件记录、报告及调查。

d) 记录

应有机制记录植物病原生物的使用和保存情况,废弃物的处理记录应按有关规定的期限保存并可查阅。

5.7 废弃物处理

实验室废弃物的处理应符合国家、地区或地方的相关要求,至少应包括以下要素:

a) 培养物(培养基、愈伤组织等)及含有植物病原生物活体的废弃物应高压处理;

b) 培养器皿(培养皿、三角瓶、试管等)应高压灭菌后再进行清洗;

c) 一次性吸头、Eppendorf 管等耗材应高压灭菌后方可丢弃;

d) 接种植物病原生物的植株应烘干后焚烧处理。

6 判定

依据第 5 章的要求对植物病原生物实施安全评价,决定是否允许植物病原生物进境。

7 包装要求

7.1 外包装应标明引进植物病原生物的名称、数量、输出国。

7.2 内包装应是全新的、安全的、符合检疫要求的,并能有效防止植物病原生物泄漏。

7.3 铺垫材料不应带有土壤和其他有害生物,并对生态环境无害。

参 考 文 献

[1] 中华人民共和国进境植物检疫性有害生物名录　农业部，第 862 号公告.
[2] 全国农业植物检疫性有害生物名单　农业部，第 617 号公告.
[3] 全国林业检疫性有害生物名单　国家林业局，2004 年，第 4 号公告.

ICS 65.020.01
B 16

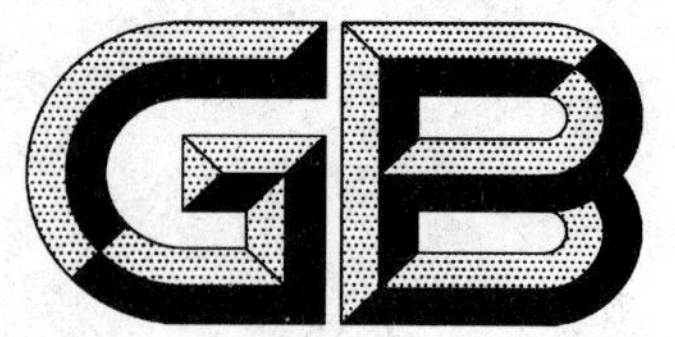

中华人民共和国国家标准

GB/T 23630—2009

进境植物检疫管理系统准则

Guidelines for a phytosanitary import regulatory system

2009-04-27 发布　　　　2009-10-01 实施

中华人民共和国国家质量监督检验检疫总局
中国国家标准化管理委员会　发布

前　言

本标准等同采用 IPPC(International Plant Protection Convention)《国际植物检疫措施标准》ISPM (International Standard for Phytosanitary Measure) No. 20:2004《进境植物检疫管理系统准则》(英文版)。

本标准等同翻译 ISPM No. 20:2004。

为了方便使用,本标准做了下列编辑性修改:

a) 删除了 ISPM No. 20:2004 中的目录、批准、审查和修改以及分发等资料性概述要素;

b) 将 ISPM No. 20:2004 引言部分归入本标准正文;

c) 增加了资料性附录 A 以指导使用。

本标准的附录 A 为资料性附录。

本标准由全国植物检疫标准化技术委员会提出并归口。

本标准起草单位:中华人民共和国湖南出入境检验检疫局、中国检验检疫科学研究院、中华人民共和国深圳出入境检验检疫局。

本标准主要起草人:朱金国、赵文军、万向阳、唐连飞、莫瑾、彭梓、朱水芳、陈枝楠、章桂明、李一农。

引　言

随着近年来国际贸易的发展，全球经济一体化程度的加深和各国间的相互依赖性日益增强，各国在保护自身产业安全的前提下，积极参与国际合作成为必然趋势。我国自1982年起陆续发布了若干植物检疫法规，同时还制定和公布了一系列单项检疫规定，但相对于一些发达国家，相关的植物检疫标准存在诸多不足，特别在进境植物检疫管理方面缺乏与国际接轨的准则，使得在进境植物检疫管理上出现分歧。为加强执行SPS措施(Sanitary and Phytosanitary Measures)和国际合作，使我国进境植物检疫管理与国际标准保持一致，促使我国植物检疫法规和管理准则与国际接轨，达到实现相互对等、相互承认的目标，适时将IPPC《国际植物检疫措施标准》ISPM No.20《进境植物检疫管理系统准则》转换成我国的植物检疫的国家标准，不仅十分迫切，且具有重要意义。

进境植物检疫管理系统准则

1 范围

本标准确立了对进境植物检疫管理系统的结构和运作以及在制定、实施和修订这一系统时应考虑的权利、义务和责任的一般原则。

本标准适用于进境植物检疫监督与管理制度的建立。[1)]

2 术语和定义

下列术语和定义适用于本标准。

2.1

有害生物低度流行区　area of low pest prevalence

主管当局认定特定有害生物发生率低，并采取有效的监视、控制或根除措施的一个地区，既可是一个国家的全部或部分，也可是若干国家的全部或部分。

［《国际植物保护公约》，1997 年］

2.2

生物防治物　biological control agent

用于有害生物防治的一种天敌，拮抗生物或竞争性生物以及其他能自我复制的生物体。

［国际植检措施标准第 3 号，1996 年］

2.3

商品　commodity

因贸易或其他用途被调运的一种植物、植物产品或其他产品。

［联合国粮食及农业组织，1990 年；植物检疫措施临时委员会修改，2001 年］

2.4

(货物的)检验程序　compliance procedure (for a consignment)

用于核实货物符合规定的植物检疫要求的官方程序。

［植物检疫措施专家委员会，1999 年］

2.5

货物　consignment

从一个国家运往另一个国家，必要时在同一植物检疫证书中注明的一定数量的植物、植物产品和(或)其他物品(货物可由一批或数批组成)。

［联合国粮食及农业组织，1990 年；植物检疫措施临时委员会修改，2001 年］

2.6

过境货物　consignment in transit

不进口到某国而是途经该国运往另一个国家，并且经过官方程序确保密封、不分装、也没有与其他货物合并或不改变包装的货物。

［联合国粮食及农业组织，1990 年；植物检疫措施专家委员会修改，1996 年；植物检疫措施专家委员会，1999 年；国际植检措施标准，2002 年前为过境国］

---

1) 在本标准中，提及法规、程序、措施或行动时，系指植物检疫法规等，除非另有说明。

2.7

扣留　detention

一种植物检疫措施，使货物处于官方的保管或监护之下。

［联合国粮食及农业组织，1990 年；联合国粮食及农业组织修改，1995 年；植物检疫措施专家委员会，1999 年］

2.8

紧急行动　emergency action

在新的或意料之外的植物检疫情况下迅速采取的一种植物检疫行动。

［植物检疫措施临时委员会，2001 年］

2.9

（货物的）进入　entry (of a consignment)

货物从入境口岸进入某地区。

［联合国粮食及农业组织，1995 年］

2.10

（有害生物的）进入　entry (of a pest)

一种有害生物进入该有害生物尚不存在、或虽已存在但分布不广、正在进行官方控制的地区。

［联合国粮食及农业组织，1995 年］

2.11

（商品的）侵染　infestation (of a commodity)

某种商品中存在有关植物或植物产品的活的有害生物。侵染包括感染。

［植物检疫措施专家委员会，1997 年；植物检疫措施专家委员会修改，1999 年］

2.12

检验　inspection

对植物、植物产品或其他限定物进行官方的直观检查以确定是否存在有害生物和（或）是否符合植物检疫法规。

［联合国粮食及农业组织，1990 年；联合国粮食及农业组织修改，1995 年］

2.13

检疫员　inspector

由国家植物保护机构授权履行其职责的人员。

［联合国粮食及农业组织，1990 年］

2.14

预定用途　intended use

申明进口、生产或使用植物、植物产品或其他限定物品的用途。

［国际植检措施标准第 16 号，2002 年］

2.15

（货物的）拦截　interception (of a consignment)

由于不符合植物检疫法规，进口货物被拒绝或有控制地入境。

［联合国粮食及农业组织，1990 年；联合国粮食及农业组织修改，1995 年］

2.16

传入　introduction

导致有害生物定殖的进入。

［联合国粮食及农业组织，1990 年；联合国粮食及农业组织修改，1995 年；《国际植物保护公约》，1997 年］

2.17

国际植物保护公约　international plant protection convention; IPPC

1951 年存于罗马联合国粮食及农业组织，后来又经过修订的国际植物保护公约。

[联合国粮食及农业组织，1990 年；植物检疫措施临时委员会修改，2001 年]

2.18

监测　monitoring

为核查植物检疫状况而进行的持续性官方活动。

[植物检疫措施专家委员会，1996 年]

2.19

国家植物保护机构　national plant protection organization; NPPO

政府设立的履行《国际植物保护公约》中规定职责的官方机构。

[联合国粮食及农业组织，1990 年；植物检疫措施临时委员会修改，2001 年]

2.20

官方　official

由国家植物保护机构建立、授权或执行的。

[联合国粮食及农业组织，1990 年]

2.21

官方控制　official control

积极实施强制性植物检疫法规及应用强制性植物检疫程序，以便根除或封锁检疫性有害生物或治理限定非检疫性有害生物。

[植物检疫措施临时委员会修改，2001 年]

2.22

包装　packaging

用于支撑、保护或装载某种商品的材料。

[国际植检措施标准第 20 号，2004 年]

2.23

途径　pathway

可使有害生物进入或扩散的任何方式。

[联合国粮食及农业组织，1990 年；联合国粮食及农业组织修改，1995 年]

2.24

有害生物　pest

任何对植物或植物产品有害的植物、动物或病原体的种、株(品)系或生物型。

[联合国粮食及农业组织，1990 年；联合国粮食及农业组织修改，1995 年；《国际植物保护公约》，1997 年]

2.25

有害生物分类　pest categorization

确定一种有害生物是否具有检疫性有害生物的特性或限定非检疫性有害生物的特性的过程。

[植物检疫措施临时委员会，2001 年]

2.26

非疫区　pest free area; PFA

有科学证据表明某种特定的有害生物没有发生并且官方能适时保持此状况的地区。

[联合国粮食及农业组织修改，1995 年]

2.27

非疫产地　pest free place of production

有科学证据表明特定有害生物没有发生并且官方能适时在一定时期保持此状况的生产地区。

[国际植检措施标准第10号,1999年]

2.28

有害生物风险分析　pest risk analysis;PRA

评价生物或其他科学和经济证据以确定是否应限定某种有害生物及将为此采取的任何植物检疫措施的力度的过程。

[联合国粮食及农业组织,1995年;国际植物保护公约修改,1997年]

2.29

植物检疫行动　phytosanitary action

为执行植物检疫法规或程序而采取的官方行动,如检验、检测、监视或处理等。

[植物检疫措施临时委员会,2001年]

2.30

植物检疫证书　phytosanitary certificate

参照《国际植物保护公约》证书样本所制定的证书。

[联合国粮食及农业组织,1990年]

2.31

植物检疫法律　phytosanitary legislation

授权国家植物保护机构起草植物检疫法规的基本法律。

[联合国粮食及农业组织,1990;联合国粮食及农业组织修改,1995]

2.32

植物检疫措施(商定的解释)　phytosanitary measure (agreed interpretation)

旨在防止检疫性有害生物的传入和(或)扩散,或限制限定非检疫性有害生物的经济影响的任何法律、法规或官方程序。

植物检疫措施一词的商定解释,说明了植物检疫措施与限定非检疫性有害生物的关系。这种关系在《国际植物保护公约》(1997年)第Ⅱ条中未得到适当反映。

[联合国粮食及农业组织,1995年;国际植物保护公约修改,1997年;植物检疫措施临时委员会,2002年]

2.33

植物检疫程序　phytosanitary procedure

实施植物检疫的官方方法,包括与限定性有害生物有关的检验、检测、监视或处理的方法。

[联合国粮食及农业组织,1990年;联合国粮食及农业组织修改,1995年;植物检疫措施专家委员会,1990年;植物检疫措施临时委员会,2001年]

2.34

植物检疫法规　phytosanitary regulation

为防治检疫性有害生物的传入和(或)扩散或者限制限定非检疫性有害生物的经济影响而作出的官方规定,包括制定植物检疫验证程序。

[联合国粮食及农业组织,1990年;联合国粮食及农业组织修改,1995年;植物检疫措施专家委员会,1999年;植物检疫措施临时委员会修改,2001年]

2.35

植物产品　plant products

未经加工的植物性材料(包括谷物)以及那些虽经加工,但由于其性质或加工的性质而仍有可能造成有害生物扩散危险的产品。

[联合国粮食及农业组织,1990 年;国际植物保护公约修改,1997 年]

2.36

种植(包括再种植)　planting (including replanting)

将植物置于生长介质中或通过嫁接或类似的方法,以确保其以后的生长、繁殖的任何操作。

[联合国粮食及农业组织,1990 年;植物检疫措施专家委员会修改,1999 年]

2.37

植物　plants

活的植物及其器官,包括种子和种质。

[联合国粮食及农业组织,1990 年;国际植物保护公约修改,1997 年]

2.38

预先核可　pre-clearance

由输入国的国家植物保护机构或在其定期监督下在原产国进行的植物检疫出证和(或)核准。

[联合国粮食及农业组织,1990 年;联合国粮食及农业组织修改,1995 年]

2.39

禁令　prohibition

禁止特定的有害生物或商品输入或流通的植物检疫法规。

[联合国粮食及农业组织,1990 年;联合国粮食及农业组织修改,1995 年]

2.40

检疫　quarantine

对限定物采取的官方限制,以便观察和研究,或进一步检验、检测或处理。

[联合国粮食及农业组织,1990 年;联合国粮食及农业组织修改,1995 年;植物检疫措施专家委员会,1999 年]

2.41

检疫性有害生物　quarantine pest

对受其威胁的地区具有潜在经济重要性、但尚未在该地区发生,或虽已发生但分布不广并受到官方控制的有害生物。

[联合国粮食及农业组织,1990 年;联合国粮食及农业组织修改,1995 年;《国际植物保护公约》,1997 年]

2.42

区域植物保护组织　regional plant protection organization;RPPO

具有履行《国际植物保护公约》第八条规定的职责的政府间组织。

[联合国粮食及农业组织,1990 年;联合国粮食及农业组织修改,1995 年;植物检疫措施专家委员会.,1999 年;原为(区域)植物保护组织]

2.43

限定物　regulated article

认为需要采取植物检疫措施的任何能藏带或传播有害生物的植物、植物产品、仓储地、包装、运输工具、集装箱、土壤和其他生物、物品或材料,特别是在涉及国际运输的情况下。

[联合国粮食及农业组织,1990 年;联合国粮食及农业组织修改,1995 年;《国际植物保护公约》,1997 年]

2.44

限定非检疫性有害生物　regulated non-quarantine pest;RNQP

一种非检疫性有害生物,它在种植用植物中的存在影响这些植物的预定用途,并产生无法接受的经济影响，因而在输入方领土内受到限定。

［《国际植物保护公约》，1997 年］

2.45

限定性有害生物　regulated pest

检疫性有害生物或限定非检疫性有害生物。

［《国际植物保护公约》，1997 年］

2.46

限制　restriction

允许特定商品按照具体要求输入或流通的植物检疫法规。

［植物检疫措施专家委员会，1996 年；植物检疫措施专家委员会修改，1999 年］

2.47

扩散　spread

有害生物在某地区内地理分布的扩展。

［联合国粮食及农业组织 1995 年］

2.48

系统方法　systems approach(es)

不同风险管理措施的综合，其中至少有两种可以单独发挥作用，这些措施的累积作用能为抵御某种限定性有害生物提供适当的保护水平。

［国际植检措施标准第 14 号，2002 年］

2.49

检测　test

为确定是否存在有害生物或为鉴定有害生物而进行的除目测以外的官方检查。

［联合国粮食及农业组织 1990 年］

2.50

处理　treatment

旨在灭杀、灭活或消除有害生物或使有害生物丧失繁殖能力或活力的官方程序。

［联合国粮食及农业组织，1990 年；联合国粮食及农业组织修改，1995 年；国际植检措施标准第 15 号，2002 年；国际植检措施标准第 18 号，2003 年］

3　要求概要

进境植物检疫管理系统的目的，是防止检疫性有害生物传入，或者限制限定性非检疫性有害生物与进境商品或其他限定物一同入境。

进境管理系统由植物检疫法律、法规和程序的管理框架和负责该系统运作或监督该系统的官方主管部门国家植物保护机构两个部分组成。法律框架包括：国家植物保护机构履行其职责的法定权力；进境商品应当遵守的措施；有关进境商品和其他限定物品的其他措施（包括禁令）；以及当发现违规情况或需要紧急行动的情况时可采取的行动。法律框架也包括关于过境货物的措施。

国家植物保护机构在实施进境管理系统时的职责包括《国际植物保护公约》（1997 年）第Ⅳ条第 2 款中确定的如下有关进境方面的职责：监视，检验，灭菌或消毒，有害生物风险分析活动，工作人员的培训和发展。这些职责涉及到以下领域的有关职能：行政管理；检查和遵守情况核查；对违规采取行动；紧急行动；人员授权；解决争端。此外缔约方可以赋予国家植物保护机构其他职责，如管理措施的制定和修改等。国家植物保护机构需要资源来履行这些职责和职能。还需要国际和国家联络，文献记录、情况交流和审查。

4 目的

进境植物检疫管理系统的目的:防止检疫性有害生物或限制限定非检疫性有害生物与进境商品及其他限定物品一起进入。

5 结构

进境管理系统包括:

——一个植物检疫法律、法规和程序管理框架;

——一个负责该系统运作的国家植物保护机构。

缔约方的法律和行政体制及结构不尽相同。特别是一些法律制度要求在法律文件中对其官员各方面的工作进行详细说明,而另一些制度则要求提供一个广泛的框架,在此框架内官员被授权通过一个主要行政程序来履行其职能。因此本标准为进境管理系统的管理框架提供一般准则。第7章对这一管理框架作了进一步阐述。

国家植物保护机构是负责进境管理系统运作和(或)监督(组织和管理)的官方机构。其他政府部门,如海关,在进境商品的控制方面可发挥作用,并应明确划分职责和职能,保持联系。国家植物保护机构可派遣自己的官员来实施进境管理系统,也可授权其他有关政府部门,或非政府组织,或个人代表该机构并在其控制下履行限定的职能。第8章对管理系统的运作进行了阐述。

6 权利、义务和责任

在建立和管理其进境管理系统时,国家植物保护机构应考虑到:

——有关国际条约、公约或协定产生的权利、义务和责任;

——有关国际标准产生的权利、义务和责任;

——国家法律和政策;

——政府、部门或国家植物保护机构的行政管理政策。

6.1 国际协定、原则和标准

为实现适当程度的保护,并考虑其国际义务,政府拥有管理进境品的主权。根据国际协定,特别是《国际植物保护公约》(1997年)和世界贸易组织卫生和植物卫生措施协定提出的原则和标准,相关的权利、义务和责任影响到进境管理系统的结构和实施。这些影响包括对进境法规的拟定和通过、法规的应用以及法规执行活动的影响。法规的拟定、通过和应用需要承认国际植检措施标准第1号《与国际贸易有关的植物检疫原则》中的一些原则和概念,包括:

——透明度;

——主权;

——无歧视;

——必要性;

——最低影响;

——协调一致;

——技术理由(如通过有害生物风险分析);

——一致性;

——控制的风险;

——调整;

——紧急行动和临时措施;

——等同性;

——无疫区和有害生物低度流行区。

植物检疫程序和法规尤其应考虑最低影响概念以及经济可行性和运作可行性的问题，以避免对贸易产生不必要的干扰。

6.2 区域合作

可以鼓励区域组织（如区域植物保护组织和区域农业发展组织）的成员协调进境管理系统，并可为成员国利益在信息交流方面进行合作。

联合国粮食及农业组织承认的区域经济一体化组织可以作出适用于其成员的规定，并有权力代表该组织成员制定和实行某些法规。

7 管理框架

法规的颁布属于政府（缔约方）的职责（《国际植物保护公约》第Ⅳ条第3c款，1997年）。根据这一职责，缔约方可以授权国家植物保护机构制定进境植物检疫法规和落实进境管理系统。缔约方应当有一个管理框架以便提供：

——有关国家植物保护机构与进境管理系统的职责和职能的说明；

——使国家植物保护机构能够履行其有关进境管理系统的责任和职能的法定权力；

——确定进境植检措施的权力和程序，如通过有害生物风险分析；

——适用于进境品和其他限定物品的植物检疫措施；

——适用于进境品和其他限定物品的进境禁令；

——关于违规采取行动以及采取紧急行动的法定权力；

——国家植物保护机构与其他政府机构之间互动的说明；

——实施法规的透明而明确的程序及时限，包括它们的生效。

根据《国际植物保护公约》第Ⅶ条第2b款（1997年），缔约方有义务提供其法规，这些程序需要管理基础。

7.1 限定物

可以被限定的进境品包括可能被限定性有害生物侵染或污染的物品。限定性有害生物可以是检疫性有害生物，也可以是限定非检疫性有害生物。对所有商品可以进行检疫性有害生物的限定。不能对消费品或加工品进行限定非检疫性有害生物方面的限定。仅对种植用植物进行限定非检疫性有害生物方面的限定。下面是限定物的几个例子：

——用于种植、消费、加工或任何其他用途的植物和植物产品；

——存储设施；

——包装材料，包括垫木；

——交通运输设施；

——土壤、有机肥和有关材料；

——能藏带或扩散有害生物的生物体；

——潜在污染设备（如使用过的农业、军事和土方机械）；

——研究和其他科学材料；

——在国际上流动的旅行者个人物品；

——国际邮件，包括国际快递服务；

——有害生物和生物防治物。[2)]

限定物清单应公开提供。

2） 有害生物本身和生物防治物不属于"限定物"定义范围之内（《国际植物保护公约》第Ⅱ条第1款，1997年）。然而，当有技术理由时，可以对它们采取植检措施（《国际植物保护公约》1997年；关于限定性有害生物的第Ⅵ条，以及第Ⅶ条第1c款和第1d款），在本标准中，可将它们视为限定物。

7.2 限定物的植物检疫措施

缔约方不应当对限定物的进境采取植物检疫措施，如禁令、限制或其他进境要求，除非出于植物检疫方面的考虑必需采取此类措施以及有技术理由采取此类措施。当采用植物检疫措施时，缔约方应酌情考虑国际标准和其他有关要求及《国际植物保护公约》。

7.2.1 进境货物的措施

在法规中应指明植物、植物产品和其他限定物进境货物[3]应当遵守的措施。这些措施可以是适用于各类物品的一般性的；也可以是具体地适用于特别来源的特定物品的。可以在进入前、进入时或进入后采取措施，还可以酌情采用系统方法。

对输出国需要采取的措施可要求该国的国家植物保护机构进行认证(根据国际植检措施标准第7号《出口认证系统》，这些措施包括：

——输出前检验；

——输出前检测；

——输出前处理；

——特定植物检疫状况的植物所产生(例如病毒检测植物或在特定条件下所产生)的措施；

——输出前在生长季节进行的检验或检测；

——货物的原产地是非疫产地或非疫生产点、有害生物低发生率地区或非疫区；

——认可程序；

——保持货物完整性。

在装运期间需要采取的措施可能包括：

——处理(如适当的物理或化学处理)；

——保持货物完整性。

进境口岸需要采取的措施可能包括：

——文件核查；

——验证货物完整性；

——运输期间验证处理情况；

——植物检疫检验；

——检测；

——处理；

——等待检测或验证处理效力结果期间扣留货物。

进入后需要采取的措施可能包括：

——在进行检验、检测或处理的检疫时扣留(例如在进入后的一个检疫站)；

——在采取指定的措施以前扣留在某一指定地点；

——对货物分发或使用(如指定的加工)的限制。

需要的其他措施可能包括：

——对特许证或许可证的要求；

——对指定商品进境口岸的限制；

——对进境方预先通知指定货物抵达的要求；

——对输出国程序的检查；

——预先核可。

进境管理系统对输出方提出的备选措施的评价和可能的采纳所作的规定应当同等。

---

3) 就本标准而言，进境被认为涵盖进入国家(过境除外)的所有货物，包括进入自由贸易区的货物(包括免税区被海关扣存的货物)以及由其他单位扣留的非法货物。

7.2.1.1　有关特殊进境物品的规定

对于为科学研究、教育或其他目的而进境的有害生物、生物防治物(并见国际植检措施标准第3号《外来生物防治物进境和释放行为守则》)或其他限定物,缔约方可作出特别规定。可根据所提供的适当安全保障决定是否允许此类物品进境。

7.2.1.2　非疫区、非疫产地、非疫生产点、有害生物低发生率地区和官方控制计划

进境缔约方可以指定国内非疫区(根据国际植检措施标准第4号《建立非疫区的要求》)、有害生物低发生率地区和官方控制计划,并且可能需要进境法规才能保护和维持此类指定的地区。然而,这些措施应当遵守无歧视原则。

进境法规应承认在输出缔约方国内存在此类指定地区和有关其他官方程序的指定地区(如非疫产地和非疫生产点),包括酌情承认它们为同等措施的设施。若有必要可在管理系统内部作出规定,以便其他国家植物保护机构评价和接受这种指定的地区并据此作出反应。

7.2.2　进境许可

根据情况可将进境授权作为一般授权或通过特别授权提供。

a)　一般授权

以下情况可以使用一般授权:

——当有关进境没有特别要求时;

——当已经确定特别要求允许一些商品按法规进境时。

一般授权不应要求特许或许可证,但在进境时可能需核查。

b)　特别授权

特别授权可在需要官方同意方可进境的情况下要求提供,如以特许或许可证的形式授权。特殊来源的单批货物或系列货物均可能需要这种授权。可能需要这类授权的情况包括:

——紧急或特殊进境;

——特定和单独要求的进境,如进境后有检疫要求或指定最终用途或研究目的的物品;

——需要国家植物保护机构具备在进境后一段时间内对物品进行跟踪的能力的进境。

一些国家可能利用许可证来规定一般进境条件。然而,在类似的特殊授权成为常规的情况下,鼓励采用一般授权。

7.2.3　禁止

禁止进境适用于所有来源的指定商品或其他限定物,尤其适用于指定来源的特殊商品或其他限定物。当没有其他有害生物风险管理手段时,应使用禁止进境。禁止应具有技术理由。国家植物保护机构应作出规定,评价同等的但对贸易限制较少的措施。如果这类措施符合其适当保护程度,缔约方应通过其授权的国家植物检疫机构,修改进境法规。对检疫性有害生物可采用禁止。对限定非检疫性有害生物不应采用禁止,但它们应达到规定的有害生物允许水平。

若需要禁止的物品用于研究或其他用途时,需要在监控条件下,包括通过特许或许可证制度提供适当的保障措施,对其进境作出规定。

7.3　过境货物

过境货物不是进境货物(国际植检措施标准第5号《植物检疫术语表》)。但可将进境管理系统范围扩大,将过境货物包括在内,并制定技术合理的措施,以防止有害生物的进入和(或)扩散(《国际植物保护公约》第Ⅶ条第4款,1997年)。可能需要制定措施来跟踪货物,验证其完整性和(或)确认它们离开过境国家。国家可以确定入境口岸、国内路线、运输条件和允许在其境内的时限。

7.4　关于违规和紧急行动的措施

有关在违规或紧急行动情况下采取的措施应在进境管理系统中规定(《国际植物保护公约》第Ⅶ条第2f款,1997年;详情载于国际植检措施标准第13号《违规和紧急行动通知准则》),并考虑到最低影响原则。

在进境货物或其他限定物品不遵守法规或起初就被拒绝进入时，可以采取下列行动：

——处理；

——分类或重新整理；

——对限定物(包括设备、场地、储存区、运输工具)进行消毒；

——改变加工等特殊最终用途；

——转运；

——销毁(如焚化)。

发现违规或需要紧急行动的情况，可能导致修改法规或者撤消或暂停进境授权。

7.5 可能需要管理框架的其他要素

可能需要具备法律基础或通过行政程序来实施国际协定带来的义务。这些程序需要的安排可能包括：

——通报违规；

——有害生物报告；

——指定官方联络单位；

——出版和传播管理信息；

——国际合作；

——修改法规和文献；

——承认等同性；

——规定入境口岸；

——通报官方文献。

7.6 国家植物保护机构的法定授权

为使国家植物保护机构能够履行其职责(《国际植物保护公约》第Ⅳ条，1997年)，国家及相关部门应提供法定授权(权力)，使国家植物保护机构的官员和其他授权人士能够：

——进入场地、运输用具和其他可能存放进境商品、限定性有害生物或限定物的地点；

——检验或检测进境商品和其他限定物；

——从进境商品、其他限定物或存在限定性有害生物的地点提取和消除样本(包括进行分析从而可能导致毁掉样本)；

——扣留进境货物或其他限定物品；

——处理或要求处理进境货物或包括运输用具在内的其他限定物或存在某种限定性有害生物的地点或商品；

——拒绝货物进入，命令其转运或销毁；

——采取紧急行动；

——确定和收取有关进境活动或与处罚有关的费用(可选)。

8 进境管理系统的运作

国家植物保护机构负责进境管理系统的运作和(或)监督(组织和管理)(并见第5章)。该项职责产生参照《国际植物保护公约》第Ⅳ条第2款(1997年)。

8.1 国家植物保护机构的管理和实施职责

国家植物保护机构应具有一套履行其职能的管理系统和资源。

8.1.1 行政管理

国家植物保护机构对进境管理系统的行政管理应建立在确保植物检疫法律和法规实施的有效性与一致性并符合国际义务的基础上。在实施上可能需要与涉及进境的其他政府部门或政府机构，如海关等，进行协调。应在国家级别上对进境管理系统的行政管理工作进行协调，可在职能、区域或其他结构的基础上进行组织。

8.1.2 管理措施的制定和修改

颁布植物检疫法规是政府(缔约方)的职责(《国际植物保护公约》第Ⅳ条第3c款,1997年)。根据该项职责,政府可以制定和(或)修改植物检疫法规。可根据国家植物保护机构的倡议,酌情与其他机构磋商或合作采取该项行动。在必要时应按照适用的国际协定,通过国家的正常法律和磋商过程制定、保持和审查适当的法规。通过同相关机构以及受影响行业和有关私营部门团体的磋商与合作,可有助于增进私营部门对管理决策的理解和接受,通常有利于改进法规。

8.1.3 监视

根据国家内进行管理的限定性有害生物的状况,可部分地确定植物检疫措施的技术原则。有害生物状况若有变化,进境法规也应做适当的修改。需要对进境国栽培植物和非栽培植物进行监视,以保持关于有害生物情况的充分信息(根据国际植检措施标准6号《监视准则》),并支持有害生物风险分析和有害生物列表。

8.1.4 有害生物风险分析和有害生物列表

应通过进行有害生物风险分析等技术来确定是否对有害生物进行管理并确定为防治有害生物所采取的植物检疫措施的力度(国际植检措施标准第11号《检疫性有害生物风险分析,包括环境风险分析》)。有害生物风险分析可以针对某一特定有害生物或者针对所有与某一特别途径(如某种商品)有关的所有有害生物。可按商品的加工水平和(或)预订用途对商品进行分类。应将限定性有害生物列表(根据国际植检措施标准第19号《限定性有害生物清单准则》)并应提供有害生物清单(《国际植物保护公约》第Ⅶ条第2i款,1997年)。如果已有适当的国际标准,措施应考虑到这些标准,且不应更加严格,除非有技术理由。

对有害生物风险分析过程的行政框架应明确地编制文件,如有可能,应提出完成各项有害生物风险分析的时限和关于优先顺序的明确指导。

8.1.5 检查和遵守情况核查

8.1.5.1 输出国程序检查

进境法规通常应包括生产程序(通常在有关作物的生长期内)或特别处理程序等在输出国采取的具体要求。在发展新的贸易等情况下,此类要求可以包括:与输出国的国家植物保护机构合作;由进境国的国家植物保护机构在输出国对以下方面进行检查:

——生产制度;

——处理;

——检验程序;

——植物检疫管理;

——认可程序;

——检测程序;

——监视。

进境国应提供任何检查范围。这类检查安排通常被写入双边协定、安排或与促进进境有关的工作计划。这类安排可以扩大,将货物在输出国内部的包括在内,这通常便于货物在进入进境国时只需要履行最基本的手续。这类检查程序不应作为一种长期措施采用,而应在输出国程序生效后即被认为符合要求。这种方法的应用期有限制,可能与8.1.5.2.1中提及的预先核可检验不同。应向输出国植保机构提供检查结果。

8.1.5.2 进境遵守情况核查

可通过以下三项基本活动来进行遵守情况核查:

——文献核查;

——货物完整性核查;

——植物检疫检验、检测等。

可以要求对进境货物和其他限定物的遵守情况进行核查，以便：

——确定它们是否符合植物检疫法规的规定；

——核查植物检疫措施在防止引进检疫性有害生物和限制限定非检疫性有害生物进入方面的有效性；

——发现潜在检疫性有害生物或未预计会随商品一起进入的检疫性有害生物。

植物检疫检验只能由国家植物保护机构或根据其授权进行。

应及时进行遵守情况核查(《国际植物保护公约》第Ⅶ条第2d、2e款，1997年)。在可能的情况下，应与参与进境法规的其他机构如海关合作，以尽量减少对贸易往来的干扰和对易腐产品的影响。

8.1.5.2.1 检验

可在入境口岸转运点、目的口岸或可认定进境货物的其他地点(如重要市场)进行检验，但货物的植物检疫完整性应得到保持并可以采取适当的植物检疫程序。根据双边协议或安排，检验也可以作为与输出国的国家植物保护机构合作实施的预先核可计划的一部分，在来源国进行。

有技术理由的植物检疫检验适用于：

——作为所有货物进入的一个条件；

——作为根据预计的风险确定监测水平(即检验的货物数量)的进境监测计划的一部分。

检验和取样程序可以一般程序或特殊程序为基础，达到预先确定的目标。

8.1.5.2.2 取样

在以植物检疫检验、实验室检测或对照为目的的情况下，可以从货物中提取样本。

8.1.5.2.3 包括实验室检测在内的检测

需要进行的检测可能包括以下情况：

——识别目视发现的有害生物；

——确认目视发现的有害生物；

——核查是否符合有关检验无法发现的感染的要求；

——核查潜伏性感染；

——检查或监测；

——对照目的，尤其在违规情况下；

——验证申报的产品。

检测工作应由在有关程序方面富有经验的人员进行，并尽可能遵循国际商定的规程。如果需要核准检测结果，建议与适当的学术和国际专家或研究所合作。

8.1.6 违规和紧急行动

有关违规和紧急行动详情载于国际植检措施标准第13号《违规和紧急行动通知准则》。

8.1.6.1 出现违规情况时需采取的行动

违反进境规定时有理由采取植物检疫行动的例子包括：

——在进境种植用植物货物中发现列入清单并超过此类植物所要求容许程度的限定非检疫性有害生物；

——在限定货物中发现列入清单的检疫性有害生物；

——有证据表明不符合规定的要求(包括双边协定或安排，或者进境许可条件)，如实地检验、实验室检测、程序和(或)设施登记、缺乏有害生物监测或监视；

——截获属于违反进境规定的货物，如因为发现未申报商品、泥土或其他一些违禁物或未进行特殊处理的证据；

——植物检疫证书或其他要求的文件无效或遗失；

——违禁货物或物品；

——未能遵照“过境”措施。

视具体情况不同可采取相应的行动，行动的类型应为防止所确定的风险而应采取起码行动。行政失误，如不完备的植物检疫证书，可以通过与输出国的国家植物保护机构联络予以解决。对于其他违规情况可能需要采取如下行动：

扣留：如果需要进一步了解情况，可以采取这一行动，同时考虑到应尽可能避免货物受损；

分类和重新配置：可通过将货物分类和重新配置，包括酌情重新包装，清除受感染的产品；

处理：如存在某种有效的处理方法，即由国家植物保护机构采用；

销毁：如果国家植物保护机构认为货物无法另行处置，可将货物销毁；

转运：可通过转运使违规货物离开本国。

如属限定非检疫性有害生物的违规，所采取的行动应符合国内措施及限于在可能的情况下使货物中的有害生物水平符合所要求的容许限度，例如通过处理或重新分类或降低到国内生产或限定的同类产品所允许的程度。

国家植物保护机构负责颁布必要的指令并核查其执行情况。实施工作通常被认为是国家植物保护机构的一项职能，但可授权其他机构予以协助。

对某一限定性有害生物，或在特定情况下没有技术理由采取行动的其他违规情况，例如如果没有定殖或扩散风险（如将预订用途由消费改为加工，或有害生物处于其生命周期不能定殖或扩散的阶段），或一些其他原因，国家植物保护机构可以决定不采取植物检疫行动。

8.1.6.2　**紧急行动**

如在下列新的和未预计的植物检疫情况下发现检疫性有害生物或潜在检疫性有害生物，可以采取紧急行动：

——在未规定植物检疫措施的货物中；

——在未预计会存在且未规定采取措施的限定货物或其他限定物中；

——运输工具、仓库或其他地点中与进境商品有关的污染物。

采取类似于违规情况下所需的行动，可能是适宜的。

这类行动可能导致改变现行植物检疫措施，或在审查和提供充分技术理由前采取临时措施。

经常遇到的需要采取紧急行动的情况包括：

a)　**以前未评定的有害生物**

未列入清单的生物可能需要紧急植物检疫行动，因为以前可能未对它们进行过评定。在截获时，它们可能被初步划入限定性有害生物类别，其原因是国家植物保护机构有理由相信这些有害生物在植物检疫方面造成威胁。在这种情况下，国家植物保护机构的责任是能够提供合理的技术依据。如果确定了临时措施，国家植物保护机构应积极收集更多信息并完成有害生物风险分析，以便及时确定有害生物属于限定还是非限定情况。输出国植保机构也可参加上述信息收集活动。

b)　**对特殊途径未限定的有害生物**

可对特殊途径未限定的有害生物采取植物检疫紧急行动。尽管对这些有害生物进行限制，但它们尚未被列入清单或另外加以说明，因为在来源、商品类别或制定清单或措施所依据的情况方面，未预计到它们。如果确定可以预计今后在相同或类似情况下有害生物会出现，这类有害生物应列入适当的清单或采取其他措施。

c)　**缺乏充分识别**

若在未对样本进行描述（属于未知类别）、样本状况无法进行识别或尚不能认定所检验的生命阶段达到了所需要的分类水平等情况下，对某种有害生物无法充分识别或在分类学上没有充分说明，可能有理由采取植物检疫行动。其原因可能是在无法识别时，国家植物保护机构对所采取的植物检疫行动应有合理的技术依据。如果常规发现以不易识别的形式出现的有害生物（如卵、幼虫、不完整形等），应尽一切努力收集足够样本并能够进行识别。与输出国的联系可有助于识别或提供假定识别。对处于这种状态的有害生物可能需要临时采用植物检疫措施。一旦识别，而且如果根据有害生物风险分析证实有理由对这类有害生物采取植物检疫行动，国家植物保护机构应将这些有害生物补充到有关的限定性有害生物清单之中，注明识别的问题和需要采取行动的依据。应通知有关缔约方，如果今后发现这类形式的有害生物，将以假定识别为依据采取行动。然而，这种行动只针对那些已确定有有害生物风险，而且不能排除进境货物中存在检疫性有害生物可能性的来源地点。

8.1.6.3 违规和紧急行动的报告

缔约方有对截获、违规行为和紧急行动进行报告的义务，以便输出国在进境时了解对其产品采取植物检疫行动的依据，并且促进校正输出系统。需要利用各种系统来收集和传播此类信息。

8.1.6.4 规定的撤销或修改

如果反复出现违规或出现需采取紧急行动的重大违规或截获情况，进境缔约方的国家植物保护机构可以撤销允许进境的授权（如许可证），修改该法规，或制定含有修订进境程序或禁令的紧急或临时措施。应将这种变动及这种变动的理由立即通知输出国。

8.1.7 非国家植物保护机构人员的授权制度

国家植物保护机构可以根据其控制和职责，授权其他政府部门、非政府组织、机构或人员代表国家植物保护机构履行某些明确的职能。为了确保符合国家植物保护机构的要求，需要有业务程序。此外，还需要为证明能力、检查、校正行动、系统审查和撤回授权制定程序。

8.1.8 国际联络

缔约方在以下方面具有国际义务（《国际植物保护公约》第Ⅶ条和第Ⅷ条，1997 年）：

——提供官方联络单位；

——通报指定的进境口岸；

——出版和传播限定性有害生物清单、植物检疫要求、限制和禁令；

——通报违规和紧急行动（国际植检措施标准第 13 号《违规和紧急行动通知准则》）；

——根据要求提供植物检疫措施的基本原理；

——提供有关的信息。

需要作出行政安排，以确保及时有效地履行这些义务。

8.1.9 管理信息的通报和传播

8.1.9.1 新的或修订的法规

应公布关于新的或修订的法规的建议并应要求提供给有关方面，使他们有适当的时间提出意见和实施。

8.1.9.2 既定法规的传播

应酌情将拟定的进境法规或其中有关部分提供给感兴趣的和受影响的缔约方、《国际植物保护公约》秘书处以及为其成员的区域植物保护组织。通过适当程序，还可将它们提供给其他有关方面（如进出口行业组织及其代表）。鼓励国家植物保护机构以出版物的形式提供进境管理信息，尽可能使用电子手段，包括因特网站和通过《国际植物保护公约》国际植检门户网站与这些网站的链接。

8.1.10 国家联络

应与有关政府机构或部门建立可促进国内合作行动、信息共享和共同核可活动的程序。

8.1.11 争端的解决

进境管理系统的实施可能会引起与其他国家当局的争端。国家植物保护机构应为与其他国家植物保护机构进行磋商和信息交流制定程度，并在付诸正式国际争端解决程序以前“应尽快相互协商地”解决这些争端，制定程序（《国际植物保护公约》第Ⅷ条第 1 款，1997 年）。

8.2 国家植物保护机构的资源

缔约方应为其国家植物保护机构提供适当资源以便履行其职能（《国际植物保护公约》第Ⅳ条第 1 款，1997 年）。

8.2.1 包括培训人员在内的工作人员

国家植物保护机构应：

——聘用或授权具有适当资格和技能的人员；

——确保向全体人员提供适当和持续的培训，以确保他们在其负责的领域具备能力。

8.2.2 信息

国家植物保护机构应尽可能确保向工作人员提供充足的信息，尤其是：

——涉及进境管理系统运作有关方面的适当指导性文件、程序和工作指令；

——本国的进境法规；

——有关其限定性有害生物的信息，包括生物学、寄主范围、途径、全球分布、发现和识别方法、处理方法。

国家植物保护机构应获取有关本国出现有害生物方面的信息（最好为有害生物清单），以便促进在进行有害生物风险分析期间对有害生物分类。国家植物保护机构也应保持其所有限定性有害生物的清单。限定性有害生物清单详情载于国际植检措施标准第19号《限定性有害生物清单准则》。

当本国出现限定性有害生物时，应保持关于该有害生物分布、非疫区、官方控制以及（如属限定非检疫性有害生物）种植用植物官方计划等方面的信息。缔约方应在其领土上公布关于限定性有害生物及其防治手段的信息，可将该项职责分配给国家植物保护机构。

8.2.3 设备及设施

国家植物保护机构应确保具备足够的设备和设施以便：

——进行检验、抽样、检测、监督和货物验证程序；

——进行交流及获取信息（尽可能通过电子手段）；

——文献、情况交流和审查。

9 文献记录

9.1 程序

国家植物保护机构应保持与进境管理系统运作各方面有关的指导性文件、程序和工作指令。应编入文件的程序包括：

——有害生物清单的编制；

——有害生物风险分析；

——酌情建立非疫区、有害生物低发生率地区、非疫产地或生产点以及官方控制计划；

——检验、取样和检测方法（包括保持样本完整性的方法）；

——就违规采取的行动，包括处理；

——对违规和紧急情况的通报；

——对紧急行动的通报。

9.2 记录

对所有与进境法规有关的行动、结果和决定应保留记录。

酌情遵照国际植检措施标准的相关章节，包括：

——有害生物风险分析的文件编写（依照国际植检措施标准第11号 Rev. 1《检疫性有害生物风险分析，包括环境风险分析》以及其他国际植检措施标准）；

——编写有关已经建立的非疫区、有害生物低发生率地区以及官方控制计划的文件（包括有害生物分布和为保持非疫区或有害生物低发生率地区所采用措施方面的信息）；

——检验、取样和检测记录；

——违规和紧急行动（依照国际植检措施标准第13号《违规和紧急行动通知准则》）。

在适当的情况下，可保留具有以下情况的进境货物的记录：

——指明最终用途；
——需采取入境后检疫或处理程序；
——根据有害生物风险，需要后续行动(包括追溯)；
——必需对进境管理系统进行管理。

10 情况交流

国家植物保护机构应确保具有交流程序，与进境方和本国适当的行业代表、输出国的国家植物保护机构、《国际植物保护公约》秘书处以及为其成员的区域植保组织进行联系。

11 审查机制

11.1 系统审查

缔约方应定期对其进境管理系统进行审查。这种审查可包括监测植物检疫措施的有效性，检查国家植物保护机构、获得授权的组织或人员的活动以及根据要求修改或撤销植物检疫法律、法规和程序。

11.2 事故审查

国家植物保护机构应制定程序，审查违规情况和紧急行动。这种审查可导致通过或修改植物检疫措施。

附 录 A
（资料性附录）
本标准与 ISPM No. 20:2004 编号对照

表 A.1 给出了本标准与 ISPM No. 20:2004 编号对照。

表 A.1 本标准与 ISPM No. 20:2004 编号对照一览表

本标准章条编号	ISPM No. 20:2004 编号
1	引言的第一部分
参考文献	引言的第二部分
2	引言的第三部分
3	引言的第四部分
4	1
5	2
6	3
7	4
8	5
9	6
10	7
11	8
附录 A	—

参 考 文 献

[1] 卫生和植物卫生措施协定,1994 年,世界贸易组织.

[2] 日内瓦外来生物防治物进境和释放行为守则,1996 年,国际植检措施标准第 3 号,联合国粮食及农业组织,罗马.

[3] 确定某一地区的有害生物状况,1998 年,国际植检措施标准第 8 号,联合国粮食及农业组织,罗马.

[4] 出口认证制度,1997 年,国际植检措施标准第 7 号,联合国粮食及农业组织,罗马.

[5] 植物检疫术语表,2003 年,国际植检措施标准第 5 号,联合国粮食及农业组织,罗马.

[6] 有害生物风险分析准则,1996 年,国际植检措施标准第 2 号,联合国粮食及农业组织,罗马.

[7] 违规和紧急行动通知准则,2001 年,国际植检措施标准第 13 号,联合国粮食及农业组织,罗马.

[8] 监视准则,1998 年,国际植检措施标准第 6 号,联合国粮食及农业组织,罗马.

[9] 限定性有害生物清单准则,2003 年,国际植检措施标准第 19 号,联合国粮食及农业组织,罗马.

[10] 国际植物保护公约,1997 年,联合国粮食及农业组织,罗马.

[11] 检疫性有害生物风险分析,包括环境风险和活体转基因生物分析,2004 年,国际植检措施标准第 11 号,联合国粮食及农业组织,罗马.

[12] 与国际贸易有关的植物检疫原则,1995 年,国际植检措施标准第 1 号,联合国粮食及农业组织,罗马.

[13] 建立非疫区的要求,1996 年,国际植检措施标准第 4 号,联合国粮食及农业组织,罗马.

[14] 关于建立非疫区产地和非疫生产点的要求,1999 年,国际植检措施标准第 10 号,联合国粮食及农业组织,罗马.

ICS 65.020.01
B 16

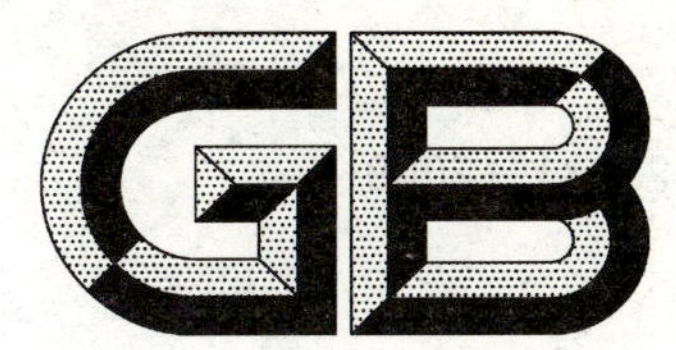

中华人民共和国国家标准

GB/T 23631—2009

实蝇非疫区建立的要求

Establishment of pest free areas for fruit flies（Tephritidae）

2009-04-27 发布　　　　2009-10-01 实施

中华人民共和国国家质量监督检验检疫总局
中国国家标准化管理委员会　发布

前　言

本标准修改采用了国际植物检疫措施标准(ISPM)第26号标准(2006)《实蝇非疫区的建立》。

本标准与ISPM第26号标准(2006)相比,主要差异如下:

——增加了规范性引用文件;

——明确了涉及的重要术语和定义;

——删除了概要性说明,以及参考性附录2“水果抽样参考”;

——对部分针对国际植物保护公约缔约国提出的要求和内容条款进行了删减。

本标准的附录A为资料性附录。

本标准由全国植物检疫标准化技术委员会提出并归口。

本标准起草单位:中华人民共和国广东出入境检验检疫局、中国检验检疫科学研究院。

本标准主要起草人:胡学难、刘海军、陈乃中、吴佳教、梁帆、赵菊鹏、顾渝娟。

实蝇非疫区建立的要求

1 范围

本标准规定了实蝇非疫区建立的要求。

本标准适用于具有重要经济意义实蝇非疫区的建立，不包括实蝇非疫产地或实蝇非疫生产点。

2 规范性引用文件

下列文件中的条款通过本标准的引用而成为本标准的条款。凡是注日期的引用文件，其随后所有的修改单(不包括勘误的内容)或修订版均不适用于本标准，然而，鼓励根据本标准达成协议的各方研究是否可使用这些文件的最新版本。凡是不注日期的引用文件，其最新版本适用于本标准。

GB/T 21761 建立非疫区指南

国际植物检疫措施标准(ISPM)第8号标准 某一地区有害生物状况的确定

国际植物检疫措施标准(ISPM)第9号标准 有害生物根除计划准则

国际植物检疫措施标准(ISPM)第17号标准 有害生物报告

3 术语和定义

下列术语和定义适用于本标准。

3.1

地区 area

官方划定的一个国家的全部或部分地区，或几个国家的全部或部分地区。

3.2

定界调查 delimiting survey

为确定某种有害生物侵染地区的界限或为确定没有该有害生物的地区的界限而进行的调查。

3.3

发生调查 detection survey

为确定某地区是否存在有害生物而进行的调查。

3.4

监测调查 monitoring survey

为证实某种有害生物种群的特性而进行的持续性调查。

3.5

有害生物 pest

任何对植物或植物产品有害的植物、动物或微生物的种、株(品)系或生物型。

3.6

非疫区 pest-free area

有科学证据表明某种特定的有害生物没有发生，并且官方能适时保持此状况的地区。

3.7

非疫产地 pest free place of production

科学证据表明某种特定的有害生物没有发生，并且官方能适当地在一定时期内保持该状况的产地。

3.8

非疫生产点 pest free production site

产地内划定的特定区域,其管理方式与非疫产地相同;在该区域内,有科学证据表明某种特定的有害生物没有发生,并且官方能适当地在一定时期内保持该状况。

3.9

处理 treatment

旨在杀灭、灭活或去除有害生物,或使其丧失繁殖能力或者丧失活力的官方程序。

3.10

根除 eradication

应用植物检疫措施将某种有害生物从某个地区彻底消灭。

3.11

(商品的)侵染 infestation (of a commodity)

某种商品中存在相关植物或植物产品的活的有害生物。侵染包括感染。

3.12

植物检疫措施 phytosanitary measure

旨在防止检疫性有害生物传入和(或)扩散,或者限制管制的非检疫性有害生物经济影响的任何法律、法规或官方程序。

3.13

调查 survey

在某个地区为了确定某种有害生物的种群特性,或为了确定有哪些有害生物物种发生而在一定时期采取的官方程序。

3.14

商品 commodity

因贸易或其他目的而被调运的植物、植物产品或其他物品。

3.15

缓冲区 buffer zone

围绕或者毗邻受侵染地区、受侵染产地、有害生物低度流行区、非疫区、非疫产地或非疫生产点的地区,在该地区特定有害生物未发生或发生水平低并受到官方控制,且采取植物检疫措施以防止该有害生物的扩散。

4 实蝇非疫区建立的总体要求

4.1 技术要素

建立实蝇非疫区的主要技术要素包括:有害生物的生物学特性、非疫区范围、有害生物种群水平和扩散途径、生态条件、地理隔离和有害生物根除方法等。实蝇非疫区的建立涉及情况各有不同。某些情况下,实蝇非疫区的建立过程涉及本标准中所提出的所有要素,一些情况仅涉及部分要素。

由于气候、地理或其他原因导致目标实蝇不能定殖的地区,应根据国际植物检疫措施标准第8号标准认可实蝇不存在的状态。如果发现实蝇,并可能造成经济损失,应采取纠偏行动(指针对实蝇非疫区偏离建立要求所采取的行动计划,参见附录A),确保该地区为实蝇非疫区。

在实蝇能够定殖,而且普遍承认尚未定殖的地区,通常采用国际植物检疫措施标准第8号第3.1.2款中的“一般调查”即可界定及建立非疫区。同时,可能需要采用输入要求和(或)国内移运限制来防止相关实蝇种类进入该地区,以保持该地区不存在目标实蝇。

4.2 公众意识

在实蝇传入风险较高的地区,完善的公众认识计划极为重要。在建立和保持实蝇非疫区的过程中,为了使公众认识到遵照实蝇非疫区的植物检疫措施的必要性，需要向实蝇非疫区附近的公众（特别是当地地区的公众）与进入该地区的个人，以及直接或间接利益相关者介绍必要的信息，这些信息包括建立和保持非疫区状况的重要性、避免可能受侵染寄主材料的调运等。这些使公众认识的过程和植物检疫意识教育计划应当是持续性的。具体可能涉及到以下方面：

——设立长期或随机的检查点；

——入境口岸和交通要道标志张贴；

——建立寄主材料处理箱；

——翻印有害生物或非疫区信息的活页或小册子；

——发行出版物（如：印刷品、电子媒体）；

——系统的水果运输管理；

——调查非商业性寄主；

——诱捕设备的保全措施；

——违规的处罚。

4.3 监督活动

实蝇非疫区组建计划，包括管理控制措施、调查程序（实蝇诱捕和水果抽样）和纠偏行动规划，应当按照官方认可的程序进行。

这些程序应包括对一些负责关键性工作的人员的授权，例如：

——得到明确授权以确保合理实施和维持管理系统或程序的人员；

——实蝇鉴定的权威专家。

输出国的监督管理机构应通过审查文件和程序，定期监督检查计划执行的效果。

4.4 文档与记录

在建立和保持实蝇非疫区的过程中，采用的植物检疫措施应进行适当的记录。如果必要，对包括纠偏行动在内的所有植物检疫措施需要进行定期审查和更新（见 GB/T 21761）。

对于调查、监测、发生或暴发以及其他的必要业务程序的记录应至少保留 24 个月，以备当输入国实蝇非疫区的认可机构提出要求时，提供相关的记录。

5 实蝇非疫区建立的具体要求

5.1 实蝇非疫区的特点

实蝇非疫区的判定性特征包括：

——目标实蝇种类在该地区和毗邻地区的分布；

——商业性和非商业性寄主种类；

——地区界限（具有边界、自然屏障、进入点和寄主区位置及缓冲区的详细地图或全球定位系统坐标）；

——气候特点，例如降雨量、相对湿度、气温、风速和风向。

进一步的描述见 GB/T 21761。

5.2 建立实蝇非疫区

制定及执行以下活动：

——关于建立实蝇非疫区的调查活动；

——确定实蝇非疫区的界限；

——制定与寄主材料和限定物的移运相关的植物检疫措施；

——必要的有害生物控制和根除措施。

缓冲区的建立可能也是一个很必要的组成部分（见 5.2.1），它有助于实蝇非疫区建立期间的信息与技术收集。

5.2.1 缓冲区

对于在地理隔离不足以防止实蝇传入的地区，或没有其他措施能防止实蝇进入的地区，组建非疫区时建立缓冲区。建立一个有效缓冲区时应当考虑的因素包括：

a) 控制实蝇种群数量的措施：
——选择性杀虫剂或毒饵；
——喷药；
——昆虫不育技术；
——诱杀除雄技术；
——生物防治；
——机械防治等。

b) 寄主的可提供性、种植方式、自然植被。

c) 气候条件。

d) 该地区的地理状况。

e) 已知自然方式的扩散能力。

f) 实施和监控缓冲区组建效果的能力(如：实蝇监测体系)。

5.2.2 建立实蝇非疫区之前的调查活动

制定和执行常规性调查计划。实蝇诱捕可用于确定该地区的实蝇分布状况。一些情况下，水果抽样是实蝇诱捕监测的一个有效的实蝇调查补充，尤其对于那些对特定诱剂不敏感的实蝇种类。

在建立实蝇非疫区之前，应根据该地区的气候特点和技术情况确定调查时期的选取。对于要求针对所有寄主和非商业性寄主采取调查活动的地区，实蝇诱捕和水果抽样程序的调查期至少为连续12个月，才能认定该地区没有特定实蝇种类。

在非疫区建立之前、调查活动期间，不应调查到关注的实蝇种群。调查到一头成蝇，可能不一定取消一个地区随后被指定为实蝇非疫区的资格，要视具体情况而定(根据国际植物检疫措施标准第8号标准)。但如果在调查期间，调查到目标实蝇种类的一头非成虫虫态实蝇、两头或更多头可繁殖成蝇或一头受精雌蝇，则该地区将暂缓获得非疫区资格。不同实蝇种类具有不同的实蝇诱捕和水果抽样方法。参照附录A中的具体准则进行调查。

5.2.2.1 使用诱捕程序

5.2.2.1.1 实蝇诱捕装置类型和诱剂

实蝇诱捕装置与诱剂种类繁多。不同的诱剂种类对实蝇的捕获量也有差异。实蝇诱捕所选择的诱捕器与诱剂取决于目标实蝇种类以及诱剂的类型。最广泛使用的诱捕器类型包括Jackson、McPhail、Steiner、OBDT(底部开口的干性诱捕器)、黄色捕蝇板，可使用的诱剂类型包括专性诱饵(如吸引雄性实蝇的半信息素或信息素诱剂)、食物或寄主气味诱饵(液状蛋白或干状合成物)。液状蛋白诱饵可用于多种实蝇种类诱捕，雌雄实蝇皆可诱引，捕获的雌性实蝇百分比较高。但运用该种诱饵捕获的实蝇鉴定难度较大，因为实蝇浸泡在液体诱饵中容易腐烂。在McPhail等诱捕器中，可添加乙二醇用以缓解腐烂速度。干合成蛋白诱剂针对雌性实蝇，捕获的非目标生物较少，当用干状诱捕器时，可有效防止捕获实蝇的过早腐烂。

5.2.2.1.2 诱捕器密度

诱捕器密度(单位面积诱捕器数量)是有效进行实蝇监测调查的一个至关重要的因素，根据目标实蝇种类、诱捕效率、农业耕作方法、生物和非生物因素确定。诱捕器密度可以根据不同的计划阶段进行调整，实蝇非疫区组建和维持阶段所要求的诱捕器密度不同。诱捕器密度还需要考虑实蝇进入非疫区的风险性高低。

5.2.2.1.3 诱捕器的设置(确定诱捕器的具体位置)

在实蝇非疫区组建过程中，在整个区域需要建立一个广泛的实蝇监测网络。实蝇监测网在考虑该地区的特点、寄主分布和相关实蝇生物学的同时，还要注意诱捕器设置点的选择，适当地点和适当的寄主植物非常关键。运用全球定位系统(GPS)和地理信息系统(GIS)是完善实蝇监测网络管理的有效手段。

诱捕器的地点选择主要考虑目标实蝇种类的寄主(分为主要寄主、一般寄主和偶食寄主)存在情况。实蝇诱捕效果与水果成熟程度有关。因此，诱捕器的位置选择，包括诱捕器的重置，应按照寄主植物中果实成熟的顺序进行调整。在选择寄主树进行诱捕器悬挂的地区，应当考虑到商业性管理措施对实蝇诱捕情况的影响。例如，对诱捕器悬挂的寄主树经常施用杀虫剂和(或)其他化学品，可能对实蝇监测计划产生干扰。

5.2.2.1.4 实蝇诱捕维护

实蝇诱捕体系的维护(维持及更新诱饵)频次主要考虑以下因素：

——诱饵(或诱剂)的持效期；

——持效能力；

——捕获率；

——实蝇活动的时期；

——诱捕器的更换；

——实蝇种类的生物学；

——环境状况。

5.2.2.1.5 诱捕器检查(检查诱捕器中的实蝇)

诱捕器检查的频次考虑以下因素：

——实蝇活动情况(实蝇生物学)；

——寄主状态的年度变化对目标实蝇诱捕产生的影响；

——诱捕器捕获的目标和非目标实蝇的相对数量；

——使用的诱捕器类型；

——诱捕器中实蝇的物理状态(即是否可以鉴定)；

——在某些诱捕器中，实蝇虫体可能迅速腐烂，很难鉴定或无法鉴定，因此要求经常检查诱捕器。

5.2.2.1.6 鉴定能力

鉴定机构应具有适当的场所和受过培训的专业人员，便于迅速鉴定捕获的实蝇，鉴定周期以 48 h 之内为宜。在非疫区组建阶段或者在采取纠偏行动时期，拥有一个持续的专业队伍支持非常必要。

5.2.2.2 水果抽样程序

当诱捕监测的效果不好时，结合诱捕监测可采用水果抽样的调查方法。值得指出的是，在实蝇暴发地区，通过水果抽样进行小范围的定界调查非常有效。然而，由于对水果的毁坏，此调查方法费时、费力，而且经费耗费也很多。重要的是水果样品应保存在适合的状态下，保证侵染水果的非成虫虫态实蝇全部存活，以备鉴定，使调查结果更加可靠。

5.2.2.2.1 考虑寄主偏好

水果抽样应考虑目标实蝇种类的主要寄主、次要寄主和偶食寄主的分布情况。还应当考虑到果实的成熟度、为害状，以及该地区的有害生物管理手段(如：杀虫剂的施用)。

5.2.2.2.2 关注高危险性地区

水果抽样调查应当重点集中在可能受目标实蝇侵染的高风险区域，如：

——城市地区；

——废弃的果园；

——包装时筛选出的不合格水果的置放地；

——水果市场；

——主要寄主高度集中的地点；

——实蝇非疫区进入地点(合适位置)。

在水果抽样调查地区,受目标实蝇种类侵染的寄主嗜好程度是用来作为水果抽样的主要参考。

5.2.2.2.3 **取样数量和样品的选择**

需要考虑的因素包括:

——要求的置信水平;

——主要寄主材料的可提供情况;

——树上有危害状的水果、落果或筛选出的水果(如:包装时被筛选出的水果)。

5.2.2.2.4 **供调查的抽样水果处理程序**

在实地获得的水果样品应在特定地点进行保存、水果解剖、有害生物饲养和鉴定。样品应加贴标签,运输和保存过程中避免与其他水果混淆。

5.2.2.2.5 **鉴定能力**

鉴定机构应当拥有适当的场所和受过培训的人员,便于迅速鉴定目标实蝇各个虫态,包括卵、幼虫、蛹以及羽化的成蝇。

5.2.3 **控制限定物的进入**

对限定物的进入进行控制以防止目标有害生物进入实蝇非疫区。运用风险评估(确定目标实蝇进入的可能途径和载体)来决定控制的范围和管理强度,可能涉及到以下内容:

——在检疫性有害生物名单中列出的目标实蝇种类;

——维持实蝇非疫区所需要控制的途径和限定物的管理;

——国内控制限定物进入实蝇非疫区的规范;

——检查限定物,审查相关文件,必要时对违规现象采取适当的植物检疫措施(如:处理、退货或销毁)。

5.2.4 **实蝇非疫区建立的补充技术信息**

在实蝇非疫区组建阶段,提供附加的技术信息可能非常必要。这些信息包括:

——目标有害生物的发现,生物学和种群动态的历史记录,以及针对实蝇非疫区进行的目标有害生物调查活动记录;

——在实蝇非疫区内发现实蝇后采用的植物检疫措施效果情况;

——该地区寄主作物的商业性产量、非商业性产量估计数和野生寄主材料分布情况的记录;

——在实蝇非疫区内分布的其他重大经济性实蝇种类名单。

5.2.5 **实蝇非疫区的声明及通报**

相关管理机构应当验证该地区无实蝇状况(依照国际植物检疫措施标准第8号标准),过程严格遵照本标准指定的程序(调查和控制)进行。如果确认符合,相关管理机构应当声明及通报实蝇非疫区的建立。

为了能够证实一个地区实蝇的非疫状态,达到内部管理的目标,在非疫区建立之后,实蝇非疫区的地位应该不断地进行核查,并且使维持非疫区的植物检疫措施能够一直有效。

5.3 **实蝇非疫区维持**

为了保持实蝇非疫区状况,应当持续开展监测调查和控制活动,不断验证非疫区的状况。

5.3.1 **实蝇非疫区维持的调查**

在验证和宣布实蝇非疫区之后,应当继续执行保持实蝇非疫区所必需的官方调查计划,并定期编制调查活动的技术报告(例如每月)。非疫区维持的要求基本同建立实蝇非疫区一致(见5.2),但诱捕器的密度可能有所区别,而且设置诱捕器的位置也要依据可能传入的实蝇危险性程度调整。

5.3.2 **控制限定物的进入**

与组建实蝇非疫区的要求一致(见5.2.3)。

5.3.3 纠偏行动(包括应对实蝇暴发)

相关的植保机构应当制定纠偏行动计划,如果在实蝇非疫区,或在该地区的寄主材料中发现目标有害生物,以及发现非疫区的维护程序不完善,即可执行相应的纠偏行动计划(参见附录A)。纠偏计划组成部分涉及以下几个方面:

——根据国际植物检疫措施标准第8号标准中的相关条款声明暴发,并通报;

——定界调查(实蝇诱捕和水果抽样)确定采取纠偏行动的侵染地区;

——实施控制措施;

——进一步调查;

——实蝇发生后,恢复非疫区的标准;

——疫情截获的应对。

在发现疫情(一头成蝇或目标实蝇的卵、幼虫、蛹)之后需迅速(任何情况下,在72 h之内)采取纠偏行动计划。

5.4 实蝇非疫区的暂停、恢复或丧失

5.4.1 暂停

如果目标实蝇暴发或者发生以下情况之一应中止实蝇非疫区状况。包括:在一定时期内发现到一头目标实蝇的非成蝇虫态、两头或更多可繁殖成蝇或一头怀卵雌蝇。如发现非疫区的维护程序(例如实蝇诱捕、寄主活动控制或处理)有缺陷,也可以采用中止手段。

如符合暴发标准,应采用本标准中要求的纠偏行动计划,并立即通知相关输入国的相关管理机构,整个或部分实蝇非疫区地位需中止或取消。在大多数情况下,采取中止措施的半径确定了影响的实蝇非疫区范围,这个半径的确定依据目标实蝇种类的生物生态学。一般来讲,如果没有科学证据表明一个目标实蝇种类影响半径的变化,同种实蝇对非疫区影响的半径是相似的。当针对非疫区采用中止措施的同时,需要明确取消中止的标准。应向有关输入国的相关管理机构通报实蝇非疫区状况的任何变化。

5.4.2 恢复

在以下情况下可以恢复非疫区地位:

——通过调查确认在一段认可的时间范围内没有再发现目标实蝇,调查时间的确定主要依据实蝇的生物学特性,以及该实蝇发现地点的环境条件;

——若程序失效,只有当错误得到纠正之后才能恢复非疫区地位。

5.4.3 丧失实蝇非疫区状况

如果防治措施无效,有害生物在整个地区(及整个非疫区)定殖,实蝇非疫区状况应当丧失。为了再次获得实蝇非疫区状况,应当遵照本标准中概述的关于建立和保持的程序。

附 录 A
（资料性附录）
纠偏行动准则

A.1 发现实蝇后植物检疫状况的决断（需采取行动或无需采取行动）

A.1.1 如果检测到的目标有害生物是暂时的而不需要采取行动（国际植物检疫措施标准第8号标准），则不需要进一步的措施。

A.1.2 如果检测到的目标有害生物可能需要采取行动，应当在检测到有害生物之后立即进行定界调查，调查活动包括增加诱捕器，以及在满足诱捕器检查频率的同时，辅助进行水果抽样调查。从而判定该次发现有害生物是否暴发，如果是暴发则将决定采取必要的应对行动。如果有一个种群存在，该项行动还用于确定疫情范围。

A.2 实蝇非疫区状况的中止

如调查发现有害生物之后确定是暴发或者满足了5.4.1中规定的任何条件，疫情发生区的实蝇非疫区状况应当中止。受感染地区可能只限于实蝇非疫区的部分地区或者可能是整个实蝇非疫区。

A.3 受感染地区防治措施的实施

根据国际植物检疫措施标准第9号标准，应当在受感染地区立刻执行具体纠偏或根除行动，并向有关方面充分通报情况。根除行动可包括：

——选择性杀虫剂或毒饵处理；

——释放不育实蝇；

——树上水果的全部采摘；

——诱杀除雄技术；

——销毁受侵染水果；

——土壤处理（化学或物理处理）；

——杀虫剂应用。

应当立刻采取植物检疫措施，控制疫区内可能感染实蝇的寄主移运。包括可能要取消疫区内的水果外运，以及除害和设定关卡等避免受感染地区水果进入非疫区中的其他地区。如果输入国同意，可采取一些其他措施，如处理、增加调查、补充实蝇诱捕。

A.4 暴发之后实蝇非疫区的恢复标准及需采取的行动

关于确定根除取得成功的标准已经在5.4.2进行了阐述。纠偏行动计划中也应该包括根除成功的标准。时间限度主要取决于目标实蝇的生物学特性和发现实蝇地点的环境条件。一旦达到标准，应采取以下行动：

——通知输入国的相关的管理机构；

——恢复正常调查水平；

——恢复实蝇非疫区。

A.5 通知相关机构

相关管理机构应与相关其他机构保持通报实蝇非疫区状况，遵照国际植保公约的有害生物报告义务（国际植物检疫措施标准第17号标准）。

参 考 文 献

[1] 植物检疫术语表.2004.国际植物检疫措施标准第5号.国际粮农组织.罗马.

[2] 调查准则.1997.国际植物检疫措施标准第6号.国际粮农组织.罗马.

[3] 国际植保公约.1997.国际粮农组织.罗马.

[4] 建立非疫区的要求.1996.国际植物检疫措施标准第4号.国际粮农组织.罗马.

[5] 关于建立非疫产地和非疫生产点的要求.1999.国际植物检疫措施标准第10号.国际粮农组织.罗马.

ICS 65.020.01
B 16

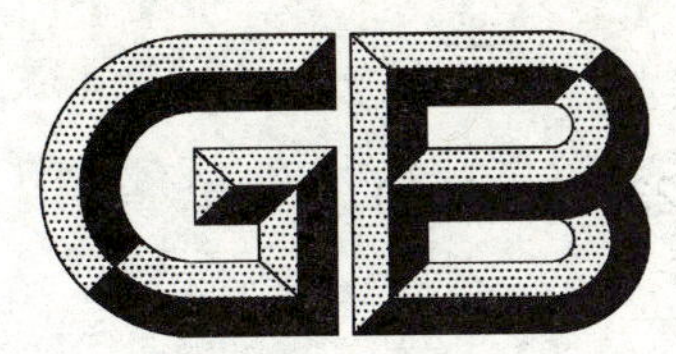

中华人民共和国国家标准

GB/T 23632—2009

进境植物检疫截获有害生物鉴定复核规程

Rule for identification of pests intercepted in entry plant quarantine

2009-04-27 发布　　2009-10-01 实施

中华人民共和国国家质量监督检验检疫总局
中国国家标准化管理委员会　发布

前　　言

本标准由全国植物检疫标准化技术委员会提出并归口。

本标准起草单位：中国检验检疫科学研究院、国家质检总局动植物检疫监管司、中华人民共和国江苏出入境检验检疫局、中华人民共和国广东出入境检验检疫局、中华人民共和国湖南出入境检验检疫局、中华人民共和国海南出入境检验检疫局。

本标准主要起草人：陈乃中、朱水芳、王益愚、安榆林、马骏、陈克、范晓虹、王象贤、徐卫、张俊华。

进境植物检疫截获有害生物鉴定复核规程

1 范围

本标准规定了进境植物检疫截获有害生物鉴定和复核的程序与要求。

本标准适用于进境植物检疫截获有害生物的鉴定与复核。

2 术语和定义

下列术语和定义适用于本标准。

2.1

有害生物 pest

对植物和植物产品有害的生物。

2.2

进境植物检疫性有害生物 regulated pest of entry plant quarantine

《中华人民共和国进境植物检疫性有害生物名录》种类。

2.3

截获单位 intercepting agency

进境植物检疫现场查验机构。

2.4

授权专家 authorized expert

进境植物检疫国家主管部门授权的鉴定专家。

3 基本要求

在进境植物检疫现场查验工作中,凡发现的虫体、草籽、菌物,及有霉变、腐烂、枯斑及其他病害症状的植物组织,均应取样送实验室鉴定。凡属植物有害生物,均应尽可能鉴定到种。

4 鉴定复核方式

4.1 远程鉴定

对于可以根据图文信息得出鉴定复核结论的类群、种类,原则上使用远程鉴定复核系统平台进行鉴定或复核。提请鉴定或复核者除了发送样品图文信息外,还要尽可能提交下列其他信息:有害生物在生活史中所处的阶段、在货物中的分布、有害生物密度;寄主及寄主在生活史中所处的阶段;有害生物为害部位及症状;截获者及联系方式;截获日期。

4.2 实物鉴定

对于根据图文信息难以得出鉴定复核结论的类群、种类,提请鉴定或复核者要寄送实物标本以资鉴定,并尽可能提交4.1所述其他信息。

5 鉴定程序

5.1 截获单位提请实验室鉴定。

5.2 实验室作出鉴定,并向截获单位反馈鉴定结果。

5.3 不能鉴定到种者,应根据有害生物所属类别,选择授权专家提请进一步鉴定。授权专家向截获单位反馈鉴定结果。

5.4 如果没有合适的授权专家可承担鉴定任务，统一提交到进境植物检疫国家主管部门授权的技术支持机构。

5.5 进境植物检疫国家主管部门授权的技术支持机构根据需要，组织专家对疑难有害生物进行鉴定，并向截获单位反馈鉴定结果。

6 复核程序

6.1 鉴定到种的具有下列情况之一的鉴定结果，应根据有害生物所属类别，选择授权专家提请复核，授权专家向截获单位反馈复核结果：首次截获的进境植物检疫性有害生物种类；属于进境植物检疫性有害生物种类，非首次截获，但不属于鉴定者或其实验室获得认可的或进境植物检疫国家主管部门授权的范围；不属于进境植物检疫性种类，但由鉴定者评估具有一定危险性。

6.2 如果没有合适的授权专家可承担复核任务，统一提交到进境植物检疫国家主管部门授权的技术支持机构。

6.3 进境植物检疫国家主管部门授权的技术支持机构根据需要，组织专家对疑难有害生物进行复核，并向截获单位反馈复核结果。

7 结果上报与查询

所有鉴定或复核结果均由截获单位上报。进境植物检疫各有关单位可根据被赋予权限在截获疫情上报系统上查询有关数据。

8 标本保存

鉴定复核后的标本、病原物要妥善保存，以备进境植物检疫国家主管部门组织核查。

ICS 65.020.01
B 16

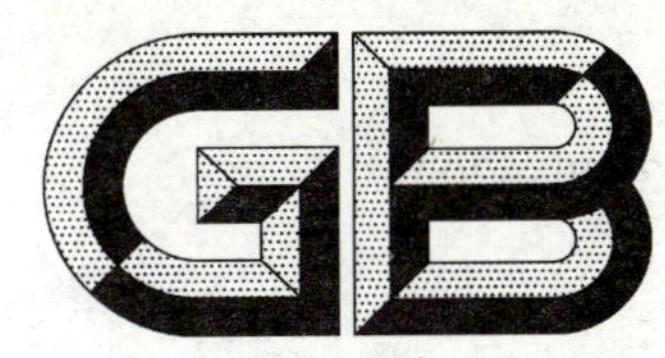

中华人民共和国国家标准

GB/T 23635—2009

限定性有害生物检测与鉴定规程的编写规定

Writing rules for detection and identification of regulated pests

2009-04-27 发布 2009-10-01 实施

中华人民共和国国家质量监督检验检疫总局
中国国家标准化管理委员会 发布

前　言

本标准修改采用 FAO/IPPC 之 ISPM No. 27 标准《限定性有害生物的诊断规程》(英文版)。

本标准与 ISPM No. 27 标准相比，主要差异如下：

——删除了原标准的批准、背景、诊断规程的目标与致谢、诊断规程的出版等部分；

——删除了部分规范性引用文件；

——重新定义了范围；

——删除了原标准的“附录 I：制定诊断规程的主要步骤”。

本标准由全国植物检疫标准化技术委员会提出并归口。

本标准起草单位：中华人民共和国上海出入境检验检疫局、中国检验检疫科学研究院、中华人民共和国厦门出入境检验检疫局、全国农业技术推广服务中心、中华人民共和国辽宁出入境检验检疫局。

本标准主要起草人：印丽萍、叶军、林石明、朱水芳、于翠、郑建中、王福祥、王秀芬、安榆林。

限定性有害生物检测与鉴定规程的编写规定

1 范围

本标准规定了限定性有害生物的检测与鉴定规程编写的内容和结构，并规定了检测与鉴定方法的最低要求。

本标准适用于相关国际贸易和有害生物监测中限定性有害生物的检测与鉴定规程的编写。

2 规范性引用文件

下列文件中的条款通过本标准的引用而成为本标准的条款。凡是注日期的引用文件，其随后所有的修改单(不包括勘误的内容)或修订版均不适用于本标准，然而，鼓励根据本标准达成协议的各方研究是否可使用这些文件的最新版本。凡是不注日期的引用文件，其最新版本适用于本标准。

GB/T 1.1—2000 标准化工作导则 第1部分：标准的结构和编写规则

植物检疫术语表(ISPM 第5号，FAO，2007)

3 检测与鉴定规程编写原则和基本框架

3.1 原则

3.1.1 限定性有害生物检测与鉴定规程应为从事检测和鉴定相关有害生物的专家[1)]或受过专业培训的人员提供必需的方法和指导。

3.1.2 检测与鉴定规程中采用的检测与鉴定方法应经过灵敏度、特异性和再现性[2)]测试；所选用的有害生物诊断方法的技术资料应是公开发表的，并经过相关专家确认的，同时，这些方法的可操作性(包括操作的难易、花费时间和速度)以及对操作人员所应具备的相关知识和经验都应具有普遍适用性；选用的仪器以及对照样品、试剂等的获取都应具有普遍适用性。

3.1.3 每一项检测与鉴定规程应尽可能包括不止一种方法，以供不同检测能力的实验室和在不同情况下选用，不同情况也包括有害生物不同发育阶段需要不同的方法进行检测，还包括需通过几种方法对诊断结果进行确证的情况。

3.1.4 每一项检测与鉴定规程中应包括对有害生物的相关信息的描述，包括：分类信息、寄主、分布、生物学、保存记录和相应的科学文献。在许多情况下还可补充更多有助于检测与鉴定的信息。

3.1.5 检测与鉴定规程应提供为保证有害生物鉴定准确性而采用的参考物质(如阳性和阴性对照，标本)的来源及获得途径的相关信息。

3.1.6 检测与鉴定规程应包括诊断方法所采用的一些仪器、化学试剂等在使用时的安全警示；还应包括使用这些仪器、化学试剂并不排除其他合适的化学品或仪器在外的提示。

1) 专家指昆虫学家，真菌学家，病毒学家，细菌学家，线虫学家，杂草学家，分子生物学家等。

2) 再现性(reproducibility)指用相同的方法，同一试验材料，在不同的条件下获得的单个结果之间的一致程度。不同的条件指不同操作者，不同设备，不同实验室，不同或相同的时间。

3.2 基本框架

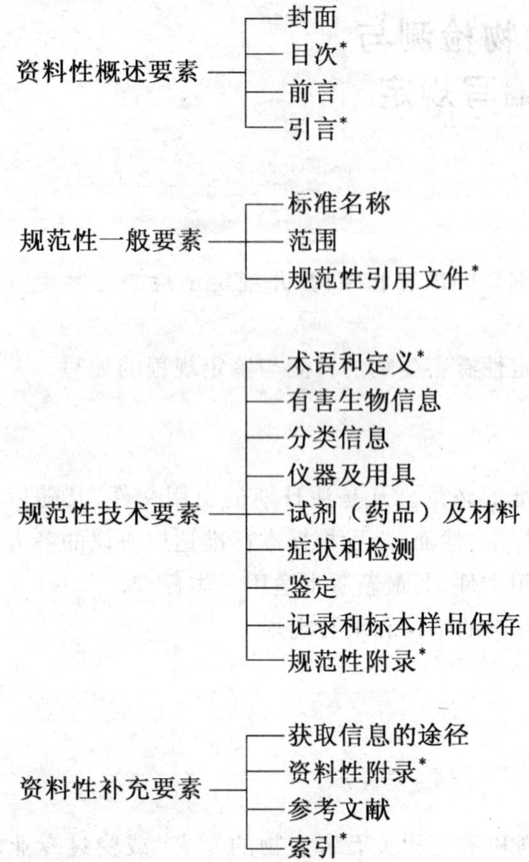

注：带*的为可选要素。

4 资料性概述要素编写基本内容

4.1 封面

封面应符合 GB/T 1.1—2000 中 6.1.1 的规定。

4.2 目次

这是可选要素。目次应符合 GB/T 1.1—2000 中 6.1.2 的规定。

4.3 前言

每个标准都应有前言，它由特定部分和基本部分组成。

特定部分适当给出下列信息：

——说明与对应的国际标准、导则、指南或其他文件的一致性程度，写出对应的国际文件的编号、文件名称的中文译文，并列出与所采用的国际标准的技术差异和所作的主要编辑性修改；

——说明标准代替或废除的全部或部分其他文件；

——说明与标准前一版本相比的重大技术变化；

——说明标准与其他标准或文件的关系；

——说明标准中的附录哪些是规范性附录，哪些是资料性附录。

基本部分适当给出下列信息：

——标准的提出与归口单位；

——标准的起草单位和起草人；

——标准所代替标准的历次版本发布情况。

4.4 引言

引言为可选要素，应符合 GB/T 1.1—2000 中 6.1.4 的规定。

5 规范性一般要素编写基本内容

5.1 标准名称

标准名称应按“限定性有害生物（现用学名及中文名）的检测与鉴定规程（或方法）”编写，并附英文名称。

5.2 范围

应明确标准的主要内容，采用下列用语：“本标准规定了……”，“本标准适用于……”。

限定性有害生物的检测和鉴定规程适用于鉴定或监测等目的，适用于官方或第三方实验室；其检测和鉴定可能与国际贸易有关，也可能与国内有害生物状况的确定有关。

5.3 规范性引用文件

这是可选要素。引用标准的原则和具体方法见 GB/T 1.1—2000 中 6.2.3。

6 规范性技术要素编写基本内容

6.1 术语和定义

这是可选要素。任何不是一看就懂或众所周知的术语，或在不同情况下可能有不同解释的术语或检测鉴定中重要的专业名词，均应给出定义予以明确。定义应由下列词句开头：“下列术语和定义适用于本标准。”有关检疫术语和定义内容可参照 ISPM 第 5 号。

6.2 有害生物信息

应提供有害生物的简要信息，包括有害生物的生活史，形态特征，[形态和（或）生物学的]变异，与其他相关种的关系，一般的寄主范围，对寄主的危害情况，现在和以前的地理分布（一般的），传播和扩散蔓延的方式（包括媒介和途径）。该部分信息重要但不宜过多过长，不宜超过一页。

6.3 分类信息

内容主要包括：

a) 有害生物名称，包括现用学名、定名人及年份（真菌包括已知的无性世代和有性世代名）：
   ——同物异名，包括曾用名；
   ——公认的俗名，真菌的无性世代名（包括同物异名）；
   ——病毒和类病毒的缩略词；
   ——中文名，包括曾用名，俗名，病原物名，病害名等。

b) 分类地位，包括相关亚种分类信息。

6.4 仪器及用具

列出具体的诊断方法所需的仪器、用具。

6.5 试剂（药品）及材料

列出具体诊断方法所需的主要试剂（药品）、材料。

6.6 症状和检测

6.6.1 描述能携带或发现有害生物的寄主植物、植物产品以及其他商品的种类和部位。

6.6.2 描述寄主受有害生物侵害后所表现的症状或迹象，包括典型特征以及与其他原因引起症状的相同点和区别。必要时，附图片、照片、图解等图像资料。

6.6.3 描述检测到的有害生物的发育阶段，以及在寄主植物、植物产品和其他商品上（里）可能的存在部位和丰富度。

6.6.4　描述与有害生物有关的寄主发育阶段、气候条件和季节。

6.6.5　描述货物中有害生物的检测方法，如用目测或放大镜等。描述如何从感染寄主上正确采集和提取到有害生物。

6.6.6　描述无症状寄主或其他材料（如土壤、水、培养基）中有害生物的采集和提取方法。

6.6.7　描述检测到有害生物的活性。

6.6.8　描述该部分所有方法的灵敏度、特异性和再现性及试验中所使用的阳性、阴性质控物和参照物质。还应提供与其他原因引起的相似症状的区别之处。

6.7　鉴定

6.7.1　应提供可以单独使用的一种或多种鉴定有害生物的方法。当存在多种方法时，应给出这些方法的优缺点，以及方法单独使用和组合使用时的等效性。如果需要采用几种方法或有多种方法交替来鉴定有害生物，应绘制一张流程图（表）。

6.7.2　该部分方法，主要包括基于形态特征或形态数据特征、生物学特性（如毒性或寄主范围）以及生化和分子特性的方法。形态特征可以是直接或经分离培养后得出的。如果培养或分离是生化或分子方法中的必要步骤，应详细描述。

6.7.3　对于采用形态学和进行形态数据特征方法进行鉴定时，应提供如下信息：

——有害生物的制备，封片和检查方法（如光学、电子显微镜和测量技术）；

——鉴定检索表（科、属、种）；

——有害生物的形态或其菌落描述，包括形态鉴定特征的图片并说明观察特定结构的难点；

——相似种或相关种的比较；

——相关的参考标本或培养物。

6.7.4　对每种生物化学或分子鉴定方法（如血清学方法、电泳法、PCR 法[3]、DNA 条形码法、RFLP 法[4]、DNA 测序法），应分别进行详细（包括设备、试剂和耗材）的描述。并在方法后附带相关材料（如需使用的标准物质、试剂等）的参考资料。

6.7.5　当有一种以上的方法可以可靠使用时，其他合适的方法应作为选择或补充的方法列出，如：有可靠的形态学的方法，但也有合适的分子生物学方法。

6.7.6　应详细描述从无症状的寄主植物或植物产品（如检测潜在的侵染）中分离有害生物的方法，必要时，还应提供直接鉴定无症状材料的生物化学法或分子的方法。

6.7.7　对在有害生物鉴定中可能出现的现象、问题进行详细描述，必要时应提供对试验结果进行比对、复核的实验室联系方法。

6.8　记录和标本样品保存

6.8.1　经检疫鉴定的有害生物应保存的记录信息有：

a）　经鉴定的有害生物学名；

b）　有害生物标本的编号或参考编号（用于溯源）；

c）　感染材料的自然状态，可能的话，包括学名；

d）　被感染寄主货物的来源（包括地理位置），以及截获或检获有害生物的地点；

e）　有害生物的为害痕迹或为害状的描述（包括相关照片），没有症状也要说明；

f）　诊断所使用的方法，包括质控物，以及每种方法所获得的结果；

g）　如采用形态学或形态测量方法鉴定，保存相关的特征及测量数据、绘图或照片，以及有害生物发育阶段的描述；

3）　聚合酶链式反应法。

4）　限制性片段长度多态性法。

h) 如采用生物化学和分子方法鉴定，应保存相关文件化的试验结果，例如：鉴定结果所依据的凝胶照片或 ELISA 读出结果的打印单；

i) 寄主上为害的程度（发现多少有害生物个体，遭侵害组织和面积）的描述、统计；

j) 鉴定实验室的名字，包括负责人和(或)鉴定人的名字；

k) 有害生物标本收集、检疫及鉴定数据资料；

l) 可能的话，提供有害生物的状态，如存活或死亡、发育阶段的活性的描述。

6.8.2 应保存所有证据如有害生物培养物，核酸，保存或制作的标本或试验材料（如凝胶照片或 ELISA 等打印结果）。

6.8.3 样品、标本、记录按实际需要规定保存期限；一般标本、记录保存的期限至少 1 年。

6.9 规范性附录

这是可选要素。规范性附录给出标准正文的附加条款，按 GB/T 1.1—2000 中 6.3.8 编写。

7 资料性补充要素编写基本内容

7.1 获取信息的途径

检测与鉴定规程中应提供获取有害生物检疫、鉴定或其他详细信息的途径，包括专家、组织、机构等的详细联系方式，以便可就方法中的相关细节进行咨询。

7.2 资料性附录

这是可选要素。按 GB/T 1.1—2000 中 6.4.1 编写。

7.3 参考文献

参考文献置于最后一个附录之后。参考文献应包括为编写检测与鉴定规程而引用的有关文献信息资源。

7.4 索引

这是可选要素。按 GB/T 1.1—2000 中 6.4.3 编写。

中华人民共和国出入境检验检疫行业标准

SN/T 1193—2003

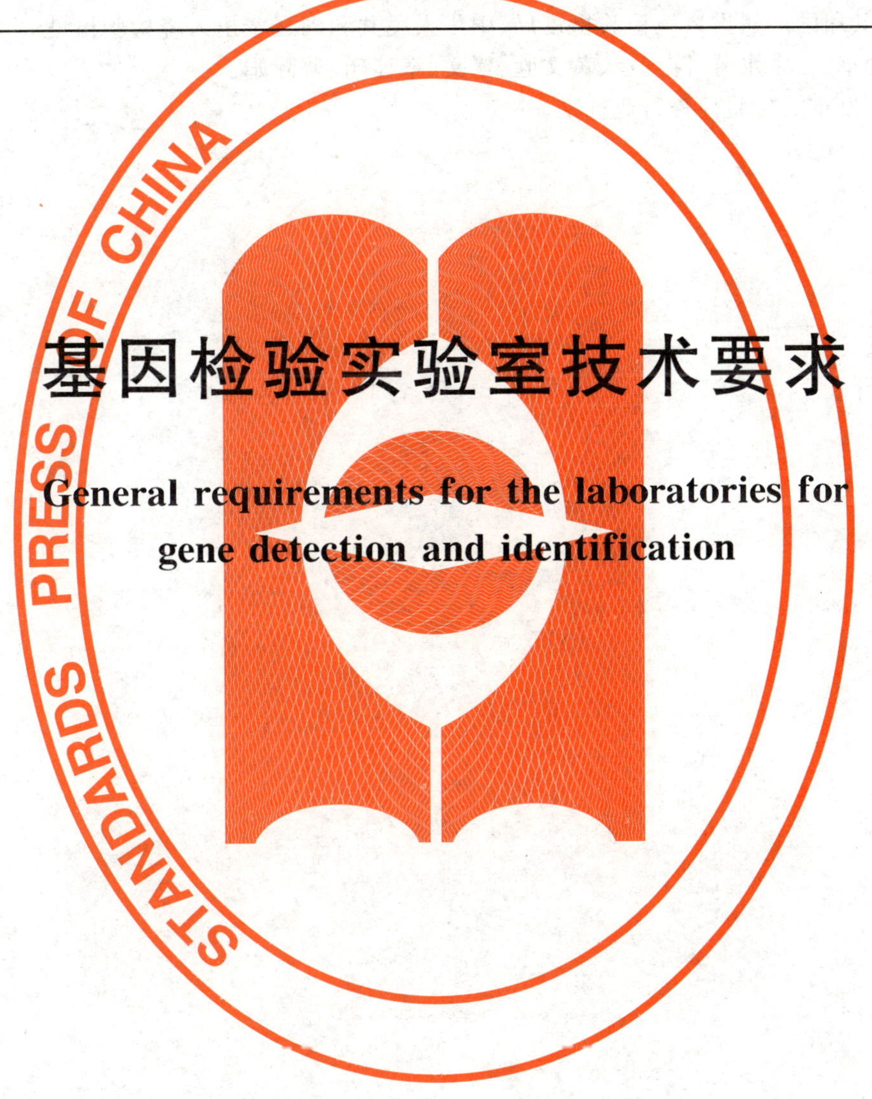

基因检验实验室技术要求

General requirements for the laboratories for gene detection and identification

2003-03-17 发布

2003-09-01 实施

中华人民共和国国家质量监督检验检疫总局 发布

前　言

本标准由国家认证认可监督管理委员会提出并归口。

本标准起草单位:国家质量监督检验检疫总局动植物检疫实验所、中华人民共和国深圳出入境检验检疫局、中华人民共和国广州出入境检验检疫局、中华人民共和国辽宁出入境检验检疫局。

本标准主要起草人:朱水芳、陈红运、黄文胜、覃文、章桂明、曹际娟。

本标准系首次发布的检验检疫行业标准。

基因检验实验室技术要求

1 范围

本标准规定了转基因产品检测实验室总体要求、质量控制和质量保证。

本标准适用于转基因产品检测实验室的建设和质量控制。

2 术语、定义和缩略语

下列术语、定义和缩略语适用于本标准。

2.1

转基因产品 genetic ally modified organisms,GMOs;biotechnology modified products

又叫生物技术产品。指用基因工程技术或者其他现代生物技术改变基因组构成的动物、植物、微生物及其产品。

2.2

聚合酶链式反应 polymerase chain reaction

聚合酶链式反应,简称PCR。用一对寡核苷酸引物、四种脱氧核糖核苷酸(dNTPs),在合适的温度、离子条件及耐热DNA聚合酶催化下,在体外人工合成特异的模板DNA片段的过程。

2.3

实时荧光PCR real-time fluorescent PCR,kinetic PCR,homogeneous PCR

在传统的PCR反应体系中,加入了扩增模板特异性的荧光标记杂交探针,同时在常规的PCR仪上增加了荧光信号检测系统,使得PCR扩增产物的特异性及数量检测与PCR扩增同步进行。实时荧光PCR探针有多种,常用的有分子信标(molecular beacon)、Taqman探针和杂交双探针等。

2.4

dUTP-DNA 糖基化酶 UNG,Uracil-DNA glycosylase

一种特殊的DNA水解酶,它只水解掺有dUTP的DNA。此酶防污染的条件是:在PCR扩增过程中用dUTP取代dTTP;在PCR开始前用UNG酶处理PCR扩增反应液;在碱性条件下高温(95℃)断裂DNA。

2.5 缩略语

2.5.1 PCR: polymerase chain reaction,聚合酶链式反应简称PCR。

2.5.2 DNA:deoxyribonucleic acid,脱氧核糖核酸。

2.5.3 dNTP:deoxyribonucleoside triphosphate,脱氧核苷酸三磷酸。

2.5.4 UNG: uracil-DNA glycosylase,尿嘧啶DNA-糖基化酶。

2.5.5 dATP:deoxyadenosine triphosphate,脱氧腺苷三磷酸。

2.5.6 dTTP:deoxythymidine triphosphate,脱氧胸苷三磷酸。

2.5.7 dUTP:deoxyuridine triphosphate,脱氧尿苷三磷酸。

2.5.8 bp: base pair,碱基对。

3 实验室总体要求

3.1 基因检验实验室区域设置原则

转基因产品检测实验室分为五个隔开的工作区域:试剂贮存和准备区、样品粉碎区、样品制备区、扩增反应混合物配制和扩增区、扩增产物分析区。如果使用荧光PCR仪,扩增区和扩增产物分析区可以合并。

转基因产品检测实验室五个隔开的工作区域中每一区域都须有专用的仪器设备。

工作区域及各区域所用的仪器设备必须有明确的标记,避免不同工作区域内的设备、物品混用。

各区域实验台表面应可耐受次氯酸钠、双氧水等化学物质及紫外线的消毒清洁作用。

3.1.1 试剂贮存和准备区

本区的功能为:贮存试剂的制备、试剂的分装和主反应混合液的制备。

贮存试剂和用于样品制备的材料应直接运送至试剂贮存和准备区,不能经过产物分析区。试剂原材料必须贮存在本区内,并在本区内制备成所需的贮存试剂。当贮存试剂溶液经检查可用后,应将其分装贮存备用。

大多数用于扩增的试剂都应冰冻贮存。主贮存试剂,应分装冰冻贮存。贮存试剂的分装体积根据通常在实验室内一次测定所需的扩增反应数来决定。

主反应混合液的组成成分尤其是聚合酶的适用性和稳定性通过预试验来检查,评价结果必须有书面报告。对于"热启动"技术,聚合酶也可不包含在主反应混合液中。

3.1.2 样品粉碎区

本区的功能为:对样品进行粉碎。

样品在此区粉碎,转移到样品处理容器并加入适当核酸抽提溶液后,再进入样品制备区。

已粉碎好的样品,在此区抽取所需检测用的试样,转移到样品处理容器并加入适当核酸抽提溶液后,再进入样品制备区。将其余样品封存后送回样品制备区。

粉碎机要放置在排气的防污染操作台上,每个样品要单独使用已彻底清洗过的器皿。

粉碎要在单独的房间进行,并且要远离其他操作区域。

3.1.3 样品制备区

本区的功能为:待检样品的保存,核酸提取、贮存及其加入至扩增反应管。

样本处理对核酸扩增有很大影响,必须使用有效的核酸提取方法,可在开展检测前对提取方法进行评价。制备好的样品核酸要贮藏在超低温冰箱中。

本区可部分或全部设为正压条件。从试剂贮存和准备区拿来的主反应混合液,在此区正压条件下加入待测核酸后,必须盖好含反应混合液的反应管,再进入反应扩增区。

3.1.4 扩增区

本区的功能为:DNA扩增。此外,已制备的DNA模板的加入和主反应混合液(来自试剂贮存和制备区)制备成反应混合液等也可在本区内进行。在巢式PCR测定中,通常在第一轮扩增后必须打开反应管,因此巢式扩增有较高的污染危险性,第二次加样必须在本区内进行。

3.1.5 扩增产物分析区

本区的功能为:扩增片段的测定。

核酸扩增后产物的分析方法多种多样,如膜上或微孔板上探针杂交方法(同位素标记或非同位素标记)、琼脂糖凝胶电泳、聚丙烯酰胺凝胶电泳、Southern杂交、核酸测序方法等。

在使用PCR-ELISA方法检测扩增产物时,必须使用洗板机洗板。

本区是最主要的扩增产物污染来源,本区如采用负压条件或减压情况下(如安装排风扇)可减少扩增产物从本区扩散至前面区域的可能性。

3.2 基因检验实验室工作人员操作要求

进入各工作区域必须严格按照单一方向进行，即试剂贮存和准备区→样本制备区→扩增反应混合物配制和扩增区→扩增产物分析区。

不同的工作区域使用不同颜色的工作服。工作人员离开各工作区域时，不得将工作服带出。

实验室的清洁应按试剂贮存和准备区→扩增产物分析区的方向进行。不同的实验区域应有其各自的清洁用具。

实验操作过程中，操作者必须戴手套，并经常更换。此外，操作中使用一次性帽子也是一个有效的防止污染的措施。

严禁用嘴吸取液体，加样器和吸头等必须经高压处理。在操作过程中要正确使用加样器，避免在加样操作中产生气溶胶污染。

用过的加样器吸头必须放入专门的消毒容器(含1%次氯酸钠溶液)内。实验室桌椅表面每次工作后都要清洁。含有PCR产物的任何废液必须收集到1 mol/L盐酸中，并且不能在实验室内倾倒，而应到远离PCR实验室的地方弃掉。污染了PCR产物的吸头也必须放到1 mol/L盐酸中浸泡后再放到垃圾袋中按程序处理(如焚烧)。

在样品粉碎、制样、核酸抽提等过程中出现实验材料散落或PCR产物外溅时，必须立即进行清洁处理并作出记录。

工作结束后必须立即对工作区进行清洁。

实验室及其设备的使用必须有日常记录。

3.3 安全防护

转基因产品检测实验室工作人员在整个实验操作过程中要戴手套，在强光、有害射线环境工作时要戴防护眼镜、防护服或采用其他安全有效措施。

3.4 废弃物处理

废弃物要进行高温消毒后再做处理，有毒有害废物要经过除害再做处理，处理要符合环保要求。

3.5 结果判断和验证

当一个样品同时检测出两个或两个以上外源基因时，可判断为转基因产品阳性，当检测出一个外源基因时，需进一步进行检测是否含有其他外源基因。用常规的PCR-电泳方法检测出样品为阳性时，需进一步作验证实验，验证方法可选用实时荧光PCR方法和样品总核酸杂交方法。

4 质量控制与质量保证

4.1 室内质量控制

4.1.1 样品的测试过程中的质量控制

4.1.1.1 样品制备

常用260 nm和280 nm光密度的比值来检验样品核酸的纯度。纯的DNA，其OD_{260}/OD_{280}应该在1.75～2.0之间。

样品制备时，每个样品都要取二至三个平行样，进行重复性实验。

4.1.1.2 阳性质控和阴性质控

使用内标法对核酸的扩增进行质控。扩增检测的内标通常为在整个细胞周期中均匀表达的mRNA或者某个基因DNA片段。当样品中存在扩增抑制物，或核酸提取中发生DNA降解，或*Taq*酶失活，内标即会表现为阴性结果。

在测定转基因作物的GMO含量时，应使用已知的低浓度的样品(如0.1%的转基因作物)作为质控样本，与待测样品等同处理提取核酸及扩增，以判断扩增检测的效果。

每一个PCR实验中都必须设有外加阴性质控(污染监测质控)，阴性质控可包括如下几种，即在样品制备的整个过程中所带的空白管、仅有扩增反应液但不含扩增模板的反应管、阴性样品等。这些质控样本在扩增检测时必须使用与待检的样品相同的主反应混合液。

4.1.1.3 **污染的分析与处理**

4.1.1.3.1 **测定分析前的污染源**

测定分析前实验材料的污染，主要来自非待检样品来源的核酸。

4.1.1.3.2 **测定分析阶段的污染源**

测定分析阶段的每一步都可能发生对样本的污染。反应混合液的任何成分及核酸的制备和反应建立阶段所涉及到的实验设备的任何部位都是可能的污染源。

4.1.1.3.3 **污染的避免**

为避免以前测定中所产生的扩增产物的污染，可在扩增反应中用 dUTP 取代部分 dTTP，扩增前在反应混合液中加入尿嘧啶糖苷酶(UNG)，可破坏来自以前测定的扩增产物。

上述防污染方法能有效地降低污染，但不能用其来替代严格的实验室设置和管理，尤其是这些方法不能防止外来非扩增的天然 DNA 的污染。

4.1.2 **去除污染的措施**

必须定期对实验室采取有效的去污染措施，结合各种不同的方法可达到最佳效果。去污染措施主要包括：

a) 用 10%(体积分数)次氯酸钠或 3%双氧水清洁表面；

b) 试验后长时间的紫外照射实验操作台面和其他表面(254 nm 波长紫外灯，相距 60 cm～90 cm，照射过夜)；

c) 实验设备如加样器的高压消毒；

d) 用最终浓度为 1 mol/L 的盐酸浸泡实验废弃物。

4.2 **室间质量评价**

所有开展转基因产品检验的实验室都必须参加由中华人民共和国质量监督检验检疫总局有关部门组织的全国转基因产品检验项目的室间质量评价。

中华人民共和国出入境检验检疫行业标准

SN/T 1345—2010
代替 SN/T 1345—2003

进出境植物检疫标准编写的基本规定

Fundamental for standards of the entry and exit plant quarantine

2010-05-27 发布　　2010-12-01 实施

中华人民共和国
国家质量监督检验检疫总局 发布

前　言

本标准按照 GB/T 1.1—2009 给出的规则起草。

本标准代替 SN/T 1345—2003《进出境植物检疫规程、检验鉴定和除害处理标准编写的基本规定》。

本标准与 SN/T 1345—2003 相比，主要技术变化如下：

——标准名称改为《进出境植物检疫标准编写的基本规定》；

——对第 4 章“植物检疫标准的要素构成”进行了修改，删除了 4.1 检疫规程的构成、4.2 检疫鉴定方法的构成、4.3 检疫除害处理规程的构成，改成了“标准的一般构成和编写顺序”；

——对第 7 章“规范性技术要素”项下的条目进行了调整，删除了原标准对 7.2 植物检疫规程、7.3 检疫鉴定方法、7.4 检疫除害处理规程的规范性技术要素的描述，改成对植物检疫基本规范性技术要素编写要求的描述；

——删除了原标准附录 A“封面格式”。

——以规范性附录的形式列出了有害生物风险分析、有害生物检疫鉴定或检测方法、进出境植物检疫规程、植物检疫除害处理规程和有害生物监测等五类植物检疫标准的构成和规范性技术要素。

本标准由国家认证认可监督管理委员会提出并归口。

本标准起草单位：中华人民共和国江苏出入境检验检疫局、中华人民共和国检验检疫科学院。

本标准主要起草人：顾忠盈、吴新华、周明华、陈洪俊、陶宏锦、余菁。

本标准于 2003 年首次发布，2010 年第一次修订。

进出境植物检疫标准编写的基本规定

1 范围

本标准规定了进出境植物检疫标准的构成和编写的基本要求，还给出了部分标准的条文编排样式和编写细则。

本标准适用于进出境植物检疫标准的编写。

2 规范性引用文件

下列文件对于本文件的应用是必不可少的。凡是注日期的引用文件，仅所注日期的版本适用于本文件。凡是不注日期的引用文件，其最新版本（包括所有的修改单）适用于本文件。

GB/T 1.1—2009 标准化工作导则 第1部分：标准的结构和编写

3 编写要求

进出境植物检疫标准的编写应符合 GB/T 1.1—2009 的规定。

4 植物检疫标准的要素构成

4.1 要素的分类

由要素的规范性或资料性的性质以及它们在标准中的位置来划分，可分为资料性概述要素、规范性一般要素、规范性技术要素和资料性补充要素。

4.2 标准的一般构成和编写顺序

标准的一般构成和编写顺序如下：

——资料性概述要素
- 封面
- 目次 *
- 前言
- 引言 *

——规范性一般要素
- 标准名称
- 范围
- 规范性引用文件 *

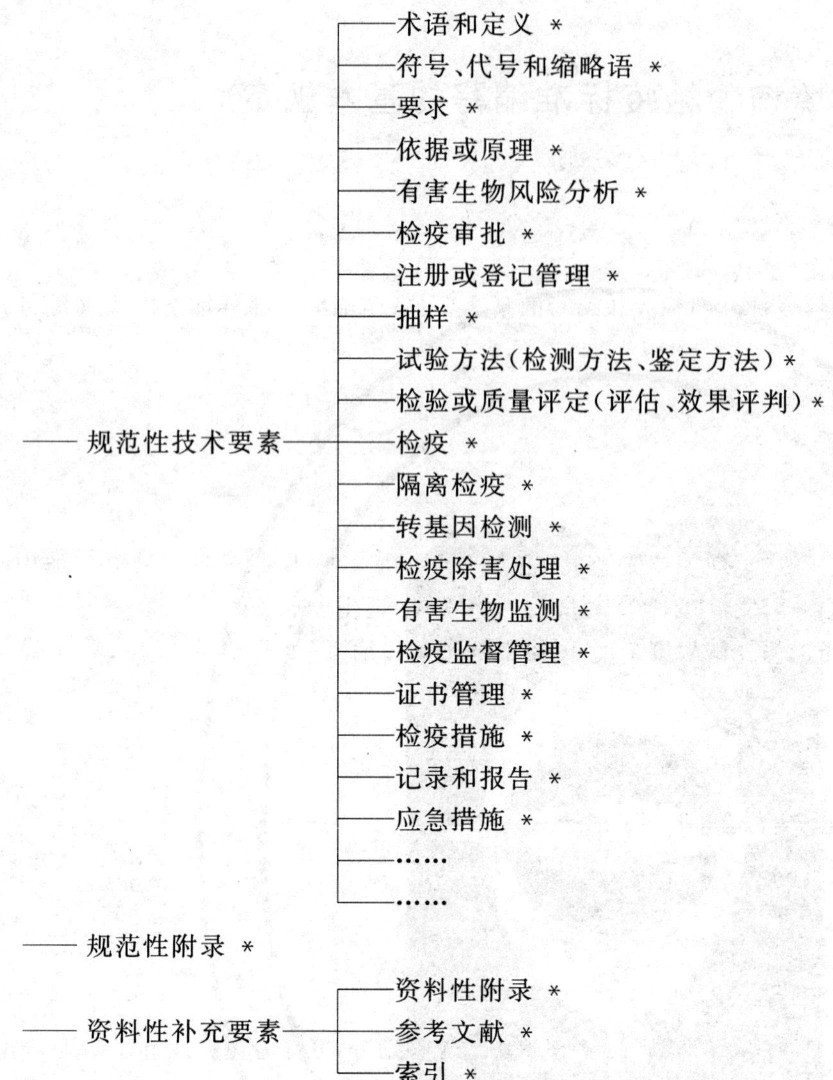

上述构成要素不是任何一项标准都需要全部包括的,标有 * 者可根据标准化对象的特征和制定标准的目的而取舍。

4.3 要素的一般要求

每个要素所允许的内容应符合 GB/T 1.1—2009 中 5.1.3 的规定和表 1 的要求。

进出境植物检疫标准中规范性技术要素的内容及其顺序根据所制定的标准的具体情况而定。

有害生物风险分析类标准、有害生物检疫鉴定或检测方法类标准、植物检疫规程类标准、检疫除害处理规程类标准及有害生物监测类标准等五类植物检疫标准的构成和规范性技术要素分别见附录 A、附录 B、附录 C、附录 D、附录 E。

5 资料性概述要素

5.1 封面

每项标准均应有封面,封面的编写要求应符合 GB/T 1.1—2009 中 6.1.1 的规定和 GB/T 1.1—2009 中附录 I 图 I.2 的要求。

5.2 目次

应符合 GB/T 1.1—2009 中 6.1.2 的规定。

5.3 前言

每项标准均应有前言,前言应符合 GB/T 1.1—2009 中 6.1.3 的规定。

5.4 引言

应符合 GB/T 1.1—2009 中 6.1.4 的规定。

6 规范性一般要素

6.1 标准名称

6.1.1 标准名称的一般要求

标准名称的起草规则应符合 GB/T 1.1—2009 中附录 D 的规定。

名称为标准的必备要素,它应置于正文首页和标准的封面。名称应力求简练,并应明确表示出标准的主题,使之与其他标准相区分。标准名称不应涉及不必要的细节。标准名称同时应附英文名称。

名称应由几个尽可能短的要素组成,其顺序由一般到特殊。通常,所使用的要素不多于下述三种:

a) 引导要素(可选):表示标准所属的领域,如进出境;

b) 主体要素(必备):表示所要论述的主要对象,如有害生物、产品等;

c) 补充要素(可选):表示上述主要对象的特定方面,或给出区分该标准(或该部分)与其他标准(或其他部分)的细节。

6.1.2 标准名称示例

标准名称如:

——进出境葡萄检疫规程;

——进境原木火车熏蒸操作规程;

——双钩异翅长蠹检疫鉴定方法;

——烟草环斑病毒检测方法;

——进出境植物有害生物风险分析程序;

——基因检验实验室技术要求;

——植物隔离检疫圃分级标准;

——TCK 疫麦环氧乙烷熏蒸处理方法;

——进出境植物和植物产品有害生物风险分析技术要求。

6.2 范围

范围为必备要素,应符合 GB/T 1.1—2009 中 6.2.2 的规定。

6.3 规范性引用文件

规范性引用文件是可选要素,应符合 GB/T 1.1—2009 中 6.2.3 的规定。

7 规范性技术要素

7.1 概述

下列构成要素不是任何一项标准都需要全部包括的，可以根据标准化对象的特征和制定标准的目的而取舍或增加。

每一个规范性技术要素可：

——作为单独的章；

——并入到其他规范性技术要素；

——作为附录（见附录A、附录B、附录C、附录D、附录E）；

——作为标准的单独部分；

——作为单独的标准（如检疫规程标准、有害生物鉴定标准、检疫除害处理标准）。

7.2 规范性技术要素的一般要求

7.2.1 术语和定义

任何不是众所周知的术语，或该标准特有的术语，或在不同情况下可能有不同解释的术语或重要的专业名词，均应给出定义予以明确。

术语和定义尽可能采用国际植物检疫标准术语。

术语和定义的引导语应符合GB/T 1.1—2009中6.3.2的规定。

7.2.2 符号、代号和缩略语

符号、代号和缩略语为可选要素。它给出理解本标准所必要的符号、代号和缩略语的一览表。

这一要素也可与7.2.1内容合并。可以将术语、定义、符号、代号、缩略语以及量的单位放在一个复合标题下，例如“术语、定义、符号、代号和缩略语”。

7.2.3 要求

应规定标准涉及的产品、过程或服务所要遵守的原则或达到的目的或目标，或者应规定如何测量或表述所要遵守的原则或达到的目的或目标。

7.2.4 依据或原理

应规定标准涉及的过程或服务的根据，如法律依据、标准依据、方法依据等。

7.2.5 有害生物风险分析

应规定有害生物风险评估的原则或方法、风险评估程序、风险管理措施建议。

有害生物风险分析标准的构成和规范性技术要素见附录A。

7.2.6 检疫审批

应规定检疫审批的要求和审批流程。

7.2.7 注册或登记管理

应规定对产品或企业注册或登记管理的要求和程序。

7.2.8　**抽样**

应规定抽样(取样、采样)的条件和方法,以及样品保存方法。

7.2.9　**试验方法(检测方法、鉴定方法)**

试验方法(检测方法、鉴定方法)应给出与下列程序有关的细节:测定特性值(如:形态特征),检查是否符合要求,以及保证结果的再现性。

有害生物检测方法或鉴定方法的构成和规范性技术要素见附录B。

7.2.10　**检验或质量评定(评估、效果评判)**

应确定需要检验的项目和检验次序、组批规则、抽样方案、结果判定规则和复验规则。

7.2.11　**检疫**

进出境(过境、旅邮检、运输工具等)检疫应给出与下列程序有关的细节:

——检疫程序;

——结果的判定;

——处置。

进出境植物检疫规程的构成和规范性技术要素见附录C。

7.2.12　**隔离检疫**

应规定隔离圃(隔离场)的隔离条件,隔离检疫的安全防护要求、常规操作要求和程序、特殊操作要求和程序、应急处理。

7.2.13　**转基因检测**

应规定转基因检验的方法、步骤和结果判定标准。

7.2.14　**检疫除害处理**

检疫除害处理应给出与下列程序有关的细节:

——处理方法;

——处理技术指标;

——处理程序;

——应急措施。

检疫除害处埋规程的构成和规范性技术要素见附录D。

7.2.15　**有害生物监测**

应规定有害生物监测的种类、监测方法和结果报告要求。

有害生物监测的构成和规范性技术要素见附录E。

7.2.16　**检疫监督管理**

应规定检疫监督管理的要求。

7.2.17　**证书管理**

应规定证书管理要求、出证状态和证书用语。

7.2.18 检疫措施

应规定检疫措施的内容和实施条件或要求。

7.2.19 记录和报告

应规定记录或报告的形式和具体要求，如上报、通报、预警。

7.2.20 应急措施

应规定在非常规状态下应准备的条件或采取的措施。

8 规范性附录

规范性附录为可选要素，它给出标准正文的附加条款，应按 GB/T 1.1—2009 中 6.3.6 的规定编写。

9 资料性补充要素

9.1 资料性附录

资料性附录为可选要素，应符合 GB/T 1.1—2009 中 6.4.1 的规定。

9.2 参考文献

参考文献为标准的可选要素。如果有参考文献，则应置于最后一个附录之后。参考文献的起草应符合 GB/T 1.1—2009 中 6.4.2 的规定。

9.3 索引

索引为标准的可选要素。如果有索引，则应作为标准的最后一个要素。电子文本的索引宜自动生成。

附 录 A
（规范性附录）
有害生物风险分析的构成和规范性技术要素

A.1 有害生物风险分析的构成

标准的一般构成和编写顺序如下：

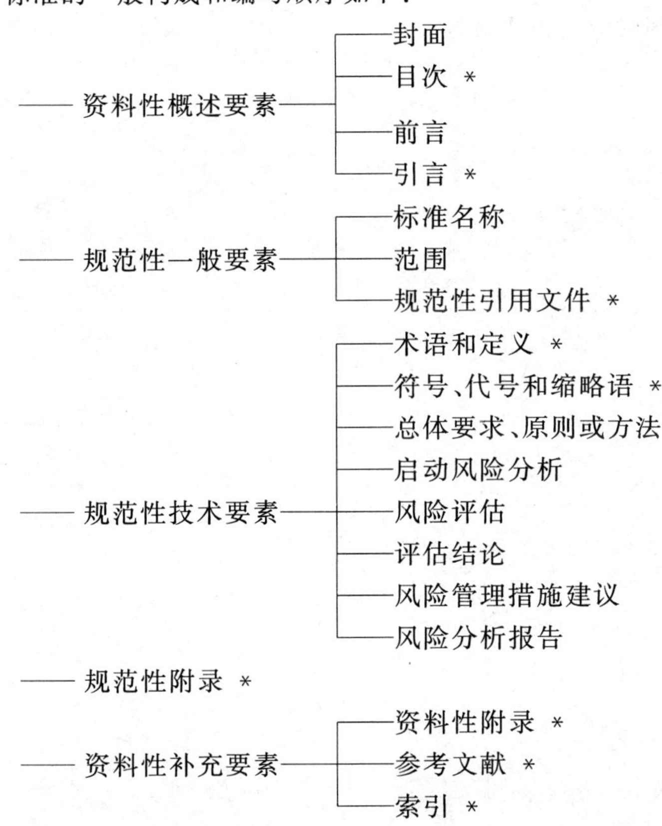

上述构成要素不是任何一项标准都需要全部包括的，标有 * 者可根据标准化对象的特征和制定标准的目的而取舍。

A.2 有害生物风险分析的规范性技术要素

A.2.1 总体要求、原则或方法

应规定风险分析的原则、方法或要求，确定风险分析的目标和步骤。

A.2.2 启动风险分析

应列明启动风险分析的情况，确定开展风险分析的顺序，成立相关的工作组，对需要收集的信息予以确定。

A.2.3 风险评估

应规定采用定性或定量的方法，按照风险分析的步骤，对有害生物进行风险评估。如：有害生物传

入和扩散的可能性,评估检疫性有害生物潜在的经济后果或经济影响。

A.2.4 评估结论

应根据评估的情况,对有害生物的风险等级作出评定。

A.2.5 风险管理措施建议

应在风险评估的基础上,提出适当的风险管理措施建议,供决策部门参考。

A.2.6 风险分析报告

应详细记录风险分析的整个过程,形成风险分析正式报告。

附 录 B
（规范性附录）
有害生物的检疫鉴定方法或检测方法的构成和规范性技术要素

B.1 有害生物的检疫鉴定方法或检测方法的构成

标准的一般构成和编写顺序如下：

上述构成要素不是任何一项标准都需要全部包括的，标有 * 者可根据标准化对象的特征和制定标准的目的而取舍。

B.2 有害生物的检疫鉴定方法或检测方法的规范性技术要素

B.2.1 原理或方法

应阐明有害生物的鉴定原理、方法或检测方法：

——原理一般应包括有害生物的分类地位、传播途径和鉴定依据；

——鉴定方法或检测方法如形态学方法、生物学方法、血清学方法、生物化学方法、分子生物学方法等，可以采用单一的方法，也可以采用多种方法综合判断。

B.2.2 仪器设备、用具或装置

应列出主要的和专用的仪器和设备。如：万能显微镜、体视显微镜、PCR 仪、电泳漕、水浴锅、指形管、规格孔长孔筛或圆孔筛（应标明孔径尺寸）等。

B.2.3 试剂或材料

应根据有害生物种类和采用的检验方法，明确所需的试剂和材料，如酶联测定试剂、电镜观察样品前处理试剂、缓冲液、培养基等，混合试剂应说明具体的配制方法。

B.2.4 现场检疫和抽样

应规定现场检疫或抽样的要求或程序。

这是可选要素，如果现场检疫（如：为害状）对实验室检验鉴定起着非常重要的作用，则应列出该要素。

B.2.5 实验室检验

应列出有害生物具体的形态特征、为害症状、检验鉴定或检测的操作步骤，如样品或标本的制备、过筛检验、镜检鉴定、解剖鉴定、病原生物的分离、纯化、培养、致病性测定或昆虫饲养等。有害生物的鉴定特征、具体的检测方法（如：PCR 检测、电子显微镜观察等）、试剂配制方法、分类检索表、形态特征图等相关资料，可以采用附录的形式加以描述。

B.2.6 鉴定结果的判定与复核

应列出最终鉴定结果的判定方法或判定标准，例如，符合某一重要形态特征的可以鉴定为某一种有害生物，其他特征可以作为补充参考。

按有关规定应复验或复核的，应当列出复核机构或人员的资质和复验或复核程序。

B.2.7 样品或标本保存

应规定样品、标本或病原分离物是否应保存以及保存的方法和要求。例如，发现禁止进境物或检疫性有害生物以及双边检疫协定中禁止传带的有害生物，需要检疫处理并对外索赔的应保存样品、标本或病原分离物等。

B.2.8 结果记录与资料保存

应列出需要保存的记录要求，如样品记录、实验室记录、相关的鉴定记录、相关的照片和鉴定人员、复核人员的签名、鉴定日期、保存的期限等。

附　录　C
（规范性附录）
进出境植物检疫规程的构成和规范性技术要素

C.1　进出境植物检疫规程的构成

标准的一般构成和编写顺序如下：

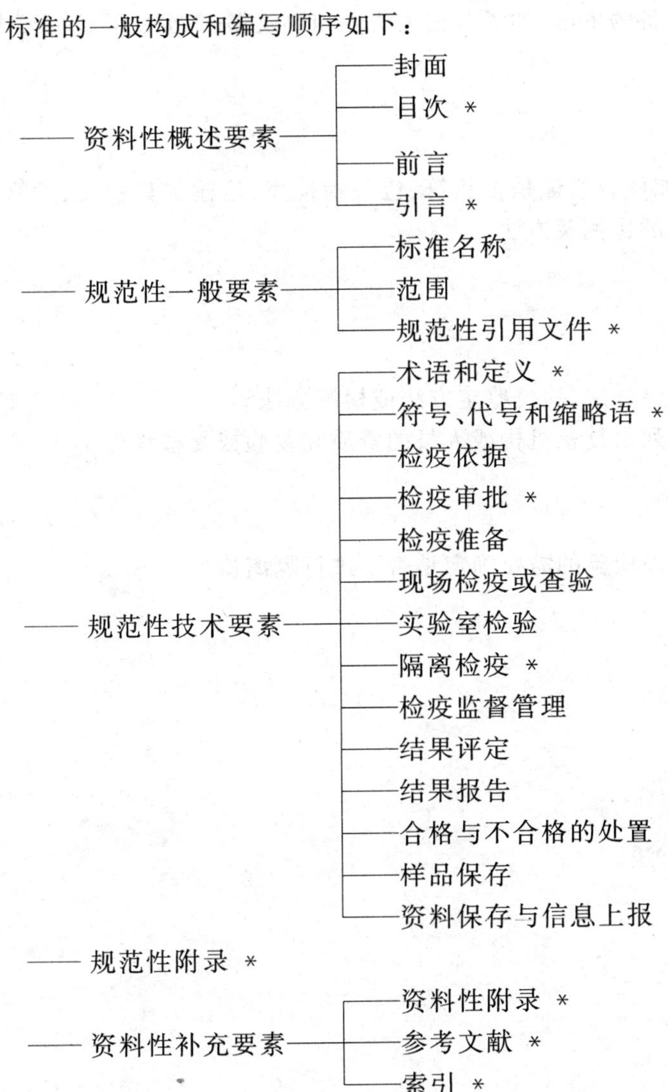

上述构成要素不是任何一项标准都需要全部包括的，标有 * 者可根据标准化对象的特征和制定标准的目的而取舍。

C.2　进出境植物检疫程序的规范性技术要素

C.2.1　检疫依据

应列出开展检疫工作的依据，如法律依据或进口国检疫要求等，也可以根据标准的需要确定。

C.2.2 检疫审批

对于需要检疫审批植物或植物产品，应规定检疫审批的程序和要求，如审批的品种、考核要求、需提供的材料，审批流程等。

C.2.3 检疫准备

应当规定需要准备的事项，如报检的要求，报检资料和单证审核的要求，产地疫情或进口国检疫要求，需要准备的检疫工具、制定检疫方案等。

开展产地预检的，应当规定出国前需准备的事项，如了解相关法规和协议书、掌握检验检疫要求、确定预检日期，准备相关的仪器和用具等。

C.2.4 现场检疫

应规定现场检疫的方法、要求和程序，如核查货证是否相符、包装物检疫、运输工具检疫、货物检疫的项目、现场查验的比例、数量及方法，抽样的比例及方法。

C.2.5 实验室检验

应规定样品的处理方法和要求。

根据应检有害生物种类，规定相应的试验方法、检疫鉴定方法或检测方法。

按照有关规定应需复验或复核的，应当列出复核机构或人员的资质和复验或复核程序。

C.2.6 隔离检疫

根据进境种子、苗木和其他繁殖材料检疫检验的需要确定是否要进行隔离检疫。

应规定隔离检疫的方法和具体查验要求。

C.2.7 检疫监督管理

应列出检疫监督的具体要求。

C.2.8 结果评定

应规定检疫结果的表述或判断结果的方法。

C.2.9 结果报告

应规定给出结果报告的必要信息。

C.2.10 合格与不合格的处置

应规定合格与不合格处置的具体处置方法，如出具单证、准予进出境、除害处理、销毁、退货等。

C.2.11 样品保存

应规定样品保存的具体要求，如保存数量、保存期限等。

C.2.12 资料保存与信息上报

应规定资料保存与信息上报的要求。

附 录 D
（规范性附录）
植物检疫除害处理规程的构成和规范性技术要素

D.1 植物检疫除害处理规程的构成

标准的一般构成和编写顺序如下：

上述构成要素不是任何一项标准都需要全部包括的，标有*者可根据标准化对象的特征和制定标准的目的而取舍。

D.2 检疫除害处理规程的规范性技术要素

D.2.1 处理依据

应规定实施检疫除害处理的依据，如法律法规要求、进口或出口官方要求等。

D.2.2 处理方法和主要技术参数

应规定除害处理的方法、方式和主要技术参数。例如，根据拟除害处理的有害生物的种类和生物学特性、货物种类和特性、存放场所和包装等具体情况确定处理方法和处理方式，并根据处理方法和处理方式，规定使用的药剂种类、剂量（浓度）及处理维持时间等主要技术参数。

D.2.3 处理前准备

应规定处理前需要准备的事项和具体。如：

——应出具有关的处理证单，通知货主（代理）、运输部门及承担除害处理任务的专业公司，并对除害处理场所、环境、处理物的堆放等提出基本要求；

——采用熏蒸库进行熏蒸处理的，应列明熏蒸库的建设要求；

——制定除害处理的方案、人员、需要准备的除害处理设施、药品、器材、安全防护用具等，对处理方案进行审核并对准备情况进行检查。

D.2.4 除害处理

应规定实施除害处理的程序和要求。例如，根据已确定的处理方法（方式）和技术参数，按照有关处理操作规程（方法）对应处理物实施除害处理，同时开展除害处理指标的检测和监测。除害处理的具体工作一般要规定由经认可的专业处理公司承担。

D.2.5 安全措施

应规定安全措施和应急处置措施。

D.2.6 监督管理

应列出进行监督管理的要素，包括影响处理效果的要素和处理过程的安全措施，如处理方式、处理剂量、投药方式、处理环境（是否密闭）、处理时间、处理人员安全操作要求等。

D.2.7 效果评价

应明确具体的评价方法和评价标准，对除害处理的结果作出评定。

D.2.8 记录

应规定需要记录的事项及要求。

D.2.9 处置

应规定不同效果状态下的处置方式和要求，如放行、重新处理、销毁或者退运等。

附 录 E
（规范性附录）
有害生物监测的构成和规范性技术要素

E.1 有害生物监测的构成

标准的一般构成和编写顺序如下：

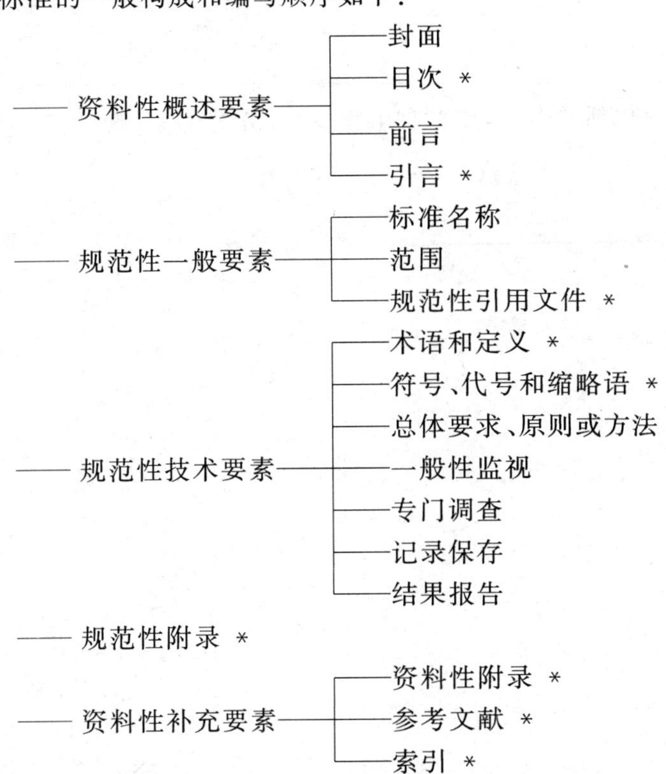

上述构成要素不是任何一项标准都需要全部包括的，标有 * 者可根据标准化对象的特征和制定标准的目的而取舍。

E.2 有害生物监测的规范性技术要素

E.2.1 总体要求、原则或方法

应规定有害生物监测的原则、方法或要求，确定监测的目标和步骤。

E.2.2 一般性监视

应列明有害生物的信息来源，规定信息的收集、保存和检索的方法及内容，规定信息的使用目的或用途。

E.2.3 专门调查

应规定调查计划、调查方案和要求。

如：

——调查计划包括调查的目的、调查要达到的植物检疫要求、目标有害生物、调查范围(地区、生产系统、季节)、调查时间(日期、次数、期限)、目标寄主或产品、统计依据(抽样次数)等;

——调查方案和要求包括调查地点的选择、寄主有害生物清单、针对性抽样和随机抽样方法、分析程序、样品的记录保存、调查人员资质要求、调查人员培训、调查的设施和设备要求、调查结果的专家验证以及报告程序等。

E.2.4 记录保存

应规定记录保存的具体要求,如有害生物的名称、采集地点、鉴定人员和日期、验证人员和日期、寄主状态及其他需保存的相关信息的要求。

E.2.5 结果报告

应规定发布报告的范围、程序和报告所应包括的内容,如有害生物发生、分布情况报告或无有害生物报告。

SN

中华人民共和国出入境检验检疫行业标准

SN/T 1582—2005

引进外来有害生物及其控制物检疫规程

Rules for the quarantine of exotic harmful organism and their control agents for import

2005-05-20 发布　　　　2005-12-01 实施

中华人民共和国
国家质量监督检验检疫总局　发布

前　言

本标准由国家认证认可监督管理委员会提出并归口。

本标准起草单位：中华人民共和国云南出入境检验检疫局。

本标准主要起草人：蒋小龙、沐咏民、白松、陈云勇。

本标准系首次发布的出入境检验检疫行业标准。

引进外来有害生物及其控制物检疫规程

1 范围

本标准规定了引进外来有害生物及其控制物的申请、审批、进境检疫、检疫监管、归档等程序。

本标准适用于引进外来有害生物及其控制物的检疫及监管。

2 术语和定义

下列术语和定义适用于本标准。

2.1

外来有害生物 exotic harmful organism

来自国外、有自我繁衍能力、对人类和动植物健康或生态环境有害的生物体，包括寄生虫、捕食性生物、寄生物、植食性节肢动物、病原体、活的病原制剂、杆菌属株系(*Bacillus thuring iensis*)(*Bt.*)、生物农药的制剂、通过遗传工程人工繁殖的生物制剂、预防人类和动物疾病的制剂，以及它们衍生出来的相关产品和包装物。

2.2

控制物 control agents

外来有害生物的天敌。

2.3

天敌 natural enemy

以损害另一种生物为生存，并能限制其种群数量的某种生物体，包括寄生性生物、捕食性生物和病原菌。

2.4

专化性 specificity

某种生物寄生范围的程度，包括单性寄生(只能在单个寄主上完成生活史发育)到多性寄生(可在多个寄主上完成生活史发育)。

2.5

进口许可 import permit

允许进口但有特殊要求的官方文件。

2.6

引进 import

将外来有害生物引进到国内的过程。

3 申请

3.1 申请材料

在引进外来有害生物及其控制物之前，引进单位应事先申请并办理进口许可手续。填写《进境动植物检疫许可证申请表》(以下简称许可证申请表)，连同以下背景材料提交所在地出入境检验检疫机构进行初审。

a) 外来有害生物的有关材料

拟引进外来有害生物的中文名、英文名和拉丁文学名，识别特征，原产地，分布范围，生物学习性，天敌，以及外来生物对靶子寄主的专化性和对非靶子寄主的潜在风险报告。

b) 控制外来有害生物的有关材料

控制外来有害生物的天敌名称、世界分布、原产地、重要性评估，以及在世界其他区域的分布或使用情况。

c) 潜在风险报告

拟引进外来有害生物及其控制物在实验室、生产过程和野外释放条件下对人类和动植物健康的潜在风险和避险措施。

d) 包装与检疫措施

因科研而引进具有危险性的外来有害生物及其控制物时，引进单位除提供上述材料外，还应提供包装物属性和隔离检疫措施。

e) 对环境的风险报告

作为生物农药使用而引进的外来有害生物及其控制物，引进单位除提供上述材料外，还应提供对非靶子生物和对环境产生的风险分析报告，以及释放后出现负面影响时的应急措施；外来有害生物及其控制物在实验室的测试和田间的观察报告以及其他相关资料。

f) 应用报告

每个外来有害生物及其控制物的有关材料，包括引进次数、数量、方式、日期和地点。特别是在出口国的应用情况以及其他与风险评估相关的资料。

3.2 隔离措施

引进单位应按检疫要求制定有害生物及其控制物入境后的运输、培养、试验及应用等环节的隔离措施，并提供入境口岸、日期、运输路线、方式、目的地等情况。

4 审批

4.1 初审

当地直属检验检疫机构主要检查提交材料是否符合相关要求，存放场所是否有防止疫情传播的隔离设施，合格的签署初审意见，不合格的退回申请。

4.2 材料提交

当地直属检验检疫机构将初审合格的《许可证申请表》及相关材料提交国家质量监督检验检疫总局(以下简称国家质检总局)。

4.3 风险评估

国家质检总局根据《许可证申请表》及有关引进和释放外来有害生物及其控制物的相关材料，组织专家开展风险评估工作，提出检疫管理要求；符合引进要求的签发《进境动植物检疫许可证》，不符合要求的退回申请单位并说明理由。

4.4 检疫要求

《进境动植物检疫许可证》的内容应包含外来有害生物及其控制物的拉丁学名、产地、入境口岸、目的地、引进单位或收货人；确保受检物逃逸的隔离设施及采取的预防措施；对污染物的检疫除害处理措施(特别是检疫性有害生物)等。

5 进境检疫

5.1 报检

外来有害生物及其控制物抵达口岸前，引进单位凭《检疫许可证》及相关材料向口岸检验检疫机构报检。

5.2 现场检疫

口岸检验检疫机构接受报检后，在隔离条件下，按照有关检验检疫程序对外来有害生物及其控制物进行检疫。核查引进的外来有害生物及其控制物的种类、产地、数量、包装及唛头标记是否与申报相符；

检查包装是否完整，包装上是否粘附有其他外来生物；清除死的、带病的外来有害生物及其控制物，对污染物或包装物进行检疫消毒处理或销毁处理。

5.3 实验室检验

将样品带入实验室，在隔离条件下，按照有关标准和检疫鉴定资料对外来有害生物及其控制物进行鉴定，确认是否是申报的种类，是否受病原真菌、细菌、病毒、线虫、昆虫和其他有害生物的污染。

6 检疫监管

6.1 检验检疫机构对引进外来有害生物及其控制物的全过程实施检疫监督管理。

6.2 引进单位属入境检验检疫机构管辖区内的，由入境检验检疫机构负责监管，并做好监管记录。

6.3 运往入境检验检疫机构管辖区以外的，由指运地检验检疫机构负责对其进行监管，入境检验检疫机构应及时通知指运地检验检疫机构。

6.4 检验检疫机构在对引进外来有害生物及其控制物的检疫监管中，若发现其对环境及农作物等造成不良影响，应采取紧急控制措施，并立即上报国家质检总局。

7 结果评定与处理

7.1 现场检疫和实验室检验符合相关检疫要求的，评定为合格；否则为不合格。

7.2 经检疫合格的外来有害生物及其控制物，引进单位可按要求进行使用，发现不良影响时应立即报告当地检验检疫机构，并采取紧急控制措施。

7.3 经检疫不合格或未事先办理检疫审批的外来有害生物及其控制物（含邮寄或旅客携带物），作退回或销毁处理。

8 归档

检验检疫完毕后，入境及指运地检验检疫机构应将报检单、输出国家或地区植物检疫证书、进境动植物检疫许可证、检验检疫及监管记录单和货物流向资料等单证进行归档。并保存外来有害生物及其控制物的有关文档资料，包括种名、原产地、释放数目/数量、地点、日期、标本保存地点，其他与评估结果相关的数据及其使用计划，为以后同种外来有害生物及其控制物的反复引进提供相关资料。

SN

中华人民共和国出入境检验检疫行业标准

SN/T 1619—2005

植物隔离检疫圃分级标准

Classification standards for plant post-entry quarantine station

2005-08-18 发布　　2006-02-01 实施

中华人民共和国
国家质量监督检验检疫总局　发布

前　言

本标准的附录B为规范性附录，附录A和附录C为资料性附录。

本标准由国家认证认可监督管理委员会提出并归口。

本标准由中国检验检疫科学研究院动植物检疫所负责起草，中华人民共和国辽宁出入境检验检疫局、中华人民共和国海南出入境检验检疫局参加起草。

本标准主要起草人：李明福、刘善斌、林明光、张永江、王秀芬、陈洪俊。

本标准系首次发布的出入境检验检疫行业标准。

引　言

植物隔离检疫圃是开展种苗和植物繁殖材料检疫业务的重要条件。植物隔离检疫，是指在特定的隔离场所内培植和筛选繁殖材料，预防当地存在的病虫害侵入，同时又能防止引进的种苗可能携带的病虫害向外逃逸，从而保证引进的繁殖材料不带当地所没有的病虫害，输出的繁殖材料又能够符合对方的检疫要求。加强隔离检疫圃建设对于防止危险性外来有害生物入侵，保护我国农业生产，维护国家经济安全具有重要意义。

开展不同风险种苗隔离检疫需要有相应的风险管理和控制水平的场所。由于进境植物传带有害生物风险程度不同，相应采取的检疫措施、隔离检疫设施的要求也会有所区别，携带非气传性检疫性有害生物的种苗，需要在有防虫条件的隔离检疫圃中进行隔离检疫，而可能携带可气传的检疫性有害生物的种苗，则需要在有负压隔离温室的隔离检疫圃中进行隔离检疫。随着我国加入 WTO，植物隔离检疫圃作为重要的检验检疫设施和检疫资源，需要进一步规范隔离检疫圃建设和使用，满足隔离检疫工作的特殊需要。

考虑到植物隔离检疫圃功能、目的的特殊性，根据其管理水平、技术能力、隔离设施等方面的要求，结合我国的工作实际，制定植物隔离检疫圃分级标准，以区别于一般的种植场圃（苗圃），为植物隔离检疫圃的建设、管理和隔离检疫工作的开展提供依据和参考。

植物隔离检疫圃分级标准

1 范围

本标准规定了进境植物隔离检疫圃进行分级的主要技术要素。

本标准适用于引种、生产、检验检疫和研究为目的的植物隔离检疫圃级别的确定。

2 规范性引用文件

下列文件中的条款适用于本标准。但注明日期的引用文件,其随后所有的修改单(不包括勘误的内容)或修订版均不适用于本标准,然而,鼓励根据本标准达成协议的各方研究是否可使用这些文件的最新版本。凡是不注日期的引用文件,其最新版本适用于本标准。

《植物检疫术语词汇表》 1997《国际植物检疫措施标准》第5号出版物,联合国粮农组织,罗马。

3 术语和定义

《植物检疫术语词汇表》确立的以及下列术语和定义适用于本标准。

3.1

植物隔离检疫圃 plant post-entry quarantine station,PEQS

经过专业设计,具备一定隔离设备和专门设施,并由检疫行政主管部门设立或许可,按照规定程序操作,专门承担引进植物繁殖材料隔离种植、隔离检疫任务的场所。

3.2

植物繁殖材料 plant propagative material

植物种子、种苗及其他繁殖材料的统称,指栽培、野生的可供繁殖的植物全株或者部分,如植株、苗木(含试管苗)、果实、种子、砧木、接穗、插条、叶片、芽体、块根、块茎、鳞茎、球茎、花粉、细胞培养材料(含转基因植物)等。

3.3

有害生物风险评估 pest risk assessment

决定一种有害生物是否为管制性有害生物和评价其传入、定殖的可能性。

3.4

种苗 seed and seedling

用做繁殖材料的活的植物及其器官,包括种子和种质。种子是供种植而非消费或加工用的籽实;种质是指代表物种生物学和遗传特性的材料,包括核酸、组织细胞、植物繁殖材料及其无性系等。

3.5

高风险种苗 seed and seedling of high pest risk

高风险的种苗是根据有害生物(包括可能成为有害生物的外来植物)风险评估结果确定的、可传带检疫性有害生物并对经济活动、农业生产和生态环境有高度潜在危险的一类种苗。

3.6

中风险种苗 seed and seedling of middle pest risk

中风险的种苗是根据有害生物(包括可能成为有害生物的外来植物)风险评估结果确定的、可能传带管制的非检疫性有害生物并对经济活动、农业生产和环境安全有中度潜在危险的一类种苗。

3.7

低风险种苗 seed and seedling of lower pest risk

低风险的种苗是根据有害生物(包括可能成为有害生物的外来植物)风险评估结果确定的、可能传带的有害生物为非检疫性有害生物并对经济活动、农业生产和环境安全影响小的一类种苗。

3.8

隔离设施 containment facility

将种植场地与周围环境分开,用于防止有害生物传入/传出的专门设备和设施。如围墙、温室、网室、人工气候室等。

3.9

负压温室 green house of negative air pressure

经过特别设计用于气传病害隔离检疫。其设计包括一端为外门而另一端为内门的门廊,对出入实行控制;有洗手消毒设施;能够对环境产生负压;排出的废气经过高效率微粒空气过滤器(HEPA,High Efficiency Particulate Air Filters)过滤;能够控制内部温湿度;所有废弃物经过适当的化学或物理方法处理予以消毒后,才排入公用或共用系统。

4 隔离检疫圃分级

根据隔离圃中隔离种苗类型、可能传带外来有害生物风险的大小、安全操作要求、隔离检疫设施对人员和环境提供的保护情况等,本标准将植物隔离检疫圃分为三级,分别为一级植物隔离检疫圃、二级植物隔离检疫圃、三级植物隔离检疫圃(参见附录A)。在各级别隔离圃中,涉及基建、洗涤、防护服、个人卫生、工具、操作和记录、温室地面、工作台、灌溉、废弃物处理等具体的要求。

5 植物隔离检疫圃级别标准

5.1 一级植物隔离检疫圃 PEQS-1

5.1.1 隔离种苗类型

该级隔离圃隔离的种苗一般是官方认为有必要进行隔离种植的低风险种苗。

5.1.2 许可

5.1.2.1 该级隔离圃需填写考核登记申请书(见附录B)。

5.1.2.2 该级隔离圃需经检疫行政主管部门考核登记和备案。

5.1.3 隔离条件

主要通过自然隔离,应设在与主要农业生产区相对隔离的地方(如岛屿或周围是山川)。与相关作物种植地有500 m以上缓冲区。

5.1.4 安全防护要求

周围可有通透围栏,进入隔离种植场操作人员,穿工作服,不要抽烟。

5.1.5 一般操作要求

5.1.5.1 **记录**

隔离试种场的申请、批准过程应有详细记录。

隔离试种场内样品受理及检验或处理过程应有详细记录。

隔离试种场工作人员应有工作日志,详细记录隔离试种工作情况。

5.1.5.2 **准入**

应检材料进入隔离试种场应进行登记,登记内容应包括如下信息:材料名称、产地、数量、引种单位、入境口岸、入境和入圃的时间、引种用途等。

无关人员未经允许不得进入隔离场。

5.1.5.3 消毒

污染的设备在投入使用前规定进行消毒。

隔离场地在使用前后，应对用具、土壤等进行消毒。

5.1.5.4 防虫

隔离圃内应采取控制昆虫和啮齿动物的措施。如设置黄皿诱蚜、昆虫、鼠诱捕器等。

5.1.5.5 初步检查

对送检材料进行初步检查，主要检查是否带有土壤、虫瘿、菌瘿、杂草及病害症状，填写初检登记表。

5.1.5.6 种植

受检材料未发现病虫害或一般病虫害经处理后可入圃种植。

隔离圃内受检材料的种植所需的土壤、肥料、温度、水分、光照等需满足隔离种植植物的要求。

5.1.5.7 生长期检查

生长期内至少进行 2 次调查。必要时取样在作业区进行检测出具检查报告。

5.1.5.8 检疫处理

发现疫情，必须立即报告所在地的检验检疫机构。

发现管制的有害生物，且无有效处理方法的，销毁全部种苗。有处理方法的，按照相关标准处理。

所有包装材料及废弃物，应由专人负责销毁。

5.1.5.9 监督报告

隔离圃工作情况应定期向隔离检疫业务委托部门报告，接受检疫监督。

检验检疫工作结束后，责任检验员应填写隔离检疫报告书，交主任检验员审查并提出处理意见。隔离检疫的全部档案由责任检验员整理成册，签字存档。

5.1.6 特殊操作要求

发现管制的有害生物，或传染源有明显外泄时，应立即向项目负责人报告，观察并保留书面记录。

5.1.7 废弃物管理

受检的所有遗弃材料，在检验结束后，应放入焚化炉彻底销毁，并由专人负责

5.2 二级植物隔离检疫圃(PEQS-2)

5.2.1 隔离种苗类型

本级别植物隔离检疫圃承担中低风险及官方认为有必要进行隔离试种的种苗的隔离检疫。

5.2.2 许可

5.2.2.1 该级隔离圃需填写考核登记申请书(见附录 B)。

5.2.2.2 该级隔离圃需经省级以上检疫行政主管部门考核登记和备案。

5.2.3 隔离条件

5.2.3.1 自然隔离条件

隔离圃应设在与主要农业生产区相对隔离的地方(如岛屿或周围是山川)。距相关作物种植地有 500 m 以上缓冲区。

选址应远离主要生活居住区和公共场所。

应有相对独立的供水系统。

5.2.3.2 人为隔离条件

一般是固定独立的场所，隔离圃四周须有围墙或通透围栏。

应配有 50 m^2 以上面积的隔离温室、隔离网室等隔离设施。隔离温室/网室参数及基本操作参见附录 C。

5.2.4 安全防护要求

5.2.4.1 工作服

进入工作面应穿实验工作服。工作服不得带出工作面，且要定期消毒。

5.2.4.2 **洗涤池**

设置洗涤池，在进入前，清洗身体所有暴露的部分，如手、手臂、脚等。

5.2.4.3 **安全柜**

一般不需要生物安全柜之类的特殊遏制装置或设备。

5.2.4.4 **消毒池**

进出隔离温室的缓冲间通道上要设消毒池。消毒池中的水定期更换。

5.2.5 **设备及设施要求**

5.2.5.1 应备有放大镜、显微镜、镊子、白磁盘等普通实验仪器设备。

5.2.5.2 进入工作区要通过缓冲间，应设置带锁门以控制进入工作区。

5.2.5.3 每个工作区应有一个洗手池。

5.2.5.4 作业区设计要便于清洁，作业区内不适宜用地毯。

5.2.5.5 工作台表面应能防水、耐热、耐有机溶剂、耐酸碱和耐用于工作台面及设施消毒的其他化学物质。

5.2.5.6 作业区的工作台应能承受预期的重量并符合使用。工作台及设备之间的空间应便于打扫。

5.2.5.7 如果作业区有对外窗户，应装防虫的窗纱。

5.2.5.8 光线应适宜开展所有的工作，避免反光和闪光，以免妨碍视觉。

5.2.6 **常规操作要求**

5.2.6.1 **记录**

隔离圃申请、批准、筹建过程应有详细记录。

隔离圃内各项设备、设施的运转情况应有详细记录。

隔离圃内样品受理及检验或处理过程应有详细记录。

隔离圃工作人员应有工作日志，详细记录每天的工作情况。

5.2.6.2 **准入**

应检材料进入隔离圃应进行登记，登记内容应包括如下信息：材料名称、产地、数量、引种单位、入境口岸、入境和入圃的时间、引种用途等。

隔离圃无关人员未经允许不得进入。

在进行相关实验时，未经项目负责人同意，任何人员应限制进入作业区。

与工作无关的物品不应带入工作区域，不应在工作区域饮食、吸烟、清洗隐型眼镜和化妆，食物应存放在工作区域以外专用橱柜或冰箱中。

5.2.6.3 **消毒**

作业区内至少一天一次对台面进行消毒；当有活体溅出时，立即对台面消毒。

所有培养物、储存物及其他规定的废弃物在释放前均应采用有效可行的消毒方法进行消毒。

按照日常程序、在有关传染源的工作结束后、尤其是传染源溅出或洒出后、或受到其他传染源污染后，作业区设备和工作台面应当使用有效的消毒剂进行消毒。

污染的设备在维修前应按国家或地方规定进行消毒。

隔离场地在使用前后，应对用具、土壤等进行消毒。

5.2.6.4 **防虫**

作业区、隔离温室、隔离网室的门窗应设置防虫纱网。

隔离圃内应采取控制昆虫和啮齿动物的措施。如设置虫、鼠诱捕器等。

5.2.6.5 **初步检查**

对送检材料进行初步检查，主要检查是否带有土壤、虫瘿、菌瘿、杂草及病害症状，填写初检登记表。

5.2.6.6 **种植**

受检材料未发现病虫害或一般病虫害经处理后可入圃种植。

隔离圃内受检材料的种植所需的土壤、肥料、温度、水分、光照等需满足隔离种植植物的要求。

5.2.6.7 **生长期检查**

生长期内至少进行2次调查,必要时取样在作业区进行检测,出具检查报告。

5.2.6.8 **检疫处理**

发现疫情,必须立即报告所在地的检验检疫机构。

发现管制的有害生物,且无有效处理方法的,销毁全部种苗。有处理方法的,按照相关标准处理。

所有包装材料及废弃物,应由专人负责放入焚化炉彻底销毁。

5.2.6.9 **监督报告**

隔离圃工作情况应定期向隔离检疫业务委托部门报告,接受检疫监督。

检验检疫工作结束后,责任检验员应填写隔离检疫报告书,交主任检验员审查并提出处理意见。

隔离检疫的全部档案由责任检验员整理成册,签字存档。

5.2.7 **特殊操作要求**

5.2.7.1 **警示标识**

隔离检疫时,隔离检疫圃内的隔离及实验区域应有明显警示标识。

检疫熏蒸时应有明显危险标识。

存在外源性病原时,作业区入口处应贴有生物危险标识,并显示以下信息:检疫工作中的病原名称、生物安全级别、研究者姓名及电话号码、在作业区中必须佩带的个人防护设施、进出作业区的程序。

5.2.7.2 **授权准入**

引种者提出申请,得到检疫部门同意后,其引进数量应根据隔离圃所能接受的数量确定。

只有告知其潜在风险并符合进入作业区特殊要求的人员才能进入作业区。

5.2.7.3 **资格技能**

工作人员应掌握微生物操作技能,在实验程序方面受过合格培训。

工作人员均应接受过病原处理方面的专业培训。

5.2.7.4 **工作手册**

隔离圃应制定日常工作手册、设备及设施使用维护手册。

作业区应有生物安全操作程序或工作手册,对从事特殊风险工作的人员,应要求其认真阅读生物安全操作程序或工作手册,并在工作中严格遵照执行。

5.2.7.5 **培训**

隔离圃工作人员应经过隔离工作程序、设备设施使用维护、微生物操作及紧急情况处理方面的培训。

实验及辅助人员应进行适当的实验培训,包括和工作有关的可能存在的风险。当程序改变时,有关人员必须更新知识,接受附加培训。

5.2.7.6 **材料转移**

所有隔离种植材料、培养物、储存物及其他规定的废弃物在转移前均应使用有效可行的消毒方法进行消毒。

转移到就近作业区消毒的物料,应置于耐用、防漏的容器内,密封运出作业区,其包装应符合地方、国家的有关规定。

非一次性锐器转移至处理区消毒时,应放置在坚壁容器中。

5.2.7.7 **应急处理**

发现管制的有害生物,或传染源有明显外泄时,应立即向项目负责人报告,进行适当的风险评估、观察并保留书面记录。

5.2.7.8 **废弃物管理**

隔离种植材料、培养物、组织或具有潜在传染性的废弃物应放入带盖的容器中。

所有废弃物在转移前均应采用有效可行的消毒方法消毒。

水管口应有一个篦子，滤出的废弃物应经过检疫处理，一般可作焚毁处理。

隔离圃要对废水进行无害化处理。

受检的所有遗弃材料，在检验结束后，应放入焚化炉彻底销毁，并由专人负责。

5.3 三级植物隔离检疫圃(PEQS-3)

5.3.1 **隔离种苗类型**

本级别植物隔离检疫圃承担高风险种苗的隔离检疫。

5.3.2 **许可**

5.3.2.1 该级隔离圃需填写考核登记申请表(见附录B)。

5.3.2.2 该级隔离圃需经国家级检疫行政主管部门考核登记和许可。

5.3.3 **隔离条件**

5.3.3.1 **自然隔离条件**

隔离圃应设在与主要农业生产区相对隔离的地方(如岛屿或周围是山川)，或与相关作物种植地有500 m以上缓冲区。

选址应远离主要生活居住区和公共场所。

作业区要避开建筑物内的行走区，禁止无关人员随便进入作业区。

应有相对独立的供水系统。

5.3.3.2 **人为隔离条件**

独立场所，隔离圃四周应有围墙，应配有100 m^2 以上的隔离温室和隔离网室等人为隔离设施。隔离温室/网室参数及基本操作参见附录C。

5.3.4 **安全防护要求**

5.3.4.1 **工作服**

进入工作面应穿实验工作服。工作服不得带出工作面，且要定期消毒。进入作业区处理高风险微生物，应穿实验防护服(包括防护帽、脚套、眼具等)。在作业区外不得穿防护服。

在处理传染源及污染仪器时，应带手套。

5.3.4.2 **洗涤池**

设置洗涤池，在进入前，清洗身体所有暴露的部分，如手、手臂、脚等。

5.3.4.3 **安全柜**

作业区处理高风险微生物应配置生物安全柜，安全柜放置地点应远离门、房间通风百叶窗、作业区内行走区。

生物安全柜至少每年经过测试和确认，二级生物安全柜排出的、经过HEPA过滤的空气，可进入作业区循环。当二级生物安全柜通过建筑物排气系统排出空气时，安全柜的排气管路的连结，应避免对安全柜的空气平衡或建筑物排气系统的空气平衡产生干扰(如，在安全柜排气管和排气管道间形成空气隙)。当使用三级生物安全柜时，要和排气系统直接连结。若三级安全柜和供气系统相连，应避免安全柜正向增压。

有关实验操作都应在二级或三级生物安全柜中进行。

当操作不能在生物安全柜中进行时，应适当的综合使用个人防护设施和物理遏制设备。

5.3.4.4 **淋浴消毒**

处理高风险可气传的有害生物时，应有淋浴设施，工作人员进出应淋浴消毒。

5.3.5 **安全设备与设施**

5.3.5.1 作业区应有显微镜、高速离心机等专业实验仪器设备。

5.3.5.2 进作业区，须通过缓冲间，缓冲间至少应经过两道自动门，所有的门都应有锁。

5.3.5.3 每个作业区应有一个洗手池，洗手池的操作应该是免接触式或全自动的，洗手池应安装在门口附近。

5.3.5.4　作业区设计要便于清洁，作业区内不适宜用地毯。

5.3.5.5　工作台表面应能防水、耐热、耐有机溶剂、耐酸碱和耐用于工作台面及设施消毒的其他化学物质。

5.3.5.6　作业区的工作台应能承受预期的重量并符合使用。工作台、安全柜以及设备之间的空间应便于打扫。作业区使用的椅子及其他器具，应覆盖易于清洗的非织物。

5.3.5.7　处理高风险病源的区域，墙面、地面、天花板应易于清洗、消毒；若有接缝，应密封；表面应光滑防水；对作业区常用化学试剂和消毒剂具有耐腐蚀性。地板应整体、防滑，建议在地板凹处使用掩蔽罩。墙面、地面、天花板都不应留有缝隙。

5.3.5.8　如果作业区有对着外面的窗子，应装防虫的纱网，所有的窗门必须关闭和密封。

5.3.5.9　光线应适宜开展所有的工作，避免反光和闪光，以免妨碍视觉。

5.3.5.10　应有管道化的排气系统，该系统进入作业区的风向应从"洁净区"到"污染区"。排出的空气不再循环至建筑物内的任何其他区域。排出的空气不需要过滤或作其他处理，但也要根据所处场所的要求、特殊病源操作、使用条件而定。外部排气口要远离有人区、进风口，否则需经过 HEPA 过滤。工作人员必须证实进入作业区的风向是正确的。建议在作业区的入口处设置可视的监视装置，表明和证实进风的风向。要考虑安装 HVAC(heating，ventilating and air conditioning)控制系统。防止作业区持续正向增压。应安装声音报警装置，警告工作人员 HVAC 系统出了问题。

5.3.5.11　生物安全柜至少每年经过测试和确认，二级生物安全柜排出的、经过 HEPA 过滤的空气，可进入作业区循环。当二级生物安全柜通过建筑物排气系统排出空气时，安全柜的排气管路的连结，应避免对安全柜的空气平衡或建筑物排气系统的空气平衡产生干扰(如，在安全柜排气管和排气管道间形成空气隙)。当使用三级生物安全柜时，要和排气系统直接连结。若三级安全柜和供气系统相连，应避免安全柜正向增压。

5.3.5.12　作业区内应有眼睛冲洗装置。

5.3.5.13　该级别隔离检疫圃的设施设计和操作程序必须文件化。设施每年必须经过至少一次测试以确认设计和操作参数在系统运转前已达到要求。

5.3.6　常规操作要求

5.3.6.1　记录

隔离圃申请、批准、筹建过程应有详细记录。

隔离圃内各项设备、设施的运转情况应有详细记录。

隔离圃内样品受理及检验或处理过程应有详细记录。

隔离圃工作人员应有工作日志，详细记录每天的工作情况。

5.3.6.2　准入

应检材料进入隔离圃应进行登记，登记内容应包括如下信息：材料名称、产地、数量、引种单位、入境口岸、时间、引种用途。

隔离圃只准工作人员进入，无关人员不应进入。

在进行相关隔离检疫实验时，未经主任同意，应禁止进入隔离圃及相关作业区。

与工作无关的物品不应带入隔离圃，不应在工作区域饮食、吸烟、清洗隐型眼镜和化妆，食物应存放在工作区域以外专用橱柜或冰箱中。

5.3.6.3　消毒

检验员每次检验前后都应进行体外消毒。

作业区内至少一天一次对台面进行消毒；当有活体溅出时，立即对台面消毒。

所有培养物、储存物及其他规定的废弃物在释放前均应使用有效可行的消毒方法进行消毒。

按照日常程序、在有关传染源的工作结束后、尤其是传染源溅出或洒出后、或受到其他传染源污染后，作业区设备和工作台面应当使用有效的消毒剂进行消毒。

污染的设备在维修前应按国家或地方规定消毒。

重复使用的衣服在清洗前应消毒，衣服被明显污染后应更换。

隔离场地在使用前后，应对用具、土壤等进行消毒。

5.3.6.4 防虫

作业区、隔离温室、隔离网室的门窗应设置防虫纱网。

隔离圃内应采取控制昆虫和啮齿动物的措施。如设置虫、鼠诱捕器等。

5.3.6.5 初步检查

对送检材料进行初步检查，主要检查是否带有土壤、虫瘿、菌瘿、杂草及病害症状，填写初检登记表。

5.3.6.6 种植

受检材料未发现病虫害或一般病虫害经处理后可入圃种植。

隔离圃内受检材料的种植所需的土壤、肥料、温度、水分、光照等需满足隔离种植植物的要求。

5.3.6.7 生长期检查

生长期内至少进行2次调查。必要时取样在作业区进行检测，出具检查报告。

5.3.6.8 检疫处理

发现疫情，必需立即报告所在地的检验检疫机构。

发现管制的有害生物，且无有效处理方法的，销毁全部种苗。有处理方法的，按照相关标准处理。

所有包装材料，应放入焚化炉彻底销毁，并由专人负责。

5.3.6.9 监督报告

隔离圃工作情况应定期向主管部门报告，接受检疫监督。

检验检疫工作结束后，责任检验员应填写隔离检疫报告书，交主任检验员审查并提出处理意见。

隔离检疫的全部档案由责任检验员整理成册，签字存档。

5.3.7 特殊操作要求

5.3.7.1 警示标识

隔离检疫时，隔离圃的隔离及实验区域应有明显警示标识。

检疫熏蒸时应有明显危险标识。

存在外源性病原时，作业区入口处应贴有生物危险标识，并显示以下信息：检疫工作中的病原名称、生物安全级别、研究者姓名及电话号码、在作业区中必须佩带的个人防护设施、进出作业区的程序。

5.3.7.2 授权准入

引种者提出申请，得到检疫部门同意后，其引进数量应根据隔离圃所能接受的数量确定。

项目负责人应对进入作业区进行控制，限定进入作业区的人员范围。

只有告知潜在风险并符合进入作业区特殊要求、遵守进出程序的人才能进入作业区。

5.3.7.3 资格技能

工作人员应熟练掌握微生物操作技能，在实验程序方面受过专门培训。

工作人员均应接受过病原处理方面的专业培训。

作业区应有对被检测病原深入了解的资深的检疫人员监督实验。

5.3.7.4 工作手册

隔离圃应制定日常工作手册、设备及设施使用维护手册。

隔离圃应有生物安全操作程序或工作手册，对从事特殊风险工作的人员，应要求其认真阅读生物安全操作程序或工作手册，并在工作中严格遵照执行。

5.3.7.5 培训

隔离圃工作人员应经过隔离圃工作程序、设备设施使用维护、微生物操作及紧急情况处理等方面的培训。

实验及辅助人员应进行适当的实验培训，了解和工作有关的可能存在的风险。当程序改变时，有关人员必须更新知识，接受附加培训。

项目负责人应确保在涉及高风险的有害生物工作开展之前，所有人员应熟练掌握检测该有害生物的操作及技能，熟练进行特殊实验设备及设施的操作和运行，必要时由项目负责人及其他熟悉该有害生物安全操作及技能的检疫人员对相关人员进行特殊培训。

5.3.7.6 **材料转移**

所有隔离种植材料、培养物、储存物及其他规定的废弃物在转移前均应使用有效可行的消毒方法进行消毒。

转移到就近作业区消毒的物料，应置于耐用、防漏的容器内，密封运出作业区，其包装应符合地方、国家的有关规定。

非一次性锐器转移至处理区消毒时，应放置在坚壁容器中。

通过公共通道运送垃圾及废弃物，应适当密封，防止洒漏。

5.3.7.7 **应急处理**

发现检疫性有害生物或传染源有明显外泄时，应立即向项目负责人报告，进行适当的风险评估，并进行观察，保留书面记录。

5.3.7.8 **废弃物管理**

隔离种植材料、培养物、组织或具有潜在传染性的废弃物应放入带盖的容器中。

所有废弃物在转移前均应采用有效可行的消毒方法消毒。

下水管口应有滤网，滤出的废弃物应经过检疫处理，一般作焚毁处理。

该级别隔离圃内应有废水处理系统。

受检的所有遗弃材料，在检验结束后，应放入焚化炉彻底销毁，并由专人负责。

有实验废弃物处理设施及其使用方法，该设施应设在作业区内。

附　录　A
（资料性附录）
植物隔离检疫圃分级表

级别	种苗类型	涉及的主要有害生物	操作要求	防护要求	设备与设施	隔离条件	消毒及检疫处理
一级圃 PEQS-1	低风险	非检疫性有害生物	标准种苗检疫操作；登记考核备案	穿工作服	无专门设施	自然隔离或有围栏	受检材料废弃物销毁，跟踪调查，整理档案
二级圃 PEQS-2	中风险	管制的非检疫性有害生物	标准种苗检疫操作；省级以上检疫行政主管部门登记考核备案	进入前换工作服、换鞋、洗手、工具消毒；进出要通过消毒池	有锁可控制进入；消毒池；温室缓冲间、硬化地面、洗涤池、常规实验仪器	一般为独立场所，有自然隔离并有人为隔离设施，独立的供水系统，50 m^2 隔离温室	手、衣服、工具、工作面消毒，受检材料进行熏蒸，废弃物销毁，跟踪调查，整理档案
三级圃 PEQS-3	高风险	检疫性有害生物	PEQS-2 操作，国家级考核许可备案；限制进入	PEQS-2 要求，穿实验防护服，作业区操作要在生物安全柜内，处理气传病害要淋浴消毒	PEQS-2 设备和设施，淋浴设施、独立建筑、有控温、光、湿系统、供排气系统；生物安全柜	PEQS-2 隔离条件，隔离温室 100 m^2 以上，另加：避开建筑物行走区；如可能传带气传有害生物，须设负压温室	PEQS-2 消毒处理，加专人负责，材料转移须密闭，垃圾通过非公共通道运送，垃圾在室内焚化，排放前对废水处理

附 录 B
（规范性附录）
植物隔离检疫圃等级考核登记申请书示例

等级考核登记申请书

受 理 编 号：____

申请方名称：____

申 请 日 期：　　　　　　　　年　　月　　日

中华人民共和国
国家质量监督检验检疫总局

等级考核登记申请表

<table>
<tr><td colspan="2">一、申请方</td></tr>
<tr><td colspan="2">1. 名称(中文)：
　　(英文)：</td></tr>
<tr><td colspan="2">2. 地址(中文)：
　　(英文)：</td></tr>
<tr><td>3. 邮政编码：
传　　真：</td><td>电　话：
E-mail：</td></tr>
<tr><td>4. 法定代表人：</td><td>职　务：</td></tr>
<tr><td>5. 负　责　人：</td><td>职　务：</td></tr>
<tr><td>6. 联　系　人：</td><td>职　务：</td></tr>
<tr><td colspan="2">二、申请类型

□　一级圃(PEQS-1)
□　二级圃(PEQS-2)
□　三级圃(PEQS-3)</td></tr>
<tr><td colspan="2">三、申请方主要工作简介(可附页)：</td></tr>
</table>

附表一、隔离检疫圃主要工作人员一览表(可附页)

姓　名	职务/技术职称	所学专业	最高学历	工作部门	参加工作年	备　注

附表二、隔离检疫圃作业区仪器设备一览表(可附页)

序号	仪器设备名称	型号	规格	技术指标	制造单位	备注

附图、隔离检疫圃组织机构及平面图(可附页)

附　录　C
（资料性附录）
隔离检疫温室/网室基本参数及操作要求

C.1　基本结构要求

C.1.1　隔离检疫温/网室须以适合隔离植物材料生长繁殖的材料建造。

C.1.2　隔离温/网室周围有至少 1 m 的缓冲地，如混凝土、碎石或其他硬质地面。缓冲地面要有一定的斜坡，防止雨水倒灌进温/网室。

C.1.3　隔离检疫温/网室是防滑混凝土地面或碎石地面，适应各种天气的变化，能排水。

C.1.4　进入温/网室必须通过缓冲间，进出缓冲间具双层防虫门，并有足够的空间容纳人或隔离材料。

C.1.5　隔离温室设置独立的检疫间，所有窗户、天窗或通风口应使用最大孔径 0.6 mm 的防虫网。

C.1.6　维持适宜的植物卫生措施，有清洗、污水处理、鞋靴消毒、土壤消毒、剪切工具消毒等设备设施。

C.1.7　检疫温/网室应有明显标志（包括 X 级植物隔离检疫圃、登记或许可号码、仅限授权人员进入等字样）。

C.1.8　每个检疫间内悬挂黄色昆虫诱捕签（每 15 m^2 种植面积最少 1 个），并定期更换。

C.1.9　隔离温室内温度、光照、湿度可控；三级植物隔离检疫圃温室和作业区，从通风系统进出的空气应经过 HEPA 过滤器和预滤器过滤。

C.2　基本操作要求

C.2.1　在隔离检疫期间检疫温/网室专用，不得用于其他目的。

C.2.2　任何情况下，避免植物材料与地面直接接触；温室不得直接使用当地未经消毒处理的土壤。

C.2.3　进入温/网室处理植物材料时洗手、换衣、换鞋、戴手套，避免害虫和病菌的传播。

C.2.4　仅在观察植物、采样、浇水和接种时进入，其他时间不得进入。

C.2.5　仅在温室管理人员同意的情况下，才可将经过喷洒杀虫剂的植株带入温室。

C.2.6　每周两次检查隔离植株，观察症状表现。

C.2.7　对使用过的或污染区域加标识。

C.2.8　禁止从隔离区域向外移动染病植物材料。

C.2.9　桌子加盖塑料布，处理细菌病害时使用封闭容器。

C.2.10　不同实验材料以合成材料屏障分开。

C.2.11　避免相互污染（浇水时和植物摆放）[以避免植株和水管间或飞溅土壤的方式浇水；避免植株间接触，以防止或减少病害在温室内的扩散]。

C.2.12　实验用具和材料留在消毒间进行有效消毒；无法消毒的材料装入密闭容器送焚化炉处理，可能污染的废弃材料也送焚化炉处理。

C.2.13　工作日志记录相关活动。

C.2.14　建立和维持 ISO/IEC 17025 质量控制体系。

中华人民共和国出入境检验检疫行业标准

SN/T 1847—2006

寡毛实蝇类害虫分类学术语

Taxonomic glossary of dacinae(Diptera：Tephritidae)

2006-11-10 发布　　2007-05-16 实施

中华人民共和国国家质量监督检验检疫总局 发布

前　言

本标准的附录A为资料性附录。

本标准由国家认证认可监督管理委员会提出并归口。

本标准由中华人民共和国广东出入境检验检疫局负责起草。

本标准主要起草人：吴佳教、杨国海、莫仁浩、胡学难、郭权、梁帆、梁广勤。

本标准系首次发布的出入境检验检疫行业标准。

寡毛实蝇类害虫分类学术语

1 范围

本标准规定了寡毛实蝇类(Dacinae 亚科)害虫的分类学术语。

本标准适用于制定寡毛实蝇类害虫检疫鉴定方法标准时所需的术语。

本标准不包括普通昆虫学常见的简单术语。

2 术语和定义

下列术语和定义适用于本标准。

2.1 成虫头部(参见附录 A 中的图 A.1)

2.1.1

额 frons

头部的前面,以复眼、触角窝和单眼三角区为界的区域。

2.1.2

前中瘤 anterfo-meial hump

位于额中部的一个小隆起。

2.1.3

新月片 lunule

触角基部与额之间小骨片隆起,其状如新月形,又称额眉片。

2.1.4

颜面 face

头部的前面,复眼间介于触角和口上片之间的区域。

2.1.5

颜面斑 facial spots

位于颜面上的斑块。

2.1.6

眼下斑 sub-ocular spots

位于复眼缘与颊相邻处的一对褐色斑。

2.1.7

口上片 epistoma

位于颜面的腹面边缘的骨片。

2.1.8

颊 genae

头部侧面,复眼以下伸展至外咽缝的区域。

2.1.9

颊鬃 genal bristles

着生于颊上的鬃称之。

2.1.10

头顶 vertex

头部介于眼、额及后头之间的顶部区域。

2.1.11

顶鬃　vertical bristles

位于头顶、两复眼与单眼三角区之间的两对鬃的统称。

2.1.12

内顶鬃　inner vertical bristles

靠近单眼的一对顶鬃。

2.1.13

外顶鬃　outer vertical bristles

靠近复眼的一对顶鬃。

2.1.14

单眼三角区　ocellar triangle

围绕三个排列成三角的单眼的区域。

2.1.15

单眼后鬃　post-ocellar bristles

位于单眼三角区后方的一对鬃。

2.1.16

上侧额鬃　superior fronto orbital bristles

位于额区靠头顶的 1 对鬃的统称。

2.1.17

下侧额鬃　inferior fronto orbital bristles

位于额区，并在上侧额鬃下方的 2～3 对鬃。

2.1.18

后头　occiput

头部位于眼的后下部的整个后面区域。

2.1.19

后头鬃列　occiput rows

在后头沿每个复眼后缘的一列鬃毛。

2.2　成虫胸部（参见附录中的图 A.2、图 A.3、图 A.5）

2.2.1

肩胛　humeral calli

postpronotal lobe

中胸盾片前侧方略为隆出的区域。

2.2.2

背侧板胛　notopleural calli

背侧片　notopleuron

肩胛与翅基之间的背侧板上隆起的骨片。

2.2.3

上背片　anatergite

在胸侧后腹面到翅基处的圆形骨片。

2.2.4

下背片　katatergite

与上背片相接，位于上背片下方的骨片。

2.2.5

侧背片　pleurotergite

侧侧片　laterotergite

上背片和下背片的统称。

2.2.6

侧沟　pleural suture

侧板上背腹走向的沟，为前侧片和后侧片的分界。

2.2.7

上前侧片　anepisternum

胸侧片　mesopleuron

前侧片被沟划分为两部的上部。

2.2.8

下前侧片　katepisternum

腹侧板　sternopleuron

前侧片被沟划分为两部的下部，位于前足基节和中足基节间的三角形骨片。

2.2.9

上后侧片　anepimeron

pteropleuron

后侧片被一横沟划分时的上部。

2.2.10

下后侧片　hypopleuron

katepimeron

后侧片被一横沟划分时的下部。

2.2.11

后背片　postnotum

位于胸部后端，小盾片下方和下后侧片胛之间的骨片。

2.2.12

小盾片　scutellum

一刻痕从中胸背板后缘切开的三角形骨片。

2.2.13

中胸背板缝　mesonotal suture

横缝　transverse suture

横走于中胸背板的刻痕，自背侧板胛内缘向背板中部延伸。

2.2.14

缝后侧黄色条　lateral post-sutural vitta

始于中胸背板缝或其之前，沿中胸背板侧缘后伸的一对黄色带或黄色条。

2.2.15

缝后中黄色条　medial post-sutural vitta

位于中胸背板中线上的一条黄色带。

2.2.16

中胸侧板条　Mesopleural stripes

位于胸部侧面，伸及上前侧片的后缘和上后侧片的前缘，常延续到下前侧片的上缘的黄色条纹。

2.2.17

肩板鬃　scapular bristles

位于中胸背板前缘的鬃的统称。

2.2.18

后背侧鬃　posterior notopleural bristles

位于背侧板胛端部的一对鬃。

2.2.19

前背侧鬃　anterior notopleural bristles

位于肩胛与背侧板胛之间近中部的一对鬃。

2.2.20

中侧板鬃　mesopleural bristles

在中胸侧板上,位于背侧板胛之下的一对鬃。

2.2.21

前翅上鬃　anterior supra-alar bristles

位于中胸背板侧缘,翅基前上方的一对鬃。

2.2.22

后翅上鬃　posterior supra-alar bristles

位于中胸背板后侧角,翅基后上方的一对鬃。

2.2.23

翅内鬃　intra-alar bristles

位于中胸背板后侧角,缝后侧黄色条线上的一对鬃。

2.2.24

小盾前鬃　prescutellar bristles

小盾片前方,近中胸背板后缘的一对鬃。

2.2.25

小盾鬃　scutellar bristles

小盾片上的1对或2对鬃。又称小盾端鬃。

2.2.26

中胸背板　mesonotum

dorsum of mesothorax

中胸节的背板。由盾片、小盾片、后小盾片和中胸后背片等组成。

2.2.27

平衡棒　halter

位于后胸侧板上方的小棒状构造,末端膨大,为后翅特化所形成,具有飞行时维持平衡的功能。

2.2.28

前缘脉　costa

位于翅的最前缘,末端一般止于 M_{1+2} 相交处的凸脉。

2.2.29

亚前缘脉　sub costa

位于前缘脉之后并与之并行,末端止于翅前缘中部的凹脉。

2.2.30

纵脉　longitudinal veins

指自翅基向翅端部分方向延伸的大体上与翅前缘并走的较长的脉。包括:前缘脉(C)、亚前缘脉

(Sc);第一径脉(R_1),第二、三合径脉(R_{2+3}),第四、五合径脉(R_{4+5});第一、二合中脉(M_{1+2});臀脉 A_1,臀脉与肘脉的合并脉(CuA_1,CuA_2,A_1+CuA_2)。

2.2.31

横脉　cross veins

指连络于纵脉之间的较短的脉。包括:径中横脉(r-m),中肘横脉(dm-cu)。

2.2.32

翅室　cells

指被翅脉所划分出来的翅面。包括:基前缘室(bc),前缘室(c),亚前缘室(sc),基径室(br),基中室(bm),中室(dm),后肘室(cup)。

2.2.33

臀条　anal steak

覆盖 cup 室及部分 CuA_1 室的着色带称之。

2.2.34

臀叶　anal lobe

翅基臀脉后的区域。

2.2.35

微刺　microtrichia

覆盖于翅面上微小的齿状结构称之。

2.3　腹部(参见附录中的图 A.4、图 A.6、图 A.7)

2.3.1

栉毛　pecten

comb

雄成虫腹部第三节后缘边上的一排毛。

2.3.2

腺斑　shining spots

ceromata

ceromae

第 5 腹节背片上一对略微下陷的光泽区域。

2.3.3

产卵器　ovipositor

雌成虫腹端用以产卵的结构。

2.3.4

产卵器基节　oviscapt

指产卵器基部呈管状的一节,它是由腹部第 7 节愈合而成。

2.3.5

翻转膜　eversible sheath

指介于产卵器基节端部和产卵管基部的膜状节。

2.3.6

产卵管　aculeus

雌虫产卵器中用于刺孔的部分,其常缩入基节内。

2.3.7

侧尾叶　surstyli

并合于第九腹节背板两侧的成对附器,源于第十腹节背板,分前叶和后叶。又称背针突。

2.4 **幼虫(参见附录中的图 A.8、图 A.9、图 A.10)**

2.4.1

口钩 mouth hooks

oral hooks

头咽骨的前部,为成对的曲状骨化钩状结构,在其腹缘上常附有小齿。又称上颚。

2.4.2

触角感器 antennal sensory organs

位于头部前方,由 1 节～3 节小的成对的感觉突组成的器官。

2.4.3

口脊 oral ridges

位于幼虫口器开口的两侧数排脊状结构。

2.4.4

副板 accessory plates

紧靠口脊外层的小骨板,常为齿状。

2.4.5

气门 spiracle,stigma

气管系统在体外的开口。

2.4.6

前气门 anterior spiracles

位于第 1 胸节侧面,外缘具有数量不定的管状突起的结构。

2.4.7

后气门 posterior spiracles

位于幼虫末节中线到背缘间,由 2～3 对各自近平行的气门裂组成的结构。

2.4.8

蠕形突 creeping welt

位于腹节腹面的数排小刺状或圆形突起。

2.4.9

气门毛 peritrematal seta

位于气门板上的小刚毛。

2.4.10

气门裂 ostium

位于气门板上的半月形裂口。

附 录 A
（资料性附录）
寡毛实蝇类害虫分类学术语图示

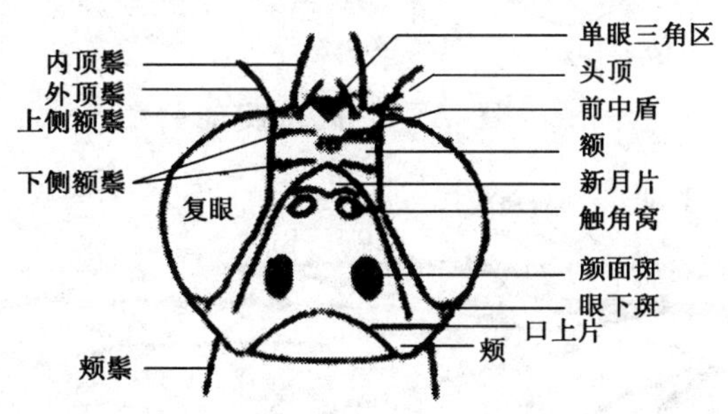

图 A.1 成虫头部前面观

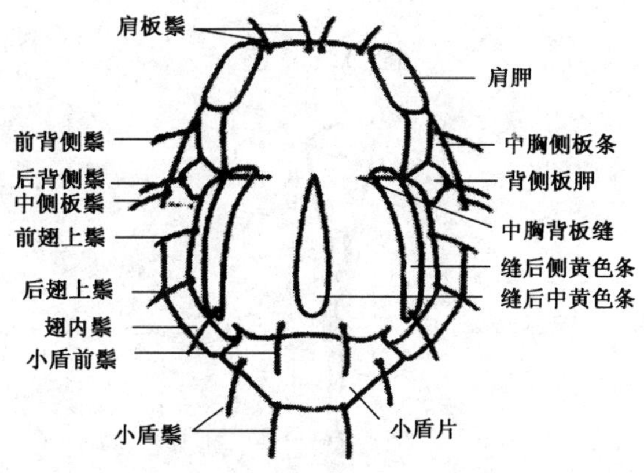

图 A.2 成虫胸部背面观

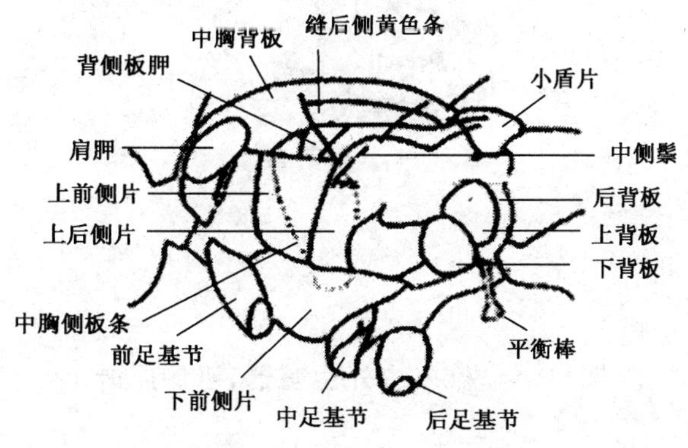

图 A.3 成虫胸部侧面观

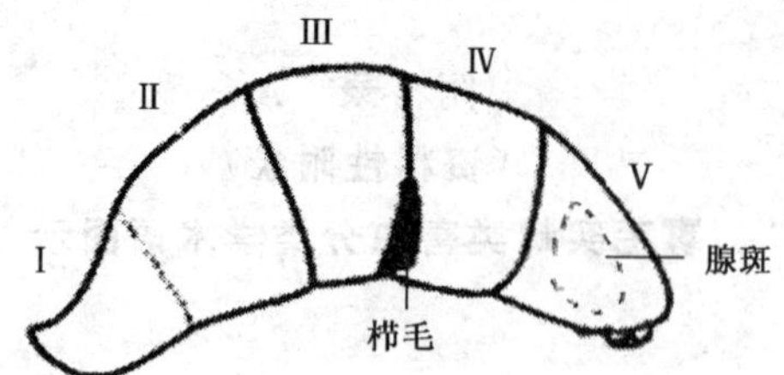

图 A.4 成虫腹部

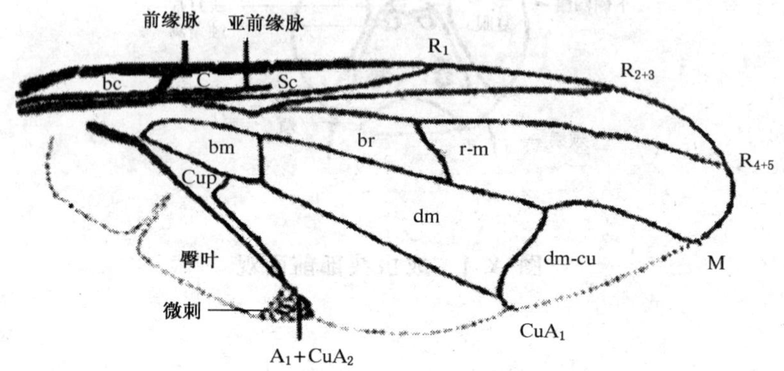

图 A.5 翅

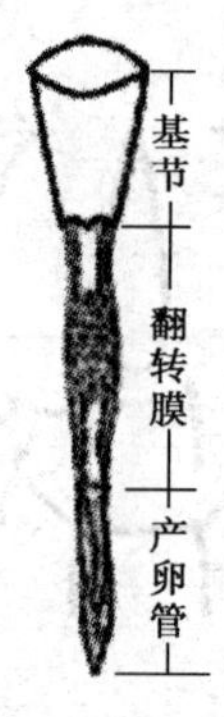

图 A.6 雌成虫产卵器

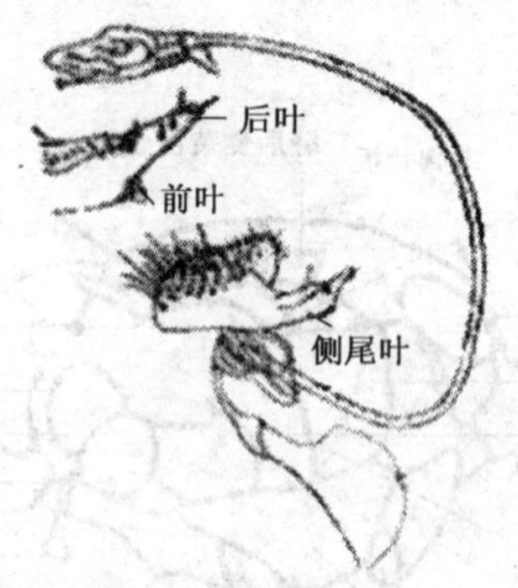

图 A.7 雄成虫外生殖器，示侧尾叶

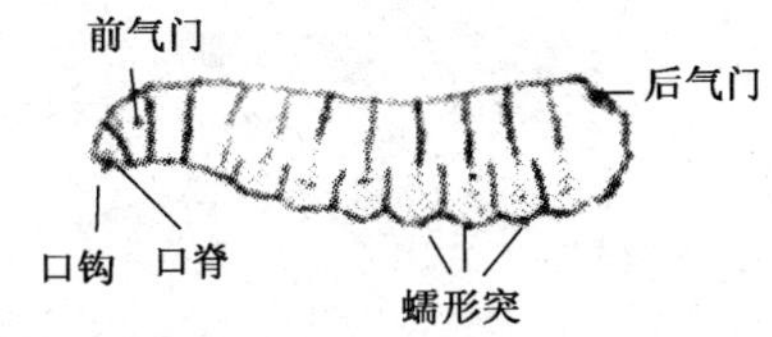

图 A.8 幼虫

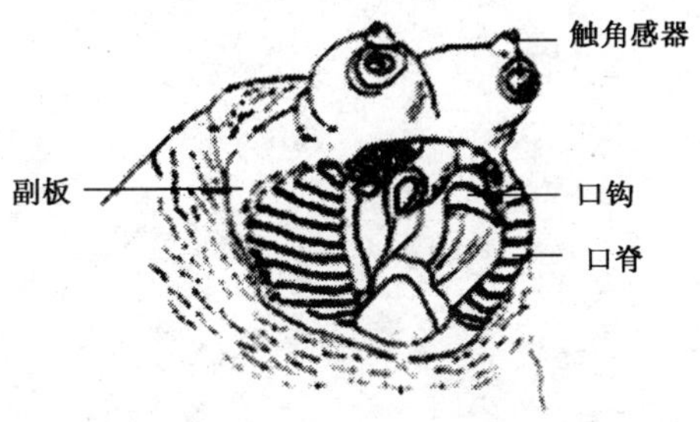

图 A.9 幼虫头部腹面观

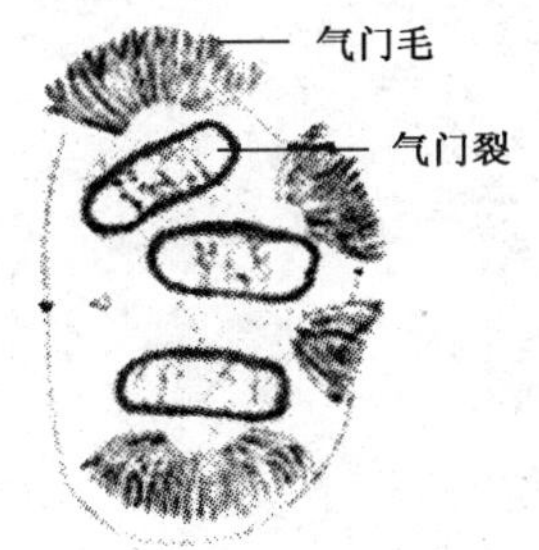

图 A.10 3龄幼虫后气门

(图 A.1 至 A.5 仿 Drew et al,1982;图 A.6 和 A.7 仿赵又新,1990;其余仿 White & Elson-Harris,1992)

中华人民共和国出入境检验检疫行业标准

SN/T 1848—2006

植物有害生物鉴定规范

Rules for identification of pests

2006-11-10 发布　　　　　　2007-05-16 实施

中华人民共和国
国家质量监督检验检疫总局　发布

前 言

本标准由国家认证认可监督管理委员会提出并归口。

本标准起草单位:中华人民共和国深圳出入境检验检疫局。

本标准主要起草人:王伍、陈枝楠、余道坚、顾光昊、邓琼、王峻、陈小英。

本标准系首次发布的出入境检验检疫行业标准。

植物有害生物鉴定规范

1 范围

本标准规定了出入境检验检疫机构植物检疫工作中有害生物的鉴定和鉴定结果确认、复核要求。

本标准适用于出入境检验检疫机构植物检疫工作中有害生物鉴定工作。

2 术语和定义

下列术语和定义适用于本标准。

2.1

有害生物 pests

任何对植物或植物产品有害的植物、动物或病原体的种、株(品)系或生物型。

2.2

限定物 regulated article

任何能藏带和传播有害生物的需采取植物检疫措施的植物、植物产品、仓储地、包装材料、运输工具、集装箱、土壤或任何其他生物、物品或材料。

2.3

检疫性有害生物 quarantine pests

对受其威胁的地区具有潜在经济重要性、但尚未在该地区发生,或虽已发生但分布不广并进行官方防治的有害生物。

2.4

监测 surveillance

为证实有害生物种群的特性,检验检疫机关根据需要,在机场、港口、车站、仓库、加工厂、农场等生产、加工、存放进出境植物、植物产品和其他植物性限定物的场所进行的持续性调查。

2.5

截获 interception

在入境货物检查、监管时对有害生物的查获。

2.6

检疫监督 quarantine supervision

检验检疫机关对进出境植物、植物产品的生产、加工、存放过程实施的检疫监视、督察和管理。

2.7

调查 investigation

在一个地区内为确定有害生物的种群特性或存在品种情况而在一定时期采取的官方行动。

2.8

检验 inspection

对植物、植物产品或其他限定物进行官方的直观检查以确定是否存在有害生物或是否符合植物检疫法规。

2.9

检测 detection

为确定是否存在有害生物或为鉴定有害生物而进行的除肉眼检查以外的官方检查。

2.10

鉴定 identification

根据检测、检验结果和有害生物特征，确认有害生物的过程。

3 有害生物鉴定实验室和专家

3.1 有害生物鉴定实验室只能对本实验室通过了资质确认或能力验证的项目进行鉴定、复核和签发鉴定结果报告和证书。

3.2 专家只能对资质确认的项目进行鉴定、复核和签发鉴定结果报告和证书。

3.3 有害生物鉴定实验室和专家由国家质量监督检验检疫总局或国家质量监督检验检疫总局授权的机构负责评定、资质确认、管理和公布。

4 检验和检测

检验和检测主要确定寄主及寄主在生活史中所处的阶段，有害生物为害部位及症状，有害生物在生活史中所处的阶段、有害生物在货物中的分布、有害生物密度等，为准确鉴定有害生物提供依据。

5 鉴定

5.1 鉴定方法

5.1.1 鉴定方法种类

有害生物鉴定方法主要有单一形态学方法、单一生化和分子生物学方法、单一血清学方法、形态学与血清学、生化及分子生物学相结合的方法。

5.1.2 形态学方法

有害生物形态学鉴定采用肉眼、光学显微镜观察、电子显微镜观察等方法，观察有害生物的主要形态特征、菌落特征，与近似种的特征进行比较，根据这些特征确定有害生物的分类地位，科、属、种。

5.1.3 血清学、生物化学和分子生物学方法

采用血清学方法如ELISA、PAL-ELISA、SDS-ELISA等，生物化学测定如测定核酸(DNA或RNA)、蛋白质分子量等和分子生物学方法如PCR、RFLP、DNA测序等，比对有害生物的生物化学、血清学及分子生物学特性，判定或结合形态学特征判定有害生物的分类地位，科、属、种及亚分类单元。

5.2 鉴定记录

鉴定记录包括有害生物学名和中文名；标本或样品编号、保存地点；货物名称、原产地；有害生物危害症状描述，必要时包括照片。

5.3 结果整理

形态学方法要提供主要形态描述特征图或照片，生物化学和分子生物学方法要提供主要结果数据及照片，如电泳凝胶的照片和ELISA结果打印资料，以及有害生物数量、货物损失情况(如假高粱含量)、鉴定人、复核人签名、鉴定日期等。

5.4 结果报告

结果报告包括有害生物学名和中文名，货物名称(中文名、英文名和学名)，货物原产地(国家/地区)，报告签署人签名，鉴定日期。

6 鉴定结果复核或确认

6.1 有害生物鉴定分工

有害生物进行鉴定或初步鉴定由直属检验检疫局组织，鉴定和复核鉴定由国家质量监督检验检疫总局或国家质量监督检验检疫总局授权的机构组织。

6.2 国内新发现的有害生物

有害生物如果被直属检验检疫局鉴定到种，该种属于国内新发现重大植物疫情，由国家质量监督检验检疫总局或国家质量监督检验检疫总局授权的机构组织专家组复核。

6.3 危险性有害生物

有害生物如果被直属检验检疫局鉴定到种，该种属于进境植物检疫危险性有害生物名录中的种类，不属于鉴定能力得到验证范围，参照公布的“有害生物鉴定实验室或专家名单”寄送有关重点实验室或专家复核，如果根据名单，没有可寄送的实验室或专家，报国家质量监督检验检疫总局或国家质量监督检验检疫总局授权的机构安排专家复核。如果有害生物被鉴定到种，而且该种属于鉴定能力得到验证范围，鉴定结果可以确认。

6.4 一般有害生物

如果被鉴定到种的有害生物，不属于进境植物检疫危险性有害生物名录中的种类或国内新发现重大植物疫情，不属于鉴定能力得到验证范围，鉴定结果可以确认。

7 上报

有害生物鉴定和复核完成后，按照有害生物截获上报有关规定或标准进行上报。

中华人民共和国出入境检验检疫行业标准

SN/T 2118—2008

引进天敌和生物防治物管理指南

Guidelines for regulating exotic natural enemies and biological control agents

2008-09-04 发布　　　　2009-03-16 实施

中华人民共和国国家质量监督检验检疫总局　发布

前　言

本标准修改采用国际植物检疫措施标准第3号《生物防治物和其他有益生物的输出、运输、输入和释放准则》。

本标准与国际植物检疫措施标准第3号相比，主要差异如下：

a) 按照GB/T 1.1—2000对标准结构进行了重新编排；
b) 增加了引进天敌和生物防治物的单位和个人应根据有关法规办理植物检疫手续，并提供开展风险分析必要的技术资料；
c) 增加了国家主管部门及其授权机构根据检疫工作的需要，可以派检疫人员赴输出国家或地区进行境外预检；
d) 增加了输入天敌和生物防治物在包装的明显位置应贴上中文标签，以及防止输入天敌和生物防治物的逃逸和突发事件的紧急处理措施；
e) 增加了引进天敌和生物防治物的实验室检疫及监测评价程序。

本标准由国家认证认可监督管理委员会提出并归口。

本标准负责起草单位：中华人民共和国深圳出入境检验检疫局。

本标准参加起草单位：中国检验检疫科学研究院、中华人民共和国福建出入境检验检疫局、中华人民共和国海南出入境检验检疫局、中华人民共和国厦门出入境检验检疫局。

本标准主要起草人：李一农、李芳荣、赵文军、黄可辉、李伟东、娄定风、黄蓬英、翁瑞泉。

本标准系首次发布的出入境检验检疫行业标准。

引进天敌和生物防治物管理指南

1 范围

本标准规定了对引进天敌和生物防治物的基本要求、实验室检疫、隔离检疫、检疫监管、释放、监测与评价等管理指南。

本标准适用于引进天敌和生物防治物的检疫管理。

2 规范性引用文件

下列文件中的条款通过本标准的引用而成为本标准的条款。凡是注日期的引用文件，其随后所有的修改单(不包括勘误的内容)或修订版均不适用于本标准，然而，鼓励根据本标准达成协议的各方研究是否可使用这些文件的最新版本。凡是不注日期的引用文件，其最新版本适用于本标准。

GB/T 20478 植物检疫术语

国际植物保护公约

3 术语和定义

GB/T 20478 确立的以及下列术语和定义适用于本标准。

3.1

生物防治 biological control(biocontrol)

利用活天敌、拮抗生物或竞争性生物以及其他能自我复制的生物体进行有害生物防治的策略。

3.2

生物防治物 biological control agent

用于有害生物防治的一种天敌、拮抗生物或竞争性生物以及其他能自我复制的生物体。

3.3

防治(有害生物的) control(of a pest)

抑制、封锁或根除一种有害生物种群。

3.4

寄主范围 host range

在自然条件下能维持某种特定有害生物生存的植物种类。

3.5

淹没式释放 inundative release

为了达到迅速降低一种有害生物种群密度而以压倒性优势释放大量繁殖的无脊椎生物防治物但不一定产生持续影响。

3.6

天敌 natural enemy

牺牲另一个生物而生存的、可能限制其寄生种群的一种生物，包括拟寄生物、寄生物、捕食性生物和病原体。

3.7

有害生物 pest

任何对植物或植物产品有害的植物、动物或病原体的种、株(品)系或生物型。

3.8

植物检疫证书　phytosanitary certificate

参照《国际植物保护公约》标准证书所制定的证书。

3.9

检疫　quarantine

对限定物采取的官方限制，以便观察和研究，或进一步检查、检测处理。

3.10

不育昆虫　sterile insect

经某种处理而不能繁殖的昆虫。

3.11

不育昆虫技术　sterile insect technique

通过整个地区淹没性释放不育昆虫来减少田间同一品种种群繁殖的有害生物防治方法。

3.12

处理　treatment

灭杀、灭活或消除有害生物或使有害生物不育或去活的官方授权程序。

4　基本要求

4.1　国家主管部门及其授权机构对引进天敌和生物防治物实施检疫监督管理。

4.2　输入天敌和生物防治物应符合国家和国家主管部门的有关规定，具有有效的防范控制措施并符合生物安全和生态安全要求，申请人提供的材料应真实有效。

4.3　国家主管部门及其授权机构对申请引进的天敌和生物防治物实行风险分析管理。风险分析结果证明其确实安全并有利用价值的，方可引进。

4.4　凡需要引进天敌和生物防治物的单位或个人，应依照有关植物检疫法律、行政法规和规章的规定，办理植物检疫手续，取得《中华人民共和国进境动植物检疫许可证》（以下简称《检疫许可证》），并在有关协议中订明植物检疫要求。

4.5　引进天敌和生物防治物应考虑对环境可能产生的影响，如对非目标生物的影响。

5　有害生物风险分析

5.1　国家主管部门及其授权机构开展有害生物风险分析应当遵守国家法律法规的规定，并参照国际植物保护公约组织制定的国际植物检疫措施标准、准则和建议的有关规定实施，风险管理措施可采取高于国家际准、准则和建议的科学措施。

5.2　需要引进天敌和生物防治物的单位或个人，应当向国家主管部门授权的机构提出申请并提供开展风险分析的必要技术资料，如引进天敌和生物防治物的分类地位、寄主范围、数量、原产地、分布、用途、引进方式、进境后的防疫措施、科学研究的立项报告、国内外相关研究的论文和技术资料等。

6　入境检验检疫

6.1　输入天敌和生物防治物之前，国家主管部门及其授权机构根据检疫工作的需要，可以派检疫人员赴输出国家或地区进行境外预检。

6.2　输入的天敌和生物防治物，应当按照《检疫许可证》指定的口岸进境。

6.3　输入天敌和生物防治物的单位或个人，应当持《检疫许可证》、贸易合同或协议、信用证等有效单证，在输入天敌和生物防治物之前向进境口岸出入境检验检疫机关报检，并提交输出国家或地区官方检疫机构出具的有效检疫证书。

6.4　输入天敌和生物防治物无输出国家或地区官方检疫机构出具的有效检疫证书或者未办理检疫许

可手续的,进境口岸出入境检验检疫机关可以作退运或销毁处理。

6.5 输入的天敌和生物防治物运抵口岸时,检疫人员实施现场检疫,包括核对货、证是否相符,检查包装是否破损,抽查检查整批货物有无其他有害生物、禁止进境物等,并送实验室鉴定。

7 包装要求

7.1 输入天敌和生物防治物的包装应是全新的或者安全的,符合检疫要求,并能防止输入天敌和生物防治物从包装中逃逸。外包装应当标明输入天敌和生物防治物名称、数(重)量、原产地等。

7.2 输入天敌和生物防治物的铺垫材料及培养物应当经过消毒除害处理,不得带有土壤和其他有害生物,并对生态环境无害。

7.3 输入天敌和生物防治物在包装的明显位置应贴上中文标签,其中包括包装内容和打开方式,以及防止输入天敌和生物防治物的逃逸和突发事件的紧急处理措施。

8 实验室检疫

8.1 将现场抽样的样品或发现可疑症状的样品进行室内检验,确认送检样品是否与检疫许可物种一致,详细记载样品名称,基本特征特性,注明报检编号、产地、日期及发现情况等,并将样品制成标本长期保存。

8.2 经检疫未发现病原体、昆虫、软体动物及其他有害生物的样品,准予放行。经检疫发现病原体、昆虫、软体动物及其他有害生物的样品,作除害处理。带有危险性有害生物,又无有效除害处理办法的,做退运或销毁处理。

9 隔离检疫

9.1 所有输入的天敌和生物防治物应在出入境检验检疫机构指定的场所隔离检疫。隔离场所的条件和隔离检疫期管理应当符合国家主管部门的有关规定。

9.2 隔离检疫期间,出入境检验检疫机构按照《检疫许可证》要求及其他有关规定抽样和实施检疫。

9.3 隔离检疫期满,检疫合格的,解除隔离状态,允许用于释放;检疫不合格的,作销毁处理,并对隔离场所作消毒处理。

10 检疫监督

10.1 出入境检验检疫机构对天敌和生物防治物的输入、运输、隔离检疫、释放天敌等过程实施检疫监督管理。承担输入、运输、隔离检疫、释放天敌和生物防治物的单位,应严格按照出入境检验检疫机构的检疫要求,落实检疫防疫措施。

10.2 在运输装卸和隔离检疫过程中,天敌和生物防治物输入单位或个人,应当采取有效的防疫措施。

11 释放

11.1 当地出入境检验检疫机构根据可接受风险水平,对申请释放者提供的关于目标有害生物及天敌和生物防治物的文件进行风险评估,经检疫和风险评估合格的方可释放。

11.2 不育技术处理的天敌和生物防治物释放,应提供不育技术及其使用方法、不育效果等有关资料。

11.3 天敌和生物防治物的释放或淹没式释放,要向当地出入境检验检疫机构提供它们的释放程序、释放数量、地点、日期、释放物种的科学鉴定证明等。

11.4 天敌和生物防治物的释放或淹没式释放,释放者要有专业技术人员负责管理,并建立必要的安全管理制度,防止危险性有害生物扩散到环境中去。如发生任何安全事故,释放者应及时启动应急计划和扑灭措施,并及时报告当地出入境检验检疫机构。

11.5 天敌和生物防治物的释放或淹没式释放,要符合生态安全要求和考虑生物多样性,要防止物种的变异和对非目标生物的影响，发现异常问题要及时通报当地出入境检验检疫机构。

12 监测与评价

12.1 出入境检验检疫机构根据需要，对释放或淹没式释放的天敌和生物防治物的使用范围和使用过程进行定期检疫监管和疫情监测，发现疫情和问题及时采取相应的处理措施，并将情况上报国家主管部门。

12.2 出入境检验检疫机构根据需要，对释放或淹没式释放的天敌和生物防治物防治效果进行追踪监测，没有防治效果的天敌和生物防治物，应终止引进和释放。

中华人民共和国出入境检验检疫行业标准

SN/T 2122—2008

进出境植物及植物产品检疫抽样

Sampling for the quarantine of plants and their products for import and export

2008-09-04 发布　　　　2009-03-16 实施

中华人民共和国国家质量监督检验检疫总局　发布

前言

本标准由国家认证认可监督管理委员会提出并归口。

本标准起草单位：中华人民共和国深圳出入境检验检疫局、中华人民共和国天津出入境检验检疫局。

本标准主要起草人：邓琼、陈枝楠、黄庆林、章桂明、王峻、胡献星。

本标准系首次发布的出入境检验检疫行业标准。

进出境植物及植物产品检疫抽样

1 范围

本标准规定了进出境植物及植物产品检疫抽样方法。

本标准适用于进出境各类植物及植物产品检疫抽查和取样。

2 规范性引用文件

下列文件中的条款通过本标准的引用而成为本标准的条款。凡是注日期的引用文件，其随后所有的修改单(不包括勘误的内容)或修订版均不适用于本标准，然而，鼓励根据本标准达成协议的各方研究是否可使用这些文件的最新版本。凡是不注日期的引用文件，其最新版本适用于本标准。

GB/T 10111 利用随机数骰子进行随机抽样的方法

GB/T 18085 植物检疫 小麦矮化腥黑穗病菌检疫鉴定方法

GB/T 18086 植物检疫 烟霜霉病菌检疫鉴定方法

SN/T 0800.1 进出口粮油、饲料检验抽样和制样方法

SN/T 0800.20 进出境饲料检疫规程

SN/T 1078 进出境藤柳草制品检疫操作规程

SN/T 1104 进出境新鲜蔬菜检疫规程

SN/T 1126 进出境木材检疫规程

SN/T 1131 大豆疫霉病菌检疫鉴定方法

SN/T 1157 进出境植物苗木检疫规程

SN/T 1158 进出境植物盆景检疫规程

SN/T 1386 进出境切花检疫规程

3 术语和定义

下列术语和定义适用于本标准。

3.1

检疫批 lot

批

来自同一国家或地区、同一运输工具装载、同一收货人或发货人、同一品种名称的货物。

3.2

抽样 sampling

采用适合的工具按照规定的方法，根据先抽查后取样的原则，从一批货物中抽取针对性和代表性的样品。

3.3

单株样品 increment

份样

从批量的单个抽样点，一次抽取的少量样品。

3.4

原始样品 bulk sample

集样

取自同一批的份样，经过混合而得到的一定数量的样品。

3.5

实验室样品　laboratory sample

平均样品

由原始样品经过混合、缩分得到的一定数量样品。用于制备各检验项目试验样品和存查样品。

3.6

试样　test sample

试验样品

从平均样品中分取的用于各项目检验的一定数量的样品。

3.7

存查样品　restore sample

从平均样品中分取的用于备查的一定数量的样品。

4　总则

4.1　抽查

4.1.1　抽查应在取样前进行。

4.1.2　抽查时应对待检货物的有关单证、产地、包装、标记与号码、品种、数量进行核实。

4.1.3　针对性抽查，根据货物可能携带有害生物生物学特性，针对性检查运输工具和包装物的底部、四周、缝隙，以及货物等处有无有害生物危害症状及发霉、变质等情况。

4.1.4　随机抽查，根据随机原则，按照规定的方法对货物进行随机抽查。

4.1.5　根据国家质量监督检验检疫总局发布的警示通报，或根据疫情动态经风险分析确定为高风险植物或植物产品或查验发现可疑重大疫情，可以加大抽查比例和抽查数量。

4.2　取样

4.2.1　取样应在抽查的基础上进行，根据抽查的结果，确定采取随机取样的方法、或者随机结合选择性的取样方法。

4.2.2　取样前作好准备工作，如准备好取样工具、标签纸、样品保存的器具以及相关的单证等。

4.2.3　取样应在清洁、干净、光线充足、无异味以及不会造成样品污染的条件下进行，避免日光直接照射，防止外来杂质混入。

4.2.4　根据国家质量监督检验检疫总局发布的警示通报，或根据疫情动态经风险分析确定为高风险植物或植物产品，可以加大取样比例和取样数量。

4.2.5　取样方法：

a)　随机采样：植物及植物产品检疫采样要做到随机化，保证所采样品的代表性；

b)　选择性采样：在抽查过程中，发现植物或植物产品携带、感染有害生物，或有污染、霉变、污秽不洁等不符合我国检疫卫生要求时，应当对有害生物、受侵染或感染的植物或植物产品进行选择性地采样。选择性采样不受货物批号、采样比例和数量的限制。

4.2.6　取样完成后，要立即填写标签和相关的抽样单证。

5　植物及植物产品的抽样方法

5.1　粮谷类

5.1.1　船运散装粮谷类

5.1.1.1　抽查

分上、中、下三层在各舱按棋盘式随机选点 50 个～60 个，每点至少取 1 000 g，用 1.7 mm×2.0 mm 长孔筛或 2.5 mm 圆孔规格筛进行筛检，仔细检查筛上物和筛下物，根据需要将筛上挑出物及筛下物装入盛器，虫、杂草、菌瘿等装入指形管并标识，送实验室检查。

5.1.1.2 取样

按照 GB/T 18085 的抽样规定执行，以 1 000 t 作为一个检验批，分舱别、分层次、分品种、分等级按棋盘式选 30 点～50 点扦取单株样品并制成原始样品，取样量为 1 000 t 取 1 份不少于 5 kg 的原始样品。以其他方式进口的货物，以车、车皮或其包装为单位，扦取 1 份 5 kg 的原始样品。

5.1.1.3 取样方法

5.1.1.3.1 第一次取样

卸货前在表层进行。

5.1.1.3.2 卸货期间取样

每 1 000 t 货物扦取、制备一份原始样品。

5.1.1.3.3 机械自动化抽样

按照机械自动化抽样设备的操作规程实施抽样。

5.1.2 集装箱装运散装粮谷类

5.1.2.1 抽查

按棋盘式随机选点 10 个，每点至少取 1 000 g，用 1.7 mm×2.0 mm 长孔筛或 2.5 mm 圆孔规格筛进行筛检，仔细检查筛上物和筛下物，根据需要将筛上挑出物及筛下物装入盛器，虫、杂草、菌瘿等装入指形管并标识，送实验室检查。抽查比例为每 5 个集装箱随机抽查 1 个，每增加 5 个集装箱增加抽查 1 个，不足 5 个集装箱的，应增加抽查 1 个。

5.1.2.2 取样

选点抽查的同时取样，样品量不少于 5 kg。

5.1.3 件装粮谷类

按照 SN/T 0800.1 规定进行抽样。

5.2 油料类

5.2.1 大豆

5.2.1.1 船运散装大豆

5.2.1.1.1 抽查

在各舱按棋盘式随机选点 30 个～50 个，每点至少取 1 000 g 大豆，用 1.7 mm×20 mm 长筛或 2.5 mm圆孔规格筛进行筛检，仔细检查筛下物中有无虫、杂草籽、菌瘿等，并同时检查筛上物，特别注意检查土块，根据需要将筛上挑出物及筛下物装入样品袋，虫、杂草籽、菌瘿等装入指形管并标识，带回实验室作进一步检查。

5.2.1.1.2 取样

参照 GB/T 18085 的抽样规定执行。

5.2.1.1.3 取样点的确定

分舱别、分层次、分品种、分等级按棋盘式选 30 点～50 点扦取单株样品并制成原始样品。必要时，取样点可增至 90 个。使用一次性塑料袋盛放样品。转基因检测的样品应使用一次性密封塑料袋盛放样品。

以其他方式进口的货物，以车、车皮或其包装为单位，扦取 1 份原始样品。

5.2.1.1.4 取样方法

——第一次取样：卸货前在表层进行；

——卸货期间取样：每 1 000 t 货物扦取、制备一份原始样品；

——获取筛下物：在扦取单株样品的同时，每点至少另取 2 000 g 样品至孔筛进行筛检。每筛旋转 10 次～20 次，留筛下物；

——机械自动化抽样：按照机械自动化抽样设备的操作规程实施抽样。

5.2.1.2 土壤

收集土块样供进一步开展大豆疫病菌的检疫,取样方法按 SN/T 1131。

——于船舱内随表层及卸货过程的取样及筛样时检查有无土块,注意区分土块与其他结块杂质。

——于卸货工序中(如:自动秤、皮带或刮板输送机前)加装筛网,收集土块。

——于散粮筒仓中的清选设备处收集土块。

5.2.1.3 件装大豆

按照 SN/T 0800.1 规定进行抽样。

5.2.2 其他油料

5.2.2.1 抽查

在各舱按棋盘式随机选点 30 个~50 个,每点至少取 1 000 g,用分级筛进行筛检,仔细检查筛下物中有无虫、杂草籽、菌瘿、螨类等,并同时检查筛上物,根据需要将筛上挑出物及筛下物装入样品袋,虫、杂草籽、菌瘿等装入指形管并标识。带回实验室作进一步检查。

5.2.2.2 取样

参照 GB/T 18085 的抽样规定执行,以 1 000 t 作为一个检疫批,每舱按棋盘式随机选点 30 个~50 个筛样,抽取一份 4 kg 原始样品。

以其他方式进口的货物,以车、车皮或其包装为单位,扦取 1 份原始样品。

5.3 饲料类

5.3.1 抽查方法

——堆垛货物:在堆垛四周按正弦曲线从上、中、下层抽查,采取倒袋和过筛的方法,并将挑出的有害生物装入指形管、样品袋并标识,送实验室作进一步检查;

——船舱货物:每舱按棋盘式随机选点 20 个~30 个筛检,并将挑出的有害生物装入指形管、样品袋并标识,送实验室作进一步检查。

5.3.2 抽查和取样数量

参照 SN/T 0800.20 抽样规定,堆垛袋装货物每 500 t 取一份代表样品,不足 500 t 的抽取一份样品,每份样品抽样件数见表 1,每份样品 1.5 kg 以上。堆垛散装饲料以 50 kg 为一件计算,参照袋装饲料抽样方法进行抽样。

表 1 堆垛袋装饲料检疫抽查件数

件数/件	吨位/t	抽样件数/件
1 000 以下	50 以下	5~10
1 001~3 000	50~150	10~15
3 001~5 000	150~250	15~25
5 001~10 000	250~500	25~40

——船舶装载货物抽样:表层抽样在卸货前进行,卸货期间 1 000 t 取一个原始样品,每份样品 1.5 kg 以上;

——集装箱、车厢等方式装载的抽样参照上述方法抽样。

5.4 水果

5.4.1 抽查方法

5.4.1.1 大船运输的,分上、中、下三层边卸边检查。在上层检疫合格后方可卸货。

5.4.1.2 集装箱装载运输的水果,需卸出,以供检验检疫人员查验和抽样。

5.4.1.3 按随机和代表性原则多点抽查。

5.4.2 抽查和取样数量

每一独立运输工具(如:集装箱、车辆、船舶等)、每一水果品种抽查件数和取样数量按表 2 执行。

表 2 水果检疫抽查件数和取样数量

批量/件	抽查/件	取样量/kg
≤500	10(不足 10 件的,全部查验)	0.5～5
501～1 000	11～15	6～10
1 001～3 000	16～20	11～15
3 001～5 000	21～25	16～20
5 001～50 000	26～100	21～50
>50 000	100	50

5.4.3 取样方法

——结合抽查针对性地抽取可疑带病、虫的水果;

——按批随机抽取规定数量的样品。

5.5 繁殖材料

5.5.1 依据标准

按照 SN/T 1157 和 SN/T 1158 进行抽查和取样。

5.5.2 抽查

高风险应全部检查,中低风险按其总量的 5%～20%随机抽查,如有需要可加大抽查比例,其中不足最低检查数量的应全部检查。抽查的最低数量:

——种子最低抽查不少于 10 件;

——整株植物、砧木、插条类,最低抽查 10 件,且不少于 500 株(枝);

——鳞球茎、块根、块茎:最低抽查 10 件且不少于 1 000 粒;

——接穗、芽体、叶片类:最低抽查 10 件,且不少于 1 500 条(芽);

——试管苗类:最低抽查 10 件,且不少于 100 支(瓶);

——盆景每批至少抽查 300 盆,批量不足 300 盆的全部检查;批量在 3 000 盆以上的按批量的 10%抽查;

——其他植物繁殖材料参照上述要求执行。

5.5.3 取样

高风险进境植物苗木和全部货物不足一份样品的植物苗木全部送室内检验。

出境植物苗木及中低风险的进境植物苗木取样数量见表 3。

表 3 出境植物苗木及中低风险的进境植物苗木检疫取样数量

货物类别	货物数量	抽样数
种子[a]	10 kg 及以下	1 份
	11 kg～100 kg	2 份
	101 kg～500 kg	3 份
	501 kg～1 000 kg	4 份
	1 001 kg～2 000 kg	5 份
	2 001 kg～5 000 kg	6 份
	5 001 kg～10 000 kg	7 份
	10 000 kg 以上	每增加 5 000 kg 增取 1 份样品,不足 5 000 kg 的余量,按 1 份取

表 3(续)

货物类别	货物数量	抽样数
整株植物、砧木、插条[b]	50 及以下	1 份
	51～200	2 份
	201～1 000	3 份
	1 000～5 000	4 份
	5 001 及以上	每增加 5 000 增取 1 份 不足 5 000 的余量按 1 份取
鳞球茎、块根、块茎[c]	500 粒	1 份
	501 粒～2 000 粒	2 份
	200 1 粒～5 000 粒	3 份
	5 001 粒～1 000 粒	4 份
	10 001 粒以上	每增加 10 000 粒增取 1 份样品
	100 001 以上	每增加 30 000 粒,增取 1 份,不足 30 000 粒的余量,计取 1 份
接穗、芽体、叶片、试管苗类[d]	100 及以下	1 份
	101～500	2 份
	501～2 000	3 份
	2 001～5 000	4 份
	5 001 及以上	每增加 5 000 增取 1 份,不足 5 000 的余量按 1 份取
盆景	批量少于 30 株	取 1 株
	超过 30 株	取 2 株～6 株
盆景介质	3 000 株及以下	随机取 20 盆,每盆取 50 g～100 g
	3 000 株以上	每递增 1 000 盆,增加取样 5 盆,不足 1 000 盆的按 1 000 盆计

[a] 每份样品重量:大粒种子如玉米为 2.5 kg,中粒种子如麦类为 2.0 kg,小粒种子如黑麦草为 1.5 kg,其他细小或轻质种子如烟草为 1.0 kg。

[b] 每份样品为 5 株(枝)。

[c] 每份样品为 20 粒。

[d] 接穗、芽体、叶片每份样品为 10 株(枝)。

5.6 切花、切叶

5.6.1 依据标准

按照 SN/T 1386 进行抽查和取样。

5.6.2 抽查方法

随机抽样并开箱检查,观察是否有腐烂、病斑等危害状,用抖动、拍击、解剖、剥开等方法检查是否携带昆虫及其他有害生物,并将有害生物及可疑病状的花、叶送实验室。

5.6.3 取样数量

以同一品种、等级、包装类型、运输工具为一个抽样检验单位(批),按表 4 规定确定抽样件数。

表 4 切花、切叶检疫抽查及取样数量

总件数/件	抽查及取样件数/件
≤250	5～10
251～1 000	10～20
1001～2 000	20～30
2 001～5 000	30～50
>5 000	50

5.7 新鲜蔬菜

5.7.1 依据标准

按照 SN/T 1104 进行抽查取样。

5.7.2 抽查方法

按棋盘式或对角线随机抽查、取样。

5.7.3 抽样比例

——5 件以下全部抽查,取样 1 份～2 份;

——6 件～200 件,按 5%～10%抽查(最低不少于 5 件),取样 1 份～2 份;

——201 件以上按 2%～5%抽查(最低不少于 10 件),取样 2 份～4 份;

每份样品一般为 1 000 g～2 000 g。

5.8 木材

5.8.1 依据标准

未经加工或未经最终加工的木质产品。通常包括原木、锯材、软木、木质碎料、单板、胶合板、木质包装等。按照 SN/T 1126 的抽样规定和《检验检疫工作手册植物检验检疫分册》中的有关内容执行。

5.8.2 抽查方法

船、车装运进境的木材应在卸货前登轮登车作表层检疫。船运进境的木材,在卸货过程中采取边检、边卸、分次分舱抽查的方法,一般每船按上、中、下三层抽查三次,受客观条件限制,中、下层抽查可在规定的堆场实施抽查,陆运进境的木材,在卸货前、后各检查一次。

5.8.3 抽查比例

5.8.3.1 原木按每批货物的总根数进行抽查。

——船、车装运的原木,按货物总根数的 0.5%～5%进行抽查;

——集装箱装运的原木其检查的根数不低于总根数的 10%。

5.8.3.2 锯材、单板、胶合板按每批货物的总件数进行抽查。

——100 件以下(含 100 件),抽查 10 件,10 件以下全部检查;

——101 件～500 件,每递增 100 件,增加抽查 1 件;

——501 件～2 000 件,每递增 200 件,增加抽查 1 件;

——2 001 件以上,每递增 400 件,增加抽查 1 件。

裸装的方材参照原木计算抽查比例。

5.8.3.3 软木及木质碎料按每批货物总吨数的 0.1%～5%进行抽查。

5.8.3.4 木质包装按每批货物所用木质包装总件数进行抽查,抽查数量按表 5 执行。

表 5　木质包装检疫抽查数量

木质包装件数/件	抽查件数比例
≤5	100%
6～20	50%(不少于 5 件)
21～50	30%
≥51	20%

5.8.4　取样

——根据有害生物的生物学特性,对重点的为害部位如树皮进行针对性的检查和取样;

——对携带有害生物或带有可疑症状的,应截取代表性木段或树皮等;

——对现场发现的林木害虫带回实验室进行鉴定,现场发现的有害生物需要进行饲养或培养的,视需要截取相关部位的木材样品带回室内使用;

——应作树种鉴定的,应截取代表性木段;

——有害生物的危害状,可以选取典型材料带回室内供鉴定时参考。

5.9　竹、木、藤、柳、草制品

5.9.1　依据标准

依据按照 SN/T 1078 进行抽样。

5.9.2　抽查及取样件数

——一批 10 件以下全部查验,取单株样品 1 件～2 件;

——11 件～100 件随机查验 10 件,取单株样品 1 件～2 件;

——101 件以上,每增加 100 件,随机查验数量增加 1 件,取单株样品 2 件～4 件;

每件内含有小件的,查验件数不少于该件内含有小件数的四分之一,取样件数以小件计数。

5.9.3　抽查及取样方法

在货物堆垛不同部位随机抽取样品。

5.10　烟草

5.10.1　依据标准

按照 GB/T 18086 进行抽样。

5.10.2　抽查

5.10.2.1　抽查方法

用随机方法在货柜车、船舱、仓库堆位的上、中、下各层开件抽查,检查包内烟叶是否有可疑疫情,随机在包内的各个部位取样,注意抽取等级差、叶色暗淡无光泽的烟叶带回室内检验。

5.10.2.2　抽查比例

按货物批量总件数 0.5%～10%开件抽查取样,500 件以下的抽查 20 件,少于 20 件的全批抽查。其余抽查件数按表 6 执行。

表 6　烟草检疫抽查数量

批量总件数/件	抽查件数/件
500 以下(含 500 件)	20
501～1 000	21～30
1 001～3 000	31～40
3 001～5 000	41～50
5 001～10 000	51～70
10 001	71～100

5.10.3 取样数量

香料烟、打叶片烟每批取样 6 kg～15 kg。扎把烟每批取样 20 kg～40 kg。

5.11 其他植物及植物产品

样品的抽取可使用 GB/T 10111 等方法进行简单随机抽样，也可根据需要或情况采用其他抽样方法。

6 样品的存放和标识

根据所抽样品的不同，将样品装入专用的样品袋、指头瓶等器具中，样品应保存在通风、干燥、清洁卫生的环境，保证样品不受外界污染。所抽样品应及时贴好标签，标明报检号、货物名称或品种、样品编号（仓号、层次）、数量、取样地点、取样部位、时间、取样人和取样日期等，必要时应进行封样并加贴封识。

7 送检单的填写

按照送检单的要求，将报检号、货物名称、品种、送样数量、检测项目、抽样人、送检人等信息逐项填好。

8 样品的传递与接受

口岸局将所抽取的单株样品混合为原始样品后送实验室检疫，并办理相关的交接手续。送样应及时，在送样过程中，应保证样品不被污染、损坏。

9 原始样品的处理

采用四分法或点取法等缩分方法将原始样品进行缩分成平均样品，按照检测项目，留取所需试验样品和存查样品。

10 存查样品的保存

样品的保存应按样品质量分类保存，使质量的变化降到最低限度。

——含水量大的样品短期内（90 d）可保存在－20 ℃；

——需长期保存的样品如携带病毒的植物及产品，应保存在－80 ℃条件下，保存 6 个月；

——含水量低的粮食饲料类等可以在 4 ℃环境中干燥密封保存，保存 6 个月；

——经过加工含水量低的产品如竹、藤、柳、草等制品应保存在通风、干燥、清洁卫生的环境中，保存期为 6 个月。

11 存查样品的处理

已经保存到期的留查样品，应进行无害化处理，才能丢弃或另做它用。

中华人民共和国出入境检验检疫行业标准

SN/T 2340—2009

有害生物图像摄取操作规范

Rule for pest photography

2009-07-07 发布　　　　2010-01-16 实施

中华人民共和国国家质量监督检验检疫总局　发布

前　言

本标准的附录 A、附录 B、附录 C 均为资料性附录。

本标准由国家认证认可监督管理委员会提出并归口。

本标准起草单位：中华人民共和国深圳出入境检验检疫局、中国检验检疫科学研究院、中华人民共和国江西出入境检验检疫局、中华人民共和国北京出入境检验检疫局。

本标准主要起草人：娄定风、陈克、陈乃中、廖月华、赵汗青、李一农、王颖、焦懿、陈冬美、李芳荣、李秋枫、郑耘、刘新娇、黄卓凯。

本标准系首次发布的出入境检验检疫行业标准。

有害生物图像摄取操作规范

1 范围

本标准规定了进出境植物检疫有害生物数码图像摄取操作原则和方法。

本标准适用于进出境植物检疫有害生物数码图像摄取的操作。

2 规范性引用文件

下列文件中的条款通过本标准的引用而成为本标准的条款。凡是注日期的引用文件，其随后所有的修改单(不包括勘误的内容)或修订版均不适用于本标准，然而，鼓励根据本标准达成协议的各方研究是否可使用这些文件的最新版本。凡是不注日期的引用文件，其最新版本适用于本标准。

SN/T 1840 植物病毒免疫电镜检测方法

3 术语和定义

下列术语和定义适用于本标准。

3.1

有害生物 pest

任何对植物及其产品有害的植物、动物及病原物的种、株(品)系或生物型。

3.2

图像 image

通过数码图像采集设备采集和输出的静态数码图像。

3.3

色温 color temperature

量度光线颜色成分的计量单位。光源发射光的颜色与黑体在某一温度下辐射光色相同时，黑体的温度称为该光源的色温。色温单位用凯尔文(°K，也就是绝对温度)来表示。

3.4

景深 depth of field

被摄主体(对焦点)前后的清晰范围。

3.5

白平衡 white balance

数码相机对白色物体的还原，保证在不同色温的光线下，拍摄同一物体时获得相同色彩的图像。

3.6

视场光阑 field stop

限制视场大小的光阑。用于限制照明范围(观察范围)。

3.7

孔径光阑 aperture stop

限制成像光束孔径大小作用的光阑，用于调节像的照度、清晰程度以及景深。

3.8

柯勒照明 kohler illumination

光源的照明光线经灯前聚光镜，将灯丝影像聚焦在台下聚光镜孔径光圈平面处，聚光镜再将此光点投射到被检物平面上，并在物镜后焦点平面处聚焦。

3.9

像素 pixel

影像的最小单位。

3.10

分辨率 resolution

数码相机分辨率是数码相机感光元件的有效图像获取像素值，也称为影像分辨率，单位是每英寸像素，即 ppi(pixel per inch)，习惯上用成像像素的数量表示。

数码照片分辨率常用图像长宽像素数量的乘积表示。

显示器、打印机或者冲印设备的输出分辨率，单位是每英寸的显示点数，即 dpi(dot per inch)。

3.11

像场弯曲 curvature of field

垂直于主轴的物线所成之像是弯曲线，这时的像称为像场弯曲。

4 设备

4.1 数码图像采集设备(按优先顺序排列)

4.1.1 数码照相机

数码照相机规格应满足以下条件：100 万像素以上分辨率；照片保存格式为位图格式(bmp 格式文件)或压缩格式(tif 或 jpg 格式文件)。获取的图像完整、不失真、无干扰。

4.1.2 摄像设备加图像采集设备

摄像设备是摄像头、摄影机等输出动态影像的设备，图像采集设备可以是专用的图像采集卡，也可以是通用的接口卡或接口，如：IEEE 1394 卡、USB 接口等。

摄像头或摄像机的分辨率要求达到垂直解像度 450 电视线，图像采集卡要求能采集真彩色(采样位数 24 位以上，即 16M 色以上)，采用 PAL 720×576 或 NTSC 760×480 制式，分辨率至少为 768×494 或 712×582。如果使用摄像机，应直接将图像采集到硬盘而不要先存在录像带上，以免图像质量下降。获取的图像要求完整，不失真，无干扰；配套软件可捕捉动态及静态图像。

4.1.3 胶片照相机加扫描仪

胶片照相机拍摄后，获得底片或照片。将底片或照片使用扫描仪转化为数字图像并输出到计算机。扫描仪应满足以下条件：可采集彩色图像(采样位数 24 位以上，即 16M 色以上)；光学分辨率 600 dpi 以上。扫描的图像完整、不失真、无干扰。

4.2 辅助设备

4.2.1 体式显微镜

体式显微镜必须具备拍摄接口，可放置测微尺或使用数码测微尺。

载物台、镜体等稳固，不易受外部振动的影响。

成像质量好，无变形、失真，能准确地显现原标本的状况。

4.2.2 生物显微镜

生物显微镜(正立、倒置、明暗场、偏光、荧光、相差、DIC、HMC)应具备拍摄接口，可放置测微尺或使用数码测微尺。

载物台、镜体等稳固，不易受外部振动的影响。

成像质量好，无变形、失真，能准确地显现原标本的状况。

4.2.3 电子显微镜

透射或扫描电子显微镜需要具备照相机接口。

镜体稳固，不易受外部振动的影响。

成像质量好，无变形、失真，能准确地显现原标本的状况。

4.3　基座

放置生物显微镜的基座(生物显微镜台等)稳固,不易受外部振动的影响。

4.4　环境

设备尽可能放置在灰尘少,振动少,干燥的环境(房间等)中。

5　拍摄条件

5.1　照明条件

5.1.1　自然光照明

条件允许时尽量采用自然光照明。应选择白天自然光线充足的地方拍摄。拍摄时色温应接近5 600 K标准日光色温。

5.1.2　灯光照明

应避免使用闪光灯拍摄。

使用拍摄辅助光源的,色温要求在2 700 K～3 200 K之间。照明时要保证被摄物体不出现不正常的反光、阴影等影响图像品质的因素出现,达到色彩正常、图像清晰的效果。

显微照相辅助光源应采用内装式光源,可调光,亮度、色温稳定;方向性强;从低倍到高倍,均可得到均匀的照明;在高倍的情况下也能得到十分明亮的光亮度。

5.1.3　光线调整

采用散射光、环形照明或多角度照明,保证被摄生物轮廓清晰、不留投影。光强度调整以亮度、对比度适中,照片清晰为准。

5.2　照相机设置

5.2.1　对焦

拍摄时对焦要准确,尽可能保证拍摄对象落在景深范围内。景深不足时,要优先保证特征部位清晰。

采用超景深合成照片时,每层照片景深范围须保持连续,并能够覆盖拍摄对象特征部位。

5.2.2　曝光

曝光要准确。曝光量以主要拍摄对象特征部位为准进行调节。

无法确定曝光量时,可拍摄多张不同曝光量的照片,最后选择曝光量适当的照片。

5.2.3　白平衡

根据照明灯光的色温正确设置白平衡。无法确定照明灯光的色温时,可按不同色温标准手动设置白平衡,拍摄多张照片,最后选用色彩符合需要的照片。

5.2.4　图像质量

拍摄时选择高精密度模式(fine)。

5.2.5　拍摄距离

微距摄影时,应避免像场弯曲等现象出现。拍摄距离以布光方便、不干扰生物活动为宜。对于敏感的被摄生物,可以在镜头前端加入需要的附件。

5.3　摄影器材的稳定

摄影器材拍摄时要保持稳定,避免抖动而导致照片模糊。有条件的情况下,应使用三脚架等固定摄影器材,并使用快门线。

5.4　生物显微镜设置

5.4.1　选择放大倍数

根据拍摄对象选择生物显微镜物镜和目镜的放大倍数,必要时选择多种倍数进行拍摄,以获得完整的资料。放大倍数的选择以拍摄对象特征清晰可辨为准。

5.4.2 光照调节

采用光轴与光束处于同一轴线上、柯勒氏照明、调整视场光阑和孔径光阑等方法，调整生物显微镜至最佳拍摄状态。

5.5 拍摄对象

选择被摄生物具有反映特征的整体和不同部位，以及不同生长发育阶段进行拍摄，构成完整的资料。显微摄影时，注意正确制备和摆放样品。

5.6 背景

背景颜色应尽量保持一致，使用与拍摄主体形成较大反差的色彩。

5.7 构图

拍摄对象应避免拥挤和遮挡，力求清晰、完整地表现需要突出的特征以及与周边部分的关系。

5.8 标尺

在无法从图像判断被摄生物真实尺寸的情况下，应在拍摄时放置标尺，显微摄影时放置测微尺，或可以确定长度的标记，并做好刻度校准和记录。采用具有拍摄软件的显微摄影设备时，可以使用软件中的数码测微尺。后期图像处理时根据图像中的标尺、标记和记录，进行换算，制作统一规范的标尺，取代原来的标尺。

6 标本

6.1 标本的选择

选择有害生物或其某个部位，作为拍摄标本。要求鉴别特征清晰可辨、齐全、无污染。在选择寄主植物标本时，要挑选含有有害生物并且特征清晰的部位。

6.2 标本预处理

对于需要突出特征、增强拍摄效果的标本，要进行预先处理，如固定、染色、脱水、浸透、包埋、聚合、切片等。要求做到背景反差明显、透明度良好、染色质量好。

6.3 拍摄标本制作

按照各类生物的标本制作规范，将拍摄对象制作成可拍摄的标本。对活体生物，参照前述要求进行规范。

7 各类有害生物摄影规范

7.1 电子显微镜摄影(适用于病毒、类病毒、植原体、螺原体)

7.1.1 标本制作

7.1.1.1 电镜负染技术

观察时要注意将直径为 20 nm～100 nm 的病毒粒子与周围的细胞成分加以区分。病毒量不足时，可用 0.1%牛血清白蛋白水溶液处理(洗)载网，或者将载网置真空喷镀仪中进行辉光放电等方法加以改善。

7.1.1.2 免疫电镜技术

拍摄时要求病毒粒体形态结构及其外部的抗体晕圈清细、分辨率高。操作要求见 SN/T 1840。

7.1.1.3 电镜超薄切片技术

观察者要熟悉植物组织结构，在病毒可能分布的位置进行寻找；对于分布在细胞中的二十面体病毒，由于其直径很小，要注意与细胞质核糖体区分开来。在保存良好的病组织细胞中，看到病毒粒子的圆形图像时，发现形成结晶时才能肯定为病毒粒子。

7.1.2 标尺

电子显微镜拍摄时，在图像下方放置标尺。

7.1.3 对照

拍摄时采用阴、阳性对照，排除植物组织的干扰。

7.2 微生物显微摄影(适用于细菌、放线菌和真菌)

7.2.1 标本制作

选择微生物在生长过程中形态及形态变化的特征进行拍摄。

根据各种生物显微镜的要求，以及微生物摄影的要求，进行标本选择和预处理。

制作的玻片标本要求清洁无尘，无气泡。所摄部分完整清晰。

7.2.2 摄影环境

根据采用的生物显微镜类型以及显示特征的要求，采用突出特征的设置。

7.2.3 标尺

显微拍摄时应放置测微尺。

7.2.4 图像要求

拍摄的微生物应具备足够的鉴定特征。

拍摄的图像符合微生物摄影常规对图像的要求，清晰、美观，形态不失真。

7.3 线虫摄影

7.3.1 标本制作

选择雌和(或)雄性的成熟线虫作为标本。

用于拍摄的线虫应先杀死和固定。拍摄局部特征时应先进行整姿，最后制作成临时性或永久性玻片标本。制作的玻片标本要求清洁无尘，无气泡。

虫体必须完整，干净，不变形，内外部结构清晰，特征明显。

7.3.2 标本布局

雌雄异体的线虫种类，拍摄时尽可能放置雌雄线虫各1条。仅反映某个特征的，可放置1条。

7.3.3 摄影环境

在白色底光源下拍摄。特殊情况下，为突出结构特征，可使用相差或微分干涉拍摄。

7.3.4 标尺

显微拍摄时应放置测微尺，或者使用软件测微尺。

7.3.5 图像要求

拍摄的虫体部位或结构应具备足够的鉴定特征。

拍摄的图像符合线虫分类学对图像的要求，清晰、美观，虫体形态、颜色不失真。

7.4 昆虫及小型动物摄影

7.4.1 标本制作

选择昆虫及小型动物各发育时期(虫态、虫龄、幼成年等)、多态型的各型、各性别、各世代等具有形态差异的标本。

标本应完整，无残缺，不变形，无污染。对整体拍照前，应对身体进行必要的整形；拍摄局部特征时，应按拍摄要求进行整姿。对体式显微镜下难以拍摄清楚的部位或内部器官细微结构，应将拍摄部位制成玻片标本，置于生物显微镜下进行拍摄。

7.4.2 标本布局

7.4.2.1 拍摄整体图像

俯视(拍摄背面)和仰视(拍摄腹面)角度拍摄昆虫及小型动物的成虫、幼虫和蛹时，应将其身体垂直摆放；侧面角度拍摄时，应将其头部向右侧横向摆放。拍摄昆虫及小型动物的卵时，若卵为圆形，将卵置于视野中央进行拍摄，若卵为长形，应将其垂直摆放，尖端向上进行拍摄；若带有卵柄，应将卵柄向下摆放进行拍摄。表现昆虫及小型动物整体特征的照片,1个视野1头或1雌1雄。

7.4.2.2 **拍摄局部特征**

拍摄局部特征时,一般在体式显微镜下进行,需要时进行解剖。将拍摄部位置于视野中央位置,并按昆虫及小型动物绘图的要求进行拍摄。

头部:垂直摆放,头顶向上,将需拍摄的特征部位置于视野中央进行拍摄。拍摄触角、复眼、上颚、下颚等器官时,需要时将其解剖并制作成玻片标本,置于生物显微镜下进行拍摄。

胸部:垂直摆放,前胸向上,将需拍摄的特征部位置于视野中央进行拍摄。拍摄翅,需要时应小心将其取下,平展于体式显微镜下进行拍摄,如需拍摄翅脉,需要时应将翅面的保护物质(如鳞片等)先去除,然后再按上述方法拍摄。拍摄胸足,需要时应将其取下,平展于体式显微镜下进行拍摄。

腹部:垂直摆放,腹部第一节向上,将需拍摄的特征部位置于视野中央进行拍摄。

7.4.3 **摄影环境**

尽可能采用环形照明或多灯多角度照明,减少或消除阴影。

7.4.4 **标尺**

拍摄时应放置标尺或可以确定长度的标记。

7.4.5 **图像要求**

要求拍出的图像符合分类学对图像的要求,清晰、美观,特征清楚。身体形态、颜色不失真。调整放大倍数,使特征图约占整幅照片的三分之二。拍摄时保证拍摄部位不被其他部位遮蔽。

7.5 **杂草摄影**

7.5.1 **标本制作**

选择不同发育时期(种子、苗期、营养生长期、开花期和结果期等)、不同器官、同一器官不同形态等具有不同形态特征的植物标本。

拍摄果实(种子)时,应包括有包被物(如:苞片残余、豆荚、颖壳等)和没有包被物的果实(种子)。

标本应完整、干净。

7.5.2 **标本布局**

拍摄植株特征时,以该种植物正常生长姿态摆放植株。

拍摄叶片时,左侧为叶片基部,横向放置。正面、反面各一张叶片,集中在一张照片中。

拍摄花时,正面和侧面摆放各一朵,集中放在一张照片中。

拍摄果实和种子时,种子的放置应包括有横向、纵向、腹面(示种脐)、背面、侧面、纵横切面等不同的角度;不对称的果实和种子要按反映特征的不同角度摆放后,拍摄到一张照片中。种子拍摄一般在体式显微镜下进行,较微小的种子则应置于生物显微镜下拍摄。

植物及其器官有不同形态时,应有一张照片集中比较不同的形态,以便区别。

7.5.3 **摄影环境**

背景颜色应尽量保持一致,使用与拍摄主体形成较大反差的色彩。

景深保持在使主要特征清晰的范围。

拍摄植株时,尽量在植株中部以平视角度拍摄,避免仰视和俯视造成的失真。

7.5.4 **标尺**

拍摄时应放置标尺或可以确定长度的标记。

7.5.5 **图像要求**

拍出的图像要求直观、保持原色,能清晰真实地反映杂草植株、叶、花、果等器官外部形态特征。拍摄杂草种子时,应反映其完整的外部形态及大小、形状、颜色、斑纹、种脐、胚乳等识别特征。

8 图像规范

8.1 图像规格

8.1.1 图像长宽比例

原始图像长宽比例不限。

正式图像(含标尺)长宽比例为 4∶3,水平方向为长轴。

8.1.2 图像分辨率

通过各种途径获取的数码图像,用途分辨率要求参见附录 A,冲印分辨率要求参见附录 B。

8.1.3 标尺

正式图像下沿水平设置标尺。标尺采用白色底色,刻度线黑色。标尺宽度占图像宽度的 1/20。刻度值设主刻度值和分刻度值,主刻度值为分刻度值的 10 倍,并且主刻度线长度为分刻度线长度的 1.5 倍。标尺 0 点为图像左侧边沿,左侧第一个主刻度线下方标记刻度值的数值,刻度值的数值可以是 10 的整次幂。标尺右侧注明刻度单位。不同类别的生物所使用的刻度单位参见附录 C。

8.2 图像信息

8.2.1 拍摄信息

拍摄后保存原始照片,从而保存照片中数码照相设备添加的 Exif(Exchangeable image file format)拍摄信息。

如果没有 Exif 信息,则记录以下信息:照相机的快门速度、焦距、光圈系数、感光度、白平衡设置、是否使用闪光灯,照片的数字化时间、横向像素数、纵向像素数、压缩比。

8.2.2 附加信息

在拍摄时要做好记录,并将记录作为附加信息,保存在图像中。附加信息格式如下:

a) 拍摄对象:物种名称(含命名人和日期),拍摄部位或特征;
b) 拍摄时间(格式:××××年××月××日 ××:××:××);
c) 拍摄地点(格式:国家、省、市、拍摄地点);
d) 拍摄人:姓名;
e) 图像处理人:姓名;
f) 采集工具(说明照片拍摄和数码化的设备及其生产厂家、型号);
g) 制备方法(说明生物拍摄前的制备方法);
h) 图像说明(指出图像表示的内容及注解)。

注:记录其他信息(如:标本采集人、截获日期、截获地点、进出境、有害生物来源地、寄主)。

8.3 图像处理

8.3.1 制作标尺

图像摄取后,应根据原始图像中的标尺、测微尺或其他长度标记使用图像处理软件制作成正式图像的标尺。

采用拍摄软件生成的符合标尺要求的数码标尺可以继续使用。

在制作标尺前,需要复制原照片并保留制作标尺前的原件。

8.3.2 错误修正

图像摄取后发现图像存在不足和缺陷时,需要进行修正。检查并对下列情况进行修正:白平衡失真、图像模糊、阴影、亮点、曝光不足、曝光过度、色彩异常等。

在进行错误修正前,需要复制原照片并保留错误修正前的原件。

8.3.3 图像剪裁

按照图像的规格要求,对图像进行剪裁。方法包括:图像剪裁、照片合成、更换背景、调整尺寸或分辨率、调整方向等。

在进行图像剪裁前，需要复制原照片并保留图像剪裁前的原件。

8.4 图像储存

8.4.1 储存对象

原始数码图像及加工剪裁后的正式图像须储存在计算机存储介质上。

8.4.2 图像文件格式

储存时数码图像文件格式为位图格式（bmp 格式文件）或压缩格式（tif 或 jpg 格式文件）。压缩格式的压缩比例以保持压缩质量优质为准。

8.4.3 图像名称

保存的文件按下述方法命名：

物种名称加上间隔符“-”，再加上拍摄部位名词（英文）及序号。

物种名称为生物命名法所规定的名称，去除命名人和日期所余下的部分。

8.4.4 图像存放体系

文件存放的目录（文件夹）按照有害生物的分类阶元组织和命名，同一阶元物种的照片文件放在同一目录下。

8.5 图像传输

图像传输可采用活动图像传输（影像）和静态图像（照片）传输等方式。图像传输前后的图像规格不应改变。

附 录 A
（资料性附录）
各种用途的图像分辨率要求

表 A.1 各种用途的图像分辨率要求

用 途	打印分辨率/dpi	最小分辨率/万像素	最大分辨率/万像素
远程鉴定	—	50(800×600)	—
WORD、网页插图	—	3	70
应用软件	—	50	—
数码冲印	—	130	—
喷墨打印机打印 3R 照片	300	150	—
喷墨打印机打印 3R 照片	600	600	—
喷墨打印机打印 A4 照片	300	750	—
喷墨打印机打印 A4 照片	600	3 000	—
热升华打印机打印 3R 照片	300	170	—
资料存档	—	300	—

附　录　B
（资料性附录）
数码冲印照片的图像分辨率要求

表 B.1　数码冲印照片的图像分辨率要求

规格	长度/in	长度/cm	宽度/cm	要求最小分辨率/万像素
3R	5	12.7	8.9	130
5R	7	17.8	12.7	200
8R	10	25.4	20.3	300
10R	12	30.5	25.4	400
	14	35.5	25.4	500

附　录　C
（资料性附录）
各类生物标尺刻度单位

表 C.1　各类生物标尺刻度单位

拍摄对象	刻　　度
病毒	纳米（nm）
细菌	微米（μm）
真菌	微米（μm）
微生物菌落	毫米（mm）
线虫	微米（μm）
昆虫	毫米（mm）
小型动物	厘米（cm）
杂草	厘米（cm）

中华人民共和国出入境检验检疫行业标准

SN/T 2375—2009

生物安全饲养室准则

Code of biosafety insectary

2009-09-02 发布　　2010-03-16 实施

中华人民共和国国家质量监督检验检疫总局 发布

前　言

本标准由国家认证认可监督管理委员会提出并归口。

本标准由中华人民共和国广西出入境检验检疫局负责起草。

本标准主要起草人:王湛军、李伟丰、李树庆、莫乔林、赵代龙、江其福。

本标准系首次发布的出入境检验检疫行业标准。

生物安全饲养室准则

1 范围

本标准规定了生物安全饲养室的防护基本要求、建设要求、操作要求和管理要求。

本标准适用于进境陆地节肢动物的饲养。

2 术语和定义

下列术语和定义适用于本标准。

2.1

饲养室 insectary

用于进境陆地节肢动物饲养的设施。

2.2

节肢动物 arthropod

动物分类学中节肢动物门陆地无脊椎动物,如昆虫、蜱螨等。

2.3

饲养室生物安全防护 biosafety containment of insectary

饲养室工作人员在饲养节肢动物时,为确保饲养对象不对人和动物造成生物伤害,确保不对环境造成影响,在饲养室的设计与建造、个体防护装备、标准化的工作及操作程序和规程等方面所采取的综合防护措施。

2.4

生物安全 biosafety

避免危险生物因子造成实验室人员伤害,向实验室外扩散并导致危害的综合措施。

2.5

个体防护装备 personal protective equipment,PPE

用于防止人员个体受到化学和生物等有害因子伤害的器材和用品。

2.6

缓冲间 buffer room

设置在清洁区和工作区相临两区之间的缓冲密闭室,其两个门具有互锁功能,且不能同时处于开启状态。

3 饲养室防护基本要求

3.1 饲养室防护内容包括饲养室的选址、设计和建造,安全设备、个体防护装备和措施,标准化的操作程序与规程和严格的管理制度。

3.2 饲养室除了应采取相应措施防止节肢动物逃逸外,还要防范节肢动物对饲养室工作人员的伤害。

3.3 饲养室应制定有关生物安全防护综合措施,编写饲养室的生物安全管理手册,并有专人负责生物安全工作。

4 饲养室建设要求

4.1 布局

4.1.1 饲养室的选址、设计和建造应考虑对周围环境的影响以及周围环境不安全因素对其可能造成的影响。饲养室的设计和建造应满足本标准中的最低设计要求和运行条件。

4.1.2 饲养室应在建筑物中自成隔离区或为独立建筑物，应设置安全门并安装门锁，禁止无关人员进入。

4.1.3 饲养室应明确区分清洁区和工作区。清洁区包括办公间(可兼作监控间)、个人衣物更换间。工作区包括缓冲间(工作区的防护服更换间可兼作缓冲间)、准备间、实验间和饲养间。

4.1.4 人员应经过缓冲间进入实验间和饲养间，缓冲间双门不能同时处于开启状态。缓冲间内应安装捕虫器，并安装防止节肢动物逃逸的纱门。

4.1.5 缓冲间应设风淋设施，四周设置镜子和足够的照明，有利于发现粘附的节肢动物。可将缓冲间和防护服更换间联合设计为防护服去污染和防护服更换两个独立区间。

4.1.6 在清洁区和工作区之间、准备间与饲养间之间设置传递窗，传递窗双门不能同时处于开启状态。

4.2 围护结构

4.2.1 围护结构的外围墙体符合国家要求的抗震和防火能力。

4.2.2 围护结构的内部应防震、防火，表面光滑、耐腐蚀、防水，易清洁、消毒，所有缝隙应密封。

4.2.3 天花板、地板、墙间的交角均为圆弧形且密封。

4.2.4 天花板距地面高度不超过 230 cm。

4.2.5 地表面应为一体、光洁、耐磨、防渗漏、防滑、不反光、不积尘、不漏水，地面防护层应连续到立面 15 cm 处。

4.2.6 各种管道通过的孔洞必须密封。

4.2.7 工作台面不渗水，耐中等热、有机溶剂、酸、碱和常用消毒剂的损害和腐蚀。

4.2.8 饲养室内的桌(台)、椅、柜等用具设计要求是无缝隙、易清理、方便消毒、耐腐，且便于安放和使用。放置用具之间应有一定空间，便于清洁卫生。饲养室内的暴露管道应留有足够的维修和清洁空间。

4.2.9 饲养室内所有的门应可自动关闭，关闭时应为密封状态。如有可能，在门上设观察窗；门的开启方向不得妨碍逃生。

4.2.10 所有窗户应为密闭窗，并安装规格不低于 30 目的纱网。玻璃应耐撞击、防破碎。

4.2.11 饲养室所有房间的出口和逃生路线应有在黑暗中可明确辨认的标识。

4.3 通风空调

4.3.1 空调的进风口和出风口应安装规格不低于 30 目的纱网。在不破坏防护的前提下，防止节肢动物逃逸的纱网应当定时清洁和更换。

4.3.2 在送风和排风总管处应安装气密型密闭阀，在完全关闭状态下应能满足室内化学熏蒸消毒要求。

4.4 供水

4.4.1 在工作区内的实验间靠近出口处设置非手动洗手设施；如果饲养间不具备供水条件，则应设非手动手消毒装置。

4.4.2 饲养间的供水管道安装防回流装置；饲养室的内、外供水管道安装截止阀。

4.5 消毒灭菌设施

4.5.1 工作区的准备间和饲养间应安装紫外线消毒灯，其开关与照明开关应有明显标识。

4.5.2 工作区内应配备便携式消毒装置(如：消毒喷雾器等)和喷雾型广谱性杀虫剂，并备有足够的量。

4.6 污染物和废弃物处理

4.6.1 饲养室内的废弃物应放入专用的容器里，经过消毒或高压灭菌处理后装入密封容器、包装中才可运出饲养室。

4.6.2 如有下水管道，水池或地漏要设置消毒设施。下水管道下方应设有水封，并始终充盈消毒剂。可能污染的下水只能排放到消毒装置内，消毒后再排至公共下水道。如没有废水排放，或不外排的所有废水均应收集并处理。清洁区的废水可直接排入公共下水道。

4.7 监控系统

应对饲养室设施及状态全面设置监控装置,构成完善的饲养室安全监控系统。

4.8 供电

4.8.1 饲养室的配电应满足设备用电和工作要求,并设有可靠的接地系统和漏电保护及监测报警装置。

4.8.2 饲养室应配有备用电源,在停电时,至少能够保证空调系统、照明、监视和报警系统、进出控制和生物安全设备的正常工作。

4.9 照明

照明应适合室内的一切活动,不影响视线。照明灯最好把灯具的部件装在顶棚里,或采取减少积尘措施。

4.10 通讯

饲养室内外应有适合的通讯联系设施,如电话、计算机等。

4.11 标识

在饲养室入口处应设有明确标示所操作节肢动物名称、饲养室负责人姓名、紧急联络方式及国际通用生物危险符号的标识;需要时,应同时注明其他危险。

4.12 个体防护

4.12.1 饲养室工作人员应配备个体防护装备(如:连体防护服、防护帽、安全眼镜、面部防护罩、口罩、手套等),并置于专用存放处。污染的个体防护装备应放置于有标记的防漏袋中。所有个体防护装备或在饲养室处理或由洗衣房清洗。

4.12.2 在处理危险的节肢动物时应有许可使用的安全眼镜、面部防护罩或其他的眼部面部保护装置可供使用。

4.12.3 在饲养间工作时应戴手套,以防生物危险、刺伤、擦伤和节肢动物抓咬伤等。

4.12.4 在工作区内工作应穿连体防护服。离开工作区到清洁区之前要脱掉连体防护服。

5 饲养室操作要求

5.1 饲养室负责人要告知工作人员工作中的潜在危险和所需的防护措施,应经负责人授权后工作人员才能在饲养室进行相关操作。

5.2 饲养室负责人应制定具体的生物安全规则和标准操作程序,或制定饲养室特殊的安全手册。所有饲养室人员应全面掌握饲养室的管理规定和操作程序。

5.3 饲养室负责人对实验人员和辅助人员要进行针对性的生物危害防护的专业训练,定期培训。工作人员尽量减少进出饲养室,饲养室清洁维护的辅助人员同样遵守安全操作程序。

5.4 节肢动物的送样、采集、处理、传递和保存应放入安全的容器内,应包装结实严密,标识清楚牢固。

5.5 所有节肢动物应在养虫箱中饲养;对会飞、爬、跳跃的节肢动物的幼虫和成虫应坚持计数检查;放置蜱、螨的容器应竖立置于油碟中;当处理活动能力很强的节肢动物时,应高度警惕,小心操作,避免节肢动物逃逸。

5.6 发生节肢动物逃逸或其他事故时应立即报告负责人,负责人要进行恰当的危害评价、监督、处理,并记录存档。

5.7 工作人员离开饲养间时应确保衣服或身体没有粘附有节肢动物。

5.8 每天完成工作后应对工作台面进行清理、消毒。

5.9 妥善保管节肢动物的标本,使用要经负责人批准并登记备案。

5.10 应当定期检查、清理或更换工作区的节肢动物诱捕器。诱捕器内的节肢动物处理方法按4.6.1规定进行。

6 饲养室管理要求

6.1 管理责任

6.1.1 饲养室负责人是由上级主管部门任命的，负责管理饲养室的工作人员。

6.1.2 饲养室负责人应制定规章和程序确保饲养室工作的正常开展，确保设施、设备、个体防护装备、材料等符合国家有关安全要求，实施包括员工教育、培训、饲养室审核及评估、促进饲养室安全行为的计划，并对所有员工和饲养室来访者的安全负责。

6.2 员工健康管理

6.2.1 所有人员应有文件证明其对工作及饲养室全部设施中潜在的风险受过培训。

6.2.2 应要求所有人员根据可能接触的生物接受免疫以预防感染，并保存免疫记录。

6.3 程序

应根据饲养对象、危害程度、工作内容制定相应的标准操作程序。饲养室的标准操作程序应包括对涉及的任何危险以及如何在风险最小的情况下开展工作的详细作业指导书。饲养室负责人每年应对这些程序至少评审和更新一次。

6.4 安全计划审核及检查

饲养室负责人每年应至少审核和检查一次安全计划，确保安全检查的执行。每年应对饲养室至少进行一次安全检查，并根据饲养室的需要对安全手册进行评审和更新。

6.5 记录

饲养室应有节肢动物饲养活动记录、伤害/事故报告、危害评估、废弃物处置等记录，所有记录应按有关规定的期限保存并可查阅。

6.6 培训

6.6.1 饲养室负责人应保证对饲养室所有相关人员包括样品传递和清洁员工等工作人员的安全操作程序培训计划的实施，培训应强调安全工作行为。员工应书面确认其已接受适当的培训，阅读并理解了安全手册。

6.6.2 应保存人员培训记录，包括对每一员工的安全指导和安全预备状态的年度更新资料。

中华人民共和国出入境检验检疫行业标准

SN/T 2634—2010

出口柑橘果园检疫管理规范

Rules of quarantine management of citrus orchard for export

2010-05-27 发布　　　　2010-12-01 实施

中华人民共和国国家质量监督检验检疫总局　发布

前 言

本标准按照GB/T 1.1—2009给出的规则起草。

本标准由国家认证认可监督管理委员会提出并归口。

本标准起草单位:中华人民共和国湖南出入境检验检疫局。

本标准主要起草人:陈小帆、陈白莙、王象贤、王光锋、陈桂林、张华茂。

出口柑橘果园检疫管理规范

1 范围

本标准规定了出口柑橘果园(以下简称果园)的检疫监督管理要求。

本标准适用于出口柑橘果园的选择与监督管理。

2 规范性引用文件

下列文件对于本文件的应用是必不可少的。凡是注日期的引用文件,仅注日期的版本适用于本文件。凡是不注日期的引用文件,其最新版本(包括所有的修改单)适用于本文件。

GB 5040—2003 柑橘苗木产地检疫规程

GB 20813 农药产品标签通则

GB/T 20014.1 良好农业规范 第1部分:术语

GB/T 20014.2—2008 良好农业规范 第2部分:农场基础控制点与符合性规范

GB/T 20014.3—2008 良好农业规范 第3部分:作物基础控制点与符合性规范

GB/T 20478 植物检疫术语

NY/T 391—2000 绿色食品 产地环境技术条件

NY/T 394—2000 绿色食品 肥料使用准则

NY/T 5015—2002 无公害食品 柑橘生产技术规程

IPPC 国际植物检疫措施标准 ISPMs No.1 同国际贸易有关的植物检疫原则

IPPC 国际植物检疫措施标准 ISPMs No.10 关于建立非疫产地与非疫生产点的要求

出境水果检验检疫监督管理办法(国家质量监督检验检疫总局令第91号)

3 术语与定义

GB 20813、GB/T 20014.1、GB/T 20478、ISPMs No.1、ISPMs No.10 界定的以及下列术语和定义适用于本文件。

3.1

植保员 technician of plant protection

具有农学、植物保护的基本知识,从事下列一项或几项工作的人员:水果种植过程病虫害防治、农药安全使用管理、对农业工人进行技术培训等。

3.2

安全间隔期 preharvest interval

最后一次施药至作物收获时允许的间隔天数。

4 果园基本要求

4.1 应按《出境水果检验检疫监督管理办法》规定,在出入境检验检疫机构注册登记。

4.2 应有一定规模的、集中连片的、同一种类、能行使有效管理的柑橘种植面积。

4.3 应从未发生或连续3年以上未发生进口国关注的检疫性有害生物。如有进口国关注的检疫性有害生物发生,能够通过检疫措施使之不携带或不造成危害。对于非检疫性有害生物,果园可以采取有效措施,使出口柑橘不携带或不造成危害。

4.4 周围环境符合 NY/T 391—2000 中 4.1、4.2、4.5、4.6 的要求。

4.5 基础条件符合 NY/T 5015—2002 中 3.1.1、3.1.2 和 GB/T 20014.2—2008 附录 A 的要求。

4.6 应具备一定的检验检疫条件和基础设施。

5 果园人员要求与培训

5.1 有具备资质的专职或兼职植保员。

5.2 应组织有关人员就有关双边协议、有害生物监测与控制、果园安全卫生管理、生产技术等内容进行培训,并保留这些培训记录。

6 果园生产过程控制

6.1 一般要求

果园生产过程包括生产资料投入和生产活动等,所有管理过程均应有记录,并接受出入境检验检疫机构的监督管理。

6.2 果园生产资料投入

6.2.1 苗木

6.2.1.1 所用苗木应符合 GB/T 20014.3—2008 中 4.2 要求和 GB 5040—2003 第 9 章的要求。

6.2.1.2 所用苗木还应满足进口国所关注的检疫性有害生物控制的要求。

6.2.2 肥料

施肥应符合 GB/T 20014.3—2008 中 4.5.7.2 的要求和 NY/T 394—2000 中 4.2、5.2 的要求。

6.2.3 灌溉用水

灌溉用水应符合 GB/T 20014.3—2008 中 4.6.3.1 的要求。

6.2.4 植保产品

投入果园的植保产品应符合 GB/T 20014.3—2008 中 4.8.1、4.8.2、4.8.3 的要求。

6.3 果园生产活动

6.3.1 植物保护管理

6.3.1.1 应了解进口国所关注的有害生物种类,并对果园范围内有害生物的发生情况实施监测与记录,作为风险分析和合理、有效开展病虫害防治的依据。

6.3.1.2 一旦发现检疫性有害生物,应立即通报出入境检验检疫机构。任何所关注的有害生物发生迹象均应立即采取控制措施,达到有效根除或防止其扩散蔓延。对所采取的处理措施还应进行监督以确保有效。

6.3.1.3 能够通过实施有效的检疫措施,使出口柑橘不携带进口国所关注的检疫性有害生物。

6.3.1.4 应了解进口国在柑橘果实中允许使用的有毒有害物质残留限量标准,并在果园防治病虫害中，通过有效方法予以监测控制。

6.3.2 柑橘采收

6.3.2.1 应充分考虑果实施用农用化学品的安全间隔期，通过检测确定果实安全采摘时间。

6.3.2.2 备好清洁、足量、符合要求的采果用工具。每个供采摘用周转箱上应有可以溯源的标签（见附录A）。

6.3.2.3 根据果实成熟度分期分批采收。避开雨水或露水未干时采果。尽量避免机械伤。防止采后果实日晒雨淋。

6.3.2.4 采摘时伤果、落地果、泥浆果、病虫害、畸形果、烂果不得与出口果混放。

6.3.2.5 套袋果实按照要求采摘套袋完整的果实，带袋直接放入周转箱。破损袋或未套袋的果实不能与套袋果混装同一周转箱。

7 产后储存

7.1 果园应有满足供周转用的储存库。供出口的果实应与内销果实分库储放并做好标识。

7.2 储存库所处环境符合 NY/T 391—2000 中 4.1 的要求，并建立清洁、消毒的卫生制度。

7.3 储存库应有温、湿度监测装置。温、湿度记录需保持连续性。

7.4 库内果实储放应堆码整齐，下层垫有托盘；堆码与库壁应有一定距离，以便通风；堆码之间应留有作业通道。

7.5 果实储存过程中所用防腐剂应符合进口国法规要求。

7.6 应定期检查库内果实储放情况，及时处理出现的问题。

7.7 储存过程应做好记录。记录内容应包括：产地、果园代码、品种、批次、采收时间、库存数量、温/湿度情况、入/出库时间等信息，并予以保存。

8 运输

8.1 所有运输出口柑橘的交通工具清洁卫生，无病、虫、杂草、泥土等侵染/污染源。

8.2 来自疫区的运输工具应经过有效处理后方可使用。

8.3 运输过程采取遮盖保护等措施，避免路途中感染有害生物。

9 果园质量管理体系

应按《出境水果检验检疫监督管理办法》规定，建立完善的质量管理体系，内容包括：

a) 基础文件：果园资质证明、管理体系资质证明、组织机构与人员、果园地理位置与地块图、果园环境资料、相关法律法规、标准依据等；
b) 管理制度：就人员培训、有害生物监测与控制、农业投入品使用管理、良好农业操作规范实施、主要设施设备、主要农业投入品合格供应商名录、记录、溯源、产品召回、检查等生产管理过程形成制度并文件化，果园年产量、产品出口国别、贸易方式等均应形成档案；
c) 体系运行：质量管理体系运行有效，具可追溯性；
d) 记录：建立的质量管理体系运行情况应予以记录并保存，记录表参见附录B；
e) 检查：每年进行一次质量管理体系运行情况内部检查，检查应有记录，对发现问题制定出整改计划、提出纠正措施并进行跟踪检查，形成检查报告。

10 监督管理

按《出境水果检验检疫监督管理办法》规定，出入境检验检疫机构应对果园实行监督管理，内容包括日常监督检查、年度审核、换证复查、处置等。

附 录 A
（规范性附录）
出口柑橘溯源标签（格式）

产地（英文）：
果园名称：
（ORCHARD NAME）
注册登记编号：
（REGISTERED No.）
地块号码：
（BLOCK #）
采收日期：
（DATE HARVESTED）

图 A.1 出口柑橘溯源标签（格式）

附 录 B
（资料性附录）
出口柑橘果园记录表（格式）

表 B.1 出口果园农药/化肥购进和领用记录表（格式）

农药/化肥名称			农药登记号（临时登记号）		
生产厂			经销单位		
购入日期	购入数量（瓶、袋）	使用日期	领用数量（瓶、袋）	结余（瓶、袋）	领用人签字
注：此表由农药、化肥专门的保管员填写。					

表 B.2 出口果园有害生物监测与防控记录（格式）

日期	田块编号（名称）	面积（亩）	病虫害名称	发生程度	采取措施	使用药剂	主要成分	使用浓度	使用量（瓶、袋）
注：此表由植保员填写。									

表 B.3 出口果园田间生产管理记录(格式)

田间管理 年月日	田块编号 (名称)	面积 (亩)	田间管理 活动记录	记录人
注:防治病虫害以外的田间管理填写本表,如灌溉、翻耕、锄土、播种、移栽、修剪打枝、施肥、人工除草、防冻、采收等;其中灌溉注明水源、施肥注明肥料种类、生产企业、成分。				

表 B.4 出口水果溯源管理台账(格式)

日期	品种	来源田 块编号	质量	供货 批号	收购商	联系人	联系 电话	跟踪 情况

二、风险分析类

ICS 65.020.99
B 16

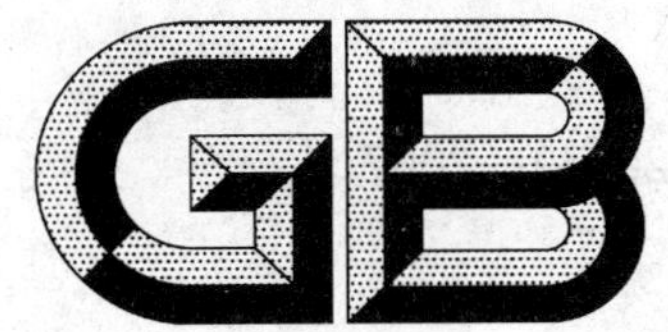

中华人民共和国国家标准

GB/T 20879—2007

进出境植物和植物产品有害生物风险分析技术要求

Technical requirement of pest risk analysis for import and export plant and plant product

2007-03-05 发布　　2007-09-01 实施

中华人民共和国国家质量监督检验检疫总局
中国国家标准化管理委员会　发布

前　言

本标准附录B、附录E、附录F、附录G、附录H、附录I、附录J为规范性附录，附录A、附录C、附录D为资料性附录。

本标准由中国检验检疫科学研究院提出。

本标准由全国植物检疫标准化技术委员会归口。

本标准起草单位：中国检验检疫科学研究院、中华人民共和国上海出入境检验检疫局。

本标准主要起草人：李尉民、陈克、陈洪俊、周国梁、印丽萍、范晓虹、陈乃中、葛建军、吴品珊、张乐。

进出境植物和植物产品有害生物风险分析技术要求

1 范围

本标准规定了对进出境植物和植物产品传播有害生物的风险进行分析的技术要求。

本标准适用于进出境植物和植物产品传播有害生物的风险分析。

2 术语和定义

下列术语和定义适用于本标准。

2.1

植物 plants

活的植物及其器官(种子和种质等)。

2.2

植物产品 plant product

未经加工的植物材料或虽经加工但仍有可能传播有害生物的植物材料商品。

2.3

种植用植物 plants for planting

已种、待种或再种的植物。

2.4

有害生物 pest

任何对植物或植物产品有害的植物、动物和微生物(包括各种病原体的种、株系、生物型)。

2.5

管制的有害生物 regulated pest

检疫(隔离)性有害生物或者管制的非检疫(隔离)性有害生物。

2.6

管制的非检疫(隔离)性有害生物 regulated non-quarantine pest,RNQP

存在于供种植的植物中且危及其预定用途,并会产生无法接受的经济影响,因而受到管制的非检疫(隔离)性有害生物。

2.7

检疫(隔离)性有害生物 quarantine pest,QP

对受威胁地区具有潜在的经济或环境重要性,但尚未在该地区发生,或虽已发生但分布未广并正在被官方控制的有害生物。

2.8

官方的 official

由国家植物保护机构建立、授权或执行的。

2.9

管制物 regulated article

植物检疫需要检查的任何能传带或传播有害生物的植物、植物产品、仓储地、包装、运输工具、集装箱、土壤和其他生物、物品。

2.10

禁止进境物 prohibited article

《中华人民共和国进境植物检疫禁止进境物名录》中列出的和中国政府公告予以禁止进境的植物、植物产品或者其他检疫物。

2.11

有害生物风险分析 pest risk analysis,PRA

评价生物学、经济学或其他学科的证据,以确定是否应管制某种有害生物以及管制所采取的植物卫生措施的力度,英文缩写为 PRA。

2.12

有害生物风险分析地区 pest risk analysis area

进行有害生物风险分析的有关地区,简称 PRA 地区。

2.13

有害生物风险评估 pest risk assessment

评估检疫(隔离)性有害生物传入和扩散的可能性及其后果(包括环境、经济影响),或者评估种植用植物是管制的非检疫(隔离)性有害生物的主要侵染源的可能性及管制的非检疫(隔离)性有害生物对种植用植物的经济影响。

2.14

有害生物风险管理 pest risk management

评价和选择方案以减少检疫(隔离)性有害生物传入扩散的风险,或者减少管制的非检疫(隔离)性有害生物对种植用植物预定用途产生不可接受经济影响的风险。

2.15

有害生物归类 pest classification

确定有害生物是检疫(隔离)性有害生物或管制的非检疫(隔离)性有害生物的过程。

2.16

场景分析 scenario analysis

按照时间和空间的顺序,对有害生物随植物和植物产品进出境过程中所发生的各种事件进行详细划分,包括起点(第一个事件)和终点(最后一个事件,结果),以及起点和终点之间的事件。通常用图形表示各个事件之间的关系。一般来说,起点是有害生物污染生产或选定的进出境植物和植物产品,终点是有害生物在适宜地区的寄主上定殖和扩散。

2.17

风险 risk

未来损失的可能性及其程度(图示见附录 A)。

2.18

风险事件 risk event

导致风险的各种现象。

2.19

风险因素 risk factor

能产生或增加风险的各种条件。

2.20

传入 introduction

导致有害生物定殖的进入。

2.21

定殖 establishment

有害生物进入一个地区后在可预见的将来能长期生存。

2.22

扩散　spread

有害生物在一个地区内地理分布的扩展。

2.23

受威胁地区　area endangered

生态因子有利于有害生物定殖的地区。有害生物在该地区的发生将导致严重的经济损失或环境影响。

2.24

途径　pathway

任何可使有害生物进入或扩散的方式。

2.25

非疫区　pest free area

科学证据表明，某种有害生物没有发生并且官方能适时保持此状态的地区。

2.26

非疫生产地　pest free place of production

科学证据表明特定有害生物没有发生，并且官方能够在一定时期内保持此状况的该特定有害生物寄主植物的种植地区。

2.27

非疫生产点　pest free production site

科学证据表明特定有害生物没有发生，并且官方能在一定时期内保持此状况的产地内一个限定部分，这个限定部分被作为一个单独的单位同非疫产地一样加以管理。

2.28

原产国　country of origin

植物生产国或者用于加工植物产品的植物的生产国。

3　风险分析的总体要求

3.1　目标

进出境植物和植物产品 PRA 的目标是查明管制的有害生物并评价其风险，查明受威胁地区，提出风险管理措施的建议。

3.2　步骤

进出境植物和植物产品 PRA 分两个阶段进行：第一阶段进行风险评估；第二阶段提出风险管理措施建议。

4　风险分析的启动

4.1　审查以前的 PRA

检查以前国内外是否进行过类似的 PRA。如果国内已经做过，根据目前的状况核实其有效性；如果国外已经做过，要作为参考。经核实国内以往的 PRA 仍然有效的，不再进行新的 PRA。

4.2　记述背景

4.2.1　原因

记述进行 PRA 的理由。

4.2.2　其他相关背景

简要记述相关的进境植物、植物产品、其他管制物、禁止进境物、截获有害生物、有关统计资料和植物检疫政策等背景情况。

4.3 确定 PRA 地区

确切地界定 PRA 地区,可以是全国,也可以是部分地区。可参照中国的气候和农林业地理区划确定 PRA 地区。

4.4 信息收集

广泛地收集相关的信息,包括有害生物特性、目前分布及其与寄主植物和植物产品等的联系、国际贸易情况和中国进出境植物检疫截获情况等。获取信息有多种途径,可通过国际互联网查询各种数据库或信息系统,查询各种文献,或者向相关国家植物保护组织的官方联络点索取。

5 风险评估

5.1 有害生物归类

5.1.1 确认进境植物本身是否为杂草

对于进境植物,要确定其本身是否会成为杂草。首先应确认在中国有无分布,如果有分布,是否分布广泛。对于中国没有分布或者分布不广泛的植物,应查阅相关文献,如果有文献证明是或者可能会成为杂草,就应将其列为有害生物,进行风险评估,并咨询权威专家是否应该禁止或限制引进。

5.1.2 QP 或 RNQP 的确认

5.1.2.1 有害生物种类

将已知发生在输出国家或地区的相关植物、植物产品上的所有有害生物列出一个名单(见附录 B)。有害生物的身份必须确定,以保证是对一种明确的、特定的有害生物进行评估。如果引起特定症状的病原物还没有完全确定,则应表明该病原物能产生恒定的症状,并且是可以传染的。有害生物的分类一般到种。使用更高或更低的分类水平应有充分的科学依据。种以下的水平,应提供证据,表明诸如毒力、寄主范围或者介体等差异足以影响到植物卫生状况。当涉及介体时,只要与有害生物有关,并且是该有害生物传播所需要的,则该介体也是有害生物。

5.1.2.2 有害生物分布

查证有害生物在境内外的分布情况。境外分布至少要有一篇参考文献证明。明确有害生物感染的植物部分,及这种感染是否会造成进境植物和植物产品传带有害生物。确认名单中每个有害生物与特定植物和植物产品的相关性。不能跟随所分析植物和植物产品传播的有害生物不再做进一步的评估,但要在有害生物名单或在正文中记述其理由。

5.1.2.3 有害生物管制状况

明确有害生物在中国的管制状况,包括是否列入中国进境植物检疫危险性病虫杂草名录、进境植物检疫禁止进境物名录、进境植物检疫潜在的植物危险性病虫杂草名录、全国农业植物检疫对象名单、全国林业植物检疫对象名单、林业危险性有害生物名单等。

5.1.2.4 标出 QP 和 RNQP

5.1.2.4.1 QP

应按照定义确定 QP,并在名单中标出。确定 QP 应注意三个基本要素:

a) 该有害生物必须具有潜在经济重要性,必须有文字记述的科学证据说明其与所评估的植物、植物产品相关联,因而具有潜在经济重要性。

b) 该有害生物必须是地理分布有限的,即该有害生物应是在 PRA 地区没有发生,或者虽有发生但没有广泛分布。

c) 该有害生物必须已被管制或即将被管制,即已处于官方控制之下或在不久的将来会置于官方控制之下。

5.1.2.4.2 RNQP

应按照定义确定 RNQP,并在名单中标出。确定 RNQP 应注意三个基本要素:

a) 该有害生物必须具有潜在经济重要性,应有文字记述的科学证据说明其与所评估的种植用植物相关联，并且所评估的种植用植物是其传播途径，该有害生物会给所评估的种植用植物的预定用途带来经济影响，因而具有潜在经济重要性。

b) 该有害生物已在PRA地区发生。

c) 官方已经或即将对所评估的种植用植物上的该有害生物进行官方控制。在确定RNQP时应注意所评估的种植用植物的分类一般确定到种。使用更高或更低的分类水平应有充分的科学依据。种以下的水平应提供证据，说明具有明显不同的抗感性。

5.1.2.4.3 QP和RNQP的比较

QP和RNQP比较见附录C。

5.1.2.5 有害生物归类的结果

经过以上归类，确认出管制的有害生物。经归类没有发现管制的有害生物，就停止风险评估。归类不明确时，应补充信息，进行更全面的评价。所有相关有害生物的信息都应列入参考文献中。

5.2 评估可能性

5.2.1 评估QP传入和扩散的可能性

5.2.1.1 场景分析

对于典型的QP传入和扩散的场景来说，其起点是在输出国家或地区生产或选择输出植物和植物产品时污染QP，终点是QP在中国适宜地区的寄主种群内扩散，可用附录D表示。一般应按场景分析所确定的各风险事件的时空关系顺序评估，如果有明确而足够的证据说明某个事件肯定不会发生，则不必评估之前的事件，并停止评估。

5.2.1.2 定性评估

5.2.1.2.1 各风险事件可能性的定性评估

定性评估是对各个风险事件的可能性，根据以下风险因素，按照一定的要求打分，或者给出定性描述，如附录E所示，可以将可能性分为5级。对于肯定要发生的事件不必再评估其可能性，直接进入下一个事件可能性的评估。

5.2.1.2.1.1 风险事件1：有害生物在输出国家或地区污染植物和植物产品

中国截获的有害生物数据可以证明有害生物在输出国家或地区污染植物和植物产品的能力。主要的风险因素有：

a) 原产地有害生物的发生和流行情况，有无监测以及监测的结果。

b) 输出植物和植物产品的数量和频率。

c) 栽培、收获和加工程序(农事操作、收获季节、加工——精选、去劣、分级、洗涤、打蜡，以及处理——化学和冷热等物理处理等)。

d) 在原产地采用的有害生物管理措施(使用杀虫、杀菌、除草剂等)。

e) 有害生物与植物和植物产品相关联的情况(有害生物所处的生命阶段，以及污染植物和植物产品的频率和量等)。

f) 针对有害生物的专门处理措施的有效性。

5.2.1.2.1.2 风险事件2：有害生物从输出国家或地区口岸到达进境国口岸

中国截获的有害生物数据可以证明有害生物在运输或存储过程中存活的能力，及在一定程度上表明口岸检疫技术的有效性。以下风险因素影响有害生物在运输或储存期间的生存可能性，以及经现行常规口岸检疫之后仍然生存的可能性：

a) 存储和运输条件以及运输的速度。

b) 有害生物的生存能力、生活史及其长短。

c) 原产国、目的地国家或者在运输或存储期间对货物采取的商业措施(冷藏等)。

d) 常规口岸检疫能否检出，及其难易程度。

5.2.1.2.1.3 **风险事件3:有害生物转到适宜地区的寄主**

如果有害生物可以转移到多个适宜的寄主,则应逐个予以评估,并综合判断其可能性作为本风险事件的可能性评估。主要的风险因素有:

a) 有害生物的寄主范围。
b) 有害生物散布的机制,包括有无介体,使得有害生物从植物和植物产品运动到PRA地区的寄主上。
c) 输入植物和植物产品的数量及将被运往目的地的面积。
d) 入境点、过境点和终点离适宜地区的距离。
e) 进境的时间(季节)。
f) 预计的植物和植物产品的用途(用于种植、加工和消费等)。
g) 进境植物和植物产品加工情况,以及其副产品和废物导致有害生物散布的情况。

5.2.1.2.1.4 **风险事件4:有害生物在适宜的寄主种群内定殖**

从有害生物发生的地区获得可靠的生物学信息(生活史、寄主范围、流行学等),并与PRA地区的情况进行比较。应当注意有些有害生物可能不能在PRA地区定殖(气候条件不适宜等),但是仍然可能产生不可接受的经济影响。主要的风险因素有:

a) 定殖可能性评估风险因素1:PRA地区适宜寄主、转主寄主和传播媒介的存在、数量和分布。寄主分类水平一般是种。采用更高或更低分类级别应得到充分的科学依据的证明。包括以下主要风险亚因素:
——寄主和转主寄主是否存在,数量和分布范围(可以利用地理信息系统画图表示)。
——寄主和转主寄主是否在足够近的地理范围内发生,从而使该有害生物能够完成生活史。
——当通常的寄主植物品种不存在时,是否有其他适宜的寄主植物品种。
——有害生物扩散所需要的传播媒介是否已经在PRA地区存在或者可能被引进。
b) 定殖可能性评估风险因素2:PRA地区的环境适宜性。应查明重要的环境因素(气候、土壤的适宜性、有害生物和寄主竞争等),这些因素可能影响有害生物及其寄主、传播媒介的生长,以及在不利气候条件下生存并完成生命周期的能力。应注意环境对有害生物及其寄主、传播媒介可能产生的影响并不相同。还应考察在当地农业生产中人工控制的种植环境(温室等)定殖的可能性。
c) 定殖可能性评估风险因素3:栽培技术和控制措施。应对寄主作物栽培/生产期间所采用的操作进行比较,以确定在PRA地区和有害生物原产地之间有无区别,这种区别可能影响有害生物定殖能力。应注意PRA地区已经存在的有害生物控制措施,是否有适宜的根除方法,或许天敌能降低定殖的可能性。
d) 定殖可能性评估风险因素4:影响定殖可能性的有害生物其他特性。包括以下主要风险亚因素:
——有害生物繁殖和生存方法:应当查明使有害生物能够在新环境中有效繁殖的特性(单性生殖/自交、生命周期期限、每年代数、休眠期等)。
——遗传适应性:应查明有害生物是否有多态性及在多大程度上已表明适应与PRA地区相同条件的能力,例如是否寄主特异性生理小种或者能适应更广泛生境或新寄主的生理小种,这种基因型(和表型)变异有利于有害生物经受住环境变化、适应更广泛生境、产生农药抗性和克服寄主抗性的能力。
——定殖所需的最低种群数量:应估计定殖所需的最起码的种群数量。

5.2.1.2.1.5 **风险事件5:有害生物在其他适宜的寄主种群内扩散**

具有较高扩散潜力的有害生物可能也具有较高定殖潜力,成功地封锁或根除这种有害生物的可能性比较小。应将PRA地区的情况同目前发生该有害生物地区的情况进行比较,用专家判断来评估扩散的可能性。应注意某些有害生物很容易进入潜在经济重要性较低地区并在那里定殖，然后又扩散到潜在经济重要性较高的地区。风险因素主要有：

a) 自然或控制环境对于有害生物自然扩散的适宜性。

b) 自然障碍的存在与否。

c) 通过植物和植物产品或运输工具转移的潜力。

d) 植物和植物产品的预定用途。

e) PRA 地区该有害生物的潜在传播媒介。

f) PRA 地区该有害生物的潜在天敌。

5.2.1.2.2 整个场景的可能性评估

用打分的方法评价上述事件的可能性，可将各项分数简单地相加，或者按照其他数学方法和系统科学方法（模糊综合评判法和神经网络法等）合并，最后根据一定的规则确定整个场景可能性的定性描述。采用定性描述的方法评价上述事件的可能性，则可按照附录 F 的规则，两两合并得出整个场景的定性描述。

5.2.1.3 定量评估

对于有害生物入境、定殖和扩散的场景中 5 个风险事件的全部或者部分，也可进一步做场景分析，划分为更详细的组成事件，根据上述定性评估中所列主要风险因素，确定各个风险事件之间的关系，进而建立数学模型，描述这些风险事件及其关系，最后用计算机进行模拟并得到整个场景中终点事件的概率描述。

5.2.1.4 评估小结

经过上述评估可得出有害生物传入和扩散的可能性总评，同时应当查明在 PRA 地区生态因素有利于有害生物定殖的区域，即受威胁地区，可以是整个 PRA 地区或者其中的部分地区。无论采用定性还是定量评估方法，均可将结果绘制出风险区划图（可利用地理信息系统输出结果）。

5.2.2 评估种植用植物是 RNQP 的主要侵染源的可能性

5.2.2.1 分析有害生物侵染源和传播途径

通过分析有害生物和寄主的生活史，以及有害生物的流行学信息，确认出各种侵染源或传播途径，通常包括：土壤、水、空气、介体、农作工具或运输工具、种植用植物（种子等）、其他植物或植物产品、副产品或废弃物、其他人为方式等。描述各种侵染源和传播途径的特点。

5.2.2.2 评价种植用植物与其他有害生物侵染源和传播途径的相对重要性

评价种植用植物感染有害生物在有害生物流行学中的重要性，以及其他侵染途径对有害生物消长的贡献和对种植用植物预定用途的影响。有害生物从种植用植物中的最初侵染传播出去的类型和速度（种子到种子，种子到植物，植物到植物，植物本身）是需要评价的重要因素，其重要性取决于种植用植物的预定用途（同样的有害生物初侵染对用于繁殖的种子和保持种植状态的植物具有显著不同的影响）。有害生物在植物生产、运输和储藏期间的存活和控制，也会影响种植用植物是不是主要侵染源的评价。

以下风险因素可能会影响这些侵染源的重要性：

a) 有害生物在种植用植物上的生活史（单生命周期或多生命周期等）。

b) 有害生物的生殖生物学。

c) 传播效率，包括散布机制和速度。

d) 继发侵染，从种植用植物传播到其他植物。

e) 气候条件。

f) 栽培措施（收获前后）。

g) 土壤类型。

h) 植物易受感染性（未成熟植物可能易感染或不易感染有害生物，寄主抗/感性）。

i) 介体、天敌或拮抗物的存在与否。

j) 其他易感染寄主存在与否。

k) PRA 地区有害生物的流行情况和官方控制措施的影响。

5.2.2.3 **评估小结**

经过上述评估，确认种植用植物是 RNQP 的主要传播途径。如果种植用植物不是 RNQP 的主要传播途径，应停止风险评估。

5.3 **评估后果**

5.3.1 **QP 的后果评估**

5.3.1.1 **评估内容**

假定有害生物在 PRA 地区中的受威胁地区已经定殖，评价有害生物将要造成的后果，包括直接后果和间接后果，涉及经济、环境和社会等多方面的损失。收集有害生物原产地的信息，包括各种危害情况，同受威胁地区相比较可以得出准确的评估结果。后果的评估只考察有害生物对人体健康、农业生产和生态环境的影响，不考察对相关产业或消费的影响等。如果对某种有害生物有足够的证据证明或者被将遍公认会产生不可接受的后果，则不必进行很详尽的评估，直接得出后果严重的结论。

5.3.1.1.1 **直接后果**

评估有害生物的直接损害，主要的风险因素有：

a) 有害生物导致的人体健康或福利的损失（造成人的过敏或者产生对人有害的毒素、改变人的生存环境质量等）。

b) 有害生物造成的农作物生产和林、牧、渔生产质量和产量的损失。

c) 有害生物所导致的生态环境中生物物种的数量减少和生存威胁等损失。

d) 控制措施（包括现行措施）及其效率和成本。

5.3.1.1.2 **间接后果**

间接后果是与有害生物侵入有关的，由于自然或人类活动造成的损失或花费，主要的风险因素有：

a) 制定新的或修订原有的根除、控制、监测和补偿措施的费用。

b) 对国内贸易或产业的影响，包括改变消费需求，影响其他产业对受直接影响产业的供给投入或者产出的利用。

c) 对国际贸易的影响，包括市场丧失或损失，为进入/保持市场而要满足新的技术要求，以及改变国际消费者的需求。

d) 对生态环境的间接影响，包括降低生物多样性，危及濒危物种，破坏生态系统的完整性（包括生态系统的各种过程和群落结构），减少旅游，降低农村和地区经济生存能力，损害舒适优美环境（对娱乐、审美或财产价值的影响），及控制措施所造成的任何副作用。

5.3.1.2 **评估方法**

5.3.1.2.1 **定性评估方法**

按照一定的规则给前述各个风险因素一定的分数，或者采用定性的描述：

a) 用打分的方法评述，应将各项得分相加，或者按照其他的数学和系统科学方法（模糊综合评判法和神经网络法等）合并，最后根据一定的规则确定总的后果评估的定性描述。

b) 采用定性描述，应对前述各个风险因素，分四个水平：局部、部分地区、地区、全国；和四种程度：不易辨别、次要、严重、非常严重进行评估。四个水平的含义是：局部指一个县或一个县的部分乡镇；部分地区指几个县或地区；地区指一个或几个省；全国指整个国家。四种程度的含义是：不易辨别指变化通常不能辨别；次要指变化不太明显；严重指变化显著；非常严重指变化巨大。

具体的评估方法是先对前述各个风险因素用附录 G 评价，用 A～F 表示。再按下列规则得出后果评估的等级，共有 5 个等级：很高、高、中、低、很低。这些规则之间相互独立，应按下面的排列顺序逐个对照检查。如果不适用第一个规则的条件，就应用第二个；如果第二个不适用，就用第三个，……，直到一个规则适用：

a) 若对任一直接或间接后果评价的风险因素衡量，有害生物的后果都是“F”，总的后果等级就是“很高”。

b) 若有一个以上的直接或间接后果评价的风险因素衡量是“E”，总的后果等级就是“很高”。

c) 若只有一个直接或间接后果评价的风险因素衡量是“E”，其余标准是“D”，总的后果等级就是“很高”。

d) 若只有一个直接或间接后果评价的风险因素衡量是“E”，其余标准不全是“D”，总的后果等级就是“很高”。

e) 若所有直接或间接后果评价的风险因素衡量都是“D”，总的后果等级就是“很高”。

f) 若有一个以上的直接或间接后果评价的风险因素衡量是“D”，总的后果等级就是“高”。

g) 若所有直接或间接后果评价的风险因素衡量都是“C”，总的后果等级就是“高”。

h) 若有一个以上的直接或间接后果评价的风险因素衡量是“C”，总的后果等级就是“中”。

i) 若所有直接或间接后果评价的风险因素衡量都是“B”，总的后果等级就是“中”。

j) 若有一个以上的直接或间接后果评价的风险因素衡量是“B”，总的后果等级就是“低”。

k) 若所有直接或间接后果评价的风险因素衡量都是“A”，总的后果等级就是“很低”。

5.3.1.2.2 **定量评估方法**

对于评价有害生物后果的前述各个风险因素，可采用场景分析的框架，建立数学模型，再用计算机模拟的方法对有害生物的后果进行定量评估，得出农业生产上货币价值的损失数字和量化的生态方面的影响。

a) 对经济的影响具体可以与经济学专家磋商，采用下列技术：

——部分预算：若有害生物导致的后果影响较小，则采用部分预算。

——部分平衡：若有害生物的后果是导致生产者利益或者消费者需求发生重大变化，则采用部分平衡。

——全面平衡：若对国民经济而言经济变化巨大并可能引起工资、利率或汇率等要素发生变化，可以采用全面平衡分析来确定整个经济影响范围。

b) 对生态环境的影响可以通过对所影响的使用值和未使用值进行评价。使用值是由于对生态环境的一个成分消耗(获取干净的水等)或非消耗(利用森林休闲等)性活动而产生的价值。未使用值可以分为：选择值：未来使用的价值；现存值：目前存在的价值；遗产值：供子孙后代使用的价值。

5.3.1.3 **评估小结**

QP的后果评估后应得出定性的结果，或者用货币价值表示的定量的结果。

5.3.2 **RNQP的后果评估**

5.3.2.1 **评估内容**

RNQP的后果评估就是评价RNQP对种植用植物预定用途的经济影响。因为有害生物在PRA地区已经存在，应提供其在本地区经济影响的详细资料，不评价对市场准入或环境卫生的影响，只评价直接后果即经济影响，仅在有害生物可能会是其他有害生物的介体时，才需要评估其间接后果。有时还需要评估有害生物对种植地其他寄主的影响。若有害生物的后果需要较长时间才能显现，或者感染有害生物的种植用植物会污染生产地点，进而对将来种植的作物产生影响，则需要评估第一个生产周期之后的后果。如果除了种植用植物，还存在其他侵染源，则需要评价各自所导致的经济损失以及在总的损失中的比例，即比较各自所导致经济影响的严重性。风险因素主要有：

a) 产量的减少。

b) 质量的降低(营养成分的降低、产品的市场价值降低等)。

c) 控制有害生物所需要的额外费用(拔除、使用农药等)。

d) 收获和分级所需要的额外费用(挑选等)。

e) 由于种植的植物的死亡而进行补种的费用，或者由于需要种植产量低的抗性品种或其他作物作为替代所导致的损失。

5.3.2.2 评估方法

采用定性评估或者定量评估，尽可能采用定量方法。如果种植用植物是唯一的侵染源，定量评估结果可直接用来确定有害生物的限量即容许量。如果种植用植物不是唯一的侵染源，要根据各种侵染源对所导致损失的比例，确定有害生物的容许量。可与经济学专家磋商，采用下列技术评估：

a) 部分预算：如果有害生物导致的后果影响较小，进行部分预算就足够了。

b) 部分平衡：如果有害生物的后果是导致生产者利益或者消费者需求发生重大变化，则采用部分平衡。

5.3.2.3 评估小结

RNQP 的后果评估应尽可能得出用货币价值表示的或者用产量损失表示的定量的结果，也可以质量表示变化（侵染前后的相对利益），并确定种植用植物中 RNQP 的限量。

5.4 风险评估的结论

5.4.1 一般要求

如果所掌握的有害生物的信息量太小，或者对前述一些风险事件、风险因素的认识太少，很难得出结论，可以采用会议（头脑风暴）法、德尔菲法等进行评估得出定性的结论。应将评估 QP 传入和扩散的可能性，或者评估种植用植物是 RNQP 的主要侵染源的可能性，与后果评估的结果综合起来，得出有害生物风险评估的结论，并根据中国所确定的适当保护水平，确认风险是否可以接受（一般来说中国可以接受的风险水平的定性描述是很低风险）。如果风险不可接受，应进入下一阶段，提出风险管理措施建议；如果风险可以接受，或者由于无法管理（例如可以自然传播或扩散）而必须接受，则不必采取风险管理措施。结论中应说明风险评估的不确定性，包括对风险因素认识的不足（知识有限）和风险因素自身的变异。

5.4.2 QP 风险评估的结论

QP 风险评估可以适当的方式方法依据贸易量做出结论，通常用一年进境某个特定植物和植物产品的数量来确定风险。定量评估可在数学模型中将贸易量作为一个参数，计算出风险的大小。结论中还应明确在 PRA 地区中的受威胁地区，可以是 PRA 地区的全部或部分地区。

a) 对于定性的评估，可以采用附录 H 风险评价矩阵合并传入和扩散可能性与后果评估，得出风险的等级：很低风险、低风险、中风险、高风险、很高风险。

b) 对于定量的评估，可得出传入和扩散可能性的概率和后果的损失数值。

5.4.3 RNQP 风险评估的结论

RNQP 风险评估的结论即所评估的有害生物是主要的侵染源的定性或定量结果，以及相应的定性或定量后果的描述。

6 风险管理措施建议

6.1 确定风险管理措施的原则要求

如果有害生物风险评估的结论认为其风险不可接受，应提出适当的风险管理措施建议，供政府植物检疫决策部门选择使用。有害生物风险管理措施注重系统方法，综合利用各种措施，其中至少两种可以独立发挥作用，产生累计效果。所提出的风险管理措施或措施组合的实施要能够达到中国的适当保护水平，即采取所建议的风险管理措施或措施组合后，可将风险降低到等于或低于中国可以接受的风险水平，其定性描述是很低风险。提出风险管理措施建议时要遵循以下主要原则：

a) 低成本高效益：应当对风险管理措施的成本和效益进行分析，提出具有较低成本利较高效益的风险管理措施，尽可能提高效益和成本的比率。

b) 最小影响：所提出的风险管理措施不应对贸易产生不必要的限制，除非对贸易影响大的风险管理措施比对贸易影响小的风险管理措施更容易被输出国家或地区所采用。措施的应用范围应该限于可有效保护受威胁地区所必需的最小区域。如果现有的措施有效,就不应该增加新的措施。

c) 等效:如果不同的风险管理措施具有同样的效果,对这些措施应该同等地予以接受。

d) 非歧视:对于已在PRA地区定殖,但分布局限并在官方控制之下的QP,以及RNQP,所采取的风险管理措施不应该比在PRA地区已经使用的官方控制措施更严格。同样,对于植物卫生状况相同的国家,不应该采取不同的风险管理措施。

6.2 风险管理措施建议的主要内容

6.2.1 QP风险管理措施建议

以下是可以提出的针对QP风险管理的主要措施,在PRA地区可能还有其他风险管理措施(引入生物控制物、根除和封锁等)。可以单独采取一项措施,或者多种措施的组合,尽可能采用系统方法。

6.2.1.1 针对植物和植物产品的措施

可以是以下各种措施或者措施的组合:

a) 准备输出植物和植物产品的特定要求(预防感染的措施等)。

b) 植物和植物产品的除害处理(物理、化学等除害处理措施),可以在生产、加工过程中实施,也可以在运输过程中以及入境后实施。

c) 入境时检查植物和植物产品(检查有无有害生物及其数量等)。

d) 入境后隔离措施(在有适当的设施时,该措施效果较好,对于在口岸无法检出的某些有害生物,也是唯一的选择)。

e) 限制植物和植物产品的用途、销售和进境时间、数量。

f) 禁止进境植物和植物产品,或者禁止进境植物的某些部分(器官)。

6.2.1.2 预防或减少植物感染的措施

可以是以下各种措施或者措施的组合:

a) 对植物、大田或生产地点进行各种处理。

b) 限制种植植物的品种,种植具有抗性的品种。

c) 在有防护的设施(温室等)种植植物。

d) 在一定的生长期或特定的时间收获。

e) 对生产者的生产过程进行认证。

6.2.1.3 确保生产地区、产地或生产点无有害生物的措施

要求进境植物和植物产品来自非疫区、非疫产地和非疫生产点,并进行查验,确认不携带有害生物。

6.2.1.4 其他措施

可以在受威胁地区和主要出入境口岸开展有害生物的监测,以尽早发现进入的有害生物并予以封锁和根除。还可以要求输出国家或地区出具植物卫生证书,注明不携带特定有害生物,以提供官方保证。对于有害生物的其他传播途径也可以提出风险管理措施,包括:

a) 如果有害生物可通过自然扩散传入,要求在原产地采取控制措施,同时进行监测,要在有害生物进入之后能及时进行封锁或根除。

b) 如果旅行者及其行李也可以传播,要求有检查、宣传和罚款或鼓励等措施。

c) 对于易受有害生物污染的机械或运输方式(船、火车、飞机、公路运输),可以采取清洗或消毒措施。

6.2.2 RNQP风险管理措施建议

6.2.2.1 容许量

6.2.2.1.1 一般容许量

对于RNQP,可以确定适当的容许量将风险降低到可以接受的水平。确定容许量的依据,是能导

致不可接受经济影响的种植用植物有害生物感染水平(即侵染阈值)。容许量是一个指标,如果有害生物超过这个量就会导致不可接受的经济影响。在确定容许量时要考察:

a) 种植用植物的预定用途。

b) 有害生物的生物学特性,特别是流行学特性。

c) 寄主的感染性。

d) 取样程序、检测方法、鉴定的可靠性。

e) 有害生物水平与经济损失间的关系。

f) PRA 地区的气候和栽培情况。

6.2.2.1.2 零容许量

只有在下列情况下才可以要求零容许量:

a) 对于种植用植物的预定用途,种植用植物是唯一的 RNQP 侵染来源,只要种植用植物中有这种 RNQP 就会导致不可接受的经济影响(例如,繁殖用的核心母株是不容许带有病毒的)。

b) 正在实施的官方控制措施中,已经确定对种植用植物上特定 RNQP 的容许量为零,对输入的预定同样用途的种植用植物上同样的 RNQP 的容许量就可以是零。

6.2.2.2 具体管理措施

要达到已确定的容许量,可提出以下风险管理措施。可以单独采取一项措施,或者是采取多种措施的组合,尽可能采用系统方法。生产种植用植物的认证制度是很有效的一项管理措施,这种制度可以用作一种风险管理措施,但需要得到官方的承认。

6.2.2.2.1 要求对产区采取的措施

可以是以下各种措施或者措施的组合:

a) 要求对产区进行除害处理。

b) 要求产区是有害生物低度流行区。

c) 要求产区是非疫区。

d) 要求产区周围有缓冲区(河流、山区、城区等)。

e) 要求对产区进行监测调查。

6.2.2.2.2 要求对产地采取的措施

可以是以下各种措施或者措施的组合:

a) 要求产地是隔离的(时间和地点隔离)。

b) 要求产自非疫产地和非疫生产点。

c) 要求一定的栽培条件(除去生长不正常的植物,控制有害生物介体等)。

d) 要求对产地进行除害处理。

6.2.2.2.3 要求对种植用植物的亲本材料采取的措施

可以是以下各种措施或者措施的组合:

a) 要求对亲本材料进行除害处理。

b) 亲本材料用抗性品种。

c) 要求亲本材料是健康的种植材料。

d) 要求挑选或剔除。

6.2.2.2.4 针对种植用植物货物本身的措施

可以是以下各种措施或者措施的组合:

a) 除害处理,包括物理和化学方法。

b) 限定准备和操作的条件(储存、包装和运输的条件)。

c） 要求挑选、剔除或重新分类。

6.3 风险管理措施建议的评价

应当对所提出的风险管理措施进行评价，估计这些措施的效率，并总结到附录I中。

7 风险分析报告

应当详细记录PRA的整个过程，形成报告，包括PRA的背景、风险评估的方法和内容、风险管理措施的建议。通常要先形成报告草案，充分征求各有关方面的意见，并根据这些意见进行修订，形成正式的报告，最后报送决策部门参考。PRA报告的格式如附录J。

8 出境植物和植物产品PRA

本标准第4章至第7章是进境植物和植物产品PRA的技术要求，出境植物和植物产品PRA应参照这些步骤进行。

附　录　A
（资料性附录）
风险概念的图示

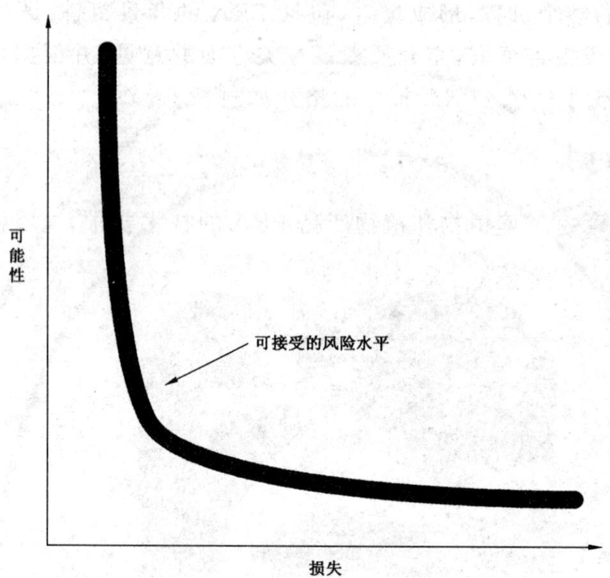

图 A.1　风险概念图

附　录　B
（规范性附录）
与植物或植物产品有关的有害生物名单

表 B.1

有害生物（学名、中文名）			境外分布	境内分布	感染植物部分	是否随植物和植物产品传播	口岸截获记录	境内管制状况	管制的有害生物		参考文献
									QP	RNQP（限于种植用植物）	
害虫	昆虫										
	螨类										
真菌											
原核生物	细菌										
	植原体等										
病毒	病毒										
	类病毒										
线虫											
杂草											
其他	软体动物等										

附　录　C
（资料性附录）
RNQP 与 QP 的比较表

表 C.1

项　目	QP	RNQP
有害生物状况	不存在或者分布有限	存在并可能广泛分布
传播途径	植物卫生措施可以针对任何传播途径	植物卫生措施仅针对种植用植物
经济影响	其影响是估计的	影响是已知的(不是估计的)
官方控制	如果存在，则正在采取根除或封锁的官方控制措施	处于针对特定种植用植物的、目标是抑制的官方控制状态

附　录　D
（资料性附录）
植物或植物产品有害生物入境、定殖和扩散的场景分析图示

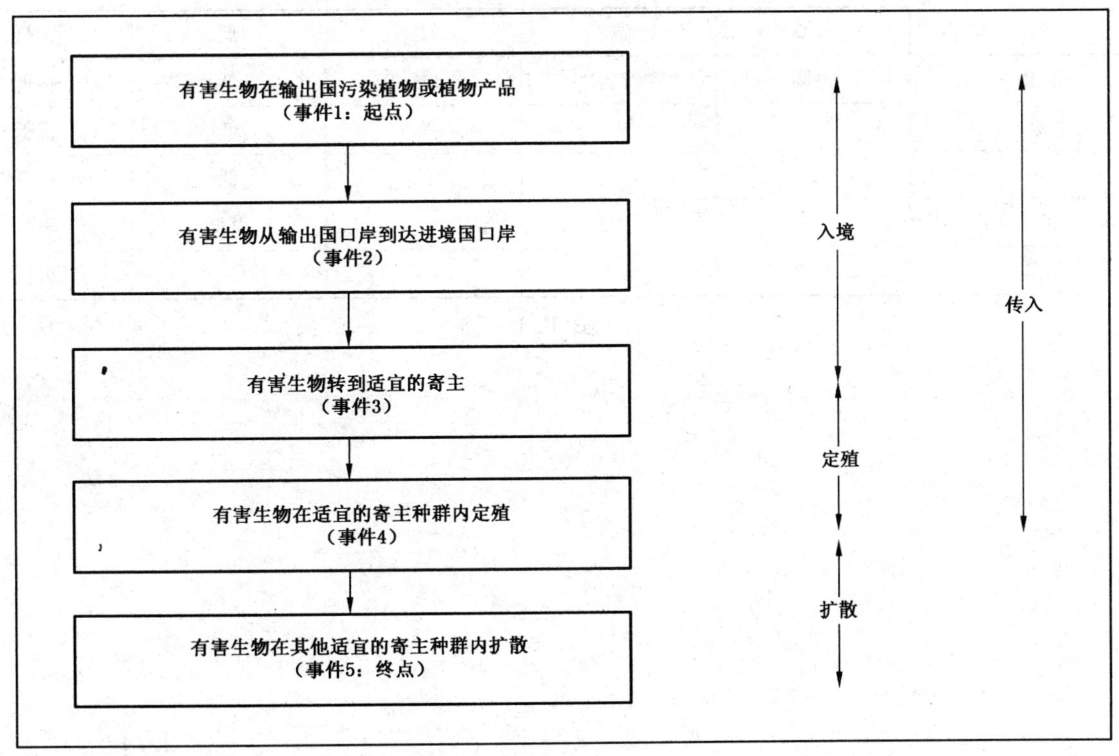

图 D.1

附　录　E
（规范性附录）
定性可能性的描述术语表

表 E.1

可　能　性	描述定义	事件发生的概率区间参考值
很高	事件很可能发生	大于等于 0.7
高	事件发生与否的概率均等	大于等于 0.3，小于 0.7
中	事件不太可能发生	大于等于 0.05，小于 0.3
低	事件很不可能发生	大于等于 0.001，小于 0.05
很低	事件极不可能发生	小于 0.001

附　录　F
（规范性附录）
合并描述可能性规则的矩阵

	很高	高	中	低	很低
很高	很高	高	中	低	很低
高		中	高	低	很低
中			低	低	很低
低				很低	很低
很低					很低

图 F.1

附　录　G
（规范性附录）
后果定性评价

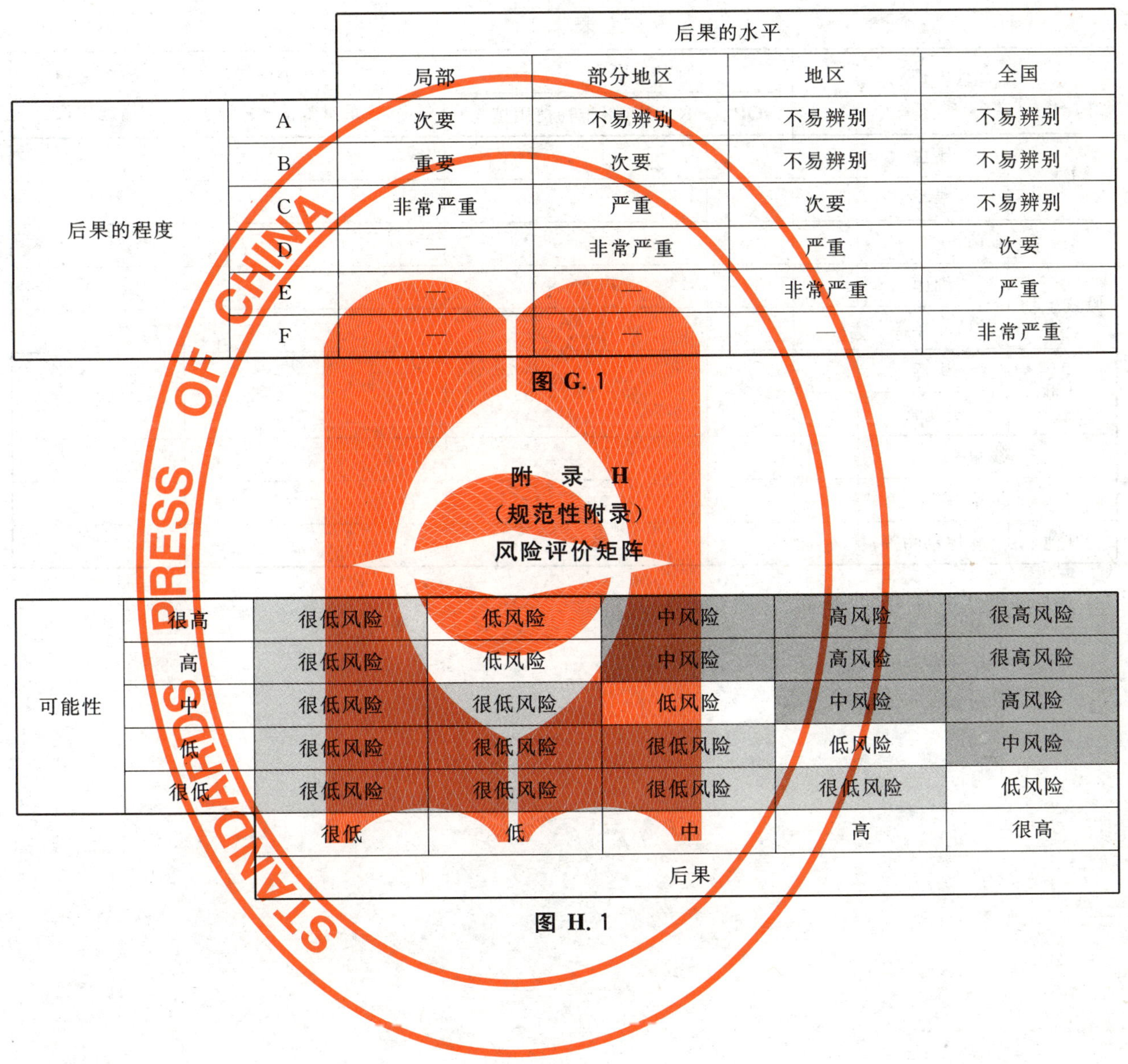

		后果的水平			
		局部	部分地区	地区	全国
后果的程度	A	次要	不易辨别	不易辨别	不易辨别
	B	重要	次要	不易辨别	不易辨别
	C	非常严重	严重	次要	不易辨别
	D	—	非常严重	严重	次要
	E	—	—	非常严重	严重
	F	—	—	—	非常严重

图 G.1

附　录　H
（规范性附录）
风险评价矩阵

可能性						
可能性	很高	很低风险	低风险	中风险	高风险	很高风险
	高	很低风险	低风险	中风险	高风险	很高风险
	中	很低风险	很低风险	低风险	中风险	高风险
	低	很低风险	很低风险	很低风险	低风险	中风险
	很低	很低风险	很低风险	很低风险	很低风险	低风险
		很低	低	中	高	很高
		后果				

图 H.1

附 录 I

（规范性附录）

具有不可接受风险的植物或植物产品有害生物及其管理措施建议表

表 I.1

<table>
<tr><th colspan="3" rowspan="2">有害生物
（学名、中文名）</th><th colspan="2">管制的有害生物</th><th rowspan="2">风险（定性等级或定量数值）</th><th rowspan="2">风险管理措施建议</th></tr>
<tr><th>QP</th><th>RNQP（限于种植用植物）</th></tr>
<tr><td rowspan="2">害虫</td><td>昆虫</td><td></td><td></td><td></td><td></td><td></td></tr>
<tr><td>螨类</td><td></td><td></td><td></td><td></td><td></td></tr>
<tr><td colspan="2">真菌</td><td></td><td></td><td></td><td></td><td></td></tr>
<tr><td rowspan="2">原核生物</td><td>细菌</td><td></td><td></td><td></td><td></td><td></td></tr>
<tr><td>植原体等</td><td></td><td></td><td></td><td></td><td></td></tr>
<tr><td rowspan="2">病毒</td><td>病毒</td><td></td><td rowspan="2"></td><td rowspan="2"></td><td rowspan="2"></td><td rowspan="2"></td></tr>
<tr><td>类病毒</td><td></td></tr>
<tr><td colspan="2">线虫</td><td></td><td></td><td></td><td></td><td></td></tr>
<tr><td colspan="2">杂草</td><td></td><td></td><td></td><td></td><td></td></tr>
<tr><td>其他</td><td>软体动物等</td><td></td><td></td><td></td><td></td><td></td></tr>
</table>

附 录 J
（规范性附录）
进出境植物和植物产品有害生物风险分析报告格式

目录
中文摘要
英文摘要
1 引言（目的、背景）
2 风险评估
2.1 有害生物分类
2.2 QP 传入和扩散可能性评估
2.2.1 进入可能性评估
2.2.2 定殖可能性评估
2.2.3 扩散可能性评估
2.3 种植用植物是 RNQP 主要侵染源可能性评估
2.4 后果评估
2.5 小结
3 风险管理措施建议
3.1 QP 风险管理措施
3.1.1 针对货物的管理措施
3.1.2 预防或降低初侵染的措施
3.1.3 确保非疫区、非疫产地、非疫生产点的措施
3.1.4 其他管理措施
3.2 RNQP 的风险管理措施
3.2.1 针对种植用植物货物本身的措施
3.2.2 要求对种植用植物的亲本材料采取的措施
3.2.3 要求对产地采取的措施
3.2.4 要求对产区采取的措施
3.3 小结
4 征求意见情况（包括意见和意见的采纳情况）
5 结论
参考文献

ICS 65.020.99
B 16

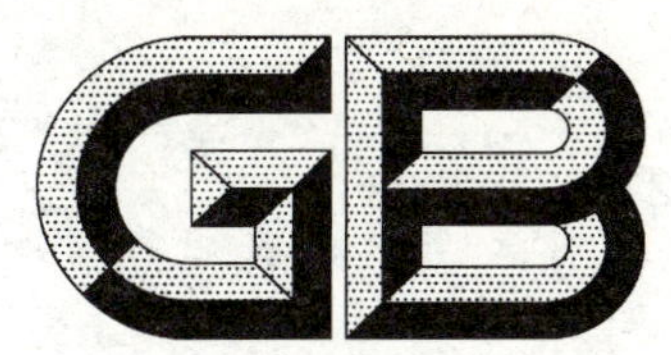

中华人民共和国国家标准

GB/T 21658—2008

进出境植物和植物产品有害生物风险分析工作指南

Guideline for pest risk analysis of import and export plant and plant product

2008-04-14 发布　　2008-07-15 实施

中华人民共和国国家质量监督检验检疫总局
中国国家标准化管理委员会　发布

前　言

本标准附录 A 为资料性附录。

本标准由中国检验检疫科学研究院提出。

本标准由全国植物检疫标准化技术委员会归口。

本标准起草单位：中国检验检疫科学研究院、中华人民共和国上海出入境检验检疫局、中华人民共和国深圳出入境检验检疫局、中华人民共和国广东出入境检验检疫局、中华人民共和国江苏出入境检验检疫局、中华人民共和国辽宁出入境检验检疫局、中华人民共和国福建出入境检验检疫局、中华人民共和国北京出入境检验检疫局。

本标准主要起草人：李尉民、陈克、施宗伟、周国梁、马晓光、陈枝楠、阮乐秋、刘伟、杨光、陈艳、汪万春。

进出境植物和植物产品
有害生物风险分析工作指南

1　范围

本标准规定了对进出境植物和植物产品传播有害生物进行风险分析的工作准则。

本标准适用于进出境植物和植物产品传播有害生物的风险分析。

2　规范性引用文件

下列文件中的条款通过本标准的引用而成为本标准的条款。凡是注日期的引用文件，其随后所有的修改单（不包括勘误的内容）或修订版均不适用于本部分，然而，鼓励根据本部分达成协议的各方研究是否可使用这些文件的最新版本。凡是不注日期的引用文件，其最新版本适用于本标准。

GB/T 20879　进出境植物和植物产品有害生物风险分析技术要求

3　术语和定义

下列术语和定义适用于本标准。

3.1

有害生物　pest

任何对植物或植物产品有害的植物、动物和微生物（包括各种病原体的种、株系、生物型）。

3.2

有害生物风险分析　pest risk analysis，PRA

评价生物学、经济学或其他学科的证据，以确定是否应管制某种有害生物以及管制所采取的植物卫生措施的力度。

3.3

有害生物风险评估　pest risk assessment

评估检疫（隔离）性有害生物传入和扩散的可能性以及潜在的后果（包括环境、经济影响），或者评估种植用植物是管制的非检疫（隔离）性有害生物的主要侵染源的可能性及管制的非检疫（隔离）性有害生物对种植用植物的经济影响。

3.4

有害生物风险管理　pest risk management

评价和选择方案以减少检疫（隔离）性有害生物传入扩散的风险，或者减少管制的非检疫（隔离）性有害生物对种植用植物预定用途产生不可接受经济影响的风险。

4　审查

启动有害生物风险分析，应先审核需求情况，检查是否已做过类似的有害生物风险分析，如果已经做过，应确定是否有效，仍然有效的不再进行新的有害生物风险分析。

5　工作组

5.1　应成立专门的工作组进行有害生物风险分析。

5.2　工作组组成：工作组通常要由病、虫、草害专家、风险评估专家、管理专家和计算机技术专家等组成。

5.3 工作组任务：工作组应首先确定工作计划，而后由工作组成员分工合作完成有害生物风险分析，并准备和撰写相关技术文件。

6 信息收集

开展有害生物风险分析前应尽可能广泛地收集相关的信息，在分析过程中还应继续查询和补充相关信息。

7 有害生物风险评估

应按照GB/T 20879要求采用定性、定量或者两者相结合的方法开展有害生物风险评估。评估过程中，必要时可以到原产地进行技术考察。

8 有害生物风险评估报告

8.1 草拟有害生物风险评估报告

应草拟有害生物风险评估报告，内容包括有害生物风险评估的目的、背景、方法和结论等。

8.2 征求意见

应将有害生物风险评估报告草案提交有关大学、研究机构、出入境检验检疫机构、国际贸易机构等多方面的专家，征求意见。

8.3 完成有害生物风险评估报告

应尽可能采纳所征求到的意见，修改完成有害生物评估报告，不能采纳的要说明理由。

9 有害生物风险管理措施建议

9.1 草拟有害生物风险管理措施建议

应按照GB/T 20879要求提出管理措施建议，撰写有害生物风险管理措施建议草案。

9.2 征求意见

应将有害生物风险管理措施建议草案，连同有害生物风险评估报告一并交有关管理部门的官员、管理专家和相关企业等机构，征求意见。

9.3 完成有害生物风险管理措施建议

应尽可能采纳所征求到的意见，修改完成有害生物风险管理措施建议，不能采纳的要说明理由。

10 有害生物风险分析报告

10.1 草拟有害生物风险分析报告

应草拟有害生物风险分析报告，内容包括中英文摘要、目的和背景、风险评估、风险管理措施建议、征求意见情况、结论和参考文献等。

10.2 征求意见

有害生物风险分析报告草案应广泛征求有关各方面的意见，包括有关大学、科学研究机构专家、出入境检验检疫机构专家、有关管理部门官员、管理专家、有关国际贸易官员和专家、有关企业等，必要时提交中国进出境动植物检疫风险分析委员会评议。

10.3 完成有害生物风险分析报告

应尽可能采纳所征求到的意见，修改完成有害生物风险分析报告，不能采纳的要说明理由。

11 审定

将有害生物风险分析报告交有关主管部门审定。没有通过审定的报告，要进行修改或者重新收集信息，重新进行有害生物风险分析。

12 出境植物和植物产品有害生物风险分析工作要求

第 4 章～第 11 章是进境植物和植物产品有害生物风险分析的工作要求(参见附录 A)，出境植物和植物产品有害生物风险分析工作应参照进行。

附 录 A
（资料性附录）
进出境植物和植物产品有害生物风险分析工作指南图示

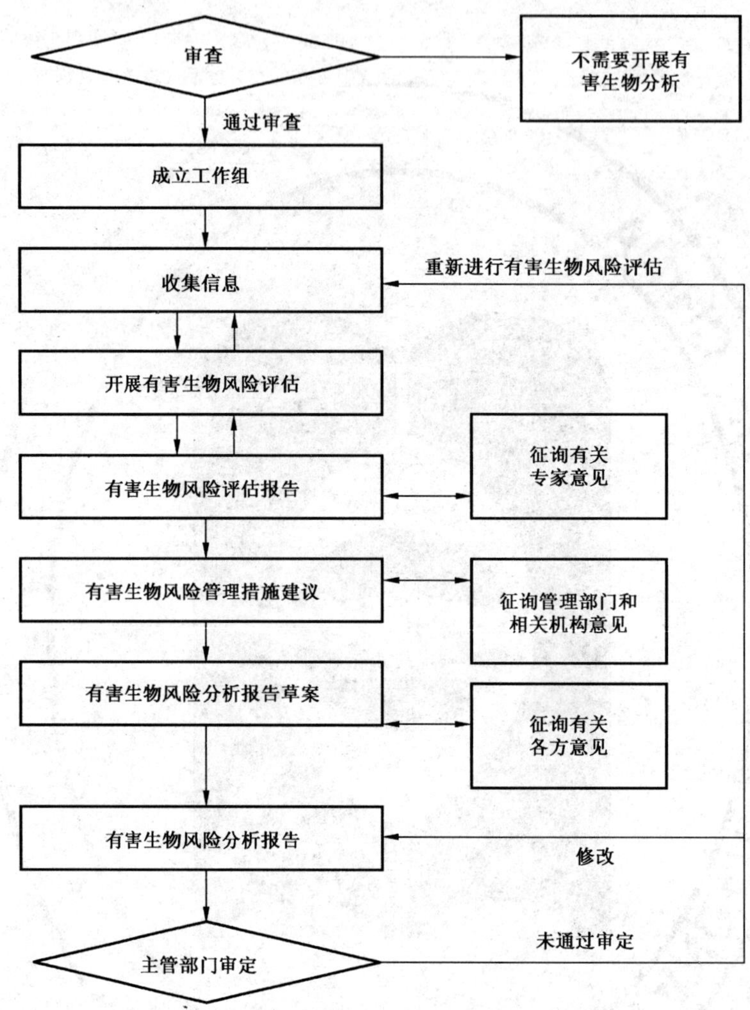

图 A.1　进出境植物和植物产品有害生物风险分析工作指南图示

ICS 65.020.01
B 16

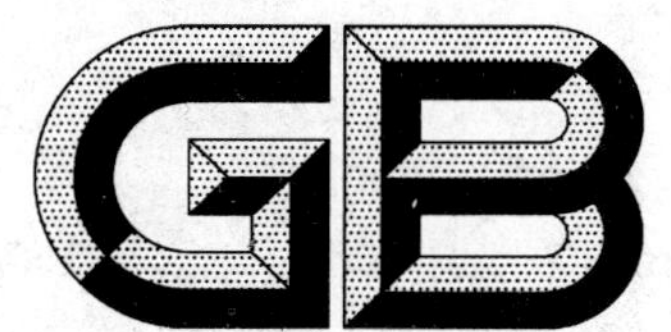

中华人民共和国国家标准

GB/T 23633—2009

植物病毒和类病毒风险分析指南

Guideline for the risk analysis of plant virus and viroid

2009-04-27 发布　　2009-10-01 实施

中华人民共和国国家质量监督检验检疫总局
中国国家标准化管理委员会　发布

前　言

本标准的附录 A 为资料性附录。

本标准由全国植物检疫标准化技术委员会提出并归口。

本标准负责起草单位:中国检验检疫科学研究院。

本标准参加起草单位:中华人民共和国江苏出入境检验检疫局、中华人民共和国辽宁出入境检验检疫局、中华人民共和国厦门出入境检验检疫局。

本标准主要起草人:李明福、张永江、李彬、陈青、李桂芬、李尉民。

植物病毒和类病毒风险分析指南

1 范围

本标准规定了对植物病毒、类病毒风险进行分析的要素、方法和步骤。

本标准适用于植物病毒、类病毒的风险分析。

2 规范性引用文件

下列文件中的条款通过本标准的引用而成为本标准的条款。凡是注日期的引用文件，其随后所有的修改单（不包括勘误的内容）或修订版均不适用于本标准，然而，鼓励根据本标准达成协议的各方研究是否可使用这些文件的最新版本。凡是不注日期的引用文件，其最新版本适用于本标准。

GB/T 20879 进出境植物和植物产品有害生物风险分析技术要求

3 术语和定义

下列术语和定义适用于本标准。

3.1

植物病毒 plant virus

一类由核酸和蛋白质外壳组成的具有侵染活性的植物细胞内专性寄生物。

3.2

类病毒 viroid

一类由小分子 RNA 组成的具有侵染活性的寄生物，是最小的植物病原，具有类似植物病毒的生物学特性如寄主专化性、传播扩散特性等。

3.3

管制的有害生物 regulated pest

官方控制的有害生物，包括检疫性有害生物和管制的非检疫性有害生物。

3.4

检疫性有害生物 quarantine pest；QP

对受威胁的地区具有潜在的经济或环境重要性，但尚未在该地区发生，或虽已发生但分布未广并正在被官方控制的有害生物，简称 QP。

3.5

管制的非检疫性有害生物 regulated non-quarantine pest；RNQP

存在于供种植的植物中且危及其预定用途，并将产生无法接受的经济影响，因而受到管制的非检疫性有害生物，简称 RNQP。

3.6

有害生物风险分析 pest risk analysis

评价生物学、经济学或其他学科的证据，以确定是否应管制某种有害生物以及管制所采取的植物卫生措施的力度。

3.7

有害生物风险评估 pest risk assessment

评估检疫性有害生物传入和扩散的可能性以及潜在的后果（包括环境、经济影响），或者评估种植用植物是管制的非检疫性有害生物的主要侵染源的可能性及管制的非检疫性有害生物对种植用植物的经济影响。

3.8

有害生物风险管理　pest risk management

评价和选择方案以减少检疫性有害生物传入扩散的风险，或者减少管制的非检疫性有害生物对种植用植物预定用途产生不可接受经济影响的风险。

4 风险分析要素

4.1 组织

植物病毒和类病毒的评估应由相关领域专家、风险评估专家、管理专家和计算机技术专家等组成工作组，由工作组成员分工合作完成风险分析。

4.2 归类

确定病毒和类病毒所有的传播渠道，明确该类有害生物的分类地位、地理分布等信息，确定其是否为潜在管制的有害生物。

4.3 审核

检查该病毒和类病毒是否已做过类似的风险分析，如果已经做过，应确定是否有效，仍然有效的不再进行新的风险分析。

4.4 分析

作为潜在管制的病毒和类病毒，进一步分析其传入可能性、扩散可能性，并评估其传入后果。进而评价其检疫风险。根据检疫风险大小，提出相应的风险管理措施。

5 风险分析

5.1 方法

5.1.1 信息

开展风险评估前应尽可能广泛地收集病毒和类病毒相关的信息，包括生物学资料。在评估过程中还应继续查询和补充相关信息。

5.1.2 特点

鉴于病毒和类病毒的专性寄生特性，在评估其传入风险、扩散风险和传入后果时需要结合其生物学特点，如种传率、传播介体等。

5.1.3 技术

可以采用定性、定量或者两者相结合的方法开展病毒和类病毒风险评估。参照国际植物卫生措施标准，按照GB/T 20879进行风险评估，完成相应的评估程序(参见附录A)。

5.2 步骤

5.2.1 第一阶段：查明风险

根据病毒和类病毒的地理分布及其管理现状确定是否为潜在管制的有害生物。

——如果无分布或虽有分布，但分布未广，且正得到官方治理或正考虑今后对其进行官方防治，则符合潜在检疫性有害生物；

——如果广泛分布，但种子和种苗是病害流行传播的主要途径，需采取官方控制措施，降低其危害，则其为管制的非检疫性有害生物；

——如果其广泛分布，种子和种苗不是其主要的传播途径，也不影响其用途和使用结果，其风险分析即到此为止。

5.2.2 第二阶段：风险评估

5.2.2.1 进入可能性

评估病毒和类病毒进入可能性主要考虑以下因素：

——如果引进种子，考虑其是否可种传，及其种传率的大小；

——如果引进种苗，考虑其是系统侵染还是局部侵染寄主或者是非寄主。

5.2.2.2 定殖可能性

评估病毒和类病毒定殖可能性主要考虑以下因素：

——是否存在其寄主、其数量和分布情况；

——该病毒和类病毒寄主的环境适生性；

——该病毒和类病毒寄主的繁殖方法。

5.2.2.3 扩散可能性

评估病毒和类病毒定殖后扩散的可能性主要考虑以下因素：

——寄主种子、苗木自然扩散和管理环境的适宜性；

——寄主种子、苗木的移动情况；

——寄主种子、苗木的预定用途；

——病毒和类病毒当地潜在传媒种类和数量。

5.2.2.4 传入影响

评估病毒和类病毒传入后果主要考虑：

——直接影响，考虑对农业产业发展和生态环境的影响；

——间接影响，包括根除和控制费用、对国内贸易、国际贸易以及对环境和社会的影响。

5.2.2.5 结论

定性评估采用风险的级别，如很高、高、中、低、很低等，定量评估计算病毒和类病毒传入的概率和后果损失的数值。

综合上述评估结果，获得病毒和类病毒检疫风险评估的结论，据此制定相应的检疫管理措施。

5.2.3 第三阶段：风险管理

5.2.3.1 备选管理方案

病毒和类病毒的风险管理备选方案可考虑以下措施：

——列为检疫性有害生物或管制的非检疫性有害生物；

——入境前的管理要求，考虑非疫区的建立或其寄主签证计划；

——现场检查，主要验证种子种苗产地、证书；

——入境后检疫，主要考虑开展指定场地的隔离检疫；

——疫情监测，对相关病毒、类病毒进行定期调查和检测。

5.2.3.2 备选方案的影响和评估

为将风险降低到可接受的水平，对备选方案需进行分析评估，重点考虑以下影响因素：

——相关措施对病毒和类病毒生物学的有效性；

——实施的成本和效益比；

——商业影响；

——社会影响；

——对其他管制有害生物的影响。

5.2.3.3 结论

提出针对该病毒和类病毒或其传播途径的检疫措施。并建议在实施该措施后，要监测其执行的有效性，必要时重新审议备选方案。

6 评估报告

6.1 草拟

完成风险分析后，写出风险评估的报告草案，包括风险评估的目的、背景等，以及风险评估的主要内容：生物学特性分类表、检疫性有害生物传入和扩散可能性或者评估种植用植物是管制的非检疫性有害生物的主要侵染源的可能性的评估结果、有害生物进境扩散后果评估的结论,以及风险是否可以接受的结论。

6.2 评议修改

将风险评估报告交有关专家征询意见,包括征询研究机构(大学、科学研究机构)、检验检疫机构、国际贸易机构等多方面专家的意见。要尽可能采纳所征求到的意见,修改完成评估报告,不能采纳的要说明理由。

6.3 报告格式

评估内容应包括中英文摘要、目的和背景、风险评估、风险管理措施建议、征求意见情况、结论和参考文献等。

附　录　A
（资料性附录）
植物病毒和类病毒风险分析程序

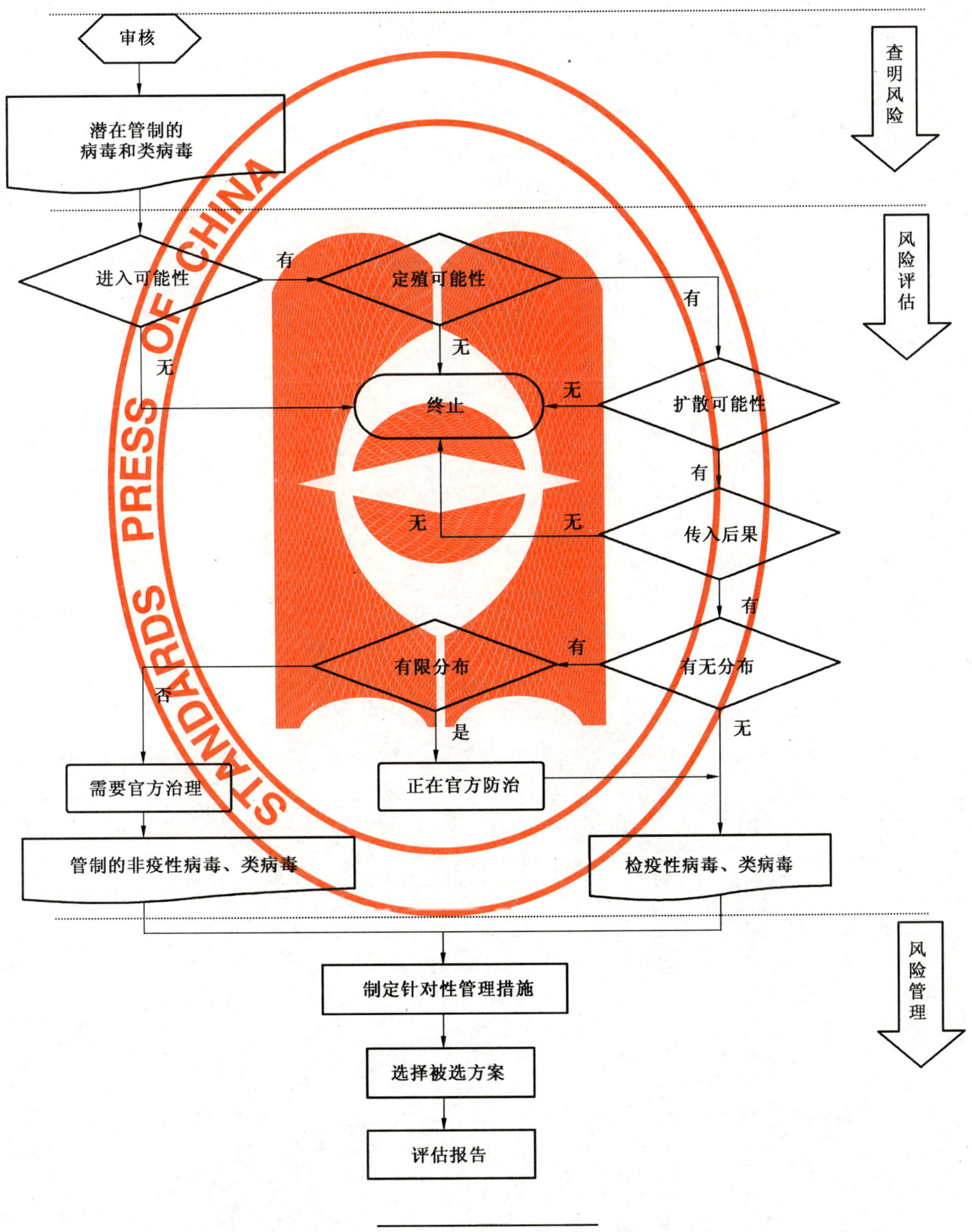

中华人民共和国出入境检验检疫行业标准

SN/T 1893—2007

杂草风险分析技术要求

Weed-initiated pest risk analysis requirement

2007-05-23 发布　　2007-12-01 实施

中华人民共和国国家质量监督检验检疫总局 发布

前　言

本标准由国家认证认可监督管理委员会提出并归口。

本标准起草单位:中华人民共和国上海出入境检验检疫局。

本标准主要起草人:印丽萍、易建平、李尉民、周国梁、黄晓藻、叶军、柴燕。

本标准系首次发布的出入境检验检疫行业标准。

杂草风险分析技术要求

1 范围

本标准规定了进行以杂草为起始的有害生物风险分析的技术要求。

本标准适用于对传入或引入植物的杂草风险分析。

2 术语和定义

下列术语和定义适用于本标准。

2.1

受威胁地区 area endangered

生态因子有利于杂草定殖的地区，有害生物在该地区的发生将导致严重的经济损失或环境后果。

2.2

近缘种 close relative

在遗传上有亲缘关系、形态性状近似的物种。

2.3

定殖 establishment

杂草进入一个地区后在可预见的将来能长期生存。

2.4

引入 import

因科研或具商品价值而导致的植物进口。

2.5

传入 introduction

导致杂草定殖的进入。

2.6

原生 native

属起源或原产的杂草。

2.7

途径 pathway

任何可使杂草进入或扩散的方式。

2.8

植物生态域 plant hardiness zone

植物能够生存的区域范围。

2.9

扩散 spread

杂草在一个地区内地理分布的扩展。

3 杂草风险分析的具体要求

3.1 杂草风险分析程序的开始

3.1.1 需要开展杂草风险评估的任务或文件

任务或文件基于出现以下情况(包括但并不局限于)：

——发现一种新的已定殖的入侵性的或大面积爆发的杂草；

——经研究证明有很高风险的杂草；

——列入官方控制的一种新的中华人民共和国进境植物危险性有害杂草名单之外的杂草；

——在国外已证明引起危害国内仍希望或正在引进的植物。

3.1.2 确定和引用以前的风险评估

核实以前的杂草风险评估报告。如果存在同种或近缘种杂草风险的评估文件，并且该评估是完全适用的，则风险评估结束。

3.1.3 确定杂草的身份

明确植物或杂草的分类。包括：

a) 学名：目、科、属和种。如果该植物杂草无法清楚地与其他相同等级分类单元的物种区分开来，评估就此结束；

b) 英文名；

c) 异名；

d) 形态学的描述，用于鉴定的关键特征；

e) 生物学特性（生长、发育和繁殖）；

f) 气候适应性；

g) 国内以及当前国际的分布情况。

3.2 评估杂草风险

3.2.1 确认检疫性杂草的地位

3.2.1.1 该杂草是否为检疫性有害生物取决于其法规的和地理的标准。

3.2.1.2 法规的标准，指需符合 IPPC 关于检疫性有害生物的定义，即该杂草对当地的经济有潜在危险性而且未在当地有分布，或者说在当地存在但仍未广泛分布，同时还在官方的控制之下。如果该种杂草在中国已有分布但未广泛分布，就要确保受到官方的控制。如果当前暂时没有控制方法，在风险评估的结论中，应建议制定一个官方的控制计划。

3.2.1.3 地理学标准，应首先确定该杂草地理学的范围。在该部分，应叙述该杂草引入的历史以及当前该杂草在国内的分布情况，如果杂草是原生的或已达到其生态范围的限度（如：广泛分布），不符合检疫性有害生物的定义，风险评估停止。

3.2.2 确定植物或杂草的引入后果

3.2.2.1 植物特征（引入或传入后的后果）

3.2.2.1.1 环境适生能力

环境的适生能力，与植物生长的区域有关，可以植物生态域表示，植物生态域（plant hardiness zone），是指植物能够生存的区域范围，如温带、亚热带、热带等。

环境的适生能力的等级划分和评价标准可按照表1分级。

表1 环境适生能力分级及评价标准

等级	数量级别	说　　明
高	3	中国或中国的绝大部分地区（通常超过4个植物生态域）
中	2	大约三分之一或三分之二的地区（通常在3个或4个植物生态域）
低	1	大约三分之一或少于三分之一的地区（通常在1或2个植物生态域）
忽略	0	在 PRA 区域内不可能存活和定殖
注：适宜的气候和生长环境（如果该生物是寄生性植物，其寄主植物也应适合）将可能使该杂草的存活和定殖成为可能。		

环境的适应能力评价方法，可应用气候适生性分析方法，并利用计算机软件作为辅助工具，例如

climate matching software(CLIMEX)软件分析等。

如果植物因为不适应气候而无法在PRA区域内定殖(如果该植物是寄生性的,还应包括寄主),则风险分析停止。

3.2.2.1.2 **繁殖和定殖后扩散的能力**

可选择以下因素来评估该物种传播的性能及扩散的机理和能力:

——种子数量多且遗传稳定;

——能迅速生长至繁殖阶段;

——能在大多数的条件下萌发;

——能释放一种化学抑制剂以抑制其他植物的生长;

——具有持续的处于休眠状态的活的繁殖体或地下组织,如根状茎、块茎、鳞茎、或匍匐枝,能无性或营养;

——种子可休眠;

——较强的忍耐力,包括对除草剂的抵抗能力;

——在较宽范围的生活区域内能拓植生存;

——缺少天然的控制因素,如天敌、亲缘物种;

——有很好的贮藏组织(如:主根);

——易于通过风、水、机械、动物或人扩散传播。

繁殖和定殖能力可按照表2分级。

表2 繁殖和扩散能力分级及评价标准

等级	数量级别	说　明
高	3	具有在PRA范围内快速传遍至整个其可能生存区域的能力(如:高繁殖能力的和大量可移动的繁殖体)
中	2	具有在一年之内自然传遍PRA范围内的一种地形区域的能力(如:它具有高的繁殖能力或具有大量可移动的繁殖体)
低	1	具有一年之内在PRA范围内的当地自然传播的能力(一定的繁殖能力和(或)是一定量的可移动的繁殖体)
忽略	0	在PRA区域内没有自然传播的能力

3.2.2.1.3 **经济影响能力**

植物引入或传入会对经济造成诸多方面的影响。主要有如下三种(不排除会有其他的影响):

——减少作物产量(如:通过寄生、竞争或让其他有害生物过渡);

——降低商品的价值(如:增加产品的成本,降低市场价格或两者兼有),或者如果不是农业杂草,会增加管理的成本;

——由于一种新的检疫性杂草的出现导致市场的损失(国际或国内的)。

经济影响能力按照表3分级和评判。

表3 经济影响能力分级及评价标准

等级	数量级别	说　明
高	3	在一个很宽的范围内对经济作物,作物产品或动物产品(超过五种类型)引起上述三种影响或任何两种影响。
中	2	在一个宽的范围内(超过五种类型)对经济植物,植物产品或动物产品造成上述的两种或任何一种影响。
低	1	引起上述的任何一种影响。
忽略	0	不造成上述影响。

3.2.2.1.4 环境影响能力

对植物环境影响能力评价，主要考虑植物被引入或传入后是否会有如下情况：

——对生态系统进程的影响(如：水文地理的改变，沉降速度的改变，以及生产力、生长、生产、能量等的改变)；

——对自然群落组成的影响(如：减少生物多样性，影响国内的种群，影响濒危物种，影响重要的物种，影响国内的动物群、微生物等)；

——对种群结构的影响(如：改变一个层次的密度，影响野生动物的生活环境)；

——对人类的健康造成影响(如：引起过敏或改变空气、水的质量)；

——对娱乐方式和审美观或财产价值的社会方面的影响；

——促进防治方法的运用，包括有毒的化学杀虫剂以及引入非本土的生物控制因素。

环境影响能力可按照表4来分级和评判：

表4 环境影响能力分级及评价标准

等级	数量级别	说明
高	3	三种或三种以上的影响(具有引起植物生态系统的重大损失以及后来物理环境质量的降级等一系列对环境造成主要损失的潜力，濒危物种种群数量的减少会使一种因素上升到高的等级)。
中	2	造成以上的两种影响(具有对环境造成中等程度影响的潜力，诸如明显改变生态的平衡，影响生态系统的几种属性，以及对娱乐和美的影响)。
低	1	造成以上影响当中的一种，除非该因素具有减少濒危物种种群的潜力，则应当被列为高等级。
忽略	0	不造成以上任何影响(不具有降低环境或影响生态系统的潜力)。

3.2.2.2 植物引入或传入可能性

引入植物，其传入的可能性大小，应考虑以下方面：

——物种作为装饰、食用、药用而被栽培种植的可能性；

——在植物引入和检疫过程中存活的可能性；

——植物进入PRA区域的频率和数量；

——物种到达的季节和范围(如：为物种种植生长季节)。

植物传入可能性可按照表5来分级和评判：

表5 传入可能性分级及评价标准

等级	数量级别	说明
高	3	以上因素很可能或肯定
中	2	可能
低	1	低，但还是有可能
可忽略	0	完全不可能

3.2.3 杂草的风险评价方法

根据以上4种因素的等级分值进行累加，见表6。

表6 杂草风险评价方法

积累风险要素值	风险等级	风险值
0～2	可忽略	0
3～6	低	1
7～10	中	2
11～12	高	3

3.3 结论/杂草潜在的风险

3.3.1 考虑杂草引入的结果和引入的可能性，从而生成一份有害杂草风险评估表，其风险将从引入或传入的可能性和引入或传入结果的数值中获得，并按照如下进行分类：忽略，低，中，中高和高（见表7）：

表7 杂草的风险评估

引入或传入的可能性（等级和值）	引入或传入的结果（等级和值）	结论
忽略(0)	忽略(0)	忽略
忽略(0)	低(1)	忽略
忽略(0)	中(2)	忽略
忽略(0)	高(3)	忽略
低(1)	忽略(0)	忽略
低(1)	低(1)	低
低(1)	中(2)	低
低(1)	高(3)	低
中(2)	忽略(0)	忽略
中(2)	低(1)	低
中(2)	中(2)	中
中(2)	高(3)	中—高
高(3)	忽略(0)	忽略
高(3)	低(1)	低
高(3)	中(2)	中—高
高(3)	高(3)	高

3.3.2 具有中高或高风险的植物应列为有害杂草。

三、调查监测类

ICS 65.020
B 16

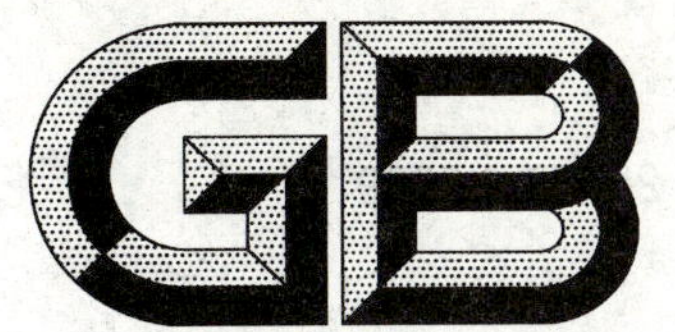

中华人民共和国国家标准

GB/T 23478—2009

松材线虫普查监测技术规程

Technical regulation on the surveying and monitoring of pine wood nematode

2009-04-01 发布　　　　2009-09-01 实施

中华人民共和国国家质量监督检验检疫总局
中国国家标准化管理委员会　发布

前　言

本标准中附录 A、附录 B 为规范性附录。

本标准由国家林业局提出。

本标准由全国植物检疫标准化技术委员会归口。

本标准负责起草单位：国家林业局森林病虫害防治总站、安徽省林业有害植物防治检疫局、浙江省林业有害植物防治检疫局。

本标准主要起草人：初冬、李永成、汤坚、郑华、蒋平、李娟。

松材线虫普查监测技术规程

1 范围

本标准规定了松材线虫普查和监测的技术规程。

本标准适用于全国各地松材线虫病发生区和尚未发生但可适生地区内松属植物及其松木制品疫情的普查和监测工作。

松材线虫的主要寄主为松属植物。

2 规范性引用文件

下列文件中的条款通过本标准的引用而成为本标准的条款。凡是注日期的引用文件,其随后所有的修改单(不包括勘误的内容)或修订版均不适用于本标准,然而,鼓励根据本标准达成协议的各方研究是否可使用这些文件的最新版本。凡是不注日期的引用文件,其最新版本适用于本标准。

GB/T 23476—2009 松材线虫病检疫技术规程

3 术语和定义

下列术语和定义适用于本标准。

3.1

松材线虫 *Bursaphelenchus xylophilus* (Steiner et Buhrer) Nickle

一种无脊椎动物,属于线虫门(Nemata),侧尾腺口纲(Secernentea),滑刃目(Aphelenchida),滑刃总科(Aphelenchoidoidea),滑刃科(Aphelenchoididae),伞滑刃亚科(Bursaphelenchinae),伞滑刃属(*Bursaphelenchus*)。

3.2

松材线虫病 pine wilt disease caused by pine wood nematode

由松材线虫寄生在松树体内引起松树迅速死亡的一种毁灭性林木病害。又称松树萎蔫病、松材线虫萎蔫病、松树枯萎病。

3.3

疫情 epidemic situation

被调查和监测的松林、松木及制品感染松材线虫的情况。

3.4

普查 survey

在一个地区内为确定松材线虫是否存在以及发生情况而有计划进行的全面调查。

3.5

监测 monitoring

为及时发现松林、松木及制品中松材线虫是否存在以及掌握其发生动态而持续进行的调查。

3.6

媒介昆虫 intermediary insect

将松材线虫由罹病树中携带而出,通过补充营养或产卵时造成的创口又将其侵染到其他寄主松树上的昆虫,是松材线虫病发生不可缺少的条件,是松材线虫病侵染循环的组成部分之一。松材线虫病媒介昆虫必须具备以下三个条件:一是其生活史与松材线虫的生活史相吻合;二是具有一定的种群密度;三是能够携带一定量的松材线虫。目前,在我国松材线虫病的媒介昆虫为松褐天牛(*Monochamus alternatus* Hope)。

3.7

松木及其制品　pine wood and woodenware

松属原木、锯材和用于承载、包装、铺垫、支撑、加固货物的木质材料，如木板箱、木条箱、木托盘、木框、木桶、木轴、木楔、垫木、枕木、衬木等。经人工合成或经加热、加压等深度加工的包装用木质材料，如胶合板、纤维板等除外。

3.8

诱捕器监测　trap monitoring

利用人工合成引诱剂来捕获松褐天牛，并检查其体内、体表是否携带松材线虫的一种监测方法。

3.9

抽样　sampling

为确定是否感染松材线虫，根据检疫技术规程要求而对被调查松林或松木制品抽取一定数量样本的过程。

4　疫情普查监测

4.1　普查监测范围

本辖行政区内的所有松林和流通、贮存的松木及其制品。重点是交通沿线、风景区、木制品生产和使用企业、建筑工地、仓库、驻军营房、城镇、木材集散地、移动通讯站和电视发射台等人为活动频繁地区附近的松林，特别是与疫区毗邻地带、曾有从疫情分布的国家或地区调入罹病松材及制品的地方。

4.2　普查时间

每年不得少于1次。在松褐天牛一年两代的地区普查时间为秋季9～10月份；在松褐天牛一年一代的地区普查时间秋季8～10月份。如增加普查次数，松褐天牛一年两代的地区可在春季4～5月份进行；松褐天牛一年一代的地区可在春季3～4月份进行。

4.3　普查监测内容

查清松材线虫分布地点、树种、松木及制品类型、发生面积、病死树数量、带疫数量等，并绘制疫情发生分布图。

4.4　统计标准

4.4.1　发生面积：以小班为单位进行统计（孤立松林以实际面积统计；混交林按混交比例折合成纯松林面积，并注明发生范围）。

4.4.2　罹病株率（%）：在发病松林内，按表现出松材线虫病典型症状的罹病株数除以松树总株数乘以100计算（罹病株率＝罹病株数/松树总株数×100）。

4.4.3　松木及制品带疫率（%）：在所检查的松木及制品中，按松木及制品检测出带疫的数量除以检查的松木及制品的总数乘以100计算（带疫率＝罹病数/松木及制品总数×100）。

4.4.4　疫情发生区：指疫情发生点所在的县级行政区划单位。

4.4.5　疫情发生点：指有松材线虫病发生的乡（镇）、国有林场。

4.5　普查监测方法

4.5.1　踏查

4.5.1.1　根据当地松林分布的特点，设计出便于观察全部林分的具体踏查路线。

4.5.1.2　沿设计的踏查路线用目测方法查找有无死树或针叶褪色和黄化、枯萎变成红褐色并整齐地挂在松枝上，树脂分泌减少直至停止，近期死亡等典型症状的松树，选择抽样对象。

4.5.1.3　抽样对象为能够排除非疫病死亡因素（如人畜破坏、森林火灾、其他病虫害），并表现出松材线虫病典型外部症状的可疑松树。

4.5.1.4　抽样时应考虑以下因素：

——松材线虫病发病高峰期一般在 9～10 月，从表现出针叶变黄、树脂分泌减少甚至停止至死亡约 1 个月至 1 个半月。

——在松林中一般是优势木先发病。

——由于松材线虫具有潜伏侵染以及不同松树的抗性差异等原因，一些松树仅部分枝条表现感病外部症状。这种症状在混交林中表现尤其明显。

——抽取样品要及时并重点抽取尚未完全枯死或刚枯死的优势木(针叶呈黄绿或黄褐色，尚未完全枯萎，树皮尚未脱落，材质尚未腐朽)。

——死树的针叶在小枝上下垂倒挂，当年不脱落。

4.5.2 详查

根据踏查结果，进行详细调查。对可疑发病林分抽取一定数量的样品，进行分离鉴定，确定是否发生疫情。

4.5.3 定期巡查监测

已发生松材线虫病的省(区、市)对其尚未发生松材线虫病地区，要以县(市、区)为单位，组织专业技术人员每季度定期对交通沿线、风景区、大型企业、仓库、码头、车站、驻军营房、城镇周围、木材加工厂、木材集散地、大型建筑工地、移动通讯站和电视发射台等人为活动频繁地区的附近松林进行巡查，凡发现松树有感病症状，立即取样分离鉴定，确定是否有松材线虫。

4.5.4 定点监测

在发生区边缘地带、交通沿线、风景区、城镇周围等易感林分设置 7～10 个固定监测点，风景生态林和重要经济林地区每村(或林场分场)至少设置 1 个，其他地区每乡(镇或林场)设置 3～5 个固定监测点。派专人定期调查，发现松树枯死立即取样分离鉴定，确定是否有松材线虫。

4.6 抽样数量

4.6.1 以林业小班为单位，表现典型症状的松树在 10 株以下全部取样；10 株以上先抽取 10 株，再选取其余数量的 1%～5%。

4.6.2 抽样时现场填写《松材线虫病林业小班调查抽样记录表》(见附录 A)。

4.7 取样方法

4.7.1 松林取样

4.7.1.1 一般情况下在树干下部(胸高处)、上部(主干与主侧枝交界处)、中部(上、下部之间)3 个部位取样。如仅部分枝条表现症状的，要在树干上部和死亡的枝条上取样。如外部表现症状明显的可在胸高处取样。在春季松褐天牛化蛹期，可在蛹室周围取样。

4.7.1.2 取样时在取样部位剥净树皮，直接砍取 100 g～200 g 木片；或剥净树皮，用手摇钻从木质部至髓心钻取 100 g～200 g 木屑；或在取样部位分别截取 2 cm 厚的圆盘。

4.7.1.3 所取的样品要及时贴上标签(记录样品号、采集地点、树种、树龄、取样时间和取样人等)。

4.7.2 松木及制品取样

4.7.2.1 选择截面无松脂痕迹、密度明显减轻和(或)木质部有蓝变现象及有天牛危害的蛀道、蛹室的松木及制品进行取样。

4.7.2.2 原木取样时在取样部位剥净树皮，直接砍取 100 g～200 g 木片；或剥净树皮，用手摇钻从木质部至髓心钻取 100 g～200 g 木屑；或在取样部位分别截取 2 cm 厚的圆盘。

4.7.2.3 锯材和松木制品取样时直接砍取 100 g～200 g 木片；或用手摇钻从木质部钻取 100 g～200 g 木屑。

4.7.2.4 所取的样品要及时贴上标签(记录样品号、采集地点、材种、制品类型、取样时间和取样人等)。

4.7.2.5 抽样时现场填写《松树、松木及其制品检查抽样记录表》(见附录 B)。

4.8 松树、松木及制品的疫情监测

4.8.1 抽样比例

4.8.1.1 木材(含原木、锯材)及其制品按货物总量的 1%～20% 抽样，样本数低于 10 个全检。

4.8.1.2　松树、枝条、伐桩按货物的1%～5%抽样，样本数低于50个全检。

4.8.2　抽样方法

4.8.2.1　木材(含原木、锯材)及其制品、枝条、伐桩，采取表层或分层方式设点抽样检查。

4.8.2.2　抽取密度明显减轻和(或)有蓝变特征或有天牛危害症状的树木、枝条、木材(含原木、锯材)及其制品。

4.8.3　现场检验

4.8.3.1　检查木材(含原木、锯材)、伐桩及其制品的截面是否有松脂痕迹、密度明显减轻、木质部有蓝变现象及是否有天牛危害的蛀道、蛹室。

4.8.3.2　检查松树及枝条是否有天牛危害、补充营养取食痕迹。

4.8.3.3　对有蓝变、天牛蛀道、蛹室的样本，每个样本取2份样品带回室内作进一步鉴定。取样品时注意选取靠近蛀道、蛹室的部位，所取样品不得带有树皮。

4.9　辅助监测方法

4.9.1　打孔流胶诊断监测法

4.9.1.1　工具

锤子和打孔器或皮带铳子(直径10 mm～15 mm)。

4.9.1.2　方法

在松材线虫病发生区或其边缘，选择外观正常、针叶无明显变色的松树，用打孔器或铳子在松树主干上打一可见木质部的圆孔即可，位置和方向不受限制。

4.9.1.3　观察

在春、夏、秋季，打孔后24 h即可进行观察，在冬季在打孔后48 h～72 h进行观察。

4.9.1.4　判断

观察打孔后松树流出松脂情况，初步判别健康树和疑似罹病树。但要注意松树树种之间的差异，马尾松要较黑松表现迟缓。

- 一级流胶(健康树)：树脂从孔口流下，超过孔口边缘；
- 二级流胶(疑似罹病树)：树脂沉积在孔口下缘；
- 三级流胶(疑似罹病树)：树脂渗出到圆孔壁上，呈粒状；
- 四级流胶(疑似罹病树)：孔壁上无树脂流出。

4.9.1.5　疑似罹病树按4.7.1取样。

4.9.2　诱捕器监测法

4.9.2.1　诱捕时间

在松褐天牛羽化期(4～10月)，在林间悬挂诱捕器进行诱捕监测。

4.9.2.2　诱捕器的设置

每个诱捕器之间距离为50 m～100 m，诱捕器下端距地面1.5 m左右，诱捕器下端要固定，以防随风摆动，影响诱捕效果。

4.9.2.3　线虫分离

将诱捕到的松褐天牛成虫取出，虫体经表面冲洗、剪碎后用贝尔曼漏斗法进行分离，分离所得的线虫幼虫进行人工培养后，再鉴定是否为松材线虫。

4.9.3　线虫检测管法

4.9.3.1　在树干上用电钻(木工钻)钻一可见木质部且与线虫检测管直径相同的圆孔，插入线虫检测管。

4.9.3.2　1～4天后拔出检测管，通过检视管壁凝结水内有无蠕动线虫，再鉴定是否为松材线虫。

5　样品的保存与处理

取回的样品应及时分离鉴定，若需要保存可采取以下方法：将木片装入塑料袋内，扎紧袋口，在袋上扎几个小孔(也可直接保存木段、圆盘),放入4℃冰箱。若需长期保存,要经常在样品上喷水(一般在半个月至1个月内完成分离鉴定)。

样品分离鉴定结束后应及时对样品进行销毁。

6 样品检验

样品分离检测技术按照GB/T 23476—2009执行。

附 录 A
(规范性附录)
松材线虫病林业小班调查抽样记录表

表 A.1

________市________县________乡(镇、林场)________小地名________小班号

面积(hm^2)________权属________树种组成________每公顷株数________

松树平均树龄________可疑松树数量(株)________其他死树(株)________

样品编号	取样日期	外部症状	有无松褐天牛危害	木材有无蓝变	是否为优势木	整株或枝条表现症状	取样部位	备注

填表人________________　　　　　　抽样时间________________

附　录　B
（规范性附录）
松树、松木及其制品检查抽样记录表

表 B.1

____________市____________县____________检查站（检查地点）

货物种类____________数量____________取样日期____________

外部症状	有无松褐天牛危害	木材有无蓝变	有无天牛蛹室	取样部位	取样数量	样品编号	采取的措施	备注

填表人____________　　　　抽样时间____________

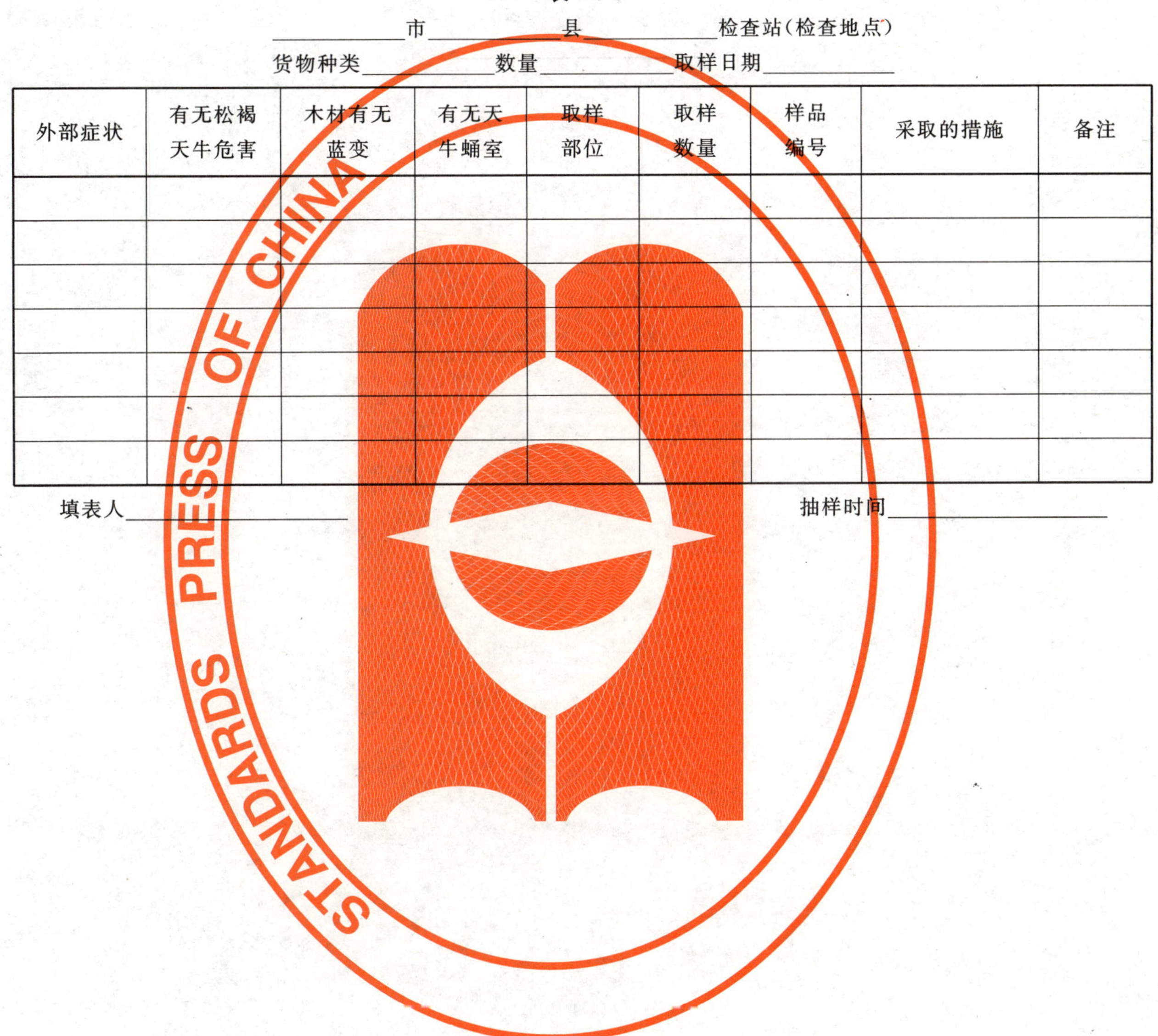

参 考 文 献

[1] 国际植物检疫措施标准第6号出版物:监测准则(FAO/IPPC/ISPMs NO.6)
[2] 国际植物检疫措施标准第8号出版物:某一地区有害生物状况的确定(FAO/IPPC/ISPMs NO.8)

ICS 65.020.01
B 16

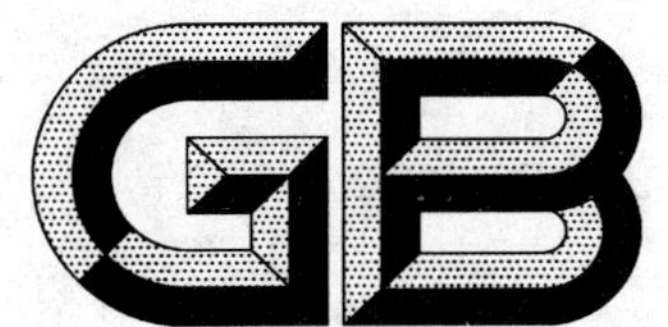

中华人民共和国国家标准

GB/T 23617—2009

林业检疫性有害生物调查总则

General principles of survey on forestry quarantine pest

2009-04-27 发布

2009-10-01 实施

中华人民共和国国家质量监督检验检疫总局
中国国家标准化管理委员会 发布

前　言

本标准的附录A为资料性附录。

本标准由全国植物检疫标准化技术委员会提出并归口。

本标准起草单位：安徽省林业有害生物防治检疫局。

本标准主要起草人：石进、蒋丽雅、段琳、胡映梅、叶勤文、韩兵、汪波、江顺利、荚爱红、陈勇、柳庆生。

林业检疫性有害生物调查总则

1 范围

本标准规定了林业有害生物普查、专项调查、监测调查的原则要求。

本标准适用于了解并掌握林业有害生物的发生、危害动态。

2 规范性引用文件

下列文件中的条款通过本标准的引用而成为本标准的条款。凡是注日期的引用文件,其随后所有的修改单(不包括勘误的内容)或修订版均不适用于本标准,然而,鼓励根据本标准达成协议的各方研究是否可使用这些文件的最新版本。凡是不注日期的引用文件,其最新版本适用于本标准。

GB/T 20879—2007 进出境植物和植物产品有害生物风险分析技术要求

3 术语和定义

下列术语和定义适用于本标准。

3.1

有害生物 pest

危害植物或植物产品的动植物或病原微生物的品种、品系或生物型。

3.2

林业检疫性有害生物 forestry quarantine pest

对受其威胁的地区具有潜在经济重要性,但尚未在该地区发生;或虽已发生,但分布不广,并进行官方组织防治的林业有害生物,包括国家林业主管部门颁布的林业检疫性有害生物和省林业主管部门颁布的补充林业检疫性有害生物。

3.3

普查 general survey

由官方组织在规定时期为确定某地区有害生物种类、分布与危害初步状况的调查。

3.4

专项调查 special survey

由官方组织为弄清某种有害生物在某地区分布与危害等具体情况而进行的详细调查。

3.5

小班 subcompartment

表明土地类别或林分差异的基本地块。

3.6

监测调查 monitoring survey

为掌握某种有害生物种群动态而进行的持续性观察。

3.7

访问调查 interview survey

根据调查目的对有关人员进行访问、咨询,了解有害生物发生情况。

3.8

踏查 reconnaissance

按照调查设计的预定路线调查,初步了解有害生物发生情况。

3.9

标准地调查 sampling plot survey

在踏查基础上选择具有代表性的林地详细调查有害生物发生危害情况。

3.10

诱集 trapping

根据林业有害生物的生物学特性，利用物理、化学和生物的物质和方法促使其聚集。

3.11

寄主 host

在自然条件下能够维持某种有害生物生存和生长发育的植物。

3.12

有害生物风险评估 pest risk assessment

评价有害生物类别，以及传入、扩散可能性和潜在经济的影响。

3.13

定殖 establishment

有害生物进入一个地区后在可预见的将来能长期生存。

3.14

有害生物风险管理 pest risk management

评价和选择备选方案以减少有害生物传入和扩散的风险。

4 普查

4.1 普查对象

国家林业主管部门颁布的林业检疫性有害生物和危险性有害生物名单，以及其他潜在危险性的林业有害生物。

4.2 普查范围

森林和林木，以及苗圃、花圃、贮木场、木材加工厂等，重点是林业重点保护区域、有害生物易发生区域和边远地区及行政区划交界的区域。

4.3 普查周期

每3年～5年进行一次，也可根据需要组织开展。

4.4 普查内容

4.4.1 发生种类调查

查清调查范围内是否存在4.1规定的林业有害生物种类。

4.4.2 分布范围调查

以县级行政区域为单位确定某种林业有害生物的发生范围。

4.4.3 寄主及受害情况调查

确定某种林业有害生物的寄主及受害程度。

4.5 普查方法

4.5.1 前期准备

主要包括查询当地的林业、气象和林业有害生物发生历史情况等相关资料，以及制定方案、技术培训、购置工具等。

4.5.2 根据树种、林分、季相和气候的不同科学安排普查时间。

4.5.3 主要采取访问调查、踏查、标准地调查和诱集等方法。

4.5.3.1 访问调查

依据林业有害生物发生历史资料，重点向林业有害生物易发生区域的村庄、社区居民了解有无树木受害或死亡等异常情况。结果记入附录 A 中的第 A.1 章。

4.5.3.2 踏查

综合分析当地主要森林类型、林业有害生物发生历史和外来有害生物入侵可能性等因素设计野外调查的路线,注意选取制高点,通过目测或借助望远镜仔细观察林业有害生物发生情况。结果记入附录 A 中的第 A.2 章。

4.5.3.3 标准地调查

根据踏查发现的树木受害程度、林业有害生物种类等因素选择具有代表性的林地设置标准地进行详细调查。每块标准地面积 667 m^2～3 335 m^2(即 1 亩～5 亩),同一类型的标准地应尽可能有 3 次以上的重复,人工林标准地累计面积应不少于有害生物发生面积的 3%,天然林应不少于 0.2%。结果记入附录 A 中的第 A.3、A.4 和 A.5 章。

4.5.3.4 诱集

以灯诱为主,诱虫灯应放置在远离公路和光源、人为干扰少、林相较好的林地。地势平坦时可在距林缘 50 m～100 m 的林地外或者在林内中间的空地里设立诱捕点;地势复杂时在山下坡相对位置较高处设立诱捕点。诱虫灯的有效诱捕距离为 50 m～300 m(与虫种、灯管功率、林份状况、月相和天气状况有关)。南方诱捕时段为 4 月 1 日至 10 月 30 日,北方诱捕时段为 5 月 1 日至 9 月 30 日。采用集虫袋、捕虫网和毒瓶毒管在幕布上捕捉活虫,或收集加入杀虫剂等的水盆中诱捕到的目标昆虫,或直接收集新型诱虫灯集虫器内的昆虫。结果记入附录 A 中的第 A.6 章。

4.6 标本鉴定

4.6.1 由国家指定的鉴定机构或省级林业防治检疫机构组织专家对林业有害生物样本进行鉴定。

4.6.2 新发现林业检疫性有害生物省的样本,由国家林业有害生物检疫检验鉴定中心鉴定。

4.6.3 已发生林业检疫性有害生物疫情省再出现同种疫情时的样本,可由省级林业防治检疫机构组织专家鉴定。

4.7 确定开展有害生物风险评估以及专项调查和监测调查的林业有害生物种类

4.7.1 对普查中新发现的林业有害生物要组织开展有害生物风险评估,为确定是否列入林业检疫性有害生物或采取其他风险管理措施提供科学依据。

4.7.2 对普查结果经风险评估确定新的或已知的林业检疫性有害生物要进一步组织开展专项调查,为有效控制或取消林业检疫性有害生物提供科学依据。

4.7.3 对普查中新发现的林业有害生物和林业检疫性有害生物要组织开展监测,掌握其变化动态。

5 有害生物风险评估

5.1 有害生物类别划分

如确定某种有害生物具有成为检疫性有害生物的可能,有害生物风险分析工作应继续进行。如有害生物不符合检疫性有害生物的所有标准,就可以结束有害生物风险分析工作。技术要求按 GB/T 20879—2007 的规定执行。

5.2 评估扩散的可能性

应当以最适合数据、用于分析的方法和预期对象的术语来表示,可能是定量的或定性的,并查明有害生物风险分析区中生态因素有利于有害生物定殖的地区以确定受威胁地区。技术要求按 GB/T 20879—2007 的规定执行。

5.3 评估潜在经济影响

经济影响可以用货币价值或采取定量措施进行表示,应当明确说明信息来源、假设和分析方法,并查明有害生物风险分析区中有害生物的存在将造成重大损失的地区。技术要求按 GB/T 20879—2007 的规定执行。

5.4 不确定的因素

估计有害生物扩散的可能性及其经济影响涉及许多不确定性，特别是根据有害生物的地区情况和有害生物风险分析区的假设情况推测时尤其如此。重要的是在评估时记录不确定性的领域和不确定性程度，以及表明在某些领域采用了专家判断。

5.5 评估的结论

有害生物风险评估的结果，可以用来确定是否需要进行有害生物风险管理以及采取措施的力度。某种有害生物风险分析区的全部和部分地区可能确定为受威胁地区。有害生物的经济影响和传播扩散的可能性以及有关不确定性将在风险管理中得到应用。

6 专项调查

6.1 调查对象

4.7.2 中规定的林业检疫性有害生物。

6.2 调查范围

某种林业检疫性有害生物的寄主适生区。

6.3 调查时间

根据该种林业检疫性有害生物的生物学特性和发生规律确定调查时间。

6.4 调查内容

6.4.1 确定是否存在某种林业检疫性有害生物。

6.4.2 以乡镇为单位确定某种林业检疫性有害生物的发生范围。

6.4.3 以小班为单位确定某种林业检疫性有害生物的发生数量及发生面积。

6.4.4 寄主的受害程度。

6.5 调查方法

主要包括访问调查、踏查、标准地调查、诱集。技术要求按 4.5.3.1、4.5.3.2、4.5.3.3、4.5.3.4 执行。

7 监测调查

7.1 监测对象

4.7.3 中规定的林业有害生物和林业检疫性有害生物。

7.2 监测范围

根据监测对象的生物学和生态学特性、传播规律、寄主分布等情况，确定监测区域。

7.3 监测周期

每年对监测对象进行系统调查。

7.4 监测内容

重点调查监测对象的种群动态、危害状况和发生范围的变化。

7.5 监测方法

主要采取标准地调查和诱集。技术要求按 4.5.3.3、4.5.3.4 执行。

8 调查结果上报

8.1 普查结果按国家、省林业主管部门规定上报。普查材料包括：普查工作总结、技术报告、有关图表、病害的症状或虫害的危害状和生活史标本及照片或影像资料。

8.2 专项调查和监测调查结果按国家、省林业主管部门规定上报。包括某种林业检疫性有害生物的发生面积、发生范围、危害程度、防治对策、管理要求、控制成效和变化趋势等详细资料。

9　建立调查工作档案

9.1　林业有害生物调查的资料应及时整理归类并建档。各级林业有害生物防治检疫机构应当保存调查的有关文字、图表、图片、图像、标本及相关的证明材料等记录和样品，并应建立检疫性有害生物数据库。

9.2　林业检疫性有害生物调查资料还应包括发现寄主的溯源情况、所采取的控制措施及其效果等情况。

附 录 A
（资料性附录）
林业检疫性有害生物调查相关内容

A.1 林业检疫性有害生物访问调查内容

乡镇名称：________________ 乡镇代码：________________

村名称：________________ 村代码：________________

被访问人情况：________________ 林种：________________

林业有害生物种类：________________ 分布情况：________________

为害程度：________________________________

备注：________________________________

访问人：________________ 访问时间：________________

注1：分布情况主要指某种检疫性林业有害生物的有无，具体到某个山场位置、小地名。

注2：为害程度的轻度、中度、重度的标准参照国家林业局森防总站2006年发布的《林业有害生物发生及成灾标准》，下同。

A.2 林业检疫性有害生物踏查内容

林业有害生物种类：________________________________

乡镇名称：________________ 乡镇代码：________________

村名称：________________ 村代码：________________

经度、纬度：________________ 地形、地势：________________

树种组成：________________ 树种：________________

平均树龄（年）：________________________________

调查面积（hm^2）：________________ 发生面积（hm^2）：________________

盖度（%）：________________________________

为害程度：________________ 经营措施：________________

备注：________________________________

调查人：________________ 调查时间：________________

A.3 林业检疫性病害标准地调查内容

病名：________________ 病害症状：________________

标准地号：________________ 标准地面积（hm^2）：________________

乡镇名称：________________ 乡镇代码：________________

村名称：________________ 村代码：________________

经度、纬度：________________ 坡度、坡向：________________

土壤质地及土层厚度（cm）：________________________________

树种组成：________________ 树种：________________

平均树龄（年）：________________ 平均胸径（cm）：________________

平均树高（m）：________________ 调查株数（株）：________________

病害各级株数：Ⅰ：__________ Ⅱ：__________ Ⅲ：__________ Ⅳ：__________ Ⅴ：__________

发病率（%）：________________ 感病指数：________________

死亡率(%)：＿＿＿＿＿＿＿＿ 备注：＿＿＿＿＿＿＿＿

调查人：＿＿＿＿＿＿＿＿ 调查时间：＿＿＿＿＿＿＿＿

A.4 林业检疫性害虫标准地调查内容

害虫种类：＿＿＿＿＿＿＿＿ 调查虫态：＿＿＿＿＿＿＿＿

标准地号：＿＿＿＿＿＿＿＿ 标准地面积(hm^2)：＿＿＿＿＿＿＿＿

乡镇名称：＿＿＿＿＿＿＿＿ 乡镇代码：＿＿＿＿＿＿＿＿

村名称：＿＿＿＿＿＿＿＿ 村代码：＿＿＿＿＿＿＿＿

经度、纬度：＿＿＿＿＿＿＿＿ 坡度、坡向：＿＿＿＿＿＿＿＿

土壤质地及土层厚度(cm)：＿＿＿＿＿＿＿＿

树种组成：＿＿＿＿＿＿＿＿ 树种：＿＿＿＿＿＿＿＿

平均树龄(年)：＿＿＿＿＿＿＿＿ 平均胸径(cm)：＿＿＿＿＿＿＿＿

平均树高(m)：＿＿＿＿＿＿＿＿

调查株数(株)：＿＿＿＿＿＿＿＿ 有虫株率(%)：＿＿＿＿＿＿＿＿

虫口密度(头/株)：＿＿＿＿＿＿＿＿ 寄主损失程度：＿＿＿＿＿＿＿＿

虫情级别(轻、中、重)：＿＿＿＿＿＿＿＿ 死亡率(%)：＿＿＿＿＿＿＿＿

备注：＿＿＿＿＿＿＿＿

调查人：＿＿＿＿＿＿＿＿ 调查时间：＿＿＿＿＿＿＿＿

A.5 林业检疫性有害植物标准地调查内容

有害植物种类：＿＿＿＿＿＿＿＿

标准地号：＿＿＿＿＿＿＿＿ 标准地面积(hm^2)：＿＿＿＿＿＿＿＿

乡镇名称：＿＿＿＿＿＿＿＿ 乡镇代码：＿＿＿＿＿＿＿＿

经度、纬度：＿＿＿＿＿＿＿＿ 坡度、坡向：＿＿＿＿＿＿＿＿

土壤质地及土层厚度(cm)：＿＿＿＿＿＿＿＿

密度：＿＿＿＿＿＿＿＿ 盖度(%)：＿＿＿＿＿＿＿＿

备注：＿＿＿＿＿＿＿＿

调查人：＿＿＿＿＿＿＿＿ 调查时间：＿＿＿＿＿＿＿＿

A.6 林业检疫性害虫诱集调查内容

害虫种类：＿＿＿＿＿＿＿＿ 诱集场所：＿＿＿＿＿＿＿＿

调查地点：＿＿＿＿＿＿＿＿ 经度、纬度：＿＿＿＿＿＿＿＿

树种组成：＿＿＿＿＿＿＿＿ 树种：＿＿＿＿＿＿＿＿

诱集工具(灯、诱捕器等)：＿＿＿＿＿＿＿＿ 天气情况：＿＿＿＿＿＿＿＿

诱虫数合计：＿＿＿＿＿＿ 雌：＿＿＿＿＿＿ 雄：＿＿＿＿＿＿ 性比：＿＿＿＿＿＿

备注：＿＿＿＿＿＿＿＿

调查人：＿＿＿＿＿＿＿＿ 调查时间：＿＿＿＿＿＿＿＿

ICS 65.020.01
B 16

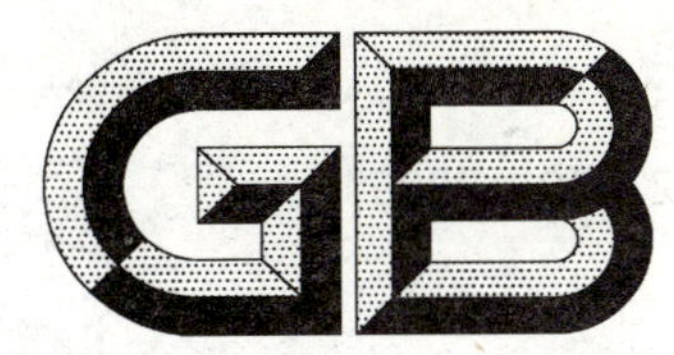

中华人民共和国国家标准

GB/T 23619—2009

柑桔小实蝇疫情监测规程

Guidelines for quarantine surveillance of *Bactrocera dorsalis* (Hendel)

2009-04-27 发布　　2009-10-01 实施

中华人民共和国国家质量监督检验检疫总局
中国国家标准化管理委员会　发布

前　言

本标准的附录A、附录B、附录C为资料性附录。

本标准由全国植物检疫标准化技术委员会提出并归口。

本标准起草单位:全国农业技术推广服务中心、福建省植保植检站。

本标准主要起草人:王福祥、姚文辉、黄征、陈军、黄月英、项宇、熊红利。

柑桔小实蝇疫情监测规程

1 范围

本标准规定了柑桔小实蝇 *Bactrocera dorsalis* (Hendel)的监测区域、监测植物、监测时期、监测用品、监测方法、样本鉴定、疫情判定等内容。

本标准适用于柑桔小实蝇的疫情监测。

2 监测准备

收集当地柑桔小实蝇及其寄主状况相关的信息并进行整理、分析,制定监测计划。

3 监测区域

3.1 发生区

重点监测发生疫情的有代表性地块和发生边缘区。主要监测疫情发生动态和扩散趋势。

3.2 未发生区

重点监测高风险区域,如:曾发生过疫情的区域、经过疫情发生区的交通沿线、来自疫情发生区的寄主植物及植物产品以及其他限定物的集散地和主要消费区、进口寄主植物产品集散地和主要消费区等。主要监测柑桔小实蝇是否传入。

4 监测植物

柑桔、柚、桃、杨桃、芒果、番石榴、柿子、枇杷、杨梅、苦瓜、黄瓜等植物。

5 监测时期

每年的 5 月～10 月,各地可根据气候条件、柑桔小实蝇生物学特性和寄主作物生长情况适当调整具体监测时间。

6 监测用品

6.1 诱捕器

推荐诱捕器(示意图参见附录 A):为圆柱形硬塑料制成的容器,由白色半透明的柱体(160 mm)和黑色屋型的瓶盖(55 mm)组成,瓶顶有挂耳。瓶盖顶端内侧连有 70 mm 长的塑料制支撑条,支撑条末端为正方形(30 mm×30 mm)的纸板诱芯,以吸收引诱剂。瓶盖内设有三个圆形的诱捕孔(直径 10 mm),便于实蝇进入。

自制诱捕器:用 500 mL 矿泉水瓶圆柱形塑料筒做诱捕器,制作方法:在瓶中上部钻两个高 10 mm、宽 20 mm 的小洞,离瓶底 50 mm 处将瓶底割下,并倒插入瓶中。将脱脂棉搓成长约 20 mm 的棉条,制成棉芯(棉条应搓紧,可使棉芯内的引诱剂挥发更缓慢,能维持较长使用时间),然后将棉芯安装在诱捕器内顶部的铁丝钩上,每两个月更换一次棉芯。

6.2 引诱剂

甲基丁香酚 methyl eugenol(简称 Me)。

6.3 其他用品

解剖镜、放大镜、镊子、指形管、昆虫针、标签纸、75%乙醇、40%甲醛、冰乙酸、脱脂棉等。

7 监测方法

7.1 诱捕器的设置

7.1.1 未发生区

根据柑桔小实蝇的寄主分布，选择高风险区域，每县(市)确定3个监测点，每个监测点挂3个诱捕器，诱捕器相距至少在50 m以上。

7.1.2 发生区

疫情中心地带，每县(市)确定5个监测点，每个监测点挂5个诱捕器，诱捕器间距同7.1.1。

7.2 诱捕器安放

安放时应尽量选择寄主植物作为诱捕器的挂着点，但不要受树叶直接遮蔽或太阳直接曝晒。如果附近没有可供悬挂的寄主植物，也可挂在其他非寄主植物上，以及其他能固定诱捕器的支架上。果园监测点诱捕器悬挂在果树树冠中；其他的监测点一般悬挂在距地面1.0 m～1.5 m的高度。诱捕器附近安放醒目标志。

7.3 诱捕器日常管理和维护

将甲基丁香酚诱剂注入诱捕器内的诱芯中，每次2 mL，14 d～21 d补充一次。在整个监测期间，每7 d收集1次诱捕器内的实蝇标本。诱捕器内的目标实蝇成虫或疑似目标实蝇的成虫应全部收集，75%乙醇溶液浸泡保存，贴上标本采集编号。

8 样本鉴定

8.1 现场诊断

根据成虫的形态特征以及作物的受害症状作出诊断，并视需要采集有关标本。现场难以诊断的带回实验室进一步鉴定。

8.2 实验室鉴定

监测中发现可疑的实蝇样本，带回室内鉴定。将实验室检测鉴定结果填入《植物有害生物样本鉴定报告》(参见附录B)。

9 疫情判定

监测中发现有柑桔小实蝇发生，根据监测情况、实地调查情况判定发生范围及程度。

10 监测报告

记录监测结果并填写《疫情监测记录表》(参见附录C)。植物检疫机构对监测结果进行整理汇总形成监测报告，并按要求逐级上报。

11 标本保存

采集到的成虫制作为针插标本或浸泡标本；卵、幼虫、蛹以固定液(5份40%甲醛、15份75%乙醇、1份冰乙酸混合而成)保存，上塞并用蜡封好后，填写标本的标签，连同标本一起妥善保存。

12 记录保存

详细记录、汇总监测区内调查结果。各项监测的原始记录连同其他材料妥善保存于植物检疫机构。

附 录 A
（资料性附录）
柑桔小实蝇诱捕器示意图

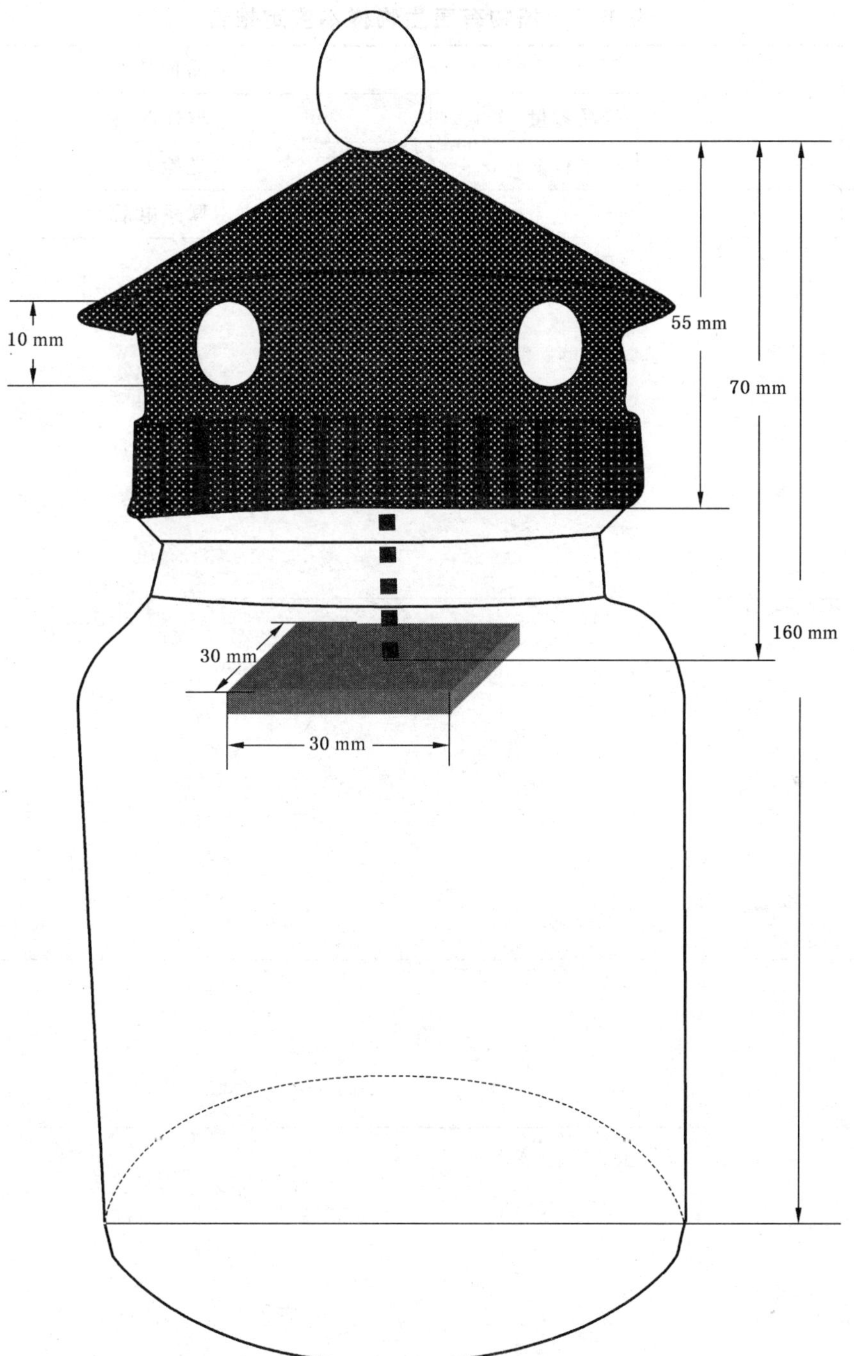

图 A.1 柑桔小实蝇诱捕器示意图

附　录　B
（资料性附录）
植物有害生物样本鉴定报告

表 B.1　植物有害生物样本鉴定报告

<table>
<tr><td>植物名称</td><td colspan="3"></td><td>品种名称</td><td></td></tr>
<tr><td>植物生育期</td><td></td><td>样品数量</td><td></td><td>取样部位</td><td></td></tr>
<tr><td>样品来源</td><td></td><td>送检日期</td><td></td><td>送检人</td><td></td></tr>
<tr><td>送检单位</td><td colspan="3"></td><td>联系电话</td><td></td></tr>
<tr><td colspan="6">检测鉴定方法：</td></tr>
<tr><td colspan="6">检测鉴定结果：</td></tr>
<tr><td colspan="6">备注：</td></tr>
<tr><td colspan="6">鉴定人(签名)：
审核人(签名)：
鉴定单位盖章：
年　　月　　日</td></tr>
<tr><td colspan="6">注：本单一式三份，检测单位、受检单位和检疫机构各一份。</td></tr>
</table>

附　录　C
（资料性附录）
疫情监测记录表

表 C.1　疫情监测记录表

监测对象		监测单位	
监测地点		联系电话	
监测到有害生物（或疑似有害生物）的名称		数量	备注
监测方法：			
疫情描述：			
备注：			
监测单位（盖章）： 监　测　人（签名）： 年　　月　　日			

ICS 65.020.01
B 16

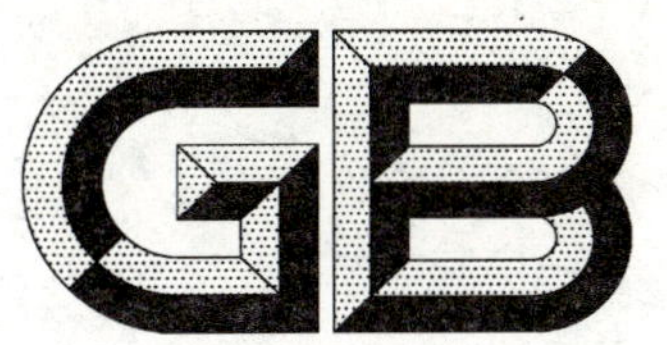

中华人民共和国国家标准

GB/T 23620—2009

马铃薯甲虫疫情监测规程

Guideline for quarantine surveillance of *Leptinotarsa decemlineata* (Say)

2009-04-27 发布　　　　2009-10-01 实施

中华人民共和国国家质量监督检验检疫总局
中国国家标准化管理委员会　发布

前　言

本标准的附录 A、附录 B、附录 C、附录 D 和附录 E 为资料性附录。

本标准由全国植物检疫标准化技术委员会提出并归口。

本标准起草单位:全国农业技术推广服务中心、新疆维吾尔自治区植物保护站。

本标准主要起草人:王福祥、赵红山、秦晓辉、马德成、刘慧、郭文超、赵健桐。

马铃薯甲虫疫情监测规程

1 范围

本标准规定了马铃薯甲虫 *Leptinotarsa decemlineata* (Say)的监测方法、疫情鉴定等内容。

本标准适用于马铃薯甲虫的疫情监测。

2 术语和定义

下列术语和定义适用于本标准。

2.1

风险区 risk area

靠近马铃薯甲虫发生区边缘的未发生区。

2.2

定点调查 survey on site

由官方组织确定一个地区有无马铃薯甲虫的发生、发生程度和危害情况。

2.3

寄主植物 host plants

在自然条件下,马铃薯甲虫能在其上取食和繁殖的植物。

3 制定监测计划

收集当地与马铃薯甲虫及其寄主状况相关的信息并进行整理、分析,制定监测计划。

4 监测区域

4.1 发生区

重点监测发生疫情的有代表性地块和发生边缘区。主要监测马铃薯甲虫发生动态和扩散趋势。

4.2 未发生区

重点监测风险区域,如:曾发生过疫情的区域、交通沿线、马铃薯甲虫寄主植物分布区、来自疫情发生区的寄主植物及其产品以及其他限定物的集散地等。

5 监测植物

马铃薯、茄子、番茄以及野生寄主天仙子、刺萼龙葵等。

6 监测时期

马铃薯甲虫寄主植物的生长期。

7 监测用品

扩大镜、立体连续变倍显微镜、挖掘工具、镊子、指形管、样品袋、标签、昆虫针、筛子(筛孔直径0.5 cm)、乙醇(95%)、冰乙酸(99%)、甲醛(40%)、蔗糖和蒸馏水等。

8 监测方法

8.1 未发生区

8.1.1 访问调查

向马铃薯及其他寄主植物种植户、农技人员和农资经销商等相关人员询问与马铃薯甲虫有关的信息，掌握马铃薯及其他寄主植物种植地点、面积，编制种植布局图，了解是否有鞘翅具纵带、淡黄色至红褐色甲虫发生。对访问过程发现的可疑地点，进行重点踏查。访问结果填入《马铃薯甲虫疫情访问调查表》（参见附录A）。

8.1.2　踏查

对访问调查中发现的可疑地区和其他有代表性的田块进行踏查。在马铃薯等寄主植物生长期踏查2次～3次，每次调查面积占种植面积的50%以上。逐株查看叶背面有无卵块、幼虫及成虫。采集可疑样本送室内鉴定。调查结果填入《马铃薯甲虫踏查记录表》（参见附录B）。

如确认有疫情发生，则进一步按照发生区的要求进行监测。

8.2　发生区

8.2.1　访问调查和踏查

在发生区边缘地带进行访问调查和踏查，方法同8.1。

8.2.2　定点监测

在发生区，分别选择马铃薯甲虫发生严重、较重、较轻的大面积连片马铃薯种植区各两块，进行定点调查。每年调查两次。第一次在越冬代成虫出土后，第二次在越冬代成虫入土前。在监测点所在的连片种植区内采取对角线式或棋盘式取样方法取样。连片种植区面积在4 hm^2 以下时取10个调查样点，每个点调查10株；4 hm^2 以上时取20个调查样点，每个点调查5株。记录每株植物上马铃薯甲虫卵块数量、幼虫和成虫的数量。对于新发疫情点可增加筛土检查，具体方法为：每个调查点采挖0.5 m^2，取20 cm以内的所有表土，用筛子除去泥土，统计蛹和成虫数量。调查结果填入《马铃薯甲虫田间调查记录表》（参见附录C）。

9　样本鉴定

9.1　现场诊断

检疫人员在监测活动当中如发现有可疑的成（幼）虫，可根据成（幼）虫的形态特征以及寄主植物的受害症状作出诊断并采集样本。诊断可以依据《马铃薯甲虫形态鉴别特征》（参见附录D）。

9.2　室内鉴定

经现场诊断，难以下结论的，取样带回实验室，在立体显微镜下进行进一步鉴定。监测单位不能鉴定种类时，送省级以上植物检疫机构指定的科研教学单位鉴定。送检时应填写《有害生物样本送检表》（参见附录E）。首次鉴定的标本需要保存。

10　疫情判定

监测中发现有马铃薯甲虫发生，根据监测情况、实地调查情况判定发生范围及程度。

11　监测报告

植物检疫机构对监测结果进行整理汇总形成监测报告，并按要求逐级上报。发现新疫情或原有疫点马铃薯甲虫疫情暴发时，应立即报告。

12　标本保存

12.1　保存成虫

将采到的成虫用乙醇杀死后，在未僵硬以前，用昆虫针插在右鞘翅基部约四分之一处制作针插标本。

12.2　保存幼虫、蛹、卵

用乙酸蔗糖浸渍液（冰乙酸5 mL，蔗糖5 g，甲醛5 mL，蒸馏水100 mL）或用冰乙酸、甲醛、乙醇、蒸馏水混合液（1∶6∶15∶30）作为保存液。用指形管浸泡，封口保存。

12.3 **保存时间**

标本保存时间至少 2 年。

13 监测记录与档案

详细记录、汇总监测区内调查结果。各项监测的原始记录连同影像资料等其他材料应妥善保存。

附　录　A
（资料性附录）
马铃薯甲虫疫情访问调查表

表 A.1　马铃薯甲虫疫情访问调查表

访问单位(人)		访问时间	
访问地点			
访问对象			
寄主植物及产品种植情况			
寄主植物及产品调运情况			
是否发现过甲虫类害虫			
危害情况			
其他			

附　录　B
（资料性附录）
马铃薯甲虫踏查记录表

表 B.1　马铃薯甲虫踏查记录表

监测单位（盖章）			
调查地点	县（市）　　乡（镇）　　村		
	东经	北纬	海拔高度/m
	单位（农户）名称：		
寄主种类		寄主生育期	
寄主种苗来源		调查面积/m^2	
发生面积/m^2		调查株数	
虫态数量	成虫：　　幼虫：　　卵块：		
样本采集编号			

调查记录人：　　　　　　　　　　调查日期：

附　录　C
（资料性附录）
马铃薯甲虫田间调查记录表

表 C.1　马铃薯甲虫田间调查记录表

<table>
<tr><td colspan="2">监测单位(盖章)</td><td colspan="4"></td></tr>
<tr><td colspan="2">调查地点(乡镇/村)</td><td colspan="2"></td><td>调查日期</td><td></td></tr>
<tr><td colspan="2">代表面积/m²</td><td colspan="2"></td><td>寄主植物</td><td></td></tr>
<tr><td>调查样点
序号</td><td>调查株数</td><td>成虫</td><td>幼虫</td><td>蛹</td><td>卵块</td></tr>
<tr><td></td><td></td><td></td><td></td><td></td><td></td></tr>
<tr><td></td><td></td><td></td><td></td><td></td><td></td></tr>
</table>

附　录　D
（资料性附录）
马铃薯甲虫形态鉴别特征

成虫：体长 11.25 mm±0.93 mm，宽 6.33 mm±0.45 mm。短卵圆形，淡黄色至红褐色，有光泽，每一鞘翅上具黑色纵条纹 5 条，第 1 与第 3 纵带在尾部交会。头下口式，横宽，背方稍隆起，向前胸缩入达眼处。触角 11 节，第 1 节粗而长，第 2 节很短，第 5、6 节约等长，第 6 节显著宽于第 5 节，末节呈圆锥形。口器咀嚼式，上颚有 3 个明显的齿，下颚须 3 节向端膨粗，第 4 节显细而短，圆柱形，端末平截。足短，转节呈三角形，股节稍粗而侧扁，胫节端部分向放宽，趾节显 4 节，第 4 节极短，爪基部无附齿。雌雄两性成虫外形差异不大，雌虫个体一般较大，雄虫最末腹板比较隆起，具一纵凹线，雌虫无上述凹线（详见图 D.1）。

卵：椭圆形，顶部钝尖。卵长体长 1.83 mm±0.08 mm，宽 0.83 mm±0.06 mm。橙黄色，少数为桔红色（详见图 D.2）。

幼虫：1 龄幼虫体长 2.76 mm±0.22 mm，头宽 0.59 mm±0.09 mm；2 龄幼虫体长 5.08 mm±0.27 mm，头宽 0.90 mm±0.08 mm；3 龄幼虫体长 8.31 mm±0.35 mm，头宽 1.39 mm±0.12 mm；4 龄幼虫体长 13.94 mm±0.83 mm，头宽 2.29 mm±0.15 mm。体色 1、2 龄幼虫暗褐色，3 龄以后逐渐变为粉红色或橙黄色。头部黑色，头为下口式两侧各有 6 个疣状小眼分成 2 组，上方 4 个，下方 2 个和 1 个3 节的触角，上唇半圆形，中间有缺刻。前胸明显大于中胸和后胸，后缘有褐色宽带。中胸和后胸各有 3 个斑点，每侧各有 1 个，中间有 2 个。1 龄幼虫前胸背板骨片全变为黑色。随着虫龄的增加前胸背板颜色变淡，仅后部为黑色。除最末两个体节外，虫体两侧有两行大的暗色骨片。即气门骨片和上侧骨片。腹节上的气门骨片呈瘤状突出，包围气门，中、后胸由于缺少气门，气门骨片完整。腹部较胸部显著膨大，中央部分特别膨大，向上隆起，以后各节急剧缩小，末端细尖。腹部共有 9 节，1 节～7 节背面两侧各有 2 个斑点，上面的 1 个较大，位于气门的周围。腹部腹面有 3 行小斑点，斑点有密集的短刚毛组成。前胸背板及腹部第 8、9 节背部有黑色素斑。足黑褐色（详见图 D.3）。

蛹：为离蛹，体长 9.49 mm±0.37 mm，宽 6.24 mm±0.25 mm。黄色或桔黄色。体侧各有一排黑色小斑点（详见图 D.4）。

图 D.1

图 D.2

图 D.3

图 D.4

附 录 E
（资料性附录）
有害生物样本送检表

表 E.1 有害生物样本送检表

<table>
<tr><td colspan="2">送样单位(盖章)</td><td colspan="8"></td></tr>
<tr><td colspan="2">通讯地址</td><td colspan="6"></td><td>邮编</td><td></td></tr>
<tr><td>送样人</td><td></td><td>电　话</td><td></td><td colspan="2">传　真</td><td colspan="2"></td><td>E-mail</td><td></td></tr>
<tr><td>标本编号</td><td></td><td>标本类型</td><td></td><td colspan="2">样本数量</td><td colspan="4"></td></tr>
<tr><td>采样人</td><td colspan="3"></td><td colspan="2">采集地点</td><td colspan="4"></td></tr>
<tr><td>海拔高度</td><td></td><td>寄主植物</td><td colspan="2"></td><td colspan="2">采集方式</td><td colspan="3"></td></tr>
<tr><td>采集场所</td><td></td><td>处理方式</td><td colspan="2"></td><td colspan="2">危害部位</td><td colspan="3"></td></tr>
<tr><td colspan="10">危害状描述(或图片)</td></tr>
</table>

ICS 65.020.01
B 16

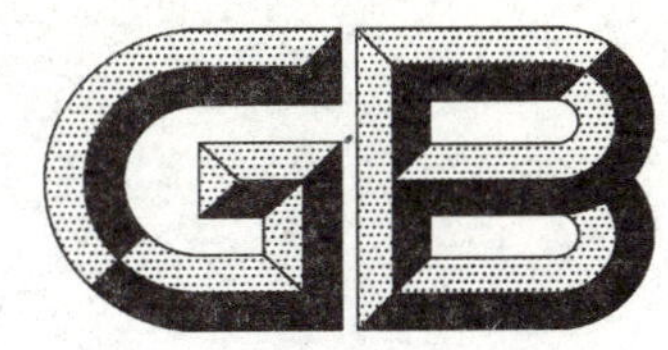

中华人民共和国国家标准

GB/T 23625—2009

郁金香种球疫情监测规程

Guidelines for quarantine surveillance on imported tulips

2009-04-27 发布

2009-10-01 实施

中华人民共和国国家质量监督检验检疫总局
中国国家标准化管理委员会
发布

前　　言

本标准的附录A、附录B、附录C为资料性附录。

本标准由全国植物检疫标准化技术委员会提出并归口。

本标准起草单位:全国农业技术推广服务中心、北京市植物保护站、中国农业大学、中国检验检疫科学研究院。

本标准主要起草人:王玉玺、郑建秋、李志红、赵纪文、丁建云、张建华、邵刚。

郁金香种球疫情监测规程

1 范围

本标准规定了郁金香种球在种植期间进行疫情监测的程序和方法。

本标准适用于从国外引进郁金香种球的疫情监测。

2 规范性引用文件

下列文件中的条款通过本标准的引用而成为本标准的条款。凡是注日期的引用文件，其随后所有的修改单(不包括勘误的内容)或修订版均不适用于本标准，然而，鼓励根据本标准达成协议的各方研究是否可使用这些文件的最新版本。凡是不注日期的引用文件，其最新版本适用于本标准。

植物检疫术语词汇表 ISPM 5

3 术语和定义

植物检疫术语词汇表 ISPM 5 中确立的术语和定义适用于本标准。

4 监测有害生物

《中华人民共和国进境植物检疫性有害生物名录》(农业部 2007 年 5 月 29 日公告)、《全国植物检疫性有害生物名单》(农业部 2006 年 3 月 2 日公告)中与郁金香种球相关的检疫性有害生物，重点监测《引进种子、苗木检疫审批单》中提出的检疫性有害生物。

5 监测设备用具及用品

5.1 昆虫监测

设备用具：黑光灯、黄板、蓝板、捕虫网、毛笔、指形管、毒瓶、三角纸包、手持放大镜、显微镜、解剖镜、昆虫解剖针等。

用品：95%乙醇、二甲苯、乙醚、蒸馏水等。

5.2 线虫监测

设备用具：解剖镜、光学显微镜、漏斗、浅筛盘、网筛(20 目、400 目)、试管、培养皿、小型搅拌机、凹玻片、平玻片、玻璃丝、酒精灯、恒温水浴箱、电热板、吸管、镊子、干燥器、打孔器、铲、枝剪、砍刀、聚乙烯塑料袋、油性笔等。

用品：甘油、95%乙醇、蒸馏水、苯酚、乳酚、中性树胶、石蜡、硅胶、氯化钙($CaCl_2$)等。

5.3 病害监测

设备用具：显微镜、玻片、各种规格试管及培养皿、三角瓶、研磨器皿、酶标仪、加样器、酒精灯、无菌操作工作台、恒温保湿培养箱、冰箱、天平、剪刀、小铲、纸袋或塑料袋、手持放大镜等。

用品：95%乙醇、蒸馏水、中性树胶等。

6 疫情监测

6.1 监测时期

郁金香生长期。

6.2 监测方法

根据检疫审批意见，要求进行隔离试种的，在植物检疫机构指定的、具备隔离条件的场所，根据重点监测的有害生物的生物学特性以及郁金香的生育时期，在隔离期间进行2次～3次调查，并注意保持合理的观察时间间隔，发现症状及时取样进行实验室检测；在《引进种子、苗木检疫审批单》中要求进行集中种植或不限种植条件，或集中种植用于生产的郁金香种球，在郁金香生长季进行1次～2次调查，发现症状及时取样进行实验室检测。无明显症状，采用等距选点调查，每点10株（面积在667 m^2 以下，选5个样点；667 m^2～2×667 m^2，选10个样点；2×667 m^2～4×667 m^2，选20个样点；4×667 m^2 以上，选30个样点），填写《疫情监测调查表》（参见附录A），发现可疑症状，采集样本。

7 实验室鉴定

对监测中发现的可疑样本进行虫害形态观察、病原菌分离培养等，作出鉴定。

8 样本处理

8.1 虫害样本

小型昆虫、卵、幼虫、蛹用75%乙醇浸渍保存；蝶蛾类昆虫用吸水较好的三角纸包保存；身体较长的大型昆虫将纸卷成筒形存放。贴好标签，妥善保存。

8.2 病害样本

病株、病组织，将标本包封在适当的油光纸或塑料袋中，在封套里和封套外均贴上标签，真菌和细菌性病害标本放入4℃度冰箱保鲜存放。病毒类标本放入－20℃低温冰箱保存。

8.3 线虫样本

病株、病组织放入聚乙烯塑料袋中，样品若不能及时分离，可存放在20℃～25℃的室内，将袋口打开透气，并注意保湿和避免阳光照射。

8.4 活体样本

活体样本保存时间不超过一个月，检测结束后，除做标本外，其余进行灭活处理。

9 疫情鉴定报告

实验室鉴定完成后，填写《植物有害生物样本鉴定报告》（参见附录B）。

10 疫情监测报告

记录监测结果并填写《疫情监测记录表》，植物检疫机构对监测结果进行整理汇总形成《植物疫情监测报告》（参见附件C），并按要求逐级上报。

11 档案管理

详细记录、汇总监测区内调查结果。各项监测的原始记录连同其他材料妥善保存于植物检疫机构。采集到的样品经鉴定为疫情的，有保存价值的，制作成标本，填写标本的标签，保存于检疫机构。

附　录　A
（资料性附录）
疫情监测调查表

表 A.1　疫情监测调查表

监测植物		监测单位	
监测地点		联系电话	

有害生物名称	发生情况	备　注

症状描述：

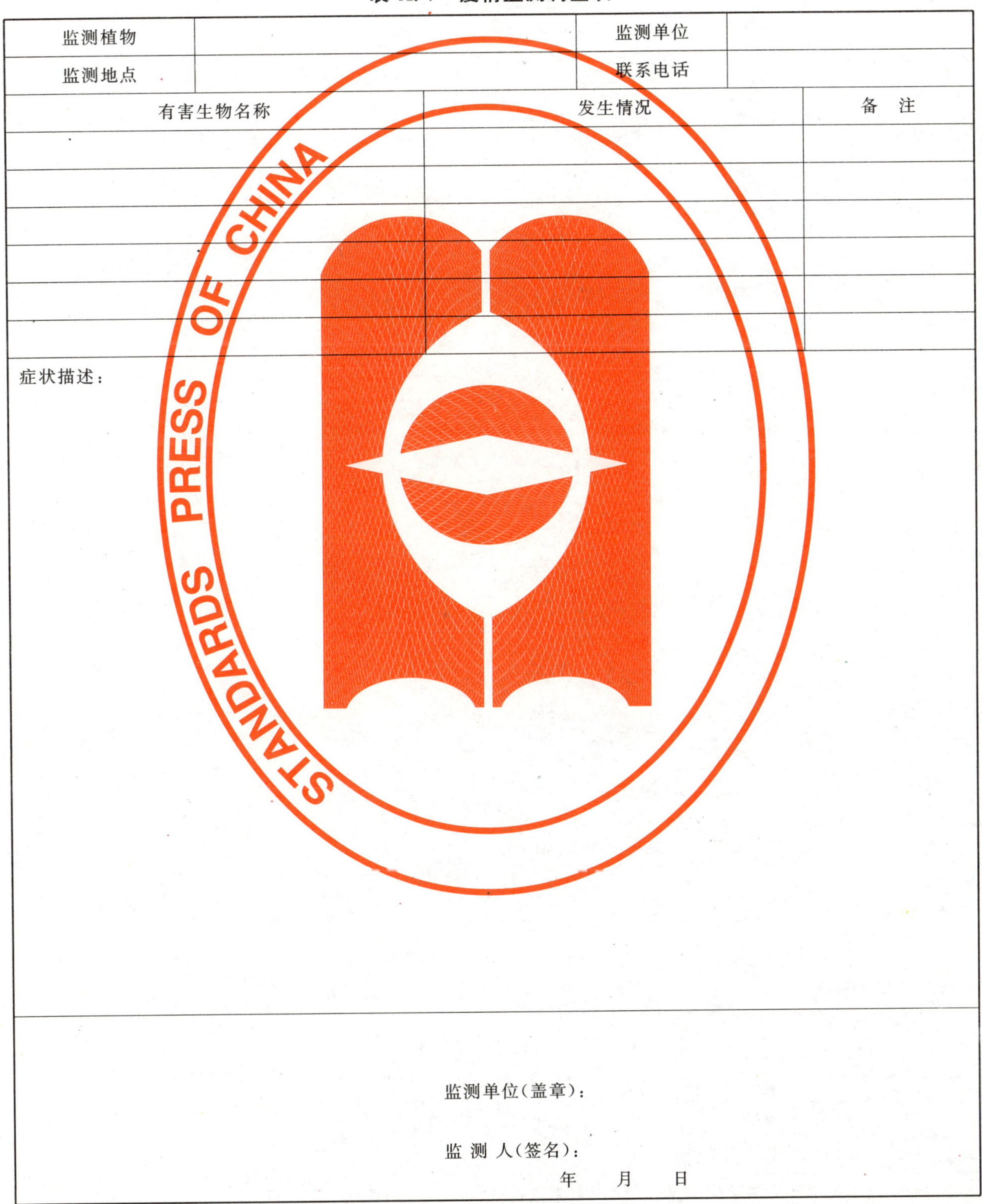

监测单位（盖章）：

监 测 人（签名）：

年　　月　　日

附　录　B
（资料性附录）
植物有害生物样本鉴定报告

表 B.1　植物有害生物样本鉴定报告

编号：

<table>
<tr><td>植物名称</td><td colspan="3"></td><td>品种名称</td><td></td></tr>
<tr><td>植物生育期</td><td></td><td>样品数量</td><td></td><td>取样部位</td><td></td></tr>
<tr><td>样品来源</td><td></td><td>送检日期</td><td></td><td>送检人</td><td></td></tr>
<tr><td>送检单位</td><td colspan="3"></td><td>联系电话</td><td></td></tr>
<tr><td colspan="6">检测鉴定方法：</td></tr>
<tr><td colspan="6">检测鉴定结果：</td></tr>
<tr><td colspan="6">备注：</td></tr>
<tr><td colspan="6">鉴定人(签名)：
审核人(签名)：
鉴定单位(盖章)：
年　月　日</td></tr>
<tr><td colspan="6">注：本单一式三份，检测单位、受检单位和检疫机构各一份。</td></tr>
</table>

附 录 C
（资料性附录）
植物疫情监测报告

表 C.1 植物疫情监测报告

<table>
<tr><td colspan="2">植物名称：</td><td colspan="2">品种名称：</td></tr>
<tr><td colspan="2">种苗来源国（地区）：</td><td colspan="2">引进数量：</td></tr>
<tr><td colspan="2">种植地点：</td><td>种植面积：</td><td>种植日期：</td></tr>
<tr><td colspan="4">应检有害生物名单：
（中文名和学名）</td></tr>
<tr><td colspan="4">监测及检验方法：</td></tr>
<tr><td colspan="4">疫情监测结果：

检疫单位（植物检疫专用章）：　　　　专职检疫员（签字）：
年　　月　　日</td></tr>
</table>

ICS 65.020.01
B 16

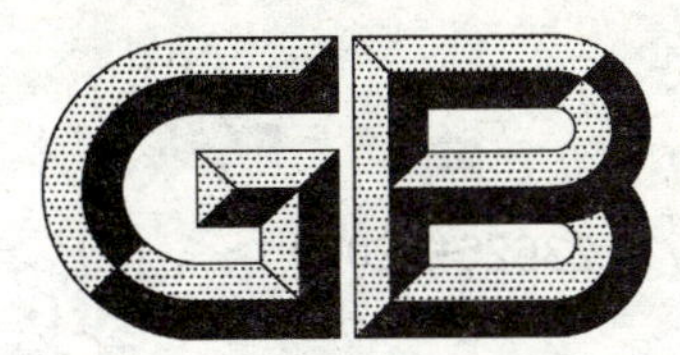

中华人民共和国国家标准

GB/T 23626—2009

红火蚁疫情监测规程

Guidelines for quarantine surveillance of *Solenopsis invicta* Buren

2009-04-27 发布　　　　2009-10-01 实施

中华人民共和国国家质量监督检验检疫总局
中国国家标准化管理委员会　发布

前　　言

本标准的附录A、附录B、附录C、附录D、附录E和附录F为资料性附录。

本标准由全国植物检疫标准化技术委员会提出并归口。

本标准起草单位：全国农业技术推广服务中心、广东省植物保护总站、华南农业大学。

本标准主要起草人：王福祥、王琳、李小妮、曾玲、陆永跃、吴仕豪、朱景全。

红火蚁疫情监测规程

1 范围

本标准规定了红火蚁疫情监测准备、监测区域、监测地点类型、监测时期、监测用品、监测方法、标本鉴定、标本保存、疫情诊断、监测报告以及监测记录与档案保存。

本标准适用于红火蚁疫情监测。

2 规范性引用文件

下列文件中的条款通过本标准的引用而成为本标准的条款。凡是注日期的引用文件，其随后所有的修改单(不包括勘误的内容)或修订版均不适用于本标准，然而，鼓励根据本标准达成协议的各方研究是否可使用这些文件的最新版本。凡是不注日期的引用文件，其最新版本适用于本标准。

GB/T 20477—2006 红火蚁检疫鉴定方法

3 术语和定义

下列术语和定义适用于本标准。

3.1

诱饵 bait

对红火蚁具明显引诱作用的物质。

3.2

蚁丘 mound

红火蚁所构筑并正在或曾经生活过的突起土堆或沙堆。

3.3

蚁巢 nest

由蚁丘及其地下结构部分构成，是红火蚁繁殖、活动的场所。

3.4

蚁群 colony

由红火蚁多个社会阶层构成的具有持续存在能力的团体。

3.5

活蚁巢 active nest

受到扰动后 60 s 内有 3 头以上红火蚁爬出活动的蚁巢。

4 监测准备

收集当地与红火蚁相关的信息并进行整理、分析，制定监测计划。

5 监测区域

5.1 发生区

重点监测发生疫情的有代表性地块和发生区边缘地带，掌握红火蚁的发生动态和扩散趋势。

5.2 未发生区

重点监测高风险区域，如连通疫情发生区的交通道路沿线、近年来从红火蚁发生区调入高风险物品(包括草皮等绿化植被、栽培介质、回收费品、运载工具等)的地区，了解红火蚁是否传入。

6 监测地点类型

重点监测草坪、绿化带、苗圃、果园、荒地、堤坝、垃圾场、废品回收加工场、高尔夫球场、货场以及可能调入绿化植被、回收废品、木材、肥料等的场所。

7 监测时期

最佳监测时期为气温在 20 ℃～32 ℃的时间段，各地可根据当地气温情况作出相应调整。

8 监测用品

GPS 仪、监测瓶、扩大镜、解剖镜、挖掘工具、长 80 cm～100 cm（直径 0.3 cm～0.4 cm）的铁丝（竹竿、木棍等）、镊子、指形管、样品袋、标签、记录笔等。

75％乙醇、诱饵（如火腿肠）。

9 监测方法

9.1 未发生区

9.1.1 访问调查

访问医务人员、居民等，了解当地是否出现过蚂蚁叮蜇伤人事件。

向当地农事操作人员及绿化植被维护人员了解，是否看见地面有隆起的蚁巢。

向当地管理人员了解，近年来是否从红火蚁发生区调入过高风险物品。

每个社区或行政村随机访问调查 10 人以上，记录可疑蚁害发生地点、发生时间。对访问调查过程发现的可疑地点进行重点踏查。

9.1.2 踏查

结合访问调查结果进行，在调查区域内察看或用铁丝等拨开障碍物观察有无可疑的蚁丘。如有蚁丘，则用铁丝等插入蚁丘 5 cm～10 cm，观察是否有蚁群迅速出巢并表现出攻击行为的现象。

采集蚂蚁标本（方法参见附录 A），参照附录 B 进行现场鉴定或送室内鉴定。

经鉴定确认为红火蚁的，填写《红火蚁调查记录表》（参见附录 C），并用 GPS 仪对发生区进行准确定位，进一步按照发生区的要求进行监测。

9.2 发生区

9.2.1 发生范围监测

参照 9.1 各方法采取访问调查和踏查。

9.2.2 发生动态监测

9.2.2.1 诱饵制作及用量

用新鲜的火腿肠作为诱饵。将火腿肠切成约 1 cm 厚、直径 2 cm 的薄片，放入专用或自制的监测瓶中，并固定在地面进行诱集。

9.2.2.2 监测瓶的放置与使用

监测瓶的放置应覆盖发生区内所有的村庄或社区，每个村庄或社区在各种类型场所设置 3 个以上监测点。每个监测点随机放置 5 个监测瓶，监测瓶应尽量放置在有蚂蚁活动的地方，瓶间相距 10 m。对于条状的区域（如绿化带）则每 10 m 左右放置 1 个监测瓶。

将监测瓶置于地面 30 min 后，收集诱集到的蚂蚁，进行鉴定和计数，必要时制成标本。经鉴定确认为红火蚁后填写《红火蚁诱集监测记录表》（参见附录 D）。

10 标本鉴定

现场鉴定难以下结论的，取样带回实验室作进一步鉴定（方法参见 GB/T 20477—2006）。监测单位不能鉴定种类时，送省级植物检疫机构或其指定的专业机构鉴定。送检时应填写《有害生物样本送检表》（参见附录 E）。首次鉴定的标本应妥善保存。

11 标本保存

将采集到的红火蚁标本置于小塑料瓶中，加入 75%乙醇后密封，并贴上标签。标签上注明采集时间、采集地点、采集单位、采集人。

12 疫情诊断

在红火蚁发生区，根据访问调查、踏查及发生动态监测结果确定红火蚁发生程度（参见附录 F）。

13 监测报告

红火蚁发生区的植物检疫机构对监测结果进行整理汇总形成监测报告，并逐级上报。本区域内发现新疫情或原有红火蚁疫情暴发，应立即报告。

14 监测记录与档案保存

详细记录、汇总调查监测结果。各项调查监测的原始记录等材料妥善保存于植物检疫机构。

附 录 A
（资料性附录）
从蚁巢中采集红火蚁的方法

A.1 采集工蚁

采集过程中，采样者应戴手套以防蚂蚁叮咬。用手指在采样瓶开口的内缘处涂上滑石粉，将瓶子的下半部分插入蚁巢，15 min 后盖上盖子。如果瓶中的红火蚁数不足 10 头，可用镊子收集尽可能多的蚂蚁。

A.2 采集蚁后

春秋季，早晚温差较大时，如果前晚温度较低，取样时天气晴朗、温度较高时，可用铲子挖取蚁丘早晨向阳部位的表土层几厘米，采集蚁后。当冬季温度过低、夏季温度过高时，蚁后会下移到蚁巢深处，需挖开蚁巢仔细寻找。

可在采样瓶中加入 75％乙醇浸泡标本，不同蚁巢的红火蚁标本需分别保存。用记号笔在瓶上标记瓶号、采样地点和日期。

附 录 B
（资料性附录）
红火蚁蚁巢和危害特征

B.1 蚁巢特征

鉴别红火蚁可依据其建巢特点作出判断。红火蚁具完全地栖型蚁巢，成熟蚁巢是以土壤堆成的高10 cm～30 cm，直径30 cm～50 cm的蚁丘。新形成的蚁巢要在4个月～9个月后才出现明显小土丘状的蚁丘，但在红火蚁种群发展成熟前蚁丘并不明显。当蚁巢受到干扰时，红火蚁会迅速出巢攻击入侵者。在野外，蚁丘的特点和红火蚁的攻击特性是红火蚁判断的依据之一。

B.2 危害特征

红火蚁主要以螯针叮蜇和口器咬伤方式，危害植物、动物、人体。人体被其叮蜇后会有火灼般疼痛，其后患处会出现水泡，8 h～24 h后水泡可能会化脓形成脓疱。若脓疱破掉，则容易引起二次感染。如敏感体质人群遭受红火蚁叮蜇，红火蚁注入体内的毒液可造成被攻击者过敏，并可能引起休克、甚至死亡。

附 录 C
（资料性附录）
红火蚁调查记录表

表 C.1 红火蚁调查记录表

调查单位（盖章）			
调查地点	县（市） 乡（镇） 村		
	东 经	北 纬	海拔高度/米
调查方法		调查地点类型	
调查面积/m^2		代表面积/m^2	
蚁巢数量		蚂蚁是否具有攻击性	
受害群众人数		最早发现时间	
样本采集编号		初步鉴定结论	
调查记录人		调查日期	年 月 日

附 录 D
（资料性附录）
红火蚁诱集监测记录表

表 D.1 红火蚁诱集监测记录表

<table>
<tr><td colspan="2">监测单位(盖章)</td><td></td><td>监测人</td><td></td></tr>
<tr><td colspan="2">监测地点(乡镇/村)</td><td></td><td>监测查日期</td><td></td></tr>
<tr><td colspan="2">监测地点类型</td><td></td><td>代表面积/m²</td><td></td></tr>
<tr><td>监测点序号</td><td>监测瓶序号</td><td>可疑蚂蚁数量</td><td colspan="2">红火蚁数量</td></tr>
<tr><td rowspan="5"></td><td></td><td></td><td colspan="2"></td></tr>
<tr><td></td><td></td><td colspan="2"></td></tr>
<tr><td></td><td></td><td colspan="2"></td></tr>
<tr><td></td><td></td><td colspan="2"></td></tr>
<tr><td></td><td></td><td colspan="2"></td></tr>
<tr><td rowspan="5"></td><td></td><td></td><td colspan="2"></td></tr>
<tr><td></td><td></td><td colspan="2"></td></tr>
<tr><td></td><td></td><td colspan="2"></td></tr>
<tr><td></td><td></td><td colspan="2"></td></tr>
<tr><td></td><td></td><td colspan="2"></td></tr>
</table>

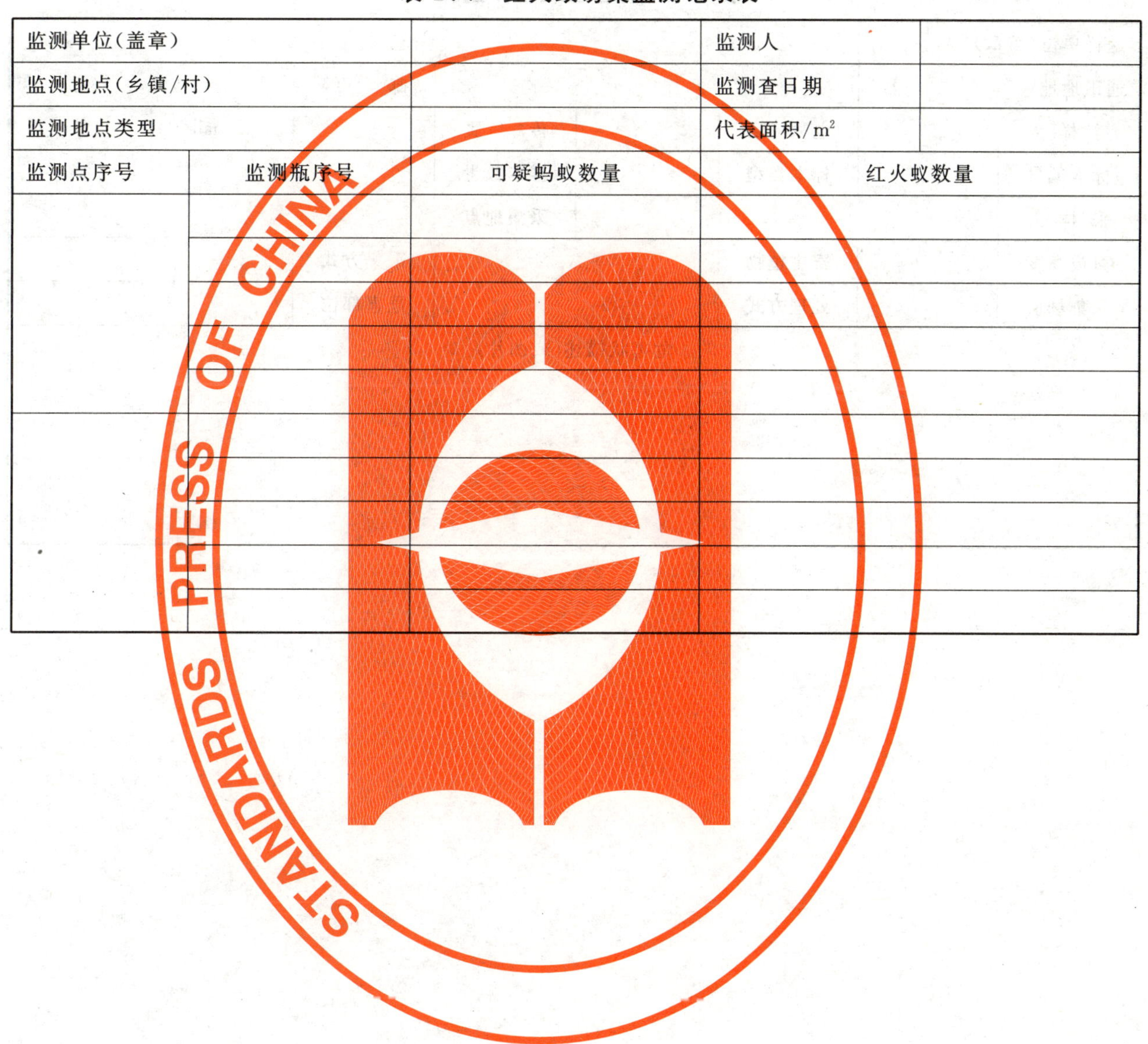

附 录 E
(资料性附录)
有害生物样本送检表

表 E.1 有害生物样本送检表

<table>
<tr><td colspan="2">送样单位(盖章)</td><td colspan="6"></td></tr>
<tr><td colspan="2">通讯地址</td><td colspan="3"></td><td>邮 编</td><td colspan="2"></td></tr>
<tr><td>送 样 人</td><td></td><td>电 话</td><td></td><td>传 真</td><td></td><td>E-mail</td><td></td></tr>
<tr><td>标本编号</td><td></td><td>标本类型</td><td></td><td>样本数量</td><td colspan="3"></td></tr>
<tr><td>采 样 人</td><td colspan="3"></td><td>采集地点</td><td colspan="3"></td></tr>
<tr><td>海拔高度</td><td></td><td>寄主植物</td><td colspan="2"></td><td>采集方式</td><td colspan="2"></td></tr>
<tr><td>采集场所</td><td></td><td>处理方式</td><td colspan="2"></td><td>危害部位</td><td colspan="2"></td></tr>
<tr><td colspan="8">危害状描述(或图片)</td></tr>
</table>

附 录 F
（资料性附录）
红火蚁发生程度分级

F.1 按单位面积活蚁巢数量分级

在红火蚁发生区域随机选择3个以上500 m^2 大小的区域，记录活蚁巢数量。

以单位面积的活蚁巢数量作为分级标准，分为以下5级：

一级：轻度，平均每100 m^2 活蚁巢数为0个～0.1个。

二级：中度，平均每100 m^2 活蚁巢数为0.11个～0.5个。

三级：中偏重，平均每100 m^2 活蚁巢数为0.51个～1.0个。

四级：重，平均每100 m^2 活蚁巢数为1.1个～10个。

五级：严重，平均每100 m^2 活蚁巢数大于10个。

F.2 按诱集工蚁数量分级

将监测瓶诱集的红火蚁工蚁数量分为以下5级：

一级：轻，平均每监测瓶红火蚁数为20头以下。

二级：中，平均每监测瓶红火蚁数为20.1头～100头。

三级：中偏重，平均每监测瓶红火蚁数为100.1头～150头。

四级：重，平均每监测瓶红火蚁数为150.1头～300头以上。

五级：严重，平均每监测瓶红火蚁数为301头以上。

按以上方法进行调查监测时如单位面积活蚁巢数量级别和诱集工蚁数量级别不一致时以发生较重的级别为准。

中华人民共和国出入境检验检疫行业标准

SN/T 2029—2007

实蝇监测方法

Trapping procedures of fruit flies (Diptera: Tephritidae)

2007-12-24 发布　　　　2008-07-01 实施

中华人民共和国
国家质量监督检验检疫总局　发布

前　言

本标准附录 A 为资料性附录。

本标准由国家认证认可监督管理委员会提出并归口。

本标准起草单位:中华人民共和国广东出入境检验检疫局。

本标准主要起草人:梁广勤、梁帆、陈小帆、吴佳教、胡学难。

本标准系首次发布的出入境检验检疫行业标准。

实蝇监测方法

1 范围

本标准规定了监测实蝇的方法。

本标准适用于对实蝇的监测。

2 术语和定义

下列术语和定义适用于本标准。

2.1

诱捕器 trap

是一种特制的诱捕实蝇的容器，放入实蝇引诱物后，可引诱实蝇进入容器内，常用的有3种类型(参见附录A)。

2.2

引诱物 attractants

为人工合成的一类对实蝇有诱集作用的化学物质。常用的引诱物有桔小实蝇引诱剂(Methyl eugenol，简称Me)、瓜实蝇引诱剂(Cuelure，简称Cue)和地中海实蝇引诱剂(Trimedlure，简称TML)3种，另外一种为蛋白诱饵(Torula yeast and borax pellets，简称Prot)。

3 原理

针对实蝇引诱物对实蝇的诱集作用，配合实蝇诱捕器，可以诱捕实蝇。

4 用具

镊子、指形管、昆虫收集袋。

5 监测器材及使用方法

5.1 使用诱捕器的类型

为Steiner诱捕器和McPhail诱捕器两种类型。

5.2 Steiner诱捕器和相关引诱剂的使用

Steiner诱捕器可配合桔小实蝇引诱剂、瓜实蝇引诱剂和地中海实蝇引诱剂使用。使用时，将长4 cm和直径1 cm的脱脂棉条固定在诱捕器内的金属丝上，然后将3 mL～4 mL混合了5%～8%马拉松有机磷杀虫剂的桔小实蝇引诱剂或瓜实蝇引诱剂注入棉条中，直接固定在诱捕器内的铁丝钩上，固体剂型的地中海实蝇引诱剂置于特制的小塑料篮子中，然后挂于诱捕器内的铁丝钩上，盖上诱捕器的盖后，将诱捕器挂在合适的位置上。

5.3 McPhail诱捕器及蛋白诱饵的使用

将蛋白诱饵4粒投入预先盛有适量清水的诱捕器内，诱饵颗粒很快溶化，稍加摇匀后挂到寄主树和其他适当的位置上。

6 监测

6.1 诱捕点的选择

6.1.1 水果、蔬菜的种植地。

6.1.2　境外水果、蔬菜主要入境口岸及其邻近地区。

6.1.3　境外旅客主要入境口岸及其邻近地区。

6.1.4　入境旅客旅游热点地区。

6.1.5　远洋垃圾集中堆放、处理场所及其邻近地区。

6.1.6　城市近郊的植物园、大学校园和类似的场、院的果树、蔬菜种植园。

6.1.7　其他有国外危险性实蝇传入条件的地区或场所。

6.2　诱捕器悬挂的放置

6.2.1　悬挂载体

诱捕器常需悬挂在实蝇寄主树上，如果就近无寄主树，也可挂在其他非寄主树上，甚至任何能固定诱捕器的支架上。

6.2.2　悬挂方法

诱捕器需挂在遮阴地方，不宜挂在太阳直接暴晒处，诱捕器入口避免受树叶直接遮蔽。诱捕器悬挂高度以离地面 1.5 m 以上为宜，诱捕器之间尤其是不同诱剂种类诱捕器悬挂间隔至少在 3 m 以上。

6.2.3　悬挂密度

同种引诱物的诱捕器悬挂密度一般掌握在每平方公里挂 1 个；实蝇入侵风险高的地区或针对定界调查等其他目的的诱捕，可适当加大诱捕密度。

6.3　诱捕时间

诱捕时间依据实蝇的生物学特性而定，原则上掌握在月平均气温达 15℃或以上时开始诱捕。

6.4　检查和标本收集

6.4.1　Steiner 诱捕器

需每隔 15 d 检查 1 次，针对定界调查等其他目的的诱捕，需缩短检查间隔。对诱捕到的实蝇，用镊子收集到指形管或昆虫收集袋中。

6.4.2　McPhail 诱捕器

需每隔 7 d 检查一次。

6.5　引诱物补充/更换要求

一般每月补充诱剂 1 次，每次视诱芯干湿情况添加 2 mL～3 mL。气候干燥地区，可根据含诱剂棉芯的湿润程度，15 d 补充诱剂 1 次。

地中海实蝇引诱剂每月更换 1 次，每次 1 粒。

蛋白诱饵每周更换 1 次(每月 4 次)，每次诱饵用量为 4 粒。

6.6　诱捕记录与诱捕标本处置

诱捕检查人员应及时作详细记录，记录内容包括：诱捕器编号、诱捕器类型、诱捕地点，诱捕到实蝇种类等信息。

7　诱捕标本的处置

收集到的实蝇标本，应在 1 d～2 d 内作出初步鉴定。如发现(或怀疑)是地中海实蝇或按实蝇类等外来的检疫性实蝇种类，应在 1 d～2 d 内用特快邮件寄往国家质量监督检验检疫总局认可的实验室复核/鉴定；对不能确定或需复核的其他实蝇标本，1 周内用特快邮件寄往国家质量监督检验检疫总局认可的实验室复核/鉴定，实验室应在 1 周内反馈鉴定结果。

附 录 A
（资料性附录）
实蝇诱捕器特征图

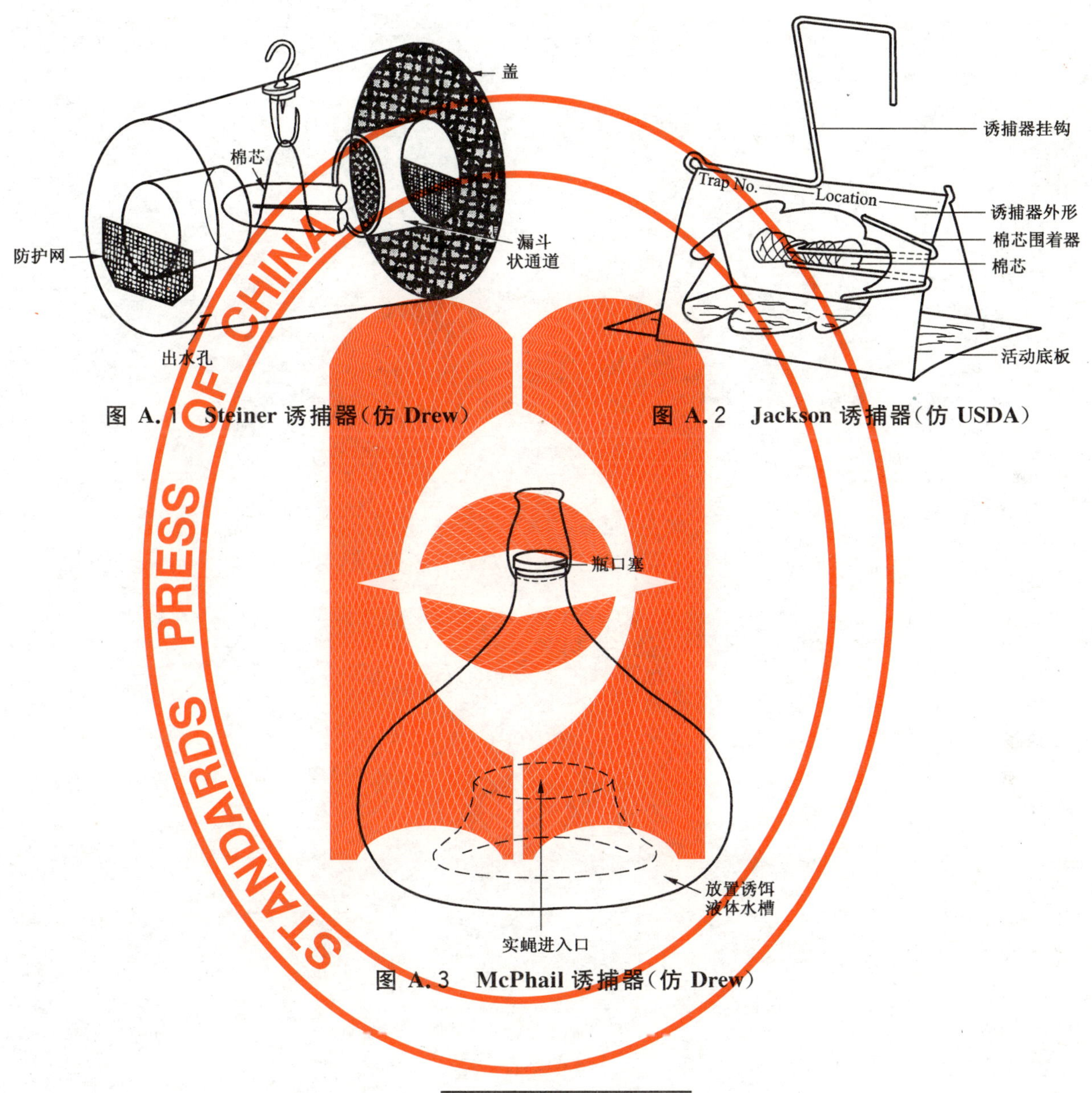

图 A.1 Steiner 诱捕器（仿 Drew）

图 A.2 Jackson 诱捕器（仿 USDA）

图 A.3 McPhail 诱捕器（仿 Drew）

四、检疫规程类

ICS 65.020.40
B 61

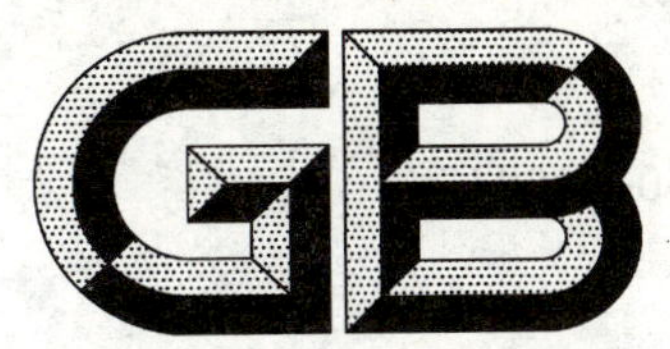

中华人民共和国国家标准

GB 5040—2003
代替 GB 5040—1985

柑桔苗木产地检疫规程

Plant quarantine rules for citrus nursery stocks in producing areas

2003-06-02 发布

2003-11-01 实施

中华人民共和国
国家质量监督检验检疫总局 发布

前　言

本标准代替 GB 5040—1985《柑桔苗木产地检疫规程》。

本标准与前版标准相比有如下变化：

修订后的标准在检疫性有害生物中增加了 1995 年农业部新公布的检疫对象；在有害生物的检测方法、防疫措施、药剂控制、田间鉴别等方面，增加了一些新的内容与技术；引进了国际植物检疫措施标准中关于无疫产地及非疫产地生产点理念，名词术语和概念与有关国际标准保持一致。同时，对前版标准部分条文中的一些提法做了适当修改。

本标准的附录 A、附录 B、附录 C 均为规范性附录。

本标准由中华人民共和国农业部提出。

本标准由农业部种植业管理司归口。

本标准主要起草单位：全国农业技术推广服务中心。

本标准参加起草单位：农业部柑桔苗木检测中心、四川省植物检疫站、湖北省植物检疫站、浙江省植物检疫站、四川省资中县植保植检站。

本标准主要起草人：赵守歧、雷慧德、刘元明、林云彪、赵兰鸽、张碧兰。

本标准委托全国农业技术推广服务中心负责解释。

本标准 1985 年首次发布，本次为第一次修订。

柑桔苗木产地检疫规程

1 范围

本标准规定了柑桔苗木产地的检疫性有害生物种类、苗木培育、现场检验、室内检验、检验结果报告、疫情处理及签证等。

本标准适用于实施柑桔产地检疫的植物检疫机构和所有柑桔种苗繁育单位(个人)。

2 术语和定义

下列术语和定义适用于本标准。

2.1

产地

因植物检疫的目的而单独管理的生产点。

2.2

产地检疫

植物检疫机构在原产地生产过程中的全部检疫工作,包括田间调查、室内检验、签发证书及监督生产单位做好选地、选种和疫情处理工作。

2.3

有害生物

任何对植物或植物产品有害的植物、动物或病原物的种、株(品)系或生物型。

2.4

检疫性有害生物

对受其威胁的地区具有潜在经济重要性、但尚未在该地区发生,或虽已发生但分布不广并进行官方防治的有害生物。

3 检疫性有害生物

柑桔黄龙病菌 *Liberobacter asianticum* (Citrus Huanglongbing)

柑桔溃疡病菌 *Xanthomonas campestris* pv. *citri* (Hasse) Dye

柑桔大实蝇 *Bactrocera* (*Tetradacus*) *minax* Enderlein

蜜柑大实蝇 *Bactrocera* (*Tetradacus*) *tsuneonis* (Miyake)

柑桔小实蝇 *Bactrocera dorsalis* (Hendel)

4 无检疫性有害生物苗木的培育

4.1 检疫申报

柑桔苗木的繁育单位或个人,必须填交产地检疫申报表(见表1),经当地植物检疫机构审核同意后方可进行繁育。

表 1 产地检疫申报表

申报号：

作物名称：

申报单位(农户)：　　联系人：　　联系电话：　　地址：

种植地点	种植地块编号	种植面积/667 m²(亩)	品种	种苗来源	预计播期	预计种苗数量/kg(株)	隔离条件
合计							
植物检疫机构审核意见： 审核人：　　植物检疫专用章 年　月　日							
注 1：本表一式二联，第一联由审核机关留存，第二联交申报单位。 注 2：本表仅供当季使用。							

4.2 苗圃地的选定

4.2.1 选在无检疫性有害生物地区。

4.2.2 在柑桔黄龙病发生区，苗圃地要符合下列条件之一：

a) 在平原地区，周围 3 km 以上无柑桔类植物；

b) 在山区、大河、湖泊等有自然屏障的地区，周围 1.5 km 以上无柑桔类植物；

c) 在具有防虫网的室内封闭式育苗，防虫网进出口具有缓冲隔离间。

4.2.3 在柑桔溃疡病发生区，苗圃地周围 1 km 以内无柑桔类植物。

4.3 繁殖材料的采集和消毒

消毒技术见附录 A。

4.4 苗圃母本园的建立

消毒技术见附录 B。

4.5 苗圃防疫措施

4.5.1 禁止携带未经消毒的柑桔种子、苗木和果实进入苗圃。

4.5.2 苗圃内使用的工具要新置专用，使用后要用 10%漂白粉水溶液或 1%次氯酸钠溶液消毒，用清水冲洗后晾干备用。

4.5.3 严格防除柑桔木虱。

4.5.4 凡外出到别的苗圃或柑桔园归返人员进入苗圃前，要换穿备用工作服、鞋帽。

5 现场检验

5.1 由植物检疫人员在苗木夏梢转绿后、秋梢转绿后和出圃前进行产地检查。对苗圃周围柑桔园的蛆果和苗圃内挖到的虫蛹要仔细检查，必要时应待虫蛹羽化后再进行室内鉴定。

5.2 在全面目测检查的基础上，用随机取样法检查(取样 10 个以上)。苗木在 1 万株以下查全部，1 万株至 10 万株查 30%，10 万株以上查 15%。

5.3 记录检查结果，详细填写产地检疫田间调查记录表(见表 2)。

表 2　柑桔苗木产地检疫田间调查记录表

调查日期		接穗来源		
育苗单位		繁育地点		
砧木品种		接穗品种		
育苗时间		苗木数量		
消毒方法				
隔离条件				
调查株数		可疑株数	黄龙病	
			溃疡病	
田间调查情况(检疫性有害生物发生情况)				
调查人				

5.4　柑桔苗木调运时,100 株以下全部检查;10 000 株以下抽样检查 6%～10%;10 000 株以上抽样检查 3%～5%。

6　室内检验

6.1　发现有检疫性有害生物的可疑样本,现场又难以确切诊断的,应将被害苗木、病残体或害虫标样及时送回实验(检验)室确诊鉴定。

6.2　柑桔检疫性有害生物识别鉴定见附录 C。

7　检验结果

出植物检疫实验(检验)室对送检样品进行检验后,应出具《检疫检验报告单》(见表 3)。

表 3　检疫检验报告单

对应申报号		样木编号		取样日期	
植物名称		品种名称		取样部位	
检验方法					
检验结果					
备　　注					
检验人(签名) 审核人(签名)				单位盖章 年　　月　　日	

8 疫情处理

8.1 发现检疫性有害生物，由植物检疫机构签发《植物检疫处理通知书》(表4)，通知管理人进行处理，并派人监督执行。

表4 植物检疫处理通知书

检(　　)字第　　号

单　位			
联系人		联系电话	
植物名称		种植地点	
种植面积		种苗数量	kg(株)
检验结果			
处理意见			
检疫员(签字)：　　站长(签字)：　　植物检疫站(盖章) 年　月　日			
注：第一联交申报单位(人)，第二联留植物检疫机关。			

8.2 发现柑桔黄龙病病株，应立即挖除烧毁，并喷药防治苗圃及其周围的柑桔木虱。

8.3 发现柑桔溃疡病病株，应立即挖除烧毁，对周围苗圃连续2～3年在春梢、秋梢萌发期监测，并选用可杀得、叶青双等杀菌剂喷药保护。

8.4 严格禁止柑桔大实蝇、蜜柑大实蝇、柑桔小实蝇发生区内的苗木外运。

9 签证

经田间产地检疫和必要的室内检验，未发现柑桔黄龙病、柑桔溃疡病、柑桔大实蝇、蜜柑大实蝇、柑桔小实蝇的苗木、枝条可签发《产地检疫合格证》(见表5)，此证只证明该批苗木接穗不带本规程规定的检疫性有害生物，调运时，需要根据调入地检疫要求确定是否进一步检疫或直接签发检疫证书。

表 5　产地检疫合格证

有效期至　　年　月　日

检疫日期　　年　月　日　　　　　　　　　　　　　　　　（　　）检（　　）字第　　号

作物名称		品种名称	
种植面积		田块数目	
种苗数量	kg(株)	种苗来源	
种植单位		负 责 人	
检疫结果	签发机关(盖章)　　　　检疫员		
注 1：本证第一联交生产单位凭证换取植物检疫证书，第二联留存检疫机关备查。 注 2：本证不作《植物检疫证书》使用。			

附 录 A
（规范性附录）
繁殖材料的采集和消毒技术

A.1 种子消毒

A.1.1 器材

超级恒温器，1台；水桶，1个；保温茶桶，1个；煮水锅，1个；种子铁网笼（或纱网袋），1个；标准温度计，1支；普通温度计，1支。

A.1.2 消毒步骤

A.1.2.1 在恒温器内注入55℃～56℃热水，并使之自动控制在55℃±0.3℃之内，若用保温茶桶注入水温略高一点的热水，使桶内水温达到55℃～57℃（不高于57℃）；

A.1.2.2 柑桔种子用铁网或纱网袋装好，置于50℃～52℃热水中预浸5 min～6 min；

A.1.2.3 取出立即投入恒温器或保温茶桶内，投入种子后注意并记录水温变化，使水温保持在55℃±0.3℃之内处理50 min；

A.1.2.4 处理完毕取出立即摊开冷却，稍晾干，即可播种或贮藏。

A.1.3 其他

凡接触已消毒种子的人员，必须先用肥皂洗手，盛种子器皿不带柑桔溃疡病菌。

A.2 接穗采集和消毒

A.2.1 采集

接穗采自无病区、病区内隔离健康老树和6年生以上无病果园中的健康植株。

A.2.2 消毒

A.2.2.1 器材

水桶，1个；水盘，1个；消毒用塑料盘（或桶）4个；方盘2个；放大镜3个；500 mL量筒（或量杯）1个；四环素若干；链霉素若干；酒精适量；草纸适量。

A.2.2.2 消毒步骤

A.2.2.2.1 用放大镜逐条检查接穗，淘汰带病虫芽条；

A.2.2.2.2 配1 000单位/mL盐酸四环素液备用；

A.2.2.2.3 把接穗置于四环素液中浸2 h，浸渍过程中需经常捣动接穗，驱除接穗切口、叶痕和芽眼上的气泡，浸渍后用清水冲洗，然后取出转入A.2.2.2.4；

A.2.2.2.4 在700单位/mL硫酸链霉素和1%乙醇的混合液中浸30 min，取出静置20 min～30 min，清水冲洗，摊开，晾干表面水分，用清洁草纸包装保湿贮藏或嫁接。

A.2.3 其他

凡需接触消毒后接穗的人员，必须先用肥皂水洗手，包装材料不带柑桔溃疡病菌。

附 录 B
（规范性附录）
母本园接穗消毒技术

B.1 器材

恒温接穗消毒箱或超级恒温器，1 台；水桶，1 个；链霉素，200 万单位；量筒（500 mL），1 个；标准温度计，1 只；普通温度计，1 只；清洁草纸；纱布；放大镜，3 个。

B.2 消毒步骤

B.2.1 用放大镜仔细检查接穗，除去带病斑的芽条。

B.2.2 消毒箱加温（水浴加温），使箱内湿热空气达 49℃，并保持 49℃±0.3℃。

B.2.3 把接穗倒置放入消毒箱内，迅速加盖，待温度回升至 49℃时，开始计算处理时间，保持 49℃±0.3℃，并维持 50 min。

B.2.4 处理完毕，把接穗立即取出，转入 38℃～40℃含 1% 乙醇的 700 单位/mL 链霉素溶液中（即每 100 mL 链霉素加入 1 mL 乙醇），浸 30 min。

B.2.5 取出后在洁净的器皿上放置 20 min～30 min，冲洗，表面水分晾干后用纱布保存待用。

附 录 C
（规范性附录）
柑桔检疫性有害生物识别鉴定

C.1 柑桔溃疡病

C.1.1 症状检查

C.1.1.1 叶片症状：病斑初时针头大、黄白色、油渍状，扩大后叶片病斑两面隆起，中心破裂，呈海绵状，灰白色，后来病部木栓化，表面粗糙，呈灰褐色火山口状开裂。病斑多近圆形，坏死区外可见圈，周围有黄色晕环，老叶上病斑的黄色晕环有时不明显。

C.1.1.2 枝条症状：病斑近圆形，灰褐色表面粗糙、突起、无黄色晕环，几个病斑常连成不规则的斑块。干燥情况下，溃疡病斑海绵状、木栓化，隆起、表面破裂；表面完整，边缘油渍状。抗性品种在病健交界处形成愈伤组织层，通过用刀切去外部软木塞状物质而留下粗糙表面，可以确认为溃疡病。

C.1.2 病理解剖

选取新鲜幼小病斑，从病健交界处徒手切成薄片，滴一滴蒸馏水进行镜检，若有呈雾状菌浓溢出，见到组织细胞溃烂，形成空腔，病健部组织之间无离层，可确定为溃疡病。

C.1.3 分离

C.1.3.1 取小块病组织用无菌水冲洗后放入 0.5 mL～2.0 mL 无菌水，用灭菌玻棒研碎，在室温下浸泡 15 min～20 min，将抽提液在营养琼脂培养基上划线分离。在看不到症状的情况下，用无菌水洗涤叶片（10 片以上），离心浓缩后做适当稀释，在 28℃ 人工培养基上（20 个培养皿以上划线）培养，挑取单菌落。

C.1.3.2 适宜的分离培养基为 BPG（牛肉浸膏 3.0 g，蛋白胨 5.0 g，葡萄糖 2.5 g，琼脂 16.0 g）。

C.1.3.3 柑桔溃疡病菌培养基上，菌落圆形，黄色，有光泽，全缘，稍隆起，粘稠。菌体短杆状，常连成链状，大小为（0.5～0.7）μm×（1.5～2.0）μm，两端圆，极生单鞭毛，能运动，有荚膜，无芽孢，革兰氏染色阴性。

C.1.4 离体叶片富集

采集温室中生长的感病品种柑桔苗的幼顶叶，用自来水冲洗 10 min，1% 次氯酸钠溶液表面消毒 1 min～4 min，在无菌条件下用灭菌蒸馏水彻底冲洗，然后针刺叶片背面造成伤口，背面朝上放于盛有 1% 水洋菜的培养皿中，每个伤口（5 个～10 个针眼）加 10 μL～20 μL 病斑水抽提液，在 25℃～30℃ 有光条件下培养 5 天～7 天后，观察针刺伤口的反应，通常一周内形成典型的组织迸裂症状。如果需要做菌原分离，方法同上。

C.1.5 血清学检验

C.1.5.1 抗血清制备：由经检疫机构确认的单位统一提供标准抗血清。

C.1.5.2 酶联检测（ELISA）：由经检疫机构确认的单位提供诊断试剂盒，按统一方法检测。

C.1.5.3 免疫荧光测定（IF）：由经检疫机构确认的单位提供诊断试剂盒，按统一方法检测。

C.1.6 致病性鉴定

用分离培养得到的可疑菌或血清学鉴定阳性菌株，接种感病柑桔的苗木，最终鉴定柑桔溃疡病。

C.2 柑桔黄龙病

C.2.1 主要诊断依据是田间出现的“叶片斑驳型黄化”和“黄梢”。叶片斑驳型黄化即叶片转绿后从主、侧脉附近和叶片基部开始黄化，黄化部分扩展形成黄绿相间分布不均的斑驳，后来可以全叶黄化。黄梢即在发病初期，绿色树冠上少部分新梢枝叶片黄化。

C.2.2 田间症状难以确诊的，可采集样本送检疫实验（检验）室，运用 PCR 技术进行检测。

C.3 柑桔大实蝇

C.3.1 用肉眼或低倍放大镜检查柑桔苗圃周围桔园果实外部有无产卵孔、幼虫脱果孔。

C.3.1.1 产卵孔：因品种不同，表现症状各不相同。

甜橙：产卵孔多在果腰或腰脐之间，其周围果皮呈乳状凸起，凸起部分果皮油胞细密，光滑，手触顶手；中央内缩下陷呈黑色小孔，四周有木栓化白色放射状裂纹；被害果产卵孔附近有未熟先黄，黄中带红的现象。

红桔：产卵孔多在脐部，但也有在果腰的。产卵孔周围果皮不凹陷，微凸，呈一小黑点，手触微有顶手感，有未熟先黄现象。

柠檬：产卵孔多在果腰部，其周围果皮微凸，有一个小黑点，手触微顶手感。果实未见未熟先黄现象。

柚子：产卵孔多在蒂部，其周围果皮向内呈圆形或长椭圆形凹陷，中央内缩呈暗色深孔，个别有木栓化灰白色小裂纹。未熟先黄现象不明显。

注意与蜡象为害及机械刺伤的区别。蜡象危害及机械刺伤刺点不突出，也不凹陷，横剖白皮层无晕圈，瓤瓣完整。

C.3.1.2 脱果孔：孔内大外小，深达瓤瓣，外缘整齐光滑（注意与吸果夜蛾成虫刺孔的区别：吸果夜蛾刺孔内外大小一致，边缘多数整齐，有时有汁液溢出。与卷叶蛾幼虫蛀孔的区别：卷叶蛾幼虫蛀孔外大内小，一般只达白皮层，边缘呈啃齿状，有时有白色丝状物）。

C.3.2 幼虫：体长 15 mm～17 mm，圆锥形，前小后大，乳白色，光亮。前气门扇形，前缘中间下凹，有 30 个左右的指突（注意与蜜柑大实蝇幼虫的区别。蜜柑大实蝇幼虫前气门“T”字形，两边略弯曲，有 33 个～35 个指突，与小实蝇的区别在于小实蝇的幼虫前气门呈环柱形，有 10 个～13 个指突），后气门肾脏形，气门板上有 3 个长椭圆形裂口，外侧有 4 丛细毛群（外露气管丛），内侧中间 1 个扣状突（蜜柑大实蝇有 5 丛细毛群；柑桔小实蝇后气门新月形，外侧 4 丛细毛群特多，内侧扣状突较大而明显）。

C.3.3 成虫：体长 12 mm～13 mm（不包括产卵器），翅展 20 mm～24 mm。黄褐色。胸部背面具鲜黄色和黑褐色条纹，常在正中构成“人”字形纹。胸部具有肩板侧鬃 1 对，背侧鬃前后各 1 对，后翅上鬃 2 对，小盾鬃 1 对。腹部卵圆形，背面中央有一黑色纵纹与第 3 腹节前缘黑色横纹交叉成“十”字形纹。雌虫背面可见 5 节，产卵器 3 节，基节膨大，与腹部等长，后 2 节狭小，但长于腹部第 5 节（蜜柑大实蝇产卵器基节长度为腹部之半，后 2 节短于腹部第 5 节）。雄虫背面可见 6 节，末节短小。

C.3.4 蛹：蛹长 8 mm～10 mm，圆筒形，黄褐色，幼虫前后气门遗痕依然存在。

C.4 蜜柑大实蝇

C.4.1 成虫：长 10 mm～12 mm，与柑桔大实蝇极相似，不同之处在于具前翅上鬃 1 对～2 对，肩板鬃常 2 对，中对较粗、发达、黑色。产卵器基节长仅为腹长之半，其后方狭小部分短于第 5 腹节。

C.4.2 幼虫：前气门宽阔，呈“T”字形，外缘较平直，微曲，有指突 33 个～35 个，后气门裂口周围有细毛群 5 丛（2、3 龄幼虫）。

C.4.3 蛹：蛹体长 8.0 mm～9.8 mm，宽 3.8 mm～4.5 mm，椭圆形，黄褐色至淡黄色。

C.5 柑桔小实蝇

C.5.1 成虫：长 7 mm～8 mm，带深黑色，胸背具小盾前鬃 1 对。腹部较粗短，背面中央黑色纵纹仅限于第 3 节～第 5 节上。产卵器较短小。

C.5.2 幼虫：前气门较窄小，略呈环柱形，前缘有指突 10 个～13 个，排列成行。后气门新月形，具 3 个长形裂口，其外侧有 4 丛细毛，每丛细毛特多。

C.5.3 蛹：蛹椭圆形，长 5 mm，宽 2.5 mm，淡黄色，前端有前气门残留的突起，后端后气门处稍收缩。

ICS 65.020.40
B 21

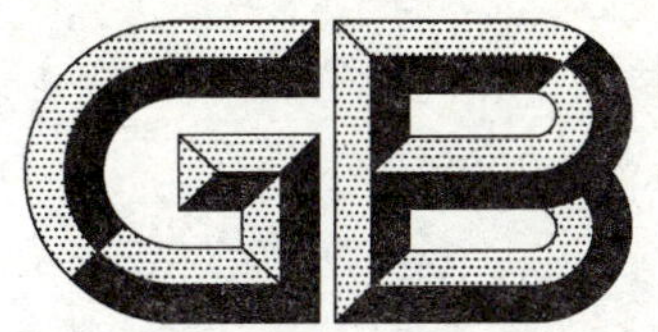

中华人民共和国国家标准

GB 7331—2003
代替 GB 7331—1987

马铃薯种薯产地检疫规程

Plant quarantine rules for potato seed tubers producing areas

2003-06-02 发布　　　　2003-11-01 实施

中华人民共和国
国家质量监督检验检疫总局　发布

前　言

本标准代替 GB 7331—1987《马铃薯种薯产地检疫规程》。

鉴于我国马铃薯种薯生产的组织形式、马铃薯的检疫性、限定非检疫性有害生物的种类、检测检验技术等都发生了变化，为了适应新形势，对 GB 7331—1987 进行修订。修订后的规程在适用范围中增加了私营农场、农户；检疫性有害生物中增加了 1995 年农业部新公布的检疫对象——马铃薯甲虫；限定非检疫性有害生物增加了国际马铃薯检验标准中列入的马铃薯青枯病。在检疫性有害生物的防疫措施、药剂防治、田间鉴别等方面，增加了马铃薯甲虫和马铃薯青枯病的内容。为了和国际接轨，规程引进了国际检疫措施标准中关于非疫产地及非疫生产点理念。名词术语和概念与有关国际标准保持一致。

本标准的附录 A、附录 C、附录 D 为规范性附录，附录 B 为资料性附录。

本标准由中华人民共和国农业部提出。

本标准由农业部种植业管理司归口。

本标准负责起草单位：全国农业技术推广中心、农业部马铃薯检测中心、四川省植物检疫站、甘肃省植保植检站、陕西省植保工作总站、四川省凉山州植保植检站。

本标准主要起草人：李先誉、李学湛、宁红、贾迎春、杨桦、王成华。

本标准委托全国农业技术推广服务中心负责解释。

本标准 1987 年首次发布，本次为第一次修订。

马铃薯种薯产地检疫规程

1 范围

本标准规定了马铃薯种薯产地的检疫性有害生物和限定非检疫性有害生物种类、健康种薯生产、检验、检疫、签证等。

本标准适用于实施马铃薯种薯产地检疫的检疫机构和所有繁育、生产马铃薯种薯的各种单位(农户)。

2 术语和定义

下列术语和定义适用于本标准。

2.1

产地

因植物检疫的目的而单独管理的生产点。

2.2

产地检疫

植物检疫机构对植物及其产品(含种苗及其他繁殖材料,下同)在原产地生产过程中的全部工作,包括田间调查、室内检验、签发证书及监督生产单位做好选地、选种和疫情处理工作。

2.3

有害生物

任何对植物或植物产品有害的植物、动物或病原物的种、株(品)系或生物型。

2.4

限定有害生物

一种检疫性有害生物或限定非检疫性有害生物。

2.5

检疫性有害生物

对受其威胁的地区具有潜在经济重要性、但尚未在该地区发生,或虽已发生但分布不广并进行官方防治的有害生物。

2.6

限定非检疫性有害生物

一种非检疫性有害生物,但它在供种植的植物中存在,危及这些植物的预期用途而产生无法接受的经济影响,因而在输入方境内受到限制。

2.7

马铃薯健康种薯

按照本规程所列方法进行检查和检验,未发现检疫性有害生物,限定非检疫性有害生物发生率符合本规程所定标准的种薯及种苗。

2.8

脱毒种薯

应用茎尖组织培养技术繁育马铃薯脱毒苗,经逐代繁育增加种薯数量的种薯生产体系生产出来用于商品薯的合格种薯。

3 检疫性有害生物及限定非检疫性有害生物

3.1 检疫性有害生物：

马铃薯癌肿病 *Synchytrium endobioticum*(Schilb)Per.

马铃薯甲虫 *Leptinotarsa decemlineata*(Say)

3.2 限定非检疫性有害生物：

马铃薯青枯病菌 *Pseudomonas solanacearum*

马铃薯黑胫病菌 *Erwinia carotovors*

马铃薯环腐病菌 *Clavibacter michiganensis*

3.3 各省补充的其他检疫性有害生物。

4 健康种薯生产

4.1 种薯种植地的选择

4.1.1 种薯地应选在无检疫性有害生物发生的地区，或非疫生产点。

4.1.2 繁育者于播种前一月内向所在地植物检疫机构申报并填写"产地检疫申报表"(见表1)。

表1 产地检疫申报表

申报号：

作物名称：

申报单位(农户)： 联系人： 联系电话： 地址：

种植地点	种植地块编号	种植面积/667 m²(亩)	品种	种苗来源	预计播期	预计总产量/kg	隔离条件
合计							
植物检疫机构审核意见： 审核人： 植物检疫专用章 年 月 日							
注1：本表一式二联，第一联由审核机关留存，第二联交申报单位。 注2：本表仅供当季使用。							

4.2 种薯的生产

4.2.1 以脱毒种薯或以三圃提纯复壮后的优良种薯生产合格的种薯，均需附有产地检疫合格证(见表2)。

表 2 产地检疫合格证

有效期至　　　　　年　　月　　日

检疫日期　　　　　年　　月　　日　　　　　　　　　　　　　　　　（ ）检（ ）字第　号

作物名称		品种名称	
种植面积		田块数目	
种苗产量	kg(株)	种苗来源	
种植单位		负责人	
检疫结果	经田间调查和实验室检验，未发现规程规定的限定有害生物，符合马铃薯健康种薯标准，准予作种用。 签发机关（盖章）　　　　检疫员		
注 1：本证第一联交生产单位凭证换取植物检疫证书，第二联留存检疫机关备查。 注 2：本证不作《植物检疫证书》使用。			

4.2.2　播种前将种薯在室温下催芽 3 周左右，以汰除暴露出来的病薯。

4.2.3　若切块播种，必须进行切刀消毒，方法见附录 A。

4.3　防疫措施

4.3.1　马铃薯癌肿病发生区

应在与其他作物轮作的地块，采用脱毒薯作种薯或以抗病品种为主，高畦种植，并彻底拔除隔生薯。

4.3.2　马铃薯害虫发生区

4.3.2.1　种薯繁育地必须实行轮作；播种时用有效药剂对土壤进行消毒。

4.3.2.2　除提前 10 天左右种植马铃薯或天仙子为诱集带外，种薯地周围 2 km 不得种植马铃薯和茄科植物。

4.3.2.3　诱集带要专人管理，发现马铃薯害虫及时捕灭。

4.3.3　疫情处理

4.3.3.1　发现本规程所列检疫性有害生物，必须立即采取防除措施，全部拔除已感染植株并销毁。

4.3.3.2　如发现马铃薯癌肿病病株，必须挖出母薯及已成型的种薯，深埋或销毁。

4.3.3.3　如发现马铃薯害虫类，必须喷药处理土壤，种薯不得带土壤，不得用马铃薯及其他茄科植物的蔓条包装铺垫。

4.3.4　药剂保护

4.3.4.1　防治马铃薯癌肿病：用 25% 粉锈灵可湿性粉（或乳油）叶面喷雾；25% 粉锈灵可湿性粉每 667 m^2 400 g～500 g 拌细土 40 kg～50 kg，于播种时盖种，或于出苗 70% 及初现蕾时配成药液 60 kg，各进行一次喷雾，防止马铃薯癌肿病的发生。

4.3.4.2　防治马铃薯害虫类：2.5% 敌杀死、20% 杀灭菌酯 5 000 倍左右喷雾杀虫。

4.3.4.3 出苗后3天～4天开始用药剂常规喷雾，预防晚疫病，保证田间检查和疫情处理准确进行。

4.3.5 窖藏管理

4.3.5.1 入窖前15天～30天严格汰除病、虫、烂、伤、杂、劣种薯，并经常翻晾。

4.3.5.2 贮藏窖容器要消毒，不同级别不同品种分别贮藏。

4.3.5.3 通风窖贮存，贮量不超过窖内空间的三分之一。窖内温度保持在1℃～3℃为宜，相对湿度75%左右。

4.3.5.4 "死窖贮藏"，冬季封好窖，严防受冻或受热烂薯。

5 检验和签证

5.1 马铃薯种薯的检验

以田间调查为主，必要时进行室内检验。

5.1.1 田间调查

5.1.1.1 调查时期：分别于苗高20 cm～25 cm、盛花期、收获前两周各检查一次。

5.1.1.2 调查方法：在进行全面调查的基础上，根据不同面积随机选点，667 m^2 以下地块检查200株，667 m^2 以上的地块检查总株数不得少于500株。

5.1.1.3 危害及症状鉴别：田间病株和薯块症状，以肉眼观察为主，参见附录B。

5.1.1.4 调查结果记入田间调查记录表(见表3)。

表3 马铃薯病虫害田间调查记录表

<table>
<tr><th colspan="3">检查项目</th><th colspan="3">检查次数</th><th>薯块
(收获及入窖前)</th><th>检查人员意见</th></tr>
<tr><td colspan="3">日期</td><td>一</td><td>二</td><td>三</td><td></td><td></td></tr>
<tr><td colspan="3">检查方法</td><td></td><td></td><td></td><td></td><td></td></tr>
<tr><td colspan="3">检查数量</td><td></td><td></td><td></td><td></td><td></td></tr>
<tr><td rowspan="10">病虫害发生情况</td><td rowspan="2">马铃薯癌肿病</td><td>株/块</td><td></td><td></td><td></td><td></td><td></td></tr>
<tr><td>%</td><td></td><td></td><td></td><td></td><td></td></tr>
<tr><td rowspan="2">马铃薯青枯病</td><td>株/块</td><td></td><td></td><td></td><td></td><td></td></tr>
<tr><td>%</td><td></td><td></td><td></td><td></td><td></td></tr>
<tr><td rowspan="2">马铃薯甲虫</td><td>株/块</td><td></td><td></td><td></td><td></td><td></td></tr>
<tr><td>%</td><td></td><td></td><td></td><td></td><td></td></tr>
<tr><td rowspan="2">马铃薯黑胫病</td><td>株/块</td><td></td><td></td><td></td><td></td><td></td></tr>
<tr><td>%</td><td></td><td></td><td></td><td></td><td></td></tr>
<tr><td rowspan="2">马铃薯环腐病</td><td>株/块</td><td></td><td></td><td></td><td></td><td></td></tr>
<tr><td>%</td><td></td><td></td><td></td><td></td><td></td></tr>
<tr><td colspan="3">调查点</td><td></td><td></td><td></td><td></td><td></td></tr>
</table>

5.1.2 室内检验

5.1.2.1 田间不能确诊的植株(或薯块)，需采集标本作室内检验。方法见附录C。

5.1.2.2 检验结果填入产地检疫送检样品室内检验报告单(见表4)。

表 4　产地检疫送检样品室内检验报告单

送样人：

<table>
<tr><td>对应申报号：</td><td>样本编号：</td><td>取样日期：</td></tr>
<tr><td>作物名称：</td><td>品种及级别：</td><td>取样部位：</td></tr>
<tr><td colspan="3">检验方法：</td></tr>
<tr><td colspan="3">检验结果：</td></tr>
<tr><td colspan="3">备注：</td></tr>
<tr><td colspan="3">检验人(签名)：
审核人(签名)：
植物检疫专用章
年　月　日</td></tr>
</table>

5.2　签证

凡经田间调查和室内检验未发现检疫性有害生物及限定非检疫性有害生物，或最后一次田间调查(含前两次调查曾发现病株已作彻底的疫情处理)限定非检疫性有害生物病株率0.2%以下，发给产地检疫合格证。

5.3　其他要求

5.3.1　以当地植物检疫机构为主，种子管理部门和繁种单位予以配合。

5.3.2　详细填写种苗(薯)产地检疫档案卡，见附录D。

附 录 A
（规范性附录）
切刀消毒操作程序

A.1 器材

切刀：2 把；

搪瓷盆（或塑料大盆）：2 个；

大筐（或苇席）1 个（或领）；

消毒药液：2 000 mL（0.1%酸性升汞、0.1%高锰酸钾、75%乙醇、5%碳酸任选一种即可）。

A.2 操作程序

A.2.1 将兑好的药液倒入盆中，将切刀片浸入药液中。

A.2.2 先取出一把切刀，切一个种薯后，刀放回药液，取另一把切刀切完一个种薯后，再将刀放入药液，如此两把刀交替使用。

A.2.3 切薯块时，边切边观察切面，发现病薯或可疑薯块全部淘汰。

A.2.4 切好的薯块放在清洁大筐里（或苇席上）备用。

附 录 B
（资料性附录）
马铃薯有害生物田间症状鉴别

B.1 马铃薯病害田间症状鉴别

见表 B.1。

表 B.1 马铃薯真、细菌类有害生物田间症状表

发病部位	马铃薯癌肿病	马铃薯青枯病	马铃薯环腐病	马铃薯黑胫病
植株	主枝与分枝，分枝与分枝或枝叶的腋芽茎尖等处，长出一团团密集的卷叶状的瘤，形似花叶状，绿色后变褐，最后变黑，腐烂脱落，茎杆花梗上和叶背花萼背面长出无叶柄的、绿色有主脉无支脉的丛生小叶。	初期植株部分萎蔫，微黄。晚期严重萎蔫，变褐，叶片干枯至死。横切茎面可见微管束变黑，有灰白色粘液渗出。	现蕾后陆续出现萎蔫型顶叶变小，叶缘向上卷曲，叶色变淡呈灰绿，茎杆一支或数支萎蔫，垂倒黄化枯死，但枯死后叶片不脱落。	苗期 20 cm～25 cm 始表现植株矮化，叶片退绿黄化，茎部呈黑腐，表皮组织破裂，后期形成黑脚。
薯块	匍匐茎，薯块形成形状不一的瘤，肉质易断，乳白或似薯色，渐粉—褐—黑腐。	病薯切开有灰白色粘液渗出。严重时腐烂。	尾脐部皱缩凹陷，可挤出乳黄色菌脓，多有皮层分裂。	病组织呈灰黑色，并常形成黑孔。

B.2 马铃薯甲虫的田间鉴别

B.2.1 成虫:体短卵圆形,长 9 mm~11 mm 左右,体宽 6 mm~7 mm,背部明显隆起,红黄色,有光泽。每鞘翅上有 5 条黑色纵纹。

B.2.2 卵:卵块状,每块一般 24 粒~34 粒,多的可达 90 粒,壳透明,略带黄色,有光泽,卵与卵之间为一椭圆形斑痕。卵产于马铃薯及其他寄主叶背面。

B.2.3 幼虫:背部显著隆起,体色随虫龄变化,由褐──→鲜红──→粉红或橘黄。背部显著隆起,两侧有两行大的暗色骨片,腹节上的骨片呈瘤状突起。

附 录 C
(规范性附录)
几种主要真、细菌病害的室内检验方法

C.1 马铃薯癌肿病的室内检验

C.1.1 显微镜检验

用接种针挑取病组织或作横断面切片,在显微镜下观察,若发现病菌原孢囊堆、夏孢子堆或休眠孢子囊者,为马铃薯癌肿病。

C.1.2 染色法

C.1.2.1 将病组织放在蒸馏水中浸泡半小时。

C.1.2.2 用吸管吸取上浮液一滴放在载玻片上。

C.1.2.3 加 1%的锇酸液或 0.1%升汞水一滴固定,在空气中干燥,再用 1%酸性品红或 1%~5%龙胆紫一滴染色 1 min。

C.1.2.4 洗去染液镜检,若见到单鞭毛的游动孢子即为阳性。

C.2 马铃薯环腐病的室内检验

C.2.1 革兰氏染色(Gram Stain)

C.2.1.1 试验设备

显微镜、载玻片、酒精灯。

C.2.1.2 试剂

试剂为分析纯,用无菌水配置:

a) 龙胆紫染色液:2.5 g 龙胆紫加水到 2 L;
b) 碳酸氢钠:12.5 g 碳酸氢钠加水到 1 L;
c) 碘媒染液:2 g 碘溶解于 10 mL 1 mol/L 氢氧化钠溶液中,加水到 100 mL;
d) 脱色剂:75 mL 95%乙醇加 25 mL 丙酮,并定容至 100 mL;
e) 碱性品红复染液:取 100 mL 碱性品红(95%乙醇饱和液),加水到 1 L。

C.2.1.3 取样制备涂片

所有实验用具都用 70%酒精擦拭灭菌。

C.2.1.3.1 鉴定植株:植株从地表上方 2 cm 处割断,用镊子挤压直至切口流出汁液,取汁液一滴滴于载玻片上(无汁液用镊子取维管束附近碎组织于载玻片上,加一滴无菌水移去碎组织),加无菌水一滴稀释,风干后用火焰烘烤 2 次~3 次固定。

也可从切口处切下 0.5 cm 厚的茎切片,在小研钵中研磨,取一滴汁液按上法固定。

C.2.1.3.2 鉴定块茎:将待检块茎切开,按上法取汁、固定。

C.2.1.4 涂片染色

滴1滴龙胆紫与碳酸氢钠等量混合液(现用现配)于涂片上,染色20 s。

滴1滴碘媒染液染20 s,滴水洗涤。

滴1滴乙醇、丙酮脱色液,脱色5 s~10 s,滴水洗涤。

滴1滴碱性品红溶液复染2 s~3 s,风干。

C.2.1.5 镜检和结果判定

用1 000倍~1 500倍显微镜镜检,呈蓝紫色的单个或2~4个集聚的短杆状菌体为革兰氏阳性细菌,为环腐病原菌,染成粉红的即可排除环腐病细菌,判定为革兰氏阴性反应。

C.3 马铃薯青枯病的室内检验

用酶联检测盒进行检测(参考国际马铃薯中心CIP提供的硝酸纤维素膜酶联免疫吸附测定法NCM-ELISA)。

操作硝酸纤维膜,指纹会造成假阳性反应,所以始终应带手套或用镊子操作。

附 录 D

(规范性附录)

种苗(薯)产地检疫档案卡

地块:

<table>
<tr><td rowspan="3">检验日期</td><td rowspan="3">作物</td><td rowspan="3">品种</td><td rowspan="3">种苗来源</td><td rowspan="3">播种日期</td><td colspan="8">田间检查发现病株率</td><td>室内检验结果</td></tr>
<tr><td colspan="8">限定有害生物编号</td><td>阳性编号</td></tr>
<tr><td>1</td><td>2</td><td>3</td><td>4</td><td>5</td><td>6</td><td>7</td><td>8</td><td></td></tr>
<tr><td rowspan="2"></td><td rowspan="2"></td><td rowspan="2"></td><td rowspan="2"></td><td rowspan="2"></td><td rowspan="2"></td><td rowspan="2"></td><td rowspan="2"></td><td rowspan="2"></td><td rowspan="2"></td><td rowspan="2"></td><td rowspan="2"></td><td rowspan="2"></td><td>检查人</td></tr>
<tr><td>备注</td></tr>
<tr><td colspan="14">注:有害生物编号为:
1——马铃薯癌肿病;
2——马铃薯甲虫;
3——马铃薯青枯病;
4——马铃薯黑胫病;
5——马铃薯环腐病。</td></tr>
</table>

ICS 65.020.01
B 16

中华人民共和国国家标准

GB 7411—2009
代替 GB 7411—1987

棉花种子产地检疫规程

Quarantine protocol for cotton seeds in producing areas

2009-04-27 发布 2009-10-01 实施

中华人民共和国国家质量监督检验检疫总局
中国国家标准化管理委员会 发布

前　言

本标准的全部技术内容为强制性。

本标准代替 GB 7411—1987《棉花原(良)种产地检疫规程》。

本标准与 GB 7411—1987 相比主要变化如下：

——修改了标准的中、英文名称、标准结构、部分术语；

——对棉花种子产地检疫的程序，其调查检测、室内监测及疫情处理等方面进行了补充规定。

本标准的附录 C、附录 D、附录 H 为规范性附录，附录 A、附录 B、附录 E、附录 F、附录 G 为资料性附录。

本标准由全国植物检疫标准化技术委员会提出并归口。

本标准起草单位：全国农业技术推广服务中心、湖北省植物保护总站。

本标准主要起草人：王玉玺、许红、刘慧、刘元明、朱莉。

本标准所代替标准的历次版本发布情况为：

——GB 7411—1987。

棉花种子产地检疫规程

1 范围

本标准规定了棉花种子产地检疫的程序和方法。

本标准适用于各级植物检疫机构对棉花种子繁育基地实施产地检疫。

2 术语和定义

下列术语和定义适用于本标准。

2.1

检验 inspection

对植物、植物产品或其他限定物进行官方的直观检查以确定是否存在有害生物，是否符合植物检疫法规。

2.2

检测 test

对确定是否存在有害生物或为鉴定有害生物而进行的除目测以外的官方检查。

2.3

检疫性有害生物 quarantine pests

对受其威胁的地区具有潜在经济重要性、但未在该地区发生，或虽已发生但分布不广并进行官方防治的有害生物。

3 应检疫的有害生物

3.1 国务院农业行政主管部门公布的全国农业植物检疫性有害生物。

3.2 省级农业行政主管部门公布的补充农业植物检疫性有害生物。

4 原理

棉田检疫性有害生物的形态学特征及其寄主范围、地理分布、生物学特性、危害症状和传播途径(参见附录A)是该标准的科学依据。

5 申请受理

5.1 选址受理

根据棉花种子生产单位和个人的申请，依据常规普查和调查结果，决定是否出具产地选址合格检疫证明，对种子生产进行检疫监督指导(参见附录B)。

5.2 产地检疫受理

植物检疫机构审核棉花种子生产单位和个人提出的申请和提供的相关材料，决定是否受理。决定受理的，植物检疫机构制定产地检疫计划。

6 调查检测

6.1 田间调查

6.1.1 调查时间

根据检疫性有害生物发生规律、气候条件和棉花生育期确定调查时间和次数。

棉花黄萎病一般为现蕾开花期和花铃期连阴雨后 7 d～10 d 分别调查 1 次，必要时可增加调查次数。

6.1.2 调查方法

目测调查整个棉花种子的生产基地(点),确定抽样调查田。每个品种抽样面积不低于当地繁种总面积的10%。

棉花黄萎病有针对性的选择地势低洼、易积水、连作棉田作为抽样调查田。

采用平行跳跃式方法取样,间隔4行调查1行,田边留5株设调查点,每点连续调查20株,间隔30株~50株再取第二点调查。每块田取样点数不低于5点,总调查株数不少于100株。

6.2 田间检验

根据检疫性有害生物危害状进行田间现场初步检验,以检疫性有害生物田间为害特征和目测形态特征为依据,能够直接鉴定的,将结果填入《有害生物调查抽样记录表》(见附录C)和《有害生物样本鉴定报告》(见附录D)。

可疑的有害生物取样后妥善保存,在样品袋上记载样品品种名称、种植地点、采集时间、采集人,作室内检测。

棉花黄萎病按照附录A中的A.2.1的症状描述调查,对矮化、落叶等棉花黄萎病疑似棉株选择第三至第六盘未木质化果枝或折断叶柄观察,对符合症状描述的棉株计数,填入《有害生物调查抽样记录表》(见附录C)。疑似棉株装入样品袋中,妥善保存。在样品袋上记载样品品种名称、种植地点、采集时间、采集人。

6.3 田间图像保存

有条件的拍摄产地检疫的对象田分品种全景照片、疑似病株照片、症状特写照片保存。

7 室内检测

7.1 检测方法

可疑的有害生物按照相应的鉴定方法进行室内鉴定,有标准的按照标准进行,没有标准的根据目标有害生物的特点选择常规检测方法。

棉花黄萎病疑似病株,按照附录A、附录E的方法对维管束变色的棉株进行培养、鉴定。

7.2 结果判定

根据检测结果进行检疫结果判定,并将实验室检测鉴定结果填入《有害生物样本鉴定报告》(见附录D)和《检疫检验结果通知单》。必要时保存标本(参见附录F)。

8 疫情处理

经田间调查发现有检疫性有害生物的,指导生产单位和个人实施检疫处理。

对于棉花黄萎病病田种子可在植物检疫部门的监督下进行种子消毒处理后(参见附录G),限制在疫情发生区域内使用,不得调入无病区。

9 签证

9.1 经田间调查或室内检测,未发现检疫性有害生物的棉种生产基地(点),签发《产地检疫合格证》(见附录H)。

9.2 发现检疫性有害生物,经检疫除害处理合格的,发给《产地检疫合格证》;经检疫除害处理不合格的,不签发《产地检疫合格证》,并告知产地检疫申请单位或个人。

10 档案管理

对于在产地检疫工作中的原始调查数据、表格、标本等资料档案妥善保存,保存时间不少于2年。

附 录 A
（资料性附录）
棉花黄萎病症状特征及生物学特性

A.1 分类和命名

A.1.1 棉花黄萎病命名：

——中文名：棉花黄萎病；

——英文名：Verticillium wilt of cotton；

——学名：*Verticillium dahliae* Kleb。

A.1.2 棉花黄萎病属半知菌亚门（Deuteromycotina），丝孢纲（Hyphomycetes），丝孢目（Hyphomycetales），轮枝孢属（*Verticillium*）。

A.2 田间症状和病原形态特征

A.2.1 田间症状

棉花整个生育期都可受害，田间一般现蕾后开始发病，花铃期达到发病高峰，病株叶片萎蔫枯死。常见症状可区分为以下类型：

a) 黄斑型。植株基部叶片先表现症状，逐步向上部发展。发病期，病叶边缘稍向上卷，主脉间出现黄色斑块，形状不规则，后病斑扩大，色泽加深，但主脉及附近叶肉仍保持绿色，成西瓜皮状，病叶不脱落；
b) 叶枯型。病叶有褐色局部枯斑或掌状枯斑，叶片枯死后即脱落，但一般不形成光杆；
c) 急性萎蔫型。在结铃期，大雨过后出现急性症状，叶片主脉间生水浸状褪绿斑，很快萎蔫下垂；
d) 落叶型。病株上部叶片先出现症状，褪绿，向下卷曲，萎垂，迅速脱落，病株枯死前即成光杆，叶片、蕾、幼铃都脱落。

黄萎病病株根、茎部维管束变褐色，但色泽较枯萎病浅。

A.2.2 病原形态特征

在PAD培养基上菌落白色至灰色，绒毛状，产生黑色颗粒状微菌核。分生孢子梗直立，有隔，无色至淡色，(110 μm～130 μm)×2.5 μm，梗上每节轮生3个～4个小梗（轮枝），可有1轮～4轮，顶端也生小梗（顶枝）。小梗尺度(16 μm～35 μm)×(1 μm～2.5 μm)，小梗端部的产孢瓶体连续产生分生孢子，聚集成易散的头状孢子球。分生孢子无色，单胞，椭圆形、圆筒形，大小(2.5 μm～8 μm)×(1.4 μm～3.2 μm)。微菌核不规则球形或长形，黑褐色。大小(50 μm～200 μm)×(15 μm～50 μm)。

A.3 生物学特性和传播途径

A.3.1 生物学特性

棉花黄萎病菌的生长最适温度为20 ℃～25 ℃，在10 ℃～30 ℃都能生长，在33 ℃绝大多数菌株不生长，但也有耐高温菌株，可缓慢生长。土壤含水量20%时有利于微菌核形成，40%以上不利于其形成。微菌核可耐80 ℃高温和−30 ℃低温。微菌核萌发最适温度25 ℃～30 ℃。

A.3.2 传播途径

棉花黄萎病病原菌主要以微菌核在土壤中越冬，也能在棉籽内外、病残体以及带菌的棉籽壳、棉籽饼和未腐熟的土杂肥中越冬。带菌种子是远距离传病的重要途径，此外带菌土壤、粪肥、棉籽饼、棉籽壳、农机具和流水等也是传病途径。

附 录 B
（资料性附录）
棉花种子生产防疫措施

B.1 基地的选择

基地应建立在经严格调查无棉花黄萎病发生的地区。

在棉花黄萎病发生的地区，基地应具有大面积的无病田。无病田周围具有隔离条件（远离交通要道和村庄，周围不与棉田相连，地势稍高），发现检疫对象后能够进行水旱轮作。

B.2 种子的来源和消毒

基地种子来自无病区，有《植物检疫证书》，并经检疫不带检疫对象。

播种前使用有效种子处理剂实施消毒处理。

B.3 防疫措施

基地不承担各种棉花品种（品系）区试任务。

基地内确需引进的新品种和繁殖材料，应报请当地植检部门同意。引进材料进行严格消毒处理后，在隔离观察圃内利于发病的环境条件下，试种2年以上，未发现检疫对象方能在基地内使用。

基地内严禁使用未经热榨的棉饼及其下脚料还田。

防止病区与无病区间流水串灌。

不使用带菌土育苗移栽，营养钵育苗土壤要经过棉隆消毒处理。

禁止从病区引进带菌土的瓜、菜秧苗等。

基地应使用专用农具管理或耕锄、专场晒花、专仓存放、专机轧花。

B.4 疫情处理

发现棉花黄萎病的棉籽不作种用。

严格封锁病田：作好病株标记；拔除并集中销毁病株及病残体，清除杂草寄主；及时消毒处理病点土壤。

附　录　C
（规范性附录）
有害生物调查抽样记录表

表 C.1　有害生物调查抽样记录表

编号：

生产/经营者		地址及邮编	
联系/负责人		联系电话	
调查日期		抽样地点	

样品编号	植物名称（中文名和学名）	品种名称	植物生育期	调查代表株数或面积	植物来源

症状描述：
发生与防控情况及原因：
抽样方法、部位和抽样比例：
备注：

抽样单位（盖章）： 填表人（签名）： 年　月　日	生产/经营者 现场负责人 年　月　日
注：本单一式两联，第一联抽样单位存档，第二联交受检单位。	

附　录　D
（规范性附录）
有害生物样本鉴定报告

表 D.1　有害生物样本鉴定报告

编号：

<table>
<tr><td>植物名称</td><td colspan="3"></td><td>品种名称</td><td></td></tr>
<tr><td>植物生育期</td><td></td><td>样品数量</td><td></td><td>取样部位</td><td></td></tr>
<tr><td>样品来源</td><td></td><td>送检日期</td><td></td><td>送检人</td><td></td></tr>
<tr><td>送检单位</td><td colspan="3"></td><td>联系电话</td><td></td></tr>
<tr><td colspan="6">检测鉴定方法：</td></tr>
<tr><td colspan="6">检测鉴定结果：</td></tr>
<tr><td colspan="6">备注：</td></tr>
<tr><td colspan="6">鉴定人（签名）：
审核人（签名）：
鉴定单位盖章：
年　　月　　日</td></tr>
<tr><td colspan="6">注：本单一式三份，检测单位、受检单位和检疫机构各一份。</td></tr>
</table>

附 录 E
（资料性附录）
棉花黄萎病的分离培养与检测

E.1 培养基

2%水琼脂平板培养基：琼脂 20 g，水 1 000 mL。

PSA 平板培养基：马铃薯 200 g，蔗糖 15 g，琼脂 20 g，水 1 000 mL。

棉籽饼粉琼脂培养基：棉籽饼粉 10 g，95%乙醇（酒精）17 mL，链霉素 40 μg/mL，琼脂 7.5 g，水 1 000 mL。

E.2 分离培养与检测

将维管束变色的棉花茎秆剪切成 0.5 cm 长小段，流水冲洗 24 h，或用含 2%～3%有效氯的次氯酸钠液表面消毒 1 min～2 min，无菌水冲洗后，植于 2%水琼脂培养基平板上，在 22 ℃～25 ℃下培养 10 d～15 d。用解剖镜检查病茎秆段端部有无轮枝状分生孢子梗产生。如有，则移植到 PSA 培养基平板上，继续培养。若生成微菌核，则为大丽轮枝饱。也可以将表面消毒的病茎秆，植床于棉籽饼粉琼脂培养基平板上，培养 10 d～15 d，根据轮枝与微菌核形成，确定为大丽轮枝饱。

E.3 保湿培养与检测

取维管束变色的棉花茎秆若干小段，清洗干净后用 70%乙醇（酒精）浸泡表面消毒 3 min，获 0.1%升汞（升汞 1 g，浓盐酸 2.5 mL，水 1 000 mL）消毒 1 min～3 min，并用消毒水冲洗 3 次。新鲜棉株可以先在 95%乙醇（酒精）中预浸后在酒精灯火焰上烧去残余乙醇（酒精），撕去表皮。将消毒处理后的茎秆剪切成 3 cm～5 cm 长小段，置于滴有无菌水滴的载玻片上，每片放 3 个～4 个，放入垫有双层吸水纸的培养皿内，盖好皿盖，在 22 ℃～22.5 ℃或 27 ℃～30 ℃温箱或室内保湿培养 2 d～5 d，长出白色菌丝体时，挑取少量菌丝于滴有无菌水滴的载玻片水滴中，轻轻搅动分散，在生物显微镜下观察，根据轮枝状孢子梗的形态，确定为大丽轮枝孢。

附　录　F
（资料性附录）
标本制作与保存

F.1　干标本

检疫性有害生物标本晾干后，填写标签，注明标本的来源（寄主，采集时间、地点、品种名称、采集人）以及制作时间、制作人等。标本盒四角放置驱虫剂，置于干燥、阴凉的木柜中保存。

F.2　液浸标本

昆虫幼虫用沸水烫死后立即转入70％乙醇（医用酒精）浸泡保存。

附 录 G
（资料性附录）
棉花种子处理方法

G.1 硫酸脱绒法

G.1.1 机械脱绒

——棉籽泡沫酸脱绒技术：将浓硫酸稀释到8%～10%的浓度后，按酸绒比 1∶6 的硫酸用量，根据棉籽含绒率的高低，加入一定量的发泡剂并进行充分搅拌，在压缩空气的作用下，使混合液泡沫化，依靠棉绒的毛细管作用吸收酸液。

——棉籽稀硫酸脱绒技术：稀硫酸脱绒是将硫酸稀释到浓度 8%～10%后，加入一定量的活化剂，将棉籽与稀硫酸液按 3∶1 左右的比例，在搅拌槽内进行浸泡搅拌，使棉籽全部润湿，然后通过离心机将过剩的酸液分离出来以便重新使用；而棉籽短绒上附着的稀硫酸液只占 10%左右。

将与泡沫酸液混合（或与稀硫酸液混合）的棉籽经过烘干，硫酸液中的水分蒸发，使硫酸浓度增高，碳化棉籽表面短绒；通过摩擦机内部的强烈摩擦作用，磨掉棉籽表面碳化的短绒，成为光籽。

脱绒后的光籽可进行精选和拌药包衣。

G.1.2 手工脱绒

90%工业浓硫酸每 500 g 可脱棉籽 2.5 kg～3.5 kg。

先将晒热后的棉籽放在容积 5 倍于棉种的陶制容器（缸、盆等）内，再将相应量的硫酸徐徐倒入，边倒边拌，直至短绒全部被硫酸溶解（烧掉），棉种呈乌黑发亮即可，一般脱绒时间不超过 15 min。脱绒后立即用大量清水将种子漂洗干净，直至漂洗水不显黄色、没有酸味（用舌尖舔无酸味、不麻舌尖为准）。洗净后的种子直接播种或摊晒干后播种。

G.2 棉籽药剂处理

——拌种方法：选用 50%多菌灵可湿性粉剂，或 70%五氯硝基苯可湿性粉剂，或 70%甲基托布津可湿性粉剂，按棉花种子重量 0.8%的用量拌种；

——浸种方法：选用 50%多菌灵可湿性粉剂 25 g～50 g 或 50%敌克松可湿性粉剂 20 g，加水 400 g～500 g 搓拌棉种 500 g，晾干后播种。或用 5%菌毒清水剂 300 倍～500 倍液浸种 24 h 后，捞取晾干直接播种；

——“402”温浸种法：先将定量的热水倒入水缸中，并将水温调到 65 ℃左右，再按既定的浓度倒入“402”药液，搅拌均匀，最后倒入经硫酸脱绒的棉籽，每 100 kg 干棉籽用 250 kg～300 kg 药液（药液量为棉籽量的 2.5 倍～3 倍）。用麻袋或木盖封严，进行药液温汤浸闷种。在浸闷过程中要搅拌 2 次～3 次，使上下温度一致，始终保持水温在 55 ℃～60 ℃之间，浸闷种半小时即捞出。可以随处理随播种，也可以捞出摊在晒场上晾干备用。

G.3 病点土壤消毒处理技术

棉花生育期间或收花后拔棉杆前，将病株周围的病残体拾净，表土（1.67 cm～3.34 cm 深）收集到病点中心，并以病点为中心标定 1 m^2 处理点，周围作一土埂，内 0 cm～30 cm 土层翻松（有条件的挖走病土），冬前进行药剂处理，药剂处理的方法为：

——棉隆处理：每平方米（40 cm 深）放 50%可湿性粉 140 g 或原粉 70 g，与翻松土混拌均匀，然后加水 15 kg～25 kg 助渗。并用干细土严密封闭病点；

——氯化苦处理：棉花蕾期，每平方米施药时，先在病点打孔 3 个～5 个，孔深 20 cm，孔距病株 20 cm，每孔用吸管注药 10 mL；花铃期，每平方米打孔 9 个～12 个，每孔仍注药 10 mL，然后用土封闭孔口；

——农用氨水处理：含氨 16％的农用氨水 1∶9 倍液每平方米 45 kg。

附　录　H
（规范性附录）
产地检疫合格证

表 H.1　产地检疫合格证

编号：

植物或产品名称		品种名称	
面　　积		数　　量	
产　　地			
生产单位或户主		联 系 人	
单 位 地 址		电　　话	
产地检疫结果： 检疫员(签名)： 年　月　日			
植物检疫机构审定意见 植物检疫机构（检疫专用章） 年　月　日			
注：此证有效期1年，请妥善保存，不得转让，需调运该植物或产品时，凭此证向植物检疫机构办理《植物检疫证书》。			

产地检疫合格证(存根)

编号：

植物或产品名称		品种名称	
面　　积		数　　量	
产　　地			
生产单位或户主		联 系 人	
单 位 地 址		电　　话	
产地检疫结果： 检疫员(签名)： 年　月　日			
植物检疫机构审定意见 植物检疫机构（检疫专用章） 年　月　日			

ICS 65.020.40
B 21

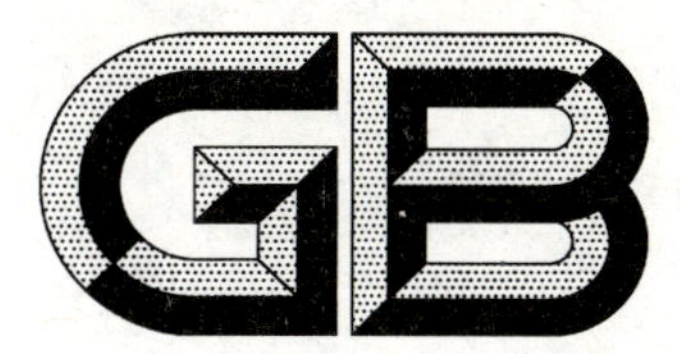

中华人民共和国国家标准

GB 7412—2003
代替 GB 7412—1987

小麦种子产地检疫规程

Plant quarantine rules for wheat seeds in producing areas

2003-06-02 发布

2003-11-01 实施

中华人民共和国
国家质量监督检验检疫总局 发布

前　言

本标准代替 GB 7412－1987《小麦种子产地检疫规程》。

GB 7412－1987《小麦种子产地检疫规程》，已执行了 10 余年，小麦生产形势、限定有害生物发生和检验技术等方面都发生了很大变化，为了适应这些变化，对原标准进行了修订。修订后的标准增加了种子样品的扦样方法、小麦全蚀病菌分离培养技术、小麦矮腥黑穗病菌显微荧光鉴定与孢子萌发试验法、小麦黑森瘿蚊的形态鉴定方法等内容，并对前版标准中一些提法作了适当的修改。

本标准的附录 B 为规范性附录，附录 A 为资料性附录。

本标准由中华人民共和国农业部提出。

本标准由农业部种植业管理司归口。

本标准负责起草单位：全国农业技术推广服务中心。

本标准参加起草单位：农业部小麦玉米质量监督检验测试中心、河南省植保植检站、山东省植保植检站、安徽省植保植检站。

本标准主要起草人：王春林、林芙蓉、商鸿生、王伟新、韩世平、宋姝娥、戴钢、李传礼。

本标准委托全国农业技术推广服务中心负责解释。

本标准 1987 年首次发布，本次为第一次修订。

小麦种子产地检疫规程

1 范围

本标准规定了小麦种子产地的检疫性有害生物和限定非检疫性有害生物种类、健康种子生产、检验和签证等。

本标准适用于实施小麦种子产地检疫的检疫机构和所有小麦种子的繁育单位和个人。

2 术语和定义

下列术语和定义适用于本标准。

2.1

有害生物

任何对植物或植物产品有害的植物、动物或病原物的种、株(品)系或生物型。

2.2

检疫性有害生物

对受其威胁的地区具有潜在经济重要性、但尚未在该地区发生,或虽已发生但分布不广并已进行官方防治的有害生物。

2.3

限定非检疫性有害生物

一种非检疫性有害生物,但它在供种植的植物中存在,危及这些植物的预期用途而产生无法接受的经济影响,因而在输入方境内受到限制。

2.4

检测

为确定是否存在有害生物或为鉴定有害生物种类而进行的,除肉眼检查以外的官方检查。

2.5

调查

在一个地区内为确定有害生物的种群特性(或确定存在的品种情况)而在一定时期采取的官方程序。

2.6

植物检疫

旨在防止检疫性有害生物传入、扩散以及确保其官方控制的一切活动。

2.7

产地检疫

在生长季节对植物和在收获后储藏期间对产品所进行的检疫,包括田间调查、现场检查以及室内检验、签证及疫情监督处理。

2.8

健康种子

经植物检疫部门检验未发现本规程第3章所列限定有害生物的小麦种子。

2.9

繁育地

经植物检疫部门核定作为繁育健康种苗的地块。

3 检疫性有害生物和限定非检疫性有害生物

3.1 检疫性有害生物：

小麦矮腥黑穗病菌 *Tilletia controversa* Kühn

小麦黑森瘿蚊 *Mayetiola destructor* Say

毒麦 *Lolium temulentum* L.

3.2 限定非检疫性有害生物：

小麦普通腥黑穗病菌

小麦光腥黑穗病菌 *Tilletia foetida*(Wallr)Lindr.

小麦网腥黑穗病菌 *Tilletia caries*(DC.)Tul.

小麦粒线虫 *Anguina tritici*(steinb)Filipjev et Stekn

小麦全蚀病菌 *Gaeumanomyces graminis*(Sacc.)Arx et Oliver

3.3 省里补充的其他检疫性有害生物。

4 健康种子生产

4.1 选地及土壤处理

繁殖地的选择应在前一个生长季进行，应在当地植物检疫部门的指导下，选择在无检疫对象发生的地区或轻发生地区，但具有一定隔离条件的无检疫对象发生的地块。

繁殖地确定后，种子繁育单位或农户应在播种前一个月向当地植物检疫部门申请产地检疫，并提交产地检疫申报表(见表 1)，经审查同意后，方可安排生产。

表 1 产地检疫申报表

申报号：

作物名称：

申报单位(农户)　　　　联系人　　　　联系电话　　　　地址

<table>
<tr><th>种植地点</th><th>种植地块编　　号</th><th>种植面积/667 m^2(亩)</th><th>品种</th><th>种苗来源</th><th>预计播期</th><th>预计总产量/kg</th><th>隔离条件</th></tr>
<tr><td></td><td></td><td></td><td></td><td></td><td></td><td></td><td></td></tr>
<tr><td></td><td></td><td></td><td></td><td></td><td></td><td></td><td></td></tr>
<tr><td></td><td></td><td></td><td></td><td></td><td></td><td></td><td></td></tr>
<tr><td></td><td></td><td></td><td></td><td></td><td></td><td></td><td></td></tr>
<tr><td></td><td></td><td></td><td></td><td></td><td></td><td></td><td></td></tr>
<tr><td>合计</td><td></td><td></td><td></td><td></td><td></td><td></td><td></td></tr>
<tr><td colspan="8">植物检疫机构审核意见：

审核人：　　　　　　　　　　　　　　　　植物检疫专用章
　　　　　　　　　　　　　　　　　　　　年　　月　　日</td></tr>
<tr><td colspan="8">注 1：本表一式二联，第一联由审核机关留存，第二联交申报单位。
注 2：本表仅供当季使用。</td></tr>
</table>

4.2 选种及种子消毒处理

4.2.1 繁殖地应尽量选用健康种子。选用调入种子应附有植物检疫证书并报请当地植物检疫部门验证或复检；选用当地种子应为前一生长季产地检疫合格的种子。

4.2.2 播种前要进行种子精选，用泥(盐)水、比重选种机选种以汰除菌瘿、虫瘿、毒麦粒和小麦植株的残渣碎屑。汰除物集中销毁。

4.2.3 有条件地区应尽量使用包衣种子。

4.2.4 在黑森瘿蚊发生地区，用锐劲特、甲基异柳磷或其他有效剂进行拌种后播种。

4.2.5 在小麦矮腥黑穗发生地区，用萎锈灵或其他有效药剂处理麦种或55℃的0.13 mol/L次氯酸钠处理30 s。

4.2.6 在小麦普通腥黑穗病发生地区，用粉锈宁、烯唑醇、恶霉灵、卫福或其他有效药剂拌种后播种。

4.2.7 在小麦粒线虫发生地区，用甲基对硫磷、甲基异柳磷等闷、拌种。

4.3 繁殖地的检疫措施

4.3.1 生产小麦种子的地块与其他小麦田之间必须具有一定的隔离条件。

4.3.2 生产地不得使用病田桔杆饲喂牲口的粪肥和用病田秸秆沤制的粪肥。严禁和邻近田块串灌或大水漫灌。

4.3.3 在黑森瘿蚊、矮腥黑穗病、全蚀病、小麦粒线虫等发生地区，采用轮作倒茬、调整播期、高茬收割等措施。

4.3.4 在毒麦发生地区，用骠马、禾草灵等除草剂防除。

4.3.5 繁殖地收获的种子应单收、单打、单贮，并防止污染。

4.3.6 零星发生有检疫性有害生物的植株立即拔除，集中销毁，并通知生产单位或农户进一步查除。

4.3.7 检疫性有害生物严重发生的地块生产的小麦应禁止作种用。

5 检验和签证

5.1 田间调查

5.1.1 由申报单位(农户)协同植物检疫部门进行。在小麦拔节期、抽穗期调查小麦黑森瘿蚊、毒麦、小麦粒线虫病、小麦全蚀病；小麦乳熟期调查第3章所列全部有害生物(田间调查症状识别参见附录A)。将调查结果填入产地检疫田间调查记录表(见表2)。

表2 产地检疫田间调查记录表

编号：

<table>
<tr><td colspan="2">种苗繁育单位：</td><td>调查地点：</td></tr>
<tr><td colspan="2">调查地块编号：</td><td>对应申报号：</td></tr>
<tr><td colspan="2">调查面积：</td><td>调查日期：</td></tr>
<tr><td colspan="2">作物名称：</td><td>品种名称：</td></tr>
<tr><td colspan="2">种苗来源：</td><td>生长期：</td></tr>
<tr><td rowspan="3">田间调查情况</td><td colspan="2">症状/危害状：</td></tr>
<tr><td colspan="2">发病率/虫口密度及田间分布情况：</td></tr>
<tr><td>危害面积：</td><td>判断/初步判断：</td></tr>
<tr><td colspan="3">备注：</td></tr>
<tr><td colspan="3">填表人(签名)：
植物检疫专用章
审核人(签名)： 年 月 日</td></tr>
</table>

5.1.2 调查方法：在全面目测的基础上，对疑似发生的地块采取棋盘式取样方法有针对性地调查，0.33 hm^2以下的地块取样数不少于10点；0.33 hm^2～1.33 hm^2 的地块取样数不少于15点；1.33 hm^2～3.33 hm^2的地块取样数不少于20点；3.33 hm^2 以上的地块取样数不少于25点；每点面积为0.5 m^2～1.0 m^2。

5.2 实验室检验

田间调查发现可疑病株或有害生物应带回实验室作进一步检验，繁育地收获的种子必须扦样进行实验室检验（方法见附录B），检验结果填入"实验室检验报告单"（见表3）。

表3 实验室检验报告单

编号：

对应申报号：	样本编号：	取样日期：
作物名称：	作物品种：	取样部位：
检验方法：		
检验结果：		
备注：		
检验人（签名）： 审核人（签名）：	植物检疫专用章 年　月　日	

5.3 签证

5.3.1 凡两次田间调查及实验室检验后均未发现第3章所列检疫性有害生物的，发给产地检疫合格证（见表4）。

表 4 产地检疫合格证

有效期至 年 月 日

检疫日期 年 月 日 ( )检( )字第 号

作物名称		品种名称	
种植面积		田块数目	
种苗产量	kg(株)	种苗来源	
种植单位		负责人	
检疫结果	经田间调查和实验室检验,未发现规程规定的限定有害生物,符合小麦健康种子标准,准予作种用。 签发机关(盖章) 检疫员		
注 1:本证第一联交生产单位凭证换取植物检疫证书,第二联留存检疫机关备查。 注 2:本证不作《植物检疫证书》使用。			

5.3.2 在田间调查、实验室检验过程中,有一次发现带有第 3 章所列检疫性有害生物的,不发给产地检疫合格证,所繁育的种子经当地农业植物检疫部门监督处理后,可在当地发生区使用。发生田不得再作种子繁育地。

5.3.3 田间调查或实验室检验发现第 3 章所列限定非检疫性有害生物的,如果该限定非检疫性有害生物为所在省补充检疫对象,则不发给产地检疫合格证;如果不是,则发给产地检疫合格证。

5.3.4 种子繁育单位凭产地检疫合格证收购、出售种子。

附 录 A
（资料性附录）
小麦限定有害生物田间症状识别

A.1 小麦矮腥黑穗病

小麦矮腥黑穗病典型症状：

a) 病株矮化，高度为健株的1/4～2/3，在重病田可明显见到健穗在上面，病穗在下面，形成“二层楼”的现象。

b) 分蘖增多，病株分蘖一般比健株多一倍以上。

c) 小花增多，病穗宽展、小穗紧密，有芒品种芒外张。

d) 小花成菌瘿。菌瘿黑褐色，近球形，较硬，不易压破，破碎后呈块状，有鱼腥味。在小麦生长后期，如水分多病粒可胀破，使孢子外溢，干燥后形成不规则的硬块。

但是，在自然条件下，矮腥病株的多分蘖与矮化程度变异较大，这既与寄主、病菌和环境多种因素有关，也与侵染时间和程度密切相关，有时与网腥的症状不易区别，此时不宜以症状作为诊断的唯一依据。

小麦矮腥黑穗病的典型症状与小麦其他腥黑穗病有明显区别，见表A.1。

表 A.1 小麦三种腥黑穗病典型症状比较

项 目	矮 腥	网腥和光腥
株 高	极度矮化，可为健株的1/4～2/3	较健株稍矮
分 蘖	增多，可比健株多一倍以上	较健株略多
穗部特征	1. 病穗宽展，小穗、小花明显增多； 2. 病粒整个变为孢子堆（菌瘿），近球形，较硬； 3. 有鱼腥味	1. 病穗略短，小穗、小花略有增多，颖壳略开张； 2. 病粒整个变为孢子堆（菌瘿），麦粒状，不硬，易破； 3. 有鱼腥味

A.2 小麦光腥黑穗病及网腥黑穗病

两种腥黑穗病的症状无区别。病株一般较健株稍矮，分蘖增多，矮化程度及分蘖情况依品种而异。当小麦行将成熟而健穗变黄时，病穗一般较短，直立，颜色较健穗深，保持灰绿色或灰白色。病穗的典型特征是颖壳略向外张开，露出灰黑色或灰白色菌瘿。菌瘿外面有一层灰色薄膜，用手指微压，容易破裂，散发黑色粉末，此即病菌的冬孢子。菌瘿有鱼腥味。病穗的籽粒多数变为菌瘿，但也有部分小穗仍为健粒，甚至同一粒部分完好，部分有病。还有一些病粒，外表完好，状如健粒，但胚内则有孢子堆。

A.3 小麦全蚀病

小麦全蚀病是一种典型根部病害。病菌侵染的部位只限于小麦根部和茎基部，地上部的症状，是根及茎基部受害所引起。受土壤菌量和根部受害程度的影响，田间症状显现期不一。轻病地块在小麦灌浆期病株始显零星成簇的早枯白穗，远看与绿色健株形成明显对照；重病地块在拔节后期即出现若干矮化发病中心，小麦植株生长高低不平，中心病株矮、黄、稀疏，极易识别。各期症状主要特征如下：

a) 拔节期 病株返青迟缓，黄叶多，拔节后期重病株矮化、稀疏，叶片自下向上变黄，似干旱、缺肥。植株种子根、次生根大部变黑。横剖病根，根轴变黑，湿度大时，在茎基部表面和叶鞘内侧，生有较明显的灰黑色菌丝层。

b) 乳熟期 病株成簇或点片出现早枯“白穗”，在潮湿麦田中，茎基部表面布满条点状黑斑，覆盖黑色菌丝块，形成“黑脚”。麦株基部叶鞘内侧生有黑色颗粒状突起即子囊壳。在土壤干燥的情况下,多不形成“黑脚”症状,也不产生子囊壳,仅在因病早死的无效分蘖和变黑的根部上,能够镜检到菌丝体。

A.4 小麦粒线虫

小麦被害后,从苗期到成熟期都有症状表现,但以接近成熟期在穗上形成虫瘿时最为明显。一般受害麦苗叶片短阔,皱边,直立,微现黄色,严重者可萎缩枯死。能成长起来的病株在抽穗前叶片皱缩畸卷,叶鞘疏松,茎秆肥肿扭曲,有时在幼嫩叶片上出现很小的圆形突起(叶片虫瘿)。孕穗期以后,病株矮小,茎秆肥大,节间缩短,受害重的不能抽穗。一般虽能抽穗,但麦穗的部分或全部不结籽实,而变成虫瘿。有时一花裂成2个~5个小虫瘿,有时还有半病半健麦粒。病穗比健穗短,颜色深绿,而且绿的时间较长,芒短而扭曲。虫瘿比健粒短而圆,近球形,颖壳及芒被挤向外张开,从颖缝间露出瘿粒。虫瘿顶上有钩状尖突,侧边有沟,最初油绿色,以后变成黄褐色至暗褐色,同时外壳增厚变硬,为老熟瘿粒。瘿粒外形与小麦腥黑穗病的病粒相似,但其外被硬壳不易压碎,内含物为白色棉絮状(线虫)。

A.5 小麦黑森瘿蚊

对冬小麦和春小麦都能造成严重危害。以幼虫潜伏在麦株茎秆基部的叶鞘内侧吸吮汁液,小麦在拔节前受害,植株严重矮化,受害麦叶比未受害麦叶短、宽而直立,叶片变厚、叶色加深呈黑绿色,受害植株因不能拔节而匍伏地面,心叶变黄以致不能抽出,严重时分蘖枯黄乃至整株死亡。小麦拔节后,幼虫多数在地面上的1、2节上危害,被害植株由取食处折倒。田间检查若发现可疑植株,剥开叶鞘检查,发现幼虫和围蛹后,带回室内作进一步鉴定。

A.6 毒麦

幼苗基部紫红色,后变绿色,成株茎秆光滑坚硬,肥沃田中植株比小麦矮,瘠薄田中比小麦植株高。穗形狭长,穗轴平滑,两侧有轴沟,呈波浪形弯曲。每穗8个~19个小穗,互生于穗轴上,每个小穗2个~6个花,排成两列,其腹面可见明显的小穗节段,小穗第一颖缺,第二颖大,长短与小穗相近,所以,俗称小尾巴麦子。毒麦与其他近似种的区别见表A.2。

表 A.2 毒麦与其他近似种的区别

名 称	学 名	典 型 症 状
黑麦草	*Lolium perenne* L.	小穗含7个~15个花,外稃无芒
多花黑麦草	*Lolium multiflorum* Lam.	小穗含7个~15个花,外稃有长5 mm芒
细穗毒麦	*Lolium remotum* Scherank.	小穗含4个~6个花,颖短于小穗
欧毒麦	*Lolium persicum* Boiss & Hohen.	小穗含4个~6个花,颖短或等长、或长于小穗,颖有5脉,芒自外稃顶伸出
毒麦	*Lolium temulentum* L.	小穗含4个~6个花,颖短或等长、或长于小穗,颖有6~7脉,芒自外稃顶端稍下方伸出
长芒毒麦	*L. temulentum* var. M. *Longiaristatum* Parnel	毒麦变种,芒长,每小穗9个~11个花
田毒麦	*L. temulentum* var. *arvense* Bab.	芒短,每小穗有7个~8个花

附 录 B
（规范性附录）
小麦限定有害生物实验室检验方法

B.1 筛检

将所取样品倒入二层规格筛内（上层筛孔 2.5 mm；下层筛孔 1.5 mm），过筛后将两层筛下物分别倒入两个白瓷盘内，摊开用肉眼或手持放大镜检查，最下层细小筛出物倒在黑底玻璃板上，用 50 倍～60 倍双筒体视显微镜观察。

通过筛检确定是否带有菌瘿、线虫虫瘿、毒麦及小麦全蚀病病株碎屑。如发现可疑物而肉眼不能确定的，应进一步作室内检验。

B.2 三种腥黑粉病菌的实验室鉴定

B.2.1 洗涤检验

B.2.1.1 仪器设备

a) 振荡器；

b) 低速大容量离心机；

c) 高倍生物显微镜。

B.2.1.2 适用范围

本检验方法适用于检验粘附于小麦种子表面的三种腥黑粉病菌冬孢子的形态。

B.2.1.3 检验程序

B.2.1.3.1 将每份小麦样品按四分法提取两份试验样品，每份 50 g。

B.2.1.3.2 将 50 g 试样倒入灭菌三角瓶内，加无菌水 100 mL，再加表面活性剂（0.1%吐温-20）1 滴～2 滴，加塞后在振荡器上振荡 5 min，然后将悬浮液倾入 50 mL 的灭菌离心管内，以 1 000 r/min 离心 5 min，弃上清液，再加适量无菌水悬浮沉淀物并合并悬浮物于一 10 mL 离心管中，再以 1 000 r/min离心 5 min，弃上清液。加席尔氏液悬浮沉淀物，视沉淀物多少，定容至 1 mL～2 mL。用灭菌吸管吸取悬浮液滴于灭菌玻片上，制片镜检。每个样品全片检查 5 个玻片。

B.2.1.3.3 应以油镜（1 000 倍）检测成熟孢子各种尺度，目尺要精确核校。

B.2.1.3.4 在鉴定腥黑穗冬孢子时，每个样品必须测量 25 个～30 个孢子，测量参数为网纹有无、网目大小、网脊高度、胶质鞘厚度。

B.2.1.4 结果判定

无网纹的孢子应确定为光腥，凡是 70%以上的孢子网脊高度集中在 1.5 μm～2.5 μm，胶质鞘厚度集中在 2.0 μm～3.0 μm，应确定为矮腥，低于这个数值的应确定为网腥。三种腥黑穗病冬孢子特征见表 B.1。

表 B.1 三种小麦腥黑穗病菌冬孢子形态特征比较

项目	光腥	网腥	矮腥
菌瘿	麦粒状	麦粒状或近球状	球形坚实
网纹	无	有	有
网目大小/μm	无	2～4	3.5～6
网脊高度/μm	无	0.5～1.5	1.5～3
胶质鞘厚度/μm	无	1.5 以下	2～4

B.2.2 孢子自发荧光鉴定

B.2.2.1 仪器设备

落射式荧光显微镜。

B.2.2.2 适用范围

本方法主要针对发现菌瘿后的网腥和矮腥病菌的鉴别。

B.2.2.3 检验程序

B.2.2.3.1 从菌瘿上刮取少许冬孢子粉至洁净的载玻片上，加适量蒸馏水制成孢子悬浮液，其浓度以显微镜每视野(400倍～600倍)不多于40个孢子为宜，然后任其自然干燥。在载玻片干燥的孢子上加一滴无荧光浸泡油(Nd1.516)，加覆盖玻片。

B.2.2.3.2 用落射式荧光显微镜检查冬孢子的自发荧光，50 W高压汞灯，激发滤光片485 nm，屏障滤光片520 nm。每视野照射2.5 min，激发孢子产生荧光，并在此时开始计数。全过程不得超过3 min。每份样品至少检查5个视野，不少于200个孢子。

B.2.2.3.3 通过观察冬孢子表面的网纹来判定冬孢子有无荧光。如网纹有不同程度的橙黄色至黄绿色的荧光，就认为该孢子有自发荧光。有些孢子网纹荧光亮而强，一经照射立即发生，有些孢子需经一定时间的照射后才缓慢地出现荧光，还有些孢子经近3 min的照射，才在网纹的边缘发出一定强度的荧光(称为"镶边")。若网纹不可见或呈暗网状，则该孢子定为无荧光。

B.2.2.4 结果判定

自发荧光率在80%以上为矮腥冬孢子，30%以下为网腥冬孢子。

B.2.3 冬孢子萌发鉴定

B.2.3.1 仪器设备

a) 高倍生物显微镜；

b) 光照培养箱。

B.2.3.2 适用范围

本方法可用于鉴别发现菌瘿后矮腥和网腥病菌。

B.2.3.3 检验程序

将冬孢子团块置于灭菌凹玻片上，加灭菌水数滴，用玻棒轻轻研碎成糊状物，然后用灭菌的L型玻棒将它均匀涂布于3%水琼脂培养基平板上，密度以显微镜低倍视野不超过40个～60个孢子为宜。然后分别在5℃、弱光照(450 lx上下)，以及17℃、弱光照或黑暗条件下恒温培养。第一次检查可在培养10天后进行，以后每隔3天～7天再行检查。

B.2.3.4 结果判定

矮腥冬孢子萌发通常始于第3周，有的甚至始于第5周以后。网腥冬孢子在15℃～17℃下，经7天～10天萌发，而在5℃时约经2周萌发。

B.3 小麦全蚀病菌的实验室检验

B.3.1 田间标本的病原菌检查

B.3.1.1 仪器设备

体视显微镜和高倍生物显微镜。

B.3.1.2 适用范围

小麦各生育期田间调查所采集的可疑病株或种子筛出物中发现的可疑植株残片。

B.3.1.3 检查程序

B.3.1.3.1 检查匍匐菌丝：病株种子根、次生根不同程度地变黑腐烂，地下茎亦变黑，根表、茎基部和叶鞘内侧均有黑褐色、粗壮近平行分布的匍匐菌丝。将可疑病株带回实验室洗净泥土，直接以体视显微镜检查根部匍匐菌丝。若不清楚，可将变黑的细根剪成3 mm长的小段，浸入透明液中，待组织透明后制片镜检。茎基部检查,需剥取叶鞘,用体视显微镜检查,挑取有菌丝的叶鞘,用小镊子撕下一小段内表皮,置于载玻片上,滴加一滴乳酚油,镜检,观察菌丝形态。常用透明剂有:

a) 吡啶液(用于快速透明);

b) 苯酚二甲苯液(苯酚1份与二甲苯4份混合而成);

c) 乳酚油(苯酚10 g、乳酸10 mL、甘油20 mL、蒸馏水10 mL)。

B.3.1.3.2 检查子囊壳:将可疑病株带回实验室洗净泥土,仔细检查有无黑色颗粒状子囊壳,特别注意检查麦株基部叶鞘内侧。若发现可疑黑色颗粒状突起物,可用拨针挑取,用蒸馏水做浮载液制片镜检。若为子囊壳,用拨针轻压盖玻片,使子囊、子囊孢子溢出,观察子囊壳、子囊、子囊孢子形态,计测其尺度。

B.3.1.3.3 诱导子囊壳产生:若可疑病株未生有子囊壳或子囊壳未成熟,压碎后无子囊和孢子散放,可进一步诱生子囊壳,再行检查。用细沙土将病株茎基部(最好病根部已形成"黑膏药")埋在花盆中,并经常浇水,保持湿润。也可置于培养皿内,用棉球浸水保湿。在16℃~25℃和有散射光的条件下诱导,约20天后即可产生子囊壳。

B.3.2 病原菌室内分离和检查

B.3.2.1 仪器设备

a) 高倍生物显微镜;

b) 高压灭菌锅;

c) 恒温培养箱。

B.3.2.2 适用范围

根据田间症状,自然发病植株上病原菌检查结果仍不能确诊时,需采取可疑植株,进行全蚀病菌分离和鉴定。

B.3.2.3 操作程序

B.3.2.3.1 全蚀病菌的分离

B.3.2.3.1.1 分离用培养基以1/2 PDA酵母膏培养基(马铃薯100 g,葡萄糖10 g,酵母膏1 g,琼脂17g~20g,水1 000 mL,pH7.0)效果较好。也可以用普通PDA培养基(马铃薯200 g,葡萄糖20 g,琼脂17 g~20 g,水1 000 mL)或玉米粉琼脂培养基(玉米粉100 g、琼脂20 g、水1 000 mL)。高压灭菌后制成培养基平板备用。为防止细菌污染,可在培养基内加入含量为200个~300个单位的链霉素。

B.3.2.3.1.2 新鲜的病株直接用种子根、次生根和茎基部叶鞘或茎秆作为分离材料,以剥去叶鞘的茎基部第一节茎秆和新鲜种子根的中柱组织分离效果最好。病株根部严重腐烂或腐生菌较多时,可将病根茬切成1 cm~2 cm的小段混埋入灭菌沙中,再播种经表面消毒(用75%酒精消毒2 min)的小麦种子,15天后麦苗种子根受侵变黑,用作分离材料很易成功。

B.3.2.3.1.3 将待分离的材料用水洗净,剪成3 mm~5 mm小段,用0.1%硝酸银($AgNO_3$)溶液消毒30 s~60 s,再用无菌水冲洗3次~5次,移植于培养基平板上,置于20℃~25℃恒温箱中培养。

B.3.2.3.1.4 产生子囊壳的标本,可直接用子囊孢子做分离材料。取有成熟子囊孢子的基部叶鞘一小块,用自来水充分冲洗后,在解剖镜下挑单个子囊壳,用0.1%硝酸银溶液消毒15 s~30 s,经无菌水冲洗后压碎子囊壳,在无菌水中稀释子囊孢子,取子囊孢子悬液在培养基表面划线,再置于20℃~25℃恒温箱内培养。

B.3.2.3.1.5 病组织在1/2 PDA培养基上经3天~5天后由两端长出纤细无色的菌丝,5天~10天后形成菌丝束,培养6周~8周后形成成熟的子囊壳。

B.3.2.3.2 诱导子囊壳产生

B.3.2.3.2.1 用1/2 PDA酵母膏培养基分离全蚀病菌,分离物可在培养基平板上产壳,不需另行诱导。若采用其他培养基分离,不能产壳时,需行诱导。

B.3.2.3.2.2 三角瓶培养诱导法:50 mL三角瓶中装入15 mLPD培养液或15 mLWSY培养液,然后选取平板培养菌落，切取菌苔，转接于三角瓶培养液中。在25℃温箱中培养1周后，取出放在20℃室内散射光下再培养4周～7周，形成成熟子囊壳。PD培养液（pH 7.0）成分为马铃薯100 g，葡萄糖10 g，酵母膏2 g，水1 000 mL。WSY培养液（pH 7.0）成分为碎麦秆1 g、0.2%酵母膏水溶液15 mL。

B.3.2.3.2.3 寄主诱导法：将灭菌沙装入小花盆中，再将平板培养的菌落置于沙层表面，其上放置表面消毒后催芽的麦种，再覆以灭菌沙。在18℃～22℃、每天光照12 h并保持湿润的条件下培养，30天左右可在麦苗根和茎基部产生子囊壳。

B.3.2.3.2.4 培养基上产生的或经诱导后产生的子囊壳均需制片镜检。

B.3.3 全蚀病菌鉴定标准

小麦全蚀病菌为禾顶囊壳小麦变种（*Gaeumannomyces graminis* var. *tritici*），依据菌丝、菌落、有性态和附着枝特征鉴定，其中有性态特征最重要。

B.3.3.1 匍匐菌丝

病株上匍匐菌丝黑褐色，有隔，粗壮，宽4 μm～6 μm，2根～8根为一束。菌丝分枝处主枝与侧枝各形成一横隔膜，两横隔构成"∧"形。根部匍匐菌丝与根轴近平行分布。茎基部叶鞘内表皮上长满密集交织的黑色菌丝体和成串连生的菌丝结。

B.3.3.2 菌落

病组织在1/2 PDA培养基上经3天～5天后由两端长出纤细无色的菌丝，呈风轮状平贴向周围延伸，5天～10天后形成浅灰色菌丝束，渐变为黑色扭曲状，类似婴儿头发，从接种点向外放射状分布。菌落颜色随菌龄增长由浅变深，最终呈深灰色或黑褐色。菌落边沿的菌丝有反卷现象，气生菌丝稀少。

B.3.3.3 附着枝

禾顶囊壳小麦变种附着枝简单，生于分枝菌丝上，浅褐色或无色，间生时为不规则球状，端生的卵圆形至长筒形，具小孔（清晰的小亮点），尺度（9～15）μm×（5～12）μm。

观察附着枝可在培养5天的菌落边缘，斜插灭菌盖玻片，使菌丝沿玻片生长，并形成附着枝，7天～10天后取下玻片镜检。

B.3.3.4 有性态

子囊壳散生，壳体卵圆形至近球形，有颈，黑色至暗褐色。周围有褐色毛茸状菌丝，基部埋入基质中，颈圆筒状，微弯曲，穿透寄主表皮外露，尺度（150）200 μm～400（500）μm，颈长100 μm～250 μm。人工诱发的子囊壳比田间采集的大，颈也较长，位置居中，很少弯曲。

子囊无色，单壁，棍棒形，尺度[（70）80～130（140）]μm×（10～15）μm。端部钝圆，基部向柄变细。顶部壁较厚，侧看有两个折光小亮点为其原生质环，吸水后易从下部胀裂。

成熟的子囊孢子吸水后会溢出子囊壳孔口，干固后成团块，呈淡红色。单个子囊孢子无色线形，稍弯曲，中部较宽，两端渐细。尺度[（60）70～105（110）]μm×[2.5～3（4）]μm。刚成熟的子囊孢子有隔膜5个～12（14）个，两周后隔膜消解，孢子成浑浊状，内含许多油球。

B.4 小麦粒线虫的实验室检验

B.4.1 仪器设备

a) 体视显微镜；

b) 高倍生物显微镜。

B.4.2 适用范围

线虫虫瘿。

B.4.3 操作程序

将虫瘿切开，加水一滴，稍后，即有白色丝状物游出，此即线虫。在显微镜下观察线虫形态。

B.4.4 结果判定

雌雄成虫线形，均不很活跃，具有内含物浓厚、呈不规则形腊肠状的体躯，卵母细胞和精母细胞成轴状排列。雌虫体肥胖常卷曲成发条状，头尾骤然锐尖，大小(3～5)mm×(0.1～0.5)mm。雄虫较雌虫短小，不卷曲，大小(1.9～2.5)mm×(0.07～0.1)mm；于绿色虫瘿将成阶段，在虫瘿内交配产卵。卵在绿色虫瘿腔内，散生，长椭圆形，大小为(73～140)μm×(33～63)μm，外被透明韧性的卵壳，内为半透明均匀的原生质及明亮的圆卵核。1 龄幼虫盘曲在卵壳内，纤细如丝，长约 500 μm。2 龄幼虫针状，头部钝圆，尾部细尖，大小(658～910)μm×(15～20)μm，前期在绿色虫瘿内活动为害，后期在褐色虫瘿内长期休眠。

B.5 小麦黑森瘿蚊的实验室检验

B.5.1 仪器设备

体视显微镜。

B.5.2 适用范围

在田间发现可疑幼虫、围蛹、成虫或田间发现的部分幼虫、围蛹经室内饲养羽化的成虫。

B.5.3 操作程序

在体视显微镜下观察，解剖围蛹、幼虫和成虫。

B.5.4 结果判定

B.5.4.1 幼虫：初孵化时为红褐色，取食脱皮后变为乳白色半透明状，纺锤形，沿背部中央有一半透明绿色条带。围蛹里的幼虫在胸腹面前有一个“Y”形骨质胸叉，此为幼虫鉴定的主要特征。

B.5.4.2 围蛹：色泽大小形状似亚麻种子，平均 4.4 mm，有的可达 5.9 mm，前端小呈钝圆，后端大且具凹缘，呈不对称菱形。围蛹内含白色 3 龄幼虫，蛹裸式，前期乳白色，中期橘红色，后期褐黑色，有头前毛一对，很短，前胸缘有一较长呼吸管。

B.5.4.3 成虫检查：似小蚊子，身体灰黑色。雌成虫长约 3 mm，雄虫约 2 mm，头部前端扁，后端大部分被眼所占据。触角黄褐色，位于额部中间，基部互相接触，17 节，长度超过体长的 1/3，每两节之间被透明的柄分开，称触角间柄，雄虫的柄明显等于节长。下颚须 4 节，黄色，第一节最短，第二节球形，第三节长，第四节圆柱形较细，但长于前一节的 1/3。胸部黑色，背面有两条明显的纵纹。平衡棒长，暗灰色。足极细长且脆弱，跗节 5 节，第一节很短，第二节等于末 3 节之和。翅脉简单，亚前缘脉很短。几乎跟前脉合并，径脉很发达，纵贯翅的全部，臀脉分成两叉。雌虫腹部肥大，橘红色或红褐色，雄虫腹部纤细，几乎为黑色，末端略带淡红色，雄虫外生殖器上生殖板很短，深深地凹入，有很少刻点，当从上面看时，被下生殖板和阳具鞘远远超过。尾铗的端节长近于宽的 4 倍，爪着生于末端。

B.6 毒麦的实验室检验

见附录 A。

ICS 65.020.01
B 16

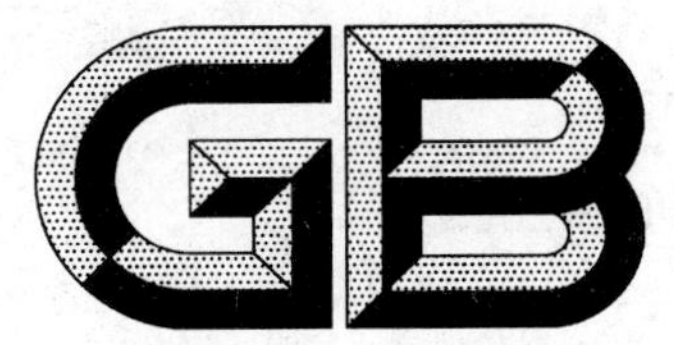

中华人民共和国国家标准

GB 7413—2009
代替 GB 7413—1987

甘薯种苗产地检疫规程

Quarantine protocol for propagating tubers and seedlings of sweet potato in producing areas

2009-04-27 发布 2009-10-01 实施

中华人民共和国国家质量监督检验检疫总局
中国国家标准化管理委员会 发布

前 言

本标准的全部技术内容为强制性。

本标准代替 GB 7413—1987《甘薯种苗产地检疫规程》。

本标准与 GB 7413—1987 相比，主要变化如下：

——修改了标准的英文名称、标准结构、部分术语；

——对甘薯种苗产地检疫的程序，其调查检测和疫情处理等方面进行了补充规定。

本标准的附录 A、附录 D、附录 E、附录 G 和附录 H 为规范性附录，附录 B、附录 C 和附录 F 为资料性附录。

本标准由全国植物检疫标准化技术委员会提出并归口。

本标准起草单位：全国农业技术推广服务中心、安徽省植物保护总站。

本标准主要起草人：项宇、黄超、吴立峰、朱景全、朱莉。

本标准所代替标准的历次版本发布情况为：

——GB 7413—1987。

甘薯种苗产地检疫规程

1 范围

本标准规定了甘薯种苗产地检疫的程序和方法。

本标准适用于农业植物检疫机构对甘薯种苗实施产地检疫。

2 术语和定义

下列术语和定义适用于本标准。

2.1

产地检疫 quarantine in producing areas

植物检疫机构对植物及其产品(含种苗及其他繁殖材料)在原产地生产过程中的全部检疫工作，包括田间调查、室内检验、签发证书及监督生产单位做好选地、选种和疫情处理等工作。

2.2

检验 inspection

对植物、植物产品或其他限定物进行官方的直观检查以确定是否存在有害生物，是否符合植物检疫法规。

2.3

检测 test

对确定是否存在有害生物或为鉴定有害生物而进行的除目测以外的官方检查。

2.4

检疫性有害生物 quarantine pests

对受其威胁的地区具有潜在经济重要性、但未在该地区发生，或虽已发生但分布不广并进行官方防治的有害生物。

2.5

甘薯种苗 propagating tubers and seedlings of sweet potatoes

甘薯的薯块和薯苗。

3 应检疫的有害生物

3.1 国务院农业行政主管部门公布的全国农业植物检疫性有害生物。

3.2 省级农业行政主管部门公布的补充农业植物检疫性有害生物。

4 产地检疫受理

植物检疫机构审核甘薯种苗生产单位和个人提出的《产地检疫申请书》(见附录A)和提供的相关材料，决定是否受理。

5 准备与技术指导

植物检疫机构制定产地检疫计划，并对甘薯种苗繁育基地进行检疫指导，甘薯种苗生产防疫措施参见附录B。

6 调查检测

6.1 田间调查

6.1.1 调查时间

在甘薯育苗期、生长中期和出薯前各检查一次。

6.1.2 调查方法

在全面目测的基础上，采取随机取样方法检查，每块地抽查不少于五点，在苗期和生长期每点调查不少于10株；出薯前每点调查薯块不少于50块。调查面积不少于繁种面积的10%。

6.1.3 田间检验

根据检疫性有害生物危害症状和生物学特性进行鉴定。腐烂茎线虫田间症状鉴定方法参见附录C。将田间调查结果记入《产地检疫田间调查记录表》(见附录D)。

6.2 室内检测

6.2.1 样本采集

采集表现症状的可疑病株(块)，或选取长势弱、黄化、矮小、萎蔫的植株，采集薯块及其周围的土壤，带回实验室进行室内检测；未发现可疑病株(块)的田块抽样采集部分标本进行室内检测。填写《有害生物调查抽样记录表》(见附录E)。

6.2.2 检测方法

检疫性有害生物的检测方法按照有关标准进行；无标准的，按照常规方法进行检测。腐烂茎线虫的检测方法参见附录F。

6.2.3 结果判定

将检测结果填入《有害生物样本鉴定报告》(见附录G)。必要时要制作标本进行保存。

7 疫情处理

7.1 发现种苗带有检疫性有害生物，立即停止育苗。

7.2 疫情发生地的种苗，进行检疫除害处理，或采取就地烧毁、挖坑深埋等措施。对尚未表现症状的薯块，需进行检疫除害处理，不能进行检疫除害处理的，可集中煮熟后作饲料等处理。

7.3 发生检疫性有害生物病地和病地周围田块，应改种该有害生物的非寄主作物。

8 签证

8.1 经田间、室内检验检测未发现检疫性有害生物的种苗，植物检疫机构签发《产地检疫合格证》(见附录H)。《产地检疫合格证》有效期1年。

8.2 发现检疫性有害生物，经检疫除害处理合格的，发给《产地检疫合格证》；经检疫除害处理不合格的，不签发《产地检疫合格证》，并告知产地检疫申请单位或个人。

9 档案管理

在产地检疫过程中的原始调查数据、表格、标本等资料档案要妥善保存，保存时间不少于2年。

附　录　A
（规范性附录）
产地检疫申请书

表 A.1　产地检疫申请书

编号：　　　　　　　　　　　　　　　　　　　　　　　　　　年　　月　　日

<table>
<tr><td>植物名称</td><td colspan="2"></td></tr>
<tr><td>品种名称</td><td colspan="2"></td></tr>
<tr><td>种(苗)来源</td><td colspan="2"></td></tr>
<tr><td>生产面积</td><td colspan="2"></td></tr>
<tr><td>预计产量</td><td colspan="2"></td></tr>
<tr><td>生产地点</td><td colspan="2"></td></tr>
<tr><td>生产期限</td><td colspan="2">从　　　　　　　　起,至　　　　　　止</td></tr>
<tr><td rowspan="6">申请单位</td><td colspan="2">名称(盖章)：</td></tr>
<tr><td colspan="2">地址：　　　　　　　　　　　　　　　　邮编：</td></tr>
<tr><td colspan="2">联系人(签名)：　　　　　联系电话：　　　　　传真：</td></tr>
<tr><td rowspan="3">要求批件
发送方式</td><td>来人领取</td></tr>
<tr><td>特快专递邮寄</td></tr>
<tr><td>普通邮寄</td></tr>
</table>

附　录　B
（资料性附录）
甘薯种苗生产防疫措施

B.1　种苗地的选择

B.1.1　种苗地应选在无检疫性有害生物发生的地区。选用3年以上未种过甘薯的地作为无病留种田，严格选种、选苗。

B.1.2　有疫情发生的地区应选在有隔离条件(周围1 km范围内不种甘薯，种苗地排灌系统独立或上游无检疫性有害生物)的地块。

B.2　种苗的选择

B.2.1　种苗采自无检疫性有害生物发生区。

B.2.2　育苗前对种苗进行逐一检查，选择健康种苗。发现可疑病株(块)进行室内鉴定。

B.3　种苗地防疫措施

B.3.1　禁止携带未经检疫的种苗进入种苗地。

B.3.2　严禁疫情发生区的猪、牛、羊粪和土杂肥进入种苗地。

B.3.3　种苗地的农具要新置专用，专人负责。

B.3.4　种苗地发生有害生物需及时进行防治。

B.4　种薯入窖管理

B.4.1　种薯单收、单放、单窖贮藏。

B.4.2　种薯入窖前应对窖进行消毒处理。

B.4.3　严格检查挑选无病种薯，晾干后入窖。

B.4.4　贮藏过程中专人负责管理。

附 录 C
（资料性附录）
腐烂茎线虫病的田间症状

C.1 秧苗期症状

苗床上出苗少，矮小发黄，苗茎基白色部分出现斑驳，后变为黑色，剖开后茎内有空隙，髓部褐色或紫红色，折断不流或很少流白浆。

C.2 大田生长期症状

在生长初期症状不明显，中期开始表现秧蔓短，近地面薯拐处表皮龟裂，叶片由下而上发黄，这些症状是由地下薯块受害引起。

C.3 薯块上症状

常见的有三种类型。一种是糠心型，发病的薯块从大小、颜色等方面与正常薯块无明显区别，表皮完好，但薯块内部由于受线虫刺激后，薄壁细胞失水、干缩呈白色海绵状（或粉末状），有大量空隙，称为“糠心型”。后期由于土壤中杂菌随机感染，因此呈现褐白相间的糠心状（严重的表皮呈暗褐色-猪肝色）。这种类型多是由秧苗带线虫直接侵染造成的；另一种是裂皮型，薯块表皮龟裂、失水皱缩。这种类型是由土壤中线虫直接侵染刺吸造成的；第三种类型是混合型，表现为内部糠心，外部裂皮。

附　录　D
（规范性附录）
产地检疫田间调查记录表

表 D.1　产地检疫田间调查记录表

微机档案编号：

<table>
<tr><td colspan="3">调查地点</td><td colspan="12"></td></tr>
<tr><td rowspan="3">植物</td><td colspan="2">植物名称</td><td colspan="5"></td><td colspan="3">品种名称</td><td colspan="4"></td></tr>
<tr><td colspan="2">调查日期</td><td colspan="5"></td><td colspan="3">植物生育期</td><td colspan="4"></td></tr>
<tr><td colspan="2">种植面积</td><td colspan="5"></td><td colspan="3">核定产量</td><td colspan="4"></td></tr>
<tr><td rowspan="4">有害生物</td><td colspan="2">中文名称</td><td colspan="5"></td><td colspan="3">拉丁名</td><td colspan="4"></td></tr>
<tr><td colspan="2">抽样面积</td><td colspan="5"></td><td colspan="3">发生面积</td><td colspan="4"></td></tr>
<tr><td colspan="2">抽样株数</td><td colspan="5"></td><td colspan="3">被害株数</td><td colspan="4"></td></tr>
<tr><td colspan="2">发生状况</td><td colspan="12"></td></tr>
<tr><td rowspan="8">有害生物抽样调查</td><td rowspan="2">样号</td><td rowspan="2">田块名称</td><td rowspan="2">调查单位</td><td rowspan="2">调查数量</td><td colspan="4">虫态分类记数</td><td colspan="6">病害分级记数（最高为　　级）</td></tr>
<tr><td>卵</td><td>幼虫</td><td>蛹</td><td>成虫</td><td>0</td><td>1</td><td>2</td><td>3</td><td>4</td><td>5</td></tr>
<tr><td>1</td><td></td><td></td><td></td><td></td><td></td><td></td><td></td><td></td><td></td><td></td><td></td><td></td><td></td></tr>
<tr><td>2</td><td></td><td></td><td></td><td></td><td></td><td></td><td></td><td></td><td></td><td></td><td></td><td></td><td></td></tr>
<tr><td>3</td><td></td><td></td><td></td><td></td><td></td><td></td><td></td><td></td><td></td><td></td><td></td><td></td><td></td></tr>
<tr><td>4</td><td></td><td></td><td></td><td></td><td></td><td></td><td></td><td></td><td></td><td></td><td></td><td></td><td></td></tr>
<tr><td>5</td><td></td><td></td><td></td><td></td><td></td><td></td><td></td><td></td><td></td><td></td><td></td><td></td><td></td></tr>
<tr><td>小计</td><td></td><td></td><td></td><td></td><td></td><td></td><td></td><td></td><td></td><td></td><td></td><td></td><td></td></tr>
<tr><td colspan="3">检疫机构</td><td colspan="12"></td></tr>
<tr><td colspan="3">疫情结论</td><td colspan="5"></td><td colspan="3">记录员(签名)</td><td colspan="4"></td></tr>
<tr><td colspan="3">当事人(签名)</td><td colspan="5"></td><td colspan="3">检疫员(签名)</td><td colspan="4"></td></tr>
<tr><td colspan="3">备　注</td><td colspan="12"></td></tr>
</table>

附　录　E
（规范性附录）
有害生物调查抽样记录表

表 E.1　有害生物调查抽样记录表

编号：

<table>
<tr><td>生产/经营者</td><td colspan="2"></td><td colspan="2">地址及邮编</td><td></td></tr>
<tr><td>联系/负责人</td><td colspan="2"></td><td colspan="2">联系电话</td><td></td></tr>
<tr><td>调查日期</td><td colspan="2"></td><td colspan="2">抽样地点</td><td></td></tr>
<tr><td>样品
编号</td><td>植物名称（中文名和学名）</td><td>品种
名称</td><td>植物
生育期</td><td>调查代表
株数或面积</td><td>植物
来源</td></tr>
<tr><td></td><td></td><td></td><td></td><td></td><td></td></tr>
<tr><td></td><td></td><td></td><td></td><td></td><td></td></tr>
<tr><td></td><td></td><td></td><td></td><td></td><td></td></tr>
<tr><td></td><td></td><td></td><td></td><td></td><td></td></tr>
<tr><td colspan="6">症状描述：</td></tr>
<tr><td colspan="6">发生与防控情况及原因：</td></tr>
<tr><td colspan="6">抽样方法、部位和抽样比例：</td></tr>
<tr><td colspan="6">备注：</td></tr>
<tr><td colspan="3">植物检疫机构（盖章）：

填表人（签名）：

年　　月　　日</td><td colspan="3">生产/经营者

现场负责人

年　　月　　日</td></tr>
<tr><td colspan="6">注：本单一式两联，第一联植物检疫机构存档，第二联交受检单位。</td></tr>
</table>

附 录 F
（资料性附录）
腐烂茎线虫室内检验方法

F.1 采样

在甘薯育苗期，发现苗床稀疏，苗长势弱、矮黄甚至烂苗，应逐株检查表现症状的苗，将病苗及其要根际土壤采回实验室进行线虫分离鉴定。在大田期间，在甘薯收刨和切薯干时，是调查该病的最佳时期，采集表现症状的薯块，带回实验室进行线虫分离鉴定。

F.2 样本的保存

将采集的样本带回实验室及时分离，若不能及时分离，可将样品保存于 4 ℃～10 ℃的冷藏箱中。

F.3 样本中线虫的分离

F.3.1 贝曼漏斗法：选用直径 10 cm～14 cm 的玻璃漏斗，下面接一段乳胶管，在乳胶管上装一个止水夹，在漏斗中装满水，置于漏斗架上，把土壤样品或切碎的植物材料用 2 层～3 层纱布或韧性较好的高级面巾纸包好，轻轻地放在漏斗中，24 h～48 h 后，线虫由于其趋水性和自身的重量下沉至漏斗下的乳胶管中，用小培养皿或试管接乳胶管下，松开止水夹，收集线虫悬浮液。

F.3.2 浅盘漏斗法：把样品放在铺有 2 层纱布或面巾纸的小筛盘中，然后把小筛盘放入装满水的漏斗中，其他步骤同贝曼漏斗法。小筛盘直径比漏斗直径小 2 cm～3 cm，深度为 2 cm，筛眼直径为 0.2 cm～0.5 cm。

F.3.3 浅盆法：将样品平放在铺有 2 层纱布或面巾纸的筛盘中，把筛盆放在装有适量清水的底盆内，水量以刚浸透样品为宜，24 h～48 h 后，移去筛盆，将底盆中的线虫悬浮液通过 400 目（孔径 38 μm）的筛子收集线虫。

F.4 镜检

将分离所得的线虫悬浮液放在试管中，置于 60 ℃～65 ℃的水浴箱中 2 min～3 min 杀死线虫。已杀死的线虫及时用 4%甲醛固定，制作成玻片，在显微镜下对线虫标本的形态进行观察和测量，并与腐烂茎线虫的形态特征进行比较，若相符，则确定所鉴定线虫为腐烂茎线虫。

F.5 形态特征

F.5.1 形态

雌虫：虫体线形，热杀死后虫体略向腹面弯，侧线 6 条。头部低平、略缢缩，口针有明显的基部球，中食道球纺锤形、有瓣，后食道腺短覆盖肠的背面（偶尔缢缩）。单卵巢、前伸，有时可伸达食道区，后阴子宫囊长是肛阴距的 40%～98%。尾圆锥形，通常腹弯，端圆。

雄虫：体前部形态和尾形似雌虫。交合伞伸到尾部的 50%～90%，交合刺长 24 μm～27 μm。

F.5.2 测量值（据 Brzeski，1991）

雌虫：L＝0.69 mm～1.89 mm；a＝18～49；b＝4～12；c＝14～20；c'＝3～5；V＝77～84；口针长＝10 μm～13 μm。

雄虫：L＝0.63 mm～1.35 mm；a＝24～50；b＝4～11；c＝11～21；口针长＝10 μm～12 μm。

主要测计项目（De Man 公式）：

L——虫体长；

a——体长/最大体宽；

b——体长/体前端至食道末端的距离；

V——体前端至阴门的距离×100/体长；

c——体长/尾长；

c′——尾长/肛门处体宽。

F.6 所需仪器

显微镜1台；解剖镜1台；漏斗1个；熨斗架1个；浅盘1个；筛子1组；底盆1个；乳胶管1根；止水夹1个；试管若干；培养皿若干；纱布2块；挑针1根。

F.7 固定液配制

标准甲醛固定液：福尔马林(40%甲醛)：蒸馏水=1∶9。

双倍甲醛甘油固定液：福尔马林(40%甲醛)：蒸馏水=2∶8。

附 录 G
（规范性附录）
有害生物样本鉴定报告

表 G.1 有害生物样本鉴定报告

编号：

<table>
<tr><td>植物名称</td><td colspan="3"></td><td>品种名称</td><td></td></tr>
<tr><td>植物生育期</td><td></td><td>样品数量</td><td></td><td>取样部位</td><td></td></tr>
<tr><td>样品来源</td><td></td><td>送检日期</td><td></td><td>送检人</td><td></td></tr>
<tr><td>送检单位</td><td colspan="3"></td><td>联系电话</td><td></td></tr>
<tr><td colspan="6">检测鉴定方法：</td></tr>
<tr><td colspan="6">检测鉴定结果：</td></tr>
<tr><td colspan="6">备注：</td></tr>
<tr><td colspan="6">鉴定人(签名)：

审核人(签名)：

鉴定单位盖章：

年 月 日</td></tr>
<tr><td colspan="6">注：本单一式三份，检测单位、受检单位和检疫机构各一份。</td></tr>
</table>

附 录 H
（规范性附录）
产地检疫合格证

表 H.1 产地检疫合格证

编号：

<table>
<tr><td>植物或产品名称</td><td></td><td>品种名称</td><td></td></tr>
<tr><td>面　　　　积</td><td></td><td>数　　量</td><td></td></tr>
<tr><td>产　　　　地</td><td colspan="3"></td></tr>
<tr><td>生产单位或户主</td><td></td><td>联 系 人</td><td></td></tr>
<tr><td>单　位　地　址</td><td></td><td>电　　话</td><td></td></tr>
<tr><td colspan="4">产地检疫结果：

检疫员(签名)：
年　　月　　日</td></tr>
<tr><td colspan="4">植物检疫机构审定意见

植物检疫机构(检疫专用章)
年　　月　　日</td></tr>
<tr><td colspan="4">注：此证有效期 1 年，请妥善保存，不得转让，需调运该植物或产品时，凭此证向植物检疫机构办理《植物检疫证书》。</td></tr>
</table>

产地检疫合格证(存根)

编号：

<table>
<tr><td>植物或产品名称</td><td></td><td>品种名称</td><td></td></tr>
<tr><td>面　　　　积</td><td></td><td>数　　量</td><td></td></tr>
<tr><td>产　　　　地</td><td colspan="3"></td></tr>
<tr><td>生产单位或户主</td><td></td><td>联 系 人</td><td></td></tr>
<tr><td>单　位　地　址</td><td></td><td>电　　话</td><td></td></tr>
<tr><td colspan="4">产地检疫结果：

检疫员(签名)：
年　　月　　日</td></tr>
<tr><td colspan="4">植物检疫机构审定意见

植物检疫机构(检疫专用章)
年　　月　　日</td></tr>
</table>

ICS 65.020.01
B 16

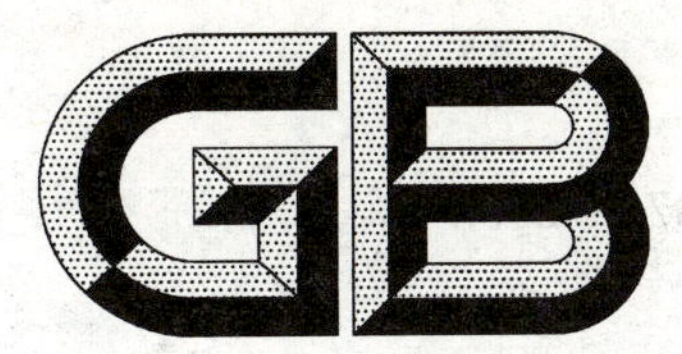

中华人民共和国国家标准

GB 8370—2009
代替 GB 8370—1987

苹果苗木产地检疫规程

Quarantine protocols for apple seedlings in producing areas

2009-04-27 发布　　　　2009-10-01 实施

中华人民共和国国家质量监督检验检疫总局
中国国家标准化管理委员会　发布

前　言

本标准的全部技术内容为强制性。

本标准代替 GB 8370—1987《苹果苗木产地检疫规程》。

本标准与 GB 8370—1987 相比，主要变化如下：

——修改了标准的英文名称、标准结构、部分术语；

——对苹果苗木产地检疫的程序，及其调查检测和疫情处理等方面进行了补充规定。

本标准的附录 A、附录 C、附录 F 和附录 H 为规范性附录，附录 B、附录 D、附录 E 和附录 G 为资料性附录。

本标准由全国植物检疫标准化技术委员会提出并归口。

本标准起草单位：全国农业技术推广服务中心、山东省植物保护总站。

本标准主要起草人：吴立峰、杨勤民、张德满、刘慧、朱莉。

本标准所代替标准的历次版本发布情况为：

——GB 8370—1987。

苹果苗木产地检疫规程

1 范围

本标准规定了苹果苗木产地检疫的程序和方法。

本标准适用于各级农业植物检疫机构对苹果苗木繁育基地实施产地检疫。

2 术语和定义

下列术语和定义适用于本标准。

2.1

产地检疫　quarantine in producing areas

农业植物检疫机构对植物及其产品(含种苗和其他繁殖材料)在原产地生产过程中的全部检疫工作,包括田间调查、室内检测、证书签发及监督生产单位做好选地、选种和疫情处理工作等。

2.2

苹果苗木　apple seedlings

具有根系和苗干的苹果树苗。

2.3

母本树　maternal plants

用于提供接穗的苹果母树。

3 应检疫的有害生物

3.1 国务院农业行政主管部门发布的农业植物检疫性有害生物。

3.2 省级农业行政主管部门发布的补充农业植物检疫性有害生物。

4 申请受理

4.1 选址受理

根据苹果苗木生产单位和个人的申请,依据常规普查和调查结果,决定是否出具产地选址合格检疫证明。

4.2 产地检疫受理

农业植物检疫机构审核苹果苗木生产单位和个人提出的申请和提供的相关资料,决定是否受理。《产地检疫申报单》见附录A。

5 准备与技术指导

农业植物检疫机构制定产地检疫计划,并对苹果苗木繁育基地进行检疫指导(参见附录B)。

6 调查检测

6.1 田间调查

6.1.1 调查时间

根据检疫性有害生物发生规律、气候条件和苹果苗木生育期确定调查时间和次数。

6.1.2 调查方法

母本园要逐株调查。

苗圃在普查的基础上，采取棋盘式取样，不少于9点，每点不少于50株。

6.1.3 田间检验

根据检疫性有害生物形态特征及为害症状进行田间现场初步检验。将田间调查取样结果填入《有害生物调查抽样记录表》(见附录C)。

调查过程中，检疫性有害生物特征参见附录D，危害症状识别参见附录E。对疑似检疫性有害生物或为害症状的植株取样，记载样品名称、采集地点、采集时间、采集人，带回室内检验检测。

6.2 室内检测

对检疫性有害生物或为害症状，有检测标准的按照标准进行鉴定，没有检测标准的按照常规方法进行鉴定。填写《有害生物样本鉴定报告》(见附录F)。

7 疫情处理

发现疫情，应立即采取有效措施进行防除，防除措施参见附录G。

8 签证

8.1 根据田间调查、室内检测鉴定结果，未发现检疫性有害生物的，或发现检疫性有害生物经除害处理合格的，由县级以上农业植物检疫机构签发《产地检疫合格证》(见附录H)，《产地检疫合格证》有效期1年。

8.2 发现检疫性有害生物，经检疫除害处理合格的，发给《产地检疫合格证》；经检疫除害处理不合格的，不签发《产地检疫合格证》，并告知产地检疫申请单位或个人。

9 档案管理

对在产地检疫工作中的原始调查数据、室内检测检验结果等资料要建立档案，并妥善保存，有条件的拍摄有关检疫性有害生物及其为害症状的照片进行保存，保存时间不少于2年。

附　录　A
（规范性附录）
产地检疫申请书

表 A.1　产地检疫申请书

编号：　　　　　　　　　　　　　　　　　　　　　　　年　　月　　日

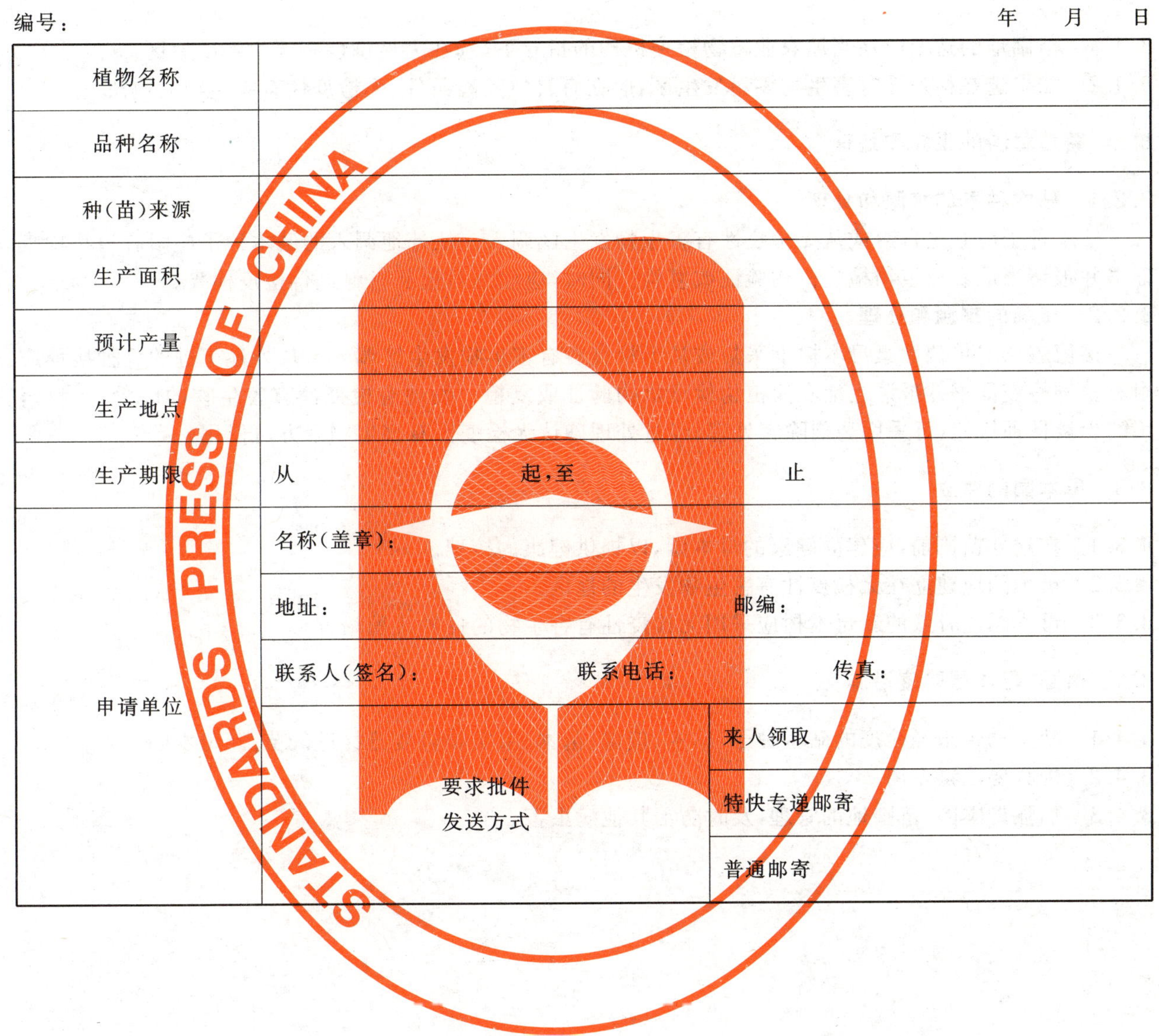

<table>
<tr><td>植物名称</td><td colspan="3"></td></tr>
<tr><td>品种名称</td><td colspan="3"></td></tr>
<tr><td>种(苗)来源</td><td colspan="3"></td></tr>
<tr><td>生产面积</td><td colspan="3"></td></tr>
<tr><td>预计产量</td><td colspan="3"></td></tr>
<tr><td>生产地点</td><td colspan="3"></td></tr>
<tr><td>生产期限</td><td colspan="3">从　　　　　起，至　　　　　止</td></tr>
<tr><td rowspan="6">申请单位</td><td colspan="3">名称(盖章)：</td></tr>
<tr><td colspan="3">地址：　　　　　　　　　邮编：</td></tr>
<tr><td colspan="3">联系人(签名)：　　　　联系电话：　　　　传真：</td></tr>
<tr><td rowspan="3">要求批件发送方式</td><td colspan="2">来人领取</td></tr>
<tr><td colspan="2">特快专递邮寄</td></tr>
<tr><td colspan="2">普通邮寄</td></tr>
</table>

附 录 B
（资料性附录）
苹果苗木繁育防疫措施

B.1 苗圃地选定

B.1.1 苗圃地的选定应在当地农业植物检疫机构的指导下，选在无检疫性有害生物发生区。

B.1.2 如果选在检疫性有害生物零星发生区，应在有自然隔离条件、无检疫性有害生物的地块。

B.2 繁殖材料的采集和处理

B.2.1 砧木种子的来源和处理

砧木种子应立足自给或从无检疫性有害生物发生区调入。从外地调入的砧木种子应附有植物检疫证书并报请当地农业植物检疫机构验证或复检。同时，应注意对包装材料进行检疫检验。

B.2.2 接穗的来源和处理

接穗应从本单位健康母本树上采集或从无检疫性有害生物发生区调入。从外地引进的良种接穗应附有植物检疫证书并报请当地农业植物检疫机构验证或复检。发现有检疫性有害生物的应销毁；科研用的少量良种接穗，可采用药剂除害处理，经过处理确认无检疫性有害生物后方可使用。

B.3 母本园的建立

B.3.1 在建立苗圃前，应建立健康的母本园，以提供健康的接穗。

B.3.2 母本园应建立在无检疫性有害生物发生的地区。

B.3.3 母本园内补栽的新母本树应采用无检疫性有害生物的良种接穗培育。

B.4 苗圃、母本园防疫措施

B.4.1 禁止携带未经检疫的砧木种子、砧木、接穗、苗木、果实和包装器材进入苗圃、母本园。

B.4.2 工具要消毒专用。

B.4.3 加强母本园、苗圃地的管理，及时防治其他病虫害。

附　录　C
（规范性附录）
有害生物调查抽样记录表

表 C.1　有害生物调查抽样记录表

编号：

<table>
<tr><td colspan="2">生产/经营者</td><td colspan="2"></td><td>地址及邮编</td><td colspan="2"></td></tr>
<tr><td colspan="2">联系/负责人</td><td colspan="2"></td><td>联系电话</td><td colspan="2"></td></tr>
<tr><td colspan="2">调查日期</td><td colspan="2"></td><td>抽样地点</td><td colspan="2"></td></tr>
<tr><td>样品
编号</td><td colspan="2">植物名称（中文名和学名）</td><td>品种
名称</td><td>植物
生育期</td><td>调查代表
株数或面积</td><td>植物
来源</td></tr>
<tr><td></td><td colspan="2"></td><td></td><td></td><td></td><td></td></tr>
<tr><td></td><td colspan="2"></td><td></td><td></td><td></td><td></td></tr>
<tr><td></td><td colspan="2"></td><td></td><td></td><td></td><td></td></tr>
<tr><td></td><td colspan="2"></td><td></td><td></td><td></td><td></td></tr>
<tr><td colspan="7">症状描述：</td></tr>
<tr><td colspan="7">发生与防控情况及原因：</td></tr>
<tr><td colspan="7">抽样方法、部位和抽样比例：</td></tr>
<tr><td colspan="7">备注：</td></tr>
<tr><td colspan="3">抽样单位（盖章）：

填表人（签名）：

年　　月　　日</td><td colspan="4">生产/经营者

现场负责人

年　　月　　日</td></tr>
<tr><td colspan="7">注：本单一式两联，第一联抽样单位存档，第二联交受检单位。</td></tr>
</table>

附 录 D
（资料性附录）
部分检疫性有害生物的形态特征

D.1 苹果绵蚜

有翅胎生雌蚜体长 1.7 mm～2.0 mm，翅展 5.5 mm。身体暗褐色，头及胸部黑色。体表覆盖有白色绵状物比无翅胎生的少。复眼红黑色，有眼瘤。触角 6 节，第三节特别长，上面有不完全或完全的环状感觉孔 24 个～28 个，第四节长度次之，环状感觉孔 3 个～4 个，第五节长于第六节。翅透明，翅脉及翅痣棕色。腹管退化为环状黑色小孔。

无翅胎生雌蚜体长 1.8 mm～2.2 mm。身体近椭圆形，体侧有瘤状突起，着生短毛，身体被有白色蜡质绵状物。头部无额瘤。触角 6 节，第三节最长，超过第二节的 2 倍。复眼红黑色，有眼瘤。腹部背面有 4 条纵裂的泌蜡孔，分泌白色蜡质绵状物，腹管退化，呈半圆形裂孔，位于第五第六腹节间。

有性雌蚜长约 1 mm，身体淡黄褐色，触角 5 节，口器退化，腹部赤褐色，稍有绵毛。有性雄蚜长约 0.7 mm，黄绿色，触角 5 节，口器退化，腹部各节中央隆起，有明显沟痕。

卵椭圆形，长约 0.5 mm。初产时为橙黄色，后变为褐色，表面光滑，外覆白粉，较大一端精孔突出。

若虫共 4 龄。身体略呈圆桶形，体色赤褐。喙细长，向后延伸。触角 5 节。身体被有白色绵状物。

D.2 苹果蠹蛾

成虫：体长 8 mm，翅展 19 mm～20 mm。全体灰褐色而带紫色光泽。雄蛾色深，雌蛾色浅。复眼深棕褐色。头部具有发达的灰白色鳞片丛；下唇须向上弯曲，第二节最长，末节着生于第二节末端的下方。前翅无前缘褶；各脉彼此分离。R1 脉出自中室中部或稍前，R2 脉距 R3 脉比 R1 脉近。后翅 M2 脉和 M3 脉平行；M3 脉和 Cu1 脉共柄。前翅肛上纹大，深褐色，椭圆形，有三条青铜色条纹，其间显出 4 条～5 条褐色横纹，这是本种外形上的显著特征。另外，翅基部淡褐色；外缘突出略呈三角，在此区内杂有较深的斜行波状纹，翅的中部颜色最浅，也杂有波状纹。雄蛾前翅腹面中室后缘有一黑褐色条斑，雌蛾无。后翅深褐色，基部较淡。雄性外生殖器的抱器瓣在中间有明显颈部；抱器腹在中部有凹陷，其外侧有一指状尖突，抱器端圆形，具有许多长毛；阳茎短粗，基部稍弯；阳茎针 6 枚～8 枚，分两行排列。雌性外生殖器的产卵瓣内侧平直，外侧弧形；交配孔宽扁；后阴片圆大；囊导管短粗，在近口处强烈几丁质化，阔大呈半圆；囊突两枚，牛角状。

卵：扁平椭圆形，长 1.1 mm～1.2 mm，宽 0.9 mm～1.0 mm，中部略隆起，表面无明显花纹。出产时为半透明，随后发育成黄色和红色。

幼虫：幼虫初龄为黄白色，成熟幼虫体长 14 mm～18 mm 体呈红色，背面色深，腹面色浅，前胸盾淡黄色，并有褐色斑点臀板上有淡褐色斑点。头部黄褐色，单侧眼区深褐色，每侧有六个单眼，第 1、6 单眼较大，呈椭圆形，第 3、4 单眼较小；前胸气门最大，椭圆形；其次为第八节气门，其余大致相等，近乎圆形。腹部腹足 4 对，趾钩单序缺环；末端臀足一对，趾钩单行排列。

蛹：体长 7 mm～10 mm，黄褐色，复眼黑色，喙不超过前足腿节。雌虫触角较短，不及中足的末端；而雄虫的触角较长，接近中足的末端。中足基节显露，后足及翅均超过第三腹节而达第四腹节前端，臀棘共 10 根。

D.3 美国白蛾

成虫：翅展 23 mm～46 mm，头被白色长毛，复眼突出，有单眼。喙短而弱，具有小下颚须。雄虫触角双节齿状。前翅 R1 脉由中室单独发出，R1-R5 共柄；M1 由中室前角发出，M2、M3 由中室后角上方发出;Cu1 由中室后角发出;后翅 Sc+R1 由中室前缘中部发出 Rs+M1 由中室前角发出 M2、M3 有一短的共柄,由中室后角向上发出。前足基节及腿端部橘黄色。胫节端翅两个,一个短直,另一个长且弯曲。

卵:聚产,一块卵有数百粒单层排列,直径 0.4 mm~0.5 mm,卵面有规则的凹陷刻纹。

幼虫:发生在美国南部的为红头型。幼虫的头和背部毛瘤呈橘红色。发生在其他国家和地区的为黑头型,头和背部毛瘤呈黑色。

蛹:臀棘 8 根~17 根,棘的末端呈喇叭口状,中间凹陷。

D.4 苹果黑星病

分生孢子梗与菌丝区别明显或不明显,圆柱状,丛生,短而直立,不分枝,直或略弯,淡褐色至深褐色,或橄榄色,屈膝状或结节状,有时基部膨大,产孢细胞全壁芽生式产孢,环痕式延伸;分生孢子倒梨形或倒棒状,大小为(14 μm~24 μm)×(6 μm~8 μm),初生时无色,渐为淡青褐色、深褐色,孢基平截,顶部钝圆或略尖,表面光滑或具小疣突,0~1 个隔膜,偶具 2 个或 2 个以上隔膜,分隔处略缢缩。菌落呈不规则形或圆形,平铺状,橄榄色、灰色或黑色,有时被有茸毛。菌丝多数生于寄主角质层下或表皮层中,作放射状生长。子囊座初埋于基质内,后外露或近表生,子囊壳球形或近球形,有孔口,稍突起作乳头状,在孔口周缘长有刚毛。每个子囊壳一般可产生 50 个~100 个子囊,最多 242 个。子囊无色,圆筒状,大小为(55 μm~75 μm)×(6 μm~12 μm),具短柄,胞壁很薄。子囊内一般有 8 个子囊孢子,子囊孢子卵圆形,由 2 个大小不等的细胞组成,上面的细胞较小而稍尖,下面的细胞较大而圆,子囊孢子大小为(11 μm~15 μm)×(5 μm~7 μm),成熟时为青褐色。

D.5 李属坏死环斑病毒

病毒为等轴对称球状体,直径 23 nm、25 nm 和 27 nm,无包膜。有些粒体为准等轴球状到短棒状(轴比为 1.01~1.5),有些株系的病毒粒体呈明显棒状(轴比大于 2.2),有的棒状粒体长达 70 nm,棒状粒体的有无及比例因株系而异。病毒在磷钨酸中易解,一定要用 1%戊二醛固定。

纯化的病毒有三个沉降组分,沉降系数为 95S(B),72S(T),90S(M,B 和 M 是侵染必需的)。分子量:5.2×10^6~7.3×10^6。CsCl 浮力密度是 1.35 gcm~3.260 gcm,在 280 nm 吸收光谱比值约 1.56。病毒含核酸 6%,蛋白质 84%,不含脂类。

病毒核酸为单链 RNA,三个组分,分别为 3.66 kb,2.50 kb,1.88 kb;蛋白亚基分子量大约 2.5×10^4,有 196 个氨基酸残基。

病毒具有中等免疫原性,用福氏不完全佐剂乳化病毒制剂,注射家兔可获得特异抗血清。PNRSV 与苹果花叶病毒(Apple mosaic virus)有一定的血清学关系。而与烟草线条病毒(Tobacco streak virus)、石刁柏 2 号病毒(Asparagus virus 2)、柑桔粗叶病毒(Citrus leaf rugose virus)、柑桔杂色病毒(Citrus variegation virus)、榆树斑驳病毒(Elm mottle virus)、图拉苹果花叶病毒(Tulare apple mosaic virus)和李矮缩病毒(Prune dwarf virus)无血清学关系。

体外存活期:0.4 d~0.75 d(6 h~18 h),随浓度而异,未稀释的汁液几分钟内侵染性大多丧失;稀释限点为 10^{-2}~10^{-3};钝化温度为 55 ℃~62 ℃,随株系不同而异。

附 录 E
（资料性附录）
部分检疫性有害生物的田间为害症状

E.1 苹果绵蚜

苹果绵蚜以无翅胎生成虫及幼虫在苹果背阴枝干的愈合伤口、剪锯口、新梢、短果枝端的叶丛中、果梗、萼洼以及地下的根部或露出地表的根际等处寄生危害。被害处出现大量体背披有白色绵状物的虫体。刺吸吸取树液，消耗树体营养，使树势衰弱。被害部分的组织因受刺激，渐成病状虫瘿，久则虫瘿破裂，造成深浅大小不等的伤口，更有利于它继续为害及越冬。苹果绵蚜的为害结果，严重影响苹果树的生长发育和花芽分化，因而使树势衰弱，树龄缩短，产量及品质降低。幼树受害后，枝条发育不良，推迟结果。其次，由于瘤状虫瘿的破裂，容易招致其他病虫害的侵袭。果树严重被害时，遇严寒或干旱，可导致树体的死亡。5 月～7 月上旬和 9 月中旬～10 月为发生盛期，是田间调查的最适时期。

E.2 苹果蠹蛾

苹果蠹蛾主要是以幼虫蛀食果实为害，每年在各地发生一至多个世代不等。以苹果为例，每个世代的大部分初孵幼虫均自果实表面蛀入果实内部，初龄幼虫在果实表面以下取食果肉，并向种室方向做不规则的蛀道，三龄幼虫时进入种室，取食果实的种子。果实表面蛀孔随虫龄的增加不断增大，其外部常有大量褐色的虫粪堆积。幼虫发育成熟后向果实表面方向做一较直的蛀道脱果。另外苹果蠹蛾幼虫有转果为害的习性，一头苹果蠹蛾幼虫可以蛀食 2 个～4 个果实，一般一个果实内仅有一头幼虫，少数情况会出现 2 头乃至多头。被苹果蠹蛾蛀食的果实往往容易脱落，因此该虫在为害严重时往往会造成大量落果。每年发生 2 代～3 代，世代重叠 5 月下旬～8 月下旬是各代幼虫发生盛期，此时是田间调查的最适时期。

E.3 美国白蛾

美国白蛾的幼虫取食叶肉，吐丝做网幕，有的网幕长达 1m 以上。幼虫群集网幕中为害。1 龄～2 龄幼虫只取食叶肉，严重时全株树叶被吃光，只留下叶脉，整个叶片呈透明的纱网状。3 龄幼虫开始将叶片咬成缺刻，4 龄幼虫开始分成若干个小的群体，形成几个网幕，4 龄末幼虫食量大增，5 龄后进入单个取食的暴食期。整个幼虫期间取食量极大，造成植物长势衰弱，抗逆力低下，果实品质降低，部分枝条甚至整株死亡。每年发生 2 代，6 月中旬至 7 月下旬为第 1 代幼虫为害盛期。8 月下旬至 9 月下旬为第 2 代幼虫为害盛期。6 月中、下旬和 8 月中、下旬是调查的适宜时期。

E.4 苹果黑星病

能侵染叶片、果实、花及嫩枝等部位，但主要为害叶片及果实，症状在叶片及果实上也特别明显。此病于 5 月中、下旬开始发生，7 月中、下旬为发病盛期，是田间调查的适宜时期。叶片：病斑先从正面发生，也可在背面先发生。病斑初为淡黄绿色，后渐变褐色，最后变为黑色；圆形或放射状，直径 3 mm～6 mm 或更大；病斑周围有明显的边缘，老叶上更明显。病斑表面产生茂密的黑褐色至黑绿色绒状霉层。叶片受害严重时变小、变厚，呈卷曲或扭曲状。有时叶片上病斑很多，且常常数斑融合，致使叶片干枯脱落。有些情况下叶片上病斑向上突起呈泡状。叶柄受害后，病斑呈长条形，突破寄主表皮后露出黑霉，当叶柄上病斑多或环绕叶柄时，可引起落叶。果实：幼果期易感病，病斑圆形或椭圆形，初为淡黄绿色，后渐变褐色至黑色，表面生绒状霉层，随着果实膨大，病部渐凹陷、硬化、龟裂。幼果染病后因发育受阻而呈畸形。果实成熟期受害,病斑小而密集,黑色或咖啡色,角质层不破裂。果梗受害状和叶柄相似。花序:病菌可侵害花瓣、萼片的尖端使其褪色。花梗被害后呈黑色,造成落花落果。枝条:枝条不常染病,但在条件适宜时,当年新梢可被侵染,侵染点在枝端,病斑很小,枝条长大后病斑消失,在特别感病的品种上,有时造成新梢的泡状肿大。

附 录 F
（规范性附录）
有害生物样本鉴定报告

表 F.1 有害生物样本鉴定报告

编号：

植物名称				品种名称	
植物生育期		样品数量		取样部位	
样品来源		送检日期		送检人	
送检单位				联系电话	
检测鉴定方法：					
检测鉴定结果：					
备注：					
鉴定人(签名)： 审核人(签名) 鉴定单位盖章： 年 月 日					
注：本单一式三份，检测单位、受检单位和检疫机构各一份。					

附 录 G
（资料性附录）
部分检疫性有害生物的除害处理方法

G.1 苹果绵蚜

敌敌畏加热熏蒸法：在体积为 1 m^3 的聚乙烯塑料棚内分三格，底格离地面 10 cm，各间隔距离 30 cm。每格放苹果接穗 3 捆～4 捆（每捆不宜超过 150 支）。棚内一角放 1 个三角架，架上放 1 个罐头盒，盒内注入 80%敌敌畏乳油 50 mL，架下面放一盏酒精灯加热 5 min～10 min，使原液蒸发完毕。在棚内温度 36 ℃条件下，熏蒸 30 min，取出在阴凉处放 4 h 后可全部杀死苹果绵蚜。

敌敌畏浸泡法：用 80%敌敌畏乳油 1 000 倍稀释液，在液温 25 ℃～30 ℃条件下，浸泡 5 min～10 min，取出在阴凉处放 18 h 后可全部杀死苹果绵蚜。

G.2 苹果蠹蛾

溴甲烷熏蒸法：除国光、倭锦等个别对溴甲烷敏感的品种外，该方法对多数果实及包装材料均适用，具体熏蒸剂量为 10 ℃～15 ℃时为 48 g；15.5 ℃～20.5 ℃时为 40 g；21 ℃～26 ℃时为 32 g；26.5 ℃～31.5 ℃时为 24 g；熏蒸时间均为 2 h。

低温冷藏处理：在－4 ℃～－10 ℃条件下冷藏 20 d～30 d，可杀死绝大部分的一、二龄幼虫及部分三龄幼虫，在 0 ℃左右条件下冷藏 30 d 可杀死所有的虫卵。该方式对老龄幼虫的效果不佳。

高温处理：以温度 48 ℃、相对湿度为 98%或温度 44 ℃、相对湿度为 100%的条件在水浴系统中处理果实 4 h～8 h，均可使苹果蠹蛾幼虫的死亡率达到 100%。但该法对一些耐热性较差的水果并不适用。

γ-射线处理：苹果蠹蛾的卵对 γ-射线最为敏感，剂量 60 gr，照射 24 h 可使初产（<24 h）的虫卵的孵化率降至 1%，剂量 100 gr，照射 24 h，可以使被照射的虫卵在发育至化蛹之前 100%的死亡。

低氧高二氧化碳处理：处于滞育状态的苹果蠹蛾幼虫对二氧化碳最为敏感，27 ℃条件下 95%二氧化碳浓度处理 48 h 可使该时期幼虫死亡率达 99%，然而这种方式对于一些对二氧化碳敏感的水果种类并不适用。

G.3 美国白蛾

熏蒸处理：对带虫原木用磷化铝片剂（15 g/m^3）或溴甲烷（20 g/m^3）等熏蒸剂处理，熏蒸时间分别为 72 h 和 24 h，杀虫效果可达 100%。由于美国白蛾具有较强的爬行能力，可以爬到路过疫区的交通工具上而作远距离的传播，因此必需对来自疫区的各种交通工具进行严格的检疫或消毒处理。

G.4 苹果黑星病

苹果黑星病以生长期间的产地检疫为主，苹果黑星病的远距离传播主要是靠调运带菌的苗木和接穗。菌丝在其芽鳞内越冬，检验芽鳞尚无好的方法，故需严格封锁已发病的苹果园，禁止从已发病的果园调出苗木和接穗。有病的果实也不要运至外地销售。

G.5 李属坏死环斑病毒

对引进的苗木和种子应隔离种植观察 1 年～3 年，无毒即可放行，对带毒的贵重种苗可以施行脱毒和热处理后归还用户。

附　录　H
（规范性附录）
产地检疫合格证

表 H.1　产地检疫合格证

编号：

<table>
<tr><td>植物或产品名称</td><td></td><td>品种名称</td><td></td></tr>
<tr><td>面　积</td><td></td><td>数　量</td><td></td></tr>
<tr><td>产　地</td><td colspan="3"></td></tr>
<tr><td>生产单位或户主</td><td></td><td>联系人</td><td></td></tr>
<tr><td>单位地址</td><td></td><td>电　话</td><td></td></tr>
<tr><td colspan="4">产地检疫结果：
检疫员(签名)：
年　　月　　日</td></tr>
<tr><td colspan="4">植物检疫机构审定意见
植物检疫机构(检疫专用章)
年　　月　　日</td></tr>
<tr><td colspan="4">注：此证有效期1年，请妥善保存，不得转让，需调运该植物或产品时，凭此证向植物检疫机构办理《植物检疫证书》。</td></tr>
</table>

产地检疫合格证（存根）

编号：

<table>
<tr><td>植物或产品名称</td><td></td><td>品种名称</td><td></td></tr>
<tr><td>面　积</td><td></td><td>数　量</td><td></td></tr>
<tr><td>产　地</td><td colspan="3"></td></tr>
<tr><td>生产单位或户主</td><td></td><td>联系人</td><td></td></tr>
<tr><td>单位地址</td><td></td><td>电　话</td><td></td></tr>
<tr><td colspan="4">产地检疫结果：
检疫员(签名)：
年　　月　　日</td></tr>
<tr><td colspan="4">植物检疫机构审定意见
植物检疫机构(检疫专用章)
年　　月　　日</td></tr>
</table>

ICS 65.020.01
B 16

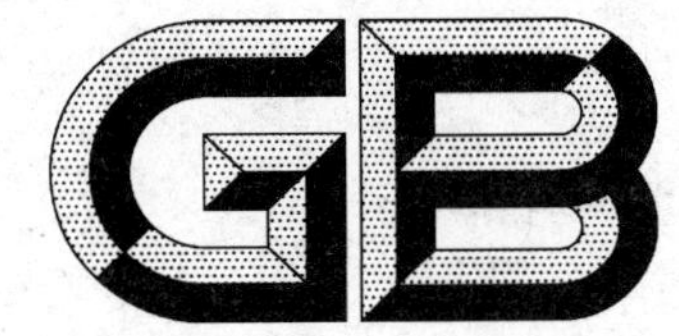

中华人民共和国国家标准

GB 8371—2009
代替 GB 8371—1987

水稻种子产地检疫规程

Quarantine protocols for rice seeds in producing areas

2009-04-27 发布　　2009-10-01 实施

中华人民共和国国家质量监督检验检疫总局
中国国家标准化管理委员会　发布

前 言

本标准的全部技术内容为强制性。

本标准代替 GB 8371—1987《水稻种子产地检疫规程》。

本标准与 GB 8371—1987 相比，主要变化如下：

——修改了标准的英文名称、标准结构、部分术语；

——对水稻种子产地检疫的程序，及其调查检测和疫情处理等方面进行了补充规定。

本标准的附录 C、附录 D、附录 E、附录 F 和附录 G 为规范性附录，附录 A 和附录 B 为资料性附录。

本标准由全国植物检疫标准化技术委员会提出并归口。

本标准起草单位：全国农业技术推广服务中心、湖南省植保植检站、湖南农业大学生物安全科技学院。

本标准主要起草人：王玉玺、周社文、刘年喜、朱景全、李一平、廖晓兰、肖启明。

本标准所代替标准的历次版本发布情况为：

——GB 8371—1987。

水稻种子产地检疫规程

1 范围

本标准规定了水稻种子产地检疫的程序和方法。

本标准适用于各级植物检疫机构对水稻种子繁育基地实施产地检疫。

2 规范性引用文件

下列文件中的条款通过本标准的引用而成为本标准的条款，凡是注日期的引用文件，其随后所有的修改单(不包括勘误的内容)或修订版均不适用本标准，然而，鼓励根据本标准达成协议的各方研究是否可使用这些文件的最新版本。凡是不注日期的引用文件，其最新版本均适用于本部分。

NY/T 1482 稻水象甲检疫鉴定方法

3 术语和定义

下列术语和定义适用于本标准。

3.1

检疫性有害生物 quarantine pests

对受其威胁的地区具有潜在经济重要性、但未在该地区发生，或虽已发生但分布不广并进行官方防治的有害生物。

3.2

检测 test

为确定是否存在有害生物或为鉴定有害生物种类而进行的，除目测以外的检查。

3.3

产地检疫 quarantine in producing areas

植物检疫机构对植物及其产品(含种苗及其他繁殖材料)在原产地生产过程中的全部检疫工作，包括田间调查、室内检测、签发证书及监督生产单位做好选地、选种和疫情处理工作。

4 应检疫的有害生物

4.1 国务院农业行政主管部门公布的全国农业植物检疫性有害生物。

4.2 省级农业行政主管部门公布的补充农业植物检疫性有害生物。

5 水稻种子生产防疫措施

水稻种子生产防疫措施参见附录A。

6 原理

水稻种子繁育基地检疫性有害生物的形态学特征和危害症状(参见附录B)是该标准的科学依据。

7 受理申请

7.1 选址受理

根据水稻种子生产单位和个人的申请，依据调查结果，决定是否出具产地选址合格检疫证明。

7.2 产地检疫受理

植物检疫机构审核水稻种子生产单位和个人提出的申请(参见附录C)和提供的相关资料,决定是否受理。

8 调查检测

8.1 田间调查

8.1.1 调查时期

8.1.1.1 水稻病害

秧田期调查1次。本田期在拔节期至齐穗期检查不少于2次。

8.1.1.2 水稻害虫

秧田在插秧前调查1次。本田期检查2次,根据害虫发生特点和当地水稻生育期选择最易调查时期进行。

8.1.2 调查方法

在巡查(田间危害状识别参见附录B)的基础上,对疑似发生检疫性有害生物的田块采取棋盘式调查方法进行重点调查,0.3 hm^2 以下的地块取样数不少于10点;0.3 hm^2 以上的地块,取样数不少于15点,每点面积为0.5 m^2～1.0 m^2,每个点调查20穴。对田间可疑样本取样,带回室内检测。记录样品品种名称、种植地点、采集时间、采集人等,填入《有害生物调查抽样记录表》(参见附件D)。

8.2 室内检测

对田间调查带回的样本在室内进一步检测,必要时繁育地收获的种子可抽样进行室内检测,室内检测结果进行详细记载(见附件E)。

9 疫情处理

经田间调查或室内检测发现检疫性有害生物的,指导生产单位和个人实施检疫处理。

10 签证

10.1 凡经田间调查和室内检测未发现检疫性有害生物的,签发《产地检疫合格证》(见附件F),《产地检疫合格证》有效期1年。

10.2 发现检疫性有害生物,经检疫除害处理合格的,发给《产地检疫合格证》;经检疫除害处理不合格的,不签发《产地检疫合格证》,并告知产地检疫申请单位或个人。

11 档案管理

对于在产地检疫工作中的原始调查数据、表格、标本等资料档案要妥善保存,填写水稻种子产地检疫档案卡(见附件G),保存时间不少于2年。

附 录 A
（资料性附录）
水稻种子生产防疫措施

A.1 选地

水稻种子的地块与其他水稻田之间应具有一定的隔离条件，秧田要选择在灌水系统上游，距村庄较远的地势高的地方。

A.2 选种及种子消毒处理

A.2.1 繁殖地应选用健康种子。当地植物检疫机构对调入的种子验证或复检。

A.2.2 播种前要进行种子精选，用风选、筛选、泥水选等方法汰除秕粒、虫瘿。

A.2.3 细菌性条斑病浸种处理

A.2.3.1 温汤浸种

先将稻种在清水中预浸 12 h～24 h，然后用竹箩滤水后，放入 54 ℃～55 ℃的温水中浸泡 10 min，边浸边搅动稻种，使种子受热均匀，捞出后放入冷水中冷却后即可催芽播种。

A.2.3.2 强氯精浸种

先将稻种用清水预浸 12 h，再放入 40%强氯精 200 倍液中浸种 12 h，捞出用清水冲洗干净后，再用清水浸种 12 h 后催芽播种。

A.2.3.3 抗菌素浸种

用 70%抗菌素“402”200 倍液浸种 48 h，捞出催芽播种。

A.2.3.4 叶枯净浸种

用 10%叶枯净 2 000 倍液浸种 24 h～48 h，捞出后即可催芽播种。

A.3 栽培防疫措施

A.3.1 选用无病虫材料捆秧苗。

A.3.2 在秧田二叶期和移栽前 3 d～5 d 用药剂防治 1 次～2 次。

A.3.3 排灌分家，浅水勤灌，严禁串灌及漫灌，及时晒田。

A.3.4 基肥充分腐熟，防止偏施氮肥，氮、磷、钾要合理配比，防止水稻贪青诱发病虫害。生产地不得使用病虫田桔杆饲喂牲口的粪肥和用病虫田秸秆沤制的粪肥。

A.3.5 繁殖地收获的种子应单收、单打、单贮，并防止污染。检疫性有害生物发生的地块生产的水稻种子应做除害处理。

A.3.6 病虫稻草处理：病虫稻草作燃料烧掉，或作其他灭菌、灭虫处理。不得用病虫稻草捆秧和禁止带虫病肥料施入稻田。

附 录 B
（资料性附录）
部分水稻检疫性有害生物的危害状识别

B.1 水稻细菌性条斑病

水稻细菌性条斑病在叶片上形成暗绿色或黄褐色的狭窄条斑。初发期为暗绿色水渍状半透明小斑点，很快在叶脉之间伸展，形成宽约 1/3 mm～3/4 mm，长约 14 mm 的条斑，可扩大到宽 1 mm 、长 10 mm 以上，转为黄褐色。病斑上带有成串的黄色珠状细菌溢出，形小而量多。严重时病斑增多而融聚一起，局部呈不规则的黄褐色至枯白斑块，对光观察，病斑部半透明，水浸状。病部菌胶多，色深，不易脱落。秧苗期即可见到典型症状。

B.2 稻水象甲

稻水象甲以成虫及幼虫为害水稻，尤以幼虫为害最烈。成虫沿水稻叶脉啃食叶肉或幼苗叶鞘，被取食的叶片仅存透明的表皮，在叶片上形成宽 0.38 mm～0.8 mm，通常为 0.5 mm，长不超过 30 mm，两端钝圆的白色长条斑；稻水象甲为害水稻叶片则形成一横排小孔。低龄幼虫在稻根内蛀食，高龄幼虫在稻根外咬食。

稻水象甲的形态识别见 NY/T 1482。

附　录　C
（规范性附录）
产地检疫申请书

表 C.1　产地检疫申请书

编号：　　　　　　　　　　　　　　　　　　　　　　　　　　　　年　　月　　日

<table>
<tr><td>植物名称</td><td colspan="2"></td></tr>
<tr><td>品种名称</td><td colspan="2"></td></tr>
<tr><td>种（苗）来源</td><td colspan="2"></td></tr>
<tr><td>生产面积</td><td colspan="2"></td></tr>
<tr><td>预计产量</td><td colspan="2"></td></tr>
<tr><td>生产地点</td><td colspan="2"></td></tr>
<tr><td>生产期限</td><td colspan="2">从　　　　　　起，至　　　　　　止</td></tr>
<tr><td rowspan="6">申请单位</td><td colspan="2">名称（盖章）：</td></tr>
<tr><td colspan="2">地址：　　　　　　　　　　　　　　　　邮编：</td></tr>
<tr><td colspan="2">联系人（签名）：　　　　联系电话：　　　　传真：</td></tr>
<tr><td rowspan="3">要求批件
发送方式</td><td>来人领取</td></tr>
<tr><td>特快专递邮寄</td></tr>
<tr><td>普通邮寄</td></tr>
</table>

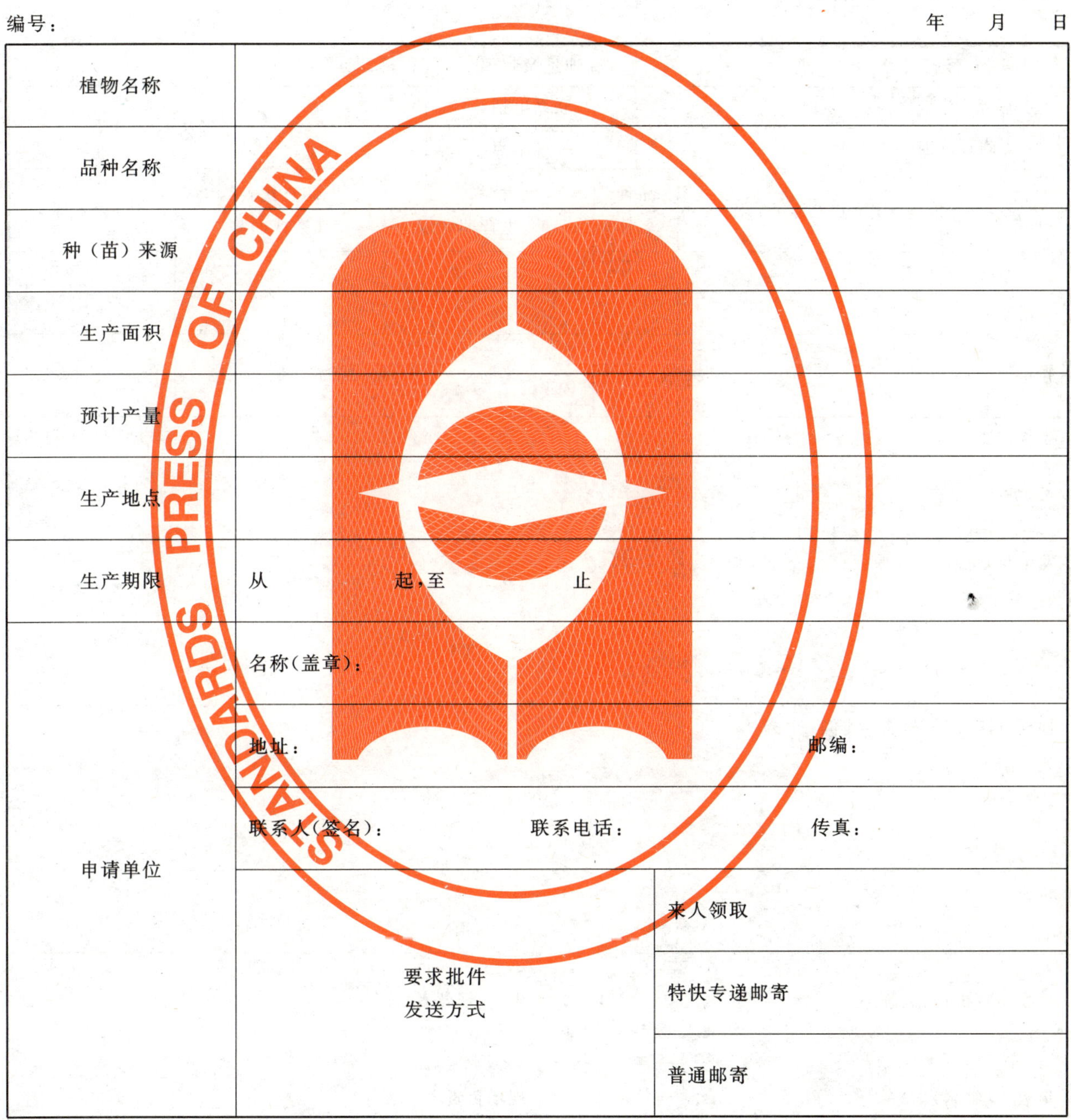

附 录 D
（规范性附录）
有害生物调查抽样记录表

表 D.1 有害生物调查抽样记录表

编号：

<table>
<tr><td colspan="2">生产/经营者</td><td colspan="2"></td><td colspan="2">地址及邮编</td><td colspan="2"></td></tr>
<tr><td colspan="2">联系/负责人</td><td colspan="2"></td><td colspan="2">联系电话</td><td colspan="2"></td></tr>
<tr><td colspan="2">调查日期</td><td colspan="2"></td><td colspan="2">抽样地点</td><td colspan="2"></td></tr>
<tr><td>样品编号</td><td colspan="2">植物名称（中文名和学名）</td><td>品种名称</td><td>植物生育期</td><td colspan="2">调查代表株数或面积</td><td>植物来源</td></tr>
<tr><td></td><td colspan="2"></td><td></td><td></td><td colspan="2"></td><td></td></tr>
<tr><td></td><td colspan="2"></td><td></td><td></td><td colspan="2"></td><td></td></tr>
<tr><td></td><td colspan="2"></td><td></td><td></td><td colspan="2"></td><td></td></tr>
<tr><td></td><td colspan="2"></td><td></td><td></td><td colspan="2"></td><td></td></tr>
<tr><td colspan="8">症状描述：</td></tr>
<tr><td colspan="8">发生与防控情况及原因：</td></tr>
<tr><td colspan="8">抽样方法、部位和抽样比例：</td></tr>
<tr><td colspan="8">备注：</td></tr>
<tr><td colspan="4">植物检疫机构（盖章）：
填表人（签名）：
年　月　日</td><td colspan="4">生产/经营者
现场负责人
年　月　日</td></tr>
<tr><td colspan="8">注：本单一式两联，第一联植物检疫机构存档，第二联交受检单位。</td></tr>
</table>

附 录 E
（规范性附录）
有害生物样本鉴定报告

表 E.1 有害生物样本鉴定报告

编号：

<table>
<tr><td>植物名称</td><td colspan="3"></td><td>品种名称</td><td></td></tr>
<tr><td>植物生育期</td><td></td><td>样品数量</td><td></td><td>取样部位</td><td></td></tr>
<tr><td>样品来源</td><td></td><td>送检日期</td><td></td><td>送检人</td><td></td></tr>
<tr><td>送检单位</td><td colspan="3"></td><td>联系电话</td><td></td></tr>
<tr><td colspan="6">检测鉴定方法：</td></tr>
<tr><td colspan="6">检测鉴定结果：</td></tr>
<tr><td colspan="6">备注：</td></tr>
<tr><td colspan="6">鉴定人(签名)：
审核人(签名)：
鉴定单位盖章：
年 月 日</td></tr>
<tr><td colspan="6">注：本单一式三份，检测单位、受检单位和检疫机构各一份。</td></tr>
</table>

附 录 F
（规范性附录）
产地检疫合格证

表 F.1 产地检疫合格证

编号：

<table>
<tr><td>植物或产品名称</td><td></td><td>品种名称</td><td></td></tr>
<tr><td>面　　积</td><td></td><td>数　　量</td><td></td></tr>
<tr><td>产　　地</td><td colspan="3"></td></tr>
<tr><td>生产单位或户主</td><td></td><td>联 系 人</td><td></td></tr>
<tr><td>单位地址</td><td></td><td>电　　话</td><td></td></tr>
<tr><td colspan="4">产地检疫结果：
检疫员（签名）：
年　　月　　日</td></tr>
<tr><td colspan="4">植物检疫机构审定意见：
植物检疫机构（检疫专用章）
年　　月　　日</td></tr>
<tr><td colspan="4">注：此证有效期 1 年，请妥善保存，不得转让，需调运该植物或产品时，凭此证向植物检疫机构办理《植物检疫证书》。</td></tr>
</table>

产地检疫合格证（存根）

编号：

<table>
<tr><td>植物或产品名称</td><td></td><td>品种名称</td><td></td></tr>
<tr><td>面　　积</td><td></td><td>数　　量</td><td></td></tr>
<tr><td>产　　地</td><td colspan="3"></td></tr>
<tr><td>生产单位或户主</td><td></td><td>联 系 人</td><td></td></tr>
<tr><td>单位地址</td><td></td><td>电　　话</td><td></td></tr>
<tr><td colspan="4">产地检疫结果：
检疫员（签名）：
年　　月　　日</td></tr>
<tr><td colspan="4">植物检疫机构审定意见：
植物检疫机构（检疫专用章）
年　　月　　日</td></tr>
</table>

附　录　G
（规范性附录）
水稻种子产地检疫档案卡

表 G.1　水稻种子产地检疫档案卡

地块：

<table>
<tr><td rowspan="3">检测日期</td><td rowspan="3">作物</td><td rowspan="3">品种</td><td rowspan="3">种苗来源</td><td rowspan="3">播种日期</td><td colspan="8">田间检查发现病(虫)株率</td><td>室内检测结果</td></tr>
<tr><td colspan="8">检疫性有害生物编号</td><td>阳性编号</td></tr>
<tr><td>1</td><td>2</td><td>3</td><td>4</td><td>5</td><td>6</td><td>7</td><td>8</td><td>检查人</td></tr>
<tr><td></td><td></td><td></td><td></td><td></td><td></td><td></td><td></td><td></td><td></td><td></td><td></td><td></td><td>备注</td></tr>
<tr><td colspan="14">注：检疫性有害生物编号为：
1——水稻细菌性条斑病；2——水稻稻水象甲。</td></tr>
</table>

ICS 65.020.40
B 21

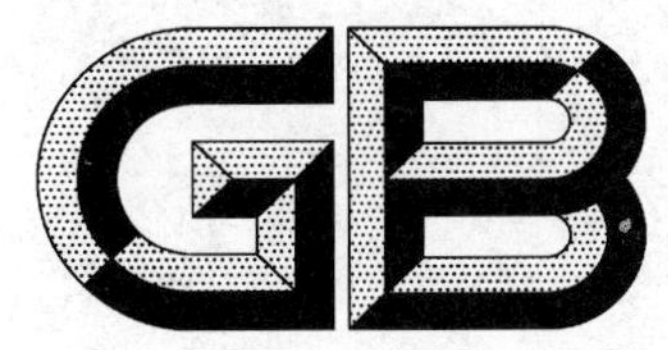

中华人民共和国国家标准

GB 12743—2003
代替 GB 12743—1991

大豆种子产地检疫规程

Plant quarantine rules for soybean seeds in producing areas

2003-06-02 发布　　2003-11-01 实施

中华人民共和国
国家质量监督检验检疫总局　发布

前　言

本标准代替 GB 12743—1991《大豆种子产地检疫规程》。

GB 12743—1991《大豆种子产地检疫规程》已执行了十余年，目前，大豆上的危险性有害生物种类已经发生了变化，检验检疫技术也有了发展和提高，原规程已不适应大豆生产发展的需要，特对原标准进行修订。修订后的标准增加了 1995 年新公布的国内检疫对象——大豆疫病，该病也是我国 1993 年公布的一类进境植物检疫对象；同时，由于大豆菌核病是土传病害，种子本身并不带菌传病，因此修订后不再列为应检有害生物。有害生物的综合治理措施也做了相应的调整，增加了一些新的技术内容。

本标准的附录 B、附录 C 为规范性附录，附录 A 为资料性附录。

本标准由中华人民共和国农业部提出。

本标准由农业部种植业管理司归口。

本标准负责起草单位：全国农业技术推广中心、东北农业大学、辽宁省植保植检站、吉林省植物检疫站、黑龙江省植保植检站、农业部大豆种子质量监督检验中心、黑龙江省富锦市植保站。

本标准主要起草人：王福祥、吴立峰、文景芝、蔡明、吴雨泉、杜淑梅、孙波、万振家。

本标准委托全国农业技术推广服务中心负责解释。

本标准 1991 年首次发布，本次为第一次修订。

大豆种子产地检疫规程

1 范围

本标准规定了大豆种子产地的限定性有害生物种类、健康种子生产、检验、检疫、签证等。

本标准适用于实施大豆种子产地检疫管理的植物检疫机构及繁育、生产大豆种子的单位和个人。

2 术语和定义

下列术语和定义适用于本标准。

2.1

产地

因植物检疫的目的而单独管理的生产点。

2.2

产地检疫

植物检疫机构对植物及其产品(含种苗及其他繁殖材料,下同)在原产地生产过程中的全部工作,包括田间调查、室内检验、签发证书及监督生产单位做好选地、选种和疫情处理等工作。

2.3

有害生物

任何对植物或植物产品有害的植物、动物或病原物的种、株(品)系或生物型。

2.4

限定性有害生物

一种检疫性有害生物或限定非检疫性有害生物。

2.5

检疫性有害生物

对受其威胁的地区具有潜在经济重要性、但尚未在该地区发生,或虽已发生但分布不广并进行官方防治的有害生物。

2.6

限定非检疫性有害生物

一种非检疫性有害生物,但它在供种植的植物中存在,危及这些植物的预期用途而产生无法接受的经济影响,因而在输入方境内受到限制。

2.7

健康种子

按本标准所列检验方法检验,符合本标准对限定性有害生物要求的大豆种子。

3 限定性有害生物

3.1 检疫性有害生物:

大豆疫病 *Phytophthora sojae* Kaufm. & Gerd.

菟丝子属 *Cuscuta* spp.

3.2 限定非检疫性有害生物:

大豆病毒病 Soybean virus disease

大豆霜霉病 *Peronospora manschurica* (Naum.) Syd

大豆灰斑病 *Cercospora sojina* Hara

3.3 省里补充的其他检疫对象。

4 健康种子生产

4.1 繁育地选择

4.1.1 繁育地设在排灌条件良好、土壤肥力中等的地块,并翻耕晒土。

4.1.2 繁育地选择连续种植禾谷类作物二至三年以上的地块,无本标准所列的检疫性有害生物发生。

4.1.3 避免邻作是限定性有害生物的寄主(如向日葵和油菜等),并保持100 m内无大豆的隔离条件。

4.1.4 产地检疫申报:种子繁育单位或个人应在播种前一月向当地植物检疫机构申请产地检疫,并填写申报表(见表1)。

表1 产地检疫申报表

申报号:

作物名称:

申报单位(农户): 联系人: 联系电话: 地址:

种植地点	种植地块编号	种植面积/667 m^2(亩)	品种	种苗来源	预计播期	预产种子量/kg	隔离条件
合计							
植物检疫机构审核意见: 审核人: 植物检疫专用章 年 月 日							
注1:本表一式二联,第一联由审核机关留存,第二联交申报单位。 注2:本表仅供当季使用。							

4.2 种子健康标准

4.2.1 原原种:不带本标准所列的限定性有害生物,无斑驳。

4.2.2 原种:无疫霉菌、菟丝子种粒;霜霉病、病毒病发病率要分别低于3%和0.2%,灰斑病发病率、种子斑驳率低于3%。

4.2.3 一般良种:无疫霉菌、菟丝子种粒;霜霉病、病毒病发病率要分别低于10%和0.5%,灰斑病发病率、种子斑驳率低于5%。

4.3 选种

4.3.1 原原种自上一年无限定性有害生物的大豆田中大豆健株上采集,经检疫证明符合原原种健康标准。

4.3.2 原种及一般良种采自上一级符合标准的种子田。

4.4 防疫措施

4.4.1 播种前用筛子、选种机等机械或人工办法粒选,汰除混入的杂质。

4.4.2　播种前用药剂拌种，防止大豆疫病或其他有害生物危害。

4.4.3　在幼苗期，及时拔除病苗杂草。

4.4.4　在大豆花期以前，如果有蚜虫发生，应对种子田及保护带施药灭蚜。

4.4.5　盛花期遇潮湿天气，田间灰斑病病叶率达到30%时，应施药防治。

4.4.6　开展大豆疫病田间监测，发现可疑株，应进行土壤检测，一旦确认立即销毁病株并进行土壤处理。

4.4.7　当田间发现菟丝子时，少的随即拔除，多的连同大豆一起销毁。

4.4.8　对田块内的大豆残株及落叶等应及时清除、烧毁，避免串田灌溉，并及时防治其他有害生物。

5　检查、检验、签证

5.1　检查以农业植物检疫部门为主，种子部门、生产单位（农户）协助。

5.2　原原种逐行逐株目测。原种、一般良种采用棋盘式抽样检验，检验区面积不得大于33.33 hm^2，0.67 hm^2以下取5点，0.67 hm^2～6.67 hm^2取8点，6.67 hm^2～13.33 hm^2取11点，13.33 hm^2～33.33 hm^2取15点，每点检验株数不得少于200。33.33 hm^2以上可根据各方面条件的均匀程度，另外划分检验区。

5.3　检查时期：在大豆整个生育期间，要进行限定性有害生物发生情况的系统调查。在幼苗期、盛花期、鼓粒成熟期进行三次田间检查，田间症状详见附录A，将检验结果填入大豆种子田间检验记录表（见表2）。

表2　大豆种子田间检验记录表

地点	品种	面积/hm^2	处理	种子级别	调查项目	调查时期					亩产量/kg	质量等级
						播前种子	苗期	开花盛期	结荚盛期	收获种子		
					检查株（粒）数							
					菟丝子种（株）数							
					疫病率/（%）							
					霜霉病率/（%）							
					灰斑病率/（%）							
					种子斑驳率/（%）							
					病毒种传率/（%）							
					其他							
					调查日期							
					调查人							

5.3.1　幼苗期检查：检查有无限定性有害生物的可疑症状，如发现有则按4.4的有关防疫措施处理。

5.3.2　盛花期检查：检查大豆疫病和菟丝子并按照4.4的有关防疫措施及时处理。病毒病检验以盛花期为主，该期原种及良种田田间病株率可作为该地块种传率预测的依据，原种及良种田花期病毒病株率应分别低于1%和3%。灰斑病于花期检查后，根据病情和当地气象预报决定是否应进行药剂防治。

5.3.3　鼓粒成熟期检查：检查大豆疫病并按照4.4给出的防疫措施及时处理。

5.4　田间不能确诊的限定性有害生物样本带回实验室，做室内检验（大豆疫病检测方法见附录B，病毒病检测方法详见附录C，其他有害生物按常规方法进行）。检验结果填入大豆室内检验报告单（见表3）。

表 3 产地检疫室内检验报告单

对应申报号：	样本编号：	取样日期：
作物名称：	作物品种：	取样部位：
检验方法：		
检验结果：		
备注：		
检验人(签名)： 审核人(签名)： 植物检疫专用章 年 月 日		

5.5 签证

5.5.1 凡检查、检验发现大豆疫病者不予签证。

5.5.2 病毒病检验以田间为主，必要时做室内检验，若病毒病不符合本标准要求，不应签证。

5.5.3 发现菟丝子经严格处理合格，可以签证。

5.5.4 凡经过田间检验及室内检验后，收获的种子符合健康种子标准的，发给产地检疫合格证(见表4)。

表 4 产地检疫合格证

有效期至： 年 月 日

检疫日期： 年 月 日

( )检( )字第 号

作物名称		品种名称	
种植面积		田块数目	
种苗数量	kg(株)	种苗来源	
种植单位		负责人	
检疫结果	签发机关(盖章) 检疫员 年 月 日		
注：本证一式两联，第一联交生产单位凭证换取植物检疫证书，第二联留存检疫机关备查。 本证不作《植物检疫证书》使用。			

5.5.5 若检验没有发现检疫性有害生物，但发现限定非检疫性有害生物的，记录下结果，不予签发产地检疫合格证。调运时，检疫机构视是否符合种子调入地检疫要求确定是否签发植物检疫证书。

附　录　A
（资料性附录）
大豆限定有害生物的田间症状

A.1　大豆疫病

幼苗期，幼苗出土前后猝倒，根及下胚轴变褐、变软，真叶期被害幼苗茎部呈水渍状，叶片变黄，严重者枯萎而死。

成株受害时，往往在茎基部发病，出现咖啡色病斑，并向上下扩展，病茎髓部变褐，皮层和维管束组织坏死、叶片变黄下垂但不脱落，根部受害变黑褐色，病痕边缘不清晰。

A.2　菟丝子

茎线状，直径 1.0 mm～1.5 mm，黄色、淡橙黄色或黄绿色，光滑无毛，在寄主茎上向左缠绕，叶鳞片状，膜质。花黄白色，多数簇生一起，呈绣球形，种子为小型蒴果。

A.3　大豆霜霉病

A.3.1　幼苗：沿叶片主脉两侧出现褪绿块斑，扩大后叶片全部变黄，病叶背面密生灰白色霉层，病株矮化，叶皱缩，封垄后死亡。

A.3.2　成株：叶片上病斑散生，呈圆形或不规则形的黄绿色小斑点，叶背有灰白色霉层，呈星芒状。发病重的，病斑可汇成更大病块，病叶干枯，被害籽粒表面粘附有灰白色霉层。

A.4　大豆灰斑病

叶背病斑色较深，生有黑灰色霉层（即分生孢子梗和分生孢子），干枯时破裂成孔。初在叶片表面生圆形小斑点，后扩大。中心变灰色或灰褐色，周缘成赤褐色，圆形、椭圆形、多角形或不规则形，荚上病斑为圆形，褐色，有深褐色轮廓。茎部病斑呈纺锤形，黑褐色，逐渐发展绕茎一周。种子上的病斑为褐色圆形，边缘深褐色，轻病粒仅产生褐色不规则形小点。

A.5　大豆病毒病

A.5.1　大豆花叶病毒病（Soybean mosaic virus）

A.5.1.1　病苗症状

大多数病苗在第 1～2 复叶展开后都已显症，气温持续在 25℃以上时则隐症或延迟显症，病苗单叶两侧向下纵卷成筒状，或倒三角形，单叶及复叶可有斑驳、花叶，或背面叶脉局部坏死，而引起叶片向下弯曲。

A.5.1.2　成株症状

花叶型：花叶、斑驳、黄斑、矮化、皱缩。

顶枯型：叶脉坏死，自茎顶部生长点向下坏死，也可弯曲。

A.5.2　大豆矮化病毒病（Soybean stunt virus）

单叶扭曲，叶背脉部分坏死，叶片沿脉抽缩，复叶轻性斑驳，或叶脉退绿，成株期呈顶枯状，与大豆花叶病的顶枯型相同。

A.5.3　其他病毒病

由不同病毒引起。

A.5.3.1 花生轻性斑驳病毒病(Peanut mild mottle virus)

叶上有黄斑、枯斑、脉坏死、斑驳或皱缩。

A.5.3.2 苜蓿花叶病毒病(Alfalfa mosaic virus)

叶片上呈现黄色斑驳或花叶。

附 录 B
(规范性附录)
大豆疫病实验室检验方法

B.1 病原菌分离和培养

B.1.1 从病组织分离

选择典型病株,切取病斑边缘病健组织交界处约 5 cm 长的一段组织,放入滤网中,自来水冲洗 10 min,然后切成 0.5 cm 见方的小块,放入 0.1%次氯酸钠水溶液中浸泡 0.5 min～1 min 后取出,立即放入无菌水中冲洗 3 次～4 次,用选择性培养基进行分离,室温 22℃～25℃下培养 3 d,在实体解剖镜下观察,挑取疫霉菌丝,转移到胡萝卜(CA)或利马豆(LA)培养基上繁殖。

B.1.2 从土壤分离

将土壤风干,研碎,过筛(孔径 2 mm),加蒸馏水润湿,使土壤含水量达到或接近饱和,24℃～26℃光照条件下培养 4 d～6 d 后,加适量蒸馏水浸泡,浸泡水面高出土表不超过 1.5 cm,加感病大豆品种 5 mm叶碟诱集 6 h～12 h,取出叶碟,光照条件下用无菌水培养,1 d～3 d 后镜检叶碟边缘有无孢子囊。若有,则吸取游动孢子悬浮液,涂于选择性培养基上,24℃～26℃黑暗条件下培养 4 h～12 h,显微镜下选择已萌发的单个孢子,用接种针挑取含单个孢子的琼脂块转移到选择性培养基上,25℃黑暗条件下继续培养,4 h～6 h 后继续转皿纯化。取得单游动孢子菌株后,以形态和致病性作最终鉴定。

B.2 鉴别特征

大豆疫霉菌在 PDA 培养基上生长缓慢,气生菌丝致密,幼龄菌丝无隔多核,分枝大多呈直角,分枝基部稍有缢缩,菌丝老化时产生隔膜,并形成结节状或不规则膨大。膨大部球形、椭圆形,大小不等。菌丝体宽 3 μm～9 μm。可以产生厚垣孢子。

该菌在利马豆培养基和自来水中可以形成大量孢子囊。孢囊梗单生,无限生长,多数不分枝,孢子囊顶生,倒梨形,顶部稍厚,乳突不明显。新孢子囊在旧孢子囊内以层出方式产生,孢子囊不脱落,(23～89) μm×(17～52) μm,平均 58 μm×38 μm。游动孢子在孢子囊内形成,卵形,一端或两端钝尖,具两根鞭毛,茸鞭朝前,尾鞭长度为茸鞭的 4 倍～5 倍。

利马豆不易购得,可以用“白芸豆琼脂培养基”代替。该培养基用干豆吸胀 24 h,取吸胀豆 150 g,加 300 mL 蒸馏水,用高压灭菌锅 121℃煮 20 min,双层纱布过滤,滤汁加水补足至 1 000 mL,加琼脂制成含 2%琼脂的培养基。在白芸豆琼脂培养基平板上,菌落边缘整齐,菌丝致密,气生菌丝白色,菌落前沿有环形半透明带(淀粉利用带),菌落上可产生大量卵孢子。

用胡萝卜或利马豆固体培养基培养,一周后可产生大量卵孢子。藏卵器壁薄,球形至扁球形,直径 29 μm～46 μm,一般在 40 μm 以下。雄器侧生,长形或圆形。卵孢子球形,直径 19 μm～38 μm,有光滑的内壁和外壁,淡黄色,壁厚 1 μm～3 μm。由于常规洗涤检验也可洗下大豆霜霉菌卵孢子,为免混淆,可根据表 B.1 进行甄别。

表 B.1 疫霉菌和霜霉菌卵孢子比较

项　　目	疫霉菌卵孢子	霜霉菌卵孢子
卵孢子直径/μm	23.2～31.9	23.2～29.0
卵孢子壁厚/μm	2.3～3.2	1.3～2.6
卵孢子形态及颜色	球形、黄褐色	球形、淡黄色
卵孢子着生部位及特点	种皮里面、分散	种皮表面、集中成堆
病种子表面特征	无霉层	灰白色干粉状霉层

B.3 常用培养基及其配方

B.3.1 胡萝卜琼脂培养基(CA)：胡萝卜 200 g，加 200 mL 蒸馏水组织捣碎，过滤，汁液中加 20 g 琼脂加热融化，蒸馏水补足至 1 000 mL，分装灭菌 30 min。

B.3.2 利马豆琼脂培养基(LA)：利马豆 25 g，加水浸胀后加入 1 000 mL 蒸馏水，高温灭菌 30 min，过滤，加 20 g 琼脂，将溶液体积补充至 1 000 mL，高温灭菌 30 min。

B.3.3 在 CA 或 LA 培养基中添加不同药剂即配置成多种选择性培养基，常用的有以下几种：

B.3.3.1 PARP 选择性培养基：在 CA 或 LA 基础培养基中添加匹马霉素(Pimaricin)10 mg/L，安比西林(Ampicillin)250 mg/L，利福平(Rifampicin)10 mg/L，五氯硝基苯(PCNB)50 mg/L。

B.3.3.2 PARPH 选择性培养基：在 CA 或 LA 基础培养基中添加匹马霉素(Pimaricin)10 mg/L，安比西林(Ampicillin)250 mg/L，利福平(Rifampicin)10 mg/L，五氯硝基苯(PCNB)50 mg/L，恶霉灵(Hymexazol)50 mg/L。

B.3.3.3 PBNC 选择性培养基：在 LA 基础培养基中添加五氯硝基苯(PCNB)20 mg/L，苯莱特(Benlate)5 mg/L，硫酸新霉素(Neomycin Sulfate，新丝霉素)100 mg/L，氯霉素(Chloroampheicol)10 mg/L。

附　录　C
(规范性附录)
大豆病毒病种传率的检测技术

C.1 检测范围

原原种和原种。

C.2 器材

C.2.1 防虫温室或网室。

C.2.2 河沙、砾石、珍珠岩或消过毒土壤，任选一种。

C.2.3 花盆或塑料果盘(长方形，约长 45 cm、宽 33 cm、高 10 cm，底有细孔)供播种。

C.2.4 消毒钵体。

C.2.5 电镜。

C.2.6 硅藻土或金刚砂(400 目～600 目)。

C.2.7 指示作物菜豆品种“monroe bean”，供试幼苗，要求在防虫温室培育，在单叶到一片复叶时使用。

C.3 检测步骤

以生长试验为主，必要时进行指示植物反应、血清反应和电镜观察。

C.3.1 生长试验

C.3.1.1 取种样:原原种按种重1/10,最多不超过500粒;原种取500粒。

C.3.1.2 播种:在防虫条件下播种和培育幼苗。种距约3 cm~5 cm。即于上述规格的塑料果盘中每行播10粒,10行,共播100粒/盘。其他盘则以此类推。培育温度不低于15℃,不高于28℃,以18℃~23℃为宜。

C.3.1.3 观察记载:第一次于单叶展平时,记下症状明显的病苗数,第二次于第一复叶平展时,记下症状明显的病苗数,拔除病苗和健苗,留下可疑而未确定的苗。

C.3.2 接种指示植物

取可疑苗的叶片少许,在加有少许金刚砂(或硅藻土)的消毒研钵中研成汁液状,常规接种菜豆"monroe bean"。观察指示植物接种叶的病斑或幼叶的系统症状,判断可疑苗是否有病毒病。

C.3.3 琼脂双扩散血清反应

平皿中倾入熔化的培养基(NaN_3 1%,SDS0.5%,优质琼脂粉0.8%,蒸馏水配制)。凝固后打二或四组孔,中央孔滴入抗血清,四周孔滴入待测植株的汁液。每克叶片加1 mL pH7.2~7.4的磷酸缓冲液研磨,并加1 mL3%SDS液处理,吸出汁液,加入平皿孔中(测定球状病毒时不用SDS处理)。平皿加盖,放25℃~37℃孵育1 d。样品孔与中央孔(抗血清)之间出现沉淀线为阳性反应。

C.3.4 电镜观察

切取一小块(1 mm×3 mm)叶片,放入一滴2%~3%的磷钨酸(PTA)液中,用玻棒捣碎叶组织,取液滴放在被有福尔马膜的铜网上,浮载30 s,取出吸去多余的液体,即可在电镜下观察。如观察CMV,可用乙酸铀2%液染色。

ICS 65.020.01
B 16

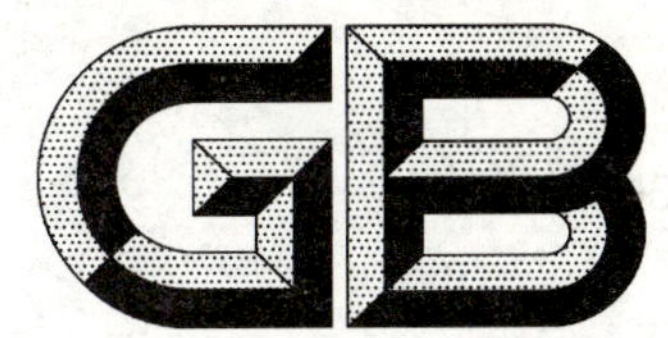

中华人民共和国国家标准

GB 15569—2009
代替 GB 15569—1995

农业植物调运检疫规程

Quarantine protocol for the movement of agricultural plants and plant products

2009-04-27 发布　　　　2009-10-01 实施

中华人民共和国国家质量监督检验检疫总局
中国国家标准化管理委员会　发布

前　言

本标准的全部技术内容为强制性。

本标准代替 GB 15569—1995《农业植物调运检疫规程》。

本标准与 GB 15569—1995 相比，主要变化如下：

——修改了标准的英文名称、标准结构、部分术语；

——对国内调运应施检疫的植物及植物产品的检疫程序，及其现场检查和室内检验检测等方面进行了补充规定。

本标准的附录 A、附录 B、附录 C、附录 D、附录 E 和附录 G 均为规范性附录，附录 F 为资料性附录。

本标准由全国植物检疫标准化技术委员会提出并归口。

本标准起草单位：全国农业技术推广服务中心、陕西省植物保护工作总站。

本标准主要起草人：王福祥、杨桦、吴立峰、杨铭、项宇。

本标准所代替标准的历次版本发布情况为：

——GB 15569—1995。

农业植物调运检疫规程

1 范围

本标准规定了国内调运应施检疫的植物及植物产品的检疫程序和方法。

本标准适用于各级农业植物检疫机构对调运的应施检疫的植物及植物产品的检疫。

2 术语和定义

下列术语和定义适用于本标准。

2.1

调运检疫 quarantine for movement (of plants and plant products)

植物检疫人员依据植物检疫法规对调运(包括托运、邮寄、自运、携带、销售等)的应施检疫的植物及植物产品实施的检疫。

2.2

植物 plants

活的植物及其器官,包括种子和种质。

2.3

植物产品 plant products

未经加工的植物性材料(包括谷物)和那些虽经加工,但由于其性质或加工的性质而仍有可能造成有害生物传入和扩散危险的产品。

2.4

批 lot

同一时间、同一发运地点、同一收货地点、同一品名(种类)、同一运输工具的全部应检物品。

2.5

包装 packaging

用于支撑、保护或装载某种商品的材料。

2.6

直观检查 visual examination

对植物、植物产品或其他限定物,在没有处理的情况下,用肉眼、放大镜、体视显微镜或显微镜来检查有害生物或污染物。

3 应检疫的有害生物

3.1 国务院农业行政主管部门公布的全国植物检疫性有害生物名单。

3.2 各省(自治区、直辖市)农业行政主管部门公布的补充植物检疫性有害生物名单。

4 调运检疫程序

见图1。

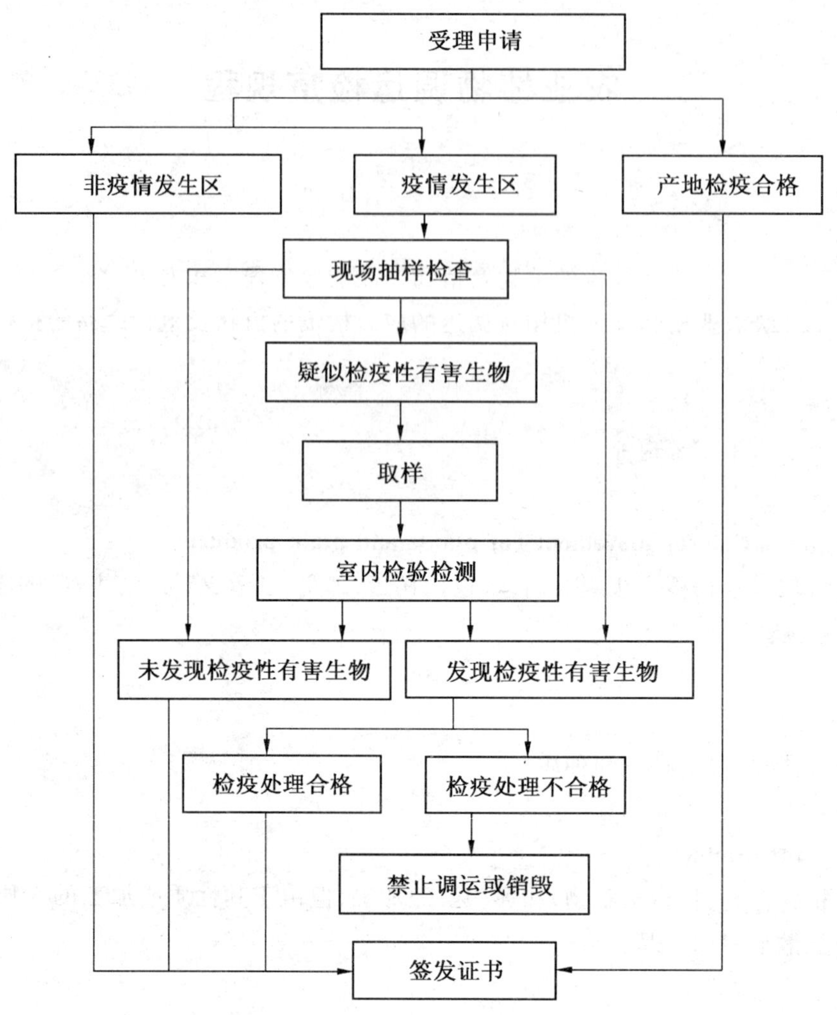

图 1 调运检疫程序

5 受理申请

5.1 植物检疫机构受理调运单位或个人提出的植物及植物产品的调运检疫申请。

5.2 审核《农业植物调运检疫申请书》(见附录 A),《农业植物调运检疫要求书》(见附录 B)以及其他有关单证。

5.3 根据调运单位或个人的申请内容,准备检疫工具,确定检疫时间、地点和方法。

6 现场检查

6.1 检查内容

检查调运的植物及植物产品、包装和铺垫材料、运载工具、堆放场所等有无检疫性有害生物。

6.2 抽样检查

根据不同种类、包装、数量,对应检植物及植物产品进行抽检。抽样方法有国家标准或行业标准的,按照国家标准或行业标准抽样。没有国家标准或行业标准的,按照检查的目标有害生物的发生分布特点、植物和植物产品以及包装的具体情况,选择采用对角线五点或分层取样等方法,按《现场抽样件数标准表》(见附录 C)的数量进行抽样。直观检查所抽的样品。对植物及植物产品检查时,主要检查有无检疫性有害生物及疑似害状;对包装和铺垫材料、运载工具、堆放场所等检查时,主要检查有无检疫性有害生物及其留存痕迹。发现疑似检疫性有害生物难以现场认定的,进行进一步的室内检验检测。

7 室内检验检测

7.1 取样

根据应检的植物及植物产品和目标检疫性有害生物的特点，选择适当的取样方法，提取代表样品。取样份数和每份样品数量见《现场取样份数》(见附录D)和《每份样品数量》(见附录E)。

7.2 检验检测

检验检测方法有国家或行业标准的，按标准执行，没有国家或行业标准的，根据应检物品的具体情况和目标有害生物的特点采用适当的检验检测方法。

常用的检验检测方法包括直接镜检、解剖检查、过筛检验、比重检验、染色检验、洗涤检验、分离培养检验、血清反应检验、噬菌体检验、萌芽检验、PCR检测等，详见《常用检验检测方法》(参见附录F)。

8 检疫结论

根据现场检查或室内检验检测结果签发《植物检疫行政许可(不)受理通知书》(见附录G)。未发现检疫性有害生物的，对该批植物或植物产品签发植物检疫证书。发现有检疫性有害生物的，提出检疫处理意见。

9 档案管理

有关原始记录、单证等妥善保存。所有样品至少保存一年，保存的样品应附有标签，注明取样地点、时间，取样数量，取样人、检验人等信息。

附 录 A
（规范性附录）
农业植物调运检疫申请书

表 A.1 农业植物调运检疫申请书

编号：

<table>
<tr><td rowspan="17">货物调运
单位或个人
填写</td><td>申请单位（盖章）</td><td colspan="3"></td></tr>
<tr><td>联系地址</td><td colspan="3"></td></tr>
<tr><td>代理人（签名）</td><td></td><td>联系电话</td><td></td></tr>
<tr><td>报检日期</td><td></td><td>邮政编码</td><td></td></tr>
<tr><td>植物（货物）名称</td><td></td><td>类型用途</td><td></td></tr>
<tr><td>包装方式</td><td></td><td>件数</td><td></td></tr>
<tr><td>原产地</td><td></td><td>重量(株数)</td><td></td></tr>
<tr><td>运输工具</td><td></td><td>工具号码</td><td></td></tr>
<tr><td>起运地点</td><td></td><td>运往地点</td><td></td></tr>
<tr><td>报检地点</td><td></td><td>受检地点</td><td></td></tr>
<tr><td>发货单位</td><td colspan="3"></td></tr>
<tr><td>收货单位</td><td colspan="3"></td></tr>
<tr><td>货物单价</td><td colspan="3"></td></tr>
<tr><td>货物合同价值</td><td></td><td>合同编号</td><td></td></tr>
<tr><td rowspan="3">要求批件
发送方式</td><td colspan="3">来人领取</td></tr>
<tr><td colspan="3">特快专递邮寄</td></tr>
<tr><td colspan="3">普通邮寄</td></tr>
</table>

附　录　B
（规范性附录）
农业植物调运检疫要求书

表 B.1　农业植物调运检疫要求书

有效期至：　　　　年　　月　　日

调运单位(人)		联系电话	
植物中文名称		植物部位	
数量(千克/株)		包装方式	
用途		产地	
起运地点		运往地点	
检疫要求 检疫员： (签发机构植物检疫专用章) 年　　月　　日			
注：本表共两联。第一联交调出地检疫机构，第二联留存签发检疫机构。			

附　录　C
（规范性附录）
现场抽样件数标准表

表 C.1　现场抽样件数标准表

种　　类	按货物总件数抽样百分率/%	抽样最低数
种子类	≥4 000 kg 的 2～5 <4 000 kg 的 5～10	不少于 10 件
苗木类	>10 000 株的 3～5 100～10 000 株的 6～10	100 株
植物产品	0.2～5.0	5 件或 100 kg
中药材、烟草	0.2～5.0	5 件

注 1：散装种子 100 kg 为一件，苗木 100 株为一件。

注 2：不足抽样最低数的全部检验。

注 3：其他类可参照表中比例抽查。

附　录　D
（规范性附录）
现场取样份数

表 D.1　现场取样份数

取样总量/件	取样份数
100 以下	1
101～500	2
501～3 000	3
3 000 以上	4

附 录 E
（规范性附录）
每份样品数量

表 E.1 每份样品数量

植 物 种 类		每份样品数量/[g 或株(个)]
种子类	块茎、块根、葱头、大蒜、枣等	200～2 500
	花生、玉米、大豆、蚕豆、菜豆等	1 000～1 500
	稻谷、麦类、高粱、绿豆、棉籽等	1 000
	谷子、芝麻、油菜籽、亚麻籽等	500
	蔬菜、牧草籽、花卉籽等	100
	烟籽等	10～30
苗木类	柑桔、苹果、花卉、薯苗等	10～100
植物产品	粮谷类、水果、蔬菜、中药材等	2 000～2 500
注：其他类参照表中类型抽取样品。		

附 录 F
（资料性附录）
常用检验检测方法

F.1 直接镜检

被查获的疑似害虫各虫态，在解剖镜下进行害虫种类鉴定。

用拨针挑取样品病变部分的病原物，沾涂于滴有蒸馏水的载玻片上，用显微镜检查病原物种类。

F.2 解剖检查

对疑难病害或隐蔽型病虫为害的应检农业植物及其产品，进行切片或解剖被害处，置解剖镜或显微镜下检查。

F.3 过筛检验

适用于种子、粮谷类。

将受检样品倒入相应孔径筛内，过筛检查有无检疫性有害生物，若发现检疫性有害生物，必要时按式(F.1)计算含量。

$$每千克含量 = 发现数量(g)/试样重量(g) \times 1\,000 \quad \cdots\cdots\cdots\cdots(F.1)$$

F.4 比重检验

适用于种子、粮谷类。

运用病种子、虫蛀种子与健康种子间的比重差异，用不同比重的溶液区分沉浮，然后捞取浮种进一步检查。

F.5 染色检验

检验禾谷类、豆类种子时，可分别采用高锰酸钾染色法、碘化钾染色法、油浸检验法等进行检验。

F.6 洗涤检验

将受检样品 5 g～25 g 倒入 10 mL～50 mL 无菌水的三角瓶内，振荡 5 min～10 min，离心浓缩，取其浓缩的沉淀液适当稀释，置于显微镜下检查病原物种类，必要时计算病原物接种体的负荷量。

F.7 分离培养检验

将受检样品消毒，并移于相应的培养基上培养检验。

F.8 血清反应检验

分别采用特制的抗血清检验细菌、病毒、类菌原体。

F.9 噬菌体检验

利用专化性噬菌体的浸染试验快速检验细菌。

F.10 萌芽检验

常用的有保湿培养、沙土萌芽、土内萌芽、试管幼苗症状观测等检验方法。

F.11 PCR检测

包括RT-PCR和IC-RT-PCR、巢式PCR、共作PCR、多重PCR、实时荧光PCR。其中RT-PCR和IC-RT-PCR检测技术用于植物病原物或害虫的检测。

附 录 G
（规范性附录）
植物检疫行政许可（不）受理通知书

表 G.1 植物检疫行政许可（不）受理通知书

编号：

申请单位名称		
项目申请书编号	国外引种检疫审批	
	调运检疫	
	产地检疫	
受理	受理时间	年　月　日
	一次性提供全部材料的填写此空格上面一行。 非一次性提供全部材料的填写以下两行。	
	初次提供材料时间	年　月　日
	补齐材料并受理的时间	年　月　日
	承诺时限	
不予受理	原因：	
费用	不收费	
	收费	
批件发送方式	来人领取	
	特快专递邮寄	
	普通邮寄	

受理单位：　　　　　　　　　　　　　　　　受理人：

咨询电话：　　　　　　监督电话：　　　　　传　真：

通讯地址：　　　　　　　　　　　　　　　　邮　编：

注 1：本通知书一式两份，一份交申请单位，一份留受理单位。

注 2：如果来人领取批件，凭此通知书和领取人身份证件领取批件。

ICS 65.020.01
B 32

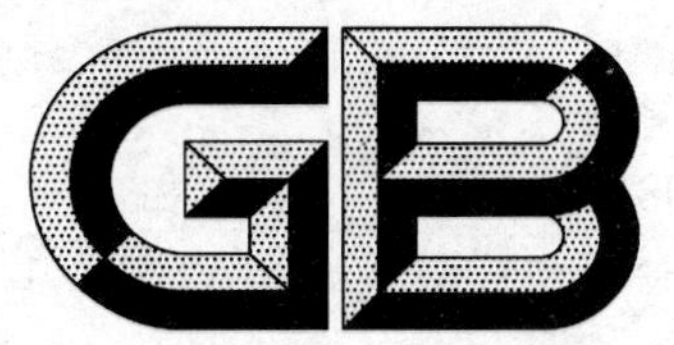

中华人民共和国国家标准

GB 20817—2006

棉 花 检 疫 规 程

Rule for cotton quarantine

2006-12-20 发布 2007-07-01 实施

中华人民共和国国家质量监督检验检疫总局
中国国家标准化管理委员会 发布

前言

本标准全部技术内容为强制。

本标准的附录A为资料性附录。

本标准由国家质量监督检验检疫总局提出。

本标准起草单位：中华人民共和国新疆出入境检验检疫局和新疆农业科学院。

本标准主要起草人：薛光华、缪卫国、范伟功、张祥林、莫桂花、刘红军、李宾。

棉 花 检 疫 规 程

1 范围

本标准规定了棉花的检疫程序和方法。

本标准适用于贸易性或非贸易性棉花(不包括籽棉和脱脂棉)的检疫。

2 规范性引用文件

下列文件中的条款通过本标准的引用而成为本标准的条款。凡是注日期的引用文件,其随后所有的修改单(不包括勘误的内容)或修订版均不适用于本标准,然而,鼓励根据本标准达成协议的各方研究是否可使用这些文件的最新版本。凡是不注日期的引用文件,其最新版本适用于本标准。

GB 7411 棉花原(良)种产地检疫规程

3 术语和定义

下列术语和定义适用于本标准。

3.1

输入检疫 import quarantine

进口棉花或由国内地区间调入棉花的检疫。

3.2

输出检疫 export quarantine

出口棉花或由国内地区间调出棉花的检疫。

3.3

有害生物 pest

在棉花生产或储运期间危害的病菌、害虫、杂草等。

3.4

检疫性有害生物 quarantine pest

对受威胁地区具有潜在的经济重要性,但尚未在该地区发生,或虽已发生但分布不广并正在被官方控制的有害生物。

3.5

检疫批 lot

同一国家或地区、同一运输工具装载、同一收货人或发货人、同一品种名称、同一商品规格输入、输出的棉花。

4 检疫要求

4.1 国内检疫要求

《农业植物检疫对象和应施检疫的植物、植物产品名单》以及各省、自治区、直辖市的《植物检疫实施办法》、《农业植物检疫对象名单(及补充名单)》和《应施检疫的植物、植物产品名单(及补充名单)》中规定的有关棉花生长、贮藏期的检疫对象。

4.2 进境检疫要求

中国法律法规规定的有关危险性或潜在危险性病虫杂草名录中有关棉花生长、贮藏期的有害生物。中国与有关国家和地区签订的植物检疫双边协定、议定书和备忘录中的有关棉花的有害生物。贸易合同、信用证中有关植物检疫条款及要求。

4.3 出境检疫要求

中国与有关国家和地区签订的植物检疫双边协定、议定书和备忘录中的有关棉花的有害生物。贸易合同、信用证中有关植物检疫条款及要求。

5 检疫准备

5.1 现场检疫用具

样品袋、刀子、钳子、白瓷盘、毛笔、镊子、指形管、采集袋、放大镜、手电筒、铅笔、样品标签等和有关记录表格(单)。

5.2 实验室检疫设施

参见附录A。

6 输入检疫

6.1 现场检疫

6.1.1 货证查验

核查货、证是否相符,了解货物的配载、堆放情况,运输工具和包装容器是否承运过农产品或畜产品,棉花是否经过熏蒸处理等。

6.1.2 堆货场所检查

检查货物堆放场所四周、墙角、地面以及覆盖货物的篷布、铺垫物等,是否有活的有害生物及有害生物感染的痕迹。

6.1.3 运输工具和铺垫物检查

登轮、登车、登机及集装箱检疫时,检查船舱、车体、机体及箱体的缝隙、梁搁、边角,以及铺垫物、动植物性残留物有无有害生物或有害生物活动的痕迹。

6.1.4 包装物检查

开舱或开箱,检查货垛表面上层、侧面和棉花的外包装,是否有活的有害生物或有害生物感染痕迹,是否粘有土壤、杂草,是否有霉变、动物尸体等。

6.1.5 货物检查

6.1.5.1 剪开包头布,检查包布内外壁和棉花表层,有无活的有害生物及为害痕迹,如虫粪、蜕皮等;检查棉花中是否混有棉籽、棉籽壳、杂草籽以及其他植物残体。

6.1.5.2 按6.2的要求对棉花进行抽检和取样,表层棉花检疫未发现有害生物的,继续对中下层装载的或集装箱里层的棉花进行检疫。

6.1.6 截获物的收集

将现场采集截获的害虫、杂草籽、植物残体、土壤、棉籽、棉籽壳等装入指形管或采集袋中,并放入标签,与棉花样品一同送实验室检疫鉴定。

6.1.7 现场检疫记录

按照现场查验的顺序,记录检疫中所发现的情况,填写现场检疫记录单。

6.2 抽检与取样

6.2.1 抽检方法

6.2.1.1 每批按总件数的3%~10%抽检。

6.2.1.2 选择有害生物易藏匿的部位和随机抽检相结合,开包抽检时着重挑选带棉籽(壳)和夹有杂草籽、植物残体的棉花。

6.2.1.3 实施堆垛抽检时,在堆垛上、中、下层按对角线、棋盘式或随机取样的方法抽取代表样品。

6.2.1.4 对船舱、机舱、车厢、集装箱装载的棉花,分别按6.2.1.3抽取代表样品。

6.2.2 取样

以每个检疫批为单位，从抽检抽出的棉花中取样。

——每批总件数在50包以下取1份样品，50包～100包取2份样品，101包～200包取3份样品；

——陆运、空运集装箱运每增加100包递增1份样品；

——海运（整船散装）每增加500包递增1份样品。

每份原始样品2.0 kg～2.5 kg。

7 输出检疫

7.1 田间检疫调查

7.1.1 在棉花生长期间，对棉花主要病、虫、杂草的发生和防治情况进行调查（见GB 7411）。

7.1.2 田间检疫记录。

7.2 加工过程检疫

7.2.1 检查棉花的生产加工工艺设施及流程。

7.2.2 厂区及厂周围不应有其他农产品、畜产品堆放；加工厂里不应有易感染仓储害虫的杂物；已加工的棉花与原料、半成品应分开堆放；经加工尚未打包的棉花，不得带有活的有害生物及土壤、棉籽（壳）、植物残片等；解剖棉籽，检查内部有无害虫。

7.2.3 必要时抽取样品和有害生物一同送实验室检疫鉴定。

7.2.4 加工过程检疫记录。内容有：棉花来源，加工厂的位置、环境条件和卫生状况，加工能力，棉花中携带有棉籽（壳）和植物残体的比率和有害生物发生情况。

7.3 仓储库区检疫

7.3.1 仓储库区内不应有农产品、畜产品及易感染仓储害虫杂物的堆放；库内墙壁、墙脚、墙角、窗台等地方不应有害虫的痕迹；棉包包装外表及铺垫物不应有活的害虫和土壤。

7.3.2 根据需要随机抽检棉包，检查包布内外壁和棉花表层有无活的害虫及其害虫活动痕迹，有无附着棉籽（壳）、植物残片等；对棉籽解剖检查内部有无害虫。

7.3.3 抽取样品送实验室检疫鉴定。

7.3.4 仓储库区检疫记录，同7.2.4。

7.4 现场检疫

7.4.1 货主报检前，输出棉花应集中堆放，检疫人员受理报检后，审核单证及7.1或7.2或7.3的检疫记录。

7.4.2 按6.1实施检疫。

7.4.3 根据6.2要求抽检和取样。

7.4.4 发现检疫问题，抽取样品或截获物送实验室检疫鉴定。

7.4.5 现场检疫记录，同6.1.7。

7.5 离境检疫或调出检疫

7.5.1 检查棉包外包装是否感染有害生物，注意外包装及缝隙有无害虫藏匿。

7.5.2 发现外包装有有害生物及有害生物为害痕迹，开包检查，检疫方法同6.1。

7.5.3 抽检和取样同6.2。

7.5.4 检疫记录同6.1.7。

8 实验室检疫鉴定

实验室检疫鉴定参见附录A。

9　检疫结果评定及出具证书

9.1　结果评定

9.1.1　根据现场检疫、加工过程检疫和实验室检疫鉴定结果，对照有关检疫要求（参见第4章），符合的评定为检疫合格。对不符合有关检疫要求的，判定为不合格。

9.1.2　对不符合有关检疫要求，有有效处理方法的，经除害处理并检疫合格后，准予输入或输出；无有效处理办法的退回，不得输入或输出。

9.2　出具证书

9.2.1　输出检疫

9.2.1.1　国内地区间输出棉花出具《植物检疫证书》（省间）。

9.2.1.2　出口棉花出具《植物检疫证书》（格式C5-1）。

9.2.1.3　对输入国家或地区要求出具熏蒸证书的，经熏蒸除害处理合格后，出具《植物检疫证书》（格式C5-1）和《熏蒸/消毒证书》（格式C7-1）。

9.2.2　输入检疫

9.2.2.1　进口棉花出具《入境货物检验检疫证明》（格式5-1）。

9.2.2.2　国内地区间输入棉花，出具《植物检疫证书》（省间）。

附 录 A
（资料性附录）
棉花实验室检疫鉴定

A.1 实验室要求

真菌、细菌、病毒分离、培养设备(温箱、培养箱),昆虫养殖、鉴定设备(显微镜),杂草培养、鉴定设备及资料等。

A.2 制备棉样

将现场检疫扦取的棉样采用四分法取两份平均样品,一份供试验用,另一份留存备查。

A.3 鉴定

仔细检查棉样中有无害虫、杂草籽及棉籽(壳),连同现场检疫中采集的害虫、棉籽(壳)、植物残体、杂草籽,分别送有关实验室检疫鉴定。

A.3.1 昆虫检疫鉴定

A.3.1.1 谷斑皮蠹的检疫鉴定参照 GB/T 18087—2000《植物检疫 谷斑皮蠹检疫鉴定方法》。

A.3.1.2 墨西哥棉铃象的检疫鉴定参照 SN/T 1264—2003《墨西哥棉铃象鉴定方法》。

A.3.1.3 其他的昆虫检疫鉴定参照相关昆虫方面的专业资料。

A.3.2 杂草检疫鉴定

A.3.2.1 列当的检疫鉴定参照 SN/T 1144—2004《植物检疫 列当的检疫鉴定方法》。

A.3.2.2 菟丝子的检疫鉴定参照 SN/T 1385—2004《菟丝子属的检疫鉴定方法》。

A.3.2.3 其他的杂草检疫鉴定参照相关植物方面的专业资料。

A.3.3 植物病原物检疫鉴定

A.3.3.1 真菌鉴定

A.3.3.1.1 棉花主要病原菌检测用培养基

棉花枯萎病菌:采用楂选1号或PDA培养基。

棉花黄萎病菌:采用棉选1号或D培养基。

棉花黑根腐病菌:采用 TBCEN 培养基和参照 SN/T 1356—2004《棉花根腐病菌检疫鉴定方法》。

A.3.3.1.2 制备培养基

A.3.3.1.2.1 TBCEN 配方

第一步

灭菌

琼脂(粉)	12 g
蒸馏水	1 L

第二步

冷却到50℃,依次加入下列药品:

碳酸钙($CaCO_3$)	1.1 g
浓盐酸(Conc. HCl)	1.1 mL
青霉素(penicillium G)	0.066 g
硫酸链霉素(streptomycin sulfate)	0.55 g

第三步

加灭菌水约 5 mL

盐酸氯四环素(chlortetracycline HCl)(加 200 g/L 的氢氧化钠 2 滴)	0.055 g
再加入:制霉菌素(nystatin) 250 000 U	0.061 g

混匀后加入培养基中

第四步

氯唑灵(terrazole)	1.5 g

第五步

削皮的新鲜胡萝卜汁	100 mL

A.3.3.1.2.2 植选 1 号配方

以蛋白胨为氮源,蔗糖为碳源,再加上磷酸二氢钾、硫酸镁、氯化钾等无机盐类,以五氯硝基苯、偏重亚硫酸钾抑制其他一些真菌的生长,但对尖孢镰刀菌则不抑制,以链霉素抑制细菌,以甲基纤维素促进大型分生孢子的生长。

成分:

甲基纤维素(CMC)	1 g	五氯硝基苯(PCNB)	0.1 g
蛋白胨	5 g	蔗糖	20 g
磷酸二氢钾	1 g	琼脂	20 g
硫酸镁	0.5 g	蒸馏水	1 000 mL
硝酸铵	0.3 g	链霉素	0.1 g
氯化钾	0.6 g	制霉素	100 000 U
偏重亚硫酸钾	0.2 g		

注:甲基纤维素(CMC)及链霉素、制霉素均在灭菌后加入。制霉素不加也可,气温高霉菌多时要加入。

A.3.3.1.2.3 棉选 1 号配方

成分:

硝酸钠	2 g	硫酸镁	0.5 g
磷酸二氢钾	1 g	硫酸铁	0.01 g
氯化钾	0.5 g	蔗糖	5 g
琼脂	15 g	蒸馏水	1 000 mL
氯霉素	300 mg	井冈霉素	2.5 mg/L
五氯硝基苯(PCNB)	350 mg/L		
克菌丹	0.5 mg/L		

注 1:井冈霉素、五氯硝基苯(PCNB)、克菌丹灭菌后加入。

注 2:2.5 g 土样加入 200 mL 含 1% 多聚磷酸钠及 0.01% 壬基酚聚氧乙烯醚(tergitol-NPX)的水溶液内,8 000 r/min 搅拌 15 min。

A.3.3.1.2.4 D 培养基配方

成分:

土壤浸提液	25 mL	磷酸氢二钾	4.0 g
磷酸二氢钾	1.5 g	尿酸钠	0.2 g
半乳糖醛酸钠	1.0 g	山梨糖	1.0 g
Dox 盐	2 mL	壬基酚聚氧乙烯醚(tergitol NP-10)	1.0 mL
五氯硝基苯(PCNB)	0.1 g	琼脂	17 g

蒸馏水　　　　　　　　1 000 mL

pH＝6.4～6.7

注1：土壤浸提液的制备：用肥沃菜园土1 kg，置于2 L容器的三角瓶中，加蒸馏水1 000 mL，在沸水中浸提1 h，再经多次过滤、澄清后定容为1 000 mL，置4℃下保存备用。

注2：Dox盐：含磷酸二氢钾2 g；氯化钾2 g；硫酸镁1 g；硫酸铁0.02 g；硝酸钠4 g；蒸馏水20 mL。

注3：培养基灭菌前加入五氯硝基苯(PCNB)，经121℃高压灭菌30 min。待培养基融化后，温度降至45℃时，每1 000 mL融化培养基加抗菌素液50 mL(含氯霉素0.05 g，链霉素0.05 g，青霉素-G盐0.05 g)，充分混匀后，每皿倒入培养基15 mL。

A.3.3.1.3　分离鉴定

A.3.3.1.3.1　棉籽(壳)病原菌分离鉴定

洗涤镜检　将棉籽(壳)若干，装入三角瓶里，加灭菌水，振荡5 min～10 min，将三角瓶中的浑水分装于离心管里，3 000 r/min离心5 min，弃上清液，取沉淀物，制片在显微镜下镜检。

培养鉴定　取棉籽(壳)若干，装入一个纱网袋子里，用自来水冲洗12 h～24 h，再在0.1%升汞液里消毒2 min～3 min，用无菌水清洗三遍后，用镊子夹取棉籽(壳)放入培养基中，每皿5粒～6粒，25℃左右恒温箱中培养3 d～4 d，将形成的菌落移至PSA斜面试管中，25℃培养3 d～4 d，制片镜检，根据病菌形态及培养特性鉴定其种类。

A.3.3.1.3.2　棉纤维、植株残体上的病原菌的分离鉴定

洗涤镜检　将待检的棉纤维样1 g，分成三份，分别置于含有100 mL无菌水的三角瓶中，充分润湿样品后，将三角瓶置于恒温摇床器上，120 r/min振荡培养24 h后，3 000 r/min离心5 min～10 min，弃上清液，取沉淀物，制片镜检。

培养鉴定　将待检的棉纤维样1 g，剪成约1 mm长，分别置于6个直径为9 cm无菌培养皿中；轻轻倒入42℃～45℃的相应的选择性培养基8 mL～10 mL于培养皿中，使棉纤维均匀分布；待培养基凝固后，再倒入42℃～45℃的同一种培养基15 mL～20 mL，将棉纤维、植株残体埋入培养基中；将其置入25℃恒温培养箱中培养7 d，进行菌落观察和镜检，根据病菌形态及培养特性鉴定其种类。

A.3.3.2　细菌鉴定

A.3.3.2.1　称取50 g棉籽加到盛有100 mL预冷(5℃)的无菌生理盐水(0.85% NaCl)的三角瓶中。缓慢摇动三角瓶以浸没所有棉籽。将其置于黑暗中5℃下孵育18 h左右。

A.3.3.2.2　加入0.05 mL灭菌的吐温20，振荡1 min。

A.3.3.2.3　将悬浮液经灭菌的双层纱布过滤到无菌离心管中。

A.3.3.2.4　8 000*g*离心15 min，弃上清液，用10 mL生理盐水悬浮沉淀。

A.3.3.2.5　将沉淀悬浮液系列稀释10^{-2}，10^{-3}，10^{-4}，10^{-5}。每个稀释度取0.1 mL涂布在MOPS选择性培养基平皿上，重复3次。将平皿置于28℃恒温培养箱中培养3 d。

A.3.3.2.6　棉花细菌性角斑病菌在MOPS选择性培养基上形成黄色的菌落。在进行致病性测定之前，将可疑菌落进行单菌落纯化。

A.3.3.2.7　致病性测定。将所有怀疑是棉花细菌性角斑病菌的分离物在2片～5片真叶期的棉花幼苗上进行致病性检测。操作方法如下：

A.3.3.2.7.1　将培养36 h的细菌分离物配制成10^8 CFU/mL的细菌悬浮液，喷雾到供试棉花幼苗的叶片上直到有水滴从叶片上滴下。每个分离物至少接种五株幼苗，以喷水的植株做对照。将接种的幼苗置于高湿及25℃～30℃的环境中生长8 d～15 d，观察植株发病情况。幼苗受棉花细菌性角斑病菌侵染后，在子叶上表现为圆形或椭圆形油浸状暗绿色小病斑，以后病斑逐渐扩大，并变为褐色或深褐色；真叶上的病斑扩展因受叶脉限制而呈多角形，病斑为褐色油浸状，一般1 mm～4 mm大小，严重时很多病斑连成片。

A.3.3.2.7.2　从发病植株上再次分离病菌，并进行快速鉴定，以确定其为*Xanthomonas campestris* pv. *malvacearum* (Smith) Dye。

A.3.3.2.8 MOPS 选择性培养基的配方：

50% 甘油	20 mL	30% 磷酸氢二钾(K_2HPO_4)	1 mL
琼脂(粉)	15 g	蒸馏水	880 mL

高压灭菌后，冷却至 50℃时加入以下样品：

加 100 mL 灭菌的 10 倍 MOPS 贮存液。

加 5 mL 灭菌的 7 种氨基酸 200 倍贮存液。

加适量的抗生素(如：25 mg/mL 卡那霉素 Kan35 1.4 mL)。

母液 1：MOPS 10 倍贮存液

MOPS (MW209.3)………………………………………………………… 83.7 g

N-三(羟甲基)甲基甘氨酸(tricine,MW 179.2)……………………… 7.2 g

硫酸铁($FeSO_4 \cdot 7H_2O$,MW 278.0) ………………………………… 0.03 g

氯化铵(NH_4Cl,MW 53.5) ………………………………………… 5.0 g

硫酸钾(K_2SO_4,MW 174.3) ………………………………………… 0.5 g

氯化镁($MgCl_2 \cdot 6H_2O$ (MW 203.3) ……………………………… 1.0 g

溴化钾(KBr,MW 119.0) ……………………………………………… 1.0 g

氯化钙($CaCl_2 \cdot 2H_2O$,MW 147.0,1 mmol/L) ……………………… 1 mL

微量元素(见母液 2) ……………………………………… 10 mL(10^5 倍贮存液)

溶解于 900 mL 蒸馏水中，用 NaOH 调节 pH 至 7.4，然后定容至 1 000 mL。

过滤灭菌，4 ℃下存放。

注：MW——分子量。

母液 2：10^5 倍的微量元素贮存液

钼酸铵($(NH_4)_6Mo_7O_{24} \cdot 4H_2O$,MW 1 235.9) ……………………… 0.03 mol/L

氯化钴($CoCl_2 \cdot 6H_2O$,MW 237.9) …………………………………… 0.3 mol/L

硫酸铜($CuSO_4 \cdot 5H_2O$,MW 249.7)…………………………………… 0.1 mol/L

硫酸锌($ZnSO_4 \cdot 7H_2O$,MW 287.9) …………………………………… 0.1 mol/L

氯化锰($MnCl_2 \cdot 4H_2O$,MW 197.9) …………………………………… 0.8 mol/L

将上述微量元素配制成 10^5 倍的贮存液，过滤灭菌，20℃下存放。

母液 3：200 倍的 7 种氨基酸贮存液

丙氨酸(alanine ,MW 89.0) ………… 0.84 g

天门冬酰胺(asparagine · H_2O,MW 150.1) ………………………… 0.85 g

异亮氨酸(isoleucine,MW 131.2) ………………………… 0.79 g

苏氨酸(threonine ,MW 119.1)……… 0.71 g

精氨酸(arginine. HCl,MW 210.7) …… 2.53 g

组氨酸(histidine · HCl ,MW 209.6) ………………………… 0.42 g

苯丙氨酸(phenylalanine ,MW 165.2) ………………………… 0.99 g

溶解于 90 mL 蒸馏水中，然后定容至 100 mL。过滤灭菌，20℃下存放。

A.3.3.3 病毒鉴定

A.3.3.3.1 核酸提取

A.3.3.3.1.1 称取待测棉籽 5 g，置于研钵中，加液氮研磨成细粉状。

A.3.3.3.1.2 称取 100 mg 样品加入到 2 mL 的离心管中，加入 1 000 μL CTAB 提取液和 2 μL RNase 酶溶液，充分混匀，65℃孵育 30 min，不时振荡。

A.3.3.3.1.3 12 000 r/min 室温离心 5 min，将上清液转移至另一干净的 2 mL 离心管中；加入等体积

24∶1 三氯甲烷/异戊醇，轻缓颠倒数次后室温静止 5 min。

A.3.3.3.1.4 12 000 r/min 室温离心 10 min，将上清液转移至另一干净的 1.5 mL 离心管中；加入等体积的 CTAB 沉淀液，轻缓颠倒混匀后室温静止 1 h。

A.3.3.3.1.5 12 000 r/min 室温离心 5 min，弃上清液，加入 400 μL 1 mol/L NaCl 溶解沉淀，56℃孵育 15 min。

A.3.3.3.1.6 加入 800 μL 经－20℃预冷的无水乙醇，颠倒混匀后－70℃静止 30 min 或－20℃静止 1 h。

A.3.3.3.1.7 15 000 r/min 室温离心 10 min，弃上清，70%乙醇洗涤沉淀 2 次～3 次，干燥 DNA。

A.3.3.3.1.8 加 50 μL TE 缓冲液溶解沉淀，4℃冰箱保存备用。

A.3.3.3.2 PCR 检测

A.3.3.3.2.1 引物序列：可选用以下引物进行 PCR 扩增。

CL-CR 正：5'-CCC TGA ATG TTY GGA TGG AA-3'

CL-CR 反：5'-CGG GCG TAG AAA TGA CGA T-3'

A.3.3.3.2.2 PCR 反应体系：

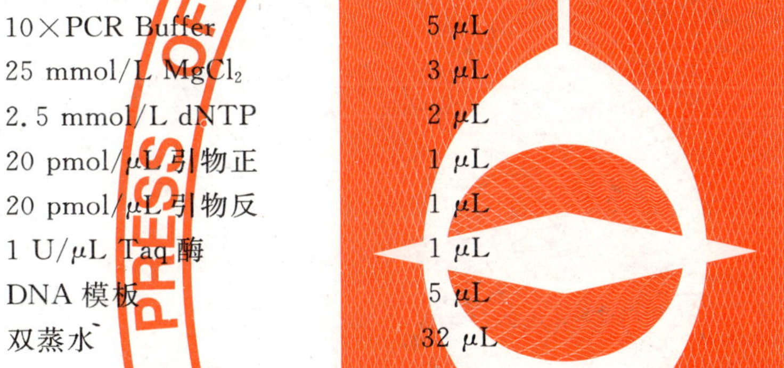

10×PCR Buffer	5 μL
25 mmol/L $MgCl_2$	3 μL
2.5 mmol/L dNTP	2 μL
20 pmol/μL 引物正	1 μL
20 pmol/μL 引物反	1 μL
1 U/μL Taq 酶	1 μL
DNA 模板	5 μL
双蒸水	32 μL

A.3.3.3.3 PCR 反应条件

94℃/5 min；94℃/30 s，55℃/40 s，72℃/60 s，40 个循环；72℃/3 min，4℃保存。

A.3.3.3.4 PCR 产物的凝胶电泳检测

制备 1.5%的琼脂糖凝胶，按比例混匀上样缓冲液和 PCR 扩增产物，然后将其加入样品孔中，并用 100bp 的 DNA Marker 做分子标记，进行电泳分析。电泳结束后，在凝胶成像仪的紫外透射光下观察是否扩增出预期的特异性 DNA 电泳带，拍摄并做好记录。

A.4 室内检疫记录

填写室内检疫记录单，对截获的病原菌、害虫、杂草的鉴定结果要填写结果报告单，检疫性有害生物或首次截获的有害生物必须经专家鉴定或复核。

A.5 截获物的保存

将已经鉴定的病、虫、杂草制成标本，按照各自的保存方法妥善保存。

参 考 文 献

[1] GB/T 18087—2000 植物检疫 谷斑皮蠹检疫鉴定方法
[2] SN/T 1144—2002 植物检疫 列当的检疫鉴定方法
[3] SN/T 1264—2003 墨西哥棉铃象鉴定方法
[4] SN/T 1356—2004 棉花根腐病菌检疫鉴定方法
[5] SN/T 1385—2004 菟丝子属的检疫鉴定方法

ICS 65.020
B 16

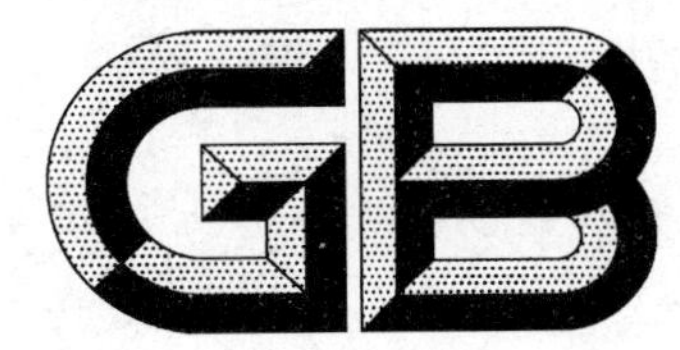

中华人民共和国国家标准

GB/T 23473—2009

林业植物及其产品调运检疫规程

Quarantine rules for the transport of forest plants and their products

2009-04-01 发布 2009-09-01 实施

中华人民共和国国家质量监督检验检疫总局
中国国家标准化管理委员会 发布

前　言

本标准中附录 A、附录 B、附录 C、附录 D、附录 E 为规范性附录，附录 F 为资料性附录。

本标准由国家林业局提出。

本标准由全国植物检疫标准化技术委员会归口。

本标准负责起草单位：国家林业局造林司、国家林业局森林病虫害防治总站、安徽省林业有害生物防治检疫局、湖南省森林病虫防治检疫站。

本标准主要起草人：王晓华、胡学兵、郑华、赵宇翔、石进、王明旭、覃庆锋、谭宏利、郭斌。

林业植物及其产品调运检疫规程

1 范围

本标准规定了在国内调运林业植物及其产品检疫的程序。

本标准适用于国内林业植物及其产品的调运检疫。

2 规范性引用文件

下列文件中的条款通过本标准的引用而成为本标准的条款。凡是注日期的引用文件，其随后所有的修改单(不包括勘误的内容)或修订版均不适用于本标准，然而，鼓励根据本标准达成协议的各方研究是否可使用这些文件的最新版本。凡是不注日期的引用文件，其最新版本适用于本标准。

森林植物检疫技术规程(国家林业局)

3 术语和定义

下列术语和定义适用于本标准。

3.1

林业植物 forest plant

官方确定由林业部门管理的栽培植物、野生植物及其种子、种苗及其他繁殖材料等。

3.2

林业植物产品 forest plant product

来源于林业植物的未经加工或者虽经加工但仍有可能传播有害生物的产品。

3.3

植物检疫 plant quarantine

防止植物检疫性有害生物传播和(或)扩散或确保其官方防治的一切活动。

3.4

调运检疫 transport quarantine

在植物及其产品流通(包括托运、邮寄、自运、携带、销售等)过程中进行的防止植物检疫性有害生物传播和(或)扩散的一切官方活动。

3.5

有害生物 pest

任何对植物或植物产品有害的植物、动物或微生物的种、株(品)系或生物型。

3.6

检验 inspection

对植物、植物产品或其他限定物进行官方的直观检查以确定是否存在有害生物和(或)是否符合植物检疫法规。

3.7

检疫性有害生物 quarantine pest

对受其威胁的地区具有潜在的经济重要性，但尚未在该地区发生，或虽已发生但分布不广，并得到官方防治的有害生物。本标准中的检疫性有害生物是指国务院林业主管部门发布的《林业检疫性有害生物名单》，省(自治区、直辖市)林业主管部门发布的《林业检疫性有害生物补充名单》，国务院林业主管部门或授权职能部门公布的林业危险性有害生物名单。

3.8

林业植物检疫机构　organization of forest plant quarantine

由官方设立负责执行国家的林业植物检疫任务的机构。

3.9

植物检疫证书　phytosanitary certificate

在经贸活动中，含有可确保货物不携带或基本不携带有害生物的必不可少的全部信息的文件。

3.10

植物检疫法规　phytosanitary regulation

为防止检疫性有害生物的传入和(或)扩散或者限制非检疫性限定有害生物经济影响而作出的官方规定，包括建立植物检疫出证体系。

4　林业植物及其产品调运检疫程序

4.1　调出检疫

4.1.1　受理报检

4.1.1.1　调运应施检疫的林业植物及其产品，调运单位(人)向调出地县级以上林业植物检疫机构报检，填写《林业植物检疫报检单》(见附录A)。省际间调运的，还应提供调入省(自治区、直辖市)林业植物检疫机构出具的《林业植物检疫要求书》(见附录B)。

4.1.1.2　受理报检的林业植物检疫机构根据调入省(自治区、直辖市)林业植物检疫机构出具的《林业植物检疫要求书》，对《林业植物检疫报检单》进行审核、分析，确定检疫方案。需要实施现场检验的，确定时间并通知报检单位(人)。

4.1.2　现场检验

4.1.2.1　林业植物检疫机构对照《林业植物检疫报检单》，详细核对调运林业植物及其产品的名称、数量等，查验是否与《林业植物检疫报检单》相符。不符的重新填写《林业植物检疫报检单》。

4.1.2.2　按照《森林植物检疫技术规程》的规定，抽取一定数量的样品实施现场检验。抽样数量及现场检疫方法的具体内容见附录C。

4.1.2.3　不能通过现场检验作出可靠判断的，将抽取的样品连同现场检疫时发现的可疑有害生物及其被害物一起带回室内检验，同时向报检单位(人)出具《采样凭证》(见附录D)。

4.1.3　室内检验

室内检验方法按照《森林植物检疫技术规程》规定执行，具体内容见附录C。

4.1.4　检疫处理

4.1.4.1　被检林业植物及其产品，经现场检查或室内检验发现带有检疫性有害生物的，向报检单位(人)签发《检疫处理通知单》(见附录E)。

4.1.4.2　被检林业植物及其产品，经现场检查或室内检验，未发现带有检疫性有害生物的，或经除害处理合格的，向报检单位(人)签发《植物检疫证书》(参见附录F)。

4.1.5　签发《植物检疫证书》依据

4.1.5.1　符合下列情况之一者，签发《植物检疫证书》：

——经检疫未发现国务院林业主管部门发布的《林业检疫性有害生物名单》中的种类、调出和调入省(自治区、直辖市)林业主管部门发布的《林业检疫性有害生物补充名单》中的种类、调入省(自治区、直辖市)出具的《林业植物检疫要求书》中要求检疫的危险性有害生物；

——经除害处理合格的林业植物及其产品；

——按照林业植物检疫法规有关规定换签的《植物检疫证书》。

4.1.5.2　《植物检疫证书》应使用林业植物检疫管理系统签发，《植物检疫证书》的有关信息应通过林业植物检疫管理系统传送。

4.2 复检

4.2.1 对调入林业植物及其产品,怀疑带有检疫性有害生物时可进行复检。

4.2.2 现场检验、室内检验参照4.1.2.2、4.1.2.3、4.1.3。

4.2.3 复检发现检疫性有害生物的,按4.1.4.1处理。

4.3 检查站检疫查验

4.3.1 林业植物检疫检查站或负有检疫查验职能的木(竹)检查站对调运的林业植物及其产品实施检疫查验,查核调运的林业植物及其产品是否有《植物检疫证书》、《植物检疫证书》是否在规定的有效期内、货证是否相符。

4.3.2 如调运的林业植物及其产品无《植物检疫证书》,或《植物检疫证书》有效期超过规定时间,或货证不相符,及时通知当地林业植物检疫机构实施补检。

4.4 补检

4.4.1 在调入地或调运途中发现无《植物检疫证书》调运应施检疫的林业植物及其产品,或调运应施检疫的林业植物及其产品与《植物检疫证书》不符的,应实施补检。

4.4.2 补检程序参照4.1。

4.4.3 在调运途中实施补检后符合4.1.5规定,补发《植物检疫证书》。

附　录　A
（规范性附录）
林业植物检疫报检单式样

表 A.1

编号：

<table>
<tr><td>报检章编号</td><td colspan="2"></td><td>调出日期</td><td colspan="3"></td></tr>
<tr><td>调运单位（人）</td><td colspan="2"></td><td>调运单位地址</td><td colspan="3"></td></tr>
<tr><td>调运（承办）人姓名</td><td colspan="2"></td><td>身份证件号码</td><td></td><td>联系电话</td><td></td></tr>
<tr><td>收货单位（人）</td><td colspan="2"></td><td>收货单位地址</td><td colspan="3"></td></tr>
<tr><td>植物或植物产品来源</td><td colspan="2"></td><td>运输工具</td><td colspan="3"></td></tr>
<tr><td>运输起讫</td><td colspan="6">自　　　　经　　　　至</td></tr>
<tr><td colspan="7">植物清单</td></tr>
<tr><td>植物或植物产品名称</td><td>品种（材种）</td><td>规格</td><td>单位</td><td>数量</td><td>备注</td><td>单价</td></tr>
<tr><td></td><td></td><td></td><td></td><td></td><td></td><td></td></tr>
<tr><td></td><td></td><td></td><td></td><td></td><td></td><td></td></tr>
<tr><td></td><td></td><td></td><td></td><td></td><td></td><td></td></tr>
<tr><td></td><td></td><td></td><td></td><td></td><td></td><td></td></tr>
<tr><td></td><td></td><td></td><td></td><td></td><td></td><td></td></tr>
<tr><td></td><td></td><td></td><td></td><td></td><td></td><td></td></tr>
<tr><td></td><td></td><td></td><td></td><td></td><td></td><td></td></tr>
<tr><td>货物总数量</td><td colspan="2"></td><td colspan="2">总货值</td><td colspan="2"></td></tr>
<tr><td colspan="7">检疫要求：</td></tr>
<tr><td colspan="7">检疫结果：

签发人（签名）：
签发日期　　　　年　　月　　日</td></tr>
</table>

附 录 B
（规范性附录）
林业植物检疫要求书式样

表 B.1

编号：

<table>
<tr><td>申请单位（个人）</td><td colspan="2"></td><td>申请日期</td><td colspan="2">年 月 日</td></tr>
<tr><td>通讯地址</td><td colspan="2"></td><td>联系电话</td><td colspan="2"></td></tr>
<tr><td>调入地点</td><td colspan="5"></td></tr>
<tr><td>调入时间</td><td colspan="5"></td></tr>
<tr><td colspan="6">植物清单</td></tr>
<tr><td>植物或植物产品名称</td><td>品种（材种）</td><td>规格</td><td>单位</td><td>数量</td><td>备注</td></tr>
<tr><td></td><td></td><td></td><td></td><td></td><td></td></tr>
<tr><td></td><td></td><td></td><td></td><td></td><td></td></tr>
<tr><td></td><td></td><td></td><td></td><td></td><td></td></tr>
<tr><td></td><td></td><td></td><td></td><td></td><td></td></tr>
<tr><td></td><td></td><td></td><td></td><td></td><td></td></tr>
<tr><td></td><td></td><td></td><td></td><td></td><td></td></tr>
<tr><td></td><td></td><td></td><td></td><td></td><td></td></tr>
<tr><td colspan="6">要求检疫的林业有害生物种类：</td></tr>
<tr><td colspan="3">签发机关（林业植物检疫机构检疫专用章）

签发日期 年 月 日</td><td colspan="3">签发人（签名）：

签发日期 年 月 日</td></tr>
</table>

注 1：本要求书无调入地省级林业植物检疫机构专用章（或省级林业植物检疫机构委托办理本要求书的植物检疫机构检疫专用章）和检疫员签名无效。

注 2：调出单位（个人）凭本要求书向调出地的省（自治区、直辖市）林业植物检疫机构或受其委托办理出省《植物检疫证书》的林业植物检疫机构报检。

附 录 C
(规范性附录)
调运检疫中的抽样与检验方法

根据国家林业局制定的《森林植物检疫技术规程》,林业植物及其产品在调运检疫过程中的抽检数量、方法及其现场检验和室内检验的方法如下。

C.1 抽样

C.1.1 抽检数量

按照林业植物及其产品的种类和数量,抽取一定数量的样品进行现场检验。

抽样以“批”为单位进行。本规程中的“批”是指来自同一地区、同一日期、使用同一运输工具、同一品名的林业植物及其产品。

C.1.1.1 种子、果实(干、鲜果):按一批货物总数或总件数抽取,抽样数量为0.5%~5%。

C.1.1.2 苗木(含试管苗)、块根、块茎、鳞茎、球茎、砧木、插条、接穗、花卉等繁殖材料:按一批货物总件数抽取,抽样数量为1%~5%。

C.1.1.3 生药材:按一批货物总件数抽取,抽样数量为0.5%~5%。

C.1.1.4 原木、锯材、竹材、藤及其制品(含半成品)和进境的林业植物及其产品的再调运,按一批货物总数或总体数抽取,抽样数量为0.5%~10%。

C.1.1.5 散装种子、果实、苗木(含试管苗)、块根、块茎鳞茎、球茎、生运材等:按货物总量的0.5%~5%抽查。种子、果实、生药材少于1 kg,苗木(含试管苗)、块根、块茎、鳞茎、球茎、砧木、插条、接穗少于20株,应全部检查。

C.1.1.6 其他林业植物及其产品可参照上述各类办理,按照上述比例抽样检查的最低数量不得少于5件;不足5件的,件件检查。

C.1.1.7 现场检验的样品是确定一批货物是否带有检疫对象和其他危险性病、虫的重要依据,怀疑带有检疫对象或其他危险性病、虫时要扩大抽样数量,抽样数量应不得低于上述规定的上限。

C.1.2 抽样方法

C.1.2.1 现场检查散装的种子、果实、苗木(含试管苗)、块根、块茎、鳞茎、球茎、花卉、中药材等时,按照抽样比例,从报检的林业植物及其产品中分层取样,直到取完规定的样品数量为止。

C.1.2.2 现场检查原木、锯材、竹材、藤等时,按抽样比例,视疫情发生情况从楞垛表层或分层抽样检查。

C.2 检验

C.2.1 现场检验

C.2.1.1 种子、果实外部检验:将抽取的种实样品倒入事先准备好的容器内,用肉眼或借助扩大镜直接观察种实外部有无伤害情况,把异常的种子、果实拣出,放在白纸上剖粒检查果肉、果核或经过不同规格筛,选出的虫体、虫卵、病粒、菌核等,作初步鉴定。

C.2.1.2 苗木检验:将抽取的苗木(含试管苗)、砧木、插条、接穗、块根、块茎、鳞茎、球茎等检验样品,放在一块100 cm×100 cm的白布(或塑料布)上,逐株(根)进行检查,详细观察根、茎、叶、芽、花等各个部位,有无变形、变色、溃疡、枯死、虫瘿、虫孔、蛀屑、虫粪等,作初步鉴定。

C.2.1.3 枝干、原木、锯材、竹材、藤及其制品(含半成品)检验:现场仔细检查枝干、原木、锯材、竹材、藤等外表及裂缝处有无溃疡、肿瘤、流脂、变色、虫体、卵囊、虫孔、虫粪、蛀屑等,作初步鉴定。

C.2.1.4 中药材、果品、野生及栽培菌类检验:用肉眼或借助扩大镜直接观察表面有无危害症状(斑点、虫孔、虫粪等),并剖开检查内部,确定病虫种类、数量,作初步鉴定。

C.2.2 室内检验

C.2.2.1 对现场检查不能作出可靠鉴定的,需再抽取一定数量的样品作为室内检验样品,连同现场检疫时发现的可疑病、虫一起做室内检验。

C.2.2.2 害虫检验

C.2.2.2.1 对混杂在种子间的害虫,用回旋筛检验。对隐藏在种子内的害虫,可采用剖粒、比重、染色或X射线透视、药物染色等进行检查。

C.2.2.2.2 对隐蔽在叶部或干、茎部的害虫,用刀、锯或其他工具剖开被害部位或可疑部位进行检查。剖开时应注意保持虫体完整。

C.2.2.2.3 借助于解剖镜、显微镜等仪器设备,参照已定名的昆虫标本、有关图谱、资料等进行识别鉴定。

C.2.2.2.4 对一时鉴定不出的害虫,采取人工饲养方法,养至成虫期鉴定,或结合观察各虫态特征及其生物学特性,作出准确鉴定。必要时送请有关专家鉴定。

C.2.2.3 病害检验

C.2.2.3.1 病原真菌检验

a) 采集一定数量症状典型的病害和寄主标本。
b) 观察病害的危害病状、病症特点及对寄主影响。
c) 用徒手切片或石蜡切片等方法,借助显微镜观察原真菌形态特征。
d) 用组织分离法或孢子稀释法分离致病真菌。必要时,进行生理生化测定及病原接种,进行识别鉴定。
e) 记载病原真菌特点、培养性状。

C.2.2.3.2 病原细菌检验

a) 观察寄主症状是否具典型细菌性病害的溢菌现象、是否有菌浓,并用显微镜检查病组织,观察病健交界交否有大量细菌游出,初步确定是否为细菌病害。
b) 采用稀释分离法从病组织中分离培养病原细菌,并通过稀释或划线法获得纯培养菌株。
c) 用柯克氏法则进一步鉴定病原细菌的致病性,利用植物过敏反应快速筛选致病性细菌。
d) 从接种植物病组织中再分离获得细菌,并与原来病株上分离获得的细菌比较。
e) 根据细菌形态、大小特征、菌株生理生化特点、致病性等确定其种类。

C.2.2.3.3 寄生线虫检验

a) 直接采取新鲜病变的组织、器官或根围土壤。
b) 采用贝尔曼法、浅盘法等方法分离线虫;如果是非转移型线虫,可直接用手剥离。
c) 分离后利用形态或分子检测等方法检查。需保存或用显微镜观察的线虫用固定液固定。

C.2.2.3.4 病毒检验

a) 通过田间调查、症状观察,初步确定是否为病毒病害。
b) 采集病毒样品,并用摩擦接种观察接种后症状表现及变化是否与感病植物一致。
c) 用电镜观察病毒形态和进行细胞病理解剖,或用血清学、聚合酶链式反应等技术鉴定。

附　录　D
（规范性附录）
采样凭证单式样

表 D.1

编号：

<table>
<tr><td>报检人(单位)</td><td></td><td>报检单编号</td><td></td></tr>
<tr><td>植物或植物产品名称</td><td></td><td>产地</td><td></td></tr>
<tr><td>数量</td><td></td><td>重量</td><td></td></tr>
<tr><td>采样量</td><td colspan="3"></td></tr>
<tr><td colspan="4">怀疑带有：</td></tr>
<tr><td colspan="4">检查结果：</td></tr>
<tr><td colspan="2">检疫员(签字)

年　月　日</td><td colspan="2">报检人(签字)

年　月　日</td></tr>
</table>

注：本凭证一式两份，第一联交托运人，第二联林业植物检疫机构留存。

附　录　E
（规范性附录）
检疫处理通知单

表 E.1

＿＿＿＿＿＿省(自治区、直辖市)＿＿＿＿＿＿县(市、旗)林检字[　]号

受检单位(个人)			
通讯地址			
植物或植物产品名称			
数量(重量)			
产地或存放地			
运输工具		包装材料	

经检疫检验，上列植物及其产品中发现有下列林业有害生物：

根据《植物检疫条例》第　　条、

的规定必须按如下要求进行除害处理：

签发机关(盖林业植物检疫专用章)

签发日期：　　　年　　月　　日　　　　林业植物检疫员：

（签名或盖章）

注 1：本通知一式两份，一份交受检单位或个人，一份存签证机关。

注 2：数量单位：千克、立方米、株、件、公顷。

附　录　F
（资料性附录）
植物检疫证书式样

F.1　植物检疫证书（出省）

见图F.1。

植　物　检　疫　证　书（出省）

国家林业局
监　制

林（　）检字

调运单位（人）及地址					
调运（承办）人姓名		身份证件号码		联系电话	
收货单位（人）及地址					
植物或植物产品来源				运输工具	
运输起讫	自	经		至	
有效期限	自　　年	月	日至	年　　月	日
植物或植物产品名称	品名（或材种）	规格	单位	数量	备注

签发意见：上列调运的植物或植物产品，经（　　　　　　　　　　　　　　　　　　），
未发现林业检疫性有害生物、本省（区、市）和调入省（区、市）补充林业检疫性有害生物、调入省（区、市）林业检疫机构提出的检疫要求列出的其他林业危险性有害生物，同意调运。

委托机关（省级林业植物检疫机构检疫专用章）　　签发机关（植物检疫专用章）

检疫员（签名）

签证日期　　年　　月　　日

第一联存签证机关

注：1. 本证无调出地省级林业植物检疫机构检疫专用章（受委托办理本证的须加盖本机构植物检疫专用章）和检疫员签名无效；

2. 本证转让、涂改或重复使用无效；

3. 一车（船）一证，全程有效。

第二联随货同行

图 F.1

F.2 植物检疫证书(省内)

见图 F.2。

植物检疫证书(省内)

林( )检字

调运单位(人)及地址					
调运(承办)人姓名		身份证件号码		联系电话	
收货单位(人)及地址					
植物或植物产品来源				运输工具	
运输起讫	自	经		至	
有效期限	自 年	月	日至 年	月	日
植物或植物产品名称	品名(或材种)	规格	单位	数量	备注
签发意见:上列调运的植物或植物产品,经( ), 未发现林业检疫性有害生物和本省(区、市)补充林业检疫性有害生物,同意调运。 签发机关(植物检疫专用章) 检疫员(签名) 签证日期 年 月 日					

第一联存签证机关

注:1. 本证无调出地林业植物检疫机构检疫专用章和检疫员签名无效;
2. 本证转让、涂改和重复使用无效;
3. 一车(船)一证,全程有效。

第二联随货同行

图 F.2

ICS 65.020
B 16

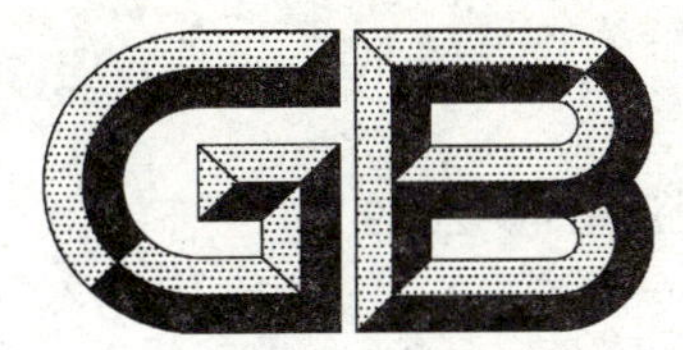

中华人民共和国国家标准

GB/T 23474—2009

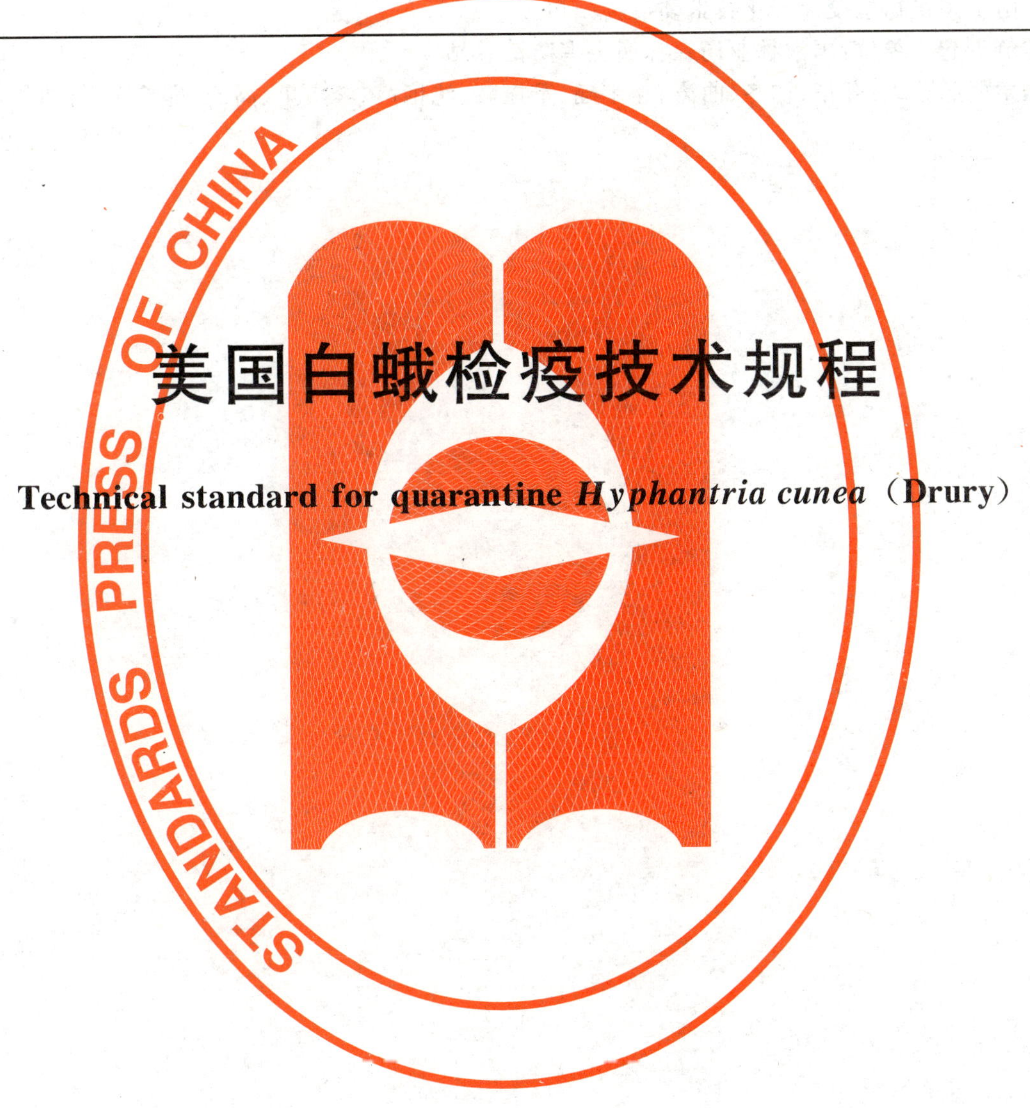

美国白蛾检疫技术规程

Technical standard for quarantine *Hyphantria cunea* (Drury)

2009-04-01 发布 2009-09-01 实施

中华人民共和国国家质量监督检验检疫总局
中国国家标准化管理委员会 发布

前　言

本标准的附录 A、附录 B、附录 C、附录 D、附录 E 为资料性附录。

本标准由国家林业局提出。

本标准由全国植物检疫标准化技术委员会归口。

本标准负责起草单位:国家林业局森林病虫害防治总站。

本标准主要起草人:郑华、初冬、曲涛、赵宇翔、董振辉、沈艳霞、李庆丰、高薇、邵希奎、郑洪军、王奇、王日欣。

美国白蛾检疫技术规程

1 范围

本标准规定了美国白蛾检疫检验和处理方法。

本标准适用于对携带美国白蛾的林木、果树、灌木等植物及其产品、植物性包装材料(含铺垫物、遮荫物、新鲜枝条)及装载上述物品的容器、运载工具的检疫检验和除害处理。

2 术语和定义

下列术语和定义适用于本标准。

2.1

美国白蛾 *Hyphantria cunea* (Drury)

一种食性杂、繁殖量大、适应性强、传播途径广、危害严重的检疫害虫。属于鳞翅目(Lepidoptera),灯蛾科(Arctiidae)。

2.2

植物检疫 plant quarantine

旨在防止检疫性有害生物传入、扩散或确保其官方防治的一切活动。

2.3

检疫措施 quarantine measures

旨在防止检疫性有害生物传入、扩散或限制非检疫性限定有害生物的经济影响的任何法律、法规或官方程序。

2.4

产地检疫 quarantine of damaged areas

在单一生产或耕作单位的设施或大田上实施,旨在防止检疫性有害生物传入、扩散或确保其官方防治的一切活动。

2.5

调运检疫 transport quarantine

在森林植物及其产品进入流通领域前进行的防止检疫性有害生物传入、扩散或确保其官方防治的一切活动。

2.6

复检 secondary quarantine

对调入的应施检疫的森林植物及其产品实施的防止检疫性有害生物传入、扩散或确保其官方防治的一切活动。

3 疫情监测

3.1 踏查

3.1.1 踏查地点

采取踏查的方式确定被检地是否发生美国白蛾。踏查时,应重点对疫情发生区及毗邻地区有寄主栽植地的林地、防护林、果园、公园及四旁树或有货物运输往来的交通要道、货物集散地周围的树木进行调查。

3.1.2 踏查方法与时间

踏查时要选择有代表性的路线，必要时可采用定点(定株)调查。调查前，森林植物检疫人员应询问种苗来源、栽培管理及美国白蛾发生情况，确定调查重点和调查方法，做好观察、采集、鉴定工具和记录表格等的准备工作。

每年应根据美国白蛾生活史进行踏查，对美国白蛾疫情发生区要在危害高峰期或某一虫态发生高峰期进行，每年不得少于三次。美国白蛾生活史参见附录A。

——成虫期危害情况调查。查看树冠周缘枝条端部或近端部叶片背面是否有卵块。树干、墙壁、电杆、草本植物及附近物体上是否有成虫。

——幼虫期危害情况调查。看寄主树冠是否有网幕，网幕一般50 cm～60 cm，最长可达100 cm；叶片呈缺刻孔洞状，叶脉呈白膜状枯黄或树冠全部受害。

——越冬(越夏)蛹调查。检查树干老树皮下、乱石堆中、墙缝、屋檐下，调查是否有越冬(越夏)蛹。

——沿防护林、四旁绿化树走向调查3点～5点，每点调查100株～300株植物，少于100株时，向外扩查到100株。

对在踏查过程中发现美国白蛾疫情的地段，应设立标准地做详细调查。

3.1.3 疫情分级标准

——轻度发生为有虫株率在0.1%～2.0%之间；

——中度发生为有虫株率在2.1%～5.0%之间；

——重度发生为有虫株率在5.0%以上。

3.1.4 疫情发生面积统计标准

水渠、公路、铁路沿线树木每1 500株为1 hm^2；其他均以行政区划村(街道、四旁面积)为最小统计单位。

3.1.5 标准地设置

3.1.5.1 标准地应选设在美国白蛾疫情发生区域有代表性的地段。网幕盛发期，在喜食树种多、疫情发生重的地段设标准地。

3.1.5.2 标准地的累积总面积应不少于调查总面积的1%～5%。

3.1.5.3 防护林、四旁绿化树采取等距隔行方式，选取样树50株～100株，也可根据需要临时增补样树，进行每株幼虫网幕数的调查。对抽取的样株进行逐株检查。在美国白蛾2～4龄幼虫随机抽取网幕20个，统计每个网幕内的美国白蛾幼虫数量，求出平均数；再调查每株树的网幕数，求出株平均网幕数，根据每个网幕中美国白蛾幼虫数量求出株虫口密度，然后根据该地区树木数量统计该地区美国白蛾幼虫总数量。

3.2 监测

3.2.1 监测寄主与范围

以调查美国白蛾嗜食树种为重点。

美国白蛾是杂食性害虫，在我国危害多种阔叶树、灌木、果树、花卉、农作物、蔬菜、杂草等，其主要寄主为复叶槭 *Acer negundo* L.、元宝槭 *A. truncatum* Bunge、三球悬铃木 *Platanus orientalis* L.、桑树 *Morus alba* L.、白桦 *Betula platyphylla* Suk.、榆树 *Ulmus pumila* L.、柿 *Diospyros kaki* L. f.、梧桐 *Firmiana simplex* (L.) W. F.、樱桃 *Cerasus pseudocerasus* (Lindl.)、连翘 *Forsytia suspensa* (Thunb.) Vahl.、刺槐 *Robinia pseudoacacia* Linn.、槐树 *Sophora japonica* Linn.、紫穗槐 *Amorpha fruticosa* Linn.、臭椿 *Ailanthus altissima* (Mill.)、香椿 *Toona sinensis* (A. Juss) Roem.、板栗 *Castanea mollissima* Blume、山楂 *Crataegus pinnatifida* Bge.、水曲柳 *Fraxinus mandshurica* Rupr.、美国白蜡树 *F. americana* L.、枫杨 *Pterocarya stenoptera* C. DC.、毛泡桐 *Paulownia tomentosa* (Thunb.)、核桃楸 *Juglans mandshurica* Maxim、紫丁香 *Syringa oblata* Lind.、枣树 *Ziziphus jujuba* Mill.、葡萄 *Vitis vinifera* L.、文冠果 *Xanthoceras sorbifolia* Bunge，以及杨属 *Populus* spp.、柳属 *Salix* spp.、李属

Prunus spp.、梨属 *Pyrus* spp.、苹果属 *Malus* spp. 的植物。

19°～55°N,39°～132°E 之间,发育起始温度为 10 ℃～11 ℃,蛹至成虫羽化高峰所需的有效积温平均值为 152.7 日度的地区均为疫情监测范围(我国南起广东北至黑龙江)。

3.2.2 监测时间与重点

根据美国白蛾在该地可能发生世代数,以 1～4 龄幼虫期为宜(5～10 月),每年不得少于 3 次。

靠近疫情发生区和沿海地区的乡镇;与疫区有货物运输往来的车站、码头、机场、旅游点;公路、铁路及沿途村庄为重点监测区。

3.2.3 监测方法

观测树上网幕,第一代幼虫网幕集中在树冠下部边缘;第二代和第三代幼虫网幕集中在树冠上部外缘及树顶。

采用美国白蛾性信息素诱捕器诱集成虫,诱捕器的设置高度春季以树冠下层枝条(2.0 m～2.5 m)为宜,夏季世代以树冠中上层(5 m～6 m),诱虫距离约为 400 m。

成虫期在林间将未交尾的雌成虫装入纸杯做成的诱捕器内,纸杯开口处罩上中央有一个直径 1 cm 小洞的滤纸。诱捕器放置高度春季为 2 m～2.5 m,夏季 4 m～5 m,间隔距离春季 40 m,夏季为 16 m。

日平均温度在 15 ℃以上时,用黑光灯诱集成虫。

4 产地检疫

4.1 种苗繁育基地的疫情调查

4.1.1 种子园、母树林以标准地调查为主,苗圃地以抽取样方调查为主。标准地应设在有代表性的地段,在美国白蛾幼虫危害高峰期进行。

4.1.2 同一类型的林分,面积在 5 hm^2 以上(含 5 hm^2)时应不少于 4 块标准地,面积在 5 hm^2 以下时,选设 1 块标准地。样方面积为该树种育苗总面积(或种植行长度)0.5%～5%。每块标准地调查的林木株数应不少于 10 株～15 株,按树冠上、中、下不同部位,逐株进行检查。苗木总数不足 100 株的全部检查。

4.2 贮木场及加工、经销场(点)的疫情调查

4.2.1 贮木场及加工场(点)的检疫调查应视疫情发生情况,从楞垛表面抽样或分层抽样调查。

4.2.2 对原木、锯材、竹材、藤等,按每堆垛(捆)总数或总件数 0.5%～10%抽取,不足 5 m^3 或 3 根(条)～6 根(条)的全部检查。重点查验应检物表面、缝隙处有无虫粪、成虫、幼虫、蛹等。

4.3 集贸市场的疫情调查

对集贸市场经营可能传带美国白蛾的应检物,按应检物总量的 0.5%～15%抽样检查。小批量的应检物全部检查。

5 调运检疫

5.1 检疫范围和方法

根据不同时期,特别是来自疫情发生区的应检物,仔细检查是否带有任何虫态的美国白蛾及排泄物、蜕皮物或被害状、土壤(蛹)。

——将苗木、砧木、插条、接穗等繁殖材料,放在一块 100 cm×100 cm 白布(或塑料布)上,逐株(根)进行检查,详细观察根、茎、叶、芽等各个部位,是否有美国白蛾的不同虫态,进行检疫。

——现场仔细对枝干、木材、运载工具等外表或树皮裂缝处有无美国白蛾的不同虫态、虫粪等进行检疫。

——用肉眼或借助扩大镜直接观察中药材、果品、野生及栽培菌类表面有无危害症状(虫孔、虫粪等)进行检疫。

——应检寄主植物及其产品、植物性包装材料(含铺垫物、遮荫物、新鲜枝条)及装载植物的容器数

量巨大，应进行抽样检查。

5.2 抽样

5.2.1 抽样方法

现场检查散装的寄主植株、果实、苗木、花卉、中药材等时，按照抽样比例，从应检物中分层取样，直到取完规定的样品数量为止。

现场检查原木、锯材时，按抽样比例，视美国白蛾疫情发生情况从楞垛表层或分层抽样检查。

5.2.2 抽样比例

按照森林植物及其产品的种类和数量，采取随机抽样方法，抽取一定数量的样品进行现场检验。

——苗木、砧木、插条、接穗、花卉等繁殖材料：按一批货物总件数抽取，抽样数量为1%～5%，少于20株，应全部检查；

——生药材：按一袋货物总件数抽取，抽样数量为0.5%～5%；

——原木、锯材及其制品(含半成品)和进境的森林植物及其产品的再调运：按一批货物总数或总件数抽取，抽样数量为0.5%～10%；

——散装寄主植株、果实、生药材：按货物总量的0.5%～5%抽查，果实、生药材少于1 kg；

——其他怀疑带有美国白蛾的森林植物及其产品：可参照上述各类办理。按照上述比例抽样检查的最低数量不得少于5件；不足5件的，件件检查；

——现场检验的样品是确定一批货物是否带有美国白蛾的不同虫态的重要依据，怀疑带有美国白蛾时要扩大抽样数量，抽样数量应不得低于上述规定的上限。

5.3 室内检验

5.3.1 样品采集

对现场检查不能作出准确鉴定的，采集标本5份带回室内进行标本制作和鉴定，并连同现场检疫时发现的可疑虫体一起做室内检验。对采集到的虫体应保持完整。采集虫体的标本制作参见附录B。

5.3.2 检验鉴定

借助于解剖镜、显微镜等仪器设备，参照已定名的昆虫标本、有关图谱、资料等进行美国白蛾的识别鉴定(参见附录C、附录D)。

对一时无法鉴定的，采取人工饲养方法，养至成虫期鉴定，或结合观察各虫态特征及其生物学特性，作出准确鉴定。必要时送请有关专家鉴定，并出具书面鉴定材料。对检疫发现带有美国白蛾的植物及其产品应及时进行除害处理。

6 复检

6.1 调入地森检机构检疫来自疫情发生区及其毗邻地区或途经疫情发生区的应检物时，对怀疑带有美国白蛾时参照5.1进行检疫。

6.2 复检发现美国白蛾时，要做好详细记录，保存抽检样品和标本，并及时进行除害处理。

7 检疫处理

7.1 物理除害

在美国白蛾卵期、幼虫网幕期。每隔2 d～3 d检查一次，将带美国白蛾卵块、幼虫网幕的叶连同小枝一起剪下，用纱网罩住，待天敌羽化后再烧毁或深埋。剪网时，注意不要破网，防止网内幼虫漏出，落地上的幼虫应立即杀死。

7.2 药剂除害

药剂除害方法参见附录E。

7.3 薰蒸除害

带有美国白蛾卵、幼虫、蛹的木材及其制品，包装材料，运载工具用溴甲烷、磷化铝熏蒸处理，用药量分别为 9 g/m³～20 g/m³熏蒸时间 24 h～72 h。

7.4 其他方法

对携带有该虫的应检物，无法进行彻底除害处理或不具备检疫处理条件的应停止调运，作改变用途或就地销毁处理。

8 检疫技术档案

在美国白蛾检疫过程中收集到的样品以及相关资料、照片等应建立档案进行管理，主要包括：

——在检疫过程中发现美国白蛾的，应保存样品，保存期至少 3 个月。

——样品要制成标本保存。标本要注明寄主、调入(出)地和发现时间。

——不易制成标本的被害状及现场，可拍摄照片、录像等存档备查。

——样品要有专人负责管理，保存期间要注意防潮、防虫，以免受损变质。

——根据样品登记造册，列明报检单位、货物名称、样品数量、取样时间、存放起止日期、检疫结果和最后处理意见。

——建立专门档案，各种有关检疫单证属法律文书一般需保存 3 年，以备检查、查询之用。

附 录 A
（资料性附录）
美国白蛾生活史

A.1 美国白蛾生活史（辽宁）

见表 A.1。

表 A.1 美国白蛾生活史（辽宁）

世代	月旬																	
	1月			2月			3月			4月			5月			6月		
	上	中	下	上	中	下	上	中	下	上	中	下	上	中	下	上	中	下
越冬代	△	△	△	△	△	△	△	△	△	△	△	△	△	△	△	△	△	△
													+	+	+	+	+	+
第一代															●	●	●	●
																—	—	—
第二代																		

世代	月旬																	
	7月			8月			9月			10月			11月			12月		
	上	中	下	上	中	下	上	中	下	上	中	下	上	中	下	上	中	下
越冬代																		
第一代	—	—	—	—														
		△	△	△	△	△												
			+	+	+	+	+											
第二代			●	●	●	●	●											
				—	—	—	—	—	—	—	—	—	—					
							△	△	△	△	△	△	△	△	△	△	△	△

注：“●”为卵；“—”为幼虫；“△”为蛹；“+”为成虫。

A.2　美国白蛾生活史(陕西)

见表A.2。

表 A.2　美国白蛾生活史(陕西)

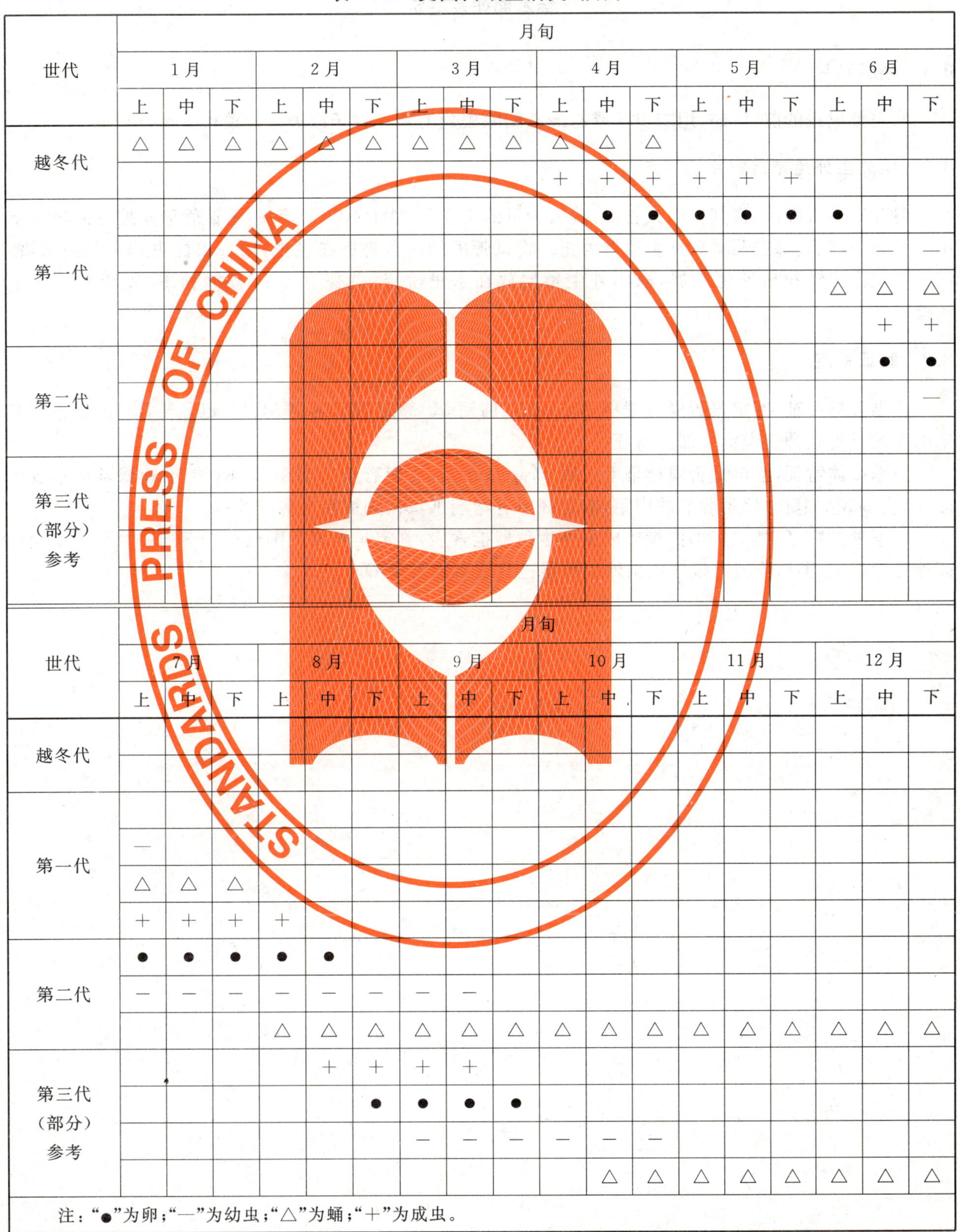

世代	月旬																	
	1月			2月			3月			4月			5月			6月		
	上	中	下	上	中	下	上	中	下	上	中	下	上	中	下	上	中	下
越冬代	△	△	△	△	△	△	△	△	△	△	△	△						
										＋	＋	＋	＋	＋	＋			
第一代											●	●	●	●	●	●		
											—	—	—	—	—	—	—	—
																△	△	△
																	＋	＋
第二代																	●	●
																		—
第三代(部分)参考																		
世代	月旬																	
	7月			8月			9月			10月			11月			12月		
	上	中	下	上	中	下	上	中	下	上	中	下	上	中	下	上	中	下
越冬代																		
第一代																		
	—																	
	△	△	△															
	＋	＋	＋	＋														
第二代	●	●	●	●	●													
	—	—	—	—	—	—	—	—										
				△	△	△	△	△	△	△	△	△	△	△	△	△	△	△
第三代(部分)参考					＋	＋	＋	＋										
						●	●	●	●									
							—	—	—	—	—	—						
											△	△	△	△	△	△	△	△

注:"●"为卵;"—"为幼虫;"△"为蛹;"＋"为成虫。

附　录　B
（资料性附录）
标本制作及鉴定

B.1　翅脉制片

取完整成虫的前、后翅，用二甲苯或乙酸乙酯除去翅上鳞片置于载玻片上镜检。

B.2　雄成虫外生殖器制片

剪开雄成虫腹部，将其置于试管中，放入少量的10％NaOH(KOH)溶液，将试管倾斜地在酒精灯上小心煮沸，直到腹部透明看到外生殖器为止。将试管里的内含物倒在盘里，用一根昆虫针钩住抱器瓣，用另一根昆虫针拉出外生殖器，取出外生殖器放在水里洗涤，并保存在80％酒精里，置于载玻片上镜检。

B.3　验证鉴定

根据叶脉特征，鉴定是否属灯蛾科Arctiidae：前翅 M^2 靠近 M^3，远离 M^1；后翅 S_c+R_1 与 R_s 在中室基部并接且直延伸到中室中部的特征。

根据虫体特征，鉴定是否属秋幕毛虫属 *Hyphantria*：后翅有 M_3、前翅 R_2-R_5 共柄，前缘基部不成拱形，喙或多或少退化，后足胫节缺中距，前足胫节有弯端爪，头、胸被粗毛等特征。

根据种的特征、类似美国白蛾雄成虫外生殖器检索表，鉴定是否属美国白蛾。美国白蛾种的鉴定特征参见附录C，类似美国白蛾雄成虫外生殖器检索表参见附录D。

附 录 C
（资料性附录）
美国白蛾种的鉴定特征

C.1 成虫

雄虫翅展 23 mm～35 mm，雌虫翅展 33 mm～45 mm。头部密被白色长毛；雄虫触角双栉齿形，雌虫触角锯齿形；复眼大而突出，黑色，有单眼；下唇须小；喙短而弱。翅的底色为纯白，雄虫前翅由无斑到有多数的暗褐色斑，雌虫前翅白色，无斑点，后翅通常纯白色无斑点，或在近边缘处具小黑点。

前翅 R_1 脉由中室单独发出，R_2-R_5 共柄；M_2、M_3 由中室后角上方发出，Cu_1 由中室后角发出。后翅 $Sc+R_1$ 由中室前缘中部发出，Rs 和 M_1 由中室前角发出；M_2、M_3 有一短共柄，由中室后角上方发出；Cu_1 由中室后角发出；足白色有一些黄和黑色；前足基节和腿节前端黄色，胫节和跗节前端大部为黑色。胫节有两个端刺一个长而弯曲，另一个短而直。后足胫节只有 1 对端距。缺中距。

雄性外生殖器钩形突向腹方弯曲呈钩状，抱器瓣对称，具有一个发达的中央突；阳茎稍弯，顶端着生微刺突；阳茎基环呈梯形板状；基腹弧较抱握瓣短，近“U”形。

美国白蛾成虫鉴定特征见图 C.1。

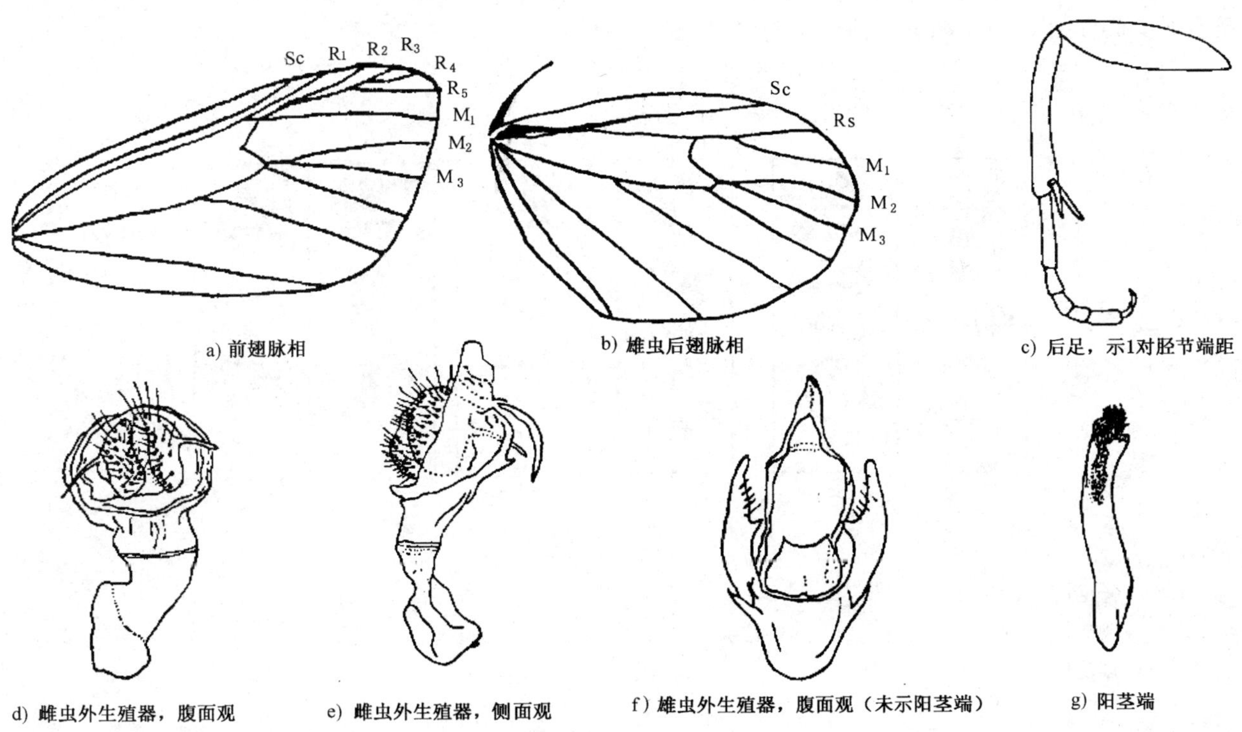

a) 前翅脉相　b) 雄虫后翅脉相　c) 后足，示1对胫节端距

d) 雌虫外生殖器，腹面观　e) 雌虫外生殖器，侧面观　f) 雄虫外生殖器，腹面观（未示阳茎端）　g) 阳茎端

图 C.1 美国白蛾成虫鉴定特征图

C.2 卵

单个卵近球形，直径约 0.4 mm～0.5 mm，具光泽，表面具有无数规则的小凹刻。初产淡绿或黄绿色，渐变灰至灰褐色，近孵化时呈黑褐色。卵呈卵块产下，每个卵块含卵多在 500 粒～800 粒，单层排列，表面覆被雌虫脱落的白色鳞毛。

C.3 幼虫

初孵幼虫体长 1 mm。老熟幼虫长 22 mm～37 mm，宽 2.4 mm～2.7 mm。头黑色，有光泽，仅后唇基白色；体呈圆筒状，背方有一条深褐色至黑色宽纵带，暗色带内分布黑色毛瘤。亚背线，侧线，气门下线黄色而模糊。前胸盾、前胸足和肛上板黑色。腹足外面呈黑色，端部淡黄。腹面黑色、侧腹满布灰色。所有背毛瘤黑色，侧毛瘤与体色同，有时杂有淡；腹毛瘤黑色或淡烟灰色；气门白色具细黑边，围以黑色影翳。

老熟幼虫头壳宽 2.5 mm～2.7 mm，头宽大于头高；每侧有单眼 6 个，其中单眼 1 远离单眼 2，其间距约为单眼 2 和 3 距离的 1.5 倍，单眼 3 靠近单眼 4。SO_1 刚毛与单眼 6 十分接近；傍额片向上延伸达顶凹距离的五分之一。傍额刻点（AFa）位于刚毛（AF_2）下方约三分之一处。刚毛 P_1 区难得具有一根次生刚毛。额刻点和额刚毛间距离作三等分。额上刚毛 F1 附近有数根小的次生刚毛。头颅上方的刚毛 P_1 与 P_2、A_1 与 A_2 间具次生刚毛，刚毛 P_1 较傍额片顶端高的得多；刚毛 L_1、A_3、A_2 近乎作直线排列。刻点 Pb 与刚毛 P_1 和 P_2 间距离作三等分。上唇缺切深度约为唇高的 1/3；上颚具端齿 4 个，缺内齿。

胸部各节的 V_1 毛瘤单刚毛；前胸的 D_2 毛瘤退化，SD_1 毛瘤小，与 SD_2 毛瘤相接；中胸及后胸的 D_1 与 D_2 毛瘤完全愈合；第 1 至第 7 腹节上 D_1 毛疣的大小约为毛疣 D_2 的 1/3；L_3 较 L_1 的一半为小；L_2 小于 L_1；L_1 部分位于气门下缘的水平之上。毛瘤分离；第 8 腹节无 L_3 毛疣；第 9 腹节的 D_1、D_2 和 SD_1 毛疣相互邻接，L_1 和 L_2 愈合，L_2、L_3 缺如。

胸足基节端部及外侧面，股节、胫节、跗节端部灰白色，其余部分黑褐色，有光泽；胫节上的泡突很不明显，爪黄褐色；4 对腹足和尾足大小几乎相等，腹足中部除内侧面外为亮黑色，基部和端部黄褐色，趾钩异形，单序，作中带排列。中间趾钩 10～14 根，等长、两侧各具 10～12 根。

气门（S_P）椭圆形；前胸气门的长径为第 7 腹节的 1.3 倍，第 8 腹节为第 7 腹节的 1.7 倍。

美国白蛾幼虫鉴定特征见图 C.2、图 C.3、图 C.4。

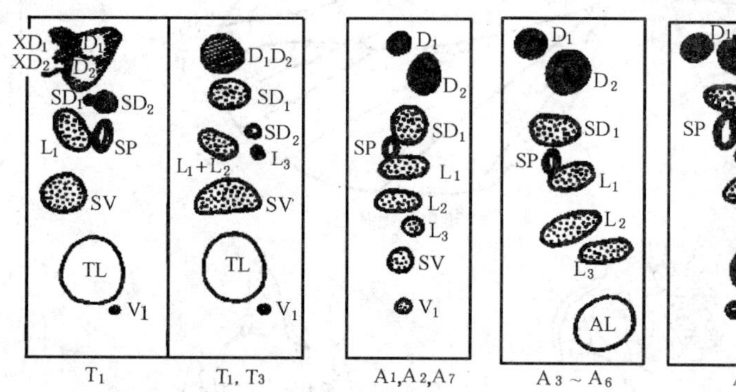

T——胸节；
TL——胸足位置；
A——腹节；
AL——腹足位置；
SP——气门；

黑色毛瘤用斜线表示，桔黄色毛瘤以点表示。

图 C.2 老熟幼虫毛位图

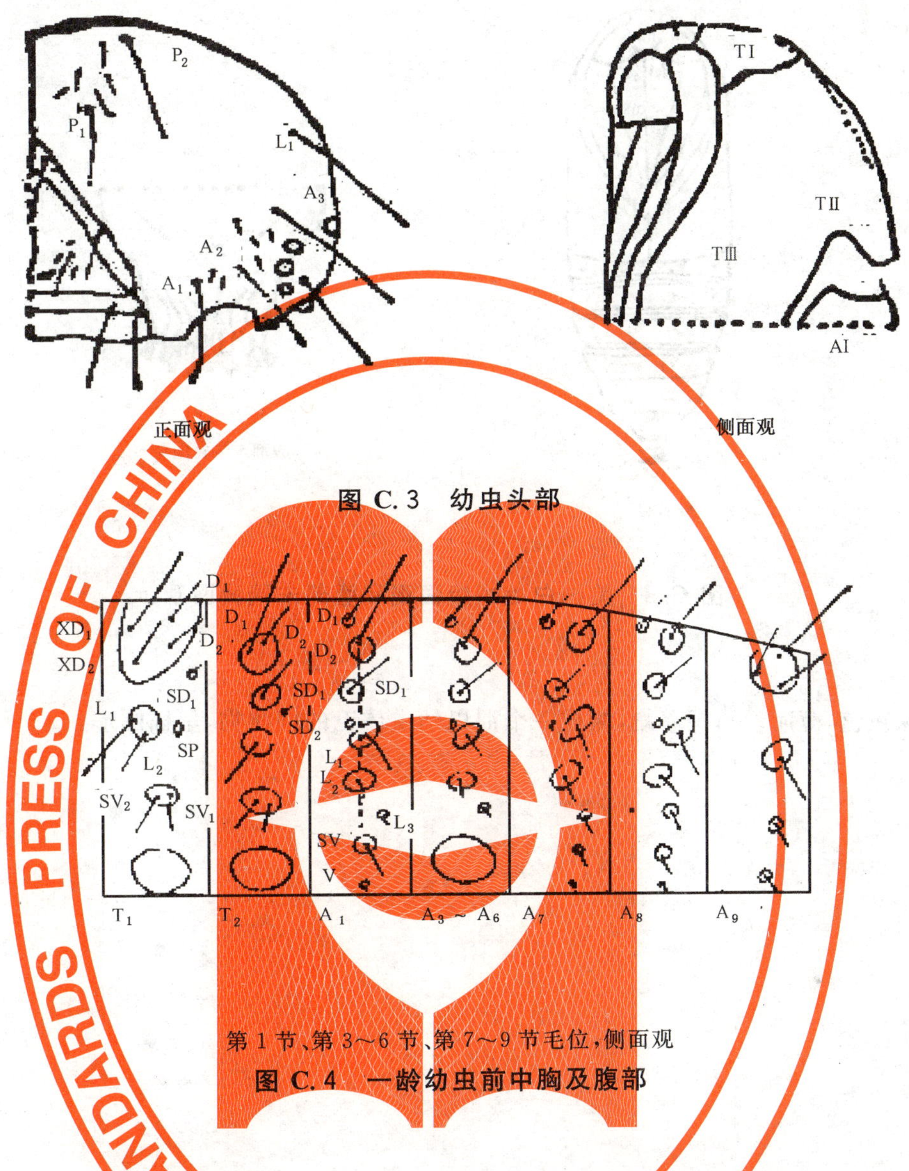

正面观　　　　侧面观

图 C.3　幼虫头部

第1节、第3～6节、第7～9节毛位，侧面观

图 C.4　一龄幼虫前中胸及腹部

C.4　蛹

体长 8.0 mm～15 mm，宽 3 mm～5 mm。初淡黄色，后变橙色、褐色、暗红褐色，中胸背面稍凹，前翅侧方稍凹缢。头部、前胸节和中胸节（TⅠ和 TⅡ）布满小而不规则皱纹刻斑；后胸节（TⅢ）和腹部各节除节间沟外密布浅凹刻。胸部背具中央有一纵脊，中胸退化。第 5 至第 7 腹节沿前缘具一凸缘，并具光滑和浅色的深沟。第 4 至第 6 腹节沿后缘也是同样的凸缘，前凸缘接近气门。

头圆形；额及触角基部稍膨大。上唇（lbr）小而明显。下唇须（lp）时见小三角形片位于上唇之末端，下颚（mx）大，伸过前翅（W_1）长的 2/3 处；下颚须和前胸足腿节不见。前胸足（l_1）向上伸及下颚顶端附近；中足（l_2）前方不达眼部，后方不达翅端而彼此在腹方中央相遇。触角（a）不达中胸足端部。前翅约伸达第 4 腹节的 3/4 处，在腹中央相遇。后翅及后足隐藏不见。气门椭圆形，稍凸出。

臀棘（C_r）由 10 根～15 根几乎等长的细刺组成，刺的端部膨大，分叉，末端凹入。雄蛹在第 9 腹节中央有 1 个生殖孔。第 10 腹节腹面有呈"∧"形的肛门。雌蛹在第 8 至第 9 腹节腹面有 2 个生殖孔，第 8 腹节的生殖孔位于第 8 腹节腹面前缘中央，向尾部裂开，向两侧沿第 7 至第 8 腹节节间短距离内陷，形成"Y"形的生殖孔。第 9 腹节腹面中央的生殖孔较小，圆形。第 10 腹节腹面有"∧"形的肛门。

美国白蛾蛹见图 C.5。

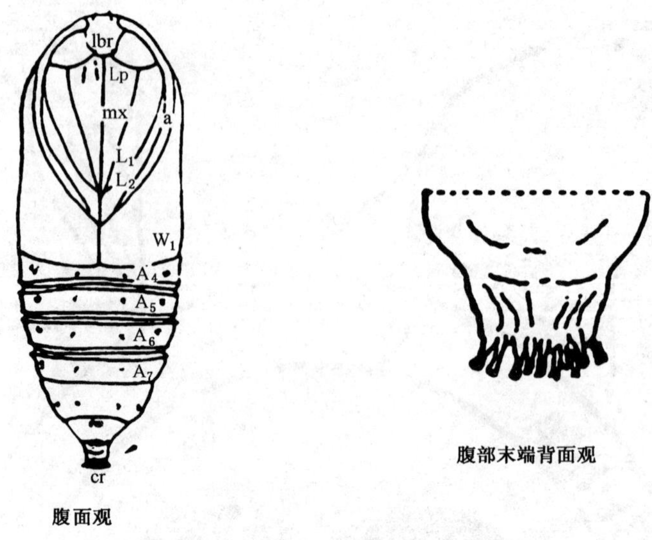

图 C.5　美国白蛾蛹腹面观和腹部末端背面观

C.5　茧

淡褐或深灰色，薄而丝质围着蛹，缀成一个混以幼虫体毛的网状物，呈椭圆形。

附　录　D
（资料性附录）
类似美国白蛾雄成虫外生殖器检索表

D.1　类似美国白蛾雄成虫外生殖器检索表

1　抱器瓣无突起 ………………………………………………………………………………………… 2
　抱器瓣有突起 ………………………………………………………………………………………… 4
2　抱器瓣呈翼状片，爪形突细长 ……………………………………… 黄毒蛾 *Euproctia chrysorrhoea*
　抱器瓣呈长形，中部较宽，前端平切、基部尖（窄）细 ……………………………………………… 3
3　阳茎端半部有微刺 …………………………………………… 失斑污灯蛾 *Spilarctia nigrifrons*
　阳茎端膜无刺 ………………………………………………… 白腹污灯蛾 *Spilarctia melanosoma*
4　抱器瓣有 1 个突起 …………………………………………………………………………………… 5
　抱器瓣有 2 个突起；抱器瓣基部内侧有一几丁质小脊；阳茎基环长梯形，阳茎端膜有若干微刺 ……
　……………………………………………………………………… 稀点雪灯蛾 *Spilosoma urticae*
5　抱器瓣近圆（勺）形，背缘突起硬化；爪形突细长，基部宽 ………………… 雪毒蛾 *Stipnotia Salicis*
　抱器瓣细长形、长形半月形 ………………………………………………………………………… 6
6　抱器瓣端部较尖，有一小三角形腹内突；阳茎基环顶端弧形，中部较宽，阳茎端有一角状器 ………
　………………………………………………………………… 樟木污灯蛾 *Spilarctia zhangmuna*
　抱器瓣半月形 ………………………………………………………………………………………… 7
7　抱器瓣中部有一突起，突起的端部较尖，阳茎基环梯形，阳茎端膜具微刺 …………………………
　……………………………………………………………………………… 美国白蛾 *Hyphantria cunea*
　抱器瓣中部突起呈三角形，中部宽，端部细，指状，阳茎基环顶端弧形，阳茎侧面有少数微刺，爪形突顶端尖 …………………………………………………………… 星白雪灯蛾 *Spilosoma menthastri*

D.2　类似美国白蛾雄成虫外生殖器图

类似美国白蛾雄成虫外生殖器图见图 D.1。

a) 星白雪灯蛾

b) 稀点雪灯蛾

c) 失斑污灯蛾

d) 白腹污灯蛾

e) 樟木污灯蛾

图 D.1　类似美国白蛾雄成虫外生殖器图

附 录 E
（资料性附录）
药剂除害方法

E.1 三龄前幼虫尽可能选择使用生物或仿生制剂均匀喷雾

BT乳剂（苏云金杆菌）施药浓度1亿孢子/mL；25%灭幼脲Ⅲ号胶悬剂3 000～6 000倍液；24%米满胶悬剂8 000～12 000倍液；5%卡死克乳油4 000倍液；20%杀铃脲8 000倍液。45%双脂灵500倍液；1.8%虫螨克星乳油2 000～3 000倍液。50%杀螟松乳油800～1 000倍液。

E.2 大于三龄幼虫（含三龄）选择使用高效、低毒农药均匀喷雾

25%灭幼脲Ⅲ号胶悬剂6 000倍液；50%杀螟松乳油800倍液；2.5%溴氰菊酯（敌杀死）5 000～6 000倍液；20%氰戊菊酯（速灭杀丁）4 000～5 000倍液；21%灭杀毙、80%敌百虫800～1 000倍液；5%卡死克乳油6 000～8 000倍液；5%百树菊酯1 000倍液；10%氯氰菊酯5 000～6 000倍液。

参 考 文 献

[1] GB 434—1995 溴甲烷原药
[2] 植物检疫术语词表.《国际植检措施标准》第5号出版物.粮农组织,罗马,2007.

ICS 65.020
B 16

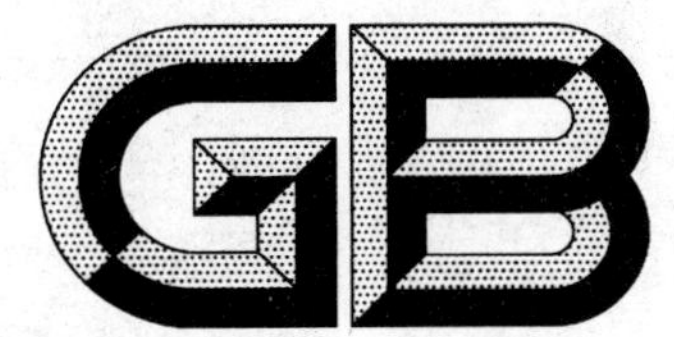

中华人民共和国国家标准

GB/T 23475—2009

青杨脊虎天牛检疫技术规程

Rules for the quarantine of grey tiger longicorn

2009-04-01 发布

2009-09-01 实施

中华人民共和国国家质量监督检验检疫总局
中国国家标准化管理委员会
发布

前　言

本标准的附录D、附录E、附录F、附录G、附录H、附录I为规范性附录，附录A、附录B、附录C为资料性附录。

本标准由国家林业局提出。

本标准由全国植物检疫标准化技术委员会归口。

本标准负责起草单位：国家林业局森林病虫害防治总站。

本标准主要起草人：周茂建、聂雪冰、聂谦、胡显慧、杜文胜、赵宇翔、李永成、邱立新、李娟。

青杨脊虎天牛检疫技术规程

1 范围

本标准规定了青杨脊虎天牛检疫检验和处理方法。

本标准适用于植物检疫机构对青杨脊虎天牛寄生的森林植物及其产品的检疫检验和检疫处理。

2 规范性引用文件

下列文件中的条款通过本标准的引用而成为本标准的条款。凡是注日期的引用文件，其随后所有的修改单(不包括勘误的内容)或修订版均不适用于本标准，然而，鼓励根据本标准达成协议的各方研究是否可使用这些文件的最新版本。凡是不注日期的引用文件，其最新版本适用于本标准。

GB 434 溴甲烷原药

GB 5452 56%磷化铝片剂

GBZ 10 职业性急性溴甲烷中毒诊断标准

3 术语和定义

下列术语和定义适用于本标准。

3.1

青杨脊虎天牛 grey tiger longicorn

一种危险性的林木蛀干害虫，其拉丁语名称为 *Xylotrechus rusticus*（L.）。

3.2

检疫 quarantine

旨在防止检疫性有害生物传入和扩散，确保其官方控制的一切活动。本标准是指对青杨脊虎天牛寄生的森林植物及其产品的检疫。

3.3

疫情 the condition of the pest occurrence

青杨脊虎天牛在某个特定的地域内在其寄主或在其载体上生存和传播扩散的情况。

3.4

疫情调查 pest investigation

在规定时期为确定一个地区某种有害生物种群特性或存在品种而采取的官方程序。本标准是指对青杨脊虎天牛疫情的调查。

3.5

检疫检验 quarantine inspection

对植物、植物产品或其他限定物进行官方的检查以确定是否存在有害生物和(或)是否符合植物检疫法规。本标准是指对青杨脊虎天牛寄生的森林植物及其产品的检疫检验。

3.6

产地检疫 producing place quarantine

对青杨脊虎天牛应施检疫的森林植物及其产品，在其发生地所进行的疫情调查、检疫检验和检疫处理措施。包括对单独管理生产点的检疫。

3.7

调运检疫　conveyance quarantine

对青杨脊虎天牛应施检疫的森林植物及其产品，在调运时、调运途中及到达新的种植或使用地点之后，所采取的检疫措施。

3.8

检疫处理　quarantine treatment

包括旨在杀灭或消除有害生物或使有害生物丧失繁殖能力的官方许可的做法。本标准是指对携带有青杨脊虎天牛的林木及其产品进行除害处理的过程。

4　检疫范围

杨属(*Populus*)植物活体、木材(含原木、锯材及其他木制品)，其他文献中有记载但目前尚未证实的青杨脊虎天牛寄主植物，参见附录A。

5　产地检疫

5.1　寄主植物栽植地的疫情调查

5.1.1　踏查

5.1.1.1　在寄主植物栽植地(包括防护林、用材林、薪炭林、特种用材林及四旁树，胸径达到8 cm的林木)，采用林地对角线或其他有代表性的线路进行踏查。

5.1.1.2　调查树木枝干是否有青杨脊虎天牛的危害状，参见附录B。

5.1.1.3　采集青杨脊虎天牛危害的树木枝干，解剖检查是否有青杨脊虎天牛成虫、卵、幼虫和蛹，参见附录C。

5.1.1.4　记录调查数据，见附录D。

5.1.2　标准地调查

在踏查过程中发现疫情时，须设标准地进行详查。

5.1.2.1　根据踏查结果，在受害程度不同的林分中分设标准地，标准地的累计面积不少于调查寄主植物栽植地总面积的1%。

5.1.2.2　根据寄主植物栽植地的面积设置标准地，标准地面积为150 m^2～300 m^2，调查株数不少于30株，少于30株的应全部调查。

5.1.2.3　检查每株样树的老熟幼虫和蛹的数量。

5.1.2.4　记录调查数据，见附录D。

5.1.3　疫情级别划分

5.1.3.1　林木受害程度分级

林木受害程度等级划分见表1。

表1　林木受害程度等级划分标准

受害级别	健康	受害	严重受害
受害症状	无受害状	树干上有羽化孔或侵入孔	树干受害后折断或枯梢

5.1.3.2　林分感虫程度分级

林分感虫程度等级划分见表2。

表2　林分感虫程度等级划分标准

受害级别	健康	轻微	中度	重度
有虫株率 Y/%	$Y=0$	$0<Y\leqslant 10.00$	$10.0<Y\leqslant 20.00$	$Y>20.00$

5.1.4 **产地检疫处理**

5.1.4.1 在寄主植物栽植地发现感染该虫的林木，应及时清除并销毁。

5.1.4.2 对于疫情发生区内严重发生，有虫株率达到20%以上的林分，应采取卫生伐或皆伐的措施，清除疫源，进行林木更新。

5.2 **储木场、木材加工厂的疫情调查**

5.2.1 **抽样**

50 m^3 以上的原木、椽材、板材、方材、木质包装材按表层抽样法或分层抽样法抽取总量的3%进行检查，50 m^3 以下的按5%的比例抽检，不足5 m^3 的应全部检查。

5.2.2 **检疫检验**

5.2.2.1 检查木材表面是否有青杨脊虎天牛危害状，参见附录B。

5.2.2.2 发现有青杨脊虎天牛危害状，剖木检查是否有成虫、幼虫、蛹和卵，参见附录C。

5.2.2.3 将调查数据记入附录D。

5.2.3 **检疫处理**

在检疫检验中发现带疫木材，按下列方法之一进行处理。

5.2.3.1 **熏蒸处理**

处理方法见附录E。

5.2.3.2 **热处理**

处理方法见附录F。

5.2.3.3 **解板、旋切和粉碎处理**

处理方法见附录G。

5.2.3.4 **处理效果验证**

以分层抽样法从每处理批次中分别抽取3个样木进行检验，剖木检查害虫是否死亡，害虫死活的判别标准见表3。

表3 害虫死活判别标准

生存状态	体表色泽	虫体韧性	对外界刺激反应	幼虫体态
活	有光泽	有弹性	动	头向腹部弯曲
死	无光泽	无弹性	不动	头向前伸
注：幼虫体态以老熟幼虫为判别的对象。				

记录检疫处理结果，见附录H。

6 调运检疫

6.1 **现场检疫**

6.1.1 **杨树幼树及其他活体林木的检疫**

6.1.1.1 **抽样**

对胸径达到8 cm以上的幼树及其他活体林木，用分层抽样法抽取5%的样树进行检查，少于30株的应全部检查。

6.1.1.2 **检疫检验**

6.1.1.2.1 检查苗木、幼树及其他活体林木的枝干有无青杨脊虎天牛侵入孔、羽化孔、虫粪、蛀屑，参见附录B。

6.1.1.2.2 发现有青杨脊虎天牛危害状，应解剖树木枝干，取出成虫、幼虫、蛹进行鉴定，参见附录C。

6.1.1.2.3 记录检验结果，见附录I。

6.1.2 木材及其制品的检疫

6.1.2.1 抽样

按本标准5.2.1抽取。

6.1.2.2 检疫检验

按本标准5.2.2操作。

记录检验结果,见附录I。

6.1.2.3 检疫处理

按本标准5.2.3处理。

附 录 A
(资料性附录)
青杨脊虎天牛的其他寄主植物

青杨脊虎天牛的其他寄主植物包括以下植物:柳属 *Salix* spp.、桦属 *Betula* spp.、栎属 *Quercus* spp.、椴树属 *Tilia* spp.、榆属 *Ulmus* spp.、水青冈属(山毛榉属)*Fagus* spp.。

附 录 B
（资料性附录）
青杨脊虎天牛危害状

根据下列特征鉴别青杨脊虎天牛危害状。

B.1 初孵幼虫在树皮内群居危害，并通过蛀入孔向外排出纤细的粪屑。

B.2 2龄幼虫开始向木质部表层蛀害，并逐渐分散危害，形成各自的蛀道，但排泄物不排出树干外，而是堵塞在蛀道内。

B.3 5～6龄幼虫从木质部表层向木质部深处钻蛀，蛀道椭圆形、不规则、弯曲，纵横交错但互不相通。见图B.1。

B.4 树木被害处有红褐色液体流出。

B.5 羽化孔圆形，直径5.0 mm～7.0 mm。见图B.2。

B.6 受害树木枝干木质部与韧皮部分离，树皮开裂、成片脱落，叶片枯黄，出现枯枝，严重受害者树干折断或整株枯死。

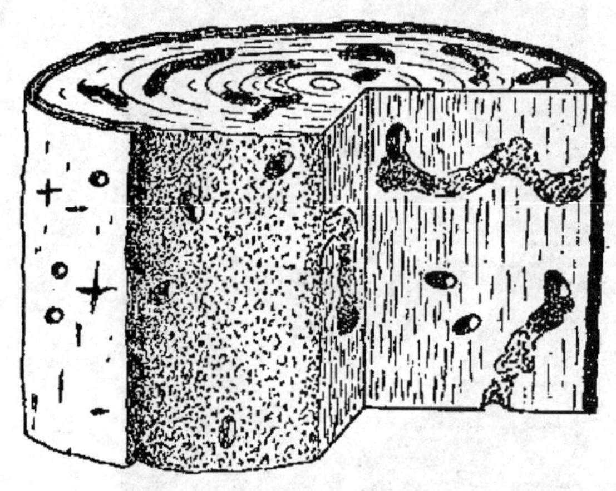

图 B.1 青杨脊虎天牛蛀道纵切面

图 B.2 青杨脊虎天牛蛀道横切面

附 录 C
（资料性附录）
青杨脊虎天牛分类地位及形态特征

C.1 青杨脊虎天牛分类地位

青杨脊虎天牛（青杨虎天牛）*Xylotrechus rusticus*（L.）；英文名：grey tiger longicorn；属于鞘翅目 Coleoptera、天牛科 Cerambycidae、天牛亚科 Cerambycinae、脊虎天牛属 *Xylotrechus*。

C.2 青杨脊虎天牛形态特征

C.2.1 成虫

- 体黑色，长 11.0 mm～22.0 mm，宽 3.1 mm～6.2 mm，见图 C.1。
- 头部与前胸色较暗，头顶有倒 V 型隆起线，雄虫触角长达鞘翅基部，雌虫触角略短，达前胸背板后缘，第 1、4 节等长，短于第 3 节，末节长大于宽，基部 5 节的端部无绒毛。
- 前胸球状隆起，宽度略大于长度，密布不规则皱脊，有 4 个淡黄色纵纹，小盾片半圆形，鞘翅两侧近平行，内外缘末端钝圆，翅面密布细刻点，具淡黄色模糊细波纹 3 条或 4 条，后足腿节较粗，胫节距 2 个，第 1 跗节长于其余节之和。
- 体腹面密被淡黄色绒毛。

C.2.2 卵

- 乳白色，长卵形，长约 2 mm，宽约 0.8 mm。

C.2.3 幼虫

- 乳白色，老熟时长 30.0 mm～40.0 mm，体生短毛；
- 头淡黄褐色，缩入前胸内；
- 前胸背板上有黄褐色斑纹；
- 腹部除最末节短小外，自第 1 节向后逐渐变窄而伸长。

C.2.4 蛹

- 乳白色，长 18 mm～33 mm；
- 头部下倾于前胸之下，触角由两侧卷曲于腹下，羽化前复眼跗肢及翅芽均变为黑色。

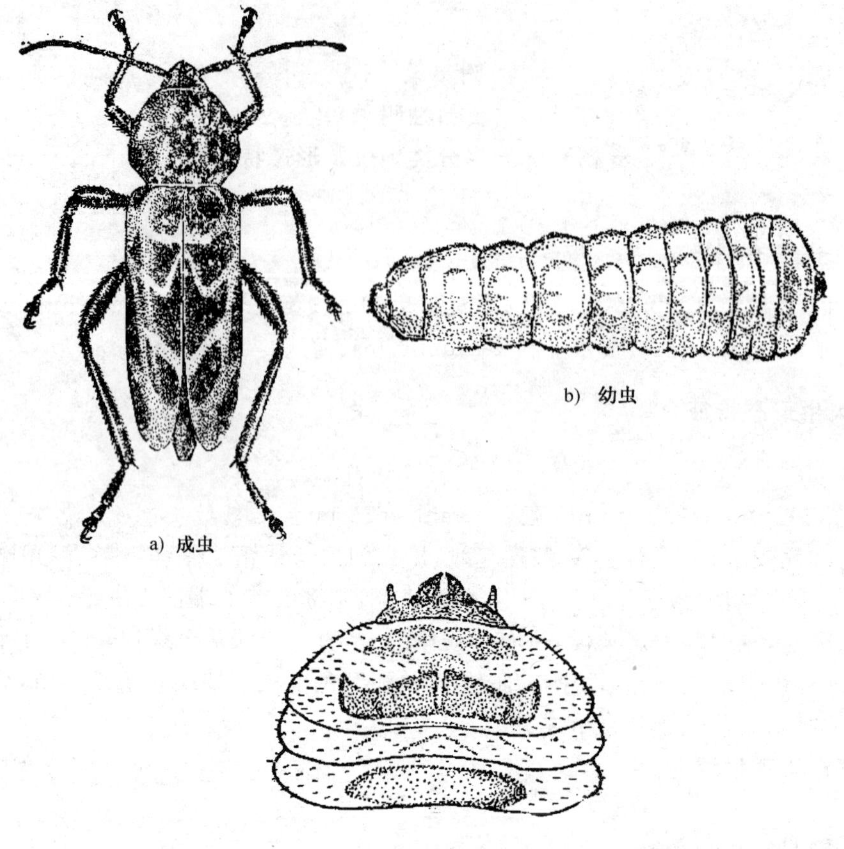

a) 成虫

b) 幼虫

c) 幼虫头胸部背面

图 C.1 青杨脊虎天牛形态特征

附　录　D
（规范性附录）
青杨脊虎天牛产地检疫调查表

表 D.1　踏查记录表

调查日期　　　年　　月　　日

调查地点　　　省（市、区）　　　县（市、区）　　　乡（镇）　　　村（场、圃）

调查人

树 种	树龄/年	林分（苗圃）面积/hm²	调查株数	受害株数	受害株率/%	备注

表 D.2　标准地调查记录表

调查日期　　　年　　月　　日

调查地点　　　省（市、区）　　　县（市、区）　　　乡（镇）　　　村（场、圃）

调查人

标准地编号	树种	树（苗）龄/年	林分（苗圃）面积/hm²	标准地面积/m²	受害情况		备注
					样树号	带虫数/（头/株）	

表 D.3　储木场或木材加工厂调查记录表

调查日期　　　年　　月　　日

调查地点　　　省（市、区）　　　县（市、区）　　　乡（镇）　　　村（场、圃）　　　储木场　　　木材加工厂

调查人

树种	材种	材积/m³	抽样数量/m³	样木号	带虫数（幼虫、蛹、卵）	备注
注：材种指原木、椽材、板材、方材、木质包装材。						

附 录 E
(规范性附录)
青杨脊虎天牛熏蒸处理方法

青杨脊虎天牛熏蒸处理方法包括室外帐幕熏蒸和熏蒸室熏蒸两种方法。

E.1 室外帐幕密闭熏蒸

E.1.1 熏蒸剂

E.1.1.1 溴甲烷(CH_3Br),质量符合 GB 434,有效含量不低于 98%。

E.1.1.2 磷化铝(AlP),质量符合 GB 5452,有效含量不低于 56%。

E.1.2 熏蒸帐幕

E.1.2.1 聚乙烯薄膜,厚度 0.15 mm 以上。

E.1.2.2 聚氯乙烯薄膜,厚度 0.19 mm 以上。

E.1.2.3 双面挂胶粘布或不干胶带。

E.1.3 熏蒸器材

E.1.3.1 热导式熏蒸气体浓度检测仪,灵敏度 1 g/m^3。

E.1.3.2 磷化铝浓度检测管,灵敏度 0.13 g/m^3～0.26 g/m^3。

E.1.3.3 熏蒸剂气化器,气化器出口气体温度不低于 20 ℃。

E.1.3.4 磅秤,0～150 kg,感量 0.1 kg。

E.1.3.5 温度计,0 ℃～100 ℃。

E.1.3.6 防毒面具。

E.1.4 熏蒸场地设置

选择地势平坦,土质紧密,通风良好,远离居民区的地点作为熏蒸场地。

E.1.5 熏蒸布置

E.1.5.1 码垛及丈量堆垛体积

将应施检疫处理的木材及其制品在熏蒸场地上码垛,木材堆垛要整齐。

E.1.5.2 计算堆垛体积和投药量

堆垛体积的计算方法见式(E.1)。

$$V = \frac{(w_1 + w_2)}{2} \times L \times H \quad \text{(E.1)}$$

式中:

V——堆积,单位为立方米(m^3);

w_1——堆垛的上边宽度,单位为米(m);

w_2——堆垛的下边宽度,单位为米(m);

L——堆垛的长度,单位为米(m);

H——堆垛的高度,单位为米(m)。

投药量的计算方法见式(E.2)。

$$W = V \times C \quad \text{(E.2)}$$

式中:

W——投药量,单位为克(g);

V——堆积,单位为立方米(m^3);

C——浓度,单位为克每立方米(g/m^3)。

E.1.5.3　设置警戒标志

堆垛周围应设置警戒标志和警戒线。

E.1.5.4　覆盖帐幕

土质地面应压实,在堆垛四周挖一圈宽 20 cm 以上,深 20 cm 以上的沟,挖出的土堆放在沟外侧,用作覆盖帐幕时回填。

水泥或沥青地面,可用沙子将帐幕边缘压实。

E.1.5.5　防风雨设施

选择无雨、风力小于 5 级的天气覆盖帐幕,帐幕上要加盖防风网和防风绳。

E.1.6　投药

E.1.6.1　设置投药点

根据堆垛的大小设置不同数量的投药点。堆垛体积小于 50 m^3 时,可设置 1～2 个投药点,堆垛体积大于 50 m^3 时,可设置 2 至多个投药点。

用溴甲烷熏蒸时,投药点应设置在堆垛的上部,用磷化铝熏蒸时,投药点应设置在堆垛的下部或中部。

E.1.6.2　投药量和熏蒸时间

溴甲烷常压熏蒸见表 E.1。

表 E.1　溴甲烷常压熏蒸

温度/℃	剂量/(g/m^3)	密闭时间/h	帐幕内最低浓度/(g/m^3)		
			施药后 2 h	施药后 16 h	施药后 48 h
10～20	80	48	51	46	40
≥21	64	48	30	27	24
注:温度为熏蒸当日气温。					

磷化铝常压熏蒸见表 E.2。

表 E.2　磷化铝常压熏蒸

温度/℃	剂量/(g/m^3)	密闭时间/h	散气前最低浓度/(g/m^3)
4.5～20	15	72	0.29
≥21	10	72	0.29
注:温度为熏蒸当日气温。			

E.1.6.3　防漏

投药前要检查帐幕是否有破损,帐幕周边、进药口外缘是否封好,帐幕破损处需用不干胶带粘合,确认封闭严密才可投药。

E.1.6.4　施药

溴甲烷熏蒸时打开钢瓶阀门,使溴甲烷气体通过投药管进入帐幕内;磷化铝片剂直接从投药孔投入浅盘中,投药完毕,封闭投药口。

E.1.6.5　保护措施

施药操作人员要戴防毒面具,意外中毒按 GBZ 10 处理。

E.1.6.6　检测药剂浓度

在投药后分别在 2 h、16 h、48 h 进行浓度检测。

E.1.7 散毒

熏蒸时间达到预定时间后，根据测得的帐幕熏蒸剂最终浓度，达到要求的，先将帐幕下风方向打开，半小时后完全揭开帐幕。

E.2 熏蒸室熏蒸

E.2.1 熏蒸剂

见E.1.1。

E.2.2 熏蒸室条件

熏蒸室需封闭严密。

熏蒸室应远离居民区。

E.2.3 熏蒸器材

见E.1.3。

E.2.4 熏蒸布置

见E.1.5。

E.2.5 投药

见E.1.6。

E.2.6 散毒

见E.1.7。

附 录 F
（规范性附录）
青杨脊虎天牛热处理方法

F.1 热处理设施条件（包括蒸汽房或烘干窑）

F.1.1 热处理室（蒸汽房或烘干窑）应具备良好的密闭、保温条件。

F.1.2 应具备有效的加热、加湿设备。

F.1.3 应具备有效的气体循环和排放装置。

F.1.4 应具备有效的温度检测记录装置。

F.1.5 应具备有效的湿度检测记录装置。

F.2 热处理设置

F.2.1 堆积木材

热处理室内木材堆放时应留有通风道，木材应垫离地面 10 cm 以上。

F.2.2 计算热处理时间

根据木材的厚度或直径，计算热处理的时间。当介质温度达到高于预定干球温度 5 ℃时，木材的中心温度达到干球温度的时间的计算方法见式（F.1）。

$$T = S \times D \qquad \text{(F.1)}$$

式中：

T——木材的中心温度达到要求温度的时间，单位为小时（h）；

S——木材的导热率（$S=0.5$ h/cm）；

D——木材的厚度或直径，单位为厘米（cm）。

F.2.3 温湿度的测定

介质温湿度的测定通过设置观测孔进行观测。

木材中心温度的测定采用热电偶埋植法，热电偶应埋植距离木材端头不小于 30 cm 的木材中心处，并用木屑塞紧，热电偶通过导线与外部的测量仪器相连。

F.3 加热处理

F.3.1 加温加湿

关闭热处理室门，确保密封严密，开启加热加湿设备。

开启通风设备，保证处理室内温、湿度分布均匀。

F.3.2 保温保湿

当处理室内木材中心达到处理要求温度时，即为热处理除害起始时间，从此时开始，通过不断地加热加湿，持续保持达到热处理要求的处理温度和时间，见表 F.1。

表 F.1 热处理温湿度和处理时间

热处理类型	干球温度/℃	相对湿度/%	木材含水率/%	处理时间/h
蒸汽房 或烘干窑	≥60	≥60	>10	36
	≥60	≥60	≤10	48

注 1：干球温度指木材中心的温度 。

注 2：相对湿度指处理室内空气相对湿度。

注 3：处理时间指木材中心温度达到干球温度规定值后的持续除害处理时间。

F.4 散热

当热处理时间达规定时间后，应打开排气孔，使热处理室逐渐降温，当室内外温差小于 30 ℃时，即可开启处理室。

附　录　G
（规范性附录）
青杨脊虎天牛解板、旋切和粉碎处理方法

G.1　解板处理方法

将携带有青杨脊虎天牛原木木质部以外的表皮全部剥掉。

将剥皮后的原木锯成厚度 2.0 cm 以下的薄板。

G.2　旋切处理方法

将携带有青杨脊虎天牛原木木质部以外的树皮全部剥掉。

用木材旋切单板机将原木旋切成 1.5 mm～2.0 mm 的木片。

将旋切后的木轴销毁或做熏蒸除害处理。

G.3　粉碎或打浆处理方法

将携带有青杨脊虎天牛原木木质部以外的表皮全部剥掉。

将剥皮后的原木粉碎或送胶合板厂粉碎后制成木浆。

附　录　H
（规范性附录）
青杨脊虎天牛检疫处理效果记录表

表 H.1　青杨脊虎天牛熏蒸处理效果记录表

检验日期　　　年　　月　　日

货物来源　　省（市、区）　　县（市、区）　　乡（镇）　　村（场、圃）　　储木场　　木材加工厂

检疫机构

检验人

熏蒸类型	树种	材种	材积/m^3	投药量/(g/m^3)	总投药量/g	处理结果				备注
						样木号	活虫数/头	死虫数/头	死亡率/%	

注1：熏蒸类型指帐幕熏蒸或熏蒸室熏蒸。

注2：材种指原木、椽材、板材、方材、木质包装材。

表 H.2　青杨脊虎天牛热处理效果记录表

检验日期　　　年　　月　　日

货物来源　　省（市、区）　　县（市、区）　　乡（镇）　　村（场、圃）　　储木场　　木材加工厂

检疫机构

检验人

热处理类型	树种	材种	材积/m^3	处理结果				备注
				样木号	活虫数/头	死虫数/头	死亡率/%	

注：热处理类型指蒸汽房或烘干窑处理。

表 H.3　青杨脊虎天牛解板、旋切和粉碎处理效果记录表

检验日期　　　年　　月　　日

货物来源　　省（市、区）　　县（市、区）　　乡（镇）　　村（场、圃）　　储木场　　木材加工厂

检疫机构

检验人

树种	材种	材积/m^3	解板厚度/cm	处理结果				备注
				样木号	活虫数/头	死虫数/头	死亡率/%	

附　录　I
（规范性附录）
青杨脊虎天牛调运检疫记录表

表 I.1　幼树及其他林木活体调运检疫记录表

检验日期　　年　　月　　日

货物来源　　省(市、区)　　县(市、区)　　乡(镇)　　村(场、圃)

调运单位　　省(市、区)　　县(市、区)　　乡(镇)　　村(场、圃)

检疫机构

检验人

繁殖材料种类	树　龄/年	调运总数/株	抽样数/株	带　虫　情　况		备注
				样株号	带虫数/头	
注：繁殖材料种类包括苗木、幼树及其他林木活体。						

表 I.2　木材调运检疫记录表

检验日期　　年　　月　　日

货物来源　　省(市、区)　　县(市、区)　　乡(镇)　　村(场、圃)　　储木场　　木材加工厂

调运单位　　省(市、区)　　县(市、区)　　乡(镇)　　村(场、圃)　　储木场　　木材加工厂

检疫机构

检验人

树种	材种	调运数量/m^3	抽样数量/m^3	带　虫　情　况		备注
				样木号	带虫数/头	
注：材种指原木、椽材、板材、方材、木质包装材。						

ICS 65.020
B 16

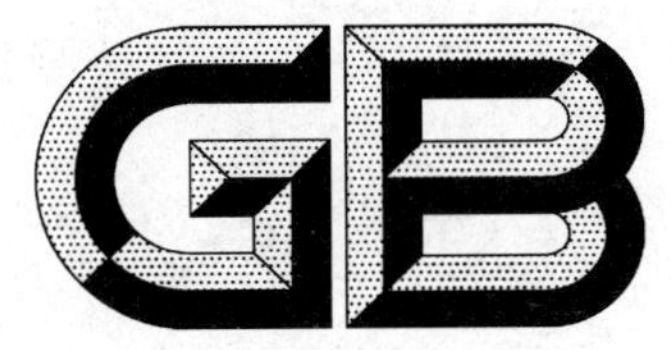

中华人民共和国国家标准

GB/T 23476—2009

松材线虫病检疫技术规程

Technical regulation on quarantine for the pine wilt disease

2009-04-01 发布　　　　2009-09-01 实施

中华人民共和国国家质量监督检验检疫总局
中国国家标准化管理委员会　发布

前　言

本标准的附录F为规范性附录，附录A、附录B、附录C、附录D、附录E、附录G为资料性附录。

本标准由国家林业局提出。

本标准由全国植物检疫标准化技术委员会归口。

本标准负责起草单位：国家林业局森林病虫害防治总站、江苏省森防站。

本标准主要起草人：熊惠龙、李海燕、徐克勤、赵宇翔。

松材线虫病检疫技术规程

1 范围

本标准规定了松材线虫病的检疫技术规程。

本标准适用于松材线虫寄主植物及其加工制品等检疫工作。

2 规范性引用文件

下列文件中的条款通过本标准的引用而成为本标准的条款。凡是注日期的引用文件，其随后所有的修改单(不包括勘误的内容)或修订版均不适用于本标准，然而，鼓励根据本标准达成协议的各方研究是否可使用这些文件的最新版本。凡是不注日期的引用文件，其最新版本适用于本标准。

GB/T 23478—2009 松材线虫普查监测技术规程

3 术语和定义

下列术语和定义适用于本标准。

3.1

松材线虫病 pine wilt disease caused by pine wood nematode

由松材线虫寄生在松树体内引起松树迅速死亡的一种毁灭性林木病害。又称松树萎蔫病、松材线虫萎蔫病、松树枯萎病。

3.2

松材线虫 *Bursaphelenchus xylophilus* (Steiner et Buhrer) Nickle

一种无脊椎动物，属于线虫门(Nematoda)，侧尾腺纲(Secernentea)，滑刃目(Aphelenchida)，滑刃总科(Aphelenchoidoidea)、滑刃科(Aphelenchoididae)、伞滑刃亚科(Bursaphelenchinae)、伞滑刃属(*Bursaphelenchus*)。

3.3

检疫 quarantine

为了保护一个国家或一个地区人民的身体健康和农林牧业的生产安全，根据国家和地方政府颁布的检疫法规，由法定的专门机构，对那些主要通过人为活动而远距离传播的流行性疫病所采取的检疫检验和严格的检疫处理措施。

3.4

疫木 the diseased wood

感染松材线虫病的寄主植物及其制品。主要为松属(*Pinus*)植物及其制品，包括松木包装材料、电缆盘等。

3.5

检疫检验 quarantine inspection

对检疫法规所规定应施检疫的森林植物及其产品，通过一定的技术手段检查、检验是否带有害生物。

3.6

媒介昆虫 intermediary insect

将松材线虫由罹病树中携带而出，通过补充营养或产卵时造成的创口又将其传染到其他寄主松树上的昆虫，是松材线虫病发生不可缺少的条件，是松材线虫病侵染循环的组成部分之一。松材线虫病媒介昆虫必须具备以下三个条件:一是生活史与松材线虫的生活史相吻合;二是具有一定的种群密度;三是能够携带一定数量的松材线虫。

3.7

松木及制品 pine wood and woodenware

松属原木、锯材和用于承载、包装、铺垫、支撑、加固货物的木质材料,如木板箱、木条箱、木托盘、木框、木桶、木轴、木楔、垫木、枕木、衬木等。经人工合成或经加热、加压等深度加工的包装木质材料,如胶合板、纤维板等除外。

3.8

松墨天牛 *Monochamus alternatus* Hope

属节肢动物门(Arthropoda),昆虫纲(Hexapoda),鞘翅目(Coleoptera),天牛科(Cerambycidae),墨天牛属(*Monochamus*),是松材线虫病的主要媒介昆虫。又名松褐天牛、松天牛。

3.9

木材蓝变 wood blue-stain

由于蓝变菌(或称青变菌)的存在而导致木材变为蓝灰色。它是松材线虫病木取样的一个辅助而非必要依据。

3.10

分散型3龄幼虫($L_{Ⅲ}$) dispersal third-stage larvae

夏末初秋,松材线虫病枯死木中出现与增殖期3龄幼虫不同的另一类型3龄幼虫,从形态上表现出内含物显著增加,它可以抵抗不良环境条件如冬季寒冷和木材失水,被称为分散型3龄幼虫。

3.11

持久型4龄幼虫($L_{Ⅳ}$) dauer larvae

由分散型3龄幼虫蜕变而来,除虫体角质膜较厚外,它没有口针,食道退化,头圆丘形,尾端明显指状,体表覆盖保护性的胶粘物。易于附着在媒介昆虫的体上,以利于媒介昆虫的携带和传播。

3.12

批 batch

应检验对象的抽样单位。"批"是指同一地点、同一日期、同一品名和同一运输工具运载的应检验物品。

3.13

抽样 sampling

为确定应检验对象是否感染松材线虫,根据检疫技术规程要求而抽取一定数量样本的过程。

4 应施检疫的植物及其产品

来自国内外疫情发生区的松属、雪松属、冷杉属、云杉属和落叶松属等植物的苗木、接穗、插条、盆景等生长繁殖材料;来自国内外疫情发生区的上述植物的木材、枝桠、根桩、木片以及它们的制品;来自非发生区违规调运或不具备合法手续的松木及制品等;带有松材线虫及其传播媒介昆虫活体的货物、包装材料、铺垫材料及运输工具。自然界感染松材线虫病的寄主植物和通过人工接种感染此病的植物名录见附录A。

5 现场检疫

5.1 产地检疫

5.1.1 直观检验

产地检疫的直观检验主要通过现场踏查的方法进行。用目测方法查找有无死树或针叶褪色和黄化、枯萎变成红褐色并整齐地挂在松枝上,树脂分泌减少直至停止,近期死亡等典型症状的松树,选择抽样对象。

5.1.2 抽样

5.1.2.1 抽样的对象

按照 GB/T 23478—2009 中 4.5.1.3 执行(参见附录 B)。

5.1.2.2 抽样时考虑的因素

按照 GB/T 23478—2009 中 4.5.1.4 执行(参见附录 B)。

5.1.2.3 抽样的数量

按照 GB/T 23478—2009 中 4.6.1 执行(参见附录 B)。

5.2 调运检疫

5.2.1 现场直观检验

5.2.1.1 直接观察和借助锯、斧等工具检查应施检疫的松木或其加工制品等是否干枯;重量是否明显减轻;木质部是否有蓝变;松脂味是否消失;有无媒介昆虫栖居的痕迹,如侵入孔、蛀道、蛹室等。

5.2.1.2 检查松树及其枝条是否有天牛危害、补充营养取食痕迹。

5.2.2 抽样

5.2.2.1 抽样比例

按照 GB/T 23478—2009 中 4.8.1 执行(参见附录 B)。

5.2.2.2 抽样方法

按照 GB/T 23478—2009 中 4.8.2 执行(参见附录 B)。

5.3 复检

按照 5.2 调运检疫执行。

6 取样方法

按照 GB/T 23478—2009 中 4.7 执行(参见附录 B)。

7 松材线虫的室内鉴定

7.1 松材线虫的分离

一般采取贝尔曼漏斗法、浅盘分离法、改进型线虫分离器分离(参见附录 C)。

7.2 松材线虫的镜检

7.2.1 当在解剖镜下观察培养皿中的线虫分离液,发现线虫时,挑出(挑取时可选用 500 μL 移液枪挑取)做成临时水玻片(参见附录 D);或用尖头吸管吸取沉淀管底部分离液 1～3 滴,滴于载玻片上,在解剖镜下观察,发现有线虫时制成临时水玻片。

7.2.2 将临时水玻片置于显微镜下观察、测量。

7.3 松材线虫的培养

当只分离到幼虫或雌、雄成虫数量极少时,可以采用疫木保温保湿或真菌单异活体培养方法快速培养松材线虫(参见附录 D)。不具备松材线虫真菌培养基质制作的检疫单位可以委托有无菌培养条件的单位制作。真菌培养基质 4 ℃冰箱冷藏备用。

7.4 松材线虫的形态学鉴定

7.4.1 形态鉴定

根据松材线虫成虫的形态特征为鉴定依据对松材线虫进行鉴定。松材线虫成虫形态特征参见附录 E。松材线虫的繁殖型幼虫、分散型幼虫和持久型幼虫作为鉴定的辅助特征。

7.4.2 检验记录

有关检验情况和鉴定结果填入《松材线虫病检验记录表》(见附录 F)。

7.5 松材线虫的分子生物学鉴定

分子生物学鉴定不受松材线虫龄期的影响，无须培养即可对松材线虫幼虫进行鉴定。PCR 技术作为形态学鉴定的辅助手段，对于鉴定那些形态特征不够典型的松材线虫或拟松材线虫以及幼虫有很大的帮助。具体方法参见附录 G。

8 检疫结果

——被检样品中未发现松材线虫的，作为签发“植物检疫证书”的依据。

——被检样品中发现松材线虫的，作为签发“检疫处理通知单”的依据。

附 录 A
（资料性附录）
松材线虫的寄主范围

A.1 自然发病的寄主植物

奄美岛松 *Pinus amamiana* Keidzumi、华山松 *P. armandii* Franch、台湾果松 *P. armandii* var. *mastersiana*（Hayata）Hayata、美国短针松 *P. banksiana* Lamb.、白皮松 *P. bungeana* Zucc. ex Endl.、加勒比松 *P. caribaea* Morelet、瑞士五针松 *P. cembra* Linn、沙松 *P. clausa* Aarg.、小干松 *P. contorta* Loud、赤松 *P. densiflora* Sieb. et Zucc.、千头赤松 *P. densiflora* var. *umberaclifora*、短针松 *P. echinata* Mill.、湿地松 *P. elliottii* Engelm.、恩氏松 *P. engelmannii* Carr.、硬枝展松 *P. greggii* Engelm.、地中海松 *P. halepensis* Mill.、卡西亚松 *P. kesiya* Royle ex Gordn、华南五针松 *P. kwangtungensis* Chun ex Tsiang、光叶松 *P. leiophylle* Schkecht & Cham、硫球松 *P. luchuensis* Mayr、马尾松 *P. massoniana* Lamb.、米却肯松 *P. michoacana* Martinez、欧洲山松 *P. mugo* Turra、粗糙松 *P. muricata* D. Don、小干松变种 *P. murrayana*（Greville &JH Balfour）Critchfield、欧洲黑松 *P. nigra* Arnold、卵果松 *P. oocarpa* Schiede、日本五针松 *P. parviflora* Sieb. & Zucc.、长叶松 *P. palustris* Mill.、展叶松 *P. patula* Schlecht. et Cham.、海岸松 *P. pinaster* Ait.、西黄松 *P. ponderosa* Dougl. et Laws.、拟北美乔松 *P. pseudostrobus* Lindl.、辐射松 *P. radiata*D. Don、美加红松 *P. resinosa* Ait.、刚松 *P. rigida* Mill.、野松 *P. rudis* Endl.、北美乔松 *P. strobus* Linn.、墨西哥白松 *P. strobus* var. *chiapensis* Martinez、欧洲赤松 *P. sylvestris* Linn.、火炬松 *P. taeda* Linn.、黄山松 *P. taiwanensis* Hayata、黑松 *P. thunbergii* Parl.、黄松 *P. thunbergii*×*P. massoniana*、北美二针松 *P. virginiana* Mill.、胶枞 *Abies balsamea*（L.）Mill.、北非雪松 *Cedrus atlantica* Manetti、雪松 *C. deodara*（Roxb.）Loud.、欧洲落叶松 *Larix decidua* Mill.、美洲落叶松 *L. laricina* K. Koch、挪威云杉 *Picea abies*（L.）Karst.、加拿大云杉 *P. canadensis*（Mill）Britton, Sterns & Poggenb.、欧洲云杉 *P. excelsa*（Lam.）Link、白云杉 *P. glauca*（Moench）Voss.、黑云杉 *P. mariana* B. S. P.、锐尖北美云杉 *P. pungens* Engelm.、红云杉 *P. rubens* Sarg.、花旗松 *Pseudotsuga menziesii*（Mirbel）Franco。

A.2 人工接种感病的植物

海南五针松 *Pinus fenzeliana* Hand.-Mzt、柔松 *P. flexilis* James、光松 *P. glabra* Walt、乔松 *P. griffithii* McClelland、约弗松 *P. jeffreyi* A. Murr.、红松 *P. koraiensis* Sieb. et Zucc.、华南五针松 *P. kwangtungensis* Chun et Tsiang、糖松 *P. lambertiana* Dougl.、山白松 *P. monticola* Lamb.、台湾五针松 *P. morrisonicola* Hayata、日本五须松 *P. pentaphylla* Mayr.、刺针松 *P. pungens* Lamb.、晚松 *P. serotina* Michx.、类球松 *P. strobiformis* Engelm.、章子松 *P. sylvestris* var. mongolica Litvin.、油松 *P. tabulaeformis* Carr.、云南松 *P. yunnaensis* Franch、平泽银枞 *Abies amabilis*（Dougl.）Forb.、日本冷杉 *A. firma Sieb*. et Zucc.、巨冷杉 *A. grandis* Lindl.、日光冷杉 *A. homolepis Sieb*. et Zucc.、库叶冷杉 *A. sachalinensis* Mast.、日本落叶松 *Larix kaempferi*（Lamb.）Carr.、西方落叶松 *L. occidentalis* Nuttall、恩格曼氏云杉 *Picea engelmannii*（Parry）Engellm.、北美云杉 *P. sitchensis*（Bong.）Carr、西美山铁杉 *Tsuga mertensiana*（Bong.）Carr.、黄杉 *Pseudotsuga douglasii*。

附　录　B
（资料性附录）
引用《松材线虫普查监测技术规程》的条款

B.1　松林抽样的对象（见 GB/T 23478—2009,4.5.1.3）

抽样对象为能够排除非疫病死亡因素（如人畜破坏、森林火灾、其他病虫害），并表现出松材线虫病典型外部症状的可疑松树。

B.2　松林抽样应考虑的因素（见 GB/T 23478—2009,4.5.1.4）

B.2.1　松材线虫病发病高峰期一般在 9～10 月，从表现出针叶变黄、树脂分泌减少甚至停止至死亡约 1 个月至 1 个半月。

B.2.2　在松林中一般是优势木先发病。

B.2.3　由于松材线虫具有潜伏侵染以及不同松树的抗性差异等原因，一些松树仅部分枝条表现感病外部症状。这种症状在混交林中表现尤其明显。

B.2.4　抽取样品要及时并重点抽取尚未完全枯死或刚枯死的优势木（针叶呈黄绿或黄褐色，尚未完全枯萎，树皮尚未脱落，材质尚未腐朽）。

B.2.5　死树的针叶在小枝上下垂倒挂，当年不脱落。

B.3　松林抽样数量（见 GB/T 23478—2009,4.6.1）

以林业小班为单位，表现典型症状的松树在 10 株以下全部取样；10 株以上先抽取 10 株，再选取其余数量的 1%～5%。

B.4　调运检疫的抽样比例（见 GB/T 23478—2009,4.8.1）

B.4.1　木材（含原木、锯材）及其制品按货物总量的 1%～20%抽样，样本数低于 10 个全检。

B.4.2　松树、枝条、伐桩按货物的 1%～5%抽样，样本数低于 50 个全检。

B.5　调运检疫的抽样方法（见 GB/T 23478—2009,4.8.2）

B.5.1　木材（含原木、锯材）及其制品、枝条、伐桩，采取表层或分层方式设点抽样检查。

B.5.2　抽取密度明显减轻和（或）有蓝变特征或有天牛危害症状的树木、枝条、木材（含原木、锯材）及其制品。

B.6　取样方法（见 GB/T 23478—2009,4.7）

B.6.1　松林取样

B.6.1.1　一般情况下在树干下部（胸高处）、上部（主干与主侧枝交界处）、中部（上、下部之间）3 个部位取样。如仅部分枝条表现症状的，要在树干上部和死亡的枝条上取样。如外部表现症状明显的可在胸高处取样。在春季松褐天牛化蛹期，可在蛹室周围取样。

B.6.1.2　取样时在取样部位剥净树皮，直接砍取 100 g～200 g 木片；或剥净树皮，用手摇钻从木质部至髓心钻取 100 g～200 g 木屑；或在取样部位分别截取 2 cm 厚的圆盘。

B.6.1.3　所取的样品要及时贴上标签（记录样品号、采集地点、树种、树龄、取样时间和取样人等）。

B.6.2　松木及制品取样

B.6.2.1　选择截面无松脂痕迹、密度明显减轻和（或）木质部有蓝变现象及有天牛危害的蛀道、蛹室的松木及制品进行取样。

B.6.2.2 原木取样时在取样部位剥净树皮，直接砍取 100 g～200 g 木片；或剥净树皮，用手摇钻从木质部至髓心钻取 100 g～200 g 木屑；或在取样部位分别截取 2 cm 厚的圆盘。

B.6.2.3 锯材和松木制品取样时直接砍取 100 g～200 g 木片；或用手摇钻从木质部取 100 g～200 g 木屑。

B.6.2.4 所取的样品要及时贴上标签（记录样品号、采集地点、材种、制品类型、取样时间和取样人等）。

附　录　C
（资料性附录）
松材线虫的分离

C.1　贝尔曼漏斗法分离线虫

在直径 10 cm～15 cm 的漏斗末端接一段长约 10 cm 的乳胶管后置于漏斗架上，并在乳胶管上装一止水夹，然后在漏斗上铺大小适当的两层纱布；分离木屑时，两层纱布之间放 1 张纸巾。

将带回实验室的样木去皮后劈成长约 3 cm～4 cm，直径 2 mm～3 mm 的细条，约取 10 g(或木屑)置于漏斗中的纱布上，将纱布四角向中间盖上分离材料，然后向漏斗内注入清水至浸没，并挤捏。注入清水后要注意使水充满漏斗和下面的乳胶管，乳胶管内不得有气泡。见图 C.1。

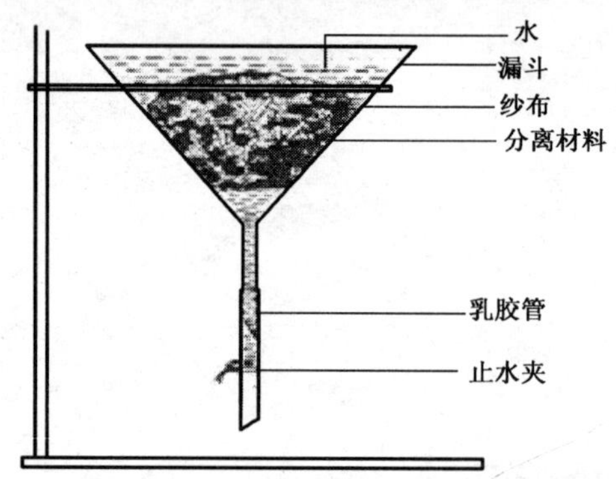

C.1　贝尔曼漏斗法分离线虫装置图

分离时室温不低于 20 ℃，先将分离用水的温度调至 20 ℃～30 ℃，具体水温可视分离时室温的高低而定，即室温较低时可将水温调得较高些，但不超过 30 ℃。3 h～4 h 线虫游离出一定数量后即可镜检。一般需经 12 h 后镜检。轻轻打开止水夹，用直径 60 mm～70 mm 培养皿在乳胶管下接取分离液约 10 mL，于解剖镜下观察；或用 5 mL 离心沉淀管接取分离液 5 mL，自然沉淀 30 min 或 1 500 r/min 离心 2 min，收集线虫供镜检。

C.2　浅盘法

浅盘法分离装置包括两个盘子，可由铝合金、不锈钢、塑料等材料制成。上面盘子底部是筛网，比下面的盘子稍小、稍浅。分离线虫时，在筛网上放两层纱布，再将木屑或劈好的小木条放上面。下面的盘子加水，筛网盘放入水中，水要没过样品。在 20 ℃～30 ℃条件下放置 12 h～24 h，将下面盘子的水收集到烧杯中，通过沉淀或离心收集线虫，供镜检。见图 C.2。

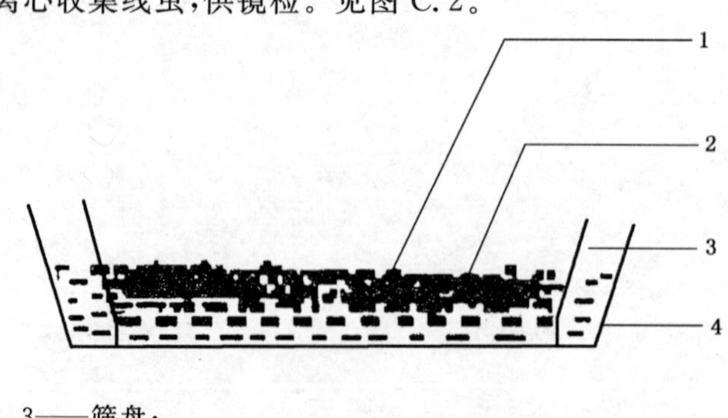

1——样品；　　　　3——筛盘；
2——线虫滤纸；　　4——底盘。

图 C.2　贝尔曼浅盘法分离线虫装置图

C.3　改进型线虫分离器法

改进型线虫分离器分离线虫，兼顾漏斗法和浅盘法各自的优点。分离器由一只网筛、乳胶管、止水夹和一次压模成型的主体构成(图 C.3)。在筛网上放两层纱布，再将木屑或劈好的小木条放在上面。从网筛外缘加水至样品水平的位置。在 20 ℃～30 ℃下放置 12 h 后，打开止水夹，用离心管接取约 5 mL分离液；静止自然沉淀 30 min 或 1 500 r/min 离心 2 min，吸去离心管内上清液，获得浓度较高的线虫悬浮液供镜检。

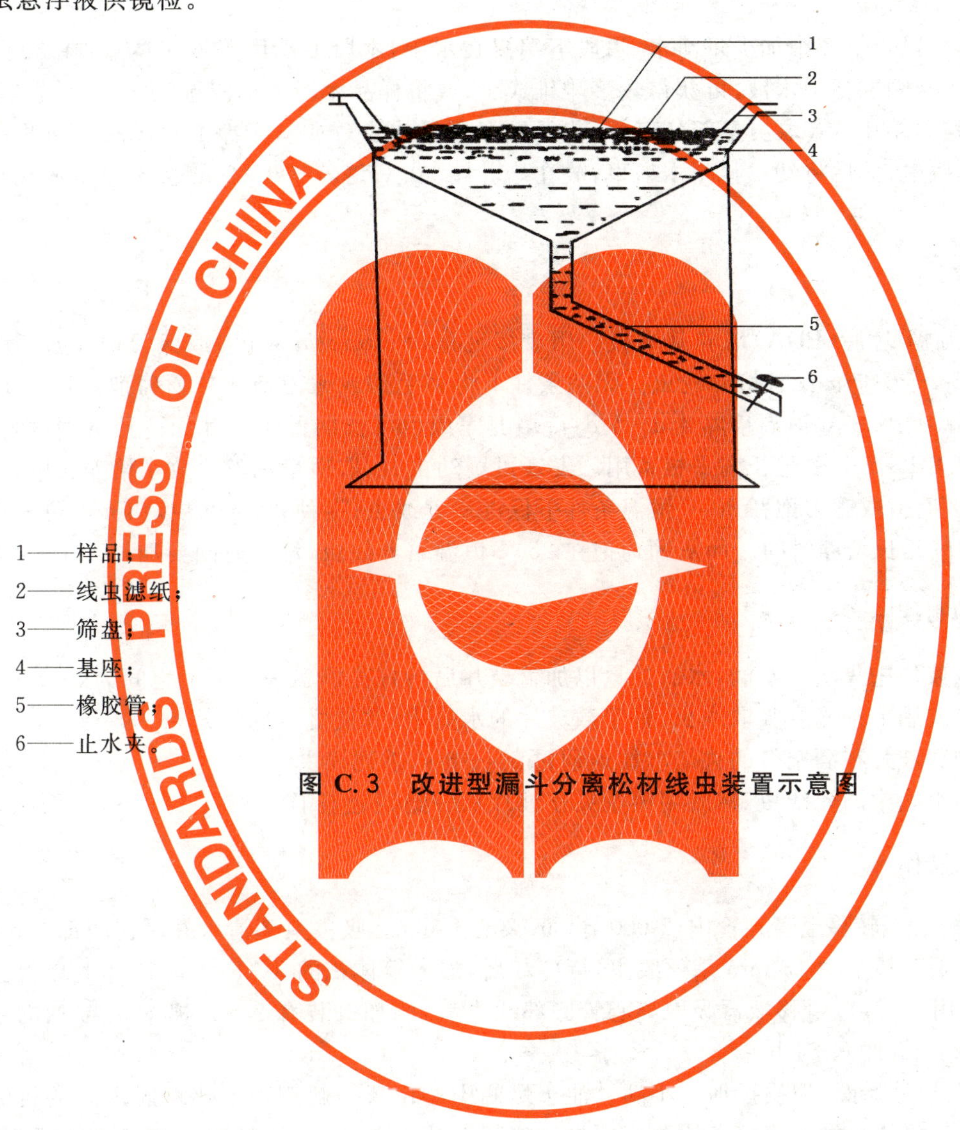

1——样品；
2——线虫滤纸；
3——筛盘；
4——基座；
5——橡胶管；
6——止水夹。

图 C.3　改进型漏斗分离松材线虫装置示意图

附　录　D
（资料性附录）
松材线虫的快速培养和临时玻片的制作

D.1　疫木保温保湿培养

将样品锯成小段，置于烧杯中加少量清水，木段下端浸在水中，木段上端用湿纱布覆盖，在 30 ℃条件下保温保湿培养 3 d，倒取杯中水液，可获得较多雌雄成虫；或将样品木段适当浸湿，放于塑料袋里，扎紧袋口，置于 30 ℃培养箱中 3 d 取出重新分离，可获得较多雌雄成虫。或从干净的松木板材锯出一些木屑，装进盘尼西林瓶里，然后将幼虫移至木屑里，放在培养箱 30 ℃培养 3 d～5 d，将木屑中的线虫分离出来。

D.2　单异活体培养

制备马铃薯-葡萄糖-琼脂(PDA)培养基平板。用盘多毛孢(*Pestalotia* spp.)或廉刀孢（*Fusarium* spp.)或灰葡萄孢(*Botrytis cinerea*)培养线虫。无菌条件下将多毛孢或镰刀孢或灰葡萄孢接种在 PDA 平板上。多毛孢或镰刀孢 28 ℃恒温培养 4 d～5 d，待培养完成后可长期置 4 ℃冰箱冷藏备用；而灰葡萄孢 25 ℃恒温培养 4 d～5 d，菌丝长满平板备用。发现可疑幼虫时，取适量菌丝块放小培养皿中，恢复至室温接种线虫。多毛孢或镰刀孢在 30 ℃恒温条件下保湿培养线虫；接种 20 条幼虫，48 h 即可分离鉴定；线虫量少时可相应延长培养时间。而灰葡萄孢在 25 ℃恒温培养线虫，培养时间要加长 1 d～3 d。

D.3　临时水玻片的制作

D.3.1　在洁净的载玻片中央滴一水滴，水滴的量以加盖玻片后恰好充满盖玻片下的空间为好。

D.3.2　用细针挑取或用毛细滴管吸取线虫，置于载玻片的水滴中，并使之沉底。

D.3.3　将有线虫的载玻片在酒精灯的火焰上往返通过 5 s～6 s，杀死线虫。

D.3.4　用细针摆好水滴中的死线虫，然后用镊子夹盖玻片从一侧轻轻盖下。

D.4　半永久玻片的制作

将分离所得的线虫液，转移至离心管中，2 000 r/min 离心 3 min。吸去上部清水并保留底部 3 mL～4 mL 线虫液，置于 53 ℃热水中 15 min 杀死线虫，待冷却后，加入等体积的 TAF 液固定 48 h 以上。再用上述方法再离心，用 5 μL 微量移液器吸取离心管底部线虫液，滴加进装有 2 mL 棉蓝-乳酚油的钟面皿中，置恒温烘箱中 45 ℃脱水 24 h。

在载玻片上加上封片蜡圈，用挑针加一小滴甘油于蜡圈中心位置。解剖镜下挑取脱水后的目标线虫于甘油中，使其沉底并位于甘油滴中心位置。在封片蜡圈上放置盖玻片后，转移至控温电热平板上，保持 75 ℃使蜡完全融化，取下并自然冷却后用透明指甲油加封一次。在显微镜下鉴定并确认为松材线虫后贴上标签，注明松材线虫的虫龄、数量、寄主、寄主产地、截获口岸及鉴定人。

附 录 E
（资料性附录）
松材线虫的形态特征

E.1 成虫特征

雌雄成虫均呈蠕虫形，虫体细长，约 1 mm。头部唇区高，缢缩明显，口针细长，基部略微增厚。中食道球卵圆形，占体宽的 2/3 以上，食道腺细长叶状，覆盖于肠背面。排泄孔的开口大致与食道和肠交接处平行，半月体在排泄孔后约 2/3 体宽处。雌虫尾部亚圆锥形，末端钝圆，少数有微小的尾尖突。卵巢前伸，卵呈单行排列，阴门开口于虫体的中后部 73%处，上覆以宽的阴门盖。雄虫交合刺大，弓状，喙突显著，远端膨大如盘状。雄虫尾部似鸟爪，向腹面弯曲，尾端为小的卵形交合伞所包裹。

松材线虫成虫形态特征图见图 E.1。

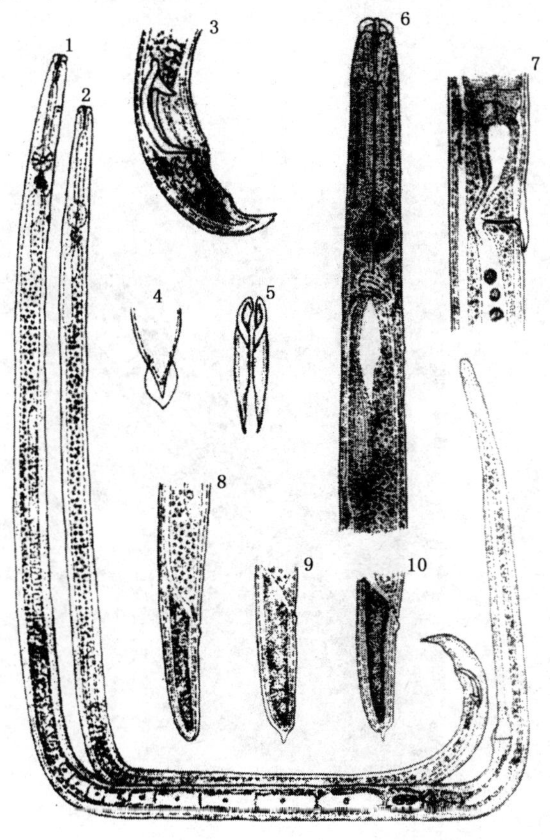

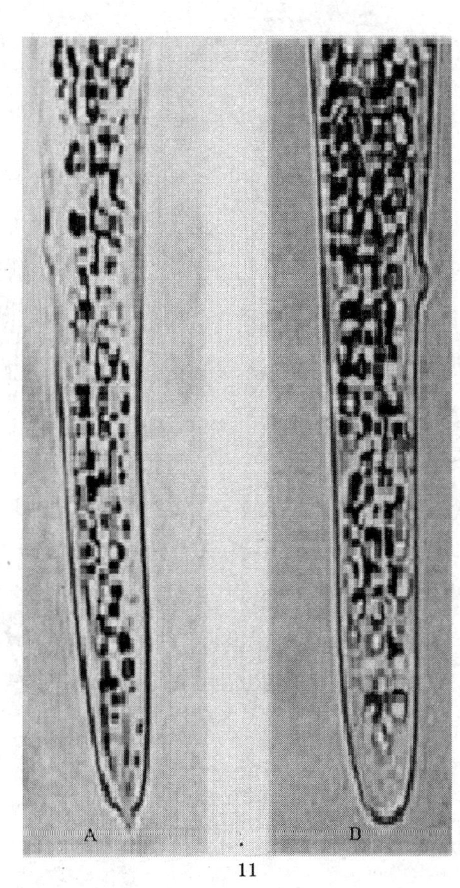

1——雌虫；

2——雄虫；

3——雄虫尾部；

4——雄虫尾部腹面观(尾端有交合伞)；

5——交合刺腹面观；

6——雌虫前部；

7——雌虫阴门；

8～10——雌虫尾部；

11——松材线虫尾部两种形状（A——微小尾尖突，B——尾钝圆）。

图 E.1 松材线虫 *Bursaphelenchus xylophilus*(Steiner et Buhrer)Nickle

E.2 幼虫特征

分散型3龄幼虫($L_{Ⅲ}$)体内内含物增加导致体色较深。尾部呈半圆形,与其他龄期幼虫相比更宽、钝。

2龄至4龄幼虫在形态上以体长和生殖腺长度进行区别。

E.3 松材线虫与近缘种拟松材线虫形态特征的主要区别

拟松材线虫 *B. mucronatus*(Mamiya et Enda)在形态学和生物学方面均与松材线虫相似,但分布较松材线虫广泛,在松材线虫病的检验中常常可见,二者在形态上的主要区别在于:

a) 雌虫尾部,松材线虫为亚圆锥形,末端钝圆,少数可见微小的尾尖突,不超过 2 μm,一般为 1 μm;拟松材线虫为圆锥形,末端有明显的尾尖突,长度在 3.5 μm 以上,一般为 5 μm。

b) 雄虫尾部,松材线虫交合刺远端有盘状突,交合伞为卵形;拟松材线虫交合刺远端无盘状突,交合伞为近方形。

拟松材线虫形态特征图见图 E.2。

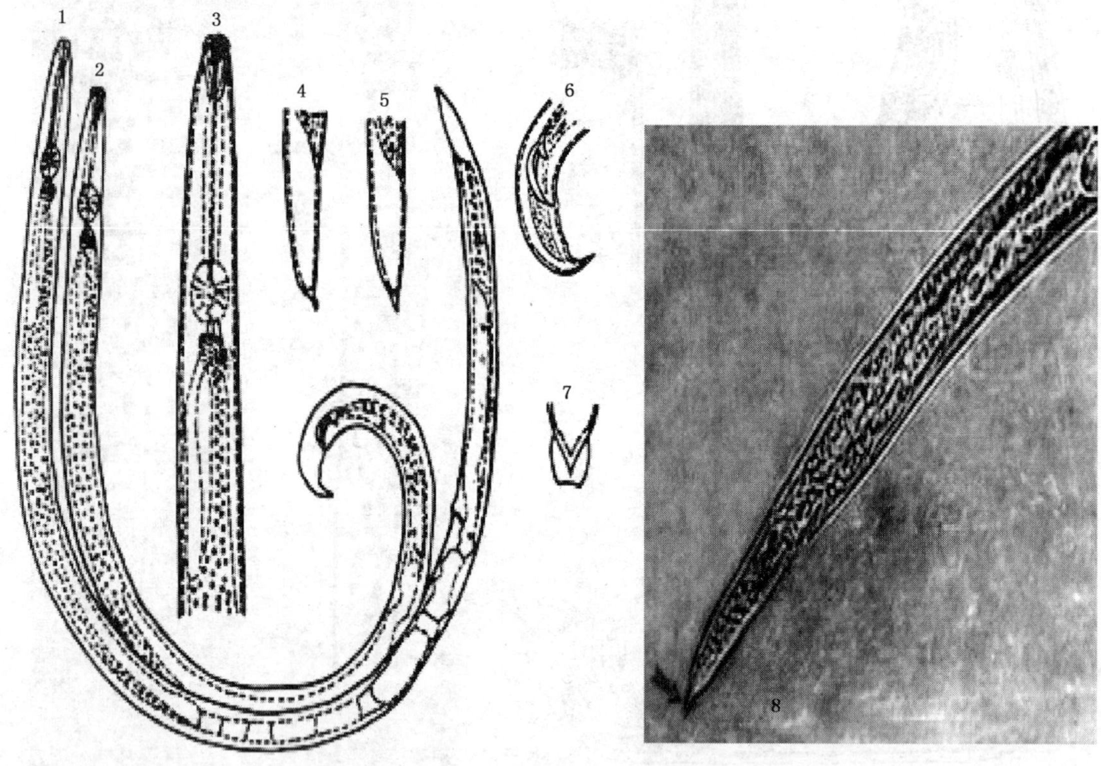

1——雌虫;

2——雄虫;

3——雄虫头部;

4～5——雌虫尾部;

6——雄虫尾部;

7——交合伞;

8——尾尖突。

图 E.2 拟松材线虫 *B. mucronatus*(Mamiya et Enda)

附　录　F
（规范性附录）
松材线虫病检验记录表

表 F.1　松材线虫病检验记录表

批号	样号	样品来源	检验日期（年、月、日）	干枯	蓝变	松脂味消失	松褐天牛栖居痕迹	镜检有无松材线虫（+、-）	备注	检验人

附 录 G
（资料性附录）
松材线虫 PCR 检测

G.1 线虫基因组 DNA 的提取

G.1.1 少量线虫(含单条线虫)DNA 提取

按照每条线虫，加入 10 μL 预冷的线虫裂解液比例，将线虫与裂解液置于 Eppenddorf 管中。在 PCR 仪上，于 70 ℃条件下保温处理 35 min。在 95 ℃条件下保温处理 10 min。12 000 r/min 离心 2 min，上清液用于扩增。

G.1.2 大量线虫 DNA 提取

取线虫群体 200 μL 于 Eppendorf 管中，加入 300 μL 线虫裂解液（200 mmol/L Tris-HCl、200 mmol/LNaCl、100 mmol/L EDTA、2% SDS、2%β-mercaptoethanol、200 μg/mL 蛋白酶 K)，混匀；在 65 ℃水浴中处理 1 h，每隔 10 min 摇荡一次；用等体积(500 μL)的酚、酚-三氯甲烷-异戊醇(25+24+1)、三氯甲烷-异戊醇(24+1)抽提，4 ℃条件下，12 000 r/min 离心 20 min，取上清液；在上清液中加入 1/10 体积的 3 mol/L 的乙酸钠(pH=4.6)和两倍体积的无水乙醇(－20 ℃)，在－70 ℃条件下 30 min；12 000 r/min 离心 20 min，沉淀用 70%的乙醇(－20 ℃预冷)洗涤两次，沉淀气干 1.5 h，加入 100 μL TE 重新悬浮沉淀；取 10 μL 稀释 250 倍，用紫外分光光度计测定 DNA 的浓度([DsDNA]=50×(OD_{260}－OD_{310})×稀释倍数(μg/mL))；用灭菌蒸馏水将各 DNA 提取液稀释到 20 ng/μL，作为 PCR 扩增的模板 DNA，－20 ℃备用。

G.2 PCR 扩增

G.2.1 PCR 引物

松材线虫特异引物组合 B。

G.2.2 反应体系

G.2.2.1 普通 Taq 酶

每反应的混合液总体积为 20 μL，其中：

a) 2.0 μL 10×PCR 缓冲液：0.5 mol/L 的 KCl；100 mmol/L Tris-HCl，pH=9.0；1% Triton X-100；
b) 2 μL 2.5 mmol/L 的 dNTP；
c) 1.8 μL 25 mmol/L 的 $MgCl_2$；
d) 0.2 μL 5 U/μLTaq 酶；
e) 1.5 μL 10 mmol 的引物组合 B；
f) 2.0 μL 20 ng/mL 的模板 DNA；
g) 补充高压灭菌重蒸水至 20 μL。

G.2.2.2 快速扩增 Taq 酶

每反应的混合液总体积为 20 μL，其中：

a) 2.0 μL 10×快速 Taq PCR 缓冲液；
b) 2 μL 2.5 mmol/L 的 dNTP；
c) 0.3 μL 快速扩增 Taq 酶；
d) 1.5 μL 10 mmol/L 的引物组合 B；
e) 2.0 μL 的模板 DNA；

f) 补充高压灭菌重蒸水至 20 μL。

G.2.3 反应程序

G.2.3.1 普通 Taq 酶

反应混合液在 95 ℃预变性 3 min，进入循环 95 ℃变性 15 s，52 ℃退火 30 s，72 ℃延伸 50 s，共 40 个循环，最后 72 ℃延伸 7 min。

G.2.3.2 快速扩增 Taq 酶

反应混合液在 98 ℃预变性 5 s，进入循环 98 ℃变性 3 s，52 ℃退火 3 s，72 ℃延伸 40 s，共 30 个循环，最后 72 ℃延伸 2 min。

G.3 结果检测

PCR 扩增产物在 1.5%的琼脂糖凝胶上电泳，电泳缓冲液为 1×TAE 或 1×TBE，电压为 5 V/cm，电泳时间为 30 min。置凝胶于 302 nm 透射紫外灯上观察、拍照。结果参见图 G.1、图 G.2。

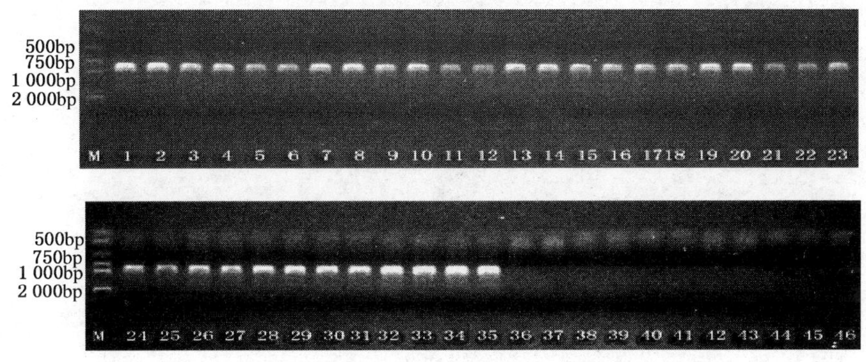

泳道 M——标准 DNA；
1～35——松材线虫；
36～43——拟松材线虫；
44～46——线虫未定种。

图 G.1 松材线虫特异引物组合 B 对大量线虫检测图谱

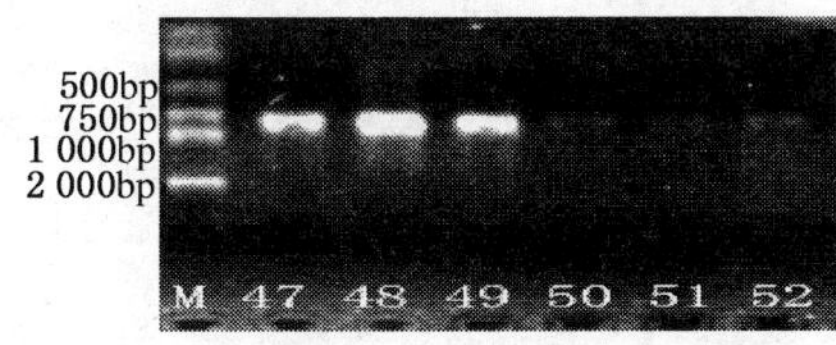

泳道 M——标准 DNA；
47～49——松材线虫；
50～52——拟松材线虫。

图 G.2 松材线虫特异引物组合 B 对少量线虫检测图谱

ICS 65.020.01
B 16

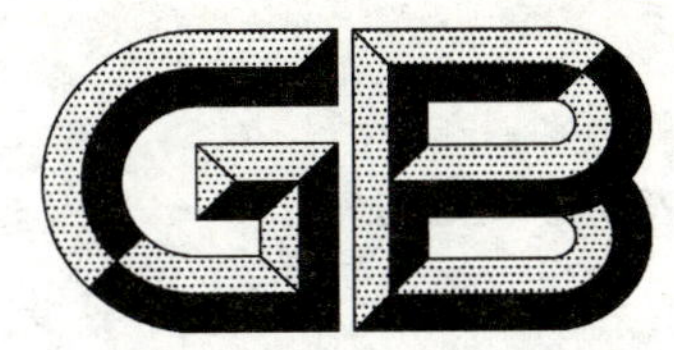

中华人民共和国国家标准

GB/T 23622—2009

香蕉种苗产地检疫规程

Quarantine protocols for banana seedlings in places of production

2009-04-27 发布　　2009-10-01 实施

中华人民共和国国家质量监督检验检疫总局
中国国家标准化管理委员会　发布

前　言

本标准的附录 A、附录 B、附录 C、附录 D、附录 E、附录 F 为资料性附录。

本标准由全国植物检疫标准化技术委员会提出并归口。

本标准起草单位：全国农业技术推广服务中心、广西壮族自治区植保总站。

本标准主要起草人：吴立峰、王凯学、覃贵亮、邓铁军、吴志红、李菁、沈昆。

香蕉种苗产地检疫规程

1 范围

本标准规定了香蕉种苗产地检疫的程序和方法。

本标准适用于植物检疫机构对香蕉种苗实施产地检疫。

2 术语和定义

下列术语和定义适用于本标准。

2.1

产地检疫 quarantine in places of production

植物检疫机构对植物及其产品(含种苗及其他繁殖材料)在原产地生产过程中的全部检疫工作,包括田间调查、室内检验、签发证书及监督生产单位做好选地、选种和疫情处理等工作。

2.2

检验 inspection

对植物、植物产品或其他限定物进行官方的直观检查以确定是否存在有害生物或是否符合植物检疫法规。

2.3

检测 detection

对确定是否存在有害生物或为鉴定有害生物而进行的除目测以外的官方检查。

2.4

检疫性有害生物 quarantine pests

对受其威胁的地区具有潜在经济重要性、但未在该地区发生,或虽已发生但分布不广并进行官方防治的有害生物。

2.5

香蕉种苗 seedlings of banana

香蕉组培苗和吸芽苗。

3 应检疫的有害生物

3.1 国务院农业行政主管部门公布的全国农业植物检疫性有害生物。

3.1.1 香蕉枯萎病菌 4 号小种 *Fusarium oxysporum* f. sp. *cubense* Snyder & Hansen Race 4。

3.1.2 香蕉穿孔线虫 *Radopholus similis* (Cobb,1893) Thorne,1949。

3.2 省级农业行政主管部门公布的补充农业植物检疫性有害生物。

3.2.1 香蕉花叶心腐病 Cucumer mosaic virus (CMV)。

3.2.2 香蕉束顶病 Banana bunchy top virus (BBTV)。

3.3 应检疫的有害生物应根据国家或省级农业行政主管部门公布的农业植物检疫性有害生物名单及时调整。

4 产地检疫受理

植物检疫机构审核香蕉种苗生产单位和个人提出的《产地检疫申请书》(参见附录 A)和提供的相关材料,决定是否受理。

5 准备与技术指导

植物检疫机构制定产地检疫计划，指导制种单位或个人做好疫情调查和落实防疫措施，香蕉种苗生产防疫措施参见附录B。

6 调查检测

6.1 田间调查

6.1.1 调查时间

在香蕉种苗生长期、出圃前7 d各检查一次。

6.1.2 调查方法

在全面目测的基础上，采取随机取样调查方法。香蕉组培苗在1万株以上全部检查，1万株至10万株检查30%，10万株以上检查15%。香蕉吸芽苗种植面积不足0.3 hm^2，应全园检查；面积为0.3 hm^2～1 hm^2 的，其检查面积为0.3 hm^2～0.5 hm^2；面积1 hm^2 以上的，检查面积应不少于0.5 hm^2。

6.1.3 调查结果记录

根据检疫性有害生物危害症状和生物学特性进行鉴定。将田间调查结果记入《产地检疫田间调查记录表》（参见附录C）。

6.2 室内检测

6.2.1 样本采集

采集表现症状的可疑病株，或选取长势弱、黄化、矮小、萎蔫的植株，采集吸芽及蕉苗周围的土壤，带回实验室进行室内检测；未发现可疑病株的田块抽样采集部分样品进行室内检测。填写《有害生物调查抽样记录表》（参见附录D）。

6.2.2 检测方法

检疫性有害生物的检测方法按照有关标准进行；无标准的，按照常规方法进行检测。

6.2.3 检测结果记录

将检测结果填入《植物有害生物样本鉴定报告》（参见附录E）。必要时要制作标本进行保存。

7 疫情处理

依照植物检疫有关规定进行处理。

8 签证

8.1 经田间调查、室内检测未发现检疫性有害生物的种苗，植物检疫机构签发《产地检疫合格证》（参见附录F）。《产地检疫合格证》有效期1年。

8.2 发现检疫性有害生物，经检疫除害处理合格的，发给《产地检疫合格证》；无法进行检疫除害处理或经检疫除害处理不合格的，不签发《产地检疫合格证》，并告知产地检疫申请单位或个人。

9 档案管理

在产地检疫过程中的原始调查数据、表格、标本等资料档案要妥善保存，保存时间不少于2年。

附 录 A
（资料性附录）
产地检疫申请书

表 A.1 产地检疫申请书

编号： 年 月 日

<table>
<tr><td>植物名称</td><td colspan="2"></td></tr>
<tr><td>品种名称</td><td colspan="2"></td></tr>
<tr><td>种(苗)来源</td><td colspan="2"></td></tr>
<tr><td>生产面积</td><td colspan="2"></td></tr>
<tr><td>预计产量</td><td colspan="2"></td></tr>
<tr><td>生产地点</td><td colspan="2"></td></tr>
<tr><td>生产期限</td><td colspan="2">从 年 月 日起，至 年 月 日止。</td></tr>
<tr><td rowspan="6">申请单位</td><td colspan="2">名称(盖章)：</td></tr>
<tr><td colspan="2">地址： 邮编：</td></tr>
<tr><td colspan="2">联系人(签名)： 联系电话： 传真：</td></tr>
<tr><td rowspan="3">要求批件
发送方式</td><td>来人领取</td></tr>
<tr><td>特快专递邮寄</td></tr>
<tr><td>普通邮寄</td></tr>
</table>

附 录 B
（资料性附录）
香蕉种苗生产防疫措施

B.1 种苗地选择

B.1.1 种苗地应选在无检疫性有害生物发生的地区。

B.1.2 在检疫性有害生物的零星发生区，种苗地周围应有高山、大河、湖泊等自然隔离条件，周围 1 km 以内无蕉类、茄子、辣椒等茄科作物、葫芦科的瓜类以及天南星科、竹芋科花卉种植。

B.1.3 种苗地应选择水旱轮作的地块且土壤肥沃，排灌便利。土壤要经过清洁消毒，可用杀线虫、杀菌、杀虫化学药剂拌土。种苗地排灌系统独立或上游无检疫性有害生物。

B.1.4 种苗大棚应罩 40 目以上的防虫网并在出入口处设立缓冲间，以防昆虫进入。

B.2 繁殖材料的采集

B.2.1 繁殖材料应来自无检疫性有害生物地区，并核查植物检疫证书。

B.2.2 吸芽应从健康母本园植株上采集，母株需具备相关权威机构出具无检疫性有害生物的证明，母株综合性状要良好。母本园远离病区 1 km 以上，周围无香蕉、甘蔗等寄主植物种植。

B.2.3 吸芽苗采集时不得携带泥土。

B.2.4 吸芽在进行繁殖前应经过病毒检验，采用吸芽组培繁殖的材料送检样品应为组培第 1 代或第 2 代芽。

B.2.5 经检验合格的才能进行繁育。

B.3 种苗防疫措施

B.3.1 禁止携带未经检疫的种苗进入种苗地。

B.3.2 种苗地内使用的工具要新置专用，使用后要用 10%漂白粉水溶液或 1%次氯酸钠溶液消毒，用清水冲洗后晾干备用。

B.3.3 进入苗圃的人员，需换穿已消毒的工作服和鞋。

B.3.4 加强栽培管理，合理施用有机肥料，增强植株抗病能力，经常铲除杂草，净化种苗生长环境。

B.3.5 种苗地发生有害生物需及时进行防治。发现病株要及时拔除销毁，对病穴及周围植株喷药。

B.3.6 严格防除香蕉蚜虫，切断传播途径。

附　录　C
（资料性附录）
产地检疫田间调查记录表

表 C.1　产地检疫田间调查记录表

微机档案编号：

<table>
<tr><td colspan="3">调查地点</td><td colspan="12"></td></tr>
<tr><td rowspan="3">植物</td><td colspan="2">植物名称</td><td colspan="5"></td><td colspan="2">品种名称</td><td colspan="5"></td></tr>
<tr><td colspan="2">调查日期</td><td colspan="5"></td><td colspan="2">植物生育期</td><td colspan="5"></td></tr>
<tr><td colspan="2">种植面积</td><td colspan="5"></td><td colspan="2">核定产量</td><td colspan="5"></td></tr>
<tr><td rowspan="4">有害生物</td><td colspan="2">中文名称</td><td colspan="5"></td><td colspan="2">拉丁名</td><td colspan="5"></td></tr>
<tr><td colspan="2">抽样面积</td><td colspan="5"></td><td colspan="2">发生面积</td><td colspan="5"></td></tr>
<tr><td colspan="2">抽样株数</td><td colspan="5"></td><td colspan="2">被害株数</td><td colspan="5"></td></tr>
<tr><td colspan="2">发生状况</td><td colspan="12"></td></tr>
<tr><td rowspan="8">有害生物抽样调查</td><td rowspan="2">样号</td><td rowspan="2">田块名称</td><td rowspan="2">调查单位</td><td rowspan="2">调查数量</td><td colspan="4">虫态分类记数</td><td colspan="6">病害分级记数（最高为　级）</td></tr>
<tr><td>卵</td><td>幼虫</td><td>蛹</td><td>成虫</td><td>0</td><td>1</td><td>2</td><td>3</td><td>4</td><td>5</td></tr>
<tr><td>1</td><td></td><td></td><td></td><td></td><td></td><td></td><td></td><td></td><td></td><td></td><td></td><td></td><td></td></tr>
<tr><td>2</td><td></td><td></td><td></td><td></td><td></td><td></td><td></td><td></td><td></td><td></td><td></td><td></td><td></td></tr>
<tr><td>3</td><td></td><td></td><td></td><td></td><td></td><td></td><td></td><td></td><td></td><td></td><td></td><td></td><td></td></tr>
<tr><td>4</td><td></td><td></td><td></td><td></td><td></td><td></td><td></td><td></td><td></td><td></td><td></td><td></td><td></td></tr>
<tr><td>5</td><td></td><td></td><td></td><td></td><td></td><td></td><td></td><td></td><td></td><td></td><td></td><td></td><td></td></tr>
<tr><td>小计</td><td></td><td></td><td></td><td></td><td></td><td></td><td></td><td></td><td></td><td></td><td></td><td></td><td></td></tr>
<tr><td colspan="3">检疫机构</td><td colspan="12"></td></tr>
<tr><td colspan="3">疫情结论</td><td colspan="4"></td><td colspan="3">记录员(签名)</td><td colspan="5"></td></tr>
<tr><td colspan="3">当事人(签名)</td><td colspan="4"></td><td colspan="3">检疫员(签名)</td><td colspan="5"></td></tr>
<tr><td colspan="3">备　　注</td><td colspan="12"></td></tr>
</table>

附 录 D
(资料性附录)
有害生物调查抽样记录表

表 D.1 有害生物调查抽样记录表

编号：

<table>
<tr><td colspan="2">生产/经营者</td><td colspan="2"></td><td>地址及邮编</td><td colspan="2"></td></tr>
<tr><td colspan="2">联系/负责人</td><td colspan="2"></td><td>联系电话</td><td colspan="2"></td></tr>
<tr><td colspan="2">调查日期</td><td colspan="2"></td><td>抽样地点</td><td colspan="2"></td></tr>
<tr><td>样品
编号</td><td colspan="2">植物名称(中文名和学名)</td><td>品种
名称</td><td>植物
生育期</td><td>调查代表
株数或面积</td><td>植物
来源</td></tr>
<tr><td></td><td colspan="2"></td><td></td><td></td><td></td><td></td></tr>
<tr><td></td><td colspan="2"></td><td></td><td></td><td></td><td></td></tr>
<tr><td></td><td colspan="2"></td><td></td><td></td><td></td><td></td></tr>
<tr><td></td><td colspan="2"></td><td></td><td></td><td></td><td></td></tr>
<tr><td></td><td colspan="2"></td><td></td><td></td><td></td><td></td></tr>
<tr><td></td><td colspan="2"></td><td></td><td></td><td></td><td></td></tr>
<tr><td colspan="7">症状描述：</td></tr>
<tr><td colspan="7">发生与防控情况及原因：</td></tr>
<tr><td colspan="7">抽样方法、部位和抽样比例：</td></tr>
<tr><td colspan="7">备注：</td></tr>
<tr><td colspan="4">植物检疫机构(盖章)：

填表人(签名)：

年 月 日</td><td colspan="3">生产/经营者：

现场负责人：

年 月 日</td></tr>
<tr><td colspan="7">注：本单一式两联，第一联植物检疫机构存档，第二联交受检单位。</td></tr>
</table>

附　录　E
（资料性附录）
植物有害生物样本鉴定报告

表 E.1　植物有害生物样本鉴定报告

编号：

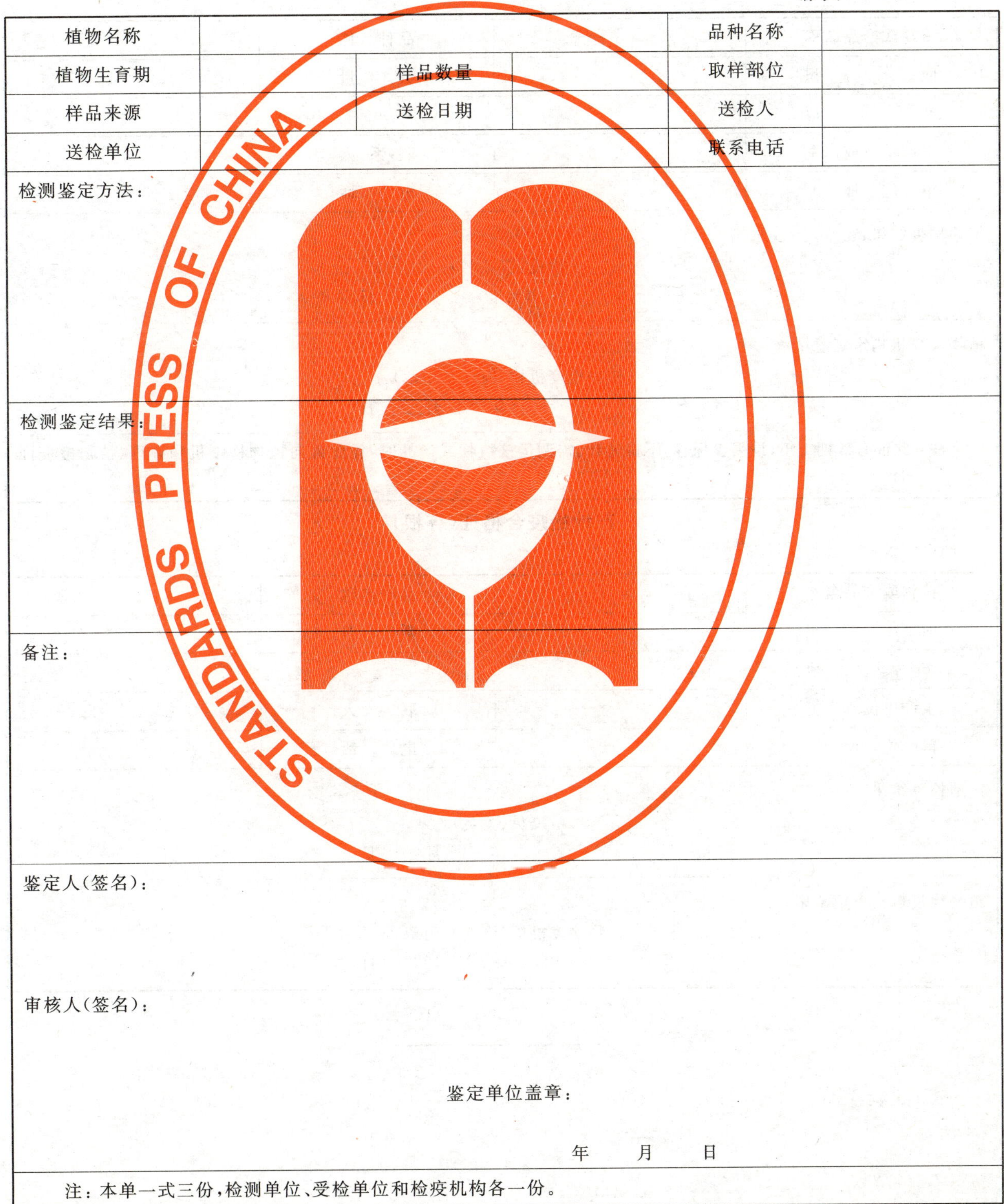

<table>
<tr><td>植物名称</td><td colspan="3"></td><td>品种名称</td><td></td></tr>
<tr><td>植物生育期</td><td></td><td>样品数量</td><td></td><td>取样部位</td><td></td></tr>
<tr><td>样品来源</td><td></td><td>送检日期</td><td></td><td>送检人</td><td></td></tr>
<tr><td>送检单位</td><td colspan="3"></td><td>联系电话</td><td></td></tr>
<tr><td colspan="6">检测鉴定方法：</td></tr>
<tr><td colspan="6">检测鉴定结果：</td></tr>
<tr><td colspan="6">备注：</td></tr>
<tr><td colspan="6">鉴定人（签名）：

审核人（签名）：

鉴定单位盖章：

年　　月　　日</td></tr>
<tr><td colspan="6">注：本单一式三份，检测单位、受检单位和检疫机构各一份。</td></tr>
</table>

附　录　F
（资料性附录）
产地检疫合格证

表 F.1　产地检疫合格证

编号：

植物或产品名称		品种名称	
面　　积		数　　量	
产　　地			
生产单位或户主		联 系 人	
单 位 地 址		电　　话	
产地检疫结果： 检疫员（签名）： 年　　月　　日			
植物检疫机构审定意见： 植物检疫机构（检疫专用章）： 年　　月　　日			
注：此证有效期1年，请妥善保存，不得转让，需调运该植物或产品时，凭此证向植物检疫机构办理《植物检疫证书》。			

产地检疫合格证（存根）

编号：

植物或产品名称		品种名称	
面　　积		数　　量	
产　　地			
生产单位或户主		联 系 人	
单 位 地 址		电　　话	
产地检疫结果： 检疫员（签名）： 年　　月　　日			
植物检疫机构审定意见： 植物检疫机构（检疫专用章）： 年　　月　　日			

ICS 65.020.01
B 16

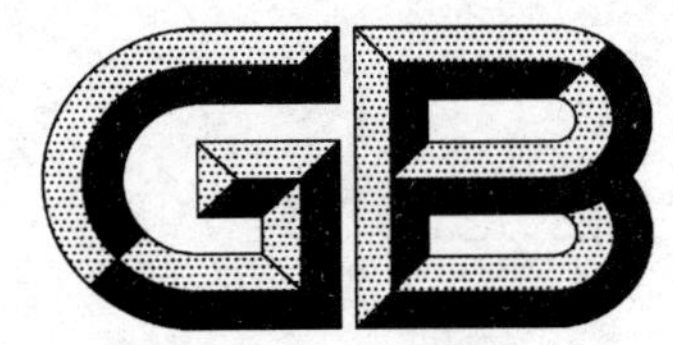

中华人民共和国国家标准

GB/T 23623—2009

向日葵种子产地检疫规程

Quarantine protocols for sunflower seeds in places of production

2009-04-27 发布

2009-10-01 实施

中华人民共和国国家质量监督检验检疫总局
中国国家标准化管理委员会
发布

前言

本标准的附录 A、附录 B、附录 C、附录 D、附录 E 为资料性附录。

本标准由全国植物检疫标准化技术委员会提出并归口。

本标准起草单位:全国农业技术推广服务中心、甘肃省植保植检站。

本标准主要起草人:王玉玺、陈臻、贾迎春、姜红霞、刘慧、朱莉。

向日葵种子产地检疫规程

1 范围

本标准规定了实施向日葵种子产地检疫的程序和方法。

本标准适用于植物检疫机构对向日葵种子实施产地检疫。

2 术语和定义

下列术语和定义适用于本标准。

2.1

产地检疫 quarantine in places of production

特指向日葵种子生产过程中所开展的全部检疫工作，包括向日葵种子繁育地的检疫检查、向日葵种子生长期间的田间检疫调查及必要的室内检验等。

2.2

检测 detection

为确定是否存在有害生物或为鉴定有害生物而进行的除肉眼检查以外的官方检查。

2.3

检验 inspection

对植物、植物产品或其他限定物进行官方的直观检查以确定是否存在有害生物，或是否符合植物检疫法规。

2.4

检疫性有害生物 quarantine pest

对受其威胁的地区具有潜在经济重要性、但尚未在该地区发生，或虽已发生但分布不广并进行官方防治的有害生物。

3 应检疫的有害生物种类

3.1 国务院农业行政主管部门公布的全国农业植物检疫性有害生物。

3.2 省级农业行政主管部门公布的补充农业植物检疫性有害生物。

4 产地检疫受理

植物检疫机构审核向日葵种子生产单位和个人提交的《产地检疫申请书》(参见附录 A)和相关材料，决定是否受理，决定受理的，制定产地检疫计划。

5 繁育地的检疫检查

繁育基地应同时具备以下 3 个条件：

a) 繁育基地应从未发生或连续三年未发生检疫性有害生物；

b) 繁育基地应有隔离保护条件；

c) 应保证繁育基地的灌溉水源不会受到检疫性有害生物污染。

6 繁育用种的检疫检查

重点检查拟用作繁育向日葵种子的种子是否从无检疫性有害生物发生区选种或经植物检疫机构检

疫证明不带检疫性有害生物。对检疫状况不清的种子应重新检疫。

7 生长期间的调查检测

7.1 田间调查

7.1.1 调查时间与次数

在向日葵苗期、生长中期和后期至少各检查一次。

7.1.2 调查方法

首先全面踏查目测，发现疑似检疫性有害生物的，进行记录，并采集样本。未见异常的，采用对角线或棋盘式法重点调查，1 hm^2 以下的地块调查不少于 15 点，1 hm^2～5 hm^2 的地块调查不少于 20 点，5.1 hm^2～10 hm^2 的地块调查不少于 25 点，10 hm^2 以上的地块调查不少于 30 点，每点不少于 10 株。

7.1.3 调查结果记录

根据检疫性有害生物危害症状进行鉴定(参见附录 B)，记录检查结果，详细填写《产地检疫田间调查记录表》(参见附录 C)。

7.2 室内检测

7.2.1 检测方法

发现有检疫性有害生物的可疑样本，现场又难以确切诊断的，应将被害植株、病残体或杂草样本现场拍照并及时送回实验室鉴定确诊。检疫性有害生物的检测方法执行有关标准；无标准的，按照常规方法进行检测。

7.2.2 检测结果记录

室内检测结束后，应出具《植物有害生物样本鉴定报告》(参见附录 D)，同时保存样本。

8 疫情处理

依照植物检疫有关规定进行处理。

9 结果与签证

9.1 经田间调查、室内检测未发现检疫性有害生物，植物检疫机构签发《产地检疫合格证》(参见附录 E)。

9.2 发现检疫性有害生物，经检疫除害处理合格的，发给《产地检疫合格证》；无法处理或经检疫除害处理不合格的，不签发《产地检疫合格证》，并告知产地检疫申请单位或个人。

10 档案管理

在产地检疫过程中的原始调查数据、表格、标本等资料档案要妥善保存，保存时间不少于 2 年。

附 录 A
（资料性附录）
产地检疫申请书

表 A.1 产地检疫申请书

编号： 年 月 日

<table>
<tr><td>植物名称</td><td colspan="2"></td></tr>
<tr><td>品种名称</td><td colspan="2"></td></tr>
<tr><td>种(苗)来源</td><td colspan="2"></td></tr>
<tr><td>生产面积</td><td colspan="2"></td></tr>
<tr><td>预计产量</td><td colspan="2"></td></tr>
<tr><td>生产地点</td><td colspan="2"></td></tr>
<tr><td>生产期限</td><td colspan="2">从 年 月 日起,至 年 月 日止。</td></tr>
<tr><td rowspan="6">申请单位</td><td colspan="2">名称(盖章)：</td></tr>
<tr><td colspan="2">地址： 邮编：</td></tr>
<tr><td colspan="2">联系人(签名)： 联系电话： 传真：</td></tr>
<tr><td rowspan="3">要求批件
发送方式</td><td>来人领取</td></tr>
<tr><td>特快专递邮寄</td></tr>
<tr><td>普通邮寄</td></tr>
</table>

附 录 B
（资料性附录）
向日葵检疫性有害生物识别鉴定

B.1 向日葵霜霉病

B.1.1 田间症状识别

典型症状：罹病幼苗细弱矮小，出苗2周～4周后，出现沿叶脉失绿等典型系统发病症状。早期发病可造成幼苗猝倒，下胚轴接近土壤表面处出现坏死斑或组织肿大增生，形成瘿瘤等症状。有些病菌不表现表观症状，但内部带菌。

田间系统发病植株易于识别，其主要症状为：子叶沿叶脉褪绿黄化，上部叶片较下部叶片严重，且叶片不正常加厚，呈泡状皱缩。叶片黄化部位产生白色霉层，以叶片背面最多；病株矮化，一般为健林高度的2/3，严重的仅为1/10。茎秆纳弱，表面有霉层；根系不发达，次生根少；花盘小，僵硬，盘面向上，失去向光性。

症状表现受侵染时期和品种抗病性的影响。早期侵染的植株严重矮化，茎叶细小，多在成熟前死亡。侵染发生较晚的可能直到开花期才表现症状。有的病株无症状或仅叶脉周围轻微褪绿，产生外观正常的种子，但种子可能带菌传病。由孢子囊引起的再侵染，导致叶片上产生多角形局部病斑。

B.1.2 病原鉴定

用生物显微镜直接镜检。依据以下病原特征鉴定：孢囊梗从叶片气孔抽出，无色细长，单轴状直角分支，末端分枝1个～6个，直短锥状，长6 μm～9 μm，顶端着生孢子囊，孢子囊椭圆形，大小为(17 μm～30 μm)×(15 μm～21 μm)，顶端有一个乳头状突起。孢子囊萌发可产生双鞭游动孢子或形成芽管。在人工接菌十几天的病苗根部和茎基部观察病原卵孢子：卵孢子球形或椭圆形、淡黄色、壁光滑颜色稍淡、厚约3 μm，卵孢子平均直径27.0 μm～30.5 μm。在病株的根（主、侧根）、茎（皮层、木质部、髓部）、叶（叶柄、叶脉）、花器和种子里均有病菌的无隔孢间菌丝和吸器，吸器呈球形或稍长，大小差异较大。

B.2 列当属

B.2.1 田间症状识别

茎肉质，直立，单生或少数分枝，最高可达60 cm，一般为30 cm～40 cm。全株缺叶绿素，叶退化成鳞片螺旋状排列于茎上，无真根，退化成吸盘。向日葵植株生长缓慢，茎秆低矮细弱，花盘瘦小，秕粒增多，受害严重的花盘凋萎干枯，整株死亡。

B.2.2 鉴定

用体视显微镜直接镜检。叶鳞片状，卵形、卵状披针形或披针形，螺旋状排列，或生于茎基部的叶常紧密排列成覆瓦状；花多数两性，两侧对称，排成稠密或疏散的穗状或总状花序；苞片1枚，常与叶同形，苞片上方有小苞片2或无，小苞片常贴生于花萼基部，极少生于花梗上，无梗、几无梗或具极短的梗。花萼钟状或杯状，顶端4浅裂或近4～5深裂，偶见5～6齿裂，或花萼2深裂至基部或近基部，萼裂片全缘或2齿裂；花冠弯曲，二唇形，上唇龙骨状、全缘，或成穹形而顶端微凹或2浅裂，下唇顶端3裂，短于、近等于或长于上唇。雄蕊4枚，2强，内藏，花丝纤细，着生于花冠筒的中部以下，基部常增粗并被柔毛或腺毛，稀近无毛，花药2室，平行，能育，卵形或长卵形，无毛或被短（长）柔毛。雌蕊由2合生心皮组成，子房上位，1室，侧膜胎座4，具多数倒生胚珠，花柱伸长，常宿存，柱头膨大，盾状或2～4浅裂。植株由下而上开花结实。蒴果卵球形或椭圆形，2瓣开裂。种子小，多数，长圆形或近球形，种皮表面具网状纹饰，网眼底部具细网状纹饰或具蜂巢状小穴。

B.3 菟丝子属

B.3.1 田间症状识别

茎缠绕，细丝状，多分枝，无叶；茎黄色或红色，具吸器。

B.3.2 鉴定

用体视显微镜直接镜检。花小，白色或淡红色；无梗或具短梗，集成穗状、总状或簇生成头状的花序；苞片小或无；萼片几乎等大。基部或多或少连合；雄蕊与花冠裂片同数，着生于花冠喉部，与花冠裂片互生。通常稍伸出，花丝短，花药向内，花粉粒椭圆形，无刺；雌蕊由二枚心皮构成，子房二室，上位，每室二胚珠；花柱二，完全分离或多少连合，柱头球形或伸长。蒴果球形、扁球形或卵形，有时稍肉质，周裂或不规则开裂，内含种子一至四粒。种子一般卵形，无毛，有喙或喙不明显，表面光或粗糙，胚包含在肉质的胚乳中，线形，成圆盘状或螺旋状弯曲，子叶无或仅有细小的磷片状遗痕。单柱类种子一般大于2.0 mm，种脐明显。

B.4 其他

检疫性有害生物名单根据农业部公布的《全国农业植物检疫性有害生物名单》和各省公布补充农业植物检疫性有害生物名单进行调整。

附　录　C
（资料性附录）
产地检疫田间调查记录表

表 C.1　产地检疫田间调查记录表

调查日期		种子来源	
繁育单位		繁育地点	
品　　种		种植时间	
消毒方法			
隔离条件			
调查株数 （面积）		可疑检疫性有害生物 株数（面积）	
检疫性有害生物 发生情况			
调查人			

附　录　D
（资料性附录）
植物有害生物样本鉴定报告

表 D.1　植物有害生物样本鉴定报告

编号：

<table>
<tr><td>植物名称</td><td colspan="3"></td><td>品种名称</td><td></td></tr>
<tr><td>植物生育期</td><td></td><td>样品数量</td><td></td><td>取样部位</td><td></td></tr>
<tr><td>样品来源</td><td></td><td>送检日期</td><td></td><td>送检人</td><td></td></tr>
<tr><td>送检单位</td><td colspan="3"></td><td>联系电话</td><td></td></tr>
<tr><td colspan="6">检测鉴定方法：</td></tr>
<tr><td colspan="6">检测鉴定结果：</td></tr>
<tr><td colspan="6">备注：</td></tr>
<tr><td colspan="6">鉴定人(签名)：

审核人(签名)：

鉴定单位盖章：
年　月　日</td></tr>
<tr><td colspan="6">注：本单一式三份，检测单位、受检单位和检疫机构各一份。</td></tr>
</table>

附　录　E
（资料性附录）
产地检疫合格证

表 E.1　产地检疫合格证

编号：

<table>
<tr><td>植物或产品名称</td><td></td><td>品种名称</td><td></td></tr>
<tr><td>面　　　　积</td><td></td><td>数　　量</td><td></td></tr>
<tr><td>产　　　　地</td><td colspan="3"></td></tr>
<tr><td>生产单位或户主</td><td></td><td>联 系 人</td><td></td></tr>
<tr><td>单　位　地　址</td><td></td><td>电　　话</td><td></td></tr>
<tr><td colspan="4">产地检疫结果：
检疫员(签名)：
年　月　日</td></tr>
<tr><td colspan="4">植物检疫机构审定意见：
植物检疫机构(检疫专用章)
年　月　日</td></tr>
<tr><td colspan="4">注：此证有效期 1 年，请妥善保存，不得转让，需调运该植物或产品时，凭此证向植物检疫机构办理《植物检疫证书》。</td></tr>
</table>

产地检疫合格证(存根)

编号：

<table>
<tr><td>植物或产品名称</td><td></td><td>品种名称</td><td></td></tr>
<tr><td>面　　　　积</td><td></td><td>数　　量</td><td></td></tr>
<tr><td>产　　　　地</td><td colspan="3"></td></tr>
<tr><td>生产单位或户主</td><td></td><td>联 系 人</td><td></td></tr>
<tr><td>单　位　地　址</td><td></td><td>电　　话</td><td></td></tr>
<tr><td colspan="4">产地检疫结果：
检疫员(签名)：
年　月　日</td></tr>
<tr><td colspan="4">植物检疫机构审定意见：
植物检疫机构(检疫专用章)
年　月　日</td></tr>
</table>

ICS 65.020.01
B 16

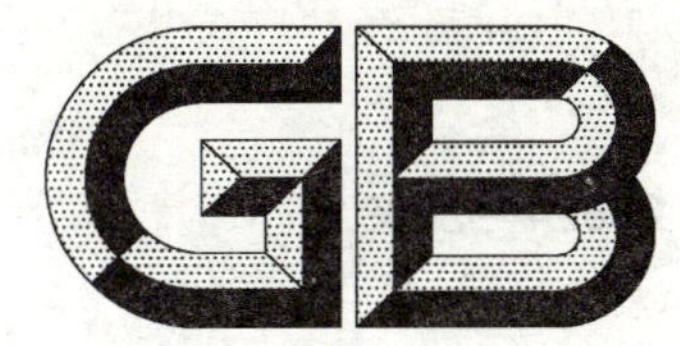

中华人民共和国国家标准

GB/T 23624—2009

玉米种子产地检疫规程

Quarantine protocols for maize seeds in places of production

2009-04-27 发布　　　　2009-10-01 实施

中华人民共和国国家质量监督检验检疫总局
中国国家标准化管理委员会　发布

前　言

本标准的附录 A、附录 B、附录 C、附录 D、附录 E 为资料性附录。

本标准由全国植物检疫标准化技术委员会提出并归口。

本标准起草单位:全国农业技术推广服务中心、河北省植保植检站、河北省承德市植保植检站。

本标准主要起草人:项宇、张连生、任自忠、朱景全、刘慧、朱莉。

玉米种子产地检疫规程

1 范围

本标准规定了玉米种子产地检疫的程序和方法。

本标准适用于植物检疫机构对玉米种子实施产地检疫。

2 术语和定义

下列术语和定义适用于本标准。

2.1

检疫性有害生物 quarantine pest

对其受危害的地区具有潜在的经济重要性，但未在该地区发生，或虽已发生但分布不广并进行官方防治的有害生物。

2.2

产地检疫 quarantine in places of production

植物检疫机构对植物及其产品(含种苗及其他繁殖材料)在原产地生产过程中的全部检疫工作，包括田间调查、室内检测、签发证书及监督生产单位做好选地、选种和疫情处理工作。

2.3

检验 inspection

对植物、植物产品或其他限定物进行官方的直观检查以确定是否存在有害生物或是否符合植物检疫法规。

2.4

检测 detection

为确定是否存在有害生物或为鉴定有害生物进行的除目测以外的官方检查。

3 应检的有害生物

国务院农业行政主管部门公布的全国农业植物检疫性有害生物。

省级农业行政主管部门公布的补充农业植物检疫性有害生物。

4 产地检疫受理

植物检疫机构审核玉米种子生产单位或个人提出的《产地检疫申请书》(参见附录A)和相关材料，现场勘察制种基地，决定是否受理。

5 准备与技术指导

5.1 植物检疫机构制定产地检疫计划；指导制种单位或个人建立田间疫情调查档案并做好疫情调查；监督落实防疫措施。

5.2 查验亲本种子植物检疫证书或复检，确保其不携带检疫性有害生物。

5.3 选择没有检疫性有害生物发生并有较好隔离条件的地块作为制种田。

6 调查检测

6.1 田间调查

6.1.1 调查时间

根据目标有害生物确定最佳调查时间，一般在玉米苗期、大喇叭口期、灌浆成熟期各调查1次，必要时可增加调查次数。

6.1.2 调查方法

在全面目测的基础上，未见异常的，采用对角线或棋盘式方法调查，1 hm^2 以下的地块调查不少于15点，1.1 hm^2～5 hm^2 的地块调查不少于20点，5.1 hm^2～10 hm^2 的地块调查不少于25点，10 hm^2 以上的地块调查不少于30点，每点不少于10株。

6.1.3 调查结果记录

根据检疫性有害生物形态学特征、生物学特性、危害症状等进行田间现场诊断，填写《产地检疫田间调查记录表》(参见附录B)，同时保存样品。现场不能确认的，采集疑似样品带回，填写《有害生物调查抽样记录表》(参见附录C)。

有条件的，可拍摄产地检疫的典型症状、疑似病株等图像资料。

6.2 室内检测

6.2.1 检测方法

检疫性有害生物的检测方法执行有关标准；无标准的，按照常规方法进行检测。

6.2.2 检测结果记录

实验室内检测鉴定带回的疑似样品，填写《植物有害生物样本鉴定报告》(参见附录D)。必要时制作标本并保存。

7 疫情处理

经田间调查或室内检测发现检疫性有害生物的，植物检疫机构监督制种单位或个人实施检疫处理。

a) 发现检疫性昆虫的，要立即进行药剂防治，消灭疫点，对收获的种子要进行药剂熏蒸处理，彻底扑灭检疫性昆虫；
b) 发现检疫性真菌或细菌病害的，采取药剂防治封锁疫点，避免病害扩散，就地烧毁、挖坑深埋疫点植株等措施，铲除检疫性病害；
c) 发现检疫性杂草的，人工拔除或喷洒灭生性除草剂，杀死杂草，就地烧毁植株，收获的种子过筛汰除杂草种子，消灭检疫性杂草；
d) 发生检疫性有害生物疫点地块和疫点围周田块，应改种该有害生物的非寄主作物。

8 签证

8.1 检疫合格

田间调查或室内检测，未发现检疫性有害生物的，签发《产地检疫合格证》(参见附录E)。

8.2 检疫不合格

田间调查或室内检测，发现检疫性有害生物，经检疫处理合格的，签发《产地检疫合格证》(参见附录E)；不能进行检疫处理或经检疫处理仍然不合格的，不签发《产地检疫合格证》，并告知产地检疫申请单位或个人。

9 档案管理

产地检疫中的原始调查数据、表格、标本等资料档案要妥善保存，保存时间不少于2年。

附 录 A
(资料性附录)
产地检疫申请书

表 A.1 产地检疫申请书

编号：　　　　　　　　　　　　　　　　　　　　　　　　　　　　年　月　日

<table>
<tr><td>植物名称</td><td colspan="2"></td></tr>
<tr><td>品种名称</td><td colspan="2"></td></tr>
<tr><td>种(苗)来源</td><td colspan="2"></td></tr>
<tr><td>生产面积</td><td colspan="2"></td></tr>
<tr><td>预计产量</td><td colspan="2"></td></tr>
<tr><td>生产地点</td><td colspan="2"></td></tr>
<tr><td>生产期限</td><td colspan="2">从　　年　　月　　日起,至　　年　　月　　日止。</td></tr>
<tr><td rowspan="6">申请单位</td><td colspan="2">名称(盖章)：</td></tr>
<tr><td colspan="2">地址：　　　　　　　　邮编：</td></tr>
<tr><td colspan="2">联系人(签名)：　　　　联系电话：　　　　传真：</td></tr>
<tr><td rowspan="3">要求批件
发送方式</td><td>来人领取</td></tr>
<tr><td>特快专递邮寄</td></tr>
<tr><td>普通邮寄</td></tr>
</table>

附　录　B
（资料性附录）
产地检疫田间调查记录表

表 B.1　产地检疫田间调查记录表

编号：

<table>
<tr><td colspan="3">调查地点</td><td colspan="12"></td></tr>
<tr><td rowspan="3">植物</td><td colspan="2">植物名称</td><td colspan="6"></td><td colspan="3">品种名称</td><td colspan="3"></td></tr>
<tr><td colspan="2">调查日期</td><td colspan="6"></td><td colspan="3">植物生育期</td><td colspan="3"></td></tr>
<tr><td colspan="2">种植面积</td><td colspan="6"></td><td colspan="3">核定产量</td><td colspan="3"></td></tr>
<tr><td rowspan="4">有害生物</td><td colspan="2">中文名称</td><td colspan="6"></td><td colspan="3">拉丁名</td><td colspan="3"></td></tr>
<tr><td colspan="2">抽样面积</td><td colspan="6"></td><td colspan="3">发生面积</td><td colspan="3"></td></tr>
<tr><td colspan="2">抽样株数</td><td colspan="6"></td><td colspan="3">被害株数</td><td colspan="3"></td></tr>
<tr><td colspan="2">发生状况</td><td colspan="12"></td></tr>
<tr><td rowspan="8">有害生物抽样调查</td><td rowspan="2">样号</td><td rowspan="2">田块名称</td><td rowspan="2">调查单位</td><td rowspan="2">调查数量</td><td colspan="4">虫态分类记数</td><td colspan="6">病害分级记数（最高为　　级）</td></tr>
<tr><td>卵</td><td>幼虫</td><td>蛹</td><td>成虫</td><td>0</td><td>1</td><td>2</td><td>3</td><td>4</td><td>5</td></tr>
<tr><td>1</td><td></td><td></td><td></td><td></td><td></td><td></td><td></td><td></td><td></td><td></td><td></td><td></td><td></td></tr>
<tr><td>2</td><td></td><td></td><td></td><td></td><td></td><td></td><td></td><td></td><td></td><td></td><td></td><td></td><td></td></tr>
<tr><td>3</td><td></td><td></td><td></td><td></td><td></td><td></td><td></td><td></td><td></td><td></td><td></td><td></td><td></td></tr>
<tr><td>4</td><td></td><td></td><td></td><td></td><td></td><td></td><td></td><td></td><td></td><td></td><td></td><td></td><td></td></tr>
<tr><td>5</td><td></td><td></td><td></td><td></td><td></td><td></td><td></td><td></td><td></td><td></td><td></td><td></td><td></td></tr>
<tr><td>小计</td><td></td><td></td><td></td><td></td><td></td><td></td><td></td><td></td><td></td><td></td><td></td><td></td><td></td></tr>
<tr><td colspan="3">检疫机构</td><td colspan="12"></td></tr>
<tr><td colspan="3">疫情结论</td><td colspan="5"></td><td colspan="4">记录员（签名）</td><td colspan="3"></td></tr>
<tr><td colspan="3">当事人（签名）</td><td colspan="5"></td><td colspan="4">检疫员（签名）</td><td colspan="3"></td></tr>
<tr><td colspan="3">备　　注</td><td colspan="12"></td></tr>
</table>

附　录　C
（资料性附录）
有害生物调查抽样记录表

表 C.1　有害生物调查抽样记录表

编号：

生产/经营者		地址及邮编	
联系/负责人		联系电话	
调查日期		抽样地点	

样品编号	植物名称（中文名和学名）	品种名称	植物生育期	调查代表株数或面积	植物来源

症状描述：

发生与防控情况及原因：

抽样方法、部位和抽样比例：

备注：

植物检疫机构（盖章）： 填表人（签名）： 年　　月　　日	生产/经营者： 现场负责人： 年　　月　　日

注：本单一式两联，第一联植物检疫机构存档，第二联交受检单位。

附 录 D
（资料性附录）
植物有害生物样本鉴定报告

表 D.1 植物有害生物样本鉴定报告

编号：

植物名称				品种名称	
植物生育期		样品数量		取样部位	
样品来源		送检日期		送检人	
送检单位				联系电话	
检测鉴定方法：					
检测鉴定结果：					
备注：					
鉴定人（签名）： 审核人（签名）： 鉴定单位盖章： 年 月 日					
注：本单一式三份，检测单位、受检单位和检疫机构各一份。					

附 录 E
（资料性附录）
产地检疫合格证

表 E.1 产地检疫合格证

编号：

植物或产品名称		品种名称	
面 积		数 量	
产 地			
生产单位或户主		联 系 人	
单 位 地 址		电 话	
产地检疫结果： 检疫员（签名）： 年 月 日			
植物检疫机构审定意见： 植物检疫机构（检疫专用章） 年 月 日			
注：此证有效期1年，请妥善保存，不得转让，需调运该植物或产品时，凭此证向植物检疫机构办理《植物检疫证书》。			

产地检疫合格证（存根）

编号：

植物或产品名称		品种名称	
面 积		数 量	
产 地			
生产单位或户主		联 系 人	
单 位 地 址		电 话	
产地检疫结果： 检疫员（签名）： 年 月 日			
植物检疫机构审定意见： 植物检疫机构（检疫专用章） 年 月 日			

ICS 65.020
B 16

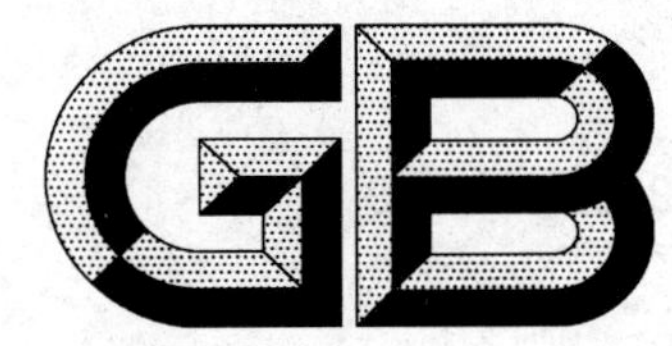

中华人民共和国国家标准

GB/T 23627—2009

杨干象检疫技术规程

Technical regulation for the quarantine of poplar and willow weevil

2009-04-27 发布　　2009-10-01 实施

中华人民共和国国家质量监督检验检疫总局
中国国家标准化管理委员会　发布

前言

本标准的附录 D、附录 E 为规范性附录，附录 A、附录 B、附录 C、附录 F、附录 G 为资料性附录。

本标准由全国植物检疫标准化委员会提出并归口。

本标准负责起草单位：国家林业局森林病虫害防治总站、黑龙江省哈尔滨市森林病虫防治检疫站。

本标准主要起草人：周茂建、聂谦、聂雪冰、赵宇翔、李娟、邱立新。

杨干象检疫技术规程

1 范围

本标准规定了杨干象的检疫方法和技术指标。

本标准适用于林业植物检疫机构对杨干象寄生的林业植物及其产品的检疫。

2 规范性引用文件

下列文件中的条款通过本标准的引用而成为本标准的条款。凡是注日期的引用文件，其随后所有的修改单(不包括勘误的内容)或修订版均不适用于本标准，然而，鼓励根据本标准达成协议的各方研究是否可使用这些文件的最新版本。凡是不注日期的引用文件，其最新版本适用于本标准。

GB 434 溴甲烷原药

GB 5452 56%磷化铝片剂

3 术语和定义

下列术语和定义适用于本标准。

3.1

杨干象 ***Cryptorrhynchus lapathi* L.**

一种检疫性的林木蛀干害虫，被列入国家检疫性林业有害生物名单，分类地位、分布及形态特征参见附录A。

3.2

检疫 quarantine

旨在防止检疫性有害生物传入和扩散，确保其官方控制的一切活动，本标准是指对杨干象寄生的林业植物及其产品的检疫。

3.3

调查 survey

在规定时期为确定一个地区某种有害生物种群特性或存在品种而采取的官方程序，本标准是指对杨干象发生情况的调查。

3.4

检疫检验 quarantine inspection

对植物、植物产品或其他限定物进行官方的检查以确定是否存在有害生物或是否符合植物检疫法规，本标准是指对杨干象寄生的林业植物及其产品的检疫检验。

3.5

产地检疫 quarantine in producing site

对杨干象寄生的林业植物及其产品在其生产地所采取的调查、检疫检验和检疫处理措施。

3.6

调运检疫 quarantine in conveyance

对杨干象寄生的林业植物及其产品，在调运前、调运途中及到达新的种植或使用地点之后，所采取的检疫检验和检疫处理措施。

3.7

检疫处理 quarantine treatment

包括旨在杀灭或消除有害生物或使有害生物丧失繁殖能力的官方许可的做法，本标准是指对携带有杨干象的林木及其产品的除害处理。

4 检疫范围

包括对杨干象寄生的杨属、柳属植物活体、木材及其制品的检疫，参见附录 B。

5 产地检疫

5.1 苗木繁育基地的检疫

5.1.1 查阅档案

5.1.1.1 查阅苗木繁育基地寄主植物种苗来源的历史记录。

5.1.1.2 查阅苗木繁育基地杨干象发生的历史记录。

5.1.2 踏查

5.1.2.1 凡胸径大于 2 cm 的寄主植物均应进行踏查。

5.1.2.2 根据苗木繁育基地种苗的培育方式和整体布局设计踏查的路线，沿踏查的路线对繁育基地的苗木进行全面调查。

5.1.2.3 调查苗木的枝干是否有杨干象的危害状，杨干象危害状参见附录 C。

5.1.3 标准地调查

5.1.3.1 在踏查过程中发现有该虫时，应设标准地或样方进行详查。

5.1.3.2 标准地应选设在杨干象发生区域内有代表性的地段。

5.1.3.3 标准地的面积视苗木密度而定，标准地内苗木的数量不应少于 30 株。

5.1.3.4 标准地的数量视寄主植物栽植地的规模而定，标准地的累计面积不少于应施调查面积(数量)的 1%。

5.1.3.5 苗木总量在 30 株以内的应全部调查。

5.1.4 检疫检验

5.1.4.1 调查苗木枝干表面是否有杨干象的危害状，杨干象危害状参见附录 C。

5.1.4.2 对具有危害状的苗木枝干进行解剖，取出虫体进行检验，杨干象形态特征参见附录 A。

5.1.4.3 调查每株样树的虫口数量。将调查数据记入附录 D。

5.1.5 检疫处理

5.1.5.1 在苗木繁育基地发现有杨干象危害的苗木，应拔除销毁。

5.1.5.2 对于有虫株率达到 15%以上的苗木繁育基地，应及时采取择伐措施，对有虫株率达到 30%以上的，应及时采取皆伐措施，清除虫源。

5.1.6 产地检疫结果评定

5.1.6.1 经产地检疫，未发现杨干象寄生的苗木，为产地检疫合格；对带有该虫的寄主植物进行了检疫处理，处理效果达到 100%的为产地检疫合格。

5.1.6.2 对带有该虫的寄主植物没有进行检疫处理或虽经检疫处理但处理效果没有达到 100%的，为产地检疫不合格。

6 调运检疫

6.1 苗木、幼树及其他活体林木的检疫

6.1.1 抽样

6.1.1.1 胸径达到 2 cm 以上的苗木、幼树及其他活体林木均需进行抽样检查。

6.1.1.2 用随机抽样法或机械抽样法抽检样品。

6.1.1.3 抽样数量不少于总量的 1%，少于 30 株的应全部检查。

6.1.2 检疫检验

按5.1.4操作,将检验结果记入附录E。

6.1.3 检疫处理

对感染该虫的苗木,应进行销毁。

6.2 木材及其制品的检疫

6.2.1 抽样

6.2.1.1 数量在50 m^3 以上的木材(含原木、椽材、板材、方材、木质包装材),抽取数量不少于木材总量的5‰,数量在50 m^3 以下的抽取数量不少于木材总量的1%,总量不足5 m^3 的应全部检查。

6.2.1.2 抽样方法采用随机抽样法或机械抽样法。

6.2.2 检疫检验

6.2.2.1 检查木材表面是否有杨干象危害状,杨干象危害状参见附录C。

6.2.2.2 发现杨干象危害状,解剖样木,取出虫体进行检验,杨干象形态特征参见附录A。

6.2.2.3 将调查数据记入附录E。

6.2.3 检疫处理

在检疫检验中发现带有该虫的木材按照下列方法之一进行处理。

6.2.3.1 熏蒸处理

对带虫的木材进行熏蒸处理,处理方法参见附录F。

6.2.3.2 热处理

对带虫的木材进行热处理,处理方法参见附录F。

6.2.3.3 机械处理

对带虫的木材进行机械解板、旋切或粉碎处理,处理方法参见附录F。

6.2.4 处理效果验证

用分层抽样法从每处理批次中分别抽取3个样木进行检验,剖木检查害虫是否死亡,将检疫处理结果记录于附录G。根据表1判断害虫是否死亡。

表1 害虫死亡判别标准

生存状态	体表色泽	虫体韧性	对外界刺激反应	幼虫体态
活	有光泽	有弹性	动	头向腹部弯曲
死	无光泽	无弹性	不动	头向前伸

6.3 复检

6.3.1 核查货物种类与签发的检疫证书是否相符。

6.3.2 对不能确认是否携带杨干象的寄主植物及其产品应进行复检。

6.3.3 苗木、幼树及其他活体林木的复检

按6.1操作。

6.3.4 木材及其制品的检疫

按6.2操作。

6.4 调运检疫结果评定

6.4.1 在调运检疫中,未发现携带有杨干象的苗木、幼树或其他活体林木、木材及其制品,为调运检疫合格;对携带有杨干象的苗木、幼树及其他活体林木、木材及其制品进行了检疫处理,处理效果达到100%的,为调运检疫合格。

6.4.2 在调运检疫中,对携带有杨干象的苗木、幼树及其他活体林木、木材及其制品,没有进行检疫处理或虽经检疫处理但处理效果没有达到100%的为调运检疫不合格。

7 贮木场、木材加工厂(点)的检疫

7.1 抽样

按 6.2.1 抽取。

7.2 检疫检验

按 6.2.2 操作,将检验结果记入附录 E。

7.3 检疫处理

按 6.2.3 处理。

7.4 处理效果验证

按 6.2.4 操作,将检疫处理结果记录于附录 G。

附　录　A
（资料性附录）
杨干象分类地位、分布及形态特征

A.1　杨干象分类地位

杨干象(*Cryptorrhynchus Lapathi* L.)，英文名为 poplar and willow weevil，属于鞘翅目(Coleoptera)、象虫科(Curculionidae)、隐喙象亚科(Cryptorhynchinae)、隐喙象属(*Cryptorrhynchus*)。

A.2　杨干象国内外分布

国内：黑龙江省、吉林省、辽宁省、河北省、陕西省、甘肃省、新疆维吾尔自治区；国外：日本、朝鲜、俄罗斯、匈牙利、德国、英国、法国、意大利、加拿大。

A.3　杨干象形态特征

A.3.1　成虫：体长 8.0 mm～10.0 mm，长椭圆形，黑褐色或棕褐色，无光泽，见图 A.1。身体密被灰褐色鳞片，其间散生白色鳞片，形成若干个不规则的横带，鞘翅后端 1/3 处及腿节上的白色鳞片较密，并混杂直立的黑色鳞片簇；头管弯曲，中央具一条纵隆线，复眼圆形、黑色，触角 9 节，呈膝状，棕褐色；前胸背板宽度大于长度，两侧近圆形，中央具 1 条细纵隆线，鞘翅宽度大于前胸背板，于后端的 1/3 处向后倾斜，并逐渐缢缩，形成 1 个三角形斜面；雌虫臀板末端为尖形，雄虫为圆形。

A.3.2　幼虫：老熟幼虫体长 9.0 mm 左右，乳白色，全体疏生黄色短毛，胴部弯曲呈马蹄形。头部黄褐色，上颚黑褐色，下颚及下唇须黄褐色；头颅缝明显，唇基梯形，表面平滑，上唇横椭圆形，前缘中央具 2 对刚毛，侧缘各具 3 个粗刚毛，背面有 3 对刺毛；下颚须及下唇须均为 2 节；前胸具 1 对黄色硬皮板，中、后胸各由 2 小节组成，胸足退化；腹部 1 节～7 节由 3 小节组成，侧板及腹板隆起。

A.3.3　蛹：乳白色，长 8.0 mm～9.0 mm。腹部背面散生许多小刺，在前胸背板上有数个突出的刺，腹部末端具 1 对向内弯曲的褐色几丁质小钩。

A.3.4　卵：椭圆形，长 1.3 mm 左右，宽 0.8 mm 左右，乳白色。

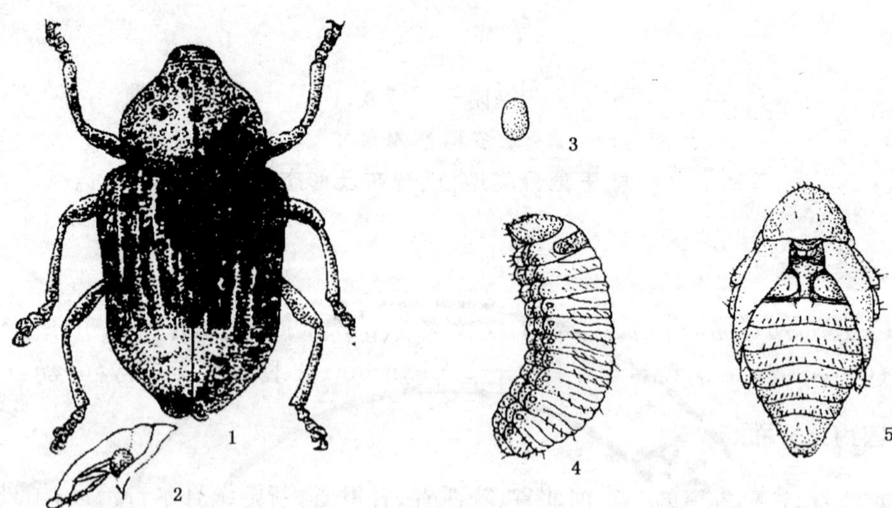

1——成虫；
2——成虫头部；
3——卵；
4——幼虫；
5——蛹。

图 A.1 杨干象形态特征

附 录 B
（资料性附录）
杨干象寄主植物

杨干象在国内的寄主植以杨柳科植物为主，主要树种有：甜杨 *Populus suaveolens*、小黑杨 *P.* ×*xiaohei*、北京杨 *P.* ×*beijingensis*、小叶杨 *P. simonii*、中东杨 *P.* ×*berolinensis*、加杨 *P.* ×*canadensis*、白城杨 *P.* × *xiaozhuanica* cv. 'Baicheng'、小青杨 *P. pseudo-simonii*、沙兰杨 *P.* × *canadenisi* cv. 'Sacrau-79'、晚花杨 *P.* ×*canadensis* cv. 'Serotina'、健杨 *P.* ×*canadensis* cv. 'Robusta'、加青杨 *P. canadensis*×*cathagana*、意大利 214 杨 *P.* ×*canadensis* cv. 'I-214'、新疆杨 *P. alba* var. *pyramidalis*、箭杆杨 *P. nigra* var. *thevestina*、银白杨 *P. alba*、银中杨 *P. alba*×*berolinensis*、旱柳 *Salix matsudana*、爆竹柳 *S. fragilis*、伪蒿柳 *S. viminalis*、黄花柳 *S. caprea*、赤杨 *Alnus viridis*、矮桦 *Betula pumila* 等。

附　录　C
（资料性附录）
杨干象危害状

a）春季树木被害处表皮出现水渍状斑痕，剥开表皮可见到乳白色的卵或初孵幼虫。

b）初孵幼虫先取食木栓层，食痕呈不规则的片状，之后深入韧皮部和木质部之间绕树干蛀成圆形坑道，在坑道末端树干表皮上咬一个小孔，由孔中排出红褐色丝状排泄物，坑道外的表皮初期颜色变深，油浸状，微凹陷，后期形成一圈刀砍状裂口，见图 C.1。

c）严重受害的树木失水逐渐干枯或枝干受风吹而折断（俗称风折）。

d）老熟幼虫沿坑道末端向上蛀成直径 3.0 mm～6.0 mm，长 35.0 mm～76.0 mm 的圆形羽化孔道，在孔道末端做成直径 4.0 mm～6.5 mm，长 10.0 mm～18.0 mm 的椭圆形蛹室，蛹室两端用丝状木屑封闭，见图 C.2。

e）成虫羽化后到嫩枝条或叶片上补充营养，嫩枝条或叶片上出现成虫补充营养留下的针眼状取食孔。

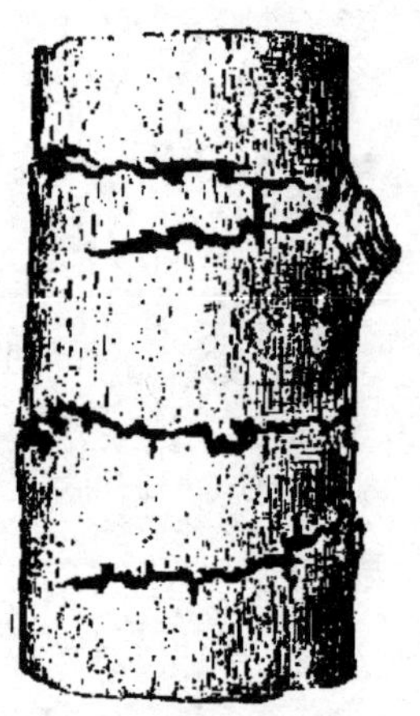

图 C.1　树干表皮被害状

图 C.2　树干木质部被害状

附　录　D
（规范性附录）
杨干象产地检疫调查表

表 D.1　杨干象产地检疫调查表

调查地点						
被检物名称（树种）						
苗木来源						
数量（株）						
被害数量（株）						
发生特点						
其他情况						
标准地调查	样地号	面积/hm^2	调查总株数	被害株数	有虫株率/%	平均虫口密度/（头/株）

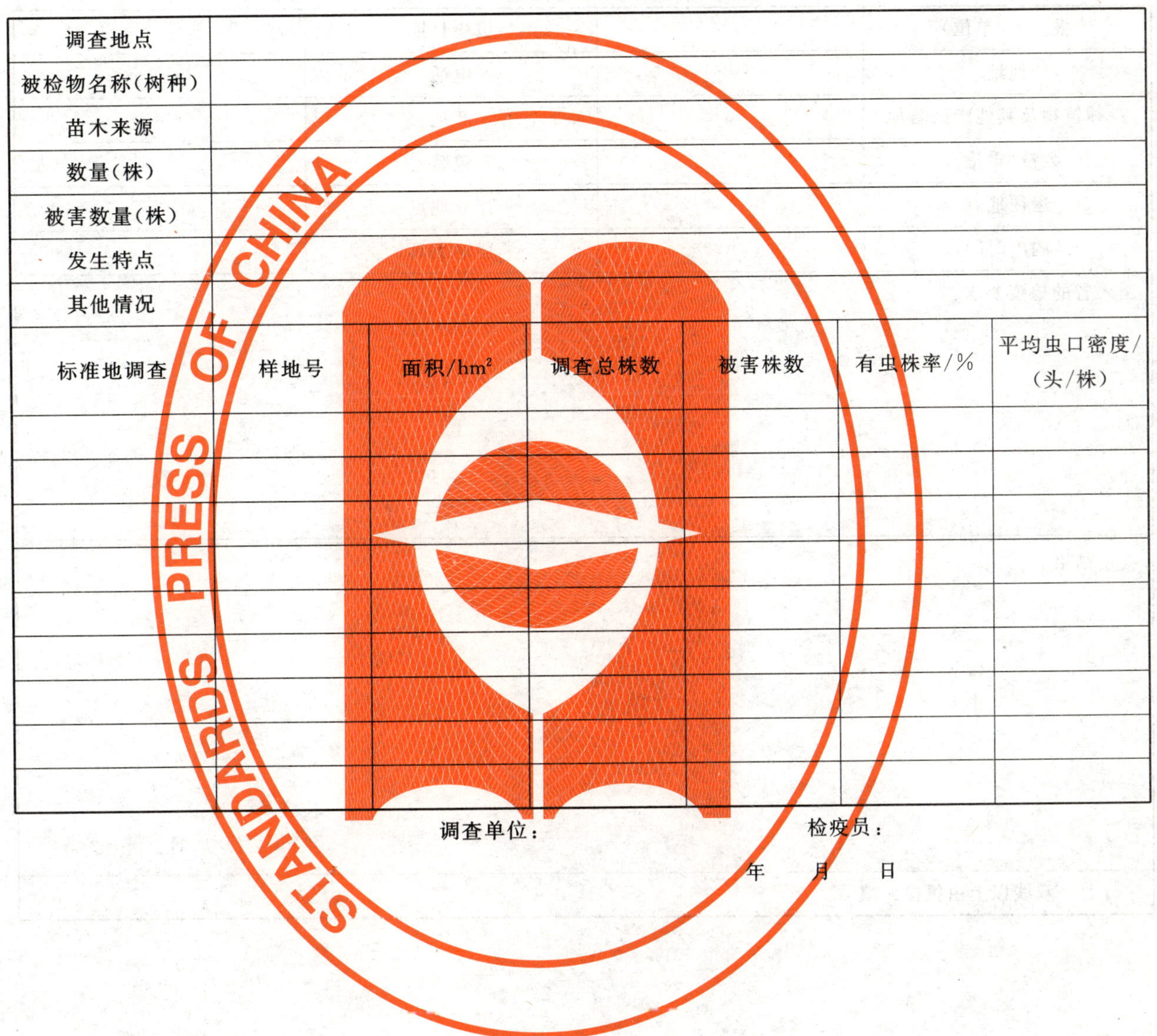

调查单位：　　　　　　　　　　　检疫员：

年　　月　　日

附 录 E
（规范性附录）
杨干象检疫报检单

表 E.1 杨干象检疫报检单

编号：

报检人(单位)		报检日期	
地址		电话	
森林植物及其他产品名称		产地	
数量(重量)		包装	
运往地点		存放地点	
调出时间		运输工具	
调入省的检疫要求：			
检疫结果： 检疫员 年 月 日			
注：双线以上由报检人填写。			

附 录 F
（资料性附录）
杨干象检疫处理方法

F.1 杨干象熏蒸处理方法

F.1.1 室外帐幕密闭熏蒸

F.1.1.1 熏蒸剂

F.1.1.1.1 溴甲烷（CH_3Br），质量符合 GB 434，有效含量不低于 98%。

F.1.1.1.2 磷化铝（AIP），质量符合 GB 5452，有效含量不低于 56%。

F.1.1.2 熏蒸帐幕

F.1.1.2.1 聚乙烯薄膜，厚度 0.15 mm 以上。

F.1.1.2.2 聚氯乙烯薄膜，厚度 0.19 mm 以上。

F.1.1.2.3 双面挂胶苫布。

F.1.1.3 熏蒸器材

F.1.1.3.1 热导式熏蒸气体浓度检测仪，灵敏度 1 g/m³。

F.1.1.3.2 磷化氢气体浓度检测管，100×10^{-6}～200×10^{-6}（即 100 ppm～200 ppm）。

F.1.1.3.3 熏蒸剂气化器，气化器出口气体温度不低于 20 ℃。

F.1.1.3.4 磅秤，0 kg ～150 kg ，感量 0.1 kg 。

F.1.1.3.5 温度计，0 ℃～100 ℃。

F.1.1.3.6 防毒面具。

F.1.1.4 熏蒸场地设置

选择地势平坦，土质紧密，通风良好，远离居民区的地点作为熏蒸场地。

F.1.1.5 熏蒸布置

F.1.1.5.1 木材码垛及丈量堆垛体积

将应施检疫处理的木材及其制品在熏蒸场地上码垛，木材堆垛要整齐。

F.1.1.5.2 计算木材堆垛体积和投药量

熏蒸处理的药剂种类、浓度和处理时间见表 F.1 和表 F.2。

表 F.1 溴甲烷常压熏蒸

温度/℃	剂量/(g/m³)	密闭时间/h	散气前最低浓度/(g/m³)
10～20	56～80	24	40
≥21	48～64	24	24
注：温度为熏蒸当日最低气温。			

表 F.2 磷化铝常压熏蒸

温度/℃	剂量/(g/m³)	密闭时间/h	散气前最低浓度
10～20	8～15	72	225×10^{-6}(225 ppm)
≥21	6～12	72	225×10^{-6}(225 ppm)
注：温度为熏蒸当日最低气温。			

F.1.1.5.3 设置警戒标志

距离堆垛周围 50 m 设置警戒标志或警戒线。

F.1.1.5.4 覆盖帐幕

土质地面应压实，在堆垛四周挖一圈宽度 20 cm 以上，深度 20 cm 以上的沟，将帐幕边缘置入沟内用土压实；水泥或沥青地面，可用沙子(沙袋)将帐幕边缘压实。

F.1.1.5.5 防风雨设施

选择无雨、风力小于 5 级的天气覆盖帐幕，帐幕上要加盖防风网或防风绳。

F.1.1.6 投药

F.1.1.6.1 设置投药点

根据堆垛的大小设置不同数量的投药点。堆垛体积小于 50 m^3 时，应设置 1 个～2 个投药点，堆垛体积大于 50 m^3 时，应设置 2 至多个投药点。

用溴甲烷熏蒸时，投药点应设置在堆垛的上部，用磷化铝熏蒸时，投药点应设置在堆垛的下部或中部。

F.1.1.6.2 防漏

投药前要检查帐幕是否有破损，帐幕周边、进药口外缘是否封好，帐幕破损处需用挂胶苫布粘合，确认封闭严密后才可投药。

F.1.1.6.3 施药

使用溴甲烷熏蒸，打开钢瓶伐门，使溴甲烷气体通过投药管进入帐幕内；使用磷化铝片剂熏蒸，从投药孔将药片投入浅盘中，投药完毕，封闭投药口。

在到达处理时间后进行药剂浓度检测。

F.1.1.7 保护措施

施药操作人员要戴防毒面具。

F.1.1.8 散毒

熏蒸时间达到预定时间后，检测帐幕内熏蒸剂浓度，达到要求的，先将帐幕下风方向打开，0.5 h 后完全揭开帐幕。

F.1.2 熏蒸室熏蒸

F.1.2.1 熏蒸剂

按 F.1.1.1。

F.1.2.2 熏蒸室条件

熏蒸室需封闭严密。

熏蒸室应远离居民区。

F.1.2.3 熏蒸器材

按 F.1.1.3。

F.1.2.4 熏蒸布置

按 F.1.1.5。

F.1.2.5 投药

按 F.1.1.6。

F.1.2.6 保护措施

按 F.1.1.7。

F.1.2.7 散毒

按 F.1.1.8。

F.2 杨干象热处理方法

F.2.1 热处理设施条件

F.2.1.1 热处理室(蒸汽房或烘干窑)应具备良好的密闭、保温条件。

F.2.1.2 应具备有效的加热、加湿设备。

F.2.1.3 应具备有效的气体循环和排放装置。

F.2.1.4 应具备有效的温度检测记录装置。

F.2.1.5 应具备有效的湿度检测记录装置。

F.2.2 热处理设置

F.2.2.1 堆积木材

热处理的木材堆放时应留有通风道，木材应垫离地面 10 cm 以上。

F.2.2.1.1 计算木材的中心温度达到干球温度的时间

根据木材的厚度或直径，计算热处理的时间。当介质温度达到高于预定干球温度 5 ℃时，木材的中心温度达到干球温度的时间的计算方法见式(F.1)。

$$T = S \times D \qquad \text{(F.1)}$$

式中：

T——木材的中心温度达到要求温度的时间，单位为小时(h)；

S——木材的导热率(S=0.5 h/cm)；

D——木材的厚度或直径，单位为厘米(cm)。

F.2.2.1.2 木材的中心温度达到干球温度后的处理时间

不同含水率木材的处理时间见表 F.3。

表 F.3 热处理温湿度和处理时间

热处理类型	干球温度/℃	相对湿度/%	木材含水率/%	处理时间/h
蒸汽房	≥60	≥60	>10%	24
烘干窑	≥60	≥60	≤10%	36
注：干球温度指木材中心的温度，相对湿度指处理室内空气相对湿度，处理时间指木材中心温度达到干球温度规定值后的持续处理时间。				

F.2.2.2 温湿度的测定

介质温湿度的测定通过设置观测孔进行观测。

木材中心温度的测定采用热电偶埋植法，热电偶应埋植距离木材端头不小于 30 cm 的木材中心处，并用木屑塞紧，热电偶通过导线与外部的测量仪器相连。

F.2.3 加热处理

F.2.3.1 加温加湿

关闭热处理室门，确保密封严密，开启加热加湿设备。

开启通风设备，保证处理室内温、湿度分布均匀。

F.2.3.2 保温保湿

当处理室内木材中心达到处理要求温度时，即为热处理除害起始时间，从此时开始，通过不断地加热加湿，持续保持热处理室内要求的温度和湿度。

F.2.4 散热

当热处理时间达规定时间后，应打开排气孔，使热处理室逐渐降温，当室内外温差小于 30 ℃时，即可开启热处理室。

F.3 杨干象机械处理方法

F.3.1 解板处理

F.3.1.1 将携带有杨干象原木木质部以外的树皮全部剥掉并销毁。

F.3.1.2 将剥皮后的原木锯成薄板，处理后的木板厚度应在 2.0 cm 以下。

F.3.2 旋切处理

F.3.2.1 将携带有杨干象原木木质部以外的树皮全部剥掉并销毁。

F.3.2.2 用木材旋切单板机将原木旋切成木片,处理后的木片厚度应在2.0 cm以下。

F.3.2.3 将旋切后的木轴销毁。

F.3.3 粉碎或打浆处理

将携带有杨干象的原木机械粉碎或送胶合板厂粉碎后制成木浆。

附　录　G
（资料性附录）
杨干象检疫处理效果记录表

表 G.1　杨干象熏蒸处理效果记录表

检验日期：　　年　　月　　日

货物来源：　县(市、区)　　乡(镇)　　村(场、圃)　　储木场　　木材加工厂

检疫机构：

检验人：

熏蒸类型	树种	材种	材积/m^3	单位体积投药量/(g/m^3)	总投药量/g	处理结果				备注
						样木号	活虫数/头	死虫数/头	死亡率/%	
注：熏蒸类型指帐幕熏蒸或库房熏蒸，材种指原木、椽材、板材、方材、木质包装材。										

表 G.2　杨干象热处理效果记录表

检验日期：　　年　　月　　日

货物来源：　县(市、区)　　乡(镇)　　村(场、圃)　　储木场　　木材加工厂

检疫机构：

检验人：

热处理类型	树种	材种	材积/m^3	处理结果				备注
				样木号	活虫数/头	死虫数/头	死亡率/%	
注：热处理类型指蒸汽房或烘干窑处理。								

表 G.3　杨干象解板处理效果记录表

检验日期：　　年　　月　　日

货物来源：　县(市、区)　　乡(镇)　　村(场、圃)　　储木场　　木材加工厂

检疫机构：

检验人：

树种	材种	材积/m^3	解板厚度/cm	处理结果				备注
				样木号	活虫数/头	死虫数/头	死亡率/%	

ICS 65.020.01;65.020.99
B 16

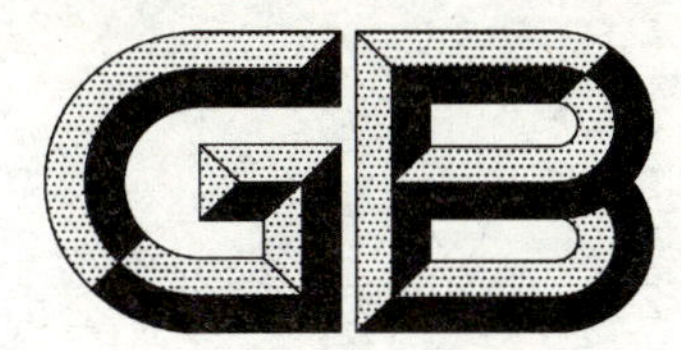

中华人民共和国国家标准

GB/T 23634—2009

红火蚁检疫规程

Rules for quarantine of *Solenopsis invicta* Buren

2009-04-27 发布 2009-10-01 实施

中华人民共和国国家质量监督检验检疫总局
中国国家标准化管理委员会 发布

前　言

本标准的附录A、附录B均为资料性附录。

本标准由全国植物检疫标准化技术委员会提出并归口。

本标准起草单位：中华人民共和国深圳出入境检验检疫局、深圳市农业植物检疫站。

本标准主要起草人：陈志粦、余道坚、康林、焦懿、杨伟东、陈枝楠、张勤添。

红火蚁检疫规程

1 范围

本标准规定了红火蚁检疫操作程序和方法。

本标准适用于对产地、国内调运及出入境应检物红火蚁的检疫。

2 规范性引用文件

下列文件中的条款通过本标准的引用而成为本标准的条款。凡是注日期的引用文件，其随后所有的修改单(不包括勘误的内容)或修订版均不适用于本标准，然而，鼓励根据本标准达成协议的各方研究是否可使用这些文件的最新版本。凡是不注日期的引用文件，其最新版本适用于本标准。

GB 15569 农业植物调运检疫规程

GB/T 20477 红火蚁检疫鉴定方法

GB/T 20478 植物检疫术语

3 术语和定义

GB/T 20478 确立的以及下列术语和定义适用于本标准。

3.1

蚁道 ant path

在蚁巢周围土壤表面有多条觅食蚁道，可供蚁群活动、搬运食物，甚至作为避难逃生通道。

3.2

蚁巢 ant nest

由蚁丘及地下结构部分构成，是红火蚁的居住、活动场所。蚁巢内部结构呈蜂窝状，成熟蚁巢外面以碎土堆出高约 10 cm～30 cm、直径约 30 cm～50 cm 的蚁丘，新形成的蚁巢在 4 个月～9 个月后出现明显小土丘状蚁丘。

4 检疫准备

4.1 检疫工具

放大镜、剪刀、镊子、小铲、螺丝刀、凿子、锤子、体视显微镜、生物显微镜、昆虫解剖针、毛笔、培养皿、瓷盘、指形管、采样瓶、标本瓶、样品袋、聚氯乙烯薄膜、高筒水鞋、橡胶手套、工作服、帆布工作帽等。

4.2 试剂

诱饵(红火蚁引诱剂、火腿肠、其他肉类产品)、凡士林、滑石粉、70%酒精、甘油。

4.3 安全与防护措施

4.3.1 参加检疫工作人员应经过检疫操作与安全防护等方面的技术培训。

4.3.2 实施检疫前，身穿上厚布质工作服(以紧袖口式为宜)、脚穿上高筒水鞋、手戴好厚橡胶手套、头戴好帆布工作帽。

4.3.3 为了有效防止红火蚁等害虫钻入、叮咬伤害人体，在高筒水鞋和橡胶手套上部抹上一圈凡士林或滑石粉。

4.3.4 若遭红火蚁叮咬，应立即冰敷患部，并用肥皂和清水清洗；一般可以使用含类固醇的抗过敏外敷药膏或口服抗组织胺药来缓解搔痒和肿胀的症状(应在医生的指导下使用)。

5 现场检疫

5.1 应检物

盆景、苗木及其他带土植物;草皮、土壤及栽培介质土;木材、竹、藤、木质包装、铺垫材料及木屑;草捆、秸秆、肥料;纸箱、废旧电器、废纸、废品及垃圾;运输工具、集装箱、带土的推土机及其他运输工具等。

周围环境包括荒草地、农田、堤坝、路边、河边、草坪、公园、学校、庭院、公共绿地、建筑工地及垃圾堆等。

5.2 检疫申报

生产或拥有应检物品的单位或个人在生产过程中、输出或销售前1个月向当地农业或林业植物检疫机构申请产地检疫。

从红火蚁疫区向外调运应检物,调出单位或个人凭调入地植物检疫机构的检疫要求书,向当地县级以上植物检疫机构申报检疫。如无调入地植物检疫机构的检疫要求书,则由当地县级以上植物检疫机构根据调入地红火蚁存在情况决定是否进行检疫。

进出口应检物由货主或其代理人向出入境检验检疫机构申报检疫,并提供贸易合同或信用证、发票和装箱单等单证。

5.3 检疫方法

5.3.1 目测法

5.3.1.1 田间周围检查

申请单位或个人应协助植物检疫部门进行检疫,在应检物生产过程中及其周围环境检查是否有红火蚁发生,每年需进行两次产地检疫。

确定红火蚁发生区的主要依据是有效蚁巢,蚁巢外面特征是以碎土堆出成土丘状,当蚁巢受到干扰时,红火蚁会迅速出巢攻击入侵者。周围环境检查主要根据蚁丘特点及主动攻击的行为,迅速判断是否为红火蚁。如出现有新鲜碎土明显隆起的蚁丘时,用细木杆或竹杆轻轻扰动后60 s内有3头以上红火蚁爬出可认为是有效蚁巢。

检查生产场地及其周围环境1 km范围内,尤其是荒草地、农田、堤坝、路边、河边、草坪、公园、学校、庭院、公共绿地、建筑工地及垃圾堆等。采用步行目视法观察附近有无明显隆起的蚁丘,注意有新鲜碎土的有效蚁巢,计算蚁巢数量和测量蚁丘长、宽、高(以地面为基准),了解在检查范围内蚁巢分布情况及发生密度。

红火蚁发生程度按周围环境检查范围内,平均每100 m^2 发现的有效蚁巢个数分五级,分别定为非发生区、轻度发生区、中度发生区、中偏重发生区、严重发生区(参见附录A)。

5.3.1.2 应检物品检查

检疫程序参照GB 15569。

应检物与检查重点参见附录B。

5.3.1.2.1 种苗、盆栽或带土植物的检疫

现场检疫苗木时,首先观察植株携带的土壤/介质及其周围土壤中有无疑似红火蚁、蚁道或蚁巢,以及土壤/介质表面有无红火蚁活动的痕迹,然后观察树干、枝叶是否有疑似红火蚁。发现可疑现象用小铲挖开土壤/介质观察是否有疑似红火蚁。

产地检疫中抽查与取样数量参见表1。

表1 产地检疫中抽查与取样数量

总件数/件	抽查数/件	取样量/件
≤100	30	20
101~500	31~50	21~30

表 1(续)

总件数/件	抽查数/件	取样量/件
501～1 000	51～100	31～50
1 001～5 000	101～300	51～100
5 001～10 000	301～500	101～200
≥10 001	≥501	≥201

调运检疫中抽查与取样数量参见表 2。

表 2 调运检疫中抽查与取样数量

总件数/件	抽查数/件	取样量/件
≤100	30	10
101～500	31～50	11～20
501～1 000	51～100	21～30
1 001～5 000	101～200	31～50
5 001～10 000	201～300	51～100
≥10 001	≥301	≥101

出入境检疫中抽查与取样数量参见表 3。

表 3 出入境检疫中抽查与取样数量

总件数/件	抽查数/件	取样量/件
≤50	10	5
51～200	11～15	6～10
201～1 000	16～20	11～15
1 001～5 000	21～25	16～20
5 001～50 000	26～100	21～50
≥50 001	≥101	≥51

5.3.1.2.2 草皮的检疫

采用棋盘式方法检查草皮的上、中、下层，并注意对装载的集装箱、外包装箱或装载容器进行检查。首先观察草皮四周是否有疑似红火蚁或其活动的痕迹，然后翻开草皮观察草根部或土壤里是否有疑似红火蚁或其活动的痕迹。

5.3.1.2.3 木箱(含纸箱)的检疫

按随机方法抽样检查，开箱检查时要注意木箱与机器之间的尼龙薄膜或牛皮纸等保护层，查看货物外包装、铺垫材料、车船底面、四周及边角缝隙等部位。对密封程度差的木箱，开箱检查时，着重观察箱内边角和底部。

5.3.1.2.4 木材(含竹藤)的检疫

观察木材表面是否有疑似红火蚁或其活动的痕迹，注意观察可能隐藏红火蚁的一些裂缝，尤其是原木的孔洞。检验时用螺丝刀、凿子挖掘孔洞；发现有裂缝时可用锤子击打木材表面，震出缝隙内生物体。

5.3.1.2.5 废纸、废品及木屑的检疫

观察装载工具的周边和箱底是否有碎土、纸捆表面是否有疑似红火蚁或其活动的痕迹。发现蚁道可沿蚁道的方向寻找疑似红火蚁或蚁巢。对可疑的捆纸应拆开仔细检查。

5.3.1.2.6 土壤(栽培介质土)的检疫

首先观察装载工具的周边和箱底，然后观察土壤(介质土)包装表面是否有疑似红火蚁或其活动的

痕迹。发现蚁道可沿蚁道的方向追查,对可疑的包装应拆开检查。倒出土壤时先在地面铺一层聚氯乙烯薄膜,然后将土倒出,用小铲拨开土壤仔细观察。

5.3.1.2.7 **集装箱及其他运输工具的检疫**

打开空集装箱或货柜车等运输工具后车门时注意观察周边和箱底是否有杂物、碎土及蚁道,然后用小铲铲开杂物或蚁道观察。

5.3.2 **诱饵法**

适用于气温 20 ℃～32 ℃、干燥的环境。

采用方格式设置诱饵,产地的应检物、周围环境每隔 10 m 放置 1 个,体积大的应检物应插入中部诱测;调运、出入境的应检物每隔 5 m 放置 1 个或每 1 m^3 或者 1 000 kg 应检物设置 1 个诱饵。将诱饵(可选择商品化的红火蚁引诱剂或火腿肠片,厚度 5 mm;或午餐肉块,大小 1 cm^3)放置在生产场地或应检物品表面诱集红火蚁,30 min 后检查诱饵上是否有疑似红火蚁。

5.3.3 **标本采集**

如仅发现蚁道,拨开蚁道收集疑似红火蚁或者沿蚁道方向寻找到蚁巢后用小铲挖开蚁巢。

发现疑似红火蚁时,在采样瓶开口的内缘处抹上一圈凡士林或准备盛有 70%酒精的标本瓶,用镊子收集标本或细木杆轻轻放在疑似红火蚁的活动处,待疑似红火蚁爬上后,迅速插入采样瓶或标本瓶中用力快速振动,使疑似红火蚁落入瓶中。标本保存于盛有 70%酒精的指形管或标本瓶中。

5.3.4 **样品送检**

5.3.4.1 将装虫样的采样瓶、指形管或标本瓶外面贴上标签,注明报检编号、品名、产地、日期及发现情况等。及时送实验室检疫鉴定。

5.3.4.2 发现可疑疫情的盆栽、苗木可用样品袋或聚氯乙烯薄膜将整个盆栽或苗木包裹密封好,贴上标签,注明报检编号、品名、产地、日期及发现情况等。及时送实验室检疫鉴定。

5.3.4.3 产地检疫、调运检疫的样品,应及时送至县级或县级以上农业或林业植物检疫机构实验室检疫鉴定;出入境检疫的样品,应及时送至出入境检验检疫机构植物检疫实验室检疫鉴定。

6 实验室检疫与鉴定

6.1 样品检查

产地检疫、调运检疫、出入境检疫送检的样品,需放置在边缘涂有一圈凡士林或滑石粉的大号瓷盘中以防红火蚁逃窜,然后解开样品袋或聚氯乙烯薄膜。首先观察表面是否有疑似红火蚁、蚁道或蚁巢,发现蚁道或蚁巢,用小铲将表层土铲开观察。

发现疑似红火蚁时,用蘸有甘油的镊子或细木杆进行粘蚁收集标本,然后放入盛有 70%酒精的标本瓶或培养皿中待鉴定。

6.2 虫样鉴定

参照 GB/T 20477 进行种类鉴定。并做好实验室检验、鉴定的原始记录。

6.3 复核与签发

具有相关资质的农艺师或以上职称技术人员复核标本,或送有关专家鉴定复核,由授权签字人签发检疫鉴定结果报告。

6.4 标本的保存

采集到的标本应妥善保存。红火蚁各虫态标本可保存在盛有 70%酒精的标本瓶内,蚁巢经干燥后放入干燥器内密封保存,并注明中文名、学名、采集人、采集时间、检疫物及产地等。

7 疫情报告

建立疫情报告制度,发现红火蚁疫情的应立即向有关部门如实报告,不得隐瞒、缓报或谎报。

8 检疫结果评定及处理

8.1 经检疫，受检物品、生产场地及周围环境未发现红火蚁的，判定为合格，出具植物检疫证书，准许生产、调运、出入境。

8.2 经检疫，在受检物品、生产场地及周围环境发现红火蚁的：

用有效灭除方法处理后，经检疫合格的，出具植物检疫证书，准许生产、调运、出入境；

未用有效灭除方法处理或无法处理的，判定为不合格，禁止生产、调运、出入境，作退货或销毁处理。

附 录 A
（资料性附录）
红火蚁发生区的划分

表 A.1 红火蚁发生程度

级别	蚁巢数量/个	发生区
一级	0	非发生区
二级	0.1～5.0	轻度发生区
三级	5.1～10.0	中度发生区
四级	10.1～15.0	中偏重发生区
五级	15 以上	严重发生区
注：蚁巢数量为在周围环境检查范围内，平均每 100 m^2 发现的有效蚁巢个数。		

附　录　B
（资料性附录）
应检物与检查重点

表 B.1　应检物与检查重点

序号	货物类别	检查重点
1	带土苗木、盆栽和植株	植株和土表面是否有疑似红火蚁、蚁道或蚁巢
2	草皮	草皮、草苗土表层和草根部土切面是否有疑似红火蚁或蚁道
3	木质包装	是否带有土壤、重点查看木箱表面是否有疑似红火蚁、蚁道
4	木材和竹藤柳草	是否带有土壤、重点查看货物表面、原木缝隙或空洞
5	废纸和纸箱	是否有筑巢的碎土、捆纸表面是否有疑似红火蚁、蚁道或活动痕迹
6	土壤和介质土	观察土壤（介质土）表面和内部是否有疑似红火蚁、蚁道或蚁巢
7	空集装箱和运输工具	是否带有土壤、筑巢的碎土、杂物和蚁道
8	废旧电器及其设备	是否带有筑巢的碎土、杂物和蚁道，重点查看线路盒
9	其他货物或器械	是否带有粘附土壤、筑巢的碎土、杂物和蚁道

中华人民共和国出入境检验检疫行业标准

SN/T 0796—2010
代替 SN/T 0796.1～0796.3—1999

出口荔枝检验检疫规程

Rules for inspection and quarantine of litchi for export

2010-05-27 发布　　2010-12-01 实施

中华人民共和国国家质量监督检验检疫总局　发布

前　言

本标准按照 GB/T 1.1—2009 给出的规则起草。

本标准代替 SN/T 0796.1—1999《出口荔枝检验规程　新鲜荔枝》、SN/T 0796.2—1999《出口荔枝检验规程　速冻荔枝》、SN/T 0796.3《出口荔枝检验规程　保鲜荔枝》。

本标准由国家认证认可监督管理委员会提出并归口。

本标准由中华人民共和国广西出入境检验检疫局，中华人民共和国广东出入境检验检疫局负责起草。

本标准主要起草人：黄大新、刘晓松、李伟丰、邹志飞、刘军义、吕春秋。

本标准所代替标准历次版本发布情况为：

——SN/T 0796.1—1999；

——SN/T 0796.2—1999；

——SN/T 0796.3—1999。

出口荔枝检验检疫规程

1 范围

本标准规定了出口荔枝的检验检疫方法及结果判定。

本标准适用于出口荔枝的检验检疫。

2 规范性引用文件

下列文件对于本文件的应用是必不可少的。凡是注日期的引用文件，仅注日期的版本适用于本文件。凡是不注日期的引用文件，其最新版本（包括所有的修改单）适用于本文件。

GB 2760 食品添加剂使用卫生标准

GB 2762 食品中污染物限量

GB 2763 食品中农药最大残留限量

GB/T 5009.11 食品中总砷及无机砷的测定

GB/T 5009.12 食品中铅的测定

GB/T 5009.15 食品中镉的测定

GB/T 5009.17 食品中总汞及有机汞的测定

SN 0168 出口食品平板菌落计数

SN 0169 出口食品中大肠菌群、粪大肠菌群和大肠杆菌检验方法

SN 0170 出口食品沙门氏菌属（包括亚利桑那菌）检验方法

SN 0172 出口食品中金黄色葡萄球菌检验方法

SN/T 0626 出口速冻蔬菜检验规程

3 术语和定义

下列术语和定义适用于本文件。

3.1

新鲜荔枝 fresh litchi

采摘后 24 h 内，经挑选并按规定质量装入容器的荔枝。

3.2

保鲜荔枝 fresh-keeping litchi

以新鲜荔枝为原料，经挑选、清洗和保鲜处理后，按规定质量装入容器，在 3 ℃～5 ℃环境下储存。

3.3

速冻荔枝 quick frozen litchi

以新鲜荔枝为原料，经挑选、清洗、预冷、护色及速冻等处理后，按规定质量装入容器。

3.4

异品种 different variety

荔枝分类上相互不同的品种或品系。

3.5

一般缺陷 general defection

荔枝果皮受到粉介壳虫等危害或轻微机械伤而影响果实外观，但尚未影响果实品质。

3.6

严重缺陷　serious defection

荔枝果皮受到荔枝蛀果害虫、荔枝蝽蟓、荔枝霜疫病等病虫危害或严重机械伤，导致严重影响果实外观和品质。

3.7

机械伤　mechanical injury

荔枝果实采摘时或采摘前后受外力碰撞、压迫、摩擦等造成的损伤。

3.8

病害果　plant diseases and insect pets

荔枝果皮受到病虫为害，以至形成肉眼可见的伤口、病虫斑、水渍斑等。

4　检验检疫依据

4.1　进境国家或地区的植物检验检疫要求。

4.2　政府间双边植物检验检疫协定、协议以及参加国际公约组织应遵守的规定。

4.3　我国进出境植物检验检疫法律、法规和相关规定。

4.4　贸易合同、信用证等关于植物检验检疫的条款。

5　检验检疫准备

5.1　单证审核

仔细审核货物有关单证，了解产地疫情和进境国家或地区的植物检疫要求，明确检疫条款，拟定检验检疫方案。

5.2　检验检疫工具

5.2.1　现场检验检疫工具

剪子、镊子、10 倍放大镜、指形管、不锈钢刀、白瓷盘、毛刷、取样袋、样品标签及相关记录单等。

5.2.2　实验室检验检疫器具

5.2.2.1　天平：感量 0.1 g、0.01 g。

5.2.2.2　台秤：感量 0.1 kg(最大称量值在被称物质量的 5 倍之内)。

5.2.2.3　温度计：量程±50 ℃，分度 0.5 ℃，一般采用金属探头温度计。

5.2.2.4　白瓷盘、镊子、捣碎机等。

5.3　检验检疫场所

要求场地清洁、光线充足，避免强光直射，具备一定防虫条件，无异味干扰。

6　现场检验检疫及抽样

6.1　核查货物情况

核查货物堆放货位、批号、唛头标记、件数、质量，以及生产加工单位、原料来源地等情况，并进行现场记录。

6.2 存放场所检疫

检查货物堆放场所的四周墙角、地面，及覆盖货物用的篷布、铺垫物等，检查是否有害虫污染痕迹或有活害虫发生。

6.3 包装物检验检疫

6.3.1 外包装检验

检查全批货物的外包装，观察包装外观是否坚固、完整、清洁、卫生、有无污染和异味，是否适合运输要求，封口是否牢固。

6.3.2 内包装检验

开箱检验箱内塑料袋是否破口或封口是否牢固、良好、彩印是否清晰、颜料是否脱落，以至可能污染商品等。

6.3.3 包装标志检验

检验内外包装，包装袋上品名、唛头标记、批号、规格、生产日期是否与内容物相符，书写是否正确清晰。

6.3.4 其他

检查货物内外包装和铺垫物，是否有害虫、霉变和其他检疫物。对发现的病、虫、杂草(籽)等需做初步鉴定，必要时送实验室进一步鉴定。

6.4 抽样

6.4.1 抽样方法

从堆剁的上、中、下不同部位随机抽取货物和样品。

6.4.2 抽样比例

按报验单所列品种、规格、箱数、质量、唛头与实际货物核对相符后，按下列比例进行抽样：

——10 件以下全部抽查；

——11 件～100 件抽查 10 件；

——101 件～1 000 件，每增加 100 件，抽查件数增加 1 件；

——1 001 件以上，每增加 500 件，抽查件数增加 1 件。

同一批的荔枝应具有相同产地、品种、等级、标记、包装和相同的生产包装日期。如进境国家或地区对抽样比例有特殊规定的，按规定要求的比例进行抽查。

6.4.3 抽样量

用洁净的不锈钢手铲进行随机抽样，每件货物抽取约 1 000 g，每批至少取样 3 000 g 以上。将抽取样品缩分后取不少于 3 000 g，分出约 1 500 g 用于检验，约 1 500 g 用于留样，分别装入洁净的聚乙烯塑料袋中，并在袋外标明品名、批次、规格、抽样日期和抽样人。

6.5 荔枝的检疫

按 6.4.1 和 6.4.2 确定的抽样方法和数量抽检货物。打开货物包装，取出货物放于白瓷盘上逐一进行检查，检查内容包括有无病斑、虫孔、活虫、霉变、腐烂、杂质、昆虫残体等，对有虫蛀、虫孔及带有其他可疑症状的样品用刀剖开检查，收集有可疑症状样品。

6.6 运输工具检疫

对装载出境的运输工具如集装箱等进行现场检疫，查看箱体内外、上下四壁、缝隙边角、铺垫等害虫易潜伏藏身的地方有无害虫、蜕皮壳、杂草(籽)、泥土等。

6.7 木质包装或木质托盘检验检疫

如出口荔枝需要木质包装的，应对木质包装进行检验检疫，查验木质包装或木托盘的除害处理标识，查验是否有病虫害污染和食品安全隐患。

6.8 待检样品的保存

6.8.1 品质分析用的待检样品必须放于保温箱内。新鲜荔枝和保鲜荔技的封存备查样品放于 3 ℃～5 ℃的冷藏柜内保存，保存期新鲜荔枝为 5 d，保鲜荔枝为 14 d。速冻荔枝放于－18 ℃以下的低温状态保存，保存期为 4 个月。

6.8.2 现场检疫发现的有害生物及可疑症状样品，注明编号、品名、数量、产地、取样地点、取样人、取样日期等信息，送实验室作进一步检验。

6.9 温度检验

6.9.1 库房温度检验

按相关要求，对保鲜荔枝和速冻荔枝所使用的库房进行温度检验。

6.9.2 荔枝中心温度检验

打开包装，将温度计插入待测箱中间 10 cm 以下，温度计测温探头插入荔枝果肉内，待温度稳定后记录读数。

6.10 质量检验

6.10.1 对新鲜荔枝使用直接称量法，净重按式(1)计算：

$$W = W_1 - W_2 \qquad \cdots\cdots(1)$$

式中：

W ——样品净重，单位为千克(kg)；

W_1——样品毛重，单位为千克(kg)；

W_2——样品皮重，单位为千克(kg)。

6.10.2 对保鲜荔枝和速冻荔枝，按 SN/T 0626 执行。

6.11 现场感官检验

6.11.1 杂质检验

现场查验，检查果实表面是否洁净，是否有泥土或不洁物污染，检查果实是否带有荔枝本身的废弃部分及外来物质。

6.11.2 品种检验

现场查验，检查果实品种是否具有本品种固有的色泽、形状，检查果实成熟度、异品种百分率，做好记录并检验该品种是否符合附录 A 的规定。

7 实验室检验检疫

7.1 病害检验

对可疑症状样品进行详细的症状检查，观察有无典型病害症状，然后再进行病菌组织切片检验，尚不能确定的可进行组织分离培养鉴定。

7.2 害虫检验

对现场检疫发现的害虫置于解剖镜或显微镜下检验鉴定，对难以直接鉴定的幼虫、虫卵、蛹，应进行饲养，需要时可连同样品一并置于害虫饲养箱中进行饲养，成虫后进行检验鉴定。

7.3 杂草检疫

对现场检疫中发现的杂草(籽)置于解剖镜或显微镜下，根据相关鉴定方法进行检验鉴定。

7.4 实验室感官检验

7.4.1 风味检验

品尝其风味及口感是否具有本品种固有的风味、滋味，有无异味，是否符合附录 A 的规定。

7.4.2 规格检验

将 1 000 g 混合样品倒入白色搪瓷盘中，检查果实个数、均匀度，是否符合附录 B 的规定。

7.4.3 缺陷检验

结合规格检验，将 1 000 g 混合样品倒入白色搪瓷盘中，分别挑出严重缺陷和一般缺陷果，以个数计，并正确记录，按式(2)计算产品缺陷率，结果保留至小数点后一位。

$$X=\frac{m_1}{m}\times 100 \qquad \cdots\cdots(2)$$

式中：

X ——缺陷产品的百分率，%；

m_1——缺陷产品数量，单位为个；

m ——检验样品果实总数，单位为个。

7.5 理化检验

7.5.1 可食率检验

取约 500 g 样品，用感量为 0.01 g 的天平称总果质量，然后将果皮、果肉和种子分开，称量果皮加种子的质量。按式(3)计算可食率，结果保留至小数点后一位。

$$Y=\frac{m_0-m_1}{m_0}\times 100 \qquad \cdots\cdots(3)$$

式中：

Y ——可食率，%；

m_0——样品总果质量，单位为克(g)；

m_1——果皮＋种子质量，单位为克(g)。

7.5.2 可溶性固形物检验

按相关规定执行。

7.5.3 滴定酸检验

按相关规定执行。

7.5.4 重金属检验

7.5.4.1 砷检验

按 GB/T 5009.11 的规定执行。

7.5.4.2 铅检验

按 GB/T 5009.12 的规定执行。

7.5.4.3 镉检验

按 GB/T 5009.15 的规定执行。

7.5.4.4 汞检验

按 GB/T 5009.17 的规定执行。

7.5.5 农药残留检验

根据合同、信用证或进境国家或地区的有关规定进行检验，如无指定方法，按国家标准或出入境检验检疫行业标准检验。

7.5.6 保鲜剂检验

根据合同、信用证或进境国家或地区的有关规定进行检验，如无指定方法，按国家标准或出入境检验检疫行业标准检验。

7.6 微生物检验

7.6.1 菌落总数检验

按 SN 0168 的规定执行。

7.6.2 大肠菌群、粪大肠菌群和大肠杆菌检验

按 SN 0169 的规定执行。

7.6.3 沙门氏菌检验

按 SN 0170 的规定执行。

7.6.4 金黄色葡萄球菌检验

按 SN 0172 的规定执行。

8 结果评定

8.1 等级评定

结合感官检验和理化检验，按照附录C、附录D对荔枝等级进行评定。

8.2 合格评定

经检验检疫，出口荔枝符合4.1、4.2、4.3、4.4检验检疫规定的，评定为合格，如无指定要求，应符合附录E的要求。

主要贸易国家进口中国荔枝植物检疫要求可参见附录F。

8.3 不合格评定

经检疫，发现有下列情况之一的，评定为不合格：

——发现检疫性有害生物的；

——发现协定中有害生物的；

——发现其他不符合第4章中检验检疫要求的。

8.4 不合格品的处置

被评定为不合格的产品，可针对情况实施检疫除害、重新加工等处理，并对处理结果进行复查一次，复检不合格的作不准出境处理。

8.5 检验检疫有效期

新鲜荔枝检验检疫合格后有效期为2 d。

保鲜荔枝检验检疫合格后有效期为7 d

速冻荔枝检验检疫合格后有效期为40 d。

附　录　A
（规范性附录）
荔枝主要品种的果实形态特征

表 A.1　荔枝主要品种的果实形态特征

品种	果形	果色	果肩	果顶	果皮			果肉		种子
					龟裂片	裂片峰	缝合线	质地	风味	
三月红	心形或歪心形	鲜红	阔而斜，微耸	较尖	平，大小不等	锥尖状	不明显	粗带韧	甜带微酸，有涩味	大
黑叶	卵圆形	暗红	平	浑圆或钝圆	大而平，大小相等，排列较规则	角质锥尖状	明显	柔软	甜带微香	大
糯米糍	扁心形	鲜红	一边显著隆起	浑圆	明显隆起，呈狭长形，纵向排列	平滑	较明显	软滑	味浓甜，多汁微香	小
淮枝	近圆形或圆球形	深红	平	浑圆	平滑或稍隆起，不规则排列	平滑	明显	软滑	味甜带酸，多汁	多数大
元红	心脏形或近圆形	紫红	微凸	圆	凸起，细	尖状	明显	细滑	甜带微酸	多数小
大造	长圆形	鲜红	斜肩	圆	较小而略尖凸，排列较整齐	短而锐	不明显	较滑	甜带微酸	大
兰竹	近圆形或心形	红带黄绿	平	浑圆或钝圆	平滑或稍隆起	微尖	明显	软滑	甜带微酸	焦核或较小
桂味	圆球形或圆形	浅红	平	浑圆	凸起，呈不规则圆锥形	锐尖、刺手	明显	爽脆	清甜带桂花香	多数小
灵山香荔	卵圆形略扁	紫红	平	钝圆	隆起，大小不一，排列较有规律	尖状隆起	明显	爽脆	清甜带香味	多数小
状元红	近球形或卵圆形	暗红	平	浑圆或钝圆	隆起，排列较整齐	平滑	不明显	爽脆	多汁带香甜	较大
元枝	歪心形	暗红	歪肩	钝	大而平滑，排列较规则	果顶部有少量裂片峰	不明显	软滑	味甜多汁，带微酸	大
妃子笑	近圆形或卵圆形	鲜红	平	浑圆	细密隆起，大小不等	锐尖、刺手	不明显	爽脆	清甜多汁，带香味	较小
白糖罂	歪心形	鲜红	歪肩	浑圆或钝圆	多数平滑，少数隆起	细而钝	不明显	爽脆	清甜多汁，带蜜香味	中等
电白白腊	心形	鲜红	较平	浑圆	平滑，大小不等，不规则排列	细而钝	不明显	爽脆	清甜多汁	大
挂绿	近圆形或卵圆形	暗红带绿	一边微耸，一边稍凹	浑圆	近平坦，中部向内微凹	毛尖或稀疏细而尖的突起	明显，带绿色或浅绿色	爽脆	清甜，带特殊香气	大

表 A.1 （续）

品种	果形	果色	果肩	果顶	果皮			果肉		种子
					龟裂片	裂片峰	缝合线	质地	风味	
尚枝	近扁圆形或卵圆形	深红	平	浑圆	大而微隆起	钝	明显	软滑	甜带微香，近蒂部稍带涩味	大小不一
陈紫	心脏形	紫红	一边隆起	尖至浑圆	小而尖	刺状，裂纹浅而窄	不明显	脆稍带韧	味甜多汁，带香气	大小不一
鸡嘴荔	歪心扁圆	暗红	平或一边隆起	浑圆	平或乳状突起	小刺状	不明显	爽脆	清甜带微香	小

附　录　B
（规范性附录）
荔枝主要品种的果实规格

表 B.1　荔枝主要品种的果实规格　　单位为个每千克/(个/kg)

品　　种	优等品	一等品	二等品
三月红	<30	30～38	<46
黑叶	<38	38～44	<52
糯米糍	<38	38～50	<56
淮枝	<38	38～44	<52
元红	<42	42～58	<62
大造	<42	42～52	<62
兰竹	<40	40～50	<56
桂味	<56	56～62	<68
灵山香荔	<48	48～58	<66
状元红	<42	42～54	<58
元枝	<40	40～48	<56
妃子笑	<35	35～40	<50
白糖罂	<40	40～48	<54
电白白腊	<40	40～48	<54
挂绿	<50	50～56	<65
尚枝	<56	56～62	<68
陈紫	<50	50～60	<70
鸡嘴荔	<38	38～48	<58
注：果枝长度从果穗基部起不超过 5 cm，允许带少量洁净的叶片。			

附 录 C
（规范性附录）
荔枝主要品种的果实品质规格

表 C.1 荔枝主要品种果实品质规格

品 种	可食率/%	可溶性固形物/%	可滴定酸度/%
三月红	62～68	15～20	0.25～0.37
黑叶	78	16～20	0.37～0.39
糯米糍	82～86	18～21	0.18～0.26
淮枝	68～78	17～21	0.22～0.24
元红	71～76	20～21	0.23～0.35
大造	68～78	15～20	0.25～0.37
兰竹	71～76	16～17	0.25
桂味	78～83	18～21	0.15～0.21
灵山香荔	73	19～20	0.30
状元红	70	16～18	0.31～0.35
元枝	62～72	15～18	0.15～0.38
妃子笑	78～83	17～20	0.23～0.35
白糖罂	70～72	18～20	0.05～0.10
电白白腊	70～72	17～20	0.12～0.15
挂绿	70～75	18～21	0.15～0.34
尚枝	72～77	19～20	0.25～0.37
陈紫	79～86	19～21	0.20～0.23
鸡嘴荔	79	18～20	0.35
注：表中未列入的其他品种，可依据品种特性参照近似品种的有关指标。			

附 录 D
（规范性附录）
荔枝等级指标

表 D.1 荔枝等级指标

项 目	等级指标		
	优等品	一级品	二级品
果实外观	果形正常、符合附录 A 规定的品种形态特征，果实成熟适度，果面洁净		
果实规格	果实千克粒数符合附录 B 规定，果粒大小均匀，无异品种	果实千克粒数符合附录 B 规定，果粒大小均匀，异品种＜2％	果实千克粒数符合附录 B 规定，果粒大小较均匀，异品种＜5％
色泽风味	具有该品种固有色泽，无变色。风味正常	具有该品种固有色泽，风味正常	具有该品种固有色泽，风味正常
机械伤、病虫害及外物污染	无腐烂、裂果、脱粒，不得有机械伤、病虫害及外物污染	无腐烂、裂果。基本无机械伤、病虫害等缺陷	无腐烂、裂果。基本无严重缺陷果
缺陷	无缺陷果实	一般缺陷果≤3％	一般缺陷和严重缺陷果合计≤8％，其中严重缺陷果≤3％
理化指标	果实可食率、可溶性固形物、可滴定酸等指标符合附录 C 规定		

附　录　E
（规范性附录）
荔枝检验结果的评定

表 E.1　荔枝检验结果的评定

项　　目	合　　格	不合格
包装	清洁、牢固、无破损	变形、不清洁
质量	符合规定质量	少于规定，或大于规定 2%
温度	保鲜荔枝 3 ℃～5 ℃ 速冻荔枝≤－18 ℃	保鲜荔枝＞3 ℃或＜5 ℃ 速冻荔枝＞－18 ℃
卫生	果面洁净，不得沾污泥土或不洁物	果面不洁，附有泥土等
色泽	鲜红或红带绿	变褐
成熟度	适中，上市初期不低于 70%， 高峰期不高于 95%	上市初期低于 70%，高峰期高于 95%
形状	具有该品种应有的果形特征	畸形
规格	符合附录 D 的规定	不符合附录 D 的规定
风味	具有该品种正常风味，无异味	有异味
杂质	不带有荔枝本身的废弃物及外来物质	带有荔枝本身的废弃物及外来物质
缺陷	符合附录 D 的规定	不符合附录 D 的规定
可食率	符合附录 C 的规定	不符合附录 C 的规定
可溶性固形物	符合附录 C 的规定	不符合附录 C 的规定
可滴定酸度	符合附录 C 的规定	不符合附录 C 的规定
农药残留	符合 GB 2763 的规定	不符合 GB 2763 的规定
重金属	符合 GB 2762 的规定	不符合 GB 2762 的规定
添加剂	符合 GB 2760 的规定	不符合 GB 2760 的规定
注：上述项目中，杂质、卫生、风味、缺陷中有一项不合格，整批判不合格，其余项目如有两项以上不合格，则判为不合格。		

附　录　F
（资料性附录）
主要贸易国家进口中国荔枝植物检疫要求

F.1　美国对中国产荔枝的检疫要求

F.1.1　输美荔枝不得带有美方关注的2种有害生物，即桔小实蝇[*Bactrocera dorsalis*（Hendel）]、荔枝蒂蛀虫（*Conopomorpha sinensis* Bradley）。

F.1.2　出口果园、加工厂应在中国检验检疫机构注册，并按照有关标准要求采取严格的病虫害控制措施。

F.1.3　中国检验检疫机构对输美荔枝应实施出口前检验检疫，并出具官方植物检疫证书。

F.1.4　输美荔枝应在出口前或运输过程中，采取针对实蝇等有害生物的冷处理措施，冷处理指标为1℃或以下处理15 d、1.39℃或以下处理18 d。并经过认可并已在USDA—APHIS备案的检验检疫官员签发冷处理报告。

F.1.5　荔枝抵达美国后，美国植物检疫机构将实施入境检疫，对不符合要求的货物采取退货、转口、销毁、除害处理等措施。

F.1.6　其他要求将按照美方有关法规执行。

F.2　澳大利亚对中国产荔枝的检疫要求

F.2.1　出口荔枝产自中国，不得携带土壤、叶片、枝条、杂草种子及其他植物残体，不得带有澳方关注的23种检疫性有害生物。

F.2.2　出口果园、加工厂应在中国检验检疫机构注册，并按照有关标准要求采取严格的病虫害控制措施。

F.2.3　出口荔枝应在出口前或运输过程中，采取针对实蝇等有害生物的冷处理或蒸热处理，冷处理指标为1℃或以下处理15 d、1.39℃或以下处理18 d，蒸热处理指标47℃或以上处理15 min、46℃或以上处理20 min（上述温度均指果心温度）。

F.2.4　出口荔枝包装箱需标出果园、包装厂注册号等信息，以便追溯货物来源。包装与储运过程应符合有关检疫卫生要求。

F.2.5　中国出入境检验检疫机构应对出口荔枝实施严格的出境前检验检疫，并对检疫合格的货物出具植物检疫证书。

F.2.6　荔枝抵达澳大利亚后，澳大利亚检验检疫机构将实施入境检疫，对不符合要求的货物采取退货、转口、销毁、除害处理等措施。

F.2.7　其他要求按《中华人民共和国鲜龙眼荔枝果实输往澳大利亚植物检疫程序规范》的规定执行。

F.3　日本对中国产荔枝的检疫要求

F.3.1　出口荔枝产自中国，应来自在中国检验检疫机构注册的出口果园、加工厂，并按照有关标准要求采取严格的病虫害控制措施。

F.3.2　出口荔枝应在出口前或运输过程中，采取针对实蝇等有害生物的冷处理或蒸热处理，并由日方检疫人员驻厂对检疫处理进行确认。冷处理指标为1℃或以下处理15 d、1.39℃或以下处理18 d，蒸热处理指标 47 ℃或以上处理 15 min、46 ℃或以上处理 20 min(上述温度均指果心温度)。

F.3.3 出口荔枝包装箱需标出果园、包装厂注册号等信息，并贴有“FOR JAPAN”字样，贴封 CIQ 封条，以便追溯货物来源。包装与储运过程应符合有关检疫卫生要求。

F.3.4 中国出入境检验检疫机构应对出口荔枝实施严格的出境前检验检疫，并对检疫合格的货物出具植物检疫证书。证书需注明蒸热、冷处理情况，声明不带桔小实蝇；日方植物检疫官应对处理、检疫和证书进行确认，并在证书背面签名。荔枝检验检疫的有效期为 7 d，货主应在检验检疫合格后 7 d 内组织货物出口。

F.3.5 其他要求按日本植物检疫法规执行。

F.4 智利对中国产荔枝的检疫要求

F.4.1 输智荔枝不得带有智方关注的 5 种有害生物，即黑点褐卷叶蛾(*Crytophlebia ombrodelta*)、荔枝蒂蛀虫(*Conopomorpha sinensis* Bradley)、叶卷叶蛾(*Eboda cellerigera*)、拟小黄卷蛾(*Adoxophyes cyrtosema*)和小灰蝶(*Deudoris epijarbas*)。

F.4.2 出口荔枝的产地、包装厂、储存库应在中国检验检疫机构注册，并采取有害生物管理措施。

F.4.3 中国检验检疫机构对输智荔枝应实施出口前检验检疫，并出具官方植物检疫证书。

F.4.4 荔枝抵达智利后，智利植物检疫机构将实施进境检验检疫，并对不符合要求的货物采取转口、销毁等措施。

F.4.5 其他要求将按照智方有关法规执行。

F.5 乌拉圭对中国产荔枝的检疫要求

F.5.1 输乌荔枝不得带有乌方关注的 4 种有害生物。即桔小实蝇(*Bactrocera dorsalis*)、拟小黄卷蛾(*Adoxophyes cyrtosema*)、黑点褐卷叶蛾(*Crytophlebia ombrodelta*)和双线盗毒蛾(*Porthesia scintillans*)。

F.5.2 出口荔枝的产地、包装厂、储存库应在中国检验检疫机构注册，并采取有害生物管理措施。

F.5.3 中国检验检疫机构对输乌荔枝应实施出口前检验检疫，并出具官方植物检疫证书。

F.5.4 荔枝抵达乌拉圭后，乌拉圭植物检疫机构将按 1%抽样实施进境检验检疫，并对不符合要求的货物采取转口、销毁等措施，情况严重时将暂停该项目。

F.5.5 其他要求将按照《为确保中国出口乌拉圭的荔枝和龙眼不含桔小实蝇的植物检疫合作备忘录》及乌方有关法规执行。

中华人民共和国出入境检验检疫行业标准

SN/T 1078—2010
代替 SN/T 1078—2002

进出境藤柳草制品检疫规程

Rules for the quarantine of rattan, willow and grass products for import and export

2010-05-27 发布　　　　2010-12-01 实施

中华人民共和国国家质量监督检验检疫总局 发布

前　言

本标准按照 GB/T 1.1—2009 给出的规则起草。

本标准代替 SN/T 1078—2002《进出境藤、柳、草制品检疫操作规程》。

本标准与 SN/T 1078—2002 相比，主要技术变化如下：

——增加了检疫依据和检疫准备 2 章；

——删除了样品保存；

——修订了抽样比例；

——修订了检疫结果评定。

本标准由国家认证认可监督管理委员会提出并归口。

本标准起草单位：中华人民共和国福建出入境检验检疫局。

本标准主要起草人：李德福、黄可辉、江信健、陈明、林峰。

本标准于 2002 年首次发布，2010 年第一次修订。

进出境藤柳草制品检疫规程

1 范围

本标准规定了进出境藤柳草制品的检疫方法和检疫结果的判定。

本标准适用于进出境藤柳草制品的检疫。

2 术语和定义

下列术语和定义适用于本文件。

2.1

藤柳草制品 rattan,willow and grass products

由藤、柳、草加工制成的及藤、柳、草与其他材料混合加工制成的各种成品和半成品。

3 检疫依据

3.1 进境国家或地区的植物检疫要求。

3.2 政府间双边植物检疫协定、协议、议定书、备忘录和我国参加的地区性和国际性植保植检组织规定的检疫要求。

3.3 我国进出境植物检疫法律法规及其相关规定。

3.4 贸易合同、信用证中订明的植物检疫要求。

4 检疫准备

4.1 审核报检资料,报检人应提供贸易合同(或信用证)、装箱单、发票等资料,出境报检应提供生产企业注册登记号,进境报检还应提供原产地证书和输出国或地区官方提供的植物检疫证书。

4.2 查阅有关法律法规和技术资料,确定检疫依据及检疫要求。

4.3 了解输出国产地疫情或进口国检疫要求,明确检疫重点。

5 现场检疫

5.1 检疫工具

手持放大镜、毛刷、指形管、剪刀、镊子、白塑料布(约 1 m^2)、样品袋、手电筒、记号笔、照相机等。

5.2 检疫方法

5.2.1 核查货证

检查货物规格、数量、质量、批次代号、唛头标记和包装等是否与报检单证相符。

5.2.2 包装物检疫

检查货物的包装物包括外包装及所含小件货样的内包装,如有木质包装或衬垫物,应连同一起检疫;检查包装物及其缝隙中有无害虫、杂草籽等有害生物及蛀孔等为害状,检查其有无夹带土壤等禁止进境物。

5.2.3 货物检疫

5.2.3.1 病害检疫

对货物进行检查,检查其有无病害症状,特别是检疫性病害为害状,将可疑的样品装入样品袋供实验室检验鉴定。

5.2.3.2 害虫、杂草检疫

检查货物是否有害虫及其为害状,将可能带有活虫的可疑样品装入样品袋,供实验室检验鉴定。必要时,将货物放置于白塑料布上,采用拍击方法进行查验,使隐藏的害虫、螨类、杂草籽等坠落于塑料布上,将检获的害虫、螨类、杂草籽装入指形管,供实验室检验鉴定。

5.2.3.3 其他项目检疫

检查货物是否夹带禁止进境物。

5.3 抽样和送样

5.3.1 抽样比例

5.3.1.1 以一检疫批为单位,按下列比例抽样查验:

——10 件以下全部查验;

——11 件～100 件查验 10 件;

——101 件～1 000 件,每增加 100 件,查验数量增加 1 件;

——1 001 件以上,每增加 500 件,查验数量增加 1 件。

5.3.1.2 每件内含有小件的,查验数不少于该件内含有小件数的四分之一。

5.3.2 抽样方法

在货物堆垛上、中、下等不同部位,随机抽取查验样品。

5.3.3 样品送检

将现场检疫发现的有害生物及有可疑症状的样品,标明报检号、品名、数量、取样地点、取样时间、取样人和取样日期,送实验室进一步检验。

6 实验室检验

6.1 病害检验

对截留的样品进行详细的症状检查,观察有无典型病害症状,然后再进行病菌组织切片检验,尚不能确定的可进行组织分离培养鉴定或采用其他方法进行鉴定。

6.2 害虫、螨类检验

将检获的害虫、螨类置于解剖镜或显微镜下检验鉴定。对难以直接鉴定的幼虫、虫卵、蛹,应进行饲养,需要时连同样品一并置于害虫饲养箱中进行饲养,待成虫羽化后进行检验鉴定。

6.3 杂草检验

将检获的杂草籽置于解剖镜或显微镜下检验鉴定，必要时可种植培养检验鉴定。

6.4 技术鉴定

根据有害生物的检疫鉴定方法、技术资料及标准对发现的有害生物的生物学特征进行分类鉴定，确定有害生物的种类。

7 结果评定与处置

7.1 合格评定

经检疫，符合3.1、3.2、3.3、3.4的检疫规定，评定为合格。

7.2 不合格评定

检疫结果有下列情况之一的，评定为不合格：

——发现检疫性有害生物；

——发现禁止进境物；

——发现双边协定、协议、备忘录等涉及的有害生物；

——发现其他不符合第3章规定。

7.3 不合格的处理

出境的，应针对情况实施检疫除害、重新加工等处理，并对处理结果进行复检，复检不合格的作不准出境处理。

进境的，应实施检疫除害处理。无有效检疫除害处理方法的，作退货或销毁处理。

前　　言

本标准按照GB/T 1.1—1993《标准化工作导则　第1单元:标准的起草与表述规则　第1部分:标准编写的基本规定》的要求编写。

根据有关新鲜蔬菜检疫规定及要求,本标准制定了我国进出境新鲜蔬菜抽样比例、检疫方法,并对结果判定、不合格处置、检疫有效期作了明确的规定,本标准也提到了进出境运输工具的检疫。

本标准附录A是标准的附录。

本标准由中华人民共和国国家认证认可监督管理委员会提出并归口。

本标准起草单位:宁波出入境检验检疫局。

本标准主要起草人:贺水山、傅冬良、陈先锋、陈丽芸、魏四军。

本标准系首次发布的检验检疫行业标准。

中华人民共和国出入境检验检疫行业标准

进出境新鲜蔬菜检疫规程

SN/T 1104—2002

Rules for quarantine of fresh vegetables for import and export

1 范围

本标准规定了进出境新鲜蔬菜的检疫方法及检疫结果的判定。

本标准适用于进出境新鲜蔬菜的检疫，包括叶菜类、茎菜类、花菜类、茄果类、瓜菜类、豆菜类、根菜类和新鲜食用菌类等。

2 引用标准

下列标准所包含的条文，通过在本标准中引用而构成为本标准的条文。本标准出版时，所示版本均为有效。所有标准都会被修订，使用本标准的各方应探讨使用下列标准最新版本的可能性。

GB/T 8854—1988 蔬菜名称（一）

3 定义

本标准采用下列定义。

3.1 蔬菜

可作副食品的草本植物的总称，也包括少数可作副食品的木本植物和真菌类。

3.2 新鲜蔬菜

系选用新鲜、洁净，经过一定加工或保鲜处理的蔬菜。

3.3 食用菌类

可供人类食用的真菌，如香菇、蘑菇、木耳等。

3.4 虫害蔬菜

受害虫为害的蔬菜。

3.5 病害蔬菜

受植物病原物侵害的蔬菜。

3.6 有害生物

指任何有害的植物、动物或病原物的种、株（品）系或生物型。

3.7 检疫性有害生物

指对受其威胁的地区具有潜在经济重要性、但尚未在该地区发生，或虽已发生但分布不广并进行官方防治的有害生物。

3.8 违禁物

除有害生物以外，检疫条款或合同中规定不准带有的物质，如稻草、稻谷、谷壳、土壤等。

3.9 检疫批

以同一品种、同一运输工具、来自或运往同一地点、同一发货人或收货人、同时出或入境的为一个检疫批。

3.10 检疫有效期

中华人民共和国国家质量监督检验检疫总局 2002-03-15 批准　　2002-09-01 实施

指从检疫完毕之日至货物离境日止。

4 器具与试剂

4.1 器具

显微镜、解剖镜、温度计、台秤、放大镜、镊子、毛笔、试管、不锈钢刀、剪刀、手套、白瓷盘、聚乙烯塑料袋、漏斗、培养皿、螨类分离器、玻片、离心机等。

4.2 试剂

甘油、盐水、酒精等。

5 抽样

5.1 抽样方法

以一检疫批为单位进行抽样。按棋盘式或对角线随机抽检、取样。

5.2 取样比例

5 件以下全部抽检，取代表样品 1～2 份；6 件以上 200 件以下按 5%～10%抽检(最低不少于 5 件)，取代表样品 1～2 份；201 件以上按 2%～5%抽检(最低不少于 10 件)，取代表样品 2～4 份，每份样品一般为 1 000 g～2 000 g。

5.3 样品标识与保存

5.3.1 样品标识

取代表样品立即装入塑料袋内，保证样品不受外界污染，标明报检号、品名、数量、企业批号(出境)或生产国及取样地点(入境)、取样人和取样日期。

5.3.2 样品保存

样品应在 0℃～4℃的温度下保存，保存期一般为 14 d。

6 现场检疫

6.1 核对报检单所列规格、件数、重量、唛头、企业批号(出境)与实际货物是否相符合。

6.2 检疫场所条件

检疫场所应光线充足、通风良好、清洁卫生。

6.3 存放场所检疫

存放场所应干净卫生，检查是否有害虫感染。

6.4 包装检疫

检查货物外包装及所抽样品的内包装是否受害虫感染或夹带违禁物。

6.5 产品检疫

按 5.2 规定的比例进行抽检。

6.5.1 害虫检疫

将所取样品放于白瓷盘内，仔细观察表面有无虫道、虫孔和害虫，并用抖、击、剖、剥等方法进行检验；或将样品置于盆、盘等容器内用 1%淡盐水做漂浮检验，并收集虫体。把收集到的虫体装入试管内带回实验室做进一步检验鉴定。

6.5.2 病害检疫

针对各种新鲜蔬菜病害特点，肉眼或借助放大镜仔细观察产品的各个症状，挑选典型病症的个体带回室内做进一步检验。

6.5.3 杂草检疫

仔细检查样品，看是否携带杂草。把收集到的杂草带回实验室进一步检验。

6.5.4 其他项目检疫

检查产品是否带土壤或其他违禁物。

6.6 贮存场所温度监测

对保存温度有要求的，应监测贮存场所中心和四周是否达到所需温度。

6.7 运输工具检疫

对散装或集装箱(包括货柜车)运输的出境产品，装货前进行运输工具检疫，检查箱体(货柜)是否破损、受有害生物感染或夹带违禁物。

7 室内检验

7.1 样品检验

对现场检疫取回的样品做进一步检验，检查是否有病、虫、杂草等。

7.2 检疫鉴定

7.2.1 害虫检验

将现场或室内检查中发现的害虫进行鉴定，必要时进行害虫饲养等。

用螨类分离器分离螨类；亦可将适量样品平铺在白瓷盘上，盘四周预先薄涂甘油，使盘面温度保持在45℃左右，经20 min后，检查盘四周螨类。对分离到的螨类计数并鉴定。

7.2.2 杂草检验

将现场或室内检查中发现的杂草籽进行分类鉴定。

7.2.3 病害检验

7.2.3.1 直接镜检

病组织制片置于显微镜下直接镜检。

7.2.3.2 分离培养

可疑病变组织表面消毒后，置于保湿的吸水纸上或置于培养基中恒温培养，对病原菌进行鉴定。

7.2.4 线虫分离鉴定

7.2.4.1 浅盘分离法

将受检材料研碎，平铺于浅盘内的筛网(双层纱布也可)上，置于盛水的底盘中，水的高度以浸没样品为宜，24 h后取出底盘底部线虫镜检。

7.2.4.2 漏斗分离法

将研碎样品放入漏斗内滤纸或纱网上，加水浸泡若干小时，取下部浸渍液离心浓缩后镜检。

7.3 统计记录

检验完毕后做好记录，并对应检病、虫、杂草计算每千克含量或被害率。

8 评定

8.1 评定依据

8.1.1 进境国家或地区的植物检疫要求。

8.1.2 政府间双边植物检疫协定、协议和我国参加的地区性和国际性植保植检公约的规定。

8.1.3 贸易合同和信用证等关于植物检疫条款。

8.1.4 我国的进出境植物检疫规定。

根据上述评定依据并结合存放场所、产品包装、温度监测结果、集装箱箱体(货柜)的卫生条件，进行综合评定。

8.2 合格与不合格的评定

检疫结果符合8.1评定依据规定的，评定为合格。否则，评定为不合格。

8.3 不合格的处置

8.3.1 出境的应根据检疫要求做除害、重新加工、整理等处理后，进行复检，复检合格的准予出境。

8.3.2 进境的进行除害处理，无有效处理方法的，做退货或销毁处理。

9 检疫有效期

出境新鲜蔬菜检疫有效期一般为 14 d。

附　录　A
（标准的附录）
进出境新鲜蔬菜检疫流程图

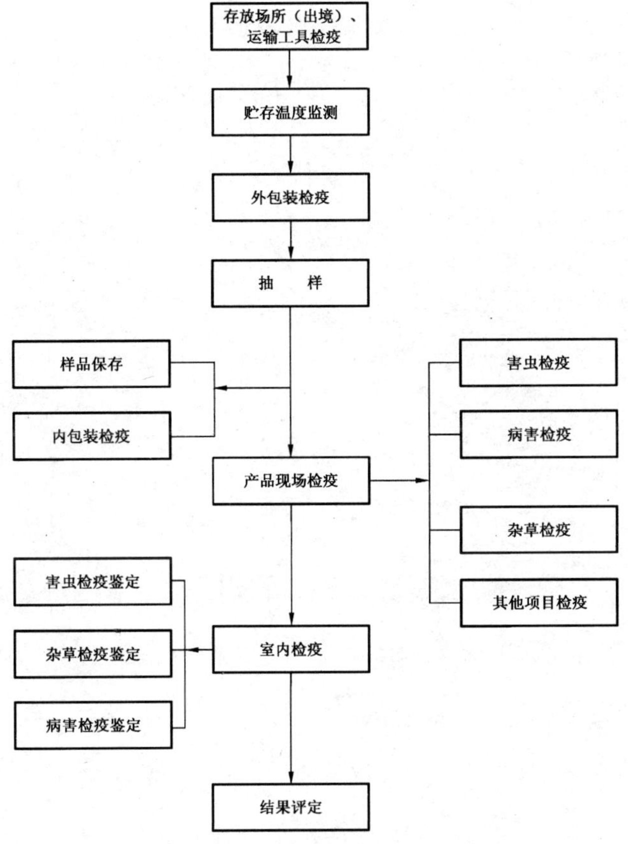

中华人民共和国出入境检验检疫行业标准

SN/T 1122—2002

进出境加工蔬菜检疫规程

Rules for the quarantine of processed vegetables for entry and exit

2002-08-02 发布　　　　2003-01-01 实施

中华人民共和国
国家质量监督检验检疫总局 发布

前　言

本标准制定了进出境加工蔬菜的检疫抽样、现场检疫、实验室检验的步骤与方法，并对结果判定作了明确规定。

本标准由国家认证认可监督管理委员会提出并归口。

本标准起草单位：中华人民共和国江苏出入境检验检疫局。

本标准主要起草人：魏厚德、郭新发、陈淼、伊仰东。

本标准系首次发布的检验检疫行业标准。

进出境加工蔬菜检疫规程

1 范围

本标准规定了进出境加工蔬菜的检疫方法和结果判定。

本标准适用于冷冻蔬菜、脱水蔬菜、腌渍蔬菜的进出境检疫。

2 规范性引用文件

下列文件中的条款通过本标准的引用而成为本标准的条款。凡是注日期的引用文件,其随后所有的修改单(不包括勘误的内容)或修订版均不适用于本标准,然而,鼓励根据本标准达成协议的各方研究是否可使用这些文件的最新版本。凡是不注日期的引用文件,其最新版本适用于本标准。

SN/T 0230.1 出口脱水蔬菜检验规程

SN/T 0301 出口盐渍菜检验规程

SN/T 0626 出口速冻蔬菜检验规程

3 术语和定义

下列术语和定义适用于本标准。

3.1

加工蔬菜 processed vegetable

通过冷冻方式、脱水方式、腌渍方式加工制成的各种蔬菜。

3.2

冷冻蔬菜 frozen vegetable

蔬菜原料经挑选、清洗(漂烫)、冷却、速冻方式加工成的各种蔬菜。

3.3

脱水蔬菜 air-dried vegetable

经自然风干、高温脱水或低温真空脱水等方式加工成的各种干菜。

3.4

腌渍蔬菜 pickled vegetable

经用盐或盐汁、糖或糖汁或其他各种卤汁腌渍加工成的各种蔬菜。

3.5

检疫批 lot

同一品种,同一运输工具,来自或运往同一地点,同一发货人或收货人,同时出或入境的货物。

3.6

检疫性病、虫、杂草 quarantine disease、insect and weed

我国禁止进境的一、二类以及其他潜在危险性病、虫、杂草和政府间双边植物检疫协定、协议规定的以及进口国检疫法律规定的或贸易合同、信用证要求检疫的病、虫、杂草。

4 检疫准备

检疫人员在检疫前应仔细审核货物有关单证,明确检疫条款,确定检疫依据。贸易合同、信用证中的检疫条款要与双边协定或检疫法律、法规相符。

5 现场检疫

5.1 检疫工具

剪刀、镊子、放大镜、指形管、不锈钢刀、分样筛、白瓷盘、毛笔、塑料袋、样品标签、抽/采样凭单、检疫记录单等。

5.2 检疫方法

5.2.1 核查货物情况

核查货物堆放货位、生产批号、唛头标记、件数、重量以及生产加工单位、原料来源地等情况;进境货物还应了解航行时间、航行中有无异常情况等,并作好有关现场记录。

——冷冻蔬菜还应了解速冻温度与速冻时间、冷藏温度与冷藏时间。

——脱水蔬菜还应了解脱水方式。如果是热风干燥脱水应了解热风脱水温度和脱水时间。

——腌渍蔬菜还应了解腌渍液的组成成分、腌渍时间等。

5.2.2 堆货场所检查

仔细检查货物堆放场所四周墙角、地面以及覆盖货物用的篷布、铺垫物等,是否有害虫感染的痕迹或有活害虫发生。

5.2.3 包装物检查

a)从货垛表面及四个侧面直接检查包装物表面是否有害虫感染,是否受污染、有无霉变、破损等情况;

b)按本标准5.3.2和5.3.3确定的抽检件数和抽样方法抽检货物,打开包装将货物取出,仔细检查包装内表以及夹缝是否有害虫或霉变和其他检疫物如土壤、动物尸体等。

5.2.4 货物检查

按本标准5.3.2和5.3.3确定的抽检件数和抽样方法抽检货物,打开包装将货物取出放在铺有白色塑料布的台面上进行检查,并收集有可疑症状样品。

——冷冻蔬菜检查货物中有无病斑、杂质、昆虫残体。必要时可取适量样品作解冻检查。

——脱水蔬菜直接检查货物中有无害虫感染,以及土粒、杂质、昆虫残体等。

——腌渍蔬菜检查货物中有无腐烂、霉变、腐生真菌、腐生昆虫、泥沙等。

5.2.5 运输工具检疫

对装载出境货物的集装箱、汽车和船舶、飞机的货舱在装货前要进行检疫,不得有害虫、霉菌等有害生物感染,不得有泥土和动植物性残留物。

装载出境冷冻蔬菜的集装箱在装箱前还应进行低温测试,要求箱内温度达到-18℃以下。

5.3 抽样

5.3.1 抽样条件

报检货物必须备货齐全,堆码整齐,标识明显,不得与其他货物混堆。

5.3.2 抽样数量

以每个检疫批为单位进行抽样。

——冷冻蔬菜按SN/T 0626中4.3抽样比例抽样。

——脱水蔬菜按SN/T 0230.1中4.1.5抽样比例抽样。

——腌渍蔬菜按SN/T 0301中4.1抽样比例抽样。

——抽取样品:

200件以下取一至二份;

200件以上取二至四份。

每份原始样品为1 000 g～1 500 g。

5.3.3 抽样方法

按5.3.2确定的抽样数量,从货垛不同侧面的上、中、下不同部位随机抽取被抽检的货物和样品。

5.3.4 样品制备

将取得的原始样品放入干净塑料袋中,扎紧袋口,加贴样品标签。注明编号、品名、数量、产地、进/出境日期、取样地点、取样人、取样日期。

6 实验室检验

根据需要将现场抽取的样品和发现有可疑症状的样品在实验室中作进一步检验。

6.1 病害检验

6.1.1 对附着在产品表面的病原菌可采用直接镜检法、洗涤离心法进行病菌检验。

6.1.2 对潜伏在产品组织内部的病原菌可采用分离培养法、吸水纸法、切片法进行病菌检验。

6.2 害虫、杂草籽检验

6.2.1 直接检查

将样品摊放在白磁盘中,逐一检查有无害虫,杂草籽;

6.2.2 过筛检查

将脱水蔬菜等干制样品到入分样筛中,用回旋法过筛,将筛上物和筛下物分别倒在白磁盘中检查害虫和杂草籽。必要时应按式(1)计算含量。计算公式:

$$Q = 1\,000 \times S/W \qquad (1)$$

式中:

Q——每公斤样品中害虫或杂草籽含量,单位为头或粒;

S——样品中发现的害虫或杂草籽数量,单位为头或粒;

W——样品重量,单位为克(g)。

6.2.3 剖开检查

对有虫蛀、虫孔以及带有其他可疑症状的根、茎类蔬菜用刀剖开检查有无害虫。

6.3 有害生物鉴定

6.3.1 将现场检疫和室内检验发现的害虫、病菌、杂草应用解剖镜、显微镜等仪器确定形态特征,依据有关生物的鉴定特征和鉴定标准进行种类鉴定。

6.3.2 根据本标准 3.6 的规定,判别是否为检疫性病、虫、杂草。

7 结果评定与出证

7.1 合格的评定

经检疫未发现本标准 3.6 规定的检疫性病、虫、杂草或 7.2.1 b 款规定的其他害虫,评定该检疫批为合格。

7.2 不合格的评定

7.2.1 有下列情况之一,该检疫批评定为不合格:

a) 经检疫发现本标准 3.6 规定的检疫性病、虫、杂草和其他检疫物如土壤、动物尸体等;

b) 在全批货物及包装物上发现一般性害虫五头以上(包括五头),或平均每公斤样品中发现一般性害虫达到一头或螨类 10 头。

7.2.2 不合格的处置

a) 有有效除害处理方法的,如通过熏蒸、消毒、热处理、辐照等处理方法可以达到除害目的的,经除害处理合格,或重新加工经检疫合格后,可以进境或出境。

b) 无有效除害处理方法的:

——进境货物作退货或销毁处理;

——出境货物要求换货或不准出境。对更换的货物须经重新检疫合格后,准予出境。

7.3 合同要求出具熏蒸证书的货物,经熏蒸后按无活害虫标准进行检疫和评定。

7.4 对不合格货物和要求熏蒸货物进行处理时,检疫人员按照检疫监管有关规定实施检疫处理监管。

中华人民共和国出入境检验检疫行业标准

SN/T 1126—2002

进出境木材检疫规程

Rules for the quarantine of importing and exporting timber

2002-08-02 发布　　　　2003-01-01 实施

中华人民共和国国家质量监督检验检疫总局 发布

前 言

本标准由国家认证认可监督管理委员会提出并归口。

本标准起草单位:中华人民共和国江苏出入境检验检疫局。

本标准主要起草人:冉俊祥、杜国兴、陈建东、袁克、刁彩华、孙亮、郑光华。

本标准系首次发布的出入境检验检疫行业标准。

进出境木材检疫规程

1 范围

本标准规定了进出境木材的检疫要求、现场检疫和实验室检验方法以及检疫结果的评定和处置。

本标准适用于进出境木材的植物检疫。

2 术语和定义

下列术语和定义适用于本标准。

2.1

木材 timber

未经加工或未经最终加工的木质产品。通常包括原木、锯材、软木、木质碎料、单板、胶合板等。

2.2

有害生物 pest

危害或可能危害植物及其产品的任何生物有机体。

2.3

检疫性有害生物 quarantine pest

在一个国家或地区未发生、或分布未广且官方正在积极控制中的有潜在经济重要性的有害生物。

2.4

除害处理 disinfestation

利用化学或物理方法杀死有害生物的有效措施。

3 检疫依据和检疫要求

3.1 检疫依据

——国际或区域性植保植检公约、协定；

——中国法定的植物检疫要求；

——进口国家或地区官方的植物检疫要求；

——中国与贸易国政府间签定的双边植物检疫协定、协议或备忘录。

3.2 检疫要求

3.2.1 进境木材应符合下列检疫要求

——不带有我国政府规定禁止进境的检疫性有害生物和对我国森林、环境、旅游资源等有潜在威胁的有害生物；

——不带有树皮，如带有树皮，应在输出国家或地区进行有效的除害处理，达到中国法定的进境检疫要求，并在植物检疫证书中注明除害处理的方法、药剂、剂量、时间和温度；

——不带有土壤等禁止进境物。

3.2.2 出境木材应符合下列检疫要求

——木材材种不属于进口国禁止进境的品种；

——不带有进口国规定的检疫性有害生物；

——不带有进口国禁止进境的物品。

4 检疫准备

4.1 审核报检资料是否齐全，报检人应提供贸易合同、信用证、提单（运单）、发票、产地证等资料，进境报检还必须提供输出国家或地区官方出具的植物检疫证书。

4.2 查阅有关法律法规、标准资料和技术资料，确定检疫依据和检疫要求。

4.3 了解输出国产地疫情或进口国检疫要求，明确检疫重点。

5 现场检疫

5.1 检疫工具

准备现场检疫工具，如工具箱、木工斧、木凿、放大镜、眼科镊、指形管、广口瓶、样品袋、照相机、现场检疫记录表等，必要时还应配备电锯（或油锯）、摄像机、木材害虫啃食微音器等设备。

5.2 检疫方法

5.2.1 检疫条件

5.2.1.1 现场检疫应在适宜的自然光线下进行，雨雪天气不宜开展现场检疫。

5.2.1.2 进境木材必须先检后卸，出境木材必须先检后装。

5.2.2 运输工具适装性检疫

装载出境木材的运输工具（含集装箱，下同），应达到本规程 3.2.2 的规定。对不符合检疫要求的运输工具应进行清理或实施除害处理，清理或除害处理合格后允许装运，否则应改换运输工具。

5.2.3 检疫项目

——树皮；

——土壤等禁止进境的物品；

——各类为害状，如空洞、蛀孔、虫粪、腐朽、流汁、病斑、病症等；

——各种不同生活状态下的有害生物，如活虫、茧蛹、虫瘿、菌丝、子实体以及可以随木材携带传播为害的其他的生物有机体；

——进出境木材如有木质包装或衬垫料，须连同一起检疫。

5.2.4 检查方式和频次

5.2.4.1 核对货证是否相符，核实实际装运货物的种类、数量、规格与报检资料是否一致。

5.2.4.2 船、车装运进境的木材应在卸货前登轮、登车作表层检疫。船运进境的木材，在卸货过程中采取边检、边卸、分次分舱检查的方法，一般每船按上、中、下三层检查三次，受客观条件限制，中、下层检查可在规定的堆场实施检查；陆运进境的木材，在卸货前和卸货后各检查一次；陆运木材直运方式进境的，由进境口岸检验检疫机关登车检疫，符合进境检疫要求的方可运往指运地点。

5.2.4.3 集装箱装运进境的木材，实施开箱检查，根据不同产地的疫情和木材的种类，必要时进行掏箱检疫。

5.2.4.4 出境木材在装运前实施检查，对装箱、装车、装船过程实施检疫监管。

5.3 抽样

5.3.1 抽检比例

5.3.1.1 原木按每批货物的总根数进行抽样检查。

——船、车装运的原木，按 0.5%～5% 进行抽样检查；

——集装箱装运的原木其检查根数不低于总根数的 10%。

5.3.1.2 锯材、单板、胶合板按每批货物的总件数进行抽样检查。

——100 件以下（含 100 件），抽检 10 件，10 件以下全部检查；

——101 件～500 件，每递增 100 件，增加抽检 1 件；

——501 件～2 000 件，每递增 200 件，增加抽检 1 件；

——2 001 件以上，每递增 400 件，增加抽检 1 件。

裸装的方材参照原木计算抽检比例。

5.3.1.3 软木及木质碎料按每批货物总吨数的 0.1%～5%进行抽样检查。

5.3.2 针对性检查

在依据抽检比例进行抽检时，还应视具体情况结合实施针对性检查。

——根据输出国产地疫情或进口国检疫要求，对重点有害生物进行针对性检查；

——根据不同材种可能携带的有害生物进行针对性检查；

——根据有害生物的生物学特性，对重点的为害部位进行针对性检查。

5.3.3 取样

5.3.3.1 对携带有害生物或带有可疑症状而现场无法进行分离鉴定的，应截取代表性木段或树皮等带回实验室检验。

5.3.3.2 对现场发现的林木害虫带回实验室作鉴定，现场发现的有害生物需要进行饲养或培养，视需要截取相关部位的木材样品带回室内使用。

5.3.3.3 须作树种鉴定时，应截取代表性木段。

5.3.3.4 有害生物的为害状，可以选取典型材料带回室内供鉴定时参考。

6 实验室检验

6.1 仪器设备及试剂、药品

6.1.1 实验室通常应配备下列仪器设备。

——昆虫解剖设备；

——昆虫饲养设备；

——病原菌分离设备；

——线虫分离设备；

——昆虫、病原微生物镜检、鉴定设备；

——标本制作的设备；

——检验鉴定需要的其他设备。

6.1.2 根据需要开展的检验项目配置相应的试剂、药品和相关的鉴定参考资料。

6.2 病害检验

6.2.1 对样品木段及树皮进行详细的症状检查，观察树皮和木质部有无典型的病害症状，然后再进行真菌病害组织切片或细菌病害菌溢检验等，尚不能确定的可进行组织分离培养鉴定。

6.2.2 采用浅盘分离或漏斗分离等方法检测样品木段、树皮及土壤样品中带有的植物寄生性线虫。

6.3 虫害鉴定

6.3.1 将采回的虫样及为害状和从样品木段及树皮中剖解到的害虫进行初筛分离和进一步镜检，记录虫种、虫态、寄主及截获日期等，并及时制成标本(含为害状标本)。

6.3.2 对尚不具备鉴定条件的标本进行饲养或将解剖特征制成玻片，所有标本应进行防腐保存。

6.4 技术鉴定

6.4.1 根据有害生物鉴定技术资料及标准对所发现的有害生物的外部形态特征及解剖形态特征进行分类鉴定，确定有害生物的种类。

6.4.2 对检验鉴定我国或进口国规定禁止传入的检疫性有害生物的，需经该专业中级以上职称(或同等资历)的技术人员进行确定，属重大或首次发现的检疫性有害生物，需经该专业高级以上职称(或同等资历)的技术人员或专家复核验证。

7 结果评定及处置

7.1 结果评定

根据现场检疫和实验室检验鉴定报告，对照进出境木材的具体检疫要求，作出综合评定。

——符合本规程3.2.1的进境木材，评定为进境合格；否则为不合格；

——符合本规程3.2.2的出境木材，评定为出境合格；否则为不合格。

7.2 合格或不合格的处置

7.2.1 检疫合格

对进境合格或出境合格的木材，分别出具进境或出境货物通关单放行。

7.2.2 检疫不合格

对不合格的进出境木材，出具检疫处理通知单或出境货物不合格通知单，通知并监督货主或代理人按下列情况进行处理。出境木材经检疫不合格的，货主可以选择换货，但须重新实施检疫。

7.2.2.1 有有效除害处理方法的，视具体情况作除害处理。进境木材经除害处理合格后，出具入境货物通关单放行，并视情况出具进境植物检疫证书；出境木材经除害处理合格后，出具出境货物通关单放行，并视情况出具出境植物检疫证书。

7.2.2.2 无有效除害处理方法的，进境检疫作退运或销毁处理，视情况出具进境植物检疫证书；出境检疫作不准出境处理。

7.2.3 除害处理方法和原则

7.2.3.1 除害处理的方法

常规的除害处理方法包括熏蒸、喷药、水浸和加工监管。有条件的也可以采用辐照、热处理等方法达到除害的目的。

7.2.3.2 除害处理的原则

7.2.3.2.1 进境检疫发现下列情况的必须实施熏蒸处理。

——传带我国政府规定禁止传入的检疫性有害生物或经有害生物风险分析认为可能造成严重威胁的有害生物；

——带有树皮过但未经有效除害处理的。

7.2.3.2.2 出境检疫发现带有进口国禁止入境的有害生物，如不换货的必须作熏蒸处理。

7.2.3.2.3 进出境检疫发现不符合其他检疫要求的，可以采取喷药、水浸和加工监管等措施进行除害处理。

7.3 样品保存和处置

将现场检疫和实验室检验发现的有害生物和为害状制成标本长期保存；所取样品视情况一般保存三至六个月。

中华人民共和国出入境检验检疫行业标准

SN/T 1130.1—2002

出口番石榴叶检验检疫规程

Rules for the inspection and quarantine of export guava leaf

2002-08-02 发布　　　　2003-01-01 实施

中华人民共和国国家质量监督检验检疫总局　发布

前　言

本标准由国家认证认可监督管理委员会提出并归口。

本标准起草单位：中华人民共和国云南出入境检验检疫局。

本标准主要起草人：杨京、杨晓明。

本标准系首次发布的检验检疫行业标准。

出口番石榴叶检验检疫规程

1 范围

本标准规定了出口番石榴叶的抽样、制样及检验检疫方法。

本标准适用于经晒干、紧压的出口番石榴叶的检验检疫。

2 规范性应用文件

下列文件中的条款通过本标准的引用而成为本标准的条款。凡是注日期的引用文件，其随后所有的修改单(不包括勘误的内容)或修订版均不适用于本标准，然而，鼓励根据本标准达成协议的各方研究是否可使用这些文件的最新版本。凡是不注日期的引用文件，其最新版本适用于本标准。

GB/T 8304—1987 茶 水分的测定

GB/T 8305—1987 茶 水浸出物测定

SN/T 0181—1992 出口药材中六六六、滴滴涕残留量检验方法

SN/T 0188—1993 进出口商品重量鉴定规程 衡器鉴重

3 术语及定义

下列术语和定义适用于本标准。

3.1

外观 appearance

该批番石榴叶色泽、匀整程度和洁净程度。

3.2

杂质 admixture

番石榴叶以外的物质及无使用价值之番石榴叶。

3.3

霉变叶 mouldy leaves

整片或碎叶表面有明显霉迹的番石榴叶。

3.4

污染叶 contaminative leaves

土壤或油污等污染之番石榴叶。

4 取样用具和器具

4.1 分样板

4.2 取样袋

4.3 分样布

4.4 镊子

4.5 放大镜

4.6 指形管

4.7 台秤(称量 200 g)

4.8 天平(感量 0.01 g)

5 现场检验检疫

5.1 抽样批

同一唛头、同一包装或同一加工批次为一抽样批。每个抽样批的数量不超过 50 t，超过时按不超过 50 t 划分小批次。

5.2 抽样数量

10 件以下，逐件抽取；11 件～100 件，随机抽取 10 件；100 件以上，按式(1)计算应抽取件数。

$$n = \sqrt{N} \qquad \cdots\cdots(1)$$

式中：

n——抽取件数；

N——每批总件数。

注：n 值取整数，小数部分向上修约。

每件取样数量应基本一致，每批取样总量应不少于 2 kg。

5.3 外包装检查

根据报检单和合同、信用证等单证，核对品名、包装、批次、标记、数量、重量、堆存地点等。按照对外贸易合同和保障安全的要求进行检查，检查包装应洁净、严密、坚固，有无商品外露情况，标记应齐全无误，各自位置应适当，字迹应清晰；检查包装材料是否污染有活虫、杂草籽及土壤等。

5.4 抽样检查

按 5.2 规定计算抽取件数，并随机抽取检查。按照抽取件数的 10%进行倒包检查。检查袋内不同部位番石榴叶的外观、气味及有无有毒、有害杂质，并检查袋内和袋间品质是否均匀。每批倒包件数不得少于三件，如果每批件数少于三件则全部倒包检查。将取样时发现的可疑病斑、活虫、杂草籽等装入指形管，带回实验室进一步鉴定。确认情况正常后，随机抽取样品。

5.5 加工过程抽样

可在加工过程中随生产线按 10%的比例甩袋取样。

5.6 重量鉴定

5.6.1 毛重

将按 5.2 条规定随机抽取的全部件数用台秤过重，根据每件货物的差重幅度大小，可适当增加或缩减抽查比例。

5.6.2 皮重

在抽查的包件中，任取 5 件～10 件称取皮重，核算平均皮重。

5.6.3 净重

根据毛重与皮重核算出抽查毛重部分的总净重，如抽查毛重部分的总净重与规定总净重差重幅度在 2‰以内的，则认为全批净重相符；如超过 2‰时则按实衡净重计算全批重量。

5.7 抽取原始样品

在每件的上、中、下各层分别抽取约 100 g 样品装入取样袋内。

5.8 试样制备

将所取样品全部倒在洁净的分样布上，两手各执分样板一块，由相对的两边对准中心混合，混合均匀后，摊成正方形，依对角线划“×”字，成四个对顶三角形，舍去两个对顶三角形范围内的样品，将另两个对顶三角形合并。继续照此缩分至 2 kg。将其装入取样袋携回实验室。

6 实验室检验检疫

6.1 感官检验

6.1.1 气味检验

打开取样袋后，立即以感官鉴定气味是否正常。

6.1.2 **外观、色泽检验**

将样品倒在清洁干燥的检验台上，充分混合后，平铺，用感官鉴定，如有实物样品则进行对照评定。

6.1.3 **杂质检验**

分取试样 400 g，检出各类杂质，若发现恶性杂质，应做好详细记录，在天平上称重，按式(2)计算含量。

$$A = \frac{W_1}{W} \times 100 \quad \cdots\cdots(2)$$

式中：

A——杂质含量，%；

W_1——杂质质量，g；

W——试样质量，g。

6.1.4 **霉变叶检验**

将 6.1.3 条检验杂质后的样品，反复翻转叶子，拣出霉变叶，在天平上称重，按式(3)计算含量。

$$B = \frac{W_2}{W} \times 100 \quad \cdots\cdots(3)$$

式中：

B——霉变叶含量，%；

W_2——霉变叶质量，g；

W——试样质量，g。

6.1.5 **污染叶检验**

在检验霉变叶的同时，从试样中拣出污染叶，在天平上称重，按式(4)计算含量。

$$C = \frac{W_3}{W} \times 100 \quad \cdots\cdots(4)$$

式中：

C——污染叶含量，%；

W_3——污染叶质量，g；

W——试样质量，g。

6.2 **病虫害检疫**

6.2.1 **害虫、杂草检疫**

将检验完气味后样品倒入规格筛内过筛，筛下物倒入白瓷盘内，检验害虫、杂草籽和土壤等。对无法确定种类的害虫幼虫等，需进行饲养鉴定。

6.2.2 **病害检疫**

根据需要按以下方法检疫。

6.2.2.1 **直接镜检**

病组织制片置于显微镜下直接镜检。

6.2.2.2 **培养检验**

对可疑病叶组织，进行分离培养或保湿培养，鉴定其病原菌。

6.3 **螨类检疫**

用螨类分离器直接检验，亦可将适量样品平铺在白瓷盘上直接检验。

6.4 **水分测定**

水分的测定按 GB/T 8304—1987 执行。

6.5 水浸出物的测定

水浸出物的测定按GB/T 8305—1987执行。

6.6 六六六、滴滴涕残留量测定

六六六、滴滴涕残留量测定按SN/T 0181—1992执行。

7 检验结果评定

外观、理化检验结果均符合要求的评为合格，否则评为不合格。被评定为不合格产品可以在返工整理的基础上复验一次，但凡属有碍卫生安全的产品不得复验。

8 检疫结果评定

经检疫，未发现进口国禁止携带的有害生物的，评为合格。

经检疫，发现有进口国禁止携带的有害生物的，评为不合格。经检疫除害处理，达到除害目的的，可出证放行。

9 存查样品

将分取6.1.3后的样品，用标签注明报检号、品名、输往国别、数量、重量、检验人及取样日期，按照对外贸易合同规定的索赔期保存。合同未规定期限者，至少保存六个月。

中华人民共和国出入境检验检疫行业标准

SN/T 1156—2002

进出境瓜果检疫规程

Rules for the quarantine of importing and exporting melons and fruits

2002-11-25 发布　　　　2003-05-01 实施

中华人民共和国
国家质量监督检验检疫总局 发布

前　言

本标准由国家认证认可监督管理委员会提出并归口。

本标准起草单位：中华人民共和国广州出入境检验检疫局。

本标准主要起草人：梁帆、梁广勤、杨国海、吴佳教。

进出境瓜果检疫规程

1 范围

本标准规定了进出境瓜果的检疫方法及检疫结果的评定。

本标准适用于进出境水果类、瓜类、茄科蔬菜和葫芦科蔬菜四类瓜果的检疫。

2 仪器及用具

立体显微镜、显微镜、放大镜、镊子、小刀、指形管、样品袋。

3 检疫依据

3.1 中国法定的植物检疫要求。

3.2 输入国家或地区进境植物检疫要求。

3.3 政府间双边植物检疫协议、议定书、备忘录及我国参加地区性或国际性公约组织应遵守的规定。

3.4 贸易合同、信用证等有关植物检疫要求。

4 检疫准备

4.1 了解输出国或地区疫情以及瓜果产地有害生物发生情况。

4.2 根据进出境瓜果的种类及可能感染的病虫明确检疫重点。

5 现场检疫

5.1 准备检疫工具,如放大镜、小刀、镊子、指形管和样品袋等。

5.2 核对单证、品种、数量、产地、包装、唛头等内容是否货证相符,有指定果园的要对产地、果园和包装厂进行核实。

5.3 抽查

5.3.1 抽查方法

用随机方法进行抽查。

5.3.2 抽查件数

5.3.2.1 批量在10件以下的(含10件),全部检查。

5.3.2.2 批量在10件以上的,按表1所列的比例抽查。

表 1 抽查比例

批量/件	抽查/(%)	备注
100 以下	10	每批抽查件数不少于 10 件
101～300	10～5	
301～500	5～4	
501～1 000	4～3	
1 001～2 000	3～2	
2 001～5 000	2～1	
5 000 以上	1～0.2	

5.3.2.3 发现可疑疫情,可适当增加抽查件数。

5.4 取样

5.4.1 取样方法:取样结合抽查进行。

5.4.2 抽取样品的数量:按表2的比例抽取代表样品。

表2 取样比例

批量/件	样品数量/份	样品重量
100以下	1	每份代表样品的重量为2 kg~10 kg
101~300	1~2	
301~500	2~3	
501~1 000	3~4	
1 001~2 000	4~5	
2 001~5 000	5~6	
5 000以上	7	

5.4.3 发现可疑疫情,可适当增加抽取样品的数量。

5.5 环境检查

检查运载工具或货物存放场所地面、四周环境卫生,有无害虫活动。

5.6 开件检查

对抽查到的货物,开件时注意检查包装物底部、四周、缝隙有无害虫活动;借助放大镜检查瓜果表面有无病虫害,特别注意检查果蒂、果脐等部位处有无害虫隐藏,或果实是否有腐软的现象,必要时做剖果检查,对发现的病虫等有害生物做初步的鉴别。发现有害虫或可疑病症的或有异常形态的果实应携回实验室做进一步的检验和鉴定。

5.7 木质包装材料检查

有木质包装材料的,如木托盘、木箱等,需检查有无林木病虫害。

6 实验室检验

将现场抽取的样品或发现可疑症状的样品进行室内病虫检验。

6.1 虫害检验

6.1.1 表面检验

仔细观察或借助解剖镜检查瓜果表面是有无蛀孔、排泄物或产卵孔等为害状。

6.1.2 剖果检验

将果实剖开,检查果肉、果核是否有害虫。

6.1.3 培养检验

在适宜的温度条件下,将样品置于室内或生物培养箱内培养,经一定的时间后,再检查是否有害虫。此方法适用于瓜果中的虫卵和低龄期的幼虫的检查。

6.2 病害检验

6.2.1 直接镜检

挑取样品中发现病变症状部分,制成玻片置于显微镜下检查和鉴定。

6.2.2 分离培养检验

将发现可疑症状的样品进行表面灭菌,必要时再用无菌水冲洗,按不同的分离目的和对象,移植于相应的培养基上,进行培养分离检查。

7 结果评定与处置

7.1 结果评定

7.1.1 合格评定

检疫结果符合第3章要求的，评定为合格。

7.1.2 不合格评定

检疫结果不符合第3章要求的，评定为不合格。

7.2 合格、不合格处置

7.2.1 检疫合格处置

对检疫合格的进出境瓜果，出具相应的证单放行。

7.2.2 检疫不合格处置

7.2.2.1 有有效除害处理方法的，通知货主或其代理人按检疫处理标准进行除害处理，处理合格后，出具相应证单放行。

7.2.2.2 无有效除害处理方法的，进境瓜果作退回或销毁处理，出具相应证书对外索赔；出境瓜果不准出境。

中华人民共和国出入境检验检疫行业标准

SN/T 1157—2002

进出境植物苗木检疫规程

Rules for quarantine of import and export plant seedling

2002-11-25 发布　　2003-05-01 实施

中华人民共和国
国家质量监督检验检疫总局　发布

前　言

本标准由国家认证认可监督管理委员会提出并归口。

本标准由中华人民共和国浙江出入境检验检疫局负责起草。

本标准主要起草人：王建伟、钱荣田、宋海龙、邵健猛。

进出境植物苗木检疫规程

1 范围

本标准规定了进出境植物苗木的检疫方法及检疫结果的判定。

本标准适用于进出境植物苗木的检疫。

2 术语和定义

下列术语和定义适用于本标准。

2.1

检疫批 lots

由一定数量的同一品名、同一发货人和收货人、同一运输工具、同一目的地的植物苗木所构成的检疫单位。

2.2

植物苗木 plant seedling

栽培、野生的可供繁殖的草本或木本植物全株或者部分，如植株、苗木、砧木、插条、接穗、芽体、叶片、试管苗等。

2.3

有害生物 pest

对植物苗木有害的任何植物、动物或病原体的种、株(或品系)或生物型。

2.4

检疫性有害生物 quarantine pest

对受其威胁的地区具有潜在经济重要性，但尚未在该地区发生、或虽已发生但分布不广并进行官方防治的有害生物。

2.5

非检疫性有害生物 non-quarantine pest

就一个地区而言，不属于检疫性有害生物的有害生物。

2.6

限定非检疫性有害生物 regulate non-quarantine pest

在栽种的植物中存在危及这些植物的预期用途而在经济上造成无法接受的影响，因而在输入方领土内受到限制的非检疫性有害生物。

3 检疫依据

3.1 进境国家或地区的植物检疫要求。

3.2 政府间双边植物检疫协定、协议、议定书、备忘录和我国参加的地区性和国际性植保植检组织的有关规定。

3.3 检疫审批规定和进口许可证、贸易合同和信用证等关于植物检疫的条款。

3.4 中国法定的植物检疫要求。

4 检疫准备

4.1 办理报检手续时，应提供贸易合同、信用证、发票和装箱单；进境苗木同时还应提供《进出境动植物检疫许可证》、《引进种子、苗木检疫审批单》、出境国家（地区）官方植物检疫机构出具的《植物检疫证书》。

4.2 审核有关单证，明确检疫要求。出境苗木中发现贸易合同、信用证中的检疫要求与双边协定或法律法规不符，应相应修改检疫条款。

4.3 了解和掌握进境植物苗木在输出国（地区）的有害生物发生情况，了解出境苗木在产地的有害生物发生情况，输入国（地区）官方植物检疫要求，确定检疫重点。

5 现场检疫

5.1 检疫工具

剪刀、放大镜、镊子、指形管、标签、采样凭证及检疫记录等。

5.2 检疫条件和方法

5.2.1 检疫条件

5.2.1.1 现场环境清洁、光线充足，具备一定的防虫条件。

5.2.1.2 待检的出境苗木应加工或处理完毕；进出境植物苗木的品种、数量、产地、批号、唛头标记应与申报内容相符。

5.2.2 检查部位及检查要求

检查部位及检查要求见表1。

表1 检查部位及检查要求

序号	检查部位	检查要求
1	整株植物、砧木、插条	是否带有土壤、害虫、软体动物、根部根结、烂根、杂草及各种病害症状
2	接穗、芽体、叶片类	有无斑点和害虫，特别应注意介壳虫、螨类等；芽眼处是否有腐烂、开裂、肿大、干缩、畸形等症状
3	试管苗类	有无斑点、花叶、畸形、干焦等病害症状
4	保湿材料、包装和运载容器的边角皱折及存放场所	是否存在害虫、病叶、枯枝、软体动物、杂草等

5.3 抽样

5.3.1 现场抽检

5.3.1.1 高风险进境植物苗木应全部检查；中、低风险的及出境植物苗木按其总量的5%～20%随机抽检。如有需要可加大抽检比例，其中不足最低检查数量的须全部检查。

5.3.1.2 抽检数量

a) 整株植物、砧木、插条类：最低抽检10件，且不少于500株（枝）；

b) 接穗、芽体、叶片类：最低抽检10件，且不少于1 500条（芽）；

c) 试管苗类：最低抽检10件，且不少于100支（瓶）。

5.3.2 实验室检验的抽样

5.3.2.1 抽样原则

应重点抽取具有代表性的样品。根据病虫危害的特性，注意抽取长势差和有较明显的虫害或病害症状的作为样品，并作好现场检疫记录。

5.3.2.2 **抽样方法和数量**

5.3.2.2.1 高风险进境植物苗木和全部货物不足一份样品的植物苗木全部送室内检验。

5.3.2.2.2 出境植物苗木及中、低风险的进境植物苗木抽样数量见表2。

表2 抽样数量

检疫项目	样品数	抽样数
整株植物、砧木、插条	50及以下	1份
	51～200	2份
	201～1 000	3份
	1 001～5 000	4份
	5 001及以上	每增加5 000增取1份，不足5 000的余量按1份抽取
接穗、芽体、叶片、试管苗类	100及以下	1份
	101～500	2份
	501～2 000	3份
	2 001～5 000	4份
	5 001及以上	每增加5 000增取1份，不足5 000的余量按1份抽取
注：接穗、芽体、叶片每份样品为10株(枝)，其他的每份样品为5株(枝)。		

6 实验室检验

6.1 对现场检疫取回的样品和需进一步检验、鉴定的材料，根据真菌、细菌、病毒、线虫、螨类、昆虫、软体动物、杂草等检验、鉴定的项目制定检验方案。

6.2 根据检验方案，将现场检疫和室内检验发现的有害生物，应用有效方法进行有害生物种类鉴定。

6.3 做好室内检验、鉴定的原始记录，出具检验报告。

7 隔离检疫

7.1 进境植物苗木，经现场检疫和室内检验后：

a) 属于高风险的，进入国家隔离检疫圃隔离检疫；因科研、教学需要的，也可在专业隔离检疫圃隔离检疫；

b) 也可在专业隔离检疫圃隔离检疫；

c) 属于低风险的，在所在地检验检疫机构指定的隔离检疫场(圃)隔离检疫。

7.2 对进入隔离检疫圃隔离检疫的植物苗木，在隔离期间，按《进境植物繁殖材料检疫管理办法》和《进境植物繁殖材料隔离圃管理办法》的有关规定执行。

8 检疫结果评定及处理

8.1 进境植物苗木

8.1.1 经检疫符合第3章规定的，判为合格，准许入境。

8.1.2 发现带有土壤，判定为不合格，禁止入境，做退货或销毁处理。

8.1.3 发现带有检疫性有害生物和政府间双边植物检疫协定、协议、议定书和备忘录中禁止传带的有害生物：

a) 可以用有效处理方法的，出具《检验检疫处理通知书》，经检疫除害处理合格后，准许进境；

b) 无有效除害处理方法或无法除害处理的判定为不合格，禁止入境，做退货或销毁处理。

8.1.4 发现带有限定非检疫性有害生物的：

a) 限定非检疫性有害生物未超过有关规定的判定为合格，准许进境；

b) 限定非检疫性有害生物超过有关规定的：

——可以用有效处理方法的，出具《检验检疫处理通知书》，经检疫除害处理后合格的，准许进境；

——无有效除害处理方法或无法除害的判定为不合格，禁止入境，作退货或销毁处理。

8.1.5 发现合同规定禁止传带的其他有害生物的判定为不合格，出具有关证书。

8.2 出境植物苗木

8.2.1 经检疫符合第3章规定的，判为合格，同意出境。

8.2.2 经检疫，不符合第3章规定的，经除害处理后允许重新提交检疫。复检合格后，出证放行。无有效处理方法的，不准出境。

中华人民共和国出入境检验检疫行业标准

SN/T 1158—2002

进出境植物盆景检疫规程

Quarantine rule for importing and exporting plant bonsai

2002-11-25发布　　　　2003-05-01实施

中华人民共和国
国家质量监督检验检疫总局　发布

前　言

本标准的附录 A 为规范性附录。

本标准由国家认证认可监督管理委员会提出并归口。

本标准起草单位:中华人民共和国广州出入境检验检疫局。

本标准主要起草人:钟国强、黎锦荣、郑胜、李忠炎、司徒保禄。

进出境植物盆景检疫规程

1 范围

本标准规定了进出境植物盆景检疫规程。

本标准适用于进出境植物盆景的检疫。

2 术语和定义

下列术语和定义适用于本标准。

2.1

植物盆景　plant bonsai

经人工艺术加工修剪造型、栽种于花盆中供观赏的植物，包括出境时脱盆不带栽培介质出口的该类裸根植物。

2.2

栽培介质　cultural medium

用于栽种植物、维持其生长的有机或无机物质，包括泥炭土、椰糠、珍珠岩、蛭石、火山灰等单类物质或混合物。

2.3

检疫批　lot

同一国家或地区、同一运输工具装载、同一收货人和发货人、同一品种名称、同一商品规格的进出境盆景。

2.4

检疫性有害生物　quarantine pest

对受其威胁的地区具有潜在经济重要性，尚未在该地区发生、或虽已发生，但分布不广并受到官方控制的有害生物。

2.5

非检疫性有害生物　non-quarantine pest

除2.4项以外的对植物有一定危害性的其他有害生物。

3 检疫依据

3.1 中国法定的植物检疫要求。

3.2 输入国或地区的进境植物检疫要求。

3.3 中国政府与输入国家或地区签定的植物检疫双边协议、议定书和备忘录等。

3.4 国际或区域性植保植检公约、协定。

3.5 贸易合同、信用证订明的检疫要求。

3.6 《引进种子、苗木检疫审批单》规定的检疫要求。

4 检疫准备

4.1 确定检疫要求和检疫重点

4.1.1 审核货主提供的《进口植物许可证》、《植物检疫证书》、《引进种子、苗木检疫审批单》等有关单证，明确植物检疫要求。

4.1.2 了解进出境植物盆景产地的有害生物发生情况，结合输入国(地区)官方的植物检疫要求，确定检疫重点。

4.2 仪器、试剂

4.2.1 放大镜(10 X～20 X)

4.2.2 立体显微镜(10 X～50 X)

4.2.3 显微镜(100 X～1 000 X)

4.2.4 离心机：无级离心机，最大转速 4 000 r/min 以上。

4.2.5 离心管：100 mL。

4.2.6 天平：感量 1/10 g。

4.2.7 线虫套筛(100 目、400 目)

4.2.8 10%乳酸

4.2.9 糖液：取 650 g 蔗糖，加 1 000 mL 水煮成蔗糖溶液，待温度降低至约 30℃，加进 10%乳酸 10 mL 置冰箱内备用。

5 现场检疫

5.1 检疫要求和方法

5.1.1 环境、工具、包装材料的检查

5.1.1.1 堆放盆景的场地需整洁干净，有防虫条件和防止线虫污染设施，光线充足。

5.1.1.2 检查现场周围卫生情况，防止有害生物交叉感染。

5.1.1.3 检查运输工具、木包装和铺垫及保湿材料有无携带检疫性有害生物，是否符合输入国的检疫要求。

5.1.2 地上部植株检查

5.1.2.1 以普查和重点检查相结合，随机选取盆景进行检查。

5.1.2.2 用肉眼或放大镜检查树干基部及茎干是否带有钻蛀性害虫、蜗牛、蛞蝓、螺及其他软体动物。

5.1.2.3 检查树枝、叶片有无介壳虫、螨类、蚜虫、蓟马、鳞翅目昆虫和真菌子实体。

5.1.2.4 检查植株有无肿瘤、枯枝、病斑坏死等症状。

5.1.3 地下部植株和介质(泥土)检查

5.1.3.1 用手将植株连根拔起脱离花盆，倒置植株，检查植物根部有无病根、烂根及被根粉蚧等害虫或根结线虫的为害，必要时用水冲洗根部便于检查有无线虫根结。

5.1.3.2 翻开栽培介质(泥土)检查，观察是否有地下害虫或其他软体动物。

5.1.3.3 根部经冲洗干净的裸根植物，直接检查根部有无病根、烂根及线虫根结。

5.1.3.4 将在现场检查发现的昆虫、软体动物或可疑的病害植株、病枝、病叶和根结植株，装在指形管里或样品袋内，带回实验室做进一步的检验和鉴定。

5.2 样品的抽查和取样

5.2.1 植株的抽查和取样

5.2.1.1 每批至少抽查 300 盆，批量不足 300 盆的全部检查；批量在 3 000 盆以上的按批量的 10%抽查。

5.2.1.2 根据批量大小及现场检疫发现的可疑疫情，批量少于 30 株的，取 1 株带回实验室检验；超过

30 株的，取 2 株～ 6 株带回实验室检验。

5.2.2 介质的抽查和取样

5.2.2.1 每批盆景在 3 000 株以下的，在介质（泥土）检查时随机取 20 盆作介质（泥土）取样，3 000 盆以上，每递增 1 000 盆，增加取样 5 盆，不足 1 000 盆的按 1 000 盆计。

5.2.2.2 取样时将整个植株拔起，随机在根系底部和盆面植株周围不同部位抽取介质（泥土）样品，每盆取 50 g～100 g 装在样品袋内，每批共取 1 000 g～2 000 g 作为代表样品，带回实验室检验线虫。

6 实验室检验

6.1 昆虫和软体动物检验

通过形态鉴定、解剖鉴定和培养成虫鉴定等方法来确定现场检获的昆虫和软体动物种类。

6.2 植株病害检验

检验植株茎干、枝叶、根等部位的患病组织，挑取病原在显微镜下观察或作病原切片观察，必要时对患病植株进行病菌分离培养或试种观察，根据病原的形态特征、培养性状和致病性测定的结果来鉴定病害种类。

6.3 线虫的分离检验

线虫的分离检验按照附录 A 进行。

7 结果评定

7.1 出口盆景的现场检疫和室内检验结果符合 3.2、3.3、3.4 和 3.5 项规定，不带有输入国（地区）规定的检疫性有害生物，如病害、害虫、线虫、软体动物等，栽培介质不带有输入国（地区）拒绝入境的寄生线虫种类；其他非检疫性有害生物种类数量若符合其入境要求的出口盆景，准予出境。

7.2 进口盆景的现场检疫和室内检验结果符合 3.1、3.3 和 3.6 项规定，不带有我国有关法规规定的、检疫双边协定及《引进种子、苗木检疫审批单》中要求的检疫性有害生物的进境盆景，准予进境。

7.3 进口盆景经检疫检验怀疑带有检疫性有害生物风险时，需送至相关的隔离苗圃进行隔离检疫观察。

7.4 不符合上述 7.1 或 7.2 项规定要求的盆景禁止出境或进境，除非得到了有效的处理，并经复检合格后才能准予出境或进境。

附 录 A
（规范性附录）
线虫分离检验方法

A.1 浸泡法（用于植株检验）

A.1.1 用水冲去植株上的栽培介质，取整株植株或其根系放入小桶内，加水浸泡 6 h～24 h。

A.1.2 将浸泡液倒进 100 目（上筛）和 400 目（下筛）的套筛内，用干净自来水冲洗上筛的物质到下筛。

A.1.3 小心地将下筛的筛下物冲洗进小培养皿内，收集线虫待检验。

A.2 浮力离心法（用于栽培介质、泥土检验）

A.2.1 将现场取回的栽培介质（泥土）在样品袋内或瓷盘中混合均匀，每批盆景随机取 40 g～1 00 g 作为室内必须检验的样品。

A.2.2 用天平称取介质 20 g 装入 100 mL 的离心管内，加进 70 mL 干净自来水，用玻棒搅拌均匀后浸泡 6 h～24 h，再次搅拌均匀离心管中液体，在 3 000 r/min 离心 5 min。

A.2.3 倒去上清液，加糖液 60 mL 再次搅匀。

A.2.4 离心机 2 000 r/min 离心 2 min，将糖液倒进套筛内按 A.1.2 和 A.1.3 方法收集线虫检验。

注：因每批盆景必需检验 40 g～100 g，所以需重复检验 2 支～5 支离心管。

A.3 浅盆法（用于盆景根系检验）

A.3.1 使用分离线虫的双层浅盆，将二层面巾纸（或线虫滤纸）垫在上层的筛盆中，根据检验需要，剪取盆景根系若干，平铺于面巾纸（或线虫滤纸）上。

A.3.2 底盆盛水后，将放有盆景根系的筛盆放在底盆之上，让水漫过根系浸泡 24 h，移去筛盆，将底盆中的水倒进套筛内，按 A.1.2 和 A.1.3 方法收集线虫检验。

A.4 直接法（用于根结线虫检验）

将带有根结的根洗干净，放在小培养皿中，加入少量清水，在立体显微镜下用镊子把根固定，用解剖针轻轻挑开根组织，检验是否有根结线虫的雌虫、雄虫和幼虫。

注：将以上分离方法收集到培养皿中的筛下物移至显微镜下观察线虫，发现线虫后进行计数，记录每植株盆景和每 100 g 介质（土壤）平均所含线虫数量情况。将发现的寄生线虫用挑针挑出，放在显微镜下根据线虫的形态特征鉴定线虫种类。

SN

中华人民共和国出入境检验检疫行业标准

SN/T 1361—2004

进出境棉麻类检疫操作规程

Rules for quarantine of cotton and hemp for import and export

2004-06-01 发布 2004-12-01 实施

中华人民共和国
国家质量监督检验检疫总局 发布

前　言

本标准由国家认证认可监督管理委员会提出并归口。

本标准起草单位：中华人民共和国山东出入境检验检疫局。

本标准主要起草人：原永兰、冯玲、邓善英、姜军、杜琦、宋建科、窦坦德。

本标准系首次发布的出入境检验检疫行业标准。

进出境棉麻类检疫操作规程

1 适用范围

本标准规定了进出境棉麻类的抽样、检疫方法和结果评定方法。

本标准适用于进出境原棉、麻类及其粗加工货物的检疫。

2 检疫依据

2.1 进境国家或地区的植物检疫要求。

2.2 政府间双边植物检疫协定、协议以及参加国际公约组织应遵守的规定。

2.3 《中华人民共和国进出境动植物检疫法》、《中华人民共和国进出境动植物检疫实施条例》、《中华人民共和国进境植物危险性病虫杂草名录》等中国的植物检疫的法律法规规定。

2.4 贸易合同、信用证等关于植物检疫的条款。

3 准备工作

3.1 审核单证

审核报检所附单证应齐全、有效，报检单的填写应完整、真实，与合同、信用证、装箱单、发票、提单等内容应一致，是否有特殊检疫要求，进境的有无输出国官方植物检疫证书，是否进行过除害处理，了解输出国产地疫情和输入国检疫要求，明确检疫重点和依据。

3.2 检疫工具

放大镜、剪刀、镊子、指形管、毛刷、样品袋、样品标签、白布、手电筒等以及采样凭证和检疫记录单。

4 现场检疫

4.1 存放场所检疫

4.1.1 货证核查：核查货位、装载容器、唛头标记、件数、重量是否和报检相符。

4.1.2 外包装及周围环境检疫：通过肉眼或放大镜检查货物外包装、铺垫材料、周围环境有无害虫、蜕皮壳、杂草(籽)、泥土等。对发现的害虫、杂草(籽)做初步识别，并装入指形管带回实验室作进一步鉴定。

4.2 运输工具检疫

对装载棉麻类货物的运输工具(散货船舱、汽车、集装箱)实施登轮、登车、开箱检疫，查看舱箱内外、上下四壁、缝隙边角、铺垫物等害虫易潜伏藏身的地方有无害虫、蜕皮壳、杂草(籽)、泥土等，用指形管收集送实验室。进境大宗货物可边卸边检。

4.3 货物检疫

4.3.1 抽样

4.3.1.1 抽样方法：按堆垛的上、中、下部位，随机抽取。

4.3.1.2 抽查比例：按总件数 2%～10% 比例抽取，最少不低于五件，进行现场开包检疫。

4.3.1.3 抽样数量：总件数在 100 件以下取一份样品，每增加 100 件递增一份样品；5 000 件以上，每增加 200 件递增一份样品。每份样品 1 000 g～1 500 g，送实验室鉴定。

4.3.1.4 取样方法：选择有害生物易藏匿的部位扦取样品，开包时着重扦取包布周围及混有籽壳、杂质的样品，做好现场记录和样品标记。

4.3.2 检查方法

4.3.2.1 包装内外检查:首先检查包装外表,用手翻开袋口边叠处,查看有无害虫、蜕皮壳、杂草(籽)、菌核、棉籽、泥土,然后剪开包布检查包布内及货物表面有无害虫、蜕皮壳、杂草(籽),用指形管收集,送实验室进一步鉴定。

4.3.2.2 货物检查:仔细检查抽查货物有无可疑病斑、霉变、活虫、蜕皮壳、杂草籽、籽壳、茎杆等,若有,收集于指形管或样品货中,连同抽取的样品一并送实验室做进一步鉴定。

5 实验室检验

5.1 准备工作

对现场抽取的样品和需进一步进行实验室检疫鉴定的病、虫、杂草等,实验室要做好详细记录,妥善保存。同时根据检疫鉴定要求,制定具体实施方案,准备相关仪器和试剂等。

5.2 样品制备

将现场抽取的样品采用四分法取两份平均样品,一份供试验用,一份留存备查。

5.3 害虫检疫

对试验样品做仔细检查,将发现的害虫、螨类等连同样品中和现场收集的害虫及其蜕皮壳,根据形态特征做进一步鉴定,必要时进行害虫饲养鉴定。

5.4 病害检疫

对样品中和现场收集的霉变物、棉麻种籽、土壤、菌核、植物残体,通过直接镜检、加水浸泡离心、保湿培养或分离培养,做鉴定。

5.5 杂草鉴定

对现场收集的杂草籽根据形态特征做进一步鉴定,必要时做隔离试种后鉴定。

5.6 线虫鉴定

对现场收集的土壤、籽壳和种籽进行线虫分离鉴定。

5.7 检疫鉴定报告

对实验室检疫鉴定结果进行汇总和分析,得出结论,出具实验室检疫鉴定结果报告单。

6 结果评定与处理

6.1 合格与不合格评定

根据现场检疫情况和实验室检疫鉴定结果,未发现第 2 章中规定的病虫草害等有害生物和其他禁止进境物的,评定为合格,否则评定为不合格。

6.2 处理

6.2.1 合格处理

6.2.1.1 进境的签发《入境货物检验检疫证明》和相关证单。

6.2.1.2 出境的签发《出境货物通关单》和相关检疫单证。进境国家或地区要求出具《熏蒸/消毒证书》的,在检验检疫机构监督下,由有资质的熏蒸机构进行熏蒸,熏蒸合格后出具《植物检疫证书》或《熏蒸/消毒证书》。

6.2.2 不合格处理

6.2.2.1 进境货物

6.2.2.1.1 采取熏蒸、消毒、灭活、定点加工监管等检疫处理措施达到除害处理效果的,签发《检验检疫处理通知单》,监督货主或代理人进行检疫除害处理,合格后,签发相关检疫单证。

6.2.2.1.2 无有效除害处理方法的,做退回或销毁处理,签发相关检疫单证。

6.2.2.2 出境货物

6.2.2.2.1 根据检疫要求做除害处理、重新加工等,然后复检,合格的按 6.2.1.2 条规定进行。

6.2.2.2.2 无有效除害处理方法的，不准出境。

7 样品保存

7.1 合同规定索赔期限的，样品保存到合同规定的索赔期满为止；合同未规定索赔期限的，出境样品保存六个月，进境样品保存三个月。每批保留样品 1 kg。

7.2 截获的有害生物需要保存时做成标本，贴好标签，妥善保管。

中华人民共和国出入境检验检疫行业标准

SN/T 1386—2004

进出境切花检疫规程

Rules for the quarantine of importing and exporting cutflower

2004-06-01 发布　　　　2004-12-01 实施

中华人民共和国国家质量监督检验检疫总局　发布

前　言

本标准由国家认证认可监督管理委员会提出并归口。

本标准起草单位：中华人民共和国云南出入境检验检疫局。

本标准主要起草人：曹云华、丁元明、杨碧、方蕾。

本标准系首次发布的检验检疫行业标准。

进出境切花检疫规程

1 范围

本标准规定了进出境切花的抽样、检疫方法和结果评定。

本标准适用于进出境切花的植物检疫。

2 术语和定义

下列术语和定义适用于本标准。

2.1

切花 cutflower

自活体植株上剪切下来专供插花及花艺设计用的枝、叶、花、果的统称，其中包括切花、切叶、切枝、切果等。

2.2

检疫性有害生物 quarantine pest

在一个国家或地区未发生、或发生未广且官方正在积极控制中的有潜在经济重要性的有害生物。

3 检疫依据和检疫要求

3.1 检疫依据

3.1.1 进境检疫依据

——中国法定的植物检疫要求；

——中国与贸易国政府间签定的双边植物检疫协定、协议或备忘录；

——贸易合同中规定的植物检疫要求。

3.1.2 出境检疫依据

——进口国家或地区官方的植物检疫要求；

——中国与贸易国政府间签定的双边植物检疫协定、协议或备忘录；

——贸易合同中规定的植物检疫要求。

3.2 检疫要求

3.2.1 进境切花应符合下列检疫要求

——不带有我国政府规定禁止进境的检疫性有害生物和对我国花卉产业有潜在威胁的有害生物；并附出口国官方出具的植物检疫证书，如经过除害处理的，证书中需注明除害处理的方法、药剂、剂量。

——不带有土壤等禁止进境物。

3.2.2 出境切花应符合下列检疫要求

——不带有进口国规定的检疫性有害生物；

——切花品种不属于进口国禁止进境的品种。

4 检疫准备

4.1 审核报检资料是否齐全，报检人应提供相关单证。进境报检必须提供输出国家或地区官方出具的植物检疫证书。

4.2 查阅有关法律法规、标准资料和技术资料，确定检疫依据和检疫要求。

4.3 了解原产地疫情或进口国检疫要求，了解进出境切花的分类地位和可能传带的有害生物，明确检疫重点和检疫方法。

5 现场检疫

5.1 检疫工具

准备现场检疫工具，如样品袋、样品标签、毛刷、剪刀、镊子、指形管、棉塞、放大镜、白瓷盘或白纸等。

5.2 货证核查

核对货物产地、品种、数量、包装唛头等，核查货物与单证是否相符。

大宗出境切花(超过 250 件)的现场检疫应在切花包装前进行；进境切花应在入境口岸实施现场检疫，如需调离口岸的，必须在指定的地点(如仓库或冷库等)进行现场检疫。

5.3 检疫条件

现场检疫场所应具备光线明亮的白色台面，或具有白瓷盘或白纸，周围环境洁净，没有病虫害的感染源。

5.4 现场抽样

以同一品种、等级、包装类型、运输工具为一个抽样单位。

按表 1 进行抽样：

表 1

单位为件

总件数 N	抽样件数
$N \leqslant 250$	5
$250 < N \leqslant 1\,000$	5～20
$1\,000 < N \leqslant 2\,000$	20～40
$2\,000 < N \leqslant 5\,000$	20～50
$N > 5\,000$	50

5.5 现场检查

将现场抽取的样品置于白色台面或白瓷盘或白纸上，仔细观察花、茎、叶，特别要注意检查花、叶面和叶背、枝条中隐蔽处是否带有个体细小的害虫(如蚜虫、蓟马、红蜘蛛、介壳虫、潜叶蝇等)，可轻轻抖动花枝，看是否有虫体出现，观察是否有烂花、烂叶、茎腐等情况，并将可疑样品送实验室进行检验和鉴定。同时检查装载切花的包装物和保湿介质，看是否带有害虫。

6 实验室检验

6.1 仪器设备和试剂药品

6.1.1 切花实验室检验应具备以下设备：

——昆虫解剖、制片设备；

——昆虫饲养设备；

——病原菌分离设备；

——线虫分离设备；

——病毒检验、分子生物学检测设备；

——昆虫、病原菌、线虫镜检、鉴定设备；

——检验鉴定所需的其他设备。

6.1.2 根据需要的检验项目配制相应的试剂、药品、各种培养基(如 PDA 培养基、肉汁胨培养基等)和相关的鉴定参考资料。

6.2 害虫的检验鉴定

将现场抽取的样品或虫体置于体视显微镜、生物显微镜下进行观察和鉴定；虫体小的害虫，如蚜虫、螨、介壳虫、斑潜蝇等，需要通过制片进行鉴定。

6.3 病害检验

6.3.1 有发现真菌为害的，可直接镜检或用PDA等培养基作植物病原真菌的分离鉴定。

6.3.2 有细菌为害的，用肉汁胨培养基等进行细菌分离鉴定。

6.3.3 有线虫为害的，做线虫分离检验鉴定。

6.3.4 有病毒为害或进口国要求检验病毒病的，可进一步做病毒病检测。

6.4 技术鉴定

根据相关标准和有害生物鉴定技术资料进行分类鉴定，确定有害生物的种类。

7 结果评定及处置

7.1 根据现场检疫和实验室检验鉴定报告，对照进出境切花的具体检疫要求，作出综合评定。

——符合3.2.1的进境切花，评定为进境合格；否则为不合格；

——符合3.2.2的出境切花，评定为出境合格；否则为不合格。

7.2 经检疫合格的切花，准予进境或出境。经检疫不合格的切花，按下列情况进行处置：

——有有效除害处理方法的，作除害处理。处理合格的准予进境或出境。

——无有效除害处理方法的，进境检疫作退货或销毁处理；出境检疫作不准出境处理。

中华人民共和国出入境检验检疫行业标准

SN/T 1424—2004

新疆对日本出口哈密瓜检疫规程

Rules for the quarantine of Xinjiang hamimelon for Japan

2004-06-01 发布 2004-12-01 实施

中华人民共和国
国家质量监督检验检疫总局 发布

前　言

本标准的附录 A 为规范性附录。

本标准由国家认证认可监督管理委员会提出并归口。

本标准起草单位:中华人民共和国新疆出入境检验检疫局。

本标准主要起草人:薛光华、依米提、范伟功、严钧、李宾、张红、比拉力丁。

本标准系首次发布的检验检疫行业标准。

新疆对日本出口哈密瓜检疫规程

1 范围

本标准规定了新疆产哈密瓜出口日本的检疫规程。

本标准适用于新疆产哈密瓜出口日本检疫。

2 术语和定义

下列术语和定义适用于本标准。

2.1

哈密瓜 Hami melon

学名 *Cucumis melo* L.，葫芦科(Cucurbitaceae)甜瓜属(*Cucumis*)中幼果无刺的栽培品种，一年生蔓性草本植物，为厚皮甜瓜。

2.2

瓜实蝇 melon fruit fly

学名 *Bactrocera*(*Zeugodacus*) *cucuebitae*(Coquillett)，双翅目实蝇科寡毛实蝇属的一个种，是日本国禁止进境的检疫性有害生物。

2.3

加工场 processing and packing factory

哈密瓜从瓜地采摘后集中进行品种、等级分选和包装的场所。

2.4

诱捕监测 attraction and monitoring

设置诱捕器诱捕瓜实蝇，以确定瓜实蝇发生、分布状况的方法。

2.5

性信息素 sex pheror mone

仿昆虫雌性生殖激素，用来诱集同种或同属雄性昆虫的化学合成剂。

2.6

诱捕器 trap

用于监测、诱捕实蝇的容器

2.7

诱芯 trap pith

浸吸了性信息素、杀虫剂混合液的放置于诱捕器中棉棒。

3 依据

3.1 中华人民共和国进出境动植物检疫法。

3.2 中华人民共和国进出境动植物检疫法实施细则。

3.3 中日双方关于对日出口新疆哈密瓜检疫协定和要求。

4 仪器及用具

放大镜、水果刀、镊子、昆虫针、培养皿、养虫笼、养虫盒、显微镜、解剖镜、诱捕器等。

5 瓜实蝇监测

5.1 诱捕器设置

每年5月20日至9月30日，在新疆各主要口岸及主要的交通中心、哈密瓜产地及加工厂设置瓜实蝇诱捕器，统一逐个编号。诱捕器悬挂在离地面1.50 m高处，注意遮荫，避免受阳光直晒或直接雨淋，诱芯每月更换一次。自各监测点自诱捕器设置之日起，每半月观察记载一次，并及时将诱捕到的昆虫进行鉴定。

5.2 剖瓜检查

对日本出口哈密瓜的产地，在哈密瓜生长季节，每4 500亩瓜地作为一个检疫监测单位。选择200个有损伤、畸形、腐烂和斑痕的哈密瓜解剖检查，详细检查有无瓜实蝇，并将解剖情况记录在《诱捕调查及鲜果调查汇总表(××年)》(见表A.1)中。

5.3 监测结果的确认

中日双方检疫官员共同确认瓜实蝇诱捕监测记录(见表A.1)，日方检疫官员签名盖章。

6 现场检疫

6.1 包装箱的要求

包装箱两侧面有三对通气孔，该孔由纱网覆盖用于通气，纱网的网眼小于1.6 mm，纱网不得脱落。

6.2 装箱前检疫

在哈密瓜加工场，对正在挑选加工、待装箱的哈密瓜随机抽取5%～10%检查外表有无实蝇为害痕迹，并对可疑瓜进行解剖检查。

6.3 装箱后检验检疫

抽样检查的比例为该批出口哈密瓜总件数的1%。检查瓜箱上的植物检疫封条、通气纱网是否牢固，查看箱壁四周及箱缝处有无害虫潜藏，对可疑瓜进行解剖，查看是否带有害虫，发现的可疑有害生物送实验室检验。

7 实验室检验

对产地、现场检疫中发现的可疑有害生物，在实验室进行害虫形态学鉴定或病原菌分离鉴定，对于难以鉴定的幼虫进行饲养，羽化为成虫后鉴定。对有害生物标本的要妥善保存。

8 结果评定和签证

8.1 经瓜实蝇监测及现场检疫均未发现瓜实蝇，包装箱通气纱网完好，植物检疫标签和植物检疫封条符合规定的为检疫合格，签发规定格式的《植物检疫证书》。

8.2 在瓜实蝇监测及现场检疫发现瓜实蝇，由国家质检总局向日本国农林水产省通报，暂停对日本出口哈密瓜，其后由中日两国检验检疫机关共同组织调查和监测。

8.3 包装箱通气纱网、植物检疫标签和植物检疫封条不符合规定的为检疫不合格，由主管检验检疫官签发《出境货物检验检疫情况通知单》，通知出口商换装加工。

8.4 《植物检疫证书》备注栏里必须声明：根据诱捕器监测及刨果检查，均未发现瓜实蝇；本批哈密瓜产自中华人民共和国新疆维吾尔自治区某某地区，未发现瓜实蝇，并由日本检疫官在《植物检疫证书》背书签字。

附 录 A
（规范性附录）
诱捕调查及鲜果调查汇总表

表 A.1 诱捕调查及鲜果调查汇总表（××年）

地区名	指定区域	栽培面积		诱捕调查						果实调查		
		哈密瓜/亩	其他瓜类/亩	调查员姓名	诱捕器设置		调查结果（调查月、日，瓜实蝇发现头数/诱捕器个数）			调查结果		
					月日	个数	次数 月日		有无发生	调查时间	调查果数	有无发生
出口瓜地区	市区				5.20							
	瓜产区 1				5.20							
	瓜产区 2				5.20							
哈密地区	市区				5.20							
	瓜产区 1				5.20							
	瓜产区 2				5.20							
	瓜产区 3				5.20							
博州	博乐市区				5.20							
	阿拉山口口岸				5.20							
乌鲁木齐市	市区				5.20							
	机场				5.20							
	火车站				5.20							
伊犁地区	市区				5.20							
	机场				5.20							
	霍尔果斯口岸				5.20							
喀什地区	市区				5.20							
	机场				5.20							
	红旗拉甫				5.20							

中华人民共和国出入境检验检疫行业标准

SN/T 1458—2004

出境蔺草制品检验检疫操作规程

Rules for inspection and quarantine of the products of rush items for export

2004-11-17 发布　　2005-04-01 实施

中华人民共和国国家质量监督检验检疫总局　发布

前　言

本标准的附录 A、附录 B、附录 C 均为资料性附录。

本标准由国家认证认可监督管理委员会提出并归口。

本标准起草单位：中华人民共和国宁波出入境检验检疫局。

本标准主要起草人：邱亚红、贺水山、翁志平、傅冬良。

本标准系首次发布的出入境检验检疫行业标准。

出境蔺草制品检验检疫操作规程

1 范围

本标准规定了出境蔺草制品的抽样、检验检疫方法和结果判定。

本标准适用于各类出境蔺草制品的检验检疫。

2 规范性引用文件

下列文件中的条款通过本标准的引用而成为本标准的条款。凡是注日期的引用文件，其随后所有的修改单(不包括勘误的内容)或修订版均不适用于本标准，然而，鼓励根据本标准达成协议的各方研究是否可使用这些文件的最新版本。凡是不注明日期的引用文件，其最新版本适用于本标准。

GB/T 2828.1 记数抽样程序 第1部分：按接收质量限(AQL)检索的逐批检验抽样计划

3 定义

下列术语和定义适用于本标准。

3.1

蔺草 rush

干燥后用于草编工艺的蔺草草茎。

4 检验检疫依据

4.1 输入国或地区的植物检疫要求。

4.2 政府间双边植物检疫协定、协议、议定书、备忘录和我国参加的地区性和国际性植保植检组织的有关规定。

4.3 贸易合同和信用证等关于检验检疫的条款。

4.4 中国法定的植物检疫要求。

5 用具

5.1 现场检验用具

水分测试器、磅秤、卷尺等。

5.2 检疫用具

放大镜、毛刷、指形管、剪刀、镊子、白塑料布($1\ m^2$)、塑料袋等。

5.3 室内检验用具

显微镜、体视显微镜、螨类分离器、培养箱、害虫饲养箱等。

6 抽样

6.1 检验抽样

本标准仅对表2中的检验项目的抽样与检验结果判定采用GB/T 2828.1。并选用正常检查一次抽样方案，检查的严格度按照GB/T 2828.1转移规则执行。

6.2 检疫抽样

6.2.1 抽样方法

从货物堆放不同部位，随机抽取代表性样品。

6.2.2　**抽样比例**

以一检验检疫批为单位，按下列规定计算应抽样检查及取样件数：

——一批 10 件以下全部查验，取原始样品 1 件～2 件；

——11 件～100 件随机查验 10 件，取原始样品 1 件～2 件；

——101 件以上，每增加 100 件，随机查验数量增加 1 件，取原始样品 2 件～4 件；

——每件内含有小件的，查验件数不少于该件内含有小件数的四分之一，取样件数以小件计数。

6.3　**样品制备**

原始样品装入塑料袋，保证样品不受外界污染，并标明报检号、生产批号、品名、数量、取样地点、取样人和取样日期。

7　现场检验检疫

7.1　**核查货证**

按报检单核对所列规格、数量、质量、唛头、生产批号等。

7.2　**现场检验**

7.2.1　**检验方法**

7.2.1.1　**内在质量的检验**

7.2.1.1.1　榻榻米的规格、长度、条重的检验参见附录 A 和附录 B，其他蔺草制品的检验参见附录 C，有特殊要求的除外。

7.2.1.1.2　含水量用水分测试器检测。

7.2.1.1.3　投料长度要求见表 1。

表 1　榻榻米的投料长度

品　名	本　间	五八间		上　敷
经系	麻系	麻系	棉系	棉系
投料长	130 cm 以上	120 cm 以上	97 cm 以上	97 cm 以下

7.2.1.2　**外观质量、色差的检验**

7.2.1.2.1　**检验条件**

检验应在光线充足、平坦、干燥场地进行，避免在阳光直射或光线太弱的场地进行；检验台应为大于产品尺寸的平台，平台高度应为 45 cm～50 cm。

7.2.1.2.2　**操作要求**

产品平铺于检验台上，检验员站在台面两侧检验。

7.2.1.2.3　**外观质量、色差的检验**

以直观目测和手感为主进行检验。主要依据检验员的感官对样品的表面色泽一致程度、蔺草长度、粗细、编织质量、有无污渍等进行检验。

7.2.2　**不合格分类**

不合格分类见表 2。

表 2　不合格分类

项　目	A　类	B　类
含水量	高于 12%	高于 10%但低于 12%
金属异物	有断针	—
染色剂	人体接触有毒	—
色　差	明显	不明显

表 2(续)

项　目	A　类	B　类
条　重	低于等于－5%	低于等于－1%但高于－5%
席　面	撕裂、损伤严重，有污渍，质量不符合等级标准的产品	轻微损伤，污渍、断纱、绉纱不明显，双草、断草、单草、爆草、白根不明显
缝　边	缝边不牢、破裂	缝边宽度低于表 C.1 规定尺寸

7.2.3 检验结果的判定

A 类不合格数等于零，B 类不合格数小于或等于相应的合格判定数，该批为合格。否则该批为不合格。

7.2.4 不合格的处置

7.2.4.1 合格批中的不合格品应调换或修整为合格品。

7.2.4.2 不合格批经返工整理后，允许再提交检验一次。复验合格且检疫合格的准予出境；复验不合格的作不准出境处理。

7.3 现场检疫

7.3.1 包装检疫

检查抽检样品的包装物，观察外包装及所含小件样品内包装中有无有害生物及其危害状，或稻草、谷壳等禁止进境物。

7.3.2 产品检疫

7.3.2.1 病害检疫

对抽检样品进行检查，检查其有无病害症状，将可疑的样品装入塑料袋，以供室内进一步检验鉴定。

7.3.2.2 害虫检疫

将抽检样品放于白塑料布上，检查其是否有害虫及其危害状，并用拍击方法进行查验，使隐藏的害虫、螨类等落于白塑料布上，将检获的害虫、螨类装入指形管，再将可能带有活虫的可疑样品装入塑料袋，以供室内进一步检验鉴定。

7.3.2.3 杂草检疫

将抽检样品放于白塑料布上，检查其是否有杂草，并用拍击方法进行查验，使隐藏的杂草籽落于白塑料布上，将检获的杂草籽装入指形管，以供室内进一步检验鉴定。

7.3.2.4 其他项目检疫

检查蔺草制品是否夹带有禁止进境物。

7.3.3 集装箱箱体检疫

7.3.3.1 检查集装箱箱体是否密封或渗漏水。

7.3.3.2 检查集装箱箱内有无有害生物、残留物、油污、潮湿等现象。

8 室内检验

8.1 病害检验

8.1.1 镜检

挑取样品病部的病菌，在显微镜下直接进行鉴定。

8.1.2 分离培养

将可疑病害症状部位表面消毒后，置于保湿的吸水纸上或培养基中培养后，再对病菌进行鉴定。

8.2 害虫检验

8.2.1 镜检

将检获的害虫置于体视显微镜或显微镜下镜检鉴定。

8.2.2 **饲养**

必要时将难以直接鉴定的幼虫、虫卵、蛹置于害虫饲养箱中进行饲养，至蜕变成虫，便于鉴定。

8.2.3 **螨类检验**

用螨类分离器对拍击落下物进行螨类分离，并计数。

8.3 **杂草检验**

将检获的杂草籽置于体视显微镜下镜检鉴定。

9 检疫结果的评定

9.1 经检疫符合第4章，评定为检疫合格。

9.2 检疫结果有下列情况之一的，评定为检疫不合格：

——发现检疫性有害生物；

——发现协定应检有害生物；

——发现其他不符合第4章检疫要求。

9.3 检疫不合格的处理

不合格品经返工整理或除害处理后，允许再提交检疫一次。复检合格的准予出境；复检不合格的作不准出境处理。

10 检验检疫结果评定

检验合格并且检疫合格，评定为检验检疫合格，否则评定为检验检疫不合格。

11 样品保存

将制备留存的样品保存在干燥、清洁卫生的环境中，保存期为6个月。

附　录　A
（资料性附录）
榻榻米规格、长度、质量检验标准

表 A.1　榻榻米规格、长度、质量检验标准

品名	经系	等级	规　　格	经系数/根	门幅/cm	长度/m	质量/kg
五八间	棉系	特	11×14	128	89.5	20.5(±)0.2	20.5
		一级	9×12	128	89.5	20.5(±)0.2	19.5
			8×11	128	89.5	20.5(±)0.2	19
		二级	7×10	128	89.5	20.5(±)0.2	18
			6×9	128	89.5	20.5(±)0.2	17.5
			5×8	128	89.5	20.5(±)0.2	17
		三级	4×7	128	89.5	20.5(±)0.2	16.2
			3×6	128	89.5	20.5(±)0.2	15.5
			2×4	128	89.5	20.5(±)0.2	15
	麻系	特	11×14	128	89.5	20.5(±)0.2	21
		一级	9×12	128	89.5	20.5(±)0.2	20
			8×11	128	89.5	20.5(±)0.2	19.5
		二级	7×10	128	89.5	20.5(±)0.2	19
			6×9	128	89.5	20.5(±)0.2	18.5
			5×8	128	89.5	20.5(±)0.2	18
	棉麻W	特	11×14	128	89.5	20.5(±)0.2	21.5
		一级	9×12	128	89.5	20.5(±)0.2	20.5
			8×11	128	89.5	20.5(±)0.2	20
		二级	7×10	128	89.5	20.5(±)0.2	19.5
			6×9	128	89.5	20.5(±)0.2	19
	棉系	特	11×14	136	95.5	20.5(±)0.2	21.5
		一级	9×12	136	95.5	20.5(±)0.2	20.5
			8×11	136	95.5	20.5(±)0.2	20
		二级	7×10	136	95.5	20.5(±)0.2	19
			6×9	136	95.5	20.5(±)0.2	18.5
			5×8	136	95.5	20.5(±)0.2	18
	麻系	特	11×14	136	95.5	20.5(±)0.2	22.5
		一级	9×12	136	95.5	20.5(±)0.2	21
			8×11	136	95.5	20.5(±)0.2	20.5
		二级	7×10	136	95.5	20.5(±)0.2	19.5
			6×9	136	95.5	20.5(±)0.2	19
	棉麻W	特	11×14	136	95.5	20.5(±)0.2	23
		一级	9×12	136	95.5	20.5(±)0.2	21.5
			8×11	136	95.5	20.5(±)0.2	21

附 录 B
（资料性附录）
榻榻米质量检验标准

表 B.1 榻榻米质量检验标准

等 级	质 量
特级品	席面颜色完全一致、光泽足、草色好、投料长，原料粗细均匀，编织平直，边道整齐，无折痕，双草、半草、单头草、爆草、白根、黄脑，断纱、皱纱现象，油、水等脏渍。
一级品	席面色泽一致、有光泽、草色较好、投料长、原料粗细均匀，编织较好，边道整齐，无折痕，双草、半草、单头草、爆草、白根、黄脑、断纱、皱纱现象，油、水等脏渍。
二级品	席面色泽基本一致，编织良好，草色较好，原料粗细比较均匀，边道整齐，无折痕，爆草、色草、半草，断纱、皱纱现象，油、水等脏渍，席面允许有分布均匀的少量白根和双草。
三级品	席面色泽大致相同，草质稍差，原料粗细基本均匀，编织一般，基本无单头草、半草、断草，皱纱，油、水等脏渍，带有少量白根，色草和双草。
注 1：产品烘干后含水量为 12°以下。 注 2：不符合等级标准的产品应降级或视为等外品。	

附　录　C
（资料性附录）
蔺草制品主要品种、规格、用料及等级

表 C.1　蔺草制品主要品种、规格、用料及等级

名称		主要原料	尺寸/cm	等级	缝边/cm	净重量/(kg/条)
床铺席	日本麻筋席（折合式）	蔺草 进口麻筋	200×180(±2)	一等	3.6(±0.5)	3.60(−0.30)
			195×150(±2)	一等	3.6(±0.5)	3.00(−0.30)
			195×135(±2)	一等	3.6(±0.5)	2.60(−0.30)
			195×120(±2)	一等	3.6(±0.5)	2.40(−0.30)
	日本麻筋席		195×100(±2)	一等	3.6(±0.5)	2.00(−0.30)
			195×90(±2)	一等	3.6(±0.5)	1.80(−0.30)
	日本席（折合式）	蔺草 涤棉线	195×150(±2)	一等	3.6(±0.5)	1.70(−0.30)
			195×135(±2)	一等	3.6(±0.5)	1.60(−0.30)
	日本席		195×100(±2)	一等	3.6(±0.5)	1.46(−0.30)
			195×90(±2)	一等	3.6(±0.5)	1.32(−0.30)
			195×80(±2)	一等	3.6(±0.5)	1.20(−0.30)
	提花席（折合式）	蔺草 涤棉线	200×150(±2)	一等	3.6(±0.5)	2.64(−0.20)
			195×150(±2)	一等	3.6(±0.5)	2.60(−0.20)
			195×135(±2)	一等	3.6(±0.5)	2.32(−0.20)
	提花席		195×100(±2)	一等	3.6(±0.5)	1.72(−0.20)
			195×90(±2)	一等	3.6(±0.5)	1.54(−0.20)
枕席	提花枕席	蔺草 涤棉线	110×60(±2)	一等	2.8(±0.2)	0.34(−0.10)
			100×50(±2)	一等	2.8(±0.2)	0.25(−0.10)
			70×50(±2)	一等	2.8(±0.2)	0.18(−0.10)
			65×50(±2)	一等	2.8(±0.2)	0.16(−0.10)
			65×45(±2)	一等	2.8(±0.2)	0.14(−0.10)
			60×40(±2)	一等	2.8(±0.2)	0.12(−0.10)
			45×30(±2)	一等	2.8(±0.2)	0.10(−0.10)
	密针锈花枕席	蔺草 涤棉线	60×40(±2)	一等	2.0(±0.2)	0.17(−0.10)
			55×40(±2)	一等	2.0(±0.2)	0.15(−0.10)
			70×50(±2)	一等	2.0(±0.2)	0.25(−0.10)
			65×50(±2)	一等	2.0(±0.2)	0.23(−0.10)
			110×60(±2)	一等	2.0(±0.2)	0.45(−0.10)
	童枕	蔺草、海绵	50(±2)×25(±2)×4.0(±2)	一等	2.0(±0.3)	0.20(−0.10)
			44(±2)×24(±2)×4.0(±2)	一等	2.0(±0.3)	0.17(−0.10)
			37(±2)×20(±2)×4.0(±2)	一等	2.0(±0.3)	0.12(−0.10)

表 C.1(续)

名称		主要原料	尺寸/cm	等级	缝边/cm	净重量/(kg/条)
枕席	童枕	PP管 蔺草 泡沫粒子	30(±2)×10(±2)×10.0(±2)	一等	2.0(±0.3)	0.20(−0.10)
			30(±2)×9(±2)×9.0(±2)	一等	2.0(±0.3)	0.20(−0.10)
			25(±2)×12(±2)×12.0(±2)	一等	2.0(±0.3)	0.24(−0.10)
密针绣花靠垫		蔺草、 海绵	40(±2)×40(±2)×10.0(±2)	一等	2.0(±0.3)	0.34(−0.10)
			45(±2)×40(±2)×10.0(±2)	一等	2.0(±0.3)	0.38(−0.10)
密针绣花座垫 提花座垫		蔺草、 海绵	50(±2)×50(±2)×2.0(±2)	一等	2.0(±0.3)	0.30(−0.10)
			45(±2)×45(±2)×2.0(±2)	一等	2.0(±0.3)	0.24(−0.10)
			43(±2)×43(±2)×2.0(±2)	一等	2.0(±0.3)	0.22(−0.10)
			43(±2)×43(±2)×2.0(±2)	一等	2.0(±0.3)	0.20(−0.10)
			40(±2)×40(±2)×2.0(±2)	一等	2.0(±0.3)	0.20(−0.10)
拼席		蔺草、 棉纱、 海绵	200×266(±2)	一等	2.5(±0.5)	4.6(−0.1)
			200×200(±2)	一等	2.5(±0.5)	3.6(−0.1)
			200×133(±2)	一等	2.5(±0.5)	2.5(−0.1)

中华人民共和国出入境检验检疫行业标准

SN/T 1490—2004

进出口茶叶检疫规程

Rule of quarantine of tea import and export

2004-11-17 发布　　　　2005-04-01 实施

中华人民共和国国家质量监督检验检疫总局　发布

前言

本标准由国家认证认可监督管理委员会提出并归口。

本标准由中华人民共和国上海出入境检验检疫局负责起草。

本标准主要起草人:汪玲平、毕立新。

本标准系首次发布的出入境检验检疫行业标准。

进出口茶叶检疫规程

1 范围

本标准规定了进出口茶叶检疫方法。

本标准适用于各种进出口茶叶的检疫。

2 规范性引用文件

下列文件中的条款通过本标准的引用而成为本标准的条款。凡是注日期的引用文件,其随后所有的修改单(不包括勘误的内容)或修订版均不适用于本标准,然而,鼓励根据本标准达成协议的各方研究是否可使用这些文件的最新版本。凡是不注日期的引用文件,其最新版本适用于本标准。

SN/T 0918 进出口茶叶抽样方法

3 定义

下列定义适用于本标准。

3.1

批 lot

由一定数量同茶类、同花色、同等级或茶号以及相同包装和相同单位质量的进出口茶叶所构成的检疫单位。

3.2

试验样品 test sample

按检疫项目的规定,从平均样品中分抽的供直接试验的样品或可疑带检疫对象的份样。

4 检疫准备

4.1 审核有关单证、贸易合同、信用证和植物检疫证书等。

4.2 了解和掌握茶叶产地的有害生物发生情况,结合进出口国官方检疫和贸易合同要求,确定检疫重点。

5 现场检疫

5.1 设备及工具

茶叶抽样所需工具和容器要清洁、干燥,不带外来污染物,容器应具备良好的密闭性。

茶叶抽样所需工具和容器如下:

——规格筛;

——抽样铲;

——分样器或分样混合布;

——放大镜;

——镊子;

——虫样管;

——样品罐或样品袋；

——实验室仪器设备：按虫害和病害检疫要求配置。

5.2 检疫方法

5.2.1 储藏环境检疫

检查茶叶储藏仓库的环境是否通风、干燥、清洁；是否与有毒、有异味(气)、潮湿、易生虫、易污染的物品混放。有无防虫、防鼠和防潮设施。

5.2.2 包装检疫

核对本批货物唛头、批号和数量。检查包装物是否带有活虫、其他有害生物以及进境国禁止进境物等。含木质包装的，按照木质包装检疫规程进行检疫。

5.2.3 产品检疫

通过肉眼或放大镜检查产品是否带有害虫及其排泄物、脱皮壳、虫卵及病害等。

5.3 抽样

5.3.1 抽样条件

抽样应在清洁、干燥、光线充足的条件下进行，防止外来杂质和虫害混入。

5.3.2 抽样方法

按照 SN/T 0918 方法抽取样品。

在抽样时，如发现外包装或堆放环境有可疑情况，可适当增加抽样件数，并对可疑带应检物的单件单独抽样，样品不得与其他样品混合。

5.3.3 样品的装封和标识

5.3.3.1 样品装封

装盛平均样品的盛样罐或样品袋应符合第 5 章的规定。茶样以装满为度，紧密加盖，用胶带纸封口；压制茶可用防潮材料包装；虫样管装入虫样后，立即加盖。

5.3.3.2 样品标识

在装盛样品的样品罐或样品袋及虫样管外贴上样品标签，注明茶名(茶号)、报检号、抽样人姓名及日期等。

5.3.4 样品发送

将所抽样品及可疑带检疫对象的份样应在抽样后 24 h 内送到实验室。

6 实验室检疫

将现场所抽样品，送至实验室进行害虫、虫卵、螨类及病害的检验鉴定。

7 结果评定及处置

7.1 结果评定

7.1.1 经检疫后，综合评定现场和室内检疫结果，按照进出口国家或地区的植物检疫法规，植物检疫双边协定和贸易合同、信用证等植物检疫规定要求，作出评定。

7.1.2 根据现场或实验室检疫结果均未发现有活虫、虫卵、螨类及病害等以及进境国禁止进境物，判定为合格。

7.1.3 经现场或实验室检疫发现有下列情况之一的，评定为不合格：

a) 发现检疫性有害生物的；

b) 发现禁止进境物的；

c) 发现协定应检有害生物的；

d) 发现其他不符合贸易合同或信用证等植物检疫规定要求的。

7.2 不合格的处理

不合格的出境货物，应针对情况实施除害、重新加工处理，对处理后的货物进行复验，复验仍不合格的货物，作不允许出境处理。

不合格的进境货物，应实施除害处理。无有效处理方法的，作退货或销毁处理。

7.3 样品保存和处理

样品必须储藏在通风、干燥、清洁、阴凉、无阳光直射的储藏室内，严禁与有毒、有异味（气）、潮湿、易生虫、易污染的物品混放。保存时间根据索赔有效期的规定而定。

中华人民共和国出入境检验检疫行业标准

SN/T 1508—2005

进出境植物性药材检疫规程

Rules for quarantine of botanic medicine for import and export

2005-02-17 发布

2005-07-01 实施

中华人民共和国
国家质量监督检验检疫总局 发布

前　言

本标准的附录A是资料性附录。

本标准由国家认证认可监督管理委员会提出并归口。

本标准起草单位:中华人民共和国天津出入境检验检疫局、中华人民共和国四川出入境检验检疫局。

本标准起草人:程世田、何天江、吕新智、何万兴、王洪宾、范京安、李鸣、邹善智、潘晶晶、胡晓琼、徐宝东、何龙海、郑洪生。

本标准系首次发布的出入境检验检疫行业标准。

进出境植物性药材检疫规程

1 范围

本标准规定了进出境植物性药材的现场检疫、实验室检验、结果评定及处置。

本标准适用于进出境植物性药材的检疫，包括植物的根及根茎(块茎和鳞茎)、种子及果实、全草、叶、皮、藤木、树脂、藻菌及其他。

2 规范性引用文件

下列文件中的条款通过本标准的引用而成为本标准的条款。凡是注日期的引用文件，其随后所有的修改单(不包括勘误的内容)或修订版均不适用于本标准，然而，鼓励根据本标准达成协议的各方研究是否可使用这些文件的最新版本。凡是不注日期的引用文件，其最新版本适用于本标准。

SN/T 0800.1—1999 进出口粮油、饲料检验 抽样和制样方法

3 术语

下列术语和定义适用于本标准。

3.1

植物性药材 botanic medicine

用于医疗、保健目的的植物性药用原料或粗加工产品。

4 检疫依据

4.1 中国法定的植物检疫要求。

4.2 输入国或地区的进境植物检疫要求。

4.3 政府间双边植物检疫协议、议定书、备忘录及我国参加地区性或国际性公约组织应遵守的规定。

4.4 贸易合同、信用证等有关植物检疫要求。

5 器具

毛笔、剪刀、解剖刀、放大镜、镊子、规格筛、指形管、采样器、样品袋、记号笔等。

6 抽样

6.1 抽样方法

袋、箱、筐装药材实行堆垛抽样，对每批药材从堆垛的上、中、下四角及中间等不同部位、级别、随机抽取代表性样品。

6.2 抽样比例

每检疫批具体抽样比例见表1。

表1 抽样比例

单位为件

检疫件数	抽样件数
≤10	全部
11～100	10

表 1(续)

单位为件

检疫件数	抽样件数
101～1 000	每增加 100 件增抽 1 件
≥1 001	每增加 500 件增抽 1 件
注：适用于袋装植物性药材；散装的，以 50 kg 比照 1 件计算。	

6.3 抽样数量及重量

每检疫批取样数量及质量见表 2。

表 2 抽样数量及质量

取样件数/件	样品数量/份
≤10	1
11～100	2
101～500	3
501～1 000	4
≥1 001	每增加 1 000 件增抽 1 份样品
注：每份样品不少于 500 g。数量较少的样品、赠品或贵重药材取样数量酌情减少，现场检疫能判定结果合格的，也可以不取样。	

7 现场检疫

7.1 核查货证

核查货物的货位、品名、唛头、批次代号、件数、质量和包装等是否与有关单证相符合。

7.2 包装检疫

检查货物存放环境是否清洁无污染，是否受有害生物侵染；检查货物的包装物及缝角、苫盖物、铺垫物中有无有害生物及其危害状，或禁止进境物。对发现的病、虫、杂草(籽)等需做初步鉴定，必要时携回室内进一步鉴定。

7.3 产品检疫

7.3.1 病虫害及杂草检疫

对抽查样品进行检查，检查其有无病害症状，将可疑样品装入塑料袋供室内进一步鉴定。

将植物性药材分成七大类(参见附录 A)。依据各类药材害虫(螨类)发生危害特点，实施不同检查方法：

a) 根及根茎类药材的检查：对可疑样品、采用折断、劈开、剖开等方法检查。

b) 种子及果实类药材的检查：对于小籽粒的药材品种，采用过筛的方法检查；对个体较大的药材品种，选取可疑样品，采用剖开等方法进行检查。

c) 花叶类及全草类药材的检查：采用拍击、抖动和过筛的方法检查。

d) 树皮类、菌藻类药材的检查：采用掰开、拍击等方法检查。

e) 藤木树枝类药材的检查：同 a)。

将检获的害虫、螨类装入指形管，可疑样品等一并装入塑料袋带回室内进一步鉴定。

在进行害虫检疫的同时，检查是否带有杂草籽。

7.3.2 土壤及其他项目检疫

检查样品(尤其是块根、块茎组织)是否带有土壤，是否带有禁止进境物。

7.4 运输工具检疫

要求货主或其代理在装货前，对运输工具(包括集装箱)打扫干净，以符合植物检疫和防疫要求。

8 样品制备

将现场抽取的原始样品带回室内，按照SN/T 0800.1—1999缩分成总供试样品。将总供试样品分为两份，一份作为工作样品，进行病、虫、草检验，一份作为保留样品。

9 室内检验

9.1 对现场检疫抽取的样品和需要进一步检疫、鉴定的材料，根据真菌、细菌、病毒、昆虫、螨类、线虫、杂草等检疫、鉴定的项目制定具体的检验方案。

9.2 根据检验方案，将现场检疫和室内检验发现的有害生物，应用有效的方法进行有害生物种类鉴定。

9.3 做好室内检验、鉴定的原始记录，出具检验报告。

10 样品保存

将室内制成的保留样品保存在清洁的容器内，容器加贴标明报检号、品名、数量、取样地点、取样时间、取样人和取样日期的标签，存放在通风、干燥、清洁卫生、适宜的环境中，至少保存6个月。

11 评定

11.1 合格评定

经检疫，符合本标准第3章规定的，评定为合格。

11.2 不合格评定

经检疫，有下列情况之一的，评定为不合格：

a) 发现检疫性有害生物的；

b) 发现禁止进境物的；

c) 发现协定应检有害生物的；

d) 发现其他不符合本标准第3章规定的。

11.3 不合格货物的处理

11.3.1 不合格的出境货物，应针对情况实施除害、重新加工等处理，对处理后的货物进行复验，复验仍不合格的货物，作不准许出境处理。

11.3.2 不合格的进境货物，应实施除害处理。无有效处理方法的，作退货或销毁处理。

附　录　A
（资料性附录）
主要进出境植物性药材名录

A.1　根及根茎类

1. 一点血　2. 人参　3. 九节菖蒲　4. 九眼独活　5. 川乌　6. 川芎
7. 川贝母　8. 百部　9. 川明参　10. 明党参　11. 木香　12. 广豆根
13. 山药　14. 山奈　15. 三七　16. 大黄　17. 千年健　18. 干姜
19. 天冬　20. 天麻　21. 天花粉　22. 天葵子　23. 元胡　24. 莪术
25. 牛膝　26. 牛尾独活　27. 太子参　28. 升麻　29. 丹参　30. 川木香
31. 毛慈菇　32. 巴戟天　33. 白术　34. 白芍　35. 白芷　36. 百合
37. 白芨　38. 白药子　39. 白敛　40. 白前　41. 白薇　42. 白附子
43. 天南星　44. 甘草　45. 甘松　46. 甘遂　47. 北沙参　48. 玄参
49. 玉竹　50. 半夏　51. 乌药　52. 仙茅　53. 石菖蒲　54. 防风
55. 地黄　56. 地榆　57. 白土苓　58. 防己　59. 川牛膝　60. 当归
61. 竹节参　62. 赤芍　63. 首乌　64. 麦冬　65. 芦竹根　66. 苍术
67. 远志　68. 肚拉　69. 子(片)　70. 手参　71. 雪胆　72. 狗脊
73. 泽泻　74. 羌活　75. 知母　76. 苦参　77. 茨七　78. 郁金
79. 法罗海　80. 板蓝根　81. 虎杖　82. 前胡　83. 重楼　84. 草乌
85. 姜黄　86. 南沙参　87. 香附　88. 胡黄连　89. 穿山龙　90. 党参
91. 桔梗　92. 射干　93. 秦艽　94. 浙贝母　95. 峨参　96. 狼毒
97. 高良姜　98. 骨碎补　99. 黄芪　100. 黄精　101. 黄药子　102. 银柴胡
103. 雪上一支蒿　104. 续断　105. 蓖藓　106. 商陆　107. 猫爪草　108. 三棱
109. 南星　110. 藁本　111. 藜芦　112. 藕节　113. 薤白

A.2　种子及果实、果仁类

1. 预知子　2. 山楂　3. 山枝仁　4. 山茱萸　5. 大枣　6. 牛蒡子
7. 大风子　8. 大腹皮　9. 马钱子　10. 马兜铃　11. 木蝴蝶　12. 川楝子
13. 女贞子　14. 木瓜　15. 猪牙皂　16. 橘红　17. 乌梅　18. 五味子
19. 火麻仁　20. 无花果　21. 车前子　22. 天仙子　23. 白果　24. 白芥子
25. 白胡椒　26. 石榴皮　27. 龙眼肉　28. 冬瓜子　29. 冬瓜皮　30. 瓜蒌子
31. 瓜蒌皮　32. 肉豆蔻　33. 红豆蔻　34. 豆蔻　35. 补骨脂　36. 芡实
37. 薏苡仁　38. 李仁　39. 陈皮　40. 麦芽　41. 连翘　42. 稻芽
43. 吴茱萸　44. 赤小豆　45. 佛手　46. 苍耳子　47. 青皮　48. 青果
49. 青箱子　50. 苦杏仁　51. 蒺藜　52. 使君子　53. 芦子　54. 金樱子
55. 郁李仁　56. 枳壳　57. 枳实　58. 枳椇子　59. 香橼　60. 枸杞子
61. 柏子仁　62. 荔枝核　63. 白扁豆　64. 柿蒂　65. 相思子　66. 胖大海
67. 核桃仁　68. 胡麻子　69. 决明子　70. 草豆蔻　71. 茺蔚子　72. 砂仁
73. 莱菔子　74. 浮小麦　75. 莲子　76. 莲子心　77. 桑椹　78. 橘络
79. 橘核　80. 土橘红　81. 覆盆子　82. 桃仁　83. 益智　84. 沙苑子
85. 黄豆　86. 甜杏仁　87. 绿豆　88. 菟丝子　89. 蛇床子　90. 紫苏子

91. 栀子　92. 楮实子　93. 葶苈子　94. 椒目　95. 槐角　96. 榧子
97. 酸枣仁　98. 蔓荆子　99. 槟榔　100. 蕤仁　101. 罂粟壳　102. 糯米

A.3 全草类

1. 二郎箭　2. 广藿香　3. 车前草　4. 元宝草　5. 石斛　6. 委陵菜
7. 老鹳草　8. 肉苁蓉　9. 墨旱莲　10. 细辛　11. 佩兰　12. 金钱草
13. 香薷　14. 茵陈　15. 茜草　16. 龙胆草　17. 夏枯草　18. 益母草
19. 淫羊藿　20. 鹿衔草　21. 鱼腥草　22. 紫草　23. 紫苏梗　24. 紫花地丁
25. 萹蓄　26. 瞿麦　27. 蒲公英　28. 锁阳　29. 薄荷　30. 威灵仙(藤)
31. 柴胡(全草)　32. 麻黄　33. 寻骨风　34. 淡竹叶

A.4 花叶类

1. 大青叶　2. 木槿花　3. 艾叶　4. 红花　5. 佛手花　6. 辛夷
7. 苦丁茶　8. 菊花　9. 厚朴花　10. 枇杷叶　11. 金银花　12. 罗布麻叶
13. 洋金花　14. 荷叶　15. 芫花　16. 夏枯花　17. 野菊花　18. 旋复花
19. 雪莲花　20. 侧柏叶　21. 款冬花　22. 腊梅花　23. 番泻叶　24. 蒲黄
25. 密蒙花　26. 莲须　27. 槐米

A.5 树皮类

1. 白藓皮　2. 合欢皮　3. 红毛五加皮　4. 杜仲　5. 厚朴　6. 香加皮
7. 海桐皮　8. 桑白皮　9. 秦皮　10. 黄柏

A.6 藤木树枝类

1. 小通草　2. 大血藤　3. 川木通　4. 鸡血藤　5. 竹茹　6. 沉香
7. 松节　8. 钩藤　9. 扁寄生　10. 桂枝(片)　11. 首乌藤　12. 淮通(片)
13. 桑寄生　14. 桑枝(片)　15. 儿茶　16. 紫草茸

A.7 菌藻类

1. 五倍子　2. 乌灵参　3. 马勃　4. 昆布　5. 茯苓　6. 茯苓皮
7. 海白菜　8. 冬虫夏草　9. 猪苓　10. 菌灵芝　11. 银耳

中华人民共和国出入境检验检疫行业标准

SN/T 1577—2005

进出境核桃仁检疫操作规程

Rules for the quarantine of walnutkernels for import and export

2005-05-20 发布

2005-12-01 实施

中华人民共和国国家质量监督检验检疫总局 发布

前言

本标准由国家认证认可监督管理委员会提出并归口。

本标准起草单位：中华人民共和国山西出入境检验检疫局。

本标准主要起草人：丁三寅、任传永、武建生、王瑞芳、党海燕。

本标准系首次发布的出入境检验检疫行业标准。

进出境核桃仁检疫操作规程

1 范围

本标准规定了进出境核桃仁的抽样检疫方法和结果评定。

本标准适用于进出境核桃仁的植物检疫。

2 术语和定义

下列术语和定义适用于本标准。

2.1

有害生物 pest

任何对植物或植物产品有害的植物、动物和微生物,包括各种病原体的种、株系、生物型。

2.2

检疫批 quarantine lot

同一品名在同一时间,以同一个运输工具,来自或运往同一地点,同一收货、发货人的货物。

3 检疫依据

3.1 进境国家或地区的植物检疫要求。

3.2 政府间双边植物检疫协定、协议以及参加国际公约组织应遵守的规定。

3.3 贸易合同、信用证等关于植物检疫的条款。

3.4 中国植物检疫的法律法规。

4 检疫准备

4.1 审核单证

审核报检所附单证是否齐全、有效,报检单的填写是否完整、真实,与合同、信用证、装箱单、发票、提单等内容是否一致,是否有特殊检疫要求,进境的有无出口国官方植物检疫证书,了解出口国产地疫情和进口国检疫要求,明确检疫重点和依据。

4.2 检疫工具

4.2.1 现场检疫工具

放大镜、镊子、指形管、毛刷、样品袋、样品标签、白瓷盘等。

4.2.2 实验室仪器设备

体视显微镜、培养箱、病原菌分离设备、检验鉴定所需的其他设备。

5 现场检疫

5.1 存放场所检疫

5.1.1 货证核查

核查货位、品名、包装、唛头、批次代号、件数、质量是否和报检相符。

5.1.2 铺垫材料与周围环境检疫

通过肉眼或放大镜检查货物的铺垫材料以及周围环境有无虫害、蜕皮壳、杂草(籽)、泥土等。

5.2 运输工具检疫

对装载核桃仁的运输工具(集装箱、散货船舱、汽车)实施登轮、登车、开箱、开舱检疫,查看舱箱内外、上下四壁、缝隙边角、铺垫物等害虫易潜伏藏身的地方有无害虫、蜕皮壳、杂草(籽)、泥土等。

5.3 货物检疫

5.3.1 抽样

5.3.1.1 抽样方法

按货堆的上、中、下部位,随机抽检。

5.3.1.2 抽样数量

按表1比例进行抽查。

表1 抽样数量

总件数,N	抽样比例或件数
$N \leqslant 250$ 件	5
$250 < N \leqslant 1\ 000$	$2\%N$
$1\ 000 < N \leqslant 2\ 000$	20
$2\ 000 < N \leqslant 5\ 000$	$1\%N$
$N > 5\ 000$	50

如发现可疑疫情,适当增加抽查件数。

5.3.2 包装检查

检查外包装有无害虫、蜕皮壳、杂草(籽)、泥土,打开检查包装内及货物表面有无害虫、蜕皮壳、杂草(籽)。

5.3.3 产品检疫

将现场抽取的样品置于白色台面或白瓷盘上,仔细观察货物的表面,检查是否带有细小的害虫,以及货物表面是否有病变现象。必要时过筛检验,查看筛下物是否有虫霉等。

5.3.4 取样数量

结合产品检疫,取代表性样品1 000 g~1 500 g,带回实验室进行鉴定。如发现可疑疫情,适当增加取样数量。

5.4 检疫处理

现场发现检疫可疑物的进出境核桃仁,责令货主或其责任人就地封存货物,并采取适当的检疫隔离措施;同时,将现场发现的可疑物带回实验室做进一步检验鉴定。

6 实验室检验

6.1 检验鉴定

6.1.1 害虫鉴定

对检出的害虫根据形态特征做进一步鉴定,必要时进行害虫饲养。

6.1.2 杂草鉴定

对收集的杂草(籽)根据形态特征做进一步鉴定。

6.1.3 病害鉴定

对现场收集的病害样本,直接镜检或分离培养,做进一步鉴定。

6.2 出具报告

实验室对检疫鉴定结果出具报告单。

7 结果评定与处置

7.1 结果评定

根据现场检疫与实验室检验鉴定结果,符合第3章规定的,评定为合格,否则评定为不合格。

7.2 处置

7.2.1 合格处置

7.2.1.1 进境的出具《入境货物检验检疫证明》。

7.2.1.2 出境的出具《出境货物通关单》或《出境货物换证凭单》和相关的植物检疫证书。

7.2.2 不合格处置

7.2.2.1 进境货物

有有效处理方法的，出具《检验检疫处理通知单》，进行检疫除害处理，处理后经检疫合格，出具相应证书。

无有效处理方法的，做退回或销毁处理，出具相应证书。

7.2.2.2 出境货物

应根据检疫要求做除害、重新加工等处理后，进行复检，复检合格的按7.2.1.2规定进行。

无有效处理方法的，不准出境。

8 样品及有害生物保存

8.1 每批保留样品500 g～1 000 g，存放在清洁的密封容器内，容器加贴报检号、品名、数量、取样地点、取样时间、取样人和取样日期的标签。样品需冷藏保存，保存期至少6个月。

8.2 将截获的有害生物做成标本，做好标记，妥善保存。

中华人民共和国出入境检验检疫行业标准

SN/T 1578—2005

进境洋兰鲜切花检疫操作规程

Rules for the quarantine of orchid cutflower for importing

2005-05-20 发布　　　　2005-12-01 实施

中华人民共和国国家质量监督检验检疫总局　发布

前　言

本标准由国家认证认可监督管理委员会提出并归口。

本标准起草单位：中华人民共和国上海出入境检验检疫局。

本标准主要起草人：万明伟、宋绍祎、周建平、赵红。

本标准为首次发布的出入境检验检疫行业标准。

进境洋兰鲜切花检疫操作规程

1 范围

本标准规定了进境洋兰鲜切花的检疫操作规程。

本标准适用于进境洋兰鲜切花的检疫。

2 术语和定义

下列术语和定义适用于本标准。

2.1

洋兰鲜切花 orchid cut flowers

自洋兰植株上剪切下来的以观花为主的花朵、花序和花枝。

2.2

检疫批 quarantine lot

由一定数量的同一品名、同一发货人和收货人、同一运输工具、同一目的地的进境洋兰鲜切花所构成的检疫单位。

2.3

检疫性有害生物 quarantine pest

对受其威胁的地区具有潜在经济重要性，尚未在该地区发生或虽已发生，但分布不广并受到官方控制的有害生物。

2.4

非检疫性有害生物 non-quarantine pest

除 2.3 项以外的对植物有一定危害性的其他有害生物。

3 检疫依据

3.1 中国法定的植物检疫要求。

3.2 中国政府与输出国家或地区签订的植物检疫双边协议、议定书和备忘录等。

3.3 国际或区域性植保植检公约、协定。

4 检疫准备

4.1 检疫方案

了解和掌握输出国家(地区)的有害生物发生情况及洋兰鲜切花产地有害生物发生情况，审核单证，确定检疫方法和内容。

4.2 检疫工具

放大镜、镊子、剪刀、指形管、毛刷、白瓷盘、扦样袋、标签等。

4.3 检疫场地

现场环境清洁、光线充足，具备一定的防虫条件。

5 现场检疫

5.1 核对货证

核对单证、品种、数量、产地、包装、唛头等内容是否与货物相符。

5.2 抽查

5.2.1 抽查方法

用随机方法进行抽查。

5.2.2 抽查数量

按每批进境洋兰鲜切花总量的5%～20%随机抽检，10件以下的(含10件)全部检查。

发现有可疑疫情或实际需要，可适当增加抽查比例。

5.3 环境检查

检查运输工具或货物存放场所地面，四周环境，有无有害生物。

5.4 开件检查

5.4.1 对抽查到的货物，开件时注意检查包装物的底部、四周、缝隙有无有害生物活动。

5.4.2 开件后检查是否混有杂草或其他植物体。

5.4.3 借助放大镜检查花朵、花序、花枝和花瓣内有无虫害、病害等症状。

5.4.4 发现有虫害、病害症状的或异常形态的花朵、花序、花枝等，应采样送实验室做进一步鉴定。

5.5 木质包装材料检查

有木包装材料的，如木托盘、木箱等，需按木质包装检查的有关规定实施检疫。

6 实验室检验

6.1 对现场检疫取回的需要进一步鉴定的虫样、杂草，病、虫危害的植株等，制定检验方案。

6.2 根据检验方案，将现场检验和室内检验发现的有害生物进行鉴定。

6.3 做好室内检验、鉴定的原始记录，出具检验报告。

7 结果判定

7.1 检疫结果符合第3章要求的，评定为合格，准许进境。

7.2 检疫结果不符合第3章要求的，评定为不合格。有有效处理方法的，出具《进境货物检验检疫处理通知单》，经检疫处理合格后，准许进境；无有效处理方法的，作退回或销毁处理，需要对外索赔的，可出具相应证书。

8 归档

检疫工作完毕后，将报检资料、检验记录、证稿等及时交有关部门归档。

中华人民共和国出入境检验检疫行业标准

SN/T 1581—2005

对外繁种检疫操作规程

Procedure of reproduced seed for export

2005-05-20 发布　　　　2005-12-01 实施

中华人民共和国国家质量监督检验检疫总局　发布

前　言

本标准的附录A、附录B和附录C均为资料性附录。

本标准由国家认证认可监督管理委员会提出并归口。

本标准起草单位：中华人民共和国甘肃出入境检验检疫局。

本标准主要起草人：朱蕴智、刘志杰、刘箐、王军平、魏振国。

本标准系首次发布的出入境检验检疫行业标准。

对外繁种检疫操作规程

1 范围

本标准规定了对外繁种进出境现场检疫、扦样、实验室检验、田间检疫、检疫监管和结果评定的程序和方法。

本标准适用于对境外繁育种子的原种引进、繁育、加工及种子出境的检疫监督管理。

2 术语和定义

下列术语和定义适用于本标准。

2.1

对外繁种 reproducted seed for export

利用境外种质资料所有者的原材料(包括种子、种苗等)在境内进行杂交生产或常规生产种子,再将种子返回境外种子所有者而进行的一系列生产过程,称为对外繁种。

2.2

田间检疫 field inspection

依据我国的相关法规及输入国家或地区的检疫要求或贸易合同中订明的检疫条款,在种子生长期间,对各类作物病虫草害发生情况进行田间调查的过程。

2.3

种子批 lot of seed

是指同一来源、同一品种、同一年度、同一时期收获和质量基本一致、在规定数量之内的种子。

3 检疫准备

3.1 检疫准备

3.1.1 引种

引进外繁种子的单位或其代理人,应在种子进境前 10 d～15 d,将《进境动植物检疫许可证》或《引进种子、苗木检疫审批单》的复印件,送种植地直属出入境检验检疫机构办理备案手续。对不符合有关规定的检疫审批单,不予办理备案手续。

3.1.2 报检

报检时,应提供贸易合同、信用证、发票和装箱单;进境种了还应提供《进境动植物检疫许可证》或《引进种子、苗木检疫审批单》,输出国家或地区官方植物检疫机构出具的《植物检疫证书》。

3.1.3 审核单证

审核报检所附单证是否齐全、有效、一致,有无《进境动植物检疫许可证》或《引进种子、苗木检疫审批单》;进境种子有无输出国家或地区官方植物检疫机构出具的《植物检疫证书》,出境种子有无输入国家的检疫要求等。

3.1.4 检疫工具

3.1.4.1 现场检疫工具

放大镜、剪刀、镊子、指形管、毛刷、手电筒、样品袋、套筛、标签以及采样凭证和检疫记录单。

3.1.4.2 实验室检疫工具

显微镜、实体显微镜、离心机、酶标仪、PCR 仪、放大镜、培养箱等。

3.2 田间检疫准备

3.2.1 审核对外繁种单位是否填报《引进外繁种子检验检疫登记表》(参见附录 A)、《对外繁种种植情况计划表》(参见附录 B),填报的作物品种是否与引进的作物品种相一致;详细了解输入国家或地区的检疫要求,制定田间检疫计划。

3.2.2 检疫工具:采集包、园艺剪、挖土铲子、刀子、放大镜、标本夹、病料袋、标签、手动计数器及《对外繁种病虫草害发生情况调查表》(参见附录 C)。

4 现场检疫

4.1 货证核查

核对品名、品种、批号、唛头、数量、重量、包装等是否与报检相符。引进的种子品名、品种和数量与《引进种子、苗木检疫审批单》或《进境动植物检疫许可证》是否相符,对不相符的,或超过引种审批的品种、数量部分,作退回或销毁处理。

4.2 包装及种子检疫

通过肉眼或放大镜检查种子外包装、铺垫材料,存放场所和周围环境有无害虫、土壤、杂草(籽);种子重点检查是否带有害虫、虫瘿、菌瘿和杂草籽等。

4.3 查验数量及方法

4.3.1 查验数量按包装种类、规格的不同而定。一般同批种子抽查总件数的 5%～20%,最少不少于 10 件。

4.3.2 查验方法应根据不同有害生物的分布规律及生物学特性,种子数量,堆放形式等因素,随机抽取有代表性样品。布袋、纸袋或其他包装的种子包装小于 0.5 kg 的,现场不抽取样品,直接送实验室检验。

4.4 抽样

4.4.1 抽样方法

以种子批为单位抽取。有品种组合的以品种组合为单位抽取,父、母本抽取样品时,应注意样品数量的比例。袋装种子堆垛存放的,应从上、中、下各部位随机抽取。不是堆垛存放时,可按应抽样袋数等间隔抽取。每份样品的抽样点不少于 5 个,单包装只能有一个抽样点。

4.4.2 抽样数量

4.4.2.1 袋装种子

10 kg 以下:1 份;

11 kg～100 kg:2 份;

101 kg～500 kg:3 份;

501 kg～1 000 kg:4 份;

1 001 kg～2 000 kg:5 份;

2 001 kg～5 000 kg:6 份;

5 001 kg～10 000 kg:7 份;

10 001 kg 以上,每增加 5 000 kg 增取 1 份样品;不足 5 000 kg 的余量计取 1 份样品。

每份样品质量,按品种不同分为:大粒种子、中粒种子、小粒种子和微粒种子,每份样品质量应根据种子的种类和性质而定:

大粒种子,如菜豆、玉米、南瓜、西葫芦、向日葵、棉花等:300 g～1 000 g;

中粒种子,如西瓜、甜瓜等:150 g～500 g;

小粒种子,如茄子、番茄、甜椒、辣椒、花卉、十字花科蔬菜、牧草等:100 g～500 g;

微粒种子,如花卉、蔬菜、牧草等:10 g～30 g。

4.4.2.2 小包装或听装种子

100 袋(听)以下:1 份;

101 袋～500 袋(听):2 份;

501 袋～1 000 袋(听):3 份;

1 000 袋(听)以上每增加 500 袋(听)增取 1 份。不足 500 袋(听)的余量计取 1 份样品。每 10 袋(听)为 1 份样品。

5 田间检疫

5.1 田间调查

可按不同作物的栽培方式、生长季节及病虫害发生特点来确定。主要病害为害症状较明显的阶段或流行高峰期进行调查。一般一种作物一个生长期调查两次,至少一次。

5.2 调查时间

可在苗期、开花期、盛果期或收获期前进行。

5.3 调查方法

5.3.1 生长期田间检疫应根据作物品种(组合)不同,采取普查和随机抽查相结合的方法进行。检查面积不少于总面积的 5%～20%,随机抽查的最低选点数按以下要求执行:

1 亩～5 亩:10 点;

6 亩～10 亩:15 点;

11 亩～50 亩:30 点;

51 亩～100 亩:50 点;

超过 100 亩,每增加 2 亩增加 1 点。

5.3.2 一年生草本植物每点检查不少于 50 株或每个检查点数不少于 5 m^2 内的 50 株以上。

5.3.3 进行田间检疫时,需要采集病害样品进行实验室检验的,每一种病害样品采集 5 份～10 份。

5.3.4 做好田间检疫的原始记录,详细填写《对外繁种病虫草害发生情况调查表》(参见附录 C)。

5.3.5 田间检疫结束后,写出专题报告和对外繁种病虫草害名录。

6 实验室检验

6.1 样品处理

将送检样品分成两份,一份留样,一份用于实验室检验。样品根据种子品种、颗粒大小、检疫要求等进行检验。凡包衣种子,检验之前必须用蒸馏水进行洗涤处理,待种子表面包衣完全脱落后方可进行下列检验操作,或者在温室内隔离种植后进行检验。

6.2 检验方法

6.2.1 细菌、病毒性病害检验的主要方法:生物学检验,生化检验,酶联免疫(ELISA)检验,PCR、RT-PCR检验,基因、蛋白芯片检验,胶体金快速检验等。

6.2.2 真菌病害检验的主要方法:直接检验、洗涤检验、吸水纸培养检验、琼脂培养基培养检验、生物学检验、免疫学检验。

6.2.3 害虫检验的主要方法:剖粒法、染色法、比重法、二氧化碳法、X 光法、茚三酮法、液相色谱尿酸测定法、酶联免疫吸着测定法、定量音响法等。

6.2.4 线虫检验的主要方法:改良贝尔曼漏斗法和漂浮分离法等。

6.2.5 杂草检验的主要方法:直接检查、过筛检查等方法。

6.3 检验报告

做好室内检验、鉴定的原始记录,出具检验报告。

7 检疫监督管理

7.1 引进的外繁种子调入种植地时，入境口岸检验检疫机构现场及实验室检疫合格后凭种植地直属出入境检验检疫机构出具的同意调入函方可准予以调入种植地。

7.2 引种单位或其代理人，应到所在直属出入境检验检疫机构办理引进外繁种子检验检疫登记备案手续。

7.3 对外繁种企业，应在种子种植后及时向所在地直属出入境检验检疫机构填报《对外繁种种植情况计划表》。

7.4 外繁种子生长期间，由种植地所在直属出入境检验检疫机构实施田间检疫和疫情监测。

7.5 外繁种子生长期间，经田间检疫发现有检疫性和危险性有害生物的植株时，应对染疫植株做拔除销毁处理，必要时应进行检疫除害处理。

7.6 外繁种子须做检疫除害处理的，应由出入境检验检疫机构进行现场监督和指导。

7.7 外繁种子收获采摘时，禁止将果实残余组织、洗果水、剖果、病果等倒入渠内或田边，禁止在田间剖瓜掏籽、晒瓜。

7.8 引进的外繁种子被检出带有非检疫性有害生物的，出入境检验检疫机构应及时通知种植地农业植保植检部门，做好种植期间的疫情监测。

8 结果评定及处理

8.1 进境检疫结果评定及处理

经检疫未发现检疫性有害生物，限定的非检疫性有害生物未超过有关规定的，予以放行；经检疫发现检疫性有害生物，或限定的非检疫性有害生物超过有关规定，经有效的检疫处理后，予以放行；未经有效处理的或无有效方法处理的，不准入境，做退货或销毁处理。

8.2 出境检疫结果评定及处理

8.2.1 经检疫未发现检疫性有害生物或限定的非检疫性有害生物的，予以放行。

8.2.2 经田间检疫，发现各别地块、个别品种(组合)的个别植株有检疫性有害生物或限定的非检疫性有害生物的，应对染疫植株做拔除销毁处理，必要时应进行检疫除害处理；待种子收获后，抽取样品送交实验室检验，经检验，发现检疫性有害生物或限定的非检疫性有害生物的，经有效的检疫处理后，予以放行。未经有效处理的或无有效方法处理的，不准出境。

8.2.3 经田间检疫，发现各别地块、个别品种(组合)的个别植株有检疫性有害生物或限定的非检疫性有害生物的，做拔除销毁处理，必要时应进行检疫除害处理；待种子收获后，抽取样品送交实验室检验，经检验，未发现检疫性有害生物或限定的非检疫性有害生物的，予以放行。

8.3 样品保存和处理

根据种子抽样量不同，每批号(品种)的样品保留一份。未发现疫情的保存 6 个月，发现疫情的保存 1 年后作销毁处理。

附 录 A
（资料性附录）
引进外繁种子检验检疫登记表

填报单位：　　　　联系人：　　　　联系电话：

引种单位		联系人	
地址邮编		电话	
引进日期		输出国家或地区	
品种名称			
引进数量			
种植地点			
入境口岸			
口岸检验检疫机关			
口岸检验检疫机关检验检疫情况			
引种检疫审批单位			
引种检疫审批单号			
口岸检验检疫机关受理人姓名、电话			
备　注			

附 录 B
（资料性附录）
对外繁种种植情况计划表

对外繁种单位： 联系人： 联系电话：

作物品种	组合	亲本种子来源	种植地点(县、乡)	种植面积(亩)	预计产量(公斤)	备　注

说明：请在对外繁种种植情况计划表后，附上输入国家的检疫要求。

附　录　C
（资料性附录）
对外繁种病虫草害发生情况调查表

对外繁种单位：________　　　　　　　　　　　　________年____月____日

作物品种	种植地点	种植面积	病虫草害发生种类

调查人：

中华人民共和国出入境检验检疫行业标准

SN/T 1584—2005

出境玉米检疫操作规程

Rules for the quarantine of maize for export

2005-05-20 发布 2005-12-01 实施

中华人民共和国国家质量监督检验检疫总局 发布

前 言

本标准由国家认证认可监督管理委员会提出并归口。

本标准起草单位：中华人民共和国辽宁出入境检验检疫局、中华人民共和国吉林出入境检验检疫局、中华人民共和国黑龙江出入境检验检疫局、中华人民共和国河北出入境检验检疫局、中华人民共和国山西出入境检验检疫局。

本标准主要起草人：彭金火、吴桂龙、赵明纯、董玉辉、安长鹏、宋福、丁三寅。

本标准系首次发布的出入境检验检疫行业标准。

出境玉米检疫操作规程

1 范围

本标准规定了出境玉米的检疫方法及结果的判定。

本标准适用于出境玉米的检疫。

2 检疫依据

2.1 中国政府与进口国政府签订的双边植物检疫或植物保护协定、协议、备忘录、议定书等。

2.2 中国政府参加的国际或区域性植物保护公约、协定。

2.3 进境国家的植物检疫规定或要求。

2.4 贸易合同或信用证声明的植物检疫要求。

2.5 中国政府法定的植物检疫要求。

3 检疫准备

3.1 审核单证，明确检疫要求

报检资料应完整、清晰、有效，并根据第2章，明确检疫任务，确定检疫方法和检疫内容。

3.2 准备现场检疫工具

普通手持放大镜(10×)、圆孔筛(4.5 mm～5.5 mm)、双套管扦样器(1.2 m～1.5 m)、单管扦样器(0.5 m～0.7 m)、镊子、指形管、标签、瓷盘、扦样袋等。

4 现场检疫

4.1 单证核查

首先应核查注册仓库、货(仓)位、批次代码(唛头)、重量、数量、产地等是否与报检单填写的内容相符。

4.2 散装玉米的检疫

4.2.1 散装堆放的玉米

4.2.1.1 扦样

散装玉米的堆放高度不应超过1.5 m，以约500 m^2 作为一个扦样批(约500 t)，按棋盘式设50个扦样点，使用双套管扦样器，扦取原始样品1份，总重量不少于8 kg，送实验室进行检验。

4.2.1.2 检验

在扦样的同时，每个扦样点至少取2 kg玉米，用圆孔筛进行筛检。筛检时旋转6次～10次，用肉眼或放大镜检查筛下物中有无昆虫、杂草籽、稻粒、稻壳、碎稻草、小土壤颗粒；同时检查筛上物，注意挑选可疑玉米病粒、长稻草及大型土块，并作详细记录。

将现场无法鉴别的昆虫、杂草籽、可疑玉米病粒装入指形管并标识，带回实验室作进一步鉴别。

筛检的同时应注意四周有无活虫，并考虑昆虫、杂草籽的生物学特性及卸货时形成的自然分布，针对性地增加筛检样点。

4.2.2 散装圆筒仓储存的玉米

4.2.2.1 入仓前检验

4.2.2.1.1 扦样

散装玉米入圆筒仓前，以同一发运站不超过500 t作为一个扦样批，每车随机设置6个～10个扦样点及筛检点，使用双套管扦样器，每扦样批扦取原始样品1份，总重量不少于8 kg，送室内检验。

4.2.2.1.2 **检验**

见4.2.1.2。

4.2.2.2 **出仓检验**

玉米出圆筒仓前应认真查看入仓记录，主要对虫害实施检验。以500 t作为一个扦样批，每扦样批在料口传送带或散粮车上均匀或随机设置50个以上扦样及筛检点，用圆孔筛进行筛检，用肉眼或放大镜检查筛下物中有无活虫，并做初步鉴别。将现场无法鉴别的昆虫装入指形管并标识，带回实验室作进一步鉴定。

4.3 **包装玉米的检疫**

4.3.1 **库场环境及垛表检查**

查看堆放包装玉米的库场环境。用肉眼或放大镜观察垛(堆)角、铺苫物、包装外表等有无昆虫痕迹或活虫，并根据昆虫的生物学特性进行针对性检查；同时询问货场有无堆放的水稻、稻草等；检查货场地面有无水稻、稻壳及稻草，并作详细记录。

4.3.2 **倒包检查及扦样**

4.3.2.1 **倒包检查**

每垛随机选3包～5包玉米，倒出进行检查并筛检，每包筛检3次，每次不少于2 kg。检验方法参见4.2.1.2。

筛检完毕后，应将倒出玉米的粮袋外翻，检查袋内壁、袋角、袋缝等有无隐伏害虫，并作详细记录。

4.3.2.2 **扦样检查**

对不易搬动的中下层包装玉米进行检验时，将单管扦样器从包装袋的斜方向插入袋内，任选3袋～5袋，直至取出2 kg玉米，倒入圆孔筛内进行筛检，并作记录。

4.3.3 **扦取原始样品**

以500 t作为一个扦样批，用单管扦样器依次对每垛进行波浪式扦样，或按正弦曲线从上、中、下层随机扦样，每垛选8点～10点，结合倒包，扦取2 kg以上样品1份。

5 室内检验

5.1 **样品制备**

对现场扦取的原始样品，在室内用分样器缩分制备成试验样品和保留样品，试验样品和保留样品均以500 t扦样批做批，重量均不少于1 kg，保留样品保存时间为6个月。

5.2 **检验准备**

5.2.1 用圆孔筛回旋筛检试验样品，回旋次数一般不少于20次。将筛下物及现场带回的同一扦样批的筛上及筛下物，放入白磁盘、黑底玻璃盘或培养皿，进行病害、昆虫、杂草籽、土壤等项目的检验。

5.2.2 **病害检验鉴定**

根据应检病害种类的不同特性，采用洗涤、保湿培养、分离培养、分子生物学等一种或几种方法进行检验。

5.2.3 **虫害检验鉴定**

根据应检虫害种类的不同特性，采用以下一种或几种方式进行检查：过筛检查(包括现场外包装检查和垛角及环境检查)、染色检查、比重法检查等；同时对发现的昆虫进行种类鉴定，必要时计算昆虫含量(以发现的昆虫数量/kg试样计算)。

5.2.4 **杂草籽检验鉴定**

对现场检疫收集和室内筛检出的杂草籽进行种类鉴定，并对检疫性杂草籽进行含量计算(粒数/kg)。

5.2.5 土壤及其他检疫物的检查

检查筛上物有无稻草及较大土块,筛下物有无稻粒、稻壳、小土粒。

6 检疫监管

6.1 对出境玉米的加工除杂过程及注册登记的贮存库场实施监督管理。

6.2 经检验检疫合格的玉米在出境装船时,对装卸过程实施监督。

6.3 装载出境玉米的运输工具以及包装物应符合植物检疫要求。

7 结果评定

7.1 经检疫符合第2章要求的,评为合格。

7.2 经检疫不符合第2章要求的,但有有效处理方法的,经处理并经复检符合第2章要求的,评为合格。

7.3 经检疫不符合第2章要求的,但无有效处理方法的,评定为不合格,不准出境,并签发《出境货物不合格通知书》。

8 归档上报

检疫工作完毕后,应将报检资料、各种检验记录、证稿等及时交由有关部门归档。

中华人民共和国出入境检验检疫行业标准

SN/T 1585—2005

进出境苹果属种苗检疫规程

Rules for the quarantine of seedling of *Malus* Mill for entry-exit

2005-05-20 发布　　　　2005-12-01 实施

中华人民共和国国家质量监督检验检疫总局　发布

前　言

本标准的附录A为资料性附录。

本标准由国家认证认可监督管理委员会提出并归口。

本标准起草单位：中华人民共和国北京出入境检验检疫局。

本标准主要起草人：种焱、陈洪俊、段刚、张炜、赵汗青。

本标准系首次发布的出入境检验检疫行业标准。

进出境苹果属种苗检疫规程

1 范围

本标准规定了进出境苹果属(*Malus* Mill)种苗的检疫方法。

本标准适用于进出境苹果属(*Malus* Mill)种苗的检疫、处理和放行。

2 仪器和用具

需准备的仪器和用具为：

——解剖镜、镊子、手持放大镜、指形管、电筒、毛刷样品袋等现场检疫用具；

——实验室用仪器和用具参照所检有害生物的检测标准。

3 检疫依据

3.1 中国法定的植物检疫要求。

3.2 输入国家(或地区)官方的进境植物检疫要求(PQIR)。

3.3 政府间签订的植物检疫双边协定、议定书和备忘录等。

3.4 入境种苗检疫审批单中所规定的有害生物。

3.5 贸易合同、信用证中的植物检疫条款。

4 方法和步骤

4.1 制定检疫方案

根据检疫依据和有关要求，制定检验方案。

4.2 现场检疫

4.2.1 核对种苗的品种、数量、批号、唛头与申报是否相符，检查包装外部、铺垫材料及运输工具等是否附带土壤、害虫。对出境种苗，必要时需到种苗种植场所进行疫情调查。

4.2.2 随机抽检整件样品，抽检数量为一批种苗的5%～10%，但不应少于10件或100株。主要检查是否带土壤、害虫、病症、混杂其他植物。

4.2.3 扦取样品。扦取样品比例为进/出境数量的0.5%～5%，不应少于1株，并将送检样品送实验室检测。

4.3 隔离检疫

4.3.1 现场检疫结束后，入境种苗必须在指定的隔离场所进行种植，隔离种植期间，隔离场所所在地检疫人员分别在发芽期、花期、收获期和休眠期采集到的有害生物或有害生物危害症状的样品，并将有害生物或样品送实验室检测。

4.3.2 隔离检疫期间应根据第3章检疫依据中所涉及的有害生物，并参照附录A中所列有害生物进行观察。

4.3.3 隔离检疫期不少于2年。

4.4 室内检疫

4.4.1 根据现场检疫和隔离检疫过程中采集的有害生物和有害生物危害症状的样品进行检测、鉴定。

4.4.2 实验室根据检测结果，出具检验报告。

4.5 检疫处理和放行

4.5.1 入境检疫处理和放行

根据现场检疫、室内检疫和隔离检疫结果，检疫人员对该批种苗做出评价：

——经检疫符合第3章检疫要求的或经检疫处理符合第3章检疫要求的放行，同时签发《入境货物检验检疫证明》；

——经检疫不符合第3章检疫要求的又无有效检疫处理方法的，做退回或销毁处理，并签发《检验检疫处理通知书》。

4.5.2 出境检疫处理和放行

根据现场检疫、室内检疫结果，检疫人员对该批种苗作出评价：

——经检疫符合第3章检疫要求的或经检疫处理符合第3章检疫要求的，准予出境，同时签发《植物检疫证书》和通关单（或出境货物换证凭单）；

——经检疫不符合第3章检疫要求又无有效检疫处理方法的，做换货或不准出境处理，签发《出境货物不合格通知单》。

5 归档

将原始记录、检疫报告及相关资料归档保存。

附 录 A
（资料性附录）
重点关注的有害生物

表 A.1

序　　号	名　　称	中　　名
1	*Cydia pomonella*	苹果蠹蛾
2	*Eriosoma lanigerum*	苹果绵蚜
3	*Erwinia amylovora*	梨火疫病菌
4	Tomato ringspot virus	番茄环斑病毒
5	Prunus necrotic ringspot virus	李属坏死环斑病毒
6	*Quadraspidiotus ostreaeformis*	笠齿盾蚧
7	*Scolytus mali*	苹果小蠹
8	*Gymnosporagium* spp.	胶锈菌属
9	*Monilinia fructicola*	美澳型核果褐腐病菌
10	Apple chloritic leaf spot virus	苹果褪绿叶斑病毒
11	Apple mosaic virus	苹果花叶病毒
12	Cherry rasp leaf virus	樱桃锉叶病毒
13	Apple dapple apple viroid	苹果斑纹类病毒
14	Apple scar skin viroid	苹果锈果类病毒
15	Chat fruit	苹果小果病
16	Apple decline	苹果衰退类病毒
17	Apple proliferation	苹果簇叶病
18	Rubbery wood	苹果胶木病

中华人民共和国出入境检验检疫行业标准

SN/T 1614—2005

出境桐木拼板检疫操作规程

Rules for the quarantine of paulownia solid board for export

2005-08-18 发布　　2006-02-01 实施

中华人民共和国国家质量监督检验检疫总局　发布

前 言

本标准由国家认证认可监督管理委员会提出并归口。

本标准起草单位:中华人民共和国河南出入境检验检疫局。

本标准主要起草人:杨西安、宗靖、岳忠贤、董英谦、彭发青、黎亚强。

本标准系首次发布的出入境检验检疫行业标准。

出境桐木拼板检疫操作规程

1 范围

本标准规定了出境桐木拼板的抽样、检疫方法和结果评定。

本标准适用于出境桐木板材、桐木拼板的植物检疫。

2 定义和术语

下列定义和术语适用于本标准。

2.1

桐木板材 paulownia board

以桐木为原料，加工成大小、厚薄、尺寸不同但单张板材厚薄均匀的板材。

2.2

桐木拼板 paulownia solid board

以桐木板材为原料，用胶粘剂拼接在一起所得的板材。

2.3

检疫批 lot

同一品名在同一时间，以同一运输工具，来自或运往同一地点，同一收货人、发货人的货物。

3 检疫依据

3.1 中国法定的植物检疫要求。

3.2 进境国家或地区的进境植物检疫要求。

3.3 中国政府与输入国家或地区签定的植物检疫双边协议、议定书和备忘录等。

3.4 国际或区域性植保植检公约、协定。

3.5 贸易合同、信用证订明的植物检疫要求。

4 检疫准备

4.1 审核证单

审核报检单证、了解产地疫情和进口国植物检疫要求，明确检疫重点和依据。

4.2 仪器与用具

现场检疫工具：放大镜、镊子、毛笔、指形管等。

实验室检疫仪器：生物显微镜和双目解剖镜，载玻片、盖玻片、洗瓶、培养皿等。

5 现场检疫

5.1 货证核查

核查货证是否相符；

——根据货物批次、数量确定抽样方法和数量；

——了解货物原料、选材、加工及原产地等情况。

5.2 货物、运输工具和铺垫材料的查验

货物按级别、批号各自或组合排列整齐。包装材料要求牢固、适用且无污染，如果是木质包装，应符合进口国对木质包装的要求。

用肉眼或放大镜观察堆放桐木拼板的贮存环境、运输工具、包装材料等有无昆虫痕迹或活虫，并根据昆虫的生物学特性进行针对性检查。

5.3 抽样

以检疫批为单位，具体标准如下：

——10 张以下，全部查验；

——11 张～100 张，随机抽取 10 张；

——101 张以上，抽取数量为$\sqrt{N}$（N 为每一取样批总张数），取整数部分。

5.4 原料检疫

对不同时间进厂并经严格挑选的待加工原料，加工前集中进行害虫及其他有害生物的针对性检疫，并加强疫情调查和防疫指导。

5.5 成品检疫

对整批货物，包括包装材料和存放场所等进行病害、虫害、杂草等项目检疫。对可疑样品，携回实验室进一步检验鉴定。

6 实验室检疫

6.1 病害检疫

挑取样品可疑部分，进行镜检或分离培养鉴定。

6.2 害虫检疫

对可疑带虫样品进行剖检，鉴定虫种。

6.3 杂草检疫

对收集的杂草（籽）根据形态特征做进一步鉴定。

7 结果评定、处理、出证

7.1 经检疫符合第 3 章规定的，评为合格。出具有关单证，准予出境。

7.2 经检疫不符合第 3 章规定的，评定为不合格，须作如下处理：

——有有效除害处理方法的，监督货主或其代理人作除害处理或重新加工处理，除害处理或重新加工处理合格的出具有关单证，准予出境；

——无有效除害处理方法的，要求货主作换货处理。

8 样品保存

从每一批货物中抽出的样品中留取一定数量的样品作为保存样品。每批次的保存样品不少于 5 张。保存样品经登记和经手人签字后置于干燥、防虫处妥善保存 2 个月。如评定为不合格的，该样品至少保存 6 个月，以备复验、谈判和仲裁，保存期满后，须经除害处理。

中华人民共和国出入境检验检疫行业标准

SN/T 1639—2005

进出境软木棒检疫规程

Rules for the quarantine of cork rods for import and export

2005-09-30 发布　　2006-05-01 实施

中华人民共和国国家质量监督检验检疫总局 发布

前　言

本标准附录 A 为资料性附录。

本标准由国家认证认可监督管理委员会提出并归口。

本标准起草单位:中华人民共和国江苏出入境检验检疫局。

本标准主要起草人:张呈伟、毛福群、李浩。

本标准系首次发布的出入境检验检疫行业标准。

进出境软木棒检疫规程

1 范围

本标准规定了进出境软木棒植物检疫方法和结果判定。

本标准适用于进出境软木棒的检疫。

2 术语和定义

下列术语和定义适用于本标准。

2.1

软木棒 cork rods

纯净软木粒用无毒、无菌、对酒液化学稳定的粘合剂粘结而成的软木棒料。

2.2

有害生物 pest

任何对植物或植物产品有害的植物、动物或病原体的种、株(品)系或生物型。

2.3

检疫性有害生物 quarantine pest

对受其威胁的地区具有潜在经济重要性,但尚未在该地区发生,或虽已发生但分布未广并进行官方防治的有害生物。

2.4

非检疫性有害生物 non-quarantine pest

对一个国家或地区而言,不属于检疫性有害生物的生物。

3 检疫依据

3.1 中国法定的植物检疫要求。

3.2 进境国家或地区的进境植物检疫要求。

3.3 中国政府与输入国家或地区签定的植物检疫双边协议、议定书或备忘录等。

3.4 国际或区域性植保植检公约、协定。

3.5 贸易合同、信用证订明的植物检疫要求。

4 检疫准备

4.1 审核单证

审核报检单证、了解产地疫情和进口国检疫要求,明确检验检疫重点和依据。

4.2 准备现场检疫工具

普通手持放大镜(10×)、毛刷、指形管、剪刀、镊子、瓷盘、样品袋等。

5 现场检疫

5.1 货证核查

核查货证是否相符;

根据货物批次、数量确定抽样方法和数量。

5.2 贮存环境、运输工具和包装材料检查

用肉眼或放大镜观察堆放软木棒的贮存环境、运输工具、包装材料等有无昆虫痕迹或活虫，并根据昆虫的生物学特性进行针对性检查。

5.3 抽样

以检疫批为单位，按下列规定计算检疫抽样件数：

一批 10 件以下全部查验；

11 件～50 件随机抽查 3 件～5 件；

51 件～100 件随机抽查 6 件～10 件；

101 件以上，每增加 100 件，随机查验数量增加 1 件；

每件内含有小件的，查验件数不少于该件内含有小件数的四分之一，取样件数以小件计数。

软木样的检验及抽样参见附录 A。

5.4 产品检疫

5.4.1 病害检疫

对抽样样品进行检查，检查其有无病害症状，将可疑的样品装入样品袋供实验室进一步检验鉴定。

5.4.2 害虫检疫

将所取样品放于白塑料布上，对抽检样品进行检查，检查其是否有害虫及其危害状，并用拍击方法进行查验，使隐藏的害虫等落于瓷盘上，将检获的害虫用毛刷或镊子装入指形管，将可能带有活虫的可疑样品装入样品袋，以供实验室进一步检验鉴定；将拍击落下物装入样品袋供实验室进一步检验鉴定。

5.4.3 杂草检疫

将所取样品放于瓷盘上，对抽检样品进行检查，检查其是否有杂草，并用拍击方法进行查验，使隐藏的杂草籽落于白塑料布上，将检获的杂草籽装入指形管，以供实验室进一步检验鉴定。

6 实验室检疫

根据现场检疫采集到的有害生物及可疑样品按有关规程进行检验鉴定，并根据检验鉴定结果出具报告。

7 结果评定

7.1 经检疫符合第 3 章规定的，评为合格。

7.2 经检疫不符合第 3 章规定的，但有有效处理方法的，经处理并经复检符合第 3 章规定的，评为合格。

7.3 经检疫不符合第 3 章规定的，但无有效处理方法的，评定为不合格，不准进境或出境。

附 录 A
（资料性附录）
软木棒的抽样和检验

A.1 抽样

A.1.1 抽样工具

剪刀、切割刀、切割架、样品袋。

A.1.2 抽样比例

A.1.2.1 外观缺陷检验样品按全批到货总件数5%（至少5件）抽取。

A.1.2.2 理化检验样品按全批到货总件数1%（至少5件）抽取。

A.1.3 抽样方法

A.1.3.1 从全批到货中按A.1.2.1规定的比例随机抽取整件样品供外观质量、规格检验。

A.1.3.2 在包装完好件中按A.1.2.2规定的比例随机抽取样件，用剪刀拆开，每件从其上中下不同部位随机抽取3根～5根样品放入样品袋，供水分、密度测定。

A.2 软木棒检验

A.2.1 仪器设备

卷尺（精度0.1 mm）、游标卡尺（精度0.1 mm）、恒温电热烘箱、天平（感量0.1 g）、烘篮、玻璃干燥器。

A.2.2 外观缺陷检验

A.2.2.1 外观质量

软木棒外观质量应以成交样品为准，且软木棒表面光滑无异物、无突起颗粒、龟裂缝的弯长度最大不超过软木棒周长的四分之一、无霉变等缺陷。

A.2.2.2 规格缺陷

A.2.2.2.1 长度：以毫米为单位，用卷尺沿软木棒水平方向测量长度，然后将软木棒旋转90°再次测量，取两次测量之平均值。两次测量允许公差±0.5 mm。

A.2.2.2.2 直径：以毫米为单位，用游标卡尺垂直于软木棒纵长方向测量直径，然后将软木棒旋转90°再次测量，取两次测量之平均值。两次测量允许公差±0.4 mm。

A.2.2.3 结果记录

当同一根软木棒外观质量和规格均不符合时，应视其严重程度只记录较严重的一项。

A.2.2.4 结果计算

外观缺陷比例按（A.1）式计算：

$$C = \frac{Q_1}{Q} \times 100\% \qquad \cdots\cdots(A.1)$$

式中：

C——外观缺陷比例（精确至0.1%）；

Q_1——外观缺陷软木棒数量；

Q——抽样总数量。

A.2.3 理化检验

A.2.3.1 水分测定

A.2.3.1.1 方法原理

软木棒试样在规定的温度下，烘干一定的时间后，测量其失重，以百分率表示。

A.2.3.1.2 操作程序

A.2.3.1.2.1 将预先烘干之烘篮称量精确至 0.1 g，再用此烘篮迅速称取软木棒试样 3 份，每份约 150 g～200 g，精确至 0.1 g。

A.2.3.1.2.2 将盛有试样的烘篮置于 103℃±2℃的电热烘箱中。烘干 2 h 后取出烘篮，移入干燥器内，冷却至室温后首次称重，精确至 0.1 g。

A.2.3.1.2.3 重复 A.2.3.1.2.2 操作，每隔 1 h 称量 1 次，直至两次连续称量之差值小于 0.5 g，取最小称量。

A.2.3.1.3 结果计算

水分测定结果按(A.2)式计算：

$$H = \frac{m_1 - m_2}{m_1 - m_0} \times 100\% \qquad \cdots\cdots(A.2)$$

式中：

H——软木棒水分百分含量(精确至 0.1%)；

m_1——烘篮与烘前试样重量，单位为克(g)；

m_2——烘篮与烘后试样重量，单位为克(g)；

m_0——烘篮重量，单位为克(g)。

取 3 份试样测定结果的算术平均值作为全批软木棒水分含量的测定结果，精确至 0.1%。

A.2.3.2 密度测定

A.2.3.2.1 方法原理

通过软木棒试样质量与体积之比，计算其密度，以千克每立方米(kg/m^3)表示。

A.2.3.2.2 操作程序

A.2.3.2.2.1 将 A.1.3.2 所取软木棒试样逐根放于天平上称量，精确至 0.1 g。

A.2.3.2.2.2 用卷尺逐根量取 A.1.3.2 所取软木棒试样长度，精确至 1 mm；同时用游标卡尺垂直于软木棒横截面逐根量取正常部位的最小距离，精确至 0.1 mm。

A.2.3.2.3 结果计算

密度测定结果按(A.3)式计算：

$$D = \frac{4 \times 10^6 \times m}{\pi\, l\, d^2} \times 100\% \qquad \cdots\cdots(A.3)$$

式中：

D——软木棒试样密度，单位为千克每立方米(kg/m^3)；

m——软木棒试样质量，单位为千克(kg)；

l——软木棒长度，单位为米(m)；

d——软木棒直径，单位为米(m)。

取每根软木棒试样测定结果的算术平均值作为全批软木棒密度测定结果，精确至 0.1%。

中华人民共和国出入境检验检疫行业标准

SN/T 1724—2006

进境针叶树原木、木制品和木质包装材料中松材线虫的检疫操作规程

Phytosanitary procedure of *Bursaphelenchus xylophilus* (Steiner & Bührer) Nickle for entry coniferous raw woods, wood products and wood packing materials

2006-01-26 发布　　　　2006-08-16 实施

中华人民共和国
国家质量监督检验检疫总局　发布

前　言

本标准的附录 A 和附录 B 均为资料性附录。

本标准由国家认证认可监督管理委员会提出并归口。

本标准负责起草单位：中国检验检疫科学研究院。

本标准参加起草单位：中华人民共和国上海出入境检验检疫局、中华人民共和国江苏出入境检验检疫局。

本标准起草人：葛建军、周国梁、沈培垠、詹国平。

本标准系首次发布的出入境检验检疫行业标准。

进境针叶树原木、木制品和木质包装材料中松材线虫的检疫操作规程

1 适用范围

本标准规定了进境针叶树原木、木制品和木质包装材料中松材线虫检疫的基本原则。

本标准适用于对松材线虫疫区国家和地区输华货物的所有针叶树原木、木制品和木质包装材料中松材线虫的进境检疫。

2 术语和定义

下列定义和术语适用于本标准。

2.1

松材线虫 pine wood nematode

学名：*Bursaphelenchus xylophilus*(Steiner & Bührer)Nickle

松材线虫是松树等针叶树上的一种寄生线虫，隶属线虫门(Nemata 或 Nematoda)、滑刃目(Aphelenchida)、滑刃科(Aphelenchoididae)、伞滑刃亚科(Bursaphelenchinae)、伞滑刃线虫属(*Bursaphelenchus*)。

2.2

木材 wood

带皮或不带皮的原木、锯木、木板、木片和木屑等。

2.2

原木 raw woods

未经过干燥、化学防腐剂等处理，并未永久改变其特性的木材。

2.4

树皮 bark

木本植物的外层部分，不包括维管形成层。

2.5

木制品 wood products

由木材制作的产品。

2.6

木质包装材料 wood packing materials

用于承载、包装、铺垫、支撑、加固货物的木质材料，如木板箱、木条箱、木托盘、木框、木桶、木轴、木楔、垫木、枕木、衬木等。

2.7

蓝变 blue-stain

在松树木材中，由于长喙壳属 *Ceratocystis* spp.、色二孢属 *Diplodia* spp. 等多种蓝(青)变真菌的存在，使木材变为蓝灰色。

2.8

媒介天牛 vector beetle

在自然条件下，松材线虫需依靠墨天牛属的几种天牛才能被传播到未发病的寄主上，这些传播松材

线虫的天牛称之为媒介天牛。

2.9

扩散性 3 龄幼虫($L_{Ⅲ}$) dispersal larvae $L_{Ⅲ}$

在秋末冬初，罹病松树木质部内松材线虫蜕变为扩散性 3 龄幼虫($L_{Ⅲ}$)，和普通 3 龄幼虫(L_3)相比，$L_{Ⅲ}$角质膜显著增厚，体腔内含物浓稠，肠内积聚类脂小滴，特别耐饥饿、耐干燥和耐低温等不良环境。

2.10

持久性 4 龄幼虫($L_{Ⅳ}$) dauer larvae $L_{Ⅳ}$

在媒介天牛幼虫越冬和化蛹期间(冬季至春季)，$L_{Ⅲ}$不断向天牛蛹室集中，并且在媒介天牛羽化时大量的$L_{Ⅲ}$蜕变为持久性 4 龄幼虫($L_{Ⅳ}$)。$L_{Ⅳ}$形态变化很大，除角质膜增厚外无口针，食道退化，头圆丘形，尾端明显指状，肠内积聚类脂，贮存糖原。$L_{Ⅳ}$特别抗干燥，体表覆盖保护性胶粘物适于媒介天牛的传播。

3 符号

下列符号适用于本标准。

n——测计的样本数目

L——虫体体长(μm 或 mm)

a——体长(L)/虫体最大体宽

b——体长(L)/唇至食道腺基部的长度

C——体长(L)/尾长(肛门至尾尖)

V——头顶至阴门的长度/体长(L)×100%

S_t——口针长度(μm)

S_p——交合刺长度(μm)

4 原理

松材线虫在松树体内的分布与媒介天牛的活动有关，当松材线虫危害松树并导致松树死亡后，为适应不良的环境，病树木质部内松材线虫蜕变为扩散性 3 龄幼虫($L_{Ⅲ}$)，当媒介天牛化蛹后，$L_{Ⅲ}$则向蛹室聚集，并在媒介天牛羽化时大量的$L_{Ⅲ}$蜕变为持久性 4 龄幼虫($L_{Ⅳ}$)，一旦天牛羽化，$L_{Ⅳ}$便进入到天牛的气管系统内，随羽化后的媒介天牛飞出。天牛携带$L_{Ⅳ}$飞出病树后，通过天牛在健康松树上补充营养时或在濒死和已经死亡的松树上产卵时所造成的伤口，松材线虫侵入松树体内，完成其侵染循环。

松材线虫的侵染循环和形态学特征是该检疫操作规程的依据。

5 仪器、用具及药品

5.1 仪器、用具

光学显微镜、解剖镜、恒温箱、40 目网筛、500 目(或 400 目)网筛、纱布、浅盘、漏斗、酒精灯、斧头、锯子、麻花钻(手工)、烧杯、小培养皿、载玻片、盖玻片、线虫挑针、吸管、漏斗架、止水夹、橡皮管等。

5.2 药品

酒精、福尔马林(40%)、冰乙酸、甘油、三乙醇胺、蒸馏水、指甲油(无色)、乳酚油、封片蜡等。

6 现场检疫

6.1 查验单证

检查报检时随附的单证并确认进境原木、木制品和木质包装材料的产地、品种、数量；验证来自美国、日本和韩国货物的无木包装声明或热处理证书是否与进境货物相符；根据货主或代理人提供的报检单证，对来自松材线虫疫区国家和地区的针叶木、木片等木制品实施松材线虫检疫。

6.2 抽样

对于来自于松材线虫疫区国家的进口针叶树原木，按每批总数比例的0.5%～5.0%随机抽查，但抽查的原木数不得少于20根。重点检查有无天牛危害症状。

对于来自于松材线虫疫区国家的造纸用针叶树木片，分舱别、分层次按棋盘式选10点～50点扦取原始样品并制成复合样品。

对于来自于松材线虫疫区国家的木制品和木质包装材料须全面检查其外表后，确定针叶木存在的位置、数量。用记号笔标记存在蓝变、具天牛虫孔、新伐木(具明显该材种气味或新鲜韧皮部)、含水量大或具树皮的可疑罹病木，并将其带回实验室检查。未发现上述可疑罹病木的，按每批总数比例的0.5%～5.0%随机抽样，但不得少于2件。

6.3 现场样品采集

用手锯、斧头或其他工具，采集标记部位的样品，每采样点在采集时应至少采集到样品横截面中心部位。将采集的每个小样均分为两份，均分后的小样混合装在2个密封袋中，进行编号、记录，作为该批货物的混合待检测样品和留存样品。

若有必要，也可将针叶树的可疑病木材直接带回实验室后再进行上述样品的采集。

采集的样品临时存放在5℃～25℃环境中，如采集的样品较干燥(含水量14%以下)，可在待检测样品的密封袋中放置一小块潮湿的纱布或吸水纸，以保证样品送检过程中松材线虫的存活率。

待检测的样品应在12 h内送到实验室进行线虫的分离、检测。

6.4 货物的后期监管

现场采集样品后的货物，在未获得最终检测结果前，须接受严格的检疫监管。货物卸运地必须相对隔离和易于接受监管，其周边必须无松材线虫寄主树林，以防止病变木材的散失和昆虫的逃逸。

7 实验室检验

7.1 线虫分离

线虫分离的具体方法参见附录A。

若发现媒介天牛成虫，既要保护天牛的完整性以利天牛的种类鉴定，又要检查是否携带松材线虫，可以采取局部分离线虫的方法，即将天牛的触角端部或胸部腿节取下，捣碎后用漏斗法或浅盘法分离线虫，也可直接浸泡于加水的表面皿或小培养皿中，2 h后在解剖镜下直接观察是否有线虫。

7.2 制片观察

根据上述分离方法，如分离到线虫，将线虫置于解剖镜下，挑取或吸取线虫至含1滴水的载玻片上，使线虫沉底并位于水滴中央，于酒精灯火焰上过5 s～6 s致使线虫恰好被杀死为止，加盖盖玻片后，待将制好的玻片置于光学显微镜下观察。

8 松材线虫的形态特征

8.1 伞滑刃线虫属(*Bursaphelenchus*)的主要形态特征和测计值

虫体细长(a值大于30)，体长0.4 mm～1.5 mm。唇高，缢缩。口针有圆而小的基部球。排泄孔常位于中食道球后。雌虫阴门有角质膜阴唇或阴唇突；后阴子宫囊长。尾有时圆，尾端圆锥形或锐指状，末端有或无尾尖突。交合刺成对、窄，常有拉长的顶尖(apex)和显著的喙(rostrum)，雄虫尾弓形，短指状，端生交合伞。生殖乳突数目可变。无引带。

8.2 松材线虫的主要鉴定特征

雌雄成虫均呈蠕虫状，长1 mm左右；口针基部微厚；中食道球几乎充满体腔，食道腺细长，约为虫体食道处体宽的3倍～4倍长，背部覆盖；排泄孔位于食道和肠的交接处，有时位于神经环水平处；半月体位于中食道球后约三分之二体宽处。

雌虫单卵巢,前伸,卵母细胞常单列;后阴子宫囊长;阴门约于虫体后部四分之三处、被后伸、宽的阴门盖(阴门前唇)所覆盖;尾亚圆筒状,末端宽圆,无尾尖突,或末端有尾尖突,但长度一般不超过 2 μm。

雄虫交合刺大,成对,不愈合,交合刺近端喙突明显,尖细,远端有清晰的盘状膨大(突起);雄虫尾弓状,尾端尖细,侧面观呈爪状,为端生的短卵状交合伞包裹(见图 1)。

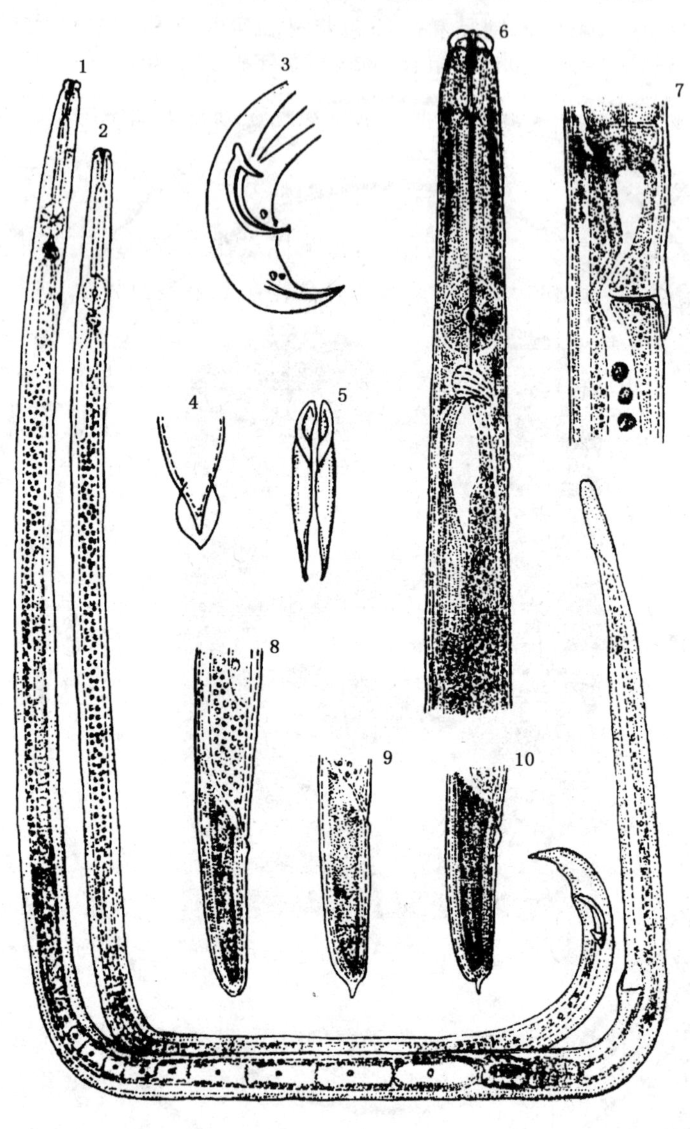

1——雌虫;

2——雄虫;

3——雄虫交合刺;

4——雄虫尾部交合伞;

5——交合刺侧面观;

6——雌虫前端;

7——雌虫阴门;

8～10——雌虫尾部。

图 1 松材线虫 *Bursaphelenchus xylophilus*(Steiner & Bührer) Nickle(仿 Mamiya 等,1972;Nickle 等,1981)

8.3 松材线虫的形态测计值

松材线虫的形态测计值见表 1。

表 1 松材线虫的形态测计值

类别		中国		日本	美国
		南京	台湾		
雌虫	L/μm	1 140(960～1 310)	1 257.2±82.5	810(710～1 010)	1 029.5(741～1 235)
	a	39.4(32～52)	41±3.3	40(33～46)	43(34～48)
	b	11.1(9.6～12.0)		10.3(9.4～12.8)	11.1(9.8～12.6)
	c	27.3(23.6～31.5)		26(23～32)	27.7(19.6～34.5)
	V	72.9(70～82)	76.1±1.6	72.7(67～78)	73.7(71～75.7)
	S_t/μm	14.2(13.2～15.2)	14.2±3.3	15.9(14～18)	15.3(13.5～16.2)
雄虫	L/μm	1 070(910～1 190)	1 174.9±787.6	730(590～820)	1 021(811～1 188)
	a	47.6(35～54.9)	39.1±3.4	42.3(36～47)	40.8(31.6～49.9)
	b	11(9.2～15)		9.4(7.6～11.3)	9.7(8.6～11.5)
	c	31.1(28.5～35)		26.4(21～31)	33.9(28.6～38.1)
	S_t/μm	15.1(13.5～17.6)	13.9±1.6	14.9(14～17)	15.1(14.9～16.2)
	S_p/μm	29.8(27～32)		27(25～30)	29.5(27～32.4)

9 结果判定

9.1 结果初判断

以雌、雄成虫的形态特征为依据,符合上述形态特征可鉴定为松材线虫。

目前,伞滑刃线虫属中有效种近 50 个,大多数种与昆虫尤其是甲虫和穿钻性害虫有关,常在针叶树木内出现,它们都是食真菌性的。同时,松材线虫和其他同属相近的种主要由墨天牛属的媒介天牛传播,故此线虫的鉴定中易出现错误。其中松材线虫与拟松材线虫(*B. mucronatus*)形态最为相似,它们均出现在针叶树木材内,并且有交合刺远端膨大和阴门盖,两者的主要区别是雌虫尾部特征,松材线虫雌虫尾端宽圆,无尾尖突,或有尾尖突,但尾尖突长度不超过 2 μm(一般为 1 μm 左右);而拟松材线虫尾端指状,有尾尖突,长度在 3.5 μm 以上(常超过 5 μm)。

在口岸的检疫中,有时只发现线虫的幼虫,可进行保温保湿培养或单异活体培养,获得成虫后再对线虫作进一步的鉴定(参见附录 B)。

9.2 结果复核

对第 1 次截获松材线虫的结果,需经过专家复核。提供复核的材料为具松材线虫雌成虫、雄成虫的线虫分离液、临时玻片、照相或影像材料等。

10 检疫处理

一旦发现截获松材线虫,须对进境的针叶树原木、木片、木制品和木质包装材料采取退货、销毁或检验检疫部门许可的检疫处理措施。

11 样品的保存

保存样品经登记和经手人签字后妥善保存 2 个月。如发现松材线虫,该样品至少需保存 6 个月,以备复验、谈判和仲裁。保存期满后,含松材线虫的样品,必须经灭活处理,处理方法为销毁或热处理(木材的中心温度达到 56℃时,处理 30 min 以上)。

附 录 A
(资料性附录)
松材线虫分离方法

A.1 漏斗分离法

其装置是将漏斗(直径 10 cm～15 cm)架在木架或铁架上,下面接 10 cm 长的橡皮管一段,橡皮管末端安装一个止水夹。

具体操作步骤如下:将劈好的细木片用双重纱布包好,放在盛满清水的漏斗中(由于线虫的趋水性和自身的质量,线虫离开植物组织,在水中游动,最后沉降到漏斗末端的橡皮管中)。12 h～24 h 后打开弹簧夹,用表面皿或小培养皿接取约 5 mL 水样直接镜检;或用离心管接取约 5 mL 的水样,静置 20 min 左右或 1 500 r/min 离心 3 min,倾去离心管内上层清液后,即获得浓度较高的线虫水悬浮液后,再进行镜检。

A.2 浅盘分离法

浅盘分离法装置由两只不锈钢浅盘、线虫滤纸或宽幅卫生纸组成。一只浅盘口径小,可套放于另一只浅盘内,并且其底部用粗筛网(10 目)取代,被称为筛盘;另一只是正常浅盘。

将线虫滤纸(无专用线虫分离滤纸的可用擦镜纸或双层卫生纸代替)平放在筛盘筛网上,用水淋湿,接着将劈好的细木片撒在其上;从两只浅盘的夹缝中注水,以淹没供分离的材料为止;在 15℃～28℃下放置 1 d～3 d 后,将浅盘中的水连续通过 500 目的筛网,然后将 500 目标准筛上的含线虫的残留物冲洗到小培养皿中,供镜检。

A.3 其他分离方法

用斧头将木材劈成薄的木片(厚度在 0.5 cm 以下),浸泡于大盆或塑料桶中,于室温下浸泡 1 d～3 d 后移去木片,将盆或桶中的水连续通过 40 目和 500 目的筛网,然后将 500 目标准筛上的含线虫的残留物冲洗到小培养皿中,供镜检。

该方法简单方便,可分离的样品数量大,得到的线虫量多。

使用以上方法分离松材线虫时,室内温度应要保持在 15℃～28℃之间;当室温过高或过低时(影响线虫的分离效果),须在恒温设施中进行松材线虫的分离。

附　录　B
（资料性附录）
松材线虫成虫的培养

当分离得到的线虫数量较少或仅分离到形态和松材线虫形态相似的线虫幼虫时，可通过培养获得大量成虫，以便进一步鉴定。

B.1　病木保温保湿培养

将样品锯成小段，置于烧杯中，加少量清水，使木段下端浸在水中，木段上端用湿纱布覆盖，在25℃保温保湿培养放3 d～4 d，倒取杯中水液，可获得较多雌雄成虫。或将样品适量喷湿，放于塑料袋里扎紧，置于25℃恒温培养箱中3 d～4 d取出重新分离，可获得较多雌雄成虫。

B.2　单异活体培养

通常用灰葡萄孢（*Botrytis cinerea*）或多毛孢（*Pestalotia* sp.）培养松材线虫。

制取马铃薯—葡萄糖—琼脂（PDA）培养基平板，挑取PDA斜面上的一小块灰葡萄孢，移在PDA平板上，放入25℃～28℃恒温箱培养，经4 d～5 d菌丝可铺满平板。

将线虫集中在指形管中，加入线虫消毒液后加塞振荡1 min。经过几分钟消毒处理后，线虫也沉降到指形管的底部，用移液管吸去上层药液，最后用灭菌水洗涤2次～3次。

在长满灰葡萄孢的PDA平板上接种表面消毒了的线虫悬浮液0.5 mL，在25℃～28℃恒温箱中培养平板，一般经过一周便可产生大量线虫。

常用于松材线虫消毒的消毒液及处理时间见表B.1，也可将待消毒的线虫直接浸泡在表B.1所列的抗菌素液中，于4℃下过夜。

B.1　松材线虫消毒的消毒液及处理时间

抗菌素种类及浓度	处理时间/min
0.002%放线菌酮和0.1%硫酸链霉素混合液	5～10
0.1%链霉素硫酸盐	20
0.1%孔雀绿	5
3%双氧水	15
0.05%～0.1%乙氧基乙基氯化汞	15

当线虫虫量很少时可以采取简易的线虫表面消毒方法，即在灭过菌的载玻片上滴2滴。0.002%放线菌酮和0.1%硫酸链霉素混合消毒液和1滴灭菌水，然后用线虫挑针将少量线虫挑到第1滴上述线虫消毒液中，1 min后挑至第2滴消毒液中，1 min后再将线虫挑到灭菌水中，1 min后就可以将线虫直接用于接种培养。

当实验室条件差时，可以用线虫挑针将少量线虫直接挑到灭菌水中洗涤几次，也可达到不太严格的线虫消毒的目的。

中华人民共和国出入境检验检疫行业标准

SN/T 1803—2006

进出境红枣检疫规程

Rules for the quarantine of red dates for import and export

2006-08-28 发布 2007-03-01 实施

中华人民共和国
国家质量监督检验检疫总局 发布

前　言

本标准由国家认证认可监督管理委员会提出并归口。

本标准起草单位:中华人民共和国山西出入境检验检疫局。

本标准主要起草人:丁三寅、任传永、武建生、党海燕、程新峰、王瑞芳。

本标准系首次发布的出入境检验检疫行业标准。

进出境红枣检疫规程

1 范围

本标准规定了进出境红枣的检疫方法和结果判定。

本标准适用于进出境新鲜红枣、干制红枣的检疫。

2 术语和定义

下列术语和定义适用于本标准。

2.1

新鲜红枣 fresh red dates

选用新鲜、洁净，经过一定加工或保鲜处理的红枣。

2.2

干制红枣 dried red dates

经自然风干或烘烤干燥等方式加工成的红枣。

3 检疫依据

3.1 进境国家或地区的植物检疫要求。

3.2 政府间双边植物检疫协定、协议以及参加国际公约组织应遵守的规定。

3.3 中国的进出境植物检疫法律、法规和相关规定。

3.4 进境许可证、贸易合同、信用证等关于植物检疫的条款。

4 检疫准备

4.1 审核单证

仔细审核货物有关单证，了解产地疫情和输入国家或地区的植物检疫要求，明确检疫条款，拟定检疫方案。

4.2 检疫工具

剪刀、镊子、放大镜、指形管、不锈钢刀、分样筛、白瓷盘、毛笔、取样袋、样品标签、检疫记录单等。

5 现场检疫

5.1 检疫方法

5.1.1 核查货物情况

核查货物堆放货位、生产批号、唛头标记、件数、质量，以及生产加工单位、原料来源地等情况，并做好有关现场记录。

——新鲜红枣还应了解保鲜条件；

——干红枣还应了解干燥方式，如自然晾干、烘干等环境条件。

5.1.2 存放场所检疫

仔细检查货物堆放场所的四周墙角、地面，以及覆盖货物用的篷布、铺垫物等，检查是否有害虫感染的痕迹或有活害虫发生。

5.1.3 包装物检疫

检查货物外包装及所抽样品的内包装是否有害虫或霉变和其他检疫物，如土壤、动物尸体等。

5.1.4 货物检疫

按本标准5.2.1和5.2.2确定的抽样方法和抽样数量抽检货物。打开包装将货物取出放在白瓷盘上逐一进行检查,对有虫蛀、虫孔以及带有其他可疑症状的样品用刀剖开检查,并收集有可疑症状样品。

——新鲜红枣检查货物中有无病斑、虫孔、活虫、霉变、腐烂、杂质(包括树叶等),以及昆虫残体等;

——干制红枣检查货物中有无害虫感染,以及土粒、杂质、昆虫残体等,必要时对样品进行过筛检查,检查是否带有虫粪、虫卵、螨类,以及杂草籽等。

5.1.5 运输工具检疫

对装载进出境红枣的运输工具如集装箱等实施现场检疫,查看箱体内外、上下四壁、缝隙边角、铺垫物等害虫易潜伏藏身的地方有无害虫、蜕皮壳、杂草(籽)、泥土等。

5.2 抽样

5.2.1 抽样方法

从货垛的上、中、下不同部位随机抽取被抽检的货物和样品。

5.2.2 抽样数量

以每个检疫批为单位按下列比例进行抽查。

——10件以下全部查验;

——11件~100件查验10件;

——101件~1 000件,每增加100件,查验件数增加1件;

——1 001件以上,每增加500件,查验件数增加1件。

如发现可疑疫情,适当增加抽查件数。

5.2.3 样品送检

将现场检疫发现的有害生物及有可疑症状的样品,注明编号、品名、数量、产地、进/出境日期、取样地点、取样人、取样日期,送实验室作进一步检验。

6 实验室检验

6.1 病害检验

对发现有可疑症状的样品进行详细的症状检查,观察有无典型病害症状,然后再进行病菌组织切片检验,尚不能确定的可进行组织分离培养鉴定。

6.2 害虫、螨类检验

对现场检疫中发现的害虫、螨类置于解剖镜或显微镜下检验鉴定。对难以直接鉴定的幼虫、虫卵、蛹,应进行饲养,需要时连同样品一并置于害虫饲养箱中进行饲养,成虫后进行检验鉴定。

6.3 杂草检疫

对现场检疫中发现的杂草籽置于解剖镜或显微镜下根据相关鉴定方法进行检验鉴定。

7 结果评定与处置

7.1 合格的评定

经检疫,符合3.1、3.2、3.3、3.4的检疫规定,评定为合格。

7.2 不合格的评定

经检疫,发现有下列情况之一的,评定为不合格:

——发现检疫性有害生物的;

——发现禁止进境物;

——发现协定中有害生物的;

——发现其他不符合本标准第3章规定的。

7.3 不合格的处理

出境的，应针对情况实施检疫除害、重新加工等处理，并对处理结果进行复检，复检不合格的作不准出境处理。

进境的，应实施检疫除害处理。无有效检疫除害处理方法的，作退货或销毁处理。

中华人民共和国出入境检验检疫行业标准

SN/T 1804—2006

出境速冻豆类检疫规程

Rules for the quarantine of frozen (deepfreeze) legume for export

2006-08-28 发布　　　　2007-03-01 实施

中华人民共和国
国家质量监督检验检疫总局 发布

前　言

本标准由国家认证认可监督管理委员会提出并归口。

本标准起草单位：中华人民共和国福建出入境检验检疫局。

本标准主要起草人：黄可辉、郭琼霞、李德福、陈寿铃、肖燕茂、徐清元、张晓燕、陈金辉。

本标准系首次发布的出入境检验检疫行业标准。

出境速冻豆类检疫规程

1 范围

本标准规定了出境速冻豆类制品的现场检疫、实验室检验和结果评定及处置。

本标准适用于出境速冻豆类制品的检疫。

2 术语和定义

下列术语和定义适用于本标准。

2.1

速冻豆类 frozen(deepfreeze)legume

以新鲜菜豆、豌豆、毛豆等为原料，采用速冻装置生产的豆类制品。

3 检疫依据

3.1 进境国家或地区的植物检疫要求。

3.2 政府间双边植物检疫协定、协议、议定书和备忘录。

3.3 中国出境植物检疫法律法规及其相关规定。

3.4 贸易合同、信用证中订明的植物检疫要求。

4 检疫准备

4.1 审核报检所附单证资料是否齐全有效，报检单填写是否完整、真实，与提供贸易合同(或信用证)、装箱单、发票等资料内容是否相符。

4.2 查阅有关法律法规和技术资料，确定检疫依据及检疫要求。

4.3 了解进口国检疫要求，明确检疫重点。

5 现场检疫

5.1 检疫器具

放大镜、体视显微镜、毛刷、指形管、剪刀、镊子、白塑料布(约 1 m^2)、样品袋、手电筒、标签、记号笔等。

5.2 检疫方法

5.2.1 货证核查

核查货物的装载容器、唛头标记、规格、数量、质量、件数是否和报检单证相符。

5.2.2 包装物检疫

检查货物的包装物包括外包装及所含小件货样的内包装，检查包装物及其缝隙中有无害虫等有害生物，以及包装物上有无蛀孔等为害状，检查其有无夹带土壤等禁止进境物。

5.2.3 运输工具检疫

要求货主或代理人对运输工具(包括集装箱)打扫干净，以符合植物检疫和防疫的要求。速冻豆类装载的容器应具备温控条件，存放场所应符合温度要求。

5.2.4 货物检疫

5.2.4.1 病害检疫

对货物进行检查，检查其有无病害症状，特别是检疫性病害危害状，将可疑的样品装入样品袋，贴上做好标记的标签，供实验室检验鉴定。

5.2.4.2 害虫检疫

将货物放置于白塑料布上，检查其是否有害虫及其危害状，将可能带有活虫的可疑样品装入指形管，贴上做好标记的标签，供实验室检验鉴定。

5.2.4.3 杂草检疫

将货物放置于白塑料布上，检查其是否有杂草籽，将检获的杂草籽样品装入指形管，贴上做好标记的标签，供实验室检验鉴定。

5.3 抽样与制样

5.3.1 抽样比例

5.3.1.1 以一检疫批为单位，按下列比例抽样查验：

——10 件以下全部查验；

——11 件～100 件查验 10 件；

——101 件～1 000 件，每增加 100 件，查验数量增加 1 件；

——1 001 件以上，每增加 500 件，查验数量增加 1 件。

5.3.1.2 每件内含有小件的，查验数不少于该件内含有小件数的四分之一。

5.3.2 抽样方法

在货物堆垛上、中、下不同部位，随机抽取查验样品。

5.3.3 样品送检

将现场检疫发现的有害生物及有可疑症状的样品，标明报检号、品名、数量、取样地点、取样时间和取样人，送实验室进一步检验。

6 实验室检验

6.1 病害检验

对截留的样品进行详细的症状检查，观察有无典型病害症状，然后再进行病菌组织切片检验，尚不能确定的可进行组织分离培养鉴定。

6.2 害虫检验

将检获的害虫置于体视解剖镜下检验鉴定。对难以直接鉴定的幼虫、虫卵、蛹，应进行饲养，需要时连同样品一并置于害虫饲养箱中进行饲养，成虫后进行检验鉴定。

6.3 杂草检验

将检获的杂草籽置于体视解剖镜下分类鉴定。

7 结果评定与处置

7.1 合格评定

经检疫，符合 3.1、3.2、3.3、3.4 的检疫规定，评定为合格。

7.2 不合格评定

检疫结果有下列情况之一的，评定为不合格：

——发现检疫性有害生物；

——发现禁止进境物；

——发现双边协定、协议、备忘录等中的有害生物；

——发现其他不符合本标准第3章规定。

7.3 不合格的处理

出境的速冻豆类制品，应针对情况实施除害、重新加工等处理，并对处理后的货物进行复检，复检仍不合格的货物，作不准出境处理。

中华人民共和国出入境检验检疫行业标准

SN/T 1805—2006

进 出 境 葡 萄 检 疫 规 程

Rules for the quarantine of grapes for import and export

2006-08-28 发布　　　　2007-03-01 实施

中 华 人 民 共 和 国
国家质量监督检验检疫总局 发布

前　言

本标准由国家认证认可监督管理委员会提出并归口。

本标准起草单位:中华人民共和国上海出入境检验检疫局。

本标准主要起草人:叶军、王诚、周国梁。

本标准系首次发布的出入境检验检疫行业标准。

进出境葡萄检疫规程

1 范围

本标准规定了进出境葡萄的检疫方法和检疫结果的判定。

本标准适用于进出境葡萄的检疫。

2 术语和定义

下列术语和定义适用于本标准。

2.1

葡萄 grapes

葡萄果实。

3 检疫依据

3.1 中国进出境植物检疫法律、法规及其相关规定。

3.2 政府间双边植物检疫协议、议定书和备忘录(以下统称"双边协定")。

3.3 输入国家或地区进境植物检疫要求。

3.4 贸易合同、信用证和《中华人民共和国进境动植物检疫许可证》等植物检疫要求。

4 检疫前准备

4.1 了解输出国或地区的有害生物疫情及葡萄产地有害生物的发生情况。

4.2 了解葡萄输入国或地区关注的有害生物。

4.3 根据葡萄果实可能传带的病虫疫情,明确检疫重点。

5 现场检疫

5.1 工具和现场检疫设施

5.2 检疫场地要求

能充分容纳集装箱堆放、卸货的场地,应平坦、整洁、无有害生物;葡萄储藏冷库应经检疫部门考核符合检疫要求。

5.3 准备检疫工具

放大镜、镊子、小刀、指形管、样品袋、照明设备。

5.4 核查货证

核对货主或其代理人提供的报检单,以及随附证单上注明的如产地、品种、数量、包装、唛头等内容是否与货物上标注的信息相符。出境葡萄参照操作。

5.5 查验

5.5.1 查验方法

用随机方法进行抽查。

5.5.2 抽查件数

5.5.2.1 出口国与我国有"双边协定"的,按"双边协定"要求抽查。

5.5.2.2 出口国与我国无"双边协定"的,按如下操作:

5.5.2.2.1 批量在10件以下的(含10件),全部检查。

5.5.2.2.2 批量在10件以上的,按表1所列的比例抽查。

表1 抽查比例

批量/件	抽查/(%)	备注
100以下	10	每批抽查件数不少于10件
101~300	10~5	
301~500	5~4	
501~1 000	4~3	
1 001~2 000	3~2	
2 001~5 000	2~1	
5 001以上	1~0.2	

5.5.2.2.3 发现可疑疫情,适当增加抽查件数。

5.5.2.3 出境葡萄参照操作。

5.6 环境检查

检查运载工具(如集装箱内环境)或货物存放场所及四周环境是否整洁,是否有有害生物。

5.7 开件检查

将抽查到的货物逐一开件(箱)检查所有葡萄。主要检查包装箱、果实、果柄等部位是否带有害虫、病斑、泥土、枯叶等,如有发现,应送实验室做进一步检验和鉴定。

5.8 木质包装材料检查

有木质包装材料的,应按进出境货物木质包装检验检疫有关规定实施查验。

5.9 现场查验记录

记录内容包括:查验日期、单证核对情况、集装箱运输温度记录情况、抽查数量、有害生物发现情况、集装箱内环境检查情况、木包装查验情况、现场查验人员等。

5.10 取样

5.10.1 取样方法

取样结合抽查进行。注意挑取有可疑症状的果实、果柄等。

5.10.2 抽取样品的数量

5.10.2.1 出口国与我国有“双边协定”的,按“双边协定”要求抽取代表性样品。

5.10.2.2 出口国与我国无“双边协定”的,按表2所列的比例抽取代表性样品。

表2 取样比例

批量/件	样品数量/份	样品质量
100以下	1	每份代表样品的质量为2 kg~10 kg
101~300	1~2	
301~500	2~3	
501~1 000	3~4	
1 001~2 000	4~5	
2 001~5 000	5~6	
5 001以上	7	

5.10.2.3 发现可疑疫情,适当增加抽取样品数量。

5.10.2.4 出境葡萄参照操作。

6 实验室检验

6.1 实验室检验

对现场抽取的代表性样品、检获的有害生物及带有可疑症状的果、枝、枯叶等样品进行检疫和鉴定。

6.2 实验室检疫记录

记录内容包括：害虫检疫鉴定结果、病原菌的检疫鉴定结果，并出具鉴定结果报告。

7 结果评定与处置

7.1 结果评定

7.1.1 合格评定

检疫结果符合本标准第3章要求的，评定为合格。

7.1.2 不合格评定

检疫结果不符合本标准第3章要求的，评定为不合格。

7.2 合格和不合格处置

7.2.1 检疫合格处置

对检疫合格的葡萄，出具相应的单证放行。

7.2.2 检疫不合格处置

7.2.2.1 对发现带有“双边协定”条款中订明的有害生物种类，按“双边协定”约定的处理条款处置。

7.2.2.2 对发现带有我国或进口国规定的禁止入境的危险性有害生物，有有效除害处理方法的，进行除害处理，处理合格后，出具相应单证放行。无有效除害处理方法的，进境葡萄作退回或销毁处理，并出具相应证书；出境葡萄则不准出境。

中华人民共和国出入境检验检疫行业标准

SN/T 1806—2006

出境柑橘鲜果检疫规程

Rules for the quarantine of fresh orange fruits for export

2006-08-28 发布　　　　2007-03-01 实施

中华人民共和国国家质量监督检验检疫总局　发布

前　言

本标准由国家认证认可监督管理委员会提出并归口。

本标准起草单位：中华人民共和国福建出入境检验检疫局。

本标准主要起草人：连文钦、江昌木、林子珍、林荣铨、陈志勇。

本标准系首次发布的出入境检验检疫行业标准。

出境柑橘鲜果检疫规程

1 范围

本标准规定了出境柑橘鲜果的检疫抽样、现场检疫、实验室检验方法及结果判定。

本标准适用于各品种柑橘鲜果的出口植物检疫。

2 检疫依据

2.1 进境国家或地区的植物检疫要求。

2.2 政府间双边植物检疫协定、协议、议定书和备忘录。

2.3 中国出境植物检疫的有关法律法规规定和要求。

2.4 贸易合同、信用证中订明的植物检疫要求。

3 检疫准备

3.1 审核报检所附单证资料是否齐全有效，报检单填写是否完整、真实，与提供贸易合同(或信用证)、装箱单、发票等资料内容是否相符。

3.2 查阅进口国有关法律法规和技术资料，确定检疫依据及检疫要求。

4 现场检疫

4.1 检疫器具

镊子、放大镜、解剖刀、指形管、白瓷盘、毛笔、样品袋、样品标识单、抽/采凭单、记号笔、样品标识单、检疫记录单等。

4.2 检疫方法

4.2.1 货证核查

现场核对货物有关证单、核查货物生产批号、唛头标记、件数、质量、规格以及生产加工单位、原料来源地等情况；核查种植园(场)病虫害发生情况记录；必要时作好现场有关记录。

4.2.2 堆货场所检查

仔细检查货物堆放场所四周墙角、地面，以及覆盖货物的篷布、铺垫货物等，是否被有害虫感染的痕迹或有害虫发生。

4.2.3 包装物检查

4.2.3.1 从货垛表面及四个侧面直接检查外包装物及所含小件样内包装物表面是否有害生物感染；是否受污染、有无霉变、破损等情况；有无进口国禁止进境物，如土壤、稻草等。

4.2.3.2 打开包装将货物取出，仔细检查包装内表面以及夹缝是否有检疫性有害生物和其他检疫物，如动物尸体、杂质等。

4.2.4 运输工具检疫

对装载出境货物的集装箱、汽车和船舶、飞机的货舱在装货前要进行检疫，不得有害虫、霉菌等有害生物感染，不得有泥土和动植物性残留物。

4.2.5 货物检查

打开包装将货物取出放在白瓷盘检查柑橘鲜果上是否有无病斑、杂质、害虫、螨及残体、土粒等，并收集有可疑症状样品。

4.3 抽查与送检

4.3.1 抽查件数

抽查件数按表1进行。

表1 抽查比例

总件数	抽查比例/(%)	备注
100以下	10	每批抽查件数不少于10件,10件以下的全部抽查。加工日期长、原料来源地多的货物或发现可疑疫情的,可增加3%～5%抽查比例
101～300	10～5	
301～500	5～4	
501～1 000	4～3	
1 001～2 000	3～2	
2 001～5 000	2～1	
5 001以上	1～0.2	

4.3.2 样品送检

结合现场检疫,将有害生物和可疑样品放入干净塑料扦样袋中,做好标记,送实验室检验。

5 实验室内检验

5.1 病害检验

对可疑样品进行病原菌检验与鉴定。

5.2 害虫检验

将样品摊放在白瓷盘中,逐一检查有无害虫;将检获的害虫置于解剖镜或显微镜下镜检鉴定;难以直接鉴定的幼虫、虫卵、蛹置于害虫饲养箱中进行饲养获得成虫,并进行鉴定。

5.3 螨类检验

在放大镜下用毛笔刷取螨类或用螨类分离器对拍击落下物进行螨类分离、计数与鉴定。

5.4 杂草检验

将检获的杂草籽置于解剖镜下检验与鉴定。

6 结果评定与处置

6.1 评定

经检疫符合检疫依据规定的,评定该检疫批为合格。

6.2 不合格的评定

经检疫发现检疫性有害生物或进口国禁止进境物,该检疫批评定为不合格。

6.3 不合格的处置

6.3.1 经有效除害处理或重新加工,复检合格后,可以放行出境,复检不合格作不准出境。

6.3.2 无有效除害处理方法的,不准出境。

中华人民共和国出入境检验检疫行业标准

SN/T 1807—2006

进 出 境 香 蕉 检 疫 规 程

Rules for the quarantine of fresh banana for import and export

2006-08-28 发布 2007-03-01 实施

中华人民共和国国家质量监督检验检疫总局 发布

前 言

本标准由国家认证认可监督管理委员会提出并归口。

本标准起草单位：中华人民共和国秦皇岛出入境检验检疫局、河北省疾病预防控制中心、秦皇岛市农业局。

本标准主要起草人：杨秀芬、刘继敏、赵玉平、袁国增、付昌斌、龚秀泽、仇书红、陈和源、薄景信、刘波、高波。

本标准系首次发布的出入境检验检疫行业标准。

进出境香蕉检疫规程

1 范围

本标准规定了进出境香蕉的现场检疫、实验室检验、结果评定。

本标准适用于进出境香蕉、大蕉、蝎尾蕉等芭蕉科果实的检疫。

2 检疫依据

2.1 中国进出境植物检疫的法律、法规及相关规定。

2.2 输入国家或地区的进境植物检疫要求。

2.3 政府间双边植物检疫协议、议定书和备忘录。

2.4 《中华人民共和国进境动植物检疫许可证》(以下简称《检疫许可证》)。

2.5 贸易合同、信用证等有关植物检疫要求。

3 检疫准备

3.1 审核报检随附证单是否齐全和有效。

3.2 了解输出国或地区的有害生物疫情及香蕉产地有害生物的发生情况。

3.3 了解香蕉输入国或地区关注的有害生物。

3.4 根据香蕉果实可能传带的病虫疫情,明确检疫重点。

4 现场检疫

4.1 工具和现场检疫设施

4.1.1 检疫场地要求:能充分容纳集装箱堆放、卸货的场地,且平坦、整洁、无有害生物。

4.1.2 准备检疫工具:放大镜、镊子、小刀、指形管、样品袋、照明设备。

4.2 查验

4.2.1 查验方法

用随机方法按上、中、下部位进行抽查。

4.2.2 抽、取样数量

4.2.2.1 批量在10件以下(含10件),全部检查。

4.2.2.2 批量在10件以上的,抽样检查按表1的规定执行,取样结合抽样检查同时进行。

表1 抽、取样数量

香蕉总数/件	抽查数量/件	取样量/kg
500件以下(含500件)	10	0.5~5
501~1 000	11~15	6~10
1 001~3 000	16~20	11~15
3 001~5 000	21~25	16~20
5 001~50 000	26~100	21~50
50 001以上	100	50

4.2.2.3 查验发现可疑疫情的,适当增加抽查件数。

4.2.2.4 出口香蕉可参照执行。

4.3 环境检查

检查运输工具是否带有土壤及有害生物，存放场所是否平坦、整洁及是否有有害生物。

4.4 开箱检查

带木包装或其他植物性包装材料的，按有关规定实施检疫。对抽查到的样品，检查包装箱箱体内外是否携带有害生物、土壤、枝叶及其他污染物，打开包装逐把检查香蕉是否携带有害生物、枝叶、土壤和为害状。

4.5 现场查验记录

记录内容包括：查验日期地点、单证核对情况、抽查数量、有害生物发现情况、现场查验人员等，并将样品及可疑物送实验室。

5 实验室检验

对现场抽取的样品，以及现场发现的有害生物、土壤、枝叶等，依据实验室相关的检疫鉴定方法进行确认。

6 结果评定与处置

6.1 结果评定

6.1.1 合格评定

检疫结果符合本标准第2章要求的，评定为合格。

6.1.2 不合格评定

检疫结果不符合本标准第2章要求的，评定为不合格。

6.2 合格和不合格处置

6.2.1 检疫合格处置

对检疫合格的香蕉，出具相应的单证放行。

6.2.2 检疫不合格处置

6.2.2.1 对发现不符合“议定书”条款中订明要求的，按“议定书”约定的处理条款处置。

6.2.2.2 对发现带有我国或进口国规定的禁止入境的危险性有害生物，有有效除害处理方法的，进行除害处理，处理合格后，出具相应单证放行。无有效除害处理方法的，进境香蕉作退回或销毁处理，并出具相应证书；出境香蕉则不准出境。

中华人民共和国出入境检验检疫行业标准

SN/T 1808—2006

进出境油籽检疫规程

Rules for the quarantine of oilseed for import and export

2006-08-28 发布　　2007-03-01 实施

中华人民共和国
国家质量监督检验检疫总局　发布

前 言

本标准由国家认证认可监督管理委员会提出并归口。

本标准起草单位:中华人民共和国江苏出入境检验检疫局。

本标准主要起草人:杨占臣、娄少之、冉俊祥、杜国兴、张宇、孙亮。

本标准系首次发布的出入境检验检疫行业标准。

进出境油籽检疫规程

1 范围

本标准规定了进出境油籽检疫方法及检疫结果的判定。

本标准适用于进出境油籽的检疫。

2 术语和定义

下列术语和定义适用于本标准。

2.1

油籽 oilseed

除大豆外的榨油用含油籽仁，主要包括油菜籽、花生、亚麻、蓖麻、芝麻、葵花籽、红花籽、芥菜籽和棕油籽等。

3 检疫依据

3.1 中国进出境植物检疫法律法规及其相关规定。

3.2 进境国家或地区的植物检疫要求。

3.3 政府间双边植物检疫协定、协议、议定书、备忘录。

3.4 贸易合同、信用证中订明的检疫要求。

4 检疫准备

4.1 对出境油籽的单证，应审核出口合同（或信用证）条款中的检疫要求；对进境油籽的单证，应审核有无输出国或地区的官方机构出具的植物检疫证书，以及其他应有的证书和批准文件。

4.2 了解输出国家或地区的疫情情况；了解油籽产地疫情和装运港口周围疫情；了解输入国家或地区的检疫要求。

5 现场检疫

5.1 检疫工具

规格筛、样品袋、油性记号笔、手持放大镜、指形管、镊子、美工刀及其他现场检疫工具。

5.2 运输工具检疫

装载出境油籽的运输工具应无活虫、昆虫残体、动植物及其产品残留物、垃圾、杂质等。

5.3 出境油籽检疫

5.3.1 对照报检单，核实货位、唛头、规格、数量、质量和原产地是否与报检内容相符。

5.3.2 对整批货物进行抽查。检查包装袋、堆垛覆盖物、铺垫物、存放场所四周有无有害生物感染。采取倒袋和过筛的方法，仔细检查货物中有无病粒、菌瘿、昆虫、杂草、禁止进境物等。

5.4 进境油籽检疫

5.4.1 整船装载的油籽应在锚地实施检疫。

5.4.2 经过熏蒸处理的，去除熏蒸药袋，通风散气，经测毒确认安全后，方可实施检疫。

5.4.3 表层检疫未发现重大疫情，准予卸货。各舱按上、中、下三层进行检疫。

5.5 抽样

5.5.1 抽样工具

单管扦样器、双套管扦样器、抽样铲、机械化自动抽样设备、样品袋、油性记号笔、美工刀等。

5.5.2 抽样方法

5.5.2.1 实施堆垛抽样时,在堆垛四周按正弦曲线从上、中、下层随机确定抽样点。

5.5.2.2 机械自动取样。

5.5.2.3 实施船舱内货物人工抽样时,各舱按棋盘式随机抽取。集装箱、车厢装载油籽抽样参照上述方法抽样。

5.5.3 抽样数量

5.5.3.1 堆垛袋装货物抽样:每 500 t 取一份代表样品,不足 500 t 的抽取一份样品。每份样品不少于 2 kg。堆垛散装油籽以 50 kg 为一件计算,参照袋装油籽抽样方法进行抽样。

5.5.3.2 船舶装载货物抽样:各舱按棋盘式随机选点 20 个～30 个取样,表层抽样在卸货前进行,卸货期间 1 000 t 取一个样品,每份样品不少于 2 kg。

6 实验室检验

6.1 现场检疫

收集的可疑样品送实验室检验。

6.2 害虫检验

按油籽种类和害虫的生物学特性,根据检查需要和具体情况,分别采用过筛、电热、染色及饲养等方法进行检查和鉴定。

6.3 病害检验

通过直接镜检、洗涤离心、分离培养等方法进行病害检验。

6.4 杂草籽检验

将代表样品倒入白瓷盘内,挑出其中的杂草籽进行鉴定。

7 结果评定及处置

7.1 经检疫未发现检疫性有害生物及符合第 3 章要求的,评定为合格。

7.2 经检疫发现检疫性有害生物或不符合第 3 章要求的,评定为不合格。有有效除害处理方法的,进行除害处理,合格后放行;无有效除害处理方法的,进境油籽作退回或销毁处理,出境油籽禁止出境。

中华人民共和国出入境检验检疫行业标准

SN/T 1809—2006

进出境植物种子检疫规程

Rules for the quarantine of planting seeds for import and export

2006-08-28 发布　　　　2007-03-01 实施

中华人民共和国国家质量监督检验检疫总局 发布

前 言

本标准由国家认证认可监督管理委员会提出并归口。

本标准起草单位：中华人民共和国北京出入境检验检疫局。

本标准主要起草人：洪炜、种焱、段刚、宁月明、李建光、赵汗青。

本标准系首次发布的出入境检验检疫行业标准。

进出境植物种子检疫规程

1 范围

本标准规定了进出境植物种子的检疫方法及处理原则。

本标准适用于进出境植物种子的出入境检疫。

2 术语和定义

下列术语和定义适用于本标准。

2.1

种子 seed

供种植而非消费或加工用的籽实。

2.2

一般包装 general package

最小单位包装大于 0.5 kg 的包装。

2.3

小包装 small package

最小单位包装不大于 0.5 kg 的包装。

3 仪器及用具

解剖镜、显微镜、离心机,以及镊子、手持放大镜、指形管、手电筒、毛刷、样品袋。

4 检疫依据

4.1 中国进出境植物检疫法律、法规及其相关规定。

4.2 政府间双边植物检疫协议、议定书、备忘录。

4.3 输入国家或地区进境植物检疫要求。

4.4 检疫审批规定、贸易合同(信用证)中有关植物检疫要求条款。

5 现场检疫

5.1 检查

5.1.1 核对进出境植物种子的品种、数量、批号、唛头标记与申报是否相符。检查包装外部、铺垫材料及运输工具等有无土壤、害虫、菌瘿及杂草籽等。

5.1.2 进出境植物种子的检疫以货物批号为单位,无批号的以品种为单位。

5.1.3 对于林木、草籽等高风险的进境植物种子和总量不超过 10 kg 的要全部检查。

5.1.4 对于蔬菜、作物等中低风险的进境植物种子按其总量的 5%～20%随机抽检。

5.1.5 一般包装的,最低检查数量不少于 10 件,主要检查是否带有土壤、虫瘿、病瘿、杂草籽和害虫等;小包装的,只扦取实验室检验样品。

5.2 抽样

按批号或品种扦取样品,同时出具抽样凭证。

5.2.1 一般包装

一般包装种子的扦样按表 1 和表 2 的要求执行。

表 1　一般包装种子批的数量及相应扦样最低份数

种子批的数量/kg	扦样最低份数
<10	1
11 ～100	2
101～500	3
501 ～1 000	4
1 001～2 000	5
2 001～5 000	6
5 001～10 000	7
10 001 ～100 000	每增加 5 000 kg 增取 1 份样品；不足 5 000 kg 的余量，计取 1 份样品
>100 001	每增加 50 000 kg 增取 1 份样品；不足 50 000 kg 的余量，计取 1 份样品
注：每品种种子少于 5 kg 的，取其 10%作为样品。	

表 2　每份样品的质量

种子类型	每份样品质量/kg
大粒种子，如玉米、花生、大豆等	2.5
中粒种子，如麦类、甜菜、绿豆等	2.0
小粒种子，如谷子、苜蓿、白菜等	1.5
细小或轻质种子，如烟草、桉树等	1.0

5.2.2　小包装

小包装种子的扦样按表 3 的要求执行。

表 3　小包装种子袋数(容器数)及相应样品最低份数

种子袋数(容器数)/袋(听)	样品最低份数
100 以下	1
101～500	2
501 ～1 000	3
1 001～5 000	4
5 001～10 000	5
10 001 以上	每增加 5 000 袋(听)增取 1 份；不足 5 000 袋(听)的余量，计取 1 份样品
注 1：每品种种子不足 50 袋的，取其 10%做样品。 注 2：每 10 袋(听)计做 1 份检验样品。	

6　实验室检验

6.1　现场查出的需进一步检疫、鉴定的材料如：害虫、菌病瘿、杂草籽等，连同样品及有关单证一起送至实验室。

6.2　实验室人员根据检疫依据的相关内容要求，进行检疫、鉴定，并做好原始记录。

6.3　实验室人员根据检疫、鉴定结果，出具实验室检验报告，提出必要的处理意见。

7　样品的保存

7.1　对检疫合格的种子，每批号(或品种)保留 0.5 kg 或 1 袋(听)样品，保存期 180 d。

7.2 对检疫不合格的种子，每批号(或品种)保留 1 kg 或 5～10 袋(听)样品，保存期 365 d。

7.3 对不能保存的种子，酌情处理但要保留文字说明，剩余样品根据货主要求退还或销毁。检疫不合格的种子，在样品保存期满后不能直接弃置，应进行疫情除害处理。

7.4 将原始记录、检疫报告及相关资料归档保存。

8 生长期检疫

8.1 进境种子隔离期检疫

8.1.1 进境种子需要进行隔离种植的，应做好跟踪检疫工作，记录反映该植物的生长期有害生物发生情况。

8.1.2 需进入国家隔离检疫圃或专业检疫圃进行隔离检疫的进境植物种子，按《进境植物繁殖材料隔离检疫圃工作程序》进行。

8.2 出境种子生长期检疫

对生长期有检疫要求的出境种子，根据种子和目标有害生物的生物学特性，确定生长期检疫的时间和次数。

8.3 抽查面积

隔离期、生长期检疫采取重点检查和随机抽查相结合的方法进行。检查面积不少于总面积的5%～20%，随机抽查的选点数按表 4 要求执行。

表 4 检查面积与随机抽查的选点数关系表

种植面积/亩	抽查点数
1～5	10
6～10	15
11～50	30
51～100	50
100 以上	每增加 2 亩增加 1 点
注：每点不少于 50 株或 5 m^2。	

8.4 检疫及记录

隔离期、生长期检疫中发现可疑病害时，应采集病害样品，除重点采集的样品外，每个随机检查点至少采集一份随机样品。所有样品要及时送实验室进行检疫，并做好生长期间检疫原始记录，根据历次检疫结果，出具检疫报告。

9 结果评定及处置

9.1 出境植物种了

9.1.1 检疫结果符合第 4 章规定，评为检疫合格，准许出境。

9.1.2 检疫结果不符合第 4 章规定，但有有效处理方法的经处理并复检合格，评为检疫合格，准许出境。

9.1.3 检疫结果不符合第 4 章规定，且无有效处理方法的评为检疫不合格，禁止出境。

9.2 进境植物种子

9.2.1 检疫结果符合第 4 章规定，评为检疫合格，准许进境。

9.2.2 检疫结果不符合第 4 章规定，但有有效处理方法的经处理并复检合格，评为检疫合格，准许进境。

9.2.3 检疫结果不符合第 4 章规定，且无有效处理方法的评为检疫不合格，禁止进境。

中华人民共和国出入境检验检疫行业标准

SN/T 1810—2006

进出境烟草检疫规程

Rules for the quarantine of tobacco for import and export

2006-08-28 发布 2007-03-01 实施

中华人民共和国国家质量监督检验检疫总局 发布

前　言

本标准由国家认证认可监督管理委员会提出并归口。

本标准起草单位:中华人民共和国广东出入境检验检疫局。

本标准主要起草人:何日荣、郭权、陈思源、钟国强。

本标准系首次发布的出入境检验检疫行业标准。

进出境烟草检疫规程

1 范围

本标准规定了进出境烟草的检疫方法和检疫结果的判定。

本标准适用于进出境烟草的检疫。

2 术语和定义

下列术语和定义适用于本标准。

2.1

烟草 tobacco

本标准所指烟草为经加工的烟草叶片及其初加工品，包括烤烟、香料烟、白肋烟、混配烟片、烟草薄片及烟梗等。

2.2

香料烟 oriental tobacco

一种小叶型晒烟，采用晒制或晾晒结合进行调制。叶片小，含烟碱量少，具有特殊的香气。

2.3

把烟 bundled tobacco

又称扎把烟，采收时将一定数量的同等级烟叶在叶柄处扎把，烤制后即成为把烟。

2.4

片烟 loose leaf tobacco

初烤后的烟经打叶复烤，去除烟梗后一定规格的叶片碎片。

3 检疫依据

3.1 进境国家或地区的法律法规和相关要求。

3.2 政府间的双边植物检疫协定、协议、议定书、备忘录。

3.3 中国进出境植物检疫法律法规及其相关规定。

3.4 进境植物检疫许可证、贸易合同和信用证等文本中订明的植物检疫要求。

4 检疫准备

4.1 审核报检所附单证资料是否齐全有效，报检单填写是否完整、真实，与提供贸易合同（或信用证）、装箱单、发票等资料内容是否相符。

4.2 查阅有关法律法规和技术资料，确定检疫依据及检疫要求。

4.3 了解输出国产地疫情或输入国检疫要求，明确检疫规定。

5 现场检疫

5.1 检疫工具

手持放大镜、毛刷、指形管、剪刀、镊子、样品袋、标签、记号笔等。

5.2 核查货证

核查货物的品名、规格、产地、数量、质量、件数、包装、唛头、级别、收获年份等，是否与报检单证相符，进境烟草还应核查进境前是否经过预检。

5.3 运输工具检疫

检查运输工具是否干净、有无受有害生物感染、有无夹带土壤等禁止进境物。

5.4 包装物检疫

检查内外包装是否受有害生物感染、有无夹带土壤等禁止进境物。

5.5 货物检疫

随机对货物堆位的上、中、下各层进行检查,检查货物是否有害虫及其为害状、有无病害症状、有无夹带土壤等禁止进境物,将可疑的样品(包括等级差、叶色暗淡和无光泽的烟叶样品)装入样品袋并作好标记。

5.6 抽样

以一检疫批为单位,按下列比例抽样查验:

——20 件以下全部查验;

——21～500 件的抽查 20 件;

——501 件以上的,按 5%～10%的比例抽查。

对来自我国关注的有害生物疫区的货物,可适当增加比例抽样查验。

5.7 取样

5.7.1 把烟每批取样 20 kg～40 kg,香料烟、片烟每批取样 6 kg～15 kg,其他类型取样 3 kg～5 kg。

5.7.2 有关样品送实验室检验鉴定。

6 实验室检验

6.1 病害检验

对抽取的样品进行仔细的症状检查,发现可疑症状的进一步做病原检查。

6.2 害虫、螨类检验

将截获的害虫置于解剖镜或显微镜下检验鉴定。对难以直接鉴定的幼虫、卵、蛹,应进行饲养,必要时连同样品一并置于昆虫饲养箱中进行饲养,成虫后进行鉴定。

6.3 杂草检疫

将截获的杂草籽置于解剖镜或显微镜下检验鉴定。

7 结果评定与处置

7.1 合格评定

经检疫,符合 3.1、3.2、3.3、3.4 的检疫规定,评定为合格。

7.2 不合格评定

检疫结果有下列情况之一的,评定为不合格:

——发现检疫性有害生物;

——发现禁止进境物;

——发现协定应检有害生物;

——发现其他不符合本标准第 3 章规定的。

7.3 不合格的处理

进境的,应实施检疫除害处理。无有效处理方法的,予以退货或销毁处理。

出境的,应针对情况进行除害处理,并对处理后的货物进行复检;复检仍不合格的货物,作不准出境处理。

中华人民共和国出入境检验检疫行业标准

SN/T 1811—2006

进境烟草境外产地预检规程

Rules of pre-quarantine for import tobacco in the original producing area

2006-08-28 发布 2007-03-01 实施

中华人民共和国
国家质量监督检验检疫总局 发布

前 言

本标准的附录 A 为资料性附录。

本标准由国家认证认可监督管理委员会提出并归口。

本标准起草单位：中华人民共和国天津出入境检验检疫局、中华人民共和国厦门出入境检验检疫局、中华人民共和国云南出入境检验检疫局。

本标准主要起草人：黄国明、林石明、程奕茹、崔铁军、罗加凤。

本标准系首次发布的出入境检验检疫行业标准。

进境烟草境外产地预检规程

1 范围

本标准规定了进境烟草境外产地预检操作程序、检疫方法。

本标准适用于进口烟霜霉病疫区(参见附录A)烟草的境外产地预检。

2 规范性引用文件

下列文件中的条款通过本标准的引用而成为本标准的条款。凡是注日期的引用文件,其随后所有的修改单(不包括勘误的内容)或修订版均不适用于本标准,然而,鼓励根据本标准达成协议的各方研究是否可使用这些文件的最新版本。凡是不注日期的引用文件,其最新版本适用于本标准。

GB/T 18086—2000 植物检疫 烟霜霉病菌检疫鉴定方法

3 术语与定义

下列术语和定义适用于本标准。

3.1

烟草 tobacco

本标准所指烟草为经加工的烟草叶片及其初加工品,包括烤烟、香料烟、白肋烟、混配烟片、烟草薄片及烟梗等。

3.2

烟霜霉病疫区 tobacco blue mould pest area

发生烟霜霉病或官方未宣布根除烟霜霉病的国家或地区。

3.3

产地预检 pre-quarantine for import tobacco in the original producing area

根据双边植物检疫议定书及中国有关植物检疫法规的要求,国家质量监督检验检疫总局派有关检疫人员赴境外烟霜霉病疫区烟叶产地对拟进口的烟叶进行检疫。

3.4

烤烟 flue-cured tobacco

收获后置于烤房内以适宜的温湿度条件进行调制的烟叶。

3.5

香料烟 oriental tobacco

一种小叶型晒烟,采用晒制或晾晒结合进行调制。叶片小,含烟碱量少,具有特殊的香气。

3.6

白肋烟 burley tobacco

为一种浅色晾烟,烟株的茎和叶脉呈乳白色,烟叶有较强吸收料液能力和填充能力,燃烧性好,香气浓郁,是混合型卷烟的主要原料之一。

3.7

把烟 bundled tobacco

又称扎把烟,采收时将一定数量的同等级烟叶在叶柄处扎把,烤制后即成为把烟。

3.8

散把烟　threshed tobacco

又称乱条，采收时烟叶不扎把，烤制后即成为散把烟。

3.9

片烟　loose leaf tobacco

初烤后的烟经打叶复烤，去除烟梗后一定规格的叶片碎片。

3.10

混配烟片　mixed threshed tobacco

不同产地来源、不同品种类型、不同等级质量的烟叶，按一定的比例、经过特定的加工工艺、混合配制而成的片烟。

3.11

烟草薄片　reconstituted tobacco

以烟末、碎叶片、烟梗等为主要原料，经过粉碎后，加入一定比例的水、胶粘剂、保润剂(有的还加入植物纤维)等物料，经加工制成厚薄均匀的片状物或直接成为丝状物。

3.12

烟梗　stem

烟叶的主脉。

4　出国前准备工作

4.1　预检人员应熟悉我国有关烟叶检疫的法规和对外签署的有关检疫议定书，掌握烟叶检疫特别是对烟霜霉病菌的检疫技术要求。

4.2　查阅收集烟叶输出国家或地区烟霜霉病菌等有害生物的发生情况，必要时查阅历次预检报告。

4.3　确定预检日程，落实由产地接待单位准备有关烟叶预检所需的仪器、用具和检验场所。

5　仪器和用具

解剖镜(10×～50×)、显微镜(100×,400×,1 000×)、振荡器、离心机、载玻片及盖玻片、剪刀、镊子、培养皿、烧杯(10×50 mL,10×100 mL)、电加热器/水浴锅、10%氢氧化钾(KOH)、棉蓝($C_{37}H_{29}N_3 \cdot HCl$)、席尔氏液、样品袋。

6　现场检疫与取样

6.1　现场审核供货商提供的备货单，了解拟输华烟叶类型、等级、数量、年产及包装情况等是否与双边植物检疫议定书及有关规定相符，现场核对待检烟叶是否与备货单一致。

6.2　供应商、合同、品种、等级、产地、年度相同的烟叶组成一个预检批。仅合同号不同，品种、等级、产地、年产、生产商均相同的烟叶可适当并批。

6.3　按烟叶加工类型、品种、数量、包装情况确定现场开箱(包、袋)数量。500件以下，按4%抽取，最低不少于10件；500件以上，每增加500件增抽2件，不足500件按500件计；最高抽取件数不超过50件。

6.4　香料烟每批抽取实验室检验样品不少于4 kg，其他类型烟叶(如：薄片、片烟、烟梗等)不少于2 kg。

6.5　对开箱的烟叶逐箱进行检查，片烟检查表层及近表层烟叶，散把烟和扎把烟检查中上层烟叶。现场检查有无土壤、杂草籽、活虫，并初步检查有无可疑烟霜霉病病叶。现场检查的同时，抽取实验室检验样品，连同检出的可疑物携回实验室做进一步检查。每批烟叶现场检查及抽样结束后，及时填写现场检疫记录及样品标签，应包括合同号、供应商、等级、年产、抽样日期、抽样地点及样品质量等相关信息。

7 实验室检验

7.1 症状检查

如现场抽取的样品烟叶水分过低，不适于实验室展开检验，则用喷雾法或其他方法将现场抽取的待检样品回潮。在照明充足的日光灯下检查有无土壤、活虫、检疫性杂草籽及其他有害生物，重点检查烟霜霉病症状，逐片检查烟叶有无可疑霜霉病斑，检查叶背有无灰褐色霜霉层。发现可疑病斑，进一步做病原检查。

7.2 病原菌检查

7.2.1 霉层检查

用席尔氏液作浮载剂，挑取可疑病斑上霉状物制片，参照 GB/T 18086—2000 中 5.2.1 检查有无烟霜霉病菌孢囊梗及孢囊。

7.2.2 卵孢子检查

将经镜检发现的有烟霜霉病菌孢囊梗、孢囊的病斑剪下，重点选取霉层较少，靠近叶脉附近的病斑。参照 GB/T 18086—2000 中 5.2.3 检查有无烟霜霉病菌卵孢子。

7.2.3 洗涤检查

经检查烟叶样品及镜检，未发现烟霜霉病病斑及病菌孢囊梗或孢囊的，将可疑病组织及碎片置入灭菌三角瓶，参照 GB/T 18086—2000 中 5.2.2 检查有无烟霜霉病菌孢囊梗及孢囊。

8 预检结果的判定

综合现场及实验室检验结果，未发现烟霜霉病菌卵孢子或活的菌丝、孢囊，则预检合格，准予进境；发现烟霜霉病菌卵孢子或活的菌丝、孢囊的，禁止进境。

9 填报预检信息

预检工作结束后，应尽快写出《预检报告》，连同合同号、供货商、烟叶等级、生产年份、数量、质量、预检情况、使用厂家及拟进境口岸等预检信息报国家质量监督检验检疫总局。

附 录 A
（资料性附录）
烟霜霉病菌疫区名单

烟霜霉菌分布在下述64个国家和地区：

亚洲——亚美尼亚、阿塞拜疆、塞浦路斯、格鲁吉亚、伊朗、伊拉克、以色列、约旦、黎巴嫩、缅甸、叙利亚、土耳其、阿拉伯联合酋长国、也门；

欧洲——阿尔巴尼亚、奥地利、白俄罗斯、比利时、波斯尼亚和黑塞哥维那、保加利亚、捷克、斯洛伐克、法国、德国、希腊、匈牙利、意大利、拉脱维亚、立陶宛、卢森堡、马其顿、摩尔多瓦、荷兰、波兰、葡萄牙、罗马尼亚、俄罗斯、西班牙、瑞士、英国、乌克兰、南斯拉夫联邦共和国；

非洲——阿尔及利亚、埃及、利比亚、摩洛哥、突尼斯；

美洲——加拿大、墨西哥、美国、哥斯达黎加、古巴、多米尼加共和国、萨尔瓦多、危地马拉、海地、洪都拉斯、牙买加、尼加拉瓜、阿根廷、巴西、智利、乌拉圭；

大洋洲——澳大利亚。

中华人民共和国出入境检验检疫行业标准

SN/T 1815—2006

进出境竹制品检疫规程

Rules for the quarantine of bamboo products for import and export

2006-08-28 发布　　　　2007-03-01 实施

中华人民共和国
国家质量监督检验检疫总局　发布

前　言

本标准由国家认证认可监督管理委员会提出并归口。

本标准起草单位：中华人民共和国福建出入境检验检疫局、中华人民共和国宁波出入境检验检疫局、中华人民共和国浙江出入境检验检疫局。

本标准主要起草人：李德福、黄可辉、江信健、傅冬良、杨赛军、陈明、林峰、严怀。

本标准系首次发布的出入境检验检疫行业标准。

进出境竹制品检疫规程

1 范围

本标准规定了进出境竹制品的检疫方法和检疫结果的判定。

本标准适用于进出境竹制品的检疫。

2 术语和定义

下列术语和定义适用于本标准。

2.1

竹制品 bamboo products

用竹制成的及竹与其他材料混合制成的各种成品和半成品。

3 检疫依据

3.1 进境国家或地区的植物检疫要求。

3.2 政府间双边植物检疫协定、协议、议定书、备忘录和我国参加的地区性和国际性植保植检组织规定的检疫要求。

3.3 中国进出境植物检疫法律法规及其相关规定。

3.4 贸易合同、信用证中订明的植物检疫要求。

4 检疫准备

4.1 审核报检资料,报检人应提供贸易合同(或信用证)、装箱单、发票等资料,进境报检还须提供输出国家或地区官方提供的植物检疫证书。

4.2 查阅有关法律法规和技术资料,确定检疫依据及检疫要求。

4.3 了解输出国产地疫情或进口国检疫要求,明确检疫重点。

5 现场检疫

5.1 检疫工具

手持放大镜、毛刷、指形管、剪刀、镊子、白塑料布(约 1 m^2)、样品袋、手电筒、记号笔等。

5.2 检疫方法

5.2.1 核查货证

检查货物规格、数量、质量、批次代号、唛头标记和包装等是否与报检单证相符。

5.2.2 包装物检疫

检查货物的包装物包括外包装及所含小件货样的内包装,检查包装物及其缝隙中有无害虫、杂草籽等有害生物及蛀孔等为害状,检查其有无夹带土壤等禁止进境物。

5.2.3 货物检疫

5.2.3.1 病害检疫

对货物进行检查,检查其有无病害症状,特别是检疫性病害为害状,将可疑的样品装入样品袋供实验室检验鉴定。

5.2.3.2 害虫、杂草检疫

将货物放置于白塑料布上,检查其是否有害虫及其为害状,将可能带有活虫的可疑样品装入样品袋,供实验室检验鉴定。同时,采用拍击方法进行查验,使隐藏的害虫、螨类、杂草籽等坠落于塑料布上,

将检获的害虫、螨类、杂草籽装入指形管,供实验室检验鉴定。

5.2.3.3 **其他项目检疫**

检查货物是否夹带禁止进境物。

5.3 **抽样和送样**

5.3.1 **抽样比例**

5.3.1.1 以一检疫批为单位,按下列比例抽样查验:

——10 件以下全部查验;

——11 件～100 件查验 10 件;

——101 件～1 000 件,每增加 100 件,查验数量增加 1 件;

——1 001 件以上,每增加 500 件,查验数量增加 1 件。

5.3.1.2 每件内含有小件的,查验数不少于该件内含有小件数的四分之一。

5.3.2 **抽样方法**

在货物堆垛上、中、下等不同部位,随机抽取查验样品。

5.3.3 **样品送检**

将现场检疫发现的有害生物及有可疑症状的样品,标明报检号、品名、数量、取样地点、取样时间、取样人和取样日期,送实验室进一步检验。

6 实验室检验

6.1 **病害检验**

对截留的样品进行详细的症状检查,观察有无典型病害症状,然后再进行病菌组织切片检验,尚不能确定的可进行组织分离培养鉴定。

6.2 **害虫、螨类检验**

将检获的害虫、螨类置于解剖镜或显微镜下检验鉴定。对难以直接鉴定的幼虫、虫卵、蛹,应进行饲养,需要时连同样品一并置于害虫饲养箱中进行饲养,成虫后进行检验鉴定。

6.3 **杂草检疫**

将检获的杂草籽置于解剖镜或显微镜下检验鉴定。

7 结果评定与处置

7.1 **合格评定**

经检疫,符合 3.1、3.2、3.3、3.4 的检疫规定,评定为合格。

7.2 **不合格评定**

检疫结果有下列情况之一的,评定为不合格:

——发现检疫性有害生物;

——发现禁止进境物;

——发现双边协定、协议、备忘录等中的有害生物;

——发现其他不符合本标准第 3 章规定。

7.3 **不合格的处理**

出境的,应针对情况实施检疫除害、重新加工等处理,并对处理结果进行复检,复检不合格的作不准出境处理。

进境的,应实施检疫除害处理。无有效检疫除害处理方法的,作退货或销毁处理。

中华人民共和国出入境检验检疫行业标准

SN/T 1839—2006

进出境芒果检疫规程

Rules for the quarantine of importing and exporting mango

2006-11-10 发布　　　　2007-05-16 实施

中华人民共和国国家质量监督检验检疫总局　发布

前　言

本标准由国家认证认可监督管理委员会提出并归口。

本标准起草单位：中华人民共和国深圳出入境检验检疫局。

本标准主要起草人：陈志粦、焦懿、余道坚、康林、陈冬美。

本标准系首次发布的出入境检验检疫行业标准。

进出境芒果检疫规程

1 范围

本标准规定了进出境芒果的检疫方法及检疫结果的评定。

本标准适用于进出境芒果的检疫。

2 检疫依据

2.1 中国法定的植物检疫要求。

2.2 输入国家或地区进境植物检疫要求。

2.3 政府间双边植物检疫协议、议定书、备忘录及我国参加地区性或国际性公约组织应遵守的规定。

2.4 贸易合同、信用证等有关植物检疫要求。

3 检疫准备

3.1 了解输出国或地区疫情以及芒果产地有害生物发生情况。

3.2 根据进出境芒果的品种、包装情况及成熟程度确定检疫重点。

3.3 审查报检单、植物检疫证书、产地证及贸易合同等有关单证。

3.4 现场检疫场地符合检疫操作要求。

4 现场检疫

4.1 检疫工具

放大镜、小刀、镊子、指形管、样品袋。

4.2 核对货证

查对单证、品种、数量、质量、产地、包装、唛头、标记等是否货证相符，有指定果园的要对产地、果园和包装厂进行核实。

4.3 抽查

4.3.1 抽查方法

4.3.1.1 大船运输的，分上、中、下三层边卸货物边检查。在上层检疫得出结果后方可卸货。

4.3.1.2 集装箱、货车或飞机装载运输的芒果，需在水果堆中间卸出 60 cm 左右的通道，以供检验检疫人员查验和抽样。

4.3.1.3 按随机方法和代表性原则多点抽样检查，并根据实蝇的为害习性有必要进行选择性检查。

4.3.2 抽查件数

4.3.2.1 批量在 10 件以下的(含 10 件)，全部检查。

4.3.2.2 批量在 10 件以上的，按表 1 所列的比例抽查。

表 1 抽查与取样比例

芒果总件数	抽查/件	取样量/kg
≤100 以下	10(每批抽查件数不少于 10 件)	3～5
101～500	11～15	6～10
501～1 000	16～20	11～15
1 001～3 000	21～25	16～20
3 001～5 000	26～30	21～25
5 001～50 000	31～100	26～50
≥50 000 以上	100	50

4.3.2.3 剖果数,每一抽查件数剖果不少于 5 个。

4.3.2.4 发现可疑疫情,可适当增加抽查件数。

4.4 取样

4.4.1 取样方法:取样结合抽查进行。

4.4.2 抽取样品的数量:按表 1 的比例抽取代表样品。

4.5 环境检查

4.5.1 周边检查

检查运载工具或货物存放场所地面、四周环境卫生,有无害虫活动。

4.5.2 选择性检查

首先观察车辆、装载工具或集装箱底面,看是否有老熟幼虫或蛹,然后查看包装箱内的芒果成熟情况,选择成熟度较高的芒果实施检疫,发现包装箱外有果液流出的应重点检查。

4.6 开箱检查

4.6.1 外表检查

先打开纸箱叠合处和缝隙,查看是否有幼虫或蛹,然后逐果检疫,并倒箱检查。发现幼虫或蛹等虫体用指形管盛装,送实验室鉴定。

4.6.2 实蝇危害状观察

4.6.2.1 产卵孔检查

实蝇产卵孔一般呈现出一小圆点,周围黑褐色,中间灰白色,其中央有一小针孔;发现可疑可用小刀剥开表皮,如果是实蝇为害,可见皮下方有一卵腔,腔周围有虫道,至中后期卵腔周围果肉相互聚合结成约 1 cm^3 一团硬块。实蝇的前中期危害以查看产卵孔为主。

4.6.2.2 危害状检查

实蝇的中后期危害以查虫道为主,危害状分别表现为:

——果局部暗褐色,手压果皮有空虚感,若与软腐病共生则果皮出现黑色斑点、有水渍状及皮下空虚;

——果皮表面隐约暗褐色条纹,周围有虫孔;

——果皮青黄色条纹明显,果皮局部表面坚硬且下陷,手压有空虚感。

4.6.2.3 病害症状观察

观察果表皮是否有病斑。黑腐病地从果蒂入侵形成不规则褐色病斑,后随维管束向果自蔓延扩展,在温度适宜下,软腐极快,病部黑褐色。炭疽病菌从果实上任何部位入侵,初期呈针头状水渍状,后扩展成圆形逐渐变为红色胶状物,最后变为黑褐色凹斑。

4.7 送检

现场抽取的样品或发现可疑症状的样品需进行室内病虫检验。发现可疑疫情的芒果用样品袋单独盛装,连同代表样品一起送实验室检验。样品袋需贴上标签,注明报检编号、品名、产地、日期及发现情况等。

5 实验室检验

5.1 检查

5.1.1 表面检查

观察或借助解剖镜检查芒果表面有无蛀孔、排泄物或产卵孔等为害状，并注意芒果表面尤其是蒂部周围有无病害症状、介壳虫、蚜虫及螨类等。

5.1.2 剖果检查

将送检的部分芒果样品剖开，检查果肉是否有实蝇幼虫、蛾类幼虫，果核是否有象甲虫体，并注意果实内有无霉变、腐烂等病害症状。

5.1.3 饲养或培养检查

5.1.3.1 对尚未成熟或尚未表现出病虫为害症状的芒果，置于室内或生物培养箱内在温度25℃～30℃条件下培养7 d，待病虫为害症状明显后再作剖果检查。

5.1.3.2 对现场检疫或实验室检疫发现的成熟幼虫、蛹需置于饲养缸中(内放湿沙1 cm～2 cm厚)，在25℃～30℃条件下饲养7 d～10 d，待成虫羽化后再作鉴定。

5.1.3.3 将发现可疑病害症状的样品进行表面灭菌，必要时再用无菌水冲洗，按不同的分离目的和对象，移植于相应的培养基上，进行培养分离检查。

5.2 鉴定

对现场和实验室检疫中发现的各种虫体在体视显微镜下鉴定，需作解剖微小特征观察的，在显微镜下鉴定。对现场和实验室检疫中发现的病害，挑取样品中发现病变症状部分，制成玻片置于显微镜下检查和鉴定。所在实验室不能确认的有害生物，应及时送上一级实验室或上级主管部门认可的实验室鉴定。留存所截获的有害生物标本。

5.3 出具结果报告

实验室应在接样后3个工作日内出具结果报告，发现实蝇幼虫需作进一步检疫鉴定而无法出具报告的，应及时通知送检单位，并预告实验室检疫鉴定可能需要的时间(一般不超过15 d)。此后应尽快进行检疫鉴定，并出具结果报告。对无法鉴定到种的有害生物，应出具鉴定至最小分类地位的结果报告。

6 结果判定与处置

6.1 结果评定

6.1.1 合格评定

检疫结果符合第2章检疫依据要求的，评定为合格。

6.1.2 不合格评定

6.1.2.1 现场核查种类、产地、数(质)量，发现货证不符的，评定为不合格。

6.1.2.2 发现我国进境植物检疫危险性有害生物、潜在危险性有害生物、政府或政府主管部门间双边植物检疫协定、协议、备忘录和议定书中订明的有害生物、其他有检疫意义的有害生物，评定为不合格。

6.2 合格、不合格处置

6.2.1 检疫合格处置

对检疫合格的进出境芒果，出具相应的证单放行。

6.2.2 检疫不合格处置

6.2.2.1 有有效除害处理方法

通知货主或其代理人按检疫处理标准进行除害处理，处理合格后，出具相应单证放行。

6.2.2.2 无有效除害处理方法

进境芒果作退回或销毁处理，出具相应证书，出境芒果不准出境。

中华人民共和国出入境检验检疫行业标准

SN/T 1849—2006

进境大豆检疫规程

Rules for the quarantine of import soybean

2006-11-10 发布 2007-05-16 实施

中华人民共和国
国家质量监督检验检疫总局 发布

前　言

本标准由国家认证认可监督管理委员会提出并归口。

本标准的附录 A 为资料性附录。

本标准起草单位:中华人民共和国深圳出入境检验检疫局。

本标准主要起草人:陈枝楠、邓琼、吴际云、刘叔义、王峻、陈小英。

本标准系首次发布的检验检疫行业标准。

进境大豆检疫规程

1 范围

本标准规定了进境大豆的检疫方法及检疫结果的评定。

本标准适用于经海港和陆路口岸进境加工用大豆的检疫，不适用于进境种用大豆的检疫。

2 规范性引用文件

下列文件中的条款通过本标准的引用而成为本标准的条款。凡是注日期的引用文件，其随后所有的修改单（不包括勘误的内容）或修订版均不适用于本标准，然而，鼓励根据本标准达成协议的各方研究是否可使用这些文件的最新版本。凡是不注日期的引用文件，其最新版本适用于本标准。

SN/T 0800.1 进出口粮油、饲料检验抽样和制样方法

SN/T 1131 大豆疫霉病菌检疫鉴定方法

3 检疫依据

3.1 中国法定的植物检疫要求。

3.2 政府和部门间双边植物检疫协定、议定书、备忘录及我国参加地区性或国际性公约组织应遵守的规定。

3.3 《中华人民共和国进境动植物检疫许可证》规定或贸易合同（信用证）约定的植物检疫要求。

4 检疫审批

4.1 考核备案

4.1.1 出入境检验检疫机构对进境大豆的生产、加工、存储单位实行考核备案管理，生产、加工、存储进境大豆的单位应在生产、加工、存放进境大豆前办理检疫考核备案手续。

4.1.2 生产、加工、存储进境大豆的单位应事先填写考核备案申请表，向所在辖区出入境检验检疫机构申请，并提供营业执照、法人代码证书/组织机构代码、经营许可证、企业质量手册、厂区平面图、工艺流程图、仓储能力证明、防疫措施和下脚料处理方法、有关政府批文等相关资料。

4.1.3 所在辖区出入境检验检疫机构受理申请，审查有关材料有效齐全后，送交直属检验检疫局。

4.1.4 直属检验检疫局接到有关材料后，指定考核组长会同所在辖区出入境检验检疫机构组成考核小组对申请单位进行备案考核，考察企业的加工能力、核定进口数量、仓储能力、防疫措施和下脚料处理方法等。考核合格后由直属检验检疫局备案，并通知国家质量监督检验检疫总局、有关出入境检验检疫机构和企业。

4.2 检疫审批

4.2.1 国家质量监督检验检疫总局对进境大豆实行检疫审批制度，货主或其代理人应在签订贸易合同前办理检疫审批手续。

4.2.2 经过考核合格的申请单位或其代理人应事先填写《中华人民共和国进境动植物检疫许可证申请表》（电子页），向入境检验检疫机构申请初审，并提供进境后生产、加工、存储等相关企业备案证明资料，采取的防疫措施及其他相关资料。

4.2.3 入境检验检疫机构审查进口大豆数量与生产、加工能力是否相符，运输、加工、处理等环节是否符合条件。需要核销的，应当按照有关的规定审核其上一次审批的《中华人民共和国进境动植物检疫许可证》的使用和核销情况，符合要求的签署初审意见，并将其进境许可申请提交国家质量监督检验检疫

总局审批。

4.2.4 国家质量监督检验检疫总局签发的《中华人民共和国进境动植物检疫许可证》,由初审受理机构打印、签字并加盖受理机构检疫审批专用章后发放申请单位。

5 受理报检

5.1 受理报检

货主或其代理人应在大豆进境前或进境时到指定的出入境检验检疫机构办理报检手续,由货主委托代理报检时,应出具代理报检委托书。报检单证包括《中华人民共和国出入境检验检疫入境货物报检单》、《中华人民共和国进境动植物检疫许可证》、贸易合同/信用证、输出国官方机构出具的植物检疫证书、熏蒸证书、产地证书以及品质、重量及安全卫生等其他要求的有关单证,申报为转基因的大豆,还需提供转基因生物安全证书。

5.2 审证

受理报检的出入境检验检疫机构有关检验检疫人员负责审核有关单证的真实性、有效性、完整性和一致性,重点审核进境动植物检疫许可证的检疫要求在合同中是否得到落实,审核植物检疫证书、熏蒸证书等是否符合规定,符合规定的受理报检。

5.3 制定检疫方案

根据国家进出境植物检验检疫有关规定及输出国家或地区疫情发生情况,制定检疫方案。确定现场检验检疫时间、地点、人员和检验检疫项目。

6 现场检疫

6.1 核对货证

检验检疫人员在现场检疫时,首先应核对进口大豆的品种、数量与申报是否相符。对大宗船运散装大豆应向承运人了解货物装载、处理、运输情况,并索取货物配载图/舱单,必要时并应查阅航海日志。

6.2 船舶装载大宗散装大豆检疫

6.2.1 表层检疫

6.2.1.1 船舶装载入境的大豆,须在锚地对货物表层进行检疫;特殊情况要求在靠泊后实施检验检疫的,须经出入境检验检疫机构同意。

6.2.1.2 待船方打开舱盖,如有发霉、变质、水湿、磷化铝粉袋或残渣的,应让船方进行清理,并经充分散气和测毒安全后,方可下舱实施检疫。

6.2.1.3 抽样工具。机械自动取样器或金属双套管取样器、取样铲等,要求取样工具清洁卫生、完好、无异味以避免对样品的污染。

6.2.1.4 抽样方法

——机械自动取样:根据取样量调整取样比例。

——人工抽样:对每舱表层按棋盘式随机选取 30 个～50 个点扦取原始样品,并制成一份约 5 kg 的复合样品。

6.2.1.5 过筛检疫。在各舱按棋盘式随机选点 20 个～30 个,每点至少取 1 000 g 大豆,用 1.7 mm×20 mm长筛或 2.5 mm 圆孔规格筛进行筛检,仔细检查筛下物中有无虫、杂草籽、菌瘿等,并同时检查筛上物,特别注意检查土块,根据需要将筛上挑出物及筛下物装入样品袋,虫、杂草籽、菌瘿等装入指形管并标识,全部送实验室作进一步检查。

6.2.1.6 靠泊和卸货通知

经表层检验检疫合格的,通知货主或港务部门准予卸货。否则,不予卸货。

6.2.2 卸货过程中的检疫

6.2.2.1 抽样方法。船运散装大豆分舱别、分品种、分等级按棋盘式选 30 点～50 点抽取原始样品,每

1 000 t 货物扦取、制备一份复合样品。各部位抽取的数量应基本一致,必要时,取样点可增至 90 个。

6.2.2.2 中下层检疫均需重复过筛检疫,方法同 6.2.1.5。

6.2.2.3 土壤样的取样:收集土块样供进一步开展大豆疫病菌等有害生物的检疫,收集方法按 SN/T 1131。

——于船舱内随表层及卸货过程的取样及筛样时检查有无土块,注意区分土块与其他结块杂质。

——于卸货工序中(如自动秤、皮带或刮板输送机前)加装筛网,收集土块。

——于散粮筒仓中的清选设备处收集土块。

——加工过程的去杂环节收集土块。

6.3 集装箱装载大豆、陆路口岸进境的小批量大豆检疫

6.3.1 现场检疫

现场打开集装箱,实施检验检疫。现场不具备检验检疫条件的,可以允许将货物运到检验检疫机构指定的库、厂实施检验检疫,运输途中应严防撒落。打开箱门初步检验检疫合格后,方可全部卸出。

6.3.2 抽样

6.3.2.1 散装大豆

参照大船散装大豆检验检疫、抽样程序及方法实施检验检疫。集装箱、车皮等装运的小额散装大豆,根据实际情况,抽取三份有代表性的原始样品,制成一份样品复合样品,复合样品不少于 10 kg。

6.3.2.2 袋(包、箱等)装大豆

少于 10 袋(包、箱等),全部打开抽取原始样品,每包装一份,全部原始样品制成一份复合样品,复合样品大豆总量不少于 5 kg;10 袋～100 袋(包、箱等)的,随机打开 10 袋,100 袋以上的,按 $n=\sqrt{N}$开包抽样(包、箱等),复合样品大豆总量不少于 5 kg。

6.4 填写现场检疫记录

现场检验检疫记录应包括报检号、取样时间、取样依据、取样量、标记及现场检疫情况描述,如发现异常应做详细记录、拍照或录像取证。

6.5 样品处理

6.5.1 样品的制备

按照 SN/T 0800.1 将每份复合样品制备成平均样品,并一分为二作为存查样品和送检样品。

6.5.2 存查样品的保存

存查样品应密封保存在清洁、干燥、避光的环境,保存期为半年或合同规定的索赔有效期满为止。并贴好标签,标明报检号、品种、样品编号(仓号、层次)、数量、取样地点、取样部位、时间、取样人和取样日期等。

6.5.3 将送检样品装入专用的样品袋、指头瓶等专用器具中送实验室,按照要求填写好样品送检单。

7 实验室检疫

7.1 检疫

按生物学特性、形态学特征进行有害生物检疫鉴定,应特别注意大豆疫病菌等进境动植物检疫许可证中所列病、虫、杂草的检疫,以及可能携带的有害生物(参见附录 A)。

对发现的土块,按 SN/T 1131 作大豆疫病菌的检测。

对发现的假高粱等有害杂草籽,计算其含量。

7.2 复核样品保存

实验室应将送检样品分为实验样品和复核样品,并负责对复核样品进行妥善保管,一般复核样品保存 6 个月,需对外索赔保存到索赔完毕方可处理。

8 结果评定和处理

8.1 未发现检疫性有害生物,或虽有发现但未超过有关规定的,可判定检疫合格,待理化、安全卫生和

转基因等检验项目完成后，根据检验结果出具相关的单证。

8.2　发现检疫性有害生物、禁止进境物、政府间双边植物检疫协定、协议和备忘录中订明的禁止携带的有害生物，有有效处理方法的，出具《检验检疫处理通知单》，处理合格后，出具《入境货物检验检疫证明》；无有效处理方法的，出具《植物检疫证书》，作退运或销毁处理。

9　监督管理

9.1　检验检疫机构对进境大豆的生产、加工、装卸、运输、储存实施考核备案制度。

9.2　对本辖区内的进境大豆生产、加工、装卸、运输、储存过程进行监管（包括入库储存、出库、加工情况、杂质堆放和处理、豆粕流向、核销大豆和豆粕数量），督促企业建立相关的内部管理制度，定期或不定期地对企业进行检查，并做好监管记录。未经检验检疫机构许可，不得擅自调离、使用。

9.3　指运地在进境口岸检验检疫机构管辖区外的，入境检验检疫机构签发《中华人民共和国出入境检验检疫入境货物通关单》并附疫情情况等单证，交指运地检验检疫机构进行监督管理，指运地检验检疫机构负责对其装卸、运输、储存、加工、使用单位进行监管、备案登记，备案程序按照4.1.2的规定进行。需要核销的，还要在监管中按照有关规定审核其上一次审批的《中华人民共和国进境动植物许可证》的使用和到货情况，提出核销意见报直属检验检疫局。

9.4　检验检疫机构可以根据需要，定期在进境大豆的装卸、运输、储存、加工场所实施假高粱、黑高粱等外来有害生物监测，发现重大疫情，应采取有效的防疫措施，并立即报告国家质量监督检验检疫总局。

9.5　严禁进境加工用的大豆做种用。

10　信息上报

在检疫和监管过程中发现重大疫情，如大豆疫病等检疫性有害生物，除填写“截获疫情上报数据库”外，应立即以书面报告形式向国家质量监督检验检疫总局报告。

11　归档

检验检疫完毕后，将进境动植物检疫许可证、原产地证、植物检疫证书、农业转基因生物安全证书（申报为转基因大豆）、合同/信用证、报检单、通关单、出具的证书证单（通知单、植物检疫证书、检验结果单）、装运单、检验检疫鉴定结果报告单等有关单证进行归档。对图片、影像等资料和有害生物标本妥善保存。

附 录 A
（资料性附录）
进境大豆有害生物检疫名录

进境大豆有害生物主要包括三类，分别为检疫性有害生物、潜在危险性有害生物及其他我国未有分布或分布未广的有害生物。在使用中可根据有关法规、双边政府间植物检疫协定、协议和备忘录的变化、贸易合同的约定等进行调整。

A.1 检疫性有害生物：见表A.1。

表 A.1 检疫性有害生物

序号	中文名	学 名
1	谷斑皮蠹	*Trogoderma granarium* Everts
2	大豆疫病菌	*Phytophthora megasperma* (Drechs.) f. sp *glycinea* Kuan & Erwin
3	菜豆萎蔫病菌	*Curtobacterium flaccumfaciem* pv. *flaccumfaciens* (Hedges)
4	苜蓿萎蔫病菌	*Clavibacter michiganensis* subsp. *insidiosus* (McCulloch) Davis et al
5	番茄环斑病毒	Tomato ring-spot virus
6	南芥菜花叶病毒	Arabis mosaic virus
7	南方菜豆花叶病毒	Southern bean mosaic virus
8	烟草环斑病毒	Tabacco ring-spot virus
9	菟丝子属	*Cuscuta spp*
10	假高粱	*Sorghum halepense* (L.) Pers
11	黑高粱	*Sorghum almum Parodi*
12	鹰嘴豆象	*Callosobruchus analis* (Fabricius)
13	灰豆象	*Callosobruchus phaseolis* (Chevrolate)

A.2 潜在危险性有害生物见表A.2。

表 A.2 潜在危险性有害生物

序号	中文名	学 名
1	豆象	*Bruchus* spp
2	玉米晚蔫病菌	*Cephalosporium maydis* Samra
3	大豆茎溃疡病菌	*Diaporthe phaseolorum* (Cooker & Ellis) *Sacc.* var *caulivora* Athow & Caldwell
4	三叶草胡麻斑病菌	*Leptosphaerulina trifolti* (Rost.) Petr
5	大豆茎褐腐病菌	*Phialophora gregata* (Allington & Chamberl.) W. Gams
6	大豆黑痣病菌	*Rhizoctonia leguminicola* Gough & Elliot
7	白三叶草花叶病毒	Clover (white) mosaic virus
8	棉花花叶病毒	Cotton leaf curl virus
9	豌豆花叶病毒	Cowpea mosaic virus
10	豌豆早枯病毒	Pea early-browning virus
11	花生斑驳病毒	Peanut mottle virus

表 A.2(续)

序号	中文名	学　　名
12	悬钩子环斑病毒	Raspberry ringspot virus
13	藜草花叶病毒	Sowbane mosaic virus
14	大豆矮缩病毒	Soybean dwarf luteo virus
15	大豆轻花叶病毒	Soybean mild mosaic virus
16	番茄不孕病毒	Tomato aspermy virus
17	番茄黑环斑病毒	Tomato black ring spot virus
18	番茄斑萎病毒	Tomato spotted wilt virus
19	豚草	*Ambrosia artemisiifolia* L.
20	三裂叶豚草	*Ambrosia trifida* L.
21	多年生豚草	*Ambrosia psilostacya* DC
22	法国野燕麦	*Avena indoviciana* Dur.
23	不实野燕麦	*Avena sterilis* L.
24	疣果匙荠	*Bunias orientalis* L.
25	宽叶高加利	*Caucalis latifolia* L.
26	刺蒺藜草	*Cenchrus echinatus* L.
27	葡匐矢车菊	*Centaurea repens* L.
28	田蓟	*Cirsium arvense* (L.) Scop
29	田旋花	*Convolvulus arvensis* L.
30	美丽猪屎豆	*Crotalaria spectabilis* Roth.
31	南方三棘果	*Emex australis* Steinh.
32	锯齿大戟	*enphorbia dentata* Michx.
33	提琴叶牵牛花	*Ipompea pandurata* (L.) G. F. W. Mey.
34	小花假苍耳	*Iva axillaris* Pursh.
35	假苍耳	*Iva xanthifolia* Nutt.
36	欧洲山萝卜	*Knautia arvensis* (L.) Coult.
37	野莴苣	*Lactuca pulchella* (Pursh) DC.
38	毒莴苣	*Lactuca serriola* L.
39	臭千里光	*Senecio jacobaea* L.
40	北美刺龙葵	*Sloanum carolinense* L.
41	银毛龙葵	*Sloanum elaeagnifolium* cav.
42	刺萼龙葵	*Sloanum rostratum* Dun.
43	刺茄	*Sloanum torvum* Swartz.
44	独脚金属	*Striga* spp.
45	翅蒺藜	*Tribulus alatus* Delile.
46	意大利苍耳	*Xantninm italicum* Moretti.

A.3　其他我国未有分布或分布未广的有害生物。

中华人民共和国出入境检验检疫行业标准

SN/T 1894—2007

散装粮谷自动采制样系统操作规程

Rules for the system of automatic sampling for corn in bulk

2007-05-23 发布　　　　2007-12-01 实施

中华人民共和国国家质量监督检验检疫总局　发布

前　言

本标准的附录 A 为资料性附录。

本标准由国家认证认可监督管理委员会提出并归口。

本标准由中华人民共和国秦皇岛出入境检验检疫局起草。

本标准起草人:张志伟、马新峰、赵曙国、陈宝柱。

本标准系首次发布的出入境检验检疫行业标准。

散装粮谷自动采制样系统操作规程

1 范围

本标准规定了散装粮谷机械化自动采制样设备要求、操作规范。

本标准适用于进出境粮谷检验检疫的机械化自动采制样。

2 规范性引用文件

下列文件中的条款通过本标准的引用而成为本标准的条款。凡是注日期的引用文件，其随后所有的修改单(不包括勘误的内容)或修订版均不适用于本标准，然而，鼓励根据本标准达成协议的各方研究是否可使用这些文件的最新版本。凡是不注日期的引用文件，其最新版本适用于本标准。

ISO 6644 动态谷物及研磨制品——机械自动扦样法

JIS Z 9041-2:1999 有关平均值和方差的估算和测试技术

3 采样

3.1 概述

流粮采样以质量单元采样方式进行。采样时，应保证截取一个完整流粮横截段作为一个子样，子样不能充满整个采样器或从采样器中溢出。

子样应尽可能从流速较均匀的流粮中采取。应尽量避免粮流的品质变化周期与采样器运行周期重合，以避免采样的偏倚(参见附录A)。

3.2 自动采样

3.2.1 质量单元

3.2.1.1 初级子样采取方法

初级子样按照预先设定的相同质量间隔采取，应采用可变速度的采样器。当预先计算的子样数已采够，而该采样单元的粮流未流完，应继续采样，直至结束。

3.2.1.2 采样时间间隔

采样时间间隔可由卸船系统的计重子系统给出电信号，随粮流流量变化而发生变化。

3.2.1.3 子样质量

质量单元采样的初级子样质量受粮流影响较小，整个采样过程中各初级子样或缩分后初级子样质量应基本相等，初级子样量可由式(1)计算得出，应保证初级子样经缩分后最终样品量不低于标准和检验检疫实验要求。

$$G = \frac{L \times S}{3.6 \times V} \quad \cdots\cdots(1)$$

式中：

G——子样量，单位为克(g)；

L——流率，单位为吨每时(t/h)；

V——切割速度，单位为米每秒(m/s)；

S——切割器开口宽度，单位为毫米(mm)。

3.2.2 采样批

针对不同粮食种类，依检验检疫标准要求可采用不同吨数做批。

3.3 流粮采样机械

3.3.1 基本要求

机械化采样器的基本条件是：

a) 能无实质性偏倚的收集子样并被权威实验室证明；

b) 能在规定条件下保持持续工作的能力。

为达到上述条件，采样器应满足以下要求：

a) 有足够强度，可在规定的最恶劣条件下工作；

b) 有足够的容量以收集整个子样或让其全部通过，子样不损失、不溢出；

c) 能避免样品的污染，如停机时杂质进入，更换品种时原来的样品滞留；

d) 切割器、缩分器、样品收集器应具备单机手动功能，整套系统具备紧急停机功能；

e) 切割器、缩分器、样品收集器应依高度依次设置，利用重力使子样顺利通过。

3.3.2 采样切割器的设计

a) 切割器基本要求

——切割器能截取一完整的流粮横截段；

——切割器的前后边缘应在同一平面或圆柱面上。且垂直于粮流平均轨迹；

——切割器的开口设计应使粮流的各部分通过开口的时间相等；

——在切割器不工作时，应有密闭措施使粮食或外部杂质不能进入；

——切割器的容量应能容纳整个子样或使其全部通过。

b) 切割器的速度

切割器的速度应与切割器的开口尺寸和粮流流率综合考虑，以获得足够的样品量。

4 制样

4.1 制样设备

4.1.1 缩分器

4.1.1.1 基本要求

a) 能使子样顺利通过，且子样不溢出，任何部分不发生阻塞；

b) 缩分后废弃部分应回归大货；

c) 缩分器应结构紧密，以排除外部环境对内部样品的干扰；且内壁光滑，无需清洁；

d) 在单级缩分器不能满足要求时，可采用多级缩分器来实现工作要求。

4.1.1.2 缩分器类型

a) 旋转缩分器。适用于样品量较大时的缩分，推荐在多级缩分中的前端数级应用。

b) 重力缩分器。适用于需缩分样品量较小时，推荐在多级缩分中的最后一级使用。

4.1.2 样品收集器

4.1.2.1 应为密闭容器，以排除外部环境对内部样品的干扰。

4.1.2.2 有足够容量，保证样品不溢出。

4.1.2.3 可连续工作，应能自动切换样品收集罐，并保证每个样品的独立性。

4.2 制样过程

由于初级子样量较大，为获得最终供试样品需要进行缩分。为提高工作效率，需通过多级旋转缩分获得平均样品，最后经过等比缩分获得两份等效的互为备份的样品。

5 工作流程

当有报检货物需经散粮采制样系统进行取样时，应先审核报检单和船舶配载情况，依货物品种、不同类型和重数量情况制定详细的采样计划。并在采制样开始前至少 2 h 运转采制样系统进行预热并巡视设备运转情况。采制样系统进入正常工作后，应定时巡视设备，发现问题及时处理。每次采制样工作结束后，应记录采样系统的运行状况并填写采样报告。另外应采取措施保持样品的原始状态并迅速送回实验室，样品均应附有样品标签。

6 采样报告及样品标签

6.1 采样报告应至少包含以下信息：

a) 货物品种；

b) 货物唯一性标识；

c) 采样时间、天气情况；

d) 采样人员；

e) 样品综合情况说明。

6.2 样品标签应至少包含以下信息：

a) 货物品种及唯一性标识；

b) 采样时间；

c) 采样人员；

d) 样品编号。

7 系统保养和常见故障排除

7.1 日常维护及保养

日常维护及保养应包括：每次取样工作完成后，应用高压气对系统溜筒内部粉尘进行冲洗。每月对系统的空载运转至少 2 h，以巡视设备、检查问题；每季度检查各个需润滑部位；每半年检查切割器及耐磨衬板磨损程度，检查主控制系统的备用电池电量，以免发生主控程序或重要参数的丢失。

7.2 常见简单故障排除

7.2.1 旋转缩分器速度下降：可检查缩分器连接溜筒管路是否堵塞，缩分器机芯是否磨损。

7.2.2 样品收集器内样品量少：可检查切割器及最后一级溜筒是否堵塞。

7.2.3 切割器过载保护：可检查是否粮流过大，及切割器行程上是否有异物。

7.2.4 切割器跑偏：可检查限位开关位置及调整螺栓是否松动。

7.2.5 溜筒堵塞报警：可检查该报警部位的溜筒。

8 安全保护

8.1 操作室地板应为防静电地板；以降低危险发生的可能性。

8.2 操作人员进入取样区域，必须穿防静电服，戴安全帽。

8.3 为避免粉尘爆炸，工作场所应具备除尘设备并严禁明火。

8.4 设备检修时应放置明显标志并专人看管电源。

附　录　A
（资料性附录）
散粮自动采制样系统简介

A.1　设备介绍

秦皇岛港散粮自动化采制样设备于1991年由日本引进并投入使用，由功能相同的两套采制样系统组成，工艺流程依照ISO 6644国际标准设计，能满足660 t/h、220万吨/年的散粮采样要求。

A.1.1　采样设备：采用美国GAMET公司生产的全断面切割，旋转式缩分产品。设备结构紧凑、运行可靠、噪声低、效率高。

A.1.2　控制系统：采用美国A-B公司生产的PLC5-25控制器，有两台控制器构成性能可靠的双机热备结构。采样控制台装有整个系统的流程模拟屏，各设备运行状态一目了然。系统具有按逆粮流方向顺序启动、顺粮流方向顺序停车、现场单机手动及紧急停机等功能。

A.1.3　计算机管理系统：采用美国DIGITAL公司生产的VAX-Ⅱ小型机进行采样数据的管理，完成与港口卸船系统间的信息传递及打印各种散粮采样表格。

A.1.4　采样方式：该系统能适应小麦、玉米和大豆等谷物的采样，按重量间隔定量采样，定比缩分。即在同一仓口中每500 t为一批，用全断面切割方式每批采集100个子样，经四级缩分后得到最终有代表性的样品。

A.2　采制样系统的精密度及系统偏差试验

A.2.1　目的：精密度及系统偏差试验，旨在考核所采取的样品与实际物料间的品质结果是否存在系统偏差，确定其是否符合合同规定的精密度等六项性能条件满足国际标准的要求，从而保证经过采制样系统的样品整批货物具有充分的代表性。

A.2.2　试验方法简介：精密度试验：采用多分采样方法采集样品。每次试验由12批谷物组成（总量为12批×500 t/批＝6 000 t），子样总数为1 200个，这1 200个子样经缩分后依此进入装有12个样品罐的旋转收集器中。每采集一个子样，样品罐旋转一个罐位，这样每个样品罐将接受100个缩分子样。每个样品均代表6 000 t交货批。

按式（A.1）计算标准偏差（S）：

$$S=\sqrt{\frac{\sum X_i^2-(\sum X_i)^2/12}{12-1}} \qquad \text{(A.1)}$$

式中：

X_i——第i组样品的结果，%。

分别测定每组12个样品的杂质含量，并用式（A.2）计算每组的精密度（β）。

$$\beta = t \times S \qquad \text{(A.2)}$$

式中：

t——系数（见JIS Z 9041-2）。

系统偏差校核试验：在粮流流率为正常值时，两套采制样系统分别采用停带手工采样的方法在最靠近采样器的皮带上采取8 kg的全断面参比样品，同时收集采样器切割接近该断面粮流后各级缩分器的弃样及最终样品。如此共进行20组，对每个样品的重量、水分含量、杂质含量及破碎粒含量进行测定，然后将手工参比样品与采样器采集的最终样品进行比较，各级样品间也进行比较，然后进行如下统计分析以确定有无显著性系统偏差。

A.2.2.1 水分损失

水分损失数值以%表示，按式(A.3)计算：

$$水分损失 = X + Y \qquad (A.3)$$

$$X = \sum X_i / n \qquad Y = \sum Y_i / n$$

式中：

Y_i——第 i 组参比样品的水分结果；

X_i——第 i 组参比样品(1#样)的水分结果；

n——参比样品组数；

X——参比样品水分平均值；

Y——最终样品水分平均值。

A.2.2.2 颗粒破碎率

破碎率数值以%表示，按式(A.4)计算：

$$破碎率 = X - Y \qquad (A.4)$$

$$X = \sum X_i / n \qquad Y = \sum Y_i / n$$

式中：

X_i——第 i 组参比样品破碎率结果；

Y_i——第 i 组最终样品破碎率结果；

n——参比样品组数；

X——X_i 的平均值；

Y——Y_i 的平均值。

A.2.2.3 子样量的 CV 值

变异系数数值以%表示，按式(A.5)计算：

$$CV = S/X \times 100 \qquad (A.5)$$

$$S = \sqrt{\frac{\sum (X_i - X)^2}{n-1}} \qquad X = \sum X_i / n$$

式中：

CV——变异系数；

X——子样量平均值；

S——标准偏差；

n——子样个数；

X_i——第 i 组子样量。

A.2.2.4 系统偏差

系统偏差按式(A.6)计算：

$$S_d = \sqrt{\frac{\sum d_i^2 - (\sum d_i)^2 / k}{k-1}} \qquad (A.6)$$

$$d_i = X_{bi} - X_{ai}; d = \sum d_i / k$$

式中：

d_i——在一组内 X_{bi} 和 X_{ai} 的差数；

k——组数；

X_{ai}——第 i 组参比样品杂质含量；

X_{bi}——第 i 组最终或缩分样品的杂质含量；

D——差值的平均值；

S_d——差值的标准偏差；

t_0——学生 t 值。

t_0 的绝对值与相应的 t 表(单侧)值相比较。若 $t_0>t$，评定存在显著性系统偏差，否则无显著性系统偏差。

A.3 试验结果分析及评价

通过精密度实验证明该套系统完全能满足 ISO 6644 要求。

中华人民共和国出入境检验检疫行业标准

SN/T 1992—2007

进境葡萄繁殖材料植物检疫要求

Phytosanitary requirements for the importation of grapevine propagation materials into China

2007-12-24 发布　　　　2008-07-01 实施

中华人民共和国国家质量监督检验检疫总局 发布

前　言

本标准的附录 A、附录 B 和附录 C 为资料性附录。

本标准由国家认证认可监督管理委员会提出并归口。

本标准负责起草单位：中国检验检疫科学研究院、中华人民共和国天津出入境检验检疫局。

本标准主要起草人：魏梅生、葛建军、赵文军、严进、郭京泽、陈乃中。

本标准系首次发布的出入境检验检疫行业标准。

进境葡萄繁殖材料植物检疫要求

1 范围

本标准对葡萄繁殖材料上的有害生物进行了风险分析并提出了明确的植物检疫要求。

本标准适用于所有进境的葡萄繁殖材料。

2 术语和定义

下列术语和定义适用于本标准。

2.1

葡萄繁殖材料 grapevine propagation material

用于繁殖的葡萄藤、插条(不带根的葡萄插条、嫁接葡萄插条)、带根嫁接苗、组培苗、接穗、接芽、砧木、种子、花粉等形式的植物材料和产品。

2.2

葡萄繁殖材料上的有害生物 pest of grapevine

植物病毒、类病毒、细菌、真菌、线虫、昆虫等有害生物。

3 有害生物风险分析

葡萄繁殖材料有害生物风险分析按照FAO的《有害生物风险分析指南》和《检疫性有害生物风险分析》的程序进行。在风险评估的基础上,确定了限定的有害生物名单,并对这些有害生物采取相应的植物检疫措施。葡萄繁殖材料上限定的有害生物名单(包括检疫性有害生物和限定的非检疫性有害生物)参见附录A。

4 入境前的要求

4.1 入境前的许可

葡萄繁殖材料的货主或其代理人首先要获得葡萄繁殖材料的进口许可。

4.2 首次产地预检疫

中国检验检疫主管部门将派检疫人员赴出口国产地考察,考核有关检疫性有害生物非疫区或非发生生产地区和低度流行区建立的情况,考察产地有害生物的发生和防治情况,对葡萄繁殖材料的种植者和生产场所进行认可。

4.3 葡萄繁殖材料的来源和田间环境卫生

4.3.1 葡萄繁殖材料的来源

葡萄繁殖材料,其最基础的繁殖材料应来自出口国官方认可的特定的种苗选育机构,其健康状况和遗传学背景,业已经过严格的筛选和甄别。

预繁殖材料要具有合格的认证标签(如欧盟的白色认证标签)。出口国应将新品种的选育及病虫害检测报告交中方备案。

4.3.2 田间环境卫生

葡萄苗的预繁殖基地和田间生产苗圃应是认证合格的,在出口国的官方植物保护组织注册,并经中国检验检疫主管部门和出口国的官方植物保护组织共同指定,具有葡萄苗生产许可证。出口国的官方植保组织每年应向中国检验检疫主管部门提供这些预繁殖基地和田间生产苗圃的名单和种植地的编号，以及在生长季节所进行的有害生物检测和防治的报告。

要有特定的隔离条件和预防葡萄根瘤蚜措施，杜绝葡萄根瘤蚜的危害。

要有特定的隔离条件和预防传毒线虫、传毒粉蚧和传播葡萄金黄化植原体的叶蝉等介体的措施，将它们随葡萄繁殖材料传带的风险，降至可以接受的水平。主要传播介体参见附录B。

采取适当的措施来控制隔离缓冲带内的作物和杂草，以减少有害生物的转主寄主。

前茬作物轮休和作物轮作或化学防治要有足够的时间间隔，加强生物防治技术措施的应用，保障生产场所的合格。

葡萄繁殖材料处在良好的园艺学生长环境中。

4.4 检测

葡萄繁殖材料应在中国检验检疫主管部门认可的预繁殖基地和田间生产苗圃进行种植，对中方所关注的限定的有害生物的检测方法和结果判定标准，将由中方和出口国双方共同认定。

田间植株在易于观察到病害症状的生长季节，至少要检验一次。针对不同健康水平的要求，有相应的检测频率、检测要求和检测方法。

出口国的植物保护组织应向中方提供诊断检测的结果、检测方法以及出口国葡萄认证计划中已考虑的有害生物名单，并将其名单和本标准附录A的名单进行比较。

使用表A.1中未列出的检测方法或对所列方法的修改，应当得到中方的许可。未经中方同意而单方面使用新的检测方法或对原批准方法的变更，中方可拒绝葡萄繁殖材料的入境。

嫁接葡萄指示植物(参见附录C)是葡萄繁殖材料健康检测中的强制性方法，其他的方法不能代替。

接种草本指示植物只能在特定的时期检测到那些可以摩擦接种的病毒。

血清学的酶联检测(ELISA)和免疫电子显微镜观察(IEM)适用于对葡萄芽、根、叶片、枝条的快速检测，尤其适合田间病害的监测和抽查。

聚合酶链式反应(PCR)、反转录-聚合酶链式反应(RT-PCR)、聚丙烯酰胺凝胶电泳(PAGE)检测，分子杂交等分子生物学方法也是重要的方法，可用于检测。

4.5 不同形式繁殖材料的处理

4.5.1 种子

葡萄繁殖材料为种子时，种子应从无病害症状或害虫的植株上采集。要对种子进行有效的表面消毒处理，并喷上合适的杀菌剂。

4.5.2 组培苗

葡萄繁殖材料为组培苗时，组培葡萄苗应是经过脱毒与检测的，交换的组培苗培养基中不得含有抗生素，不得有真菌、细菌的污染。

4.5.3 花粉

葡萄繁殖材料为花粉时，暂无特定的要求。

4.5.4 插条

葡萄繁殖材料为插条(不带根的葡萄插条和嫁接葡萄插条)时，插条要从健康的植株上采集，采集插条的工具，每次使用前都要进行有效的消毒处理；插条应采一年生的枝条，最好是休眠的枝条，若采集已萌发的枝条，应除去带有的叶片和卷须等。全休眠插条要用50℃的热水处理45 min。采集后的休眠插条用0.5%的次氯酸钠溶液处理5 min，再用适当的杀虫剂和杀菌剂处理。

4.5.5 带根嫁接葡萄苗

葡萄繁殖材料为带根嫁接葡萄苗时，砧木和接芽应来自健康的植株，砧木要抗根瘤蚜。在田间苗圃生长期间，对有害生物进行有效的检测和防治。采收后的带根嫁接葡萄苗经挑选、修枝和修根后，应经过高压水洗，以彻底除去葡萄苗根部的土壤。在进境前用50℃的热水处理45 min，并用适当的杀虫剂和杀菌剂浸泡处理。

4.6 繁殖材料的包装

葡萄繁殖材料的包装要用新的、干净的、符合中国植物检疫要求的非动植物材料，外包装上应标明葡萄繁殖材料的类型、品种(带根嫁接苗，要标明砧木和接穗的名称)、长度、数量、具体产地、种植者、国别等信息，以便发现问题时能及时追溯原因。

4.7 流通环节的查验

葡萄繁殖材料在销售和购买的流通过程中有说明和检查要求。

5 口岸查验要求

进境的葡萄繁殖材料，应同时具有健康合格的认证标签(如欧盟的蓝色认证标签)、出口国官方植物检疫证书和进口许可检疫审批单。除要满足出口国葡萄繁殖材料健康生产要求外，出口国应严格按照中国的检疫要求进行检疫，保证不带有任何中方关注的限定的有害生物。经检疫合格的葡萄繁殖材料，应附有出口国官方植物检疫证书，证书的格式和要求要符合国际植物保护公约(IPPC)关于植物检疫证书的规定。

葡萄繁殖材料到达中国指定的入境口岸时，中国检验检疫部门将核查有关单证和包装标志，并进行检疫：

——如发现葡萄繁殖材料来自非指定的产区或生产单位，将禁止入境；

——如检疫发现附录A所列的限定的有害生物或土壤，中方将对该批葡萄繁殖材料做退货或销毁处理，并暂停出口国有关地区的葡萄繁殖材料的入境；

——如检疫发现附录A之外其他新的限定的有害生物，将按中国有关检疫法规进行处理。

同时中国检验检疫主管部门会将上述有关情况尽快通知出口国的官方植物保护组织。

6 入境后的隔离检疫要求

中方将对进境的葡萄繁殖材料进行抽样检测，必要时，部分样品送至国家级隔离检疫圃或中国检验检疫部门认可的检疫设施中进行检疫。

用于科学研究目的的葡萄繁殖材料，除非有中国检验检疫部门的许可，否则在研究工作完成后，葡萄繁殖材料作销毁处理。

7 其他要求

如果不能满足上述要求，不能将葡萄繁殖材料携带有害生物的风险降至可以接受的水平，则禁止入境。

对本标准所述要求技术方面的合理修改可通过官方双边谈判来解决。

附　录　A
（资料性附录）
进境葡萄繁殖材料上限定的有害生物及诊断方法

表 A.1

有害生物名称	诊 断 方 法
葡萄线虫传多面体病毒 Grapevine nepoviruses	
南芥菜花叶病毒 Arabis mosaic virus (ArMV)	1) 汁液摩擦接种昆诺阿藜或苋色藜、心叶烟。 2) ELISA,IEM,RT-PCR。 3) 嫁接 Siegfriedrebe。
菊芋意大利潜隐病毒 Artichoke Italian latent virus (AILV)	ELISA,RT-PCR。
乌饭树叶斑驳病毒 Blueberry leaf mottle virus(BLMoV)	1) 汁液摩擦接种昆诺阿藜或苋色藜。 2) ELISA,IEM。
葡萄保加利亚潜病毒 Grapevine Bulgarian latent virus (GBLV)	汁液摩擦接种昆诺阿藜或苋色藜。
葡萄铬黄花叶病毒 Grapevine chrome mosaic virus (GCMV)	1) 嫁接 Pinot noir,Jubileum 75。 2) 汁液摩擦接种曼陀罗、昆诺阿藜和苋色藜。 3) ELISA,IEM。
葡萄扇叶病毒 Grapevine fanleaf virus (GFLV)	1) 嫁接 St. George。 2) 汁液摩擦接种昆诺阿藜、苋色藜和千日红。 3) ELISA,IEM,RT-PCR。
葡萄突尼斯环斑病毒 Grapevine Tunisian ringspot virus (GTRSV)	1) 汁液摩擦接种昆诺阿藜。 2) ELISA,IEM。
桃丛簇花叶病毒 Peach rosette mosaic virus (PRMV)	1) 汁液摩擦接种昆诺阿藜或苋色藜。 2) ELISA,IEM。
悬钩子环斑病毒 Raspberry ringspot virus (RpRSV)	1) 汁液摩擦接种昆诺阿藜、苋色藜和克利夫兰烟。 2) ELISA,IEM。 3) 嫁接 Siegfriedrebe。
烟草环斑病毒 Tobacco ringspot virus (TRSV)	1) 汁液摩擦接种昆诺阿藜或苋色藜。 2) ELISA,IEM,RT-PCR。
番茄黑环病毒 Tomato black ring virus (TBRV)	1) 汁液摩擦接种昆诺阿藜或苋色藜。 2) ELISA,IEM。 3) 嫁接 Siegfriedrebe。
番茄环斑病毒 Tomato ringspot virus (ToRSV)	1) 汁液摩擦接种昆诺阿藜或苋色藜。 2) ELISA,IEM,RT-PCR。
葡萄卷叶综合症　Grapevine leafroll complex	
葡萄卷叶病 Grapevine leafroll disease	嫁接 Pinot noir,Cabernet franc,Merlot,Barbera,Mission。
葡萄卷叶相关病毒 1 号 Grapevine leafroll-associated virus 1(GLRaV-1)	1) 嫁接 Pinot noir,Cabernet franc。 2) ELISA,RT-PCR。

表 A.1（续）

有害生物名称	诊断方法
葡萄卷叶相关病毒 2 号 Grapevine leafroll-associated virus 2(GLRaV-2)	1）嫁接 Pinot noir,Cabernet franc。 2）ELISA,RT-PCR。
葡萄卷叶相关病毒 3 号 Grapevine leafroll-associated virus 3(GLRaV-3)	1）嫁接 Pinot noir,Cabernet franc。 2）ELISA,RT-PCR。
葡萄卷叶相关病毒 4 号 Grapevine leafroll-associated virus 4(GLRaV-4)	1）嫁接 Pinot noir,Cabernet franc。 2）ELISA,RT-PCR。
葡萄卷叶相关病毒 5 号 Grapevine leafroll-associated virus 5(GLRaV-5)	1）嫁接 Pinot noir,Cabernet franc。 2）ELISA,RT-PCR。
葡萄卷叶相关病毒 6 号 Grapevine leafroll-associated virus 6(GLRaV-6)	1）嫁接 Pinot noir,Cabernet franc。 2）ELISA,RT-PCR。
葡萄卷叶相关病毒 7 号 Grapevine leafroll-associated virus 7(GLRaV-7)	1）嫁接 Pinot noir,Cabernet franc。 2）ELISA,RT-PCR。
葡萄卷叶相关病毒 8 号 Grapevine leafroll-associated virus 8(GLRaV-8)	1）嫁接 Pinot noir,Cabernet franc。 2）ELISA。
葡萄卷叶相关病毒 9 号 Grapevine leafroll-associated virus 9(GLRaV-9)	1）嫁接 Pinot noir,Cabernet franc。 2）RT-PCR。
葡萄皱木综合症 Grapevine rugose wood complex	
葡萄栓皮病 Grapevine corky bark disease（CB）	嫁接 LN33。
葡萄 A 病毒 Grapevine virus A（GVA）	ELISA,RT-PCR。
葡萄 B 病毒 Grapevine virus B（GVB）	ELISA,RT-PCR。
葡萄 C 病毒 Grapevine virus C（GVC）	ELISA,RT-PCR。
葡萄 D 病毒 Grapevine virus D（GVD）	ELISA,RT-PCR。
Kober 茎沟病 Kober stem grooving disease（KSG）	嫁接 Kober 5BB。
LN33 茎沟病 LN33 stem grooving disease（LNSG）	嫁接 LN33。
沙地葡萄茎痘病 Grapevine rupestris stem pitting disease（RSP）	嫁接 St. George。
沙地葡萄茎痘相关病毒 Grapevine rupestris stem pitting asiciated virus（GRSPaV）	1）嫁接 St. George。 2）ELISA,RT-PCR。
其他病毒病害	
草莓潜环斑病毒 Strawberry latent ringspot virus（SLRSV）	1）汁液摩擦接种昆诺阿藜、苋色藜和黄瓜。 2）ELISA,IEM,RT-PCR。

表 A.1（续）

有害生物名称	诊断方法
葡萄阿吉纳希克病毒 Grapevine Ajinashika virus(GAV)	1）嫁接 Koshu。 2）ELISA。
葡萄阿尔及利亚潜隐病毒 Grapevine Algerian latent virus (GALV)	ELISA，IEM。
葡萄果心坏死病毒 Grapevine berry inner necrosis virus (GINV)	1）嫁接 Kyoho。 2）摩擦接种昆诺阿藜或苋色藜。 3）RT-PCR。
葡萄布拉迪斯拉发花叶病毒 Grapevine Bratislave mosaic virus	摩擦接种昆诺阿藜或苋色藜。
葡萄线纹病毒 Grapevine line patttern virus (GLPV)	摩擦接种昆诺阿藜，黄瓜。
番茄丛矮病毒 Tomato bushy stunt virus (TBSV)	1）摩擦接种昆诺阿藜或苋色藜。 2）ELISA，RT-PCR。
葡萄斑点病毒 Grapevine fleck virus (GFkV)	1）嫁接 St. George。 2）ELISA，RT-PCR。
葡萄矮化病毒 Grapevine stunt virus (GSV)	嫁接 Campbell Early。
藜草花叶病毒 Sowbane mosaic virus (SoMV)	1）汁液摩擦接种苋色藜、昆诺阿藜或墙生藜。 2）ELISA。
葡萄侵染性坏死 Grapevine infectious necrosis	目视检查。
葡萄耳突病 Grapevine enation disease	嫁接 LN33 和 Italia。
葡萄脉坏死 Grapevine vein necrosis	嫁接 110R。
葡萄脉花叶 Grapevine vein mosaic	嫁接河岸葡萄。
类病毒	
澳大利亚葡萄类病毒 Australian grapevine viroid (AGVd)	先接种黄瓜 Suyo 品种再用 PAGE，RT-PCR，分子杂交检测。
葡萄黄斑类病毒 1 号 Grapevine yellow speckle viroid-1(GYSVd-1)	PAGE，RT-PCR，分子杂交。
葡萄黄斑类病毒 2 号 Grapevine yellow speckle viroid-2(GYSVd-2)	PAGE，RT-PCR，分子杂交。
柑橘裂皮类病毒 Citrus exocortis viroid (CEVd-g)	PAGE，RT-PCR，分子杂交。
酒花矮化类病毒 Hop stunt viroid (HSVd-g)	PAGE，RT-PCR，分子杂交。
细菌类病害	
葡萄细菌性疫病 *Xylophilus ampelinus*	1）目视检查。 2）ELISA，PCR。

表 A.1（续）

有害生物名称	诊断方法
皮尔斯氏病 *Xylella fastidiosa*	1）目视检查。 2）ELISA，PCR。
葡萄根癌病 *Agrobacterium tumefaciens*	1）目视检查。 2）ELISA，PCR。 3）选择性培养基培养。
澳大利亚葡萄黄化病 Australian grapevine yellows	PCR。
葡萄黑木病 Grapevine bois noir	1）嫁接 Chardonnay，Riesling。 2）PCR。
葡萄金黄化植原体 Grapevine flavescence dorée	1）嫁接 Baco 22A 和 Chardonnay，Aramon。 2）ELISA，PCR。
葡萄脉黄化和卷叶 Grapevine vein yellows and leaf roll	PCR。
Grapevine vergelbungskrankheit	PCR。
欧洲葡萄黄化病 Grapevine yellows in Europe - Elqui yellows	1）嫁接 Chardonnay，Riesling。 2）PCR。
非欧洲的葡萄黄化病-曲叶和浆果皱缩 Grapevine yellows outside Europe-leaf curl and berry shrivel	PCR。
真菌病害	
葡萄枝萎病菌 *Eutypa armeniacae*	观察症状，分离培养，镜检。
葡萄苦腐病菌 *Greeneria uvicola*	观察症状，分离培养，镜检。
葡萄溃疡病菌 *Phoma glomerata*	观察症状，分离培养，镜检。
葡萄根腐病菌 *Phymatotrichum omnivorum*	分离根部及土壤，镜检。
葡萄角斑病菌 *Pseudopezicula tracheiphila*	观察症状，分离培养，镜检。
葡萄蔓割病菌 *Cryptosporella viticola*	观察症状，分离培养，镜检。
葡萄炭疽病菌 *Glomerella cingulata*	观察症状，分离培养，镜检。
葡萄黑腐病菌 *Guignardia bidwellii*	观察症状，分离培养，镜检。
葡萄霜霉病菌 *Plasmopara viticola*	观察叶片及新梢症状，镜检。
葡萄黑痘病菌 *Sphaceloma ampelinum*	观察症状，分离培养，镜检。
葡萄白粉病菌 *Uncinula necator*	观察叶片及幼嫩组织症状，镜检。
线虫	
短体线虫属 *Pratylenchus*（非中国种）	镜检。
根结线虫属 *Meloidogyne*（非中国种）	镜检。
拟毛刺线虫属 *Paratrichodorus*（传毒种）	镜检。
毛刺线虫属 *Trichodorus*（传毒种）	镜检。
长针线虫属 *Longidorus*（传毒种）	镜检。

表 A.1（续）

有害生物名称	诊断方法
剑线虫属 *Xiphinema*（传毒种）	镜检。
昆虫	
葡萄根瘤蚜 *Viteus vitifoliae*	1）目视检查。 2）制作玻片标本，镜检。
橘粉蚧 *Planococcus citri*	1）目视检查。 2）制作玻片标本，镜检。
无花果粉蚧 *P. ficus*	1）目视检查。 2）制作玻片标本，镜检。
拟长尾粉蚧 *Pseudococcus longispinus*	1）目视检查。 2）制作玻片标本，镜检。
叶蝉 *Scaphoides titanus*	1）目视检查。 2）制作玻片标本，镜检。

附　录　B
（资料性附录）
葡萄繁殖材料上一些病害的主要传播介体

表 B.1

介　体　名　称	传播的病害
美洲剑线虫　*Xiphinema americanum*	番茄环斑病毒，烟草环斑病毒，桃丛簇花叶病毒
加州剑线虫　*X. californum*	番茄环斑病毒
裂尾剑线虫　*X. diversicaudatum*	南芥菜花叶病毒，草莓潜环斑病毒
标准剑线虫　*X. index*	葡萄扇叶病毒
意大利剑线虫　*X. italiae*	葡萄扇叶病毒
里夫丝剑线虫　*X. rivesi*	番茄环斑病毒
X. vuittenezi	葡萄铬黄花叶病毒
渐狭长针线虫　*Longidorus attenuatus*	番茄黑环病毒
折环长针线虫　*L. diadecturus*	桃丛簇花叶病毒
逸去长针线虫　*L. elongatus*	番茄黑环病毒，悬钩子环斑病毒，桃丛簇花叶病毒
大体长针线虫　*L. macrosoma*	悬钩子环斑病毒
橘粉蚧　*Planococcus citri*	葡萄 A 病毒
无花果粉蚧　*P. ficus*	葡萄 A 病毒，葡萄卷叶相关病毒 3 号
拟长尾粉蚧　*Pseudococcus longispinus*	葡萄 A 病毒，葡萄卷叶相关病毒 3 号
叶蝉　*Scaphoides titanus*	葡萄金黄化植原体

附　录　C
（资料性附录）
嫁接诊断用主要葡萄指示植物

表 C.1

<table>
<tr><th colspan="2">葡萄种或品种名称</th><th>诊断的病害</th></tr>
<tr><td rowspan="8">欧洲葡萄
Vitis vinifera</td><td>品丽珠　Cabernet franc</td><td>卷叶病毒</td></tr>
<tr><td>黑比诺　Pinot noir</td><td>卷叶病毒</td></tr>
<tr><td>梅鹿特　Merlot</td><td>卷叶病毒</td></tr>
<tr><td>巴巴拉　Barbera</td><td>卷叶病毒</td></tr>
<tr><td>蜜笋　Mission</td><td>卷叶病毒</td></tr>
<tr><td>霞多丽　Chardonnay</td><td>葡萄黑木病、葡萄金黄化植原体和欧洲葡萄黄化病</td></tr>
<tr><td>雷司令　Riesling
Aramon</td><td>葡萄黑木病和欧洲葡萄黄化病
葡萄金黄化植原体</td></tr>
<tr><td>意大利　Italia
Jubileum75
Siegfriedrebe
Koshu</td><td>葡萄耳突病
葡萄铬黄花叶病毒
南芥菜花叶病毒、悬钩子环斑病毒、番茄黑环病毒
葡萄阿吉纳希克病毒</td></tr>
<tr><td colspan="2">沙地葡萄　*Vitis rupesris*
圣乔治　St. George</td><td>葡萄扇叶病毒，葡萄斑点病毒，沙地葡萄茎痘病及相关病毒</td></tr>
<tr><td colspan="2">河岸葡萄　*Vitis riparia*
光荣　Gloire de Montpellier</td><td>葡萄脉花叶</td></tr>
<tr><td colspan="2">冬葡萄×河岸葡萄（*Vitis berlandieri* × *Vitis riparia*）
Kober 5BB</td><td>Kober 茎沟病</td></tr>
<tr><td colspan="2">Couderc 1613 ×冬葡萄（Couderc 1613 × *Vitis berlandieri*）
LN33</td><td>葡萄栓皮，葡萄耳突，LN33 茎沟</td></tr>
<tr><td colspan="2">沙地葡萄 × 冬葡萄（*Vitis rupesris* × *V. berlandieri*）
110R</td><td>葡萄脉坏死</td></tr>
<tr><td colspan="2">巨峰　Kyoho</td><td>葡萄果心坏死病毒</td></tr>
<tr><td colspan="2">康拜尔早生　Campbell Early</td><td>葡萄矮化病毒</td></tr>
<tr><td colspan="2">巴可 22A　Baco 22A</td><td>葡萄金黄化植原体</td></tr>
</table>

中华人民共和国出入境检验检疫行业标准

SN/T 2019—2007

出入境杂交水稻种子检验检疫规程

Rules for the inspection and quarantine of hybrid rice seeds for import and export

2007-12-24 发布　　　　2008-07-01 实施

中华人民共和国国家质量监督检验检疫总局　发布

前　言

本标准附录 A 为资料性附录。

本标准由国家认证认可监督管理委员会提出并归口。

本标准起草单位：中华人民共和国湖南出入境检验检疫局。

本标准主要起草人：陈白菪、张华茂、姜金林、朱金国、何湘利、王伏强。

本标准系首次发布的出入境检验检疫行业标准。

出入境杂交水稻种子检验检疫规程

1 范围

本标准规定了出入境杂交水稻种子的报检、检验检疫、结果评定与处置及样品管理。

本标准适用于出入境杂交水稻种子的检验检疫和处置。

2 规范性引用文件

下列文件中的条款通过本标准的引用而成为本标准的条款。凡是注日期的引用文件,其随后所有的修改单(不包括勘误的内容)或修订版均不适用于本标准,然而,鼓励根据本标准达成协议的各方研究是否可使用这些文件的最新版本。凡是不注日期的引用文件,其最新版本适用于本标准。

GB/T 3543.2—1995　农作物种子检验规程　扦样

GB/T 3543.3—1995　农作物种子检验规程　净度分析

GB/T 3543.4—1995　农作物种子检验规程　发芽试验

GB/T 3543.5—1995　农作物种子检验规程　真实性和品种纯度鉴定

GB/T 3543.6　农作物种子检验规程　水分测定

GB 4404.1　粮食作物种子　禾谷类

GB 8371—1987　水稻种子产地检疫规程

SN/T 1666　水稻条纹病毒、水稻矮缩病毒、水稻黑条矮缩病毒的检测方法　普通 RT-PCR 方法和实时荧光 RT-PCR 方法

3 术语与定义

GB/T 3543.2—1995,GB/T 3543.3—1995,GB/T 3543.4—1995,GB/T 3543.5—1995 确立的以及下列术语和定义适用于本标准。

3.1

种子批　lot of seed

同一来源、同一品种、同一时期收获、质量基本一致、在规定数量之内的杂交水稻种子。

3.2

检验检疫批　lot of inspection and quarantine

同一国家或地区、同一运输工具装载、同一收货人和发货人、同一品名的出入境杂交水稻种子。

3.3

净种子　pure seed

报检人所叙述的符合规定要求的杂交水稻种子。

3.4

净度　purity

该批杂交水稻种子中净种子所占的比例。

3.5

纯度　varietal purity

品种的特征、特性典型一致的杂交水稻种子数占样品种子数的百分比。

3.6

发芽率 percentage of germination

在规定的条件和时间内长成的正常幼苗数占供检种子数的百分率。

3.7

正常幼苗 normal seedlings

在良好土壤及适宜水分、温度和光照条件下，具有生长成良好植株潜力的幼苗。

4 检验检疫依据

4.1 输入国家或地区的检疫要求。

4.2 政府间双边检疫协定、协议、备忘录和我国参加的地区性和国际性植保植检组织的有关规定。

4.3 中国法定的植物检疫要求。

4.4 GB 4404.1 的要求。

4.5 贸易合同和信用证等关于检验检疫的条款。

5 报检

5.1 货主报检时，可按检验检疫批报检，应提供贸易合同、信用证、发票、装箱单。

5.2 出境杂交水稻种子应提供国内植物检疫证书、种子标签或标识。

5.3 入境杂交水稻种子应提供输出国家或地区官方植物检疫证明书和《引进种子、苗木检疫审批单》。

5.4 检验检疫机关受理报检时，应审核货主提供的上述单证是否齐全、有效、一致。

6 检验检疫

6.1 一般要求

6.1.1 检疫要求

杂交水稻种子的检疫，应根据产销地疫情信息、我国禁止进境有害生物名单和有关规定，经适当的风险评估后，确定应当实施检疫的有害生物；依照规定的检疫方法进行检疫，或按照有关标准、国内外正式出版发行的期刊、官方网站上公布的检疫方法进行检疫。

6.1.2 质量要求

杂交水稻种子的质量，应按 GB 4404.1 或双方协定的检验项目及方法进行检验。

6.2 现场检疫

6.2.1 检疫准备

6.2.1.1 工具

单管扦样器、样品袋、手持放大镜、体视显微镜、镊子、指形管、电筒、标签、摄像机、照相机等现场检验检疫用具。

实验室用具按所检项目检测方法标准的规定执行。

6.2.1.2 记录表

记录表式样参见附录 A。

6.2.2 一般要求

应做好现场检验检疫及抽样记录。需带回实验室进行检验、鉴定的可疑物质和杂交水稻种子样品，应分别装入袋/管并作标记。

核对货物堆放货位、唛头标志、批次代号、数量、质量和包装等是否与报检单证相符。

检查货物存放环境是否清洁、无污染，是否受到有害生物侵染；货物包装和铺垫材料有无害虫及害虫排泄物、蜕皮壳、虫卵、虫蛀为害痕迹、微生物污染物、可疑种粒（色泽、形状异常）、杂草籽等；如有发现，应将可疑物质分别装入袋/管并标记，带回实验室进行检验、鉴定。

必要时，应对存放场地、货物等摄像和照相。

6.2.3　抽样

以种子批为单位抽取，包装形式分小容器（如：金属罐、纸盒或小包装）和袋装（或容器）。

小容器和装袋按 GB/T 3543.2—1995 中 5.3.1 执行。

6.2.4　倒包检查

袋装种子每批至少应进行一次倒包检查。按上、中、下、四周随机倒 3 包～5 包，检查杂交水稻种子外观是否正常，有无发霉、变质；有无大型杂质（如：泥土、砂石、玻璃碎片、金属碎片）以及人或动物毛发、活虫、微生物污染物等。特别注意检查包装袋内壁、袋角、袋缝，有无隐藏活虫、微生物污染物。

应将检出的活虫、微生物污染物、可疑种粒（色泽、形状异常）、杂草籽等装入指形管并标示，以供带回实验室作进一步检验、鉴定。

6.3　田间检疫

田间检疫按 GB 8371—1987 的第 4 章、第 5 章、第 6 章和 7.1 条执行。

6.4　实验室检验

6.4.1　有害生物检疫鉴定

6.4.1.1　昆虫、螨类和杂草籽鉴定

通过形态特征直接镜检鉴定、解剖鉴定。或用分子生物学方法进行鉴定。

一时难以鉴定的卵、幼虫和蛹，可饲养为成虫后再鉴定。

一时难以鉴定的杂草籽，可在隔离条件下盆栽试种后再作鉴定。

6.4.1.2　线虫检验

用贝曼漏斗法、过滤分离法等方法进行鉴定。

6.4.1.3　细菌检验

对可疑稻粒、水稻植株或组织，用细菌分离培养法或用血清学方法、分子生物学方法进行鉴定。必要时用柯赫氏法则对病原细菌进一步鉴定。

6.4.1.4　真菌检验

对可疑稻粒、水稻植株或组织，用形态鉴定法或分离培养法进行鉴定，也可用血清学方法、分子生物学方法进行鉴定。

必要时进行隔离试种，在生长期进行识别鉴定。

6.4.1.5　病毒检验

对可疑稻粒、水稻植株或组织，用电镜观察病毒形态或用血清学、分子生物学方法等技术进行鉴定。

水稻条纹病毒、水稻矮缩病毒、水稻黑条矮缩病毒的检测，按 SN/T 1666 进行。

必要时进行隔离试种，在生长期进行鉴定。

6.4.2　质量检验

6.4.2.1　样品处理

将抽取的杂交水稻种子样品用圆锥形分样器或四分法分成两份，一份留样，一份用于实验室检验、鉴定。

需去除包衣的种子，应用蒸馏水进行洗涤处理，待种子表面包衣完全脱落后进行检验、鉴定。

6.4.2.2　净度分析

按 GB/T 3543.3 执行。

6.4.2.3　发芽率试验

按 GB/T 3543.4 执行。

6.4.2.4　品种纯度鉴定

按 GB/T 3543.5 执行。

6.4.2.5 水分测定

按 GB/T 3543.6 执行。

7 结果评定与处置

依据本标准第 4 章，根据现场检疫、田间检疫、实验室有害生物检验以及质量检验的结果，进行如下评定与处置：

a) 出入境杂交水稻种子检验检疫批的合格评定，应在检疫合格的前提下进行；

b) 出境杂交水稻种子经检疫或处理合格，准予放行；检疫除害处理应在检验检疫机构监督下进行；检疫不合格且无有效处理方法的，不予放行；

c) 入境杂交水稻种子经检疫合格，准予入境；发现检疫性有害生物或限定的非检疫性有害生物，经有效处理可予放行；检疫除害处理应在检验检疫机构监督下进行；无有效处理方法的，作销毁、退货处理；

d) 质量检验项目中的净度、发芽率、纯度、水分均应符合 GB/T 4404.1 的要求。

8 样品管理

8.1 留存

出入境杂交水稻种子应按种子批保留一份样品，并标识。

8.2 保管

留样应在一定条件下(如：抽真空保存、干燥环境、低温条件下保存等)妥善保管，以供备查。应防止留样因保管不善可能造成的生物危害。

8.3 处理

留样保存 1 年后按生物安全要求进行灭活或销毁处理。

附　录　A
（资料性附录）
出入境杂交水稻种子检验检疫记录表（式样）

出入境杂交水稻种子检验检疫记录表

申　报　人			报检单号		
合　同　号			品　名		
贸易国别			产　地		
申报数量		申报质量		包装种类	
扦样日期		扦样地点		堆码情况	
环境检查					
倒包数量		倒包情况			
抽样件数		抽样量		样品情况	
标记：					
实验室检验鉴定结果					
昆虫				净度	
螨类				纯度	
线虫				发芽率	
杂草种子				水分	
病害					
备注：					
评定		检验员.		日期	

中华人民共和国出入境检验检疫行业标准

SN/T 2076—2008

进出境龙眼检疫规程

Rules for the quarantine of longan for import and export

2008-04-29 发布

2008-11-01 实施

中华人民共和国
国家质量监督检验检疫总局 发布

前　言

本标准由国家认证认可监督管理委员会提出并归口。

本标准起草单位：中华人民共和国广东出入境检验检疫局。

本标准主要起草人：郭权、何日荣、陈思源、钟海伟、林宗炘、钟伟强。

本标准系首次发布的出入境检验检疫行业标准。

进出境龙眼检疫规程

1 范围

本标准规定了进出境龙眼(*Dimocarpus longan* Lour.)鲜果的检疫方法和检疫结果的判定。

本标准适用于进出境龙眼鲜果的检疫。

2 术语和定义

下列术语和定义适用于本标准。

2.1

龙眼 longan

带枝(所带枝条长度不得超过 15 cm)或不带枝的新鲜龙眼或保鲜龙眼果实。

3 检疫依据

3.1 进境国家或地区的植物检疫法律法规和相关要求。

3.2 政府间的双边植物检疫协定、协议、议定书、备忘录。

3.3 中国进出境植物检疫法律法规及其相关规定。

3.4 进境植物检疫许可证、贸易合同和信用证等文本中订明的植物检疫要求。

4 检疫准备

4.1 审核报检所附单证资料是否齐全有效,报检单填写是否完整、真实,与提供贸易合同(或信用证)、装箱单、发票等资料内容是否相符。

4.2 查阅有关法律法规和技术资料,确定检疫依据及检疫要求。

4.3 了解输出国产地疫情或输入国检疫要求,明确检疫规定。

5 现场检疫

5.1 检疫工具

瓷盘或白色硬质塑料纸、手持放大镜、毛刷、指形管、酒精瓶、酒精、剪刀、镊子、样品袋、标签、记号笔、手电筒、照相机等。

5.2 核查货证

核查核对集装箱号码与封识、货物的品名、规格、产地、数量、质量、件数、包装、生产的果园、包装厂或代码等是否与报检单证相符、是否符合本标准第 3 章规定的检疫要求。

核查龙眼的数量和质量,并检查其间是否夹带、混装未报检的水果品种。经港澳中转进入内地的进境龙眼,要核对货物是否与港澳地区检验机构出具的确认证明文件内容相符。

5.3 运输工具检疫

检查运输工具是否干净、有无受有害生物感染、有无夹带土壤等禁止进境物,必要时在集装箱中间卸出 60 cm 的通道进行查验。

5.4 包装物检疫

检查内外包装是否为未曾使用过、有无破损,目测或借助手持放大镜观察是否受害虫、杂草等有害生物感染、有无夹带土壤等禁止进境物及其他水果或树枝、树叶等。

5.5 货物检疫

检查货物是否有害虫及其为害状、有无病害症状及病征、有无夹带土壤等禁止进境物。

用肉眼或借助放大镜逐个观察所抽查的龙眼表面，重点检查果蒂部位、果脐部及其他凹陷部位，检查有无虫孔、排泄物，有无实蝇虫体或其他害虫如介壳虫、蒂蛀虫等；检查有无变色、凹陷、突起、流胶、腐烂、斑点、霉变等可疑病害症状。

对可疑龙眼进行现场剖果检查（剖果数量每一抽查件数不少于0.5 kg），检查果肉内部有无害虫、病征和可疑症状。发现有可疑情况的，适当增加剖果数量。

收集各种虫体、病果及其他可疑的样品，放入样品袋或指形管，作好标记并送实验室检验鉴定。

5.6 抽样与取样

对于进境龙眼，以每一检验检疫批为单位进行抽查取样，抽查件数和取样数量按表1执行。查验发现可疑疫情的，适当增加抽查件数。

表1 进境龙眼抽查取样数量表

龙眼总数/件	抽查数量/件	取样量/kg
≤500	10(不足10件的，全部查验)	0.5～5
501～1 000	11～15	6～10
1 001～3 000	16～20	11～15
3 001～5 000	21～25	16～20
5 001～50 000	26～100	21～50
＞50 000	100	50

对于出境龙眼，参照进境龙眼的抽查数量和取样数量进行抽查取样。

6 实验室检验

6.1 病害检验

对抽取的样品进行仔细的症状检查，检查有无霉变、腐烂等典型病害症状，发现可疑症状的进一步做病原检查。

6.2 害虫、螨类检验

将现场检疫中发现的害虫样本和可疑虫害果放入白瓷盘，在光线充足条件下逐袋逐个进行剖果与检查，检查是否有蛆状或其他害虫，将截获的害虫置于体视解剖镜或显微镜下、或用其他方法进行检验鉴定。

对难以直接鉴定的幼虫、卵、蛹，应进行饲养，需要时连同样品一并置于昆虫饲养箱中进行饲养，成虫羽化后进行鉴定。

6.3 杂草检验

将截获的杂草籽置于体视解剖镜或显微镜下或用其他方法进行检验鉴定。

7 检疫结果评定

7.1 合格评定

经检疫，符合3.1、3.2、3.3、3.4的检疫规定，评定为合格。

7.2 不合格评定

检疫结果有下列情况之一的龙眼，评定为不合格：

——发现检疫性有害生物的；

——发现禁止进境物的；

——发现协定应检有害生物的；

——发现包装箱上的产地、种植者或果园、包装厂、官方检疫标志等不符合检疫议定书要求或其他相关规定的；

——发现其他不符合本标准第3章规定的。

7.3 不合格的处理

进境的龙眼，应实施检疫除害处理。无有效处理方法的，予以退货或销毁处理。

出境的龙眼，应针对情况进行除害处理或换货处理，并对处理后的货物进行复检，复检仍不合格的货物，作不准出境处理。

中华人民共和国出入境检验检疫行业标准

SN/T 2077—2008

进出境苹果检疫规程

Rules for the quarantine of importing and exporting fresh apples

2008-04-29 发布　　2008-11-01 实施

中华人民共和国国家质量监督检验检疫总局　发布

前　言

本标准由国家认证认可监督管理委员会提出并归口。

本标准起草单位：中华人民共和国山东出入境检验检疫局。

本标准起草人：肖军、刘爱华、封立平、白兴月、王守国。

本标准系首次发布的出入境检验检疫行业标准。

进出境苹果检疫规程

1 范围

本标准规定了进出境新鲜苹果的检疫方法及检疫结果的判定。

本标准适用于进出境新鲜苹果的检疫。

2 检疫依据

2.1 政府间双边植物检疫协定、协议书、备忘录及我国参加地区性或国际性公约组织应遵守的规定。

2.2 贸易合同和信用证等有关植物检疫条款。

2.3 中国法定的植物检疫要求。

2.4 输入国家或地区进境植物检疫要求。

3 检疫准备

3.1 审核单证，了解苹果输出国家或地区疫情及产地病虫害发生情况；了解输入国家或地区对苹果的检疫要求。

3.2 根据苹果可能感染的病虫明确检疫重点，尤其是苹果蠹蛾、地中海实蝇等实蝇类虫害及病害危害特征。

4 现场检疫

4.1 审核材料

核对单证、规格、件数、产地、包装、质量、唛头、企业批号、检疫审批。核对包装箱上的产地、种植者或果园、包装厂、冷藏库等标记和官方检疫或封箱标志是否符合检疫要求。

4.2 准备检疫工具

放大镜、镊子、指形管、小刀、样品袋等。

4.3 检疫场所、存放场所检查

检疫场所应光线充足、通风良好、清洁卫生。

存放场所应干净卫生，适合苹果贮存，检查是否有害虫污染。

4.4 包装检疫

检查货物外包装及所抽样品的内包装是否受害虫感染或夹带违禁物。

4.5 产品检疫

按4.6和4.7规定的比例进行抽检，逐个检查苹果是否带虫体、枝叶、土壤和病虫为害状。

4.5.1 害虫检疫

将所取样品放于白瓷盘内，仔细观察表面有无虫道、虫孔、排卵孔和害虫及其为害状，并用抖、击、剖、剥等方法进行检验，并收集虫体。把收集到的虫体装入试管内，贴上标签送实验室做进一步检验鉴定。

4.5.2 病害检疫

针对各种苹果病害特点，肉眼或借助放大镜仔细观察产品是否有霉变、腐烂、畸形、变色、斑点等症状，挑选典型病症的个体装入样品袋，贴上标签送实验室做进一步检验鉴定。

4.5.3 其他项目检疫

检查产品是否带土壤或树枝、树叶等违禁物。

4.6 抽查

4.6.1 抽查方法

以一检疫批为单位进行抽查。箱(筐)装苹果实行堆垛抽样，对每批苹果从堆垛的上、中、下四角及中间等不同部位、组别，随机抽取代表样品。

4.6.2 抽查件数

4.6.2.1 批量在十件以下的(含10件)，全部检查。

4.6.2.2 批量在十件以上的，按表1所列的比例抽查。

表1 抽查比例

批量/件	抽查/%	备注
100以下	10	每批抽查件数不少于10件
101～300	10～5	
301～500	5～4	
501～1 000	4～3	
1 001～2 000	3～2	
2 001～5 000	2～1	
5 000以上	1～0.2	

4.6.2.3 发现可疑疫情，可适当增加抽查件数。

4.7 取样

4.7.1 取样方法

取样结合抽查进行。

4.7.2 取样数量

按表2的比例抽取代表样品，发现可疑疫情，可适当增加抽取样品的数量。

表2 取样比例

批量/件	样品数量/份	样品质量
100以下	1	每份代表样品的质量为1 kg～5 kg
101～300	1～2	
301～500	2～3	
501～1 000	3～4	
1 001～2 000	4～5	
2 001～5 000	5～6	
5 000以上	7	

4.8 样品标识及送样

4.8.1 样品标识

取代表样品立即装入塑料袋内，保证样品不受外界污染，标明报检号、品名、数量、生产国及取样地点、取样人和取样日期。

4.8.2 送样

将现场抽取的样品与发现可疑症状的样品以及收集到的活虫送实验室进行室内检验鉴定。

5 实验室检验

5.1 虫害检验

5.1.1 表面检验

仔细观察或借助解剖镜检查苹果表面有无虫道、虫孔、产卵孔、排泄物等为害状。

5.1.2 剖果检验

将苹果剖开，检查果肉、果核是否有害虫。

5.1.3 培养检验

将样品置于室内或生物培养箱内培养，经一定的时间后，检查是否有害虫。

5.2 病害检验

5.2.1 直接镜检

选取样品中病变症状部分，制成玻片置于显微镜下检查和鉴定。

5.2.2 分离培养检验

将可疑病变症状的样品表面消毒后，按不同的分离目的和对象，移植于相应的培养基上，进行培养分离检查。

6 结果评定与处置

6.1 结果评定

6.1.1 合格评定

检疫结果符合第2章检疫依据要求的，评定为合格。

6.1.2 不合格评定

检疫结果不符合第2章检疫依据要求的，评定为不合格。

6.2 合格、不合格处置

6.2.1 检疫合格处置

对检疫合格的进出境苹果，出具相应的证单放行。

6.2.2 检疫不合格处置

6.2.2.1 有有效除害处理方法的，通知货主或其代理人按检疫处理标准进行除害处理，处理合格后，出具相应证单放行。

6.2.2.2 无有效除害处理方法的，进境苹果作退回或销毁处理，出具相应证单；出境苹果不准出境，出具相应证单。

中华人民共和国出入境检验检疫行业标准

SN/T 2088—2008

进境小麦、大麦检验检疫操作规程

Rule for inspection and quarantine of import wheat and barly

2008-04-29 发布　　2008-11-01 实施

中华人民共和国国家质量监督检验检疫总局　发布

前　　言

本标准的附录 A 为规范性附录。

本标准由国家认证认可监督管理委员会提出并归口。

本标准起草单位:中华人民共和国上海出入境检验检疫局。

本标准主要起草人:周国梁、褚庆华、王诚、印丽萍。

本标准系首次发布的出入境检验检疫行业标准。

引　言

小麦、大麦是我国重要的进口农产品，而小麦、大麦的检验和检疫在抽样标准、制样方法等诸多方面不相一致，至今尚未针对小麦、大麦制定统一的检验检疫抽样和制样操作方法，不利于口岸检验检疫工作的开展，因此，规范入境小麦、大麦的检验检疫工作，统一操作程序，提高检验检疫工作质量，就必须制定适合我国出入境检验检疫实际需要的小麦、大麦检验检疫操作规程。

本标准在制定的过程中，参考了《中美农业合作协议》中涉及的抽样检验方案，参考了美国联邦谷物检验署完成各子样(sub-sample)的品质检验标准及我国谷物抽样和品质项目检验方面的出入境检验检疫行业标准(即 SN/T 0800—1999《进出口粮油、饲料检验》系列标准)，经过调查研究和综合分析，根据进境小麦、大麦的检验检疫特点，结合可能传带的有害生物生物学特性，制定本标准。

进境小麦、大麦检验检疫操作规程

1 范围

本标准规定了进境小麦、大麦及其他麦类检验检疫的程序和方法。

本标准适用于进境小麦、大麦及其他麦类的检验检疫。

2 规范性引用文件

下列文件中的条款通过本标准而成为本标准的条款。凡是注日期的引用文件，其随后所有的修改单(不包括勘误的内容)或修订均不适用于本标准，然而，鼓励根据本标准达成协议的各方研究是否可使用这些文件的最新版本。凡是不注日期的引用文件，其最新版本适用于本标准。

GB 2715 粮食卫生标准

GB 2762 食品中污染物限量

GB 2763 食品中农药最大残留限量

GB/T 5009.11 食品中总砷及无机砷的测定

GB/T 5009.12 食品中铅的测定

GB/T 5009.14 食品中锌的测定

GB/T 5009.15 食品中镉的测定

GB/T 5009.17 食品中总汞及有机汞的测定

GB/T 5009.18 食品中氟的测定

GB/T 5009.19 食品中六六六、滴滴涕残留量的测定

GB/T 5009.20 食品中有机磷农药残留量的测定

GB/T 5009.22 食品中黄曲霉毒素 B_1 残留量的测定

GB/T 5009.27 食品中苯并芘的测定

GB/T 5009.33 食品中亚硝酸盐与硝酸盐的测定

GB/T 5009.36 粮食卫生标准的分析方法

GB/T 5009.38 蔬菜、水果卫生标准的分析方法

GB/T 5009.93 食品中硒的测定

GB/T 5009.94 植物性食品中稀土的测定

GB/T 5009.96 谷物和大豆中赭曲霉毒素 A 的测定

GB/T 5009.103 植物性食品中甲胺磷和乙酰甲胺磷农药残留量的测定

GB/T 5009.104 植物性食品中氨基甲酸酯类农药残留量的测定

GB/T 5009.105 黄瓜中百菌清残留量的测定

GB/T 5009.106 植物性食品中二氯苯醚菊酯残留量的测定

GB/T 5009.107 植物性食品中二嗪磷残留量的测定

GB/T 5009.110 植物性食品中氯氰菊酯、氰戊菊酯和溴氰菊酯残留量的测定

GB/T 5009.123 食品中铬的测定

GB/T 5009.126 植物性食品中三唑酮残留量的测定

GB/T 5009.133 粮食中氯麦隆残留量的测定

GB/T 5009.135 植物性食品中灭幼脲残留量的测定

GB/T 5009.136 植物性食品中五氯硝基苯残留量的测定

GB/T 5009.144 植物性食品中甲基异柳磷残留量的测定
GB/T 5009.145 植物性食品中有机磷和氨基甲酸酯类农药多种残留的测定
GB/T 5009.147 植物性食品中除虫脲残留量的测定
GB/T 5009.175 粮食和蔬菜中2,-4滴残留量的测定
GB/T 5009.200 小麦中野燕枯残留量的测定
GB/T 5009.201 梨中烯唑醇残留量的测定
GB/T 5498 粮食、油料检验 容重测定法
GB/T 5519 粮食和油料千粒重的测定法
GB 13106 食品中锌限量卫生标准
GB 14882 食品中放射性物质限制浓度标准
GB 14883.2 食品中放射性物质检验 氢-3的测定
GB 14883.3 食品中放射性物质检验 锶-89和锶-90的测定
GB 14883.4 食品中放射性物质检验 钷-147的测定
GB 14883.5 食品中放射性物质检验 钋-210的测定
GB 14883.6 食品中放射性物质检验 镭-226和镭-228的测定
GB 14883.7 食品中放射性物质检验 天然钍和铀的测定
GB 14883.8 食品中放射性物质检验 钚-239、钚-240的测定
GB 14883.9 食品中放射性物质检验 碘-131的测定
GB 14883.10 食品中放射性物质检验 铯-137的测定
GB/T 18084 植物检疫 地中海实蝇检疫鉴定方法
GB/T 18085 小麦矮化腥黑穗病菌检疫鉴定方法
GB/T 18087 谷斑皮蠹检疫鉴定方法
GB/T 18979 食品中黄曲霉毒素的测定 免疫亲和层析净化高效液相色谱法和荧光光度法
SN/T 0292 出口粮谷中灭草松残留量检验方法
SN/T 0293 出口粮谷中敌草快、对草快残留量检验方法
SN/T 0519 出口粮谷中丙环唑残留量检验方法
SN/T 0582 出口粮谷及油籽中灭多威残留量检验方法
SN/T 0649 出口粮谷中溴甲烷残留量检验方法
SN/T 0798 进出口粮油、饲料检验 检验名词术语
SN/T 0799 进出口粮油、饲料检验 检验一般规则
SN/T 0800.1 进出口粮油、饲料检验 抽样和制样方法
SN/T 0800.3 进出口粮食、饲料 粗蛋白质检验方法
SN/T 0800.14 进出口粮食、饲料 发芽势、发芽率检验方法
SN/T 0800.15 进出口粮食、饲料 粒度检验方法
SN/T 0800.18 进出口粮食、饲料 杂质检验方法
SN/T 0800.19 进出口粮食、饲料 水分及挥发物检验方法
SN/T 1571 进出口粮谷中呕吐毒素检验方法 液相色谱法

3 进境小麦现场检验检疫

3.1 核对货证

3.1.1 查验检疫许可证审批内容及合同条款。

3.1.2 核对货证是否相符:核查数量和种类是否与检验检疫证书相符,如发现数量不符,超出审批单规定5%或品种与审批内容不符的应重新审批。

3.1.3 向货主或承运人了解货物产地、品种或货物装载、处理、运输情况,索取货物配载图,必要时并应查阅航海日志。

3.2 散装船运小麦的锚地/表层检验检疫

3.2.1 船舶装载入境的小麦,应在锚地对货物表层进行检验检疫;特殊情况要求在靠泊后实施检验检疫的,应经检验检疫机构同意。

3.2.2 待船方打开舱盖,如有熏蒸用的磷化铝粉袋,应去除磷化铝粉袋,经通风充分散气或经测毒仪测毒安全后,方可下舱检验检疫。

3.2.3 检验小麦是否有发霉、变质、水湿、有害物质污染、有害有毒杂质。如有发霉变质的小麦,应要求船方确认并清除。做好工作记录。

3.2.4 过筛检疫:在各舱按棋盘式随机选点 50 个～60 个,每点至少取 1 000 g 小麦,用 1.7 mm×2.0 mm 长孔筛或 ϕ2.5 mm 圆孔筛进行筛检,仔细检查筛下物中有无虫、杂草、菌瘿等,并同时检查筛上物,根据需要将筛上挑出物及筛下物装入盛器,虫、杂草、菌瘿等装入指形管并标识。带回实验室作进一步检查。

3.2.5 抽样工具:机械自动取样器或金属双套管取样器、取样铲等,要求取样工具清洁卫生、完好、无异味以避免对样品的污染。

3.2.6 检验检疫抽样:按 GB/T 18085 执行,每舱表层按棋盘式随机选点 50 个～60 个取样,合并为一份 5 kg 复合样品。

3.2.7 靠泊通知:经表层现场及室内检验检疫,没有发现小麦印度腥黑穗病(*Tilletia indica* Mitra)、谷斑皮蠹(*Trogoderma granrium* Everts)重大疫情,通知货主或港务部门准予靠泊卸货。

3.3 散装小麦卸货过程中的检验检疫

3.3.1 抽样工具:同 3.2.5。

3.3.2 检验检疫抽样:按 GB/T 18085 执行。每 1 000 t 抽取 1 份 5 kg 的混合样品。

3.3.3 过筛检疫:按 3.2.4 执行。

3.3.4 在卸货过程中继续观察小麦是否有发霉变质,有毒有害物质污染等情况,并做好记录。

3.4 集装箱装运散装小麦的检验检疫

3.4.1 集装箱装运散装小麦参照散装船运小麦的检验检疫。应将货物运到检验检疫机构指定的库场实施检验检疫。打开箱门经初步检验检疫合格后,方可全部卸出。

3.4.2 检验小麦是否有发霉、变质、水湿、种衣剂污染、有害有毒杂质。如有发霉变质的小麦,应立即清除。做好工作记录。

3.4.3 抽样工具:同 3.2.5。

3.4.4 箱门打开方式:使欲打开的集装箱的一端向上仰起,与地面形成 45°夹角,打开箱门。

3.4.5 集装箱抽样比例:根据每报检批的集装箱数量,按每 5 个集装箱随机抽检 1 个打开进行过筛检疫及抽取检验检疫样品。如果超过 5 个集装箱,则每增加 5 个集装箱增加抽检 1 个。不足 5 个集装箱的,应增加抽检 1 个。

3.4.6 过筛检疫:在卸货的同时,随机选取 10 个不同时间段,用 1.7 mm×2.0 mm 长孔筛或 ϕ2.5 mm 圆孔规格筛进行筛检,仔细检查筛下物中有无虫、杂草、菌瘿等,并同时检查筛上物,根据需要将筛上挑出物及筛下物装入盛器,虫、杂草、菌瘿等装入指形管并标识,带同实验室作进一步检查。

3.4.7 检验检疫抽样:按 GB/T 18085 执行。每 1 000 t 抽取 1 份 5 kg 的混合样品。

3.5 集装箱袋装小麦

在现场打开集装箱进行检验检疫,查明装运小麦的标记、品种、等级是否相符,包装有无破损、污染、异味,箱门、缝隙、包装内外有无虫尸、活虫、虫卵及其他有害生物,查看袋内一般品质情况。待货物运到检验检疫机构指定地仓库后,按 SN/T 0800.1 规定抽样并进行筛样。

3.6 填写现场记录

现场检验检疫记录应包括报检号、取样时间、取样依据、取样量、标记及现场检验检疫情况描述，如发现异常应做详细记录或拍照取证。

3.7 委托单(送样单)

将样品送交实验室检验检疫时应附上委托单。

4 进境小麦实验室检验和有害生物鉴定

4.1 样品的制备

按 SN/T 0800.1 对抽取的小麦样品在室内用分样器缩分制备成供实验室检测样品。

4.2 检疫

4.2.1 对样品进行有害生物的检测，应特别注意《检疫许可证》注明的病、虫、杂草的检测。

4.2.2 小麦印度腥黑穗病菌，小麦矮腥黑穗病菌、谷斑皮蠹按 GB/T 18087、GB/T 18085 处理。

4.2.3 发现假高粱有害杂草种子，计算其每千克样品中的含量。

4.2.4 发现麦角、曼佗罗、毒麦等有毒有害生物，计算其每千克样品中的含量。

4.3 检验

4.3.1 卫生项目

按附录 A 中指定的项目和方法检验。

4.3.2 品质检验项目

——容重：按 GB/T 5498 检验；

——降落值：按 GB/T 10361 检验；

——扣除物和破碎粒：按 SN/T 0798 检验；

——损伤粒：按 SN/T 0798 检验；

——蛋白质：按 SN/T 0800.3 检验；

——杂质：按 SN/T 0800.18 检验；

——水分：按 SN/T 0800.19 检验。

4.4 检验结果的数据处理

按 SN/T 0799 执行。

4.5 样品保存

检疫样品按 GB 18084 执行。

检验样品按 SN/T 0799 执行。

5 进境大麦的检验检疫

5.1 进境大麦的抽样和检疫

按 3.1～3.7 执行。

5.2 进境大麦的检验

5.2.1 卫生项目

按附录 A 指定的项目和方法检验。

5.2.2 品质检验项目

——容重：按 GB/T 5498 检验；

——损伤粒：按 SN/T 0798 检验；

——蛋白质：按 SN/T 0800.3 检验；

——杂质：按 SN/T 0800.18 检验；

——水分：按 SN/T 0800.19 检验；

——瘦小粒和饱满粒:按 SN/T 0800.15 检验;

——发芽率:按 SN/T 0800.14 检验;

——千粒重:按 GB/T 5519 检验。

6 结果判定与监督管理

6.1 结果判定

6.1.1 对于分港卸货的货物,需统一对外出证的,先卸货港检验检疫机构只对本港卸货物进行检验检疫,各分卸港应出具《入境货物检验检疫情况通知单》,将检验检疫结果通知卸毕港,由卸毕港所在地检验检疫机构汇总出证。

6.1.2 进口小麦、大麦未发现危险性有害生物、禁止进境物、政府间双边植物检疫协定、协议和备忘录中订明的禁止传带的有害生物,经有害生物风险分析具有检疫意义的有害生物,并经品质、安全卫生检验合格的出具《入境货物检验检疫证明》,准予进境。

6.1.3 发现小麦印度腥黑穗病菌或发现小麦矮腥黑穗病菌孢子超过 30 000 个/50 g 样品的作退运或销毁处理,出具《植物检疫证书》。

6.1.4 发现假高粱,出具《检验检疫处理通知单》,含量超过 10 mg/kg 的,应出具《植物检疫证书》,并做好检疫监管处理工作。

6.1.5 发现其他检疫性有害生物、禁止进境物、政府间双边植物检疫协定、协议和备忘录中订明的禁止传带的有害生物,经有害生物风险分析具有检疫意义的有害生物。有有效处理方法的,出具《检验检疫处理通知单》,处理合格后,出具《植物检疫证书》;无有效处理方法的,出具《植物检疫证书》,作退运或销毁处理。

6.1.6 进口小麦、大麦经卫生项目检测符合合同规定及国家粮食卫生标准的准予销售。不符合合同及国家粮食卫生标准的可作加工处理、改做它用、退运或销毁处理,出具《卫生证书》。

6.1.7 发现麦角,曼佗罗等有毒物质,出具《卫生证书》。

6.1.8 品质检验结束后,出具《品质检验证书》。

6.2 监督管理

6.2.1 处理应在入境口岸出入境检验检疫机构监督下,经检验检疫机构认可的专业检疫处理单位作检疫除害处理,符合要求后验放,处理费用由进口商承担。检验检疫机构对处理工作进行监督、指导。

6.2.2 检验检疫机构对进境小麦、大麦的装卸、运输、储存、加工过程实施监督管理。未经检验检疫机构许可,不得擅自调离、使用。

6.2.3 装卸、运输、储存、加工、使用单位在进境口岸检验检疫机构管辖区内的,进境口岸检验检疫机构负责进行监管、备案,做好监管记录及备案档案。

6.2.4 指运地在进境口岸检验检疫机构管辖区外的,口岸检验检疫机构签发《入境货物检验检疫情况通知单》,交指运地检验检疫机构进行监督管理,指运地检验检疫机构负责对其装卸、运输、储存、加工、使用单位进行监管、备案登记。

6.2.5 生产、加工、存放进境小麦、大麦的场所,应符合植物检疫防疫要求。

6.2.6 检验检疫机构根据需要对进境小麦、大麦的装卸、运输、储存、加工的场所实施外来有害生物监测,有关单位应当配合。

7 文案归档

检验检疫完毕后,应及时将在整个检验检疫过程中形成的文案资料按以下类别进行整理归档,文案记录一般包括:

——入境货物报检单及相关的检验检疫记录;

——检验检疫机构出具的证单和证稿类的留存联:如入境货物通关单、入境货物检验检疫证明、植物检疫证书等；

——检验检疫鉴定原始记录类：如现场检验检疫记录单、监管记录、实验室检验检疫原始记录单等；

——官方或国外公证机构出具的证明类证单：如进境植物检疫许可证、输出国或地区官方植物检疫证书、产地证书、品质证书、熏蒸证书等；

——贸易及运输类单证资料：如合同或信用证、发票、提/运单、配载图等；

——货主声明或证明类单证：如代理报检委托书(仅适用于代理报检时用)。

8 样品保存

检验检疫后的样品应保存6个月以上或至结案为止。

附　录　A
（规范性附录）
进境小麦、大麦安全卫生检验项目

表 A.1　进境小麦、大麦安全卫生检验项目

检　测　物　质		限量	限量标准	检验方法标准
英文名称	中文名称			
Ergot	麦角	100 mg/kg	GB 2715	GB/T 5009.36
Lolium temulentum	毒麦	1 粒/kg	GB 2715	GB/T 5009.36
Aflatoxin B_1	黄曲霉毒素 B_1	0.005 mg/kg	GB 2715	GB/T 5009.22 GB/T 18979
Deoxynivalenol	脱氧雪腐镰刀菌烯醇	1.0 mg/kg	GB 2715	SN/T 1571
Zearalenone	玉米赤霉烯酮	0.06 mg/kg	GB 2715	—
Ochratoxin A	赭曲霉毒素 A	0.005 mg/kg	GB 2715	GB/T 5009.96
Lead	铅	0.2 mg/kg	GB 2715 GB 2762	GB/T 5009.12
Cadmium	镉	0.1 mg/kg	GB 2715 GB 2762	GB/T 5009.15
mercury	汞	0.02 mg/kg	GB 2715 GB 2762	GB/T 5009.17
Inorganic aesenic	无机砷	0.1 mg/kg	GB 2715 GB 2762	GB/T 5009.11
Phosphides	磷化物(以 PH_3 计)	0.05 mg/kg	GB 2715 GB 2763	GB/T 5009.36
Methyl bromide	溴甲烷	5 mg/kg	GB 2715 GB 2763	SN/T 0649
Chlorpyrifos-methyl	甲基毒死蜱	5 mg/kg	GB 2715 GB 2763	GB/T 5009.145
Pirimiphos-methyl	甲基嘧啶磷	5 mg/kg	GB 2715 GB 2763	GB/T 5009.145
Deletamethrin	溴氰菊酯	0.5 mg/kg	GB 2715 GB 2763	GB/T 5009.110
HCH	六六六	0.05 mg/kg	GB 2715 GB 2763	GB/T 5009.19
Lindane	林丹	0.05 mg/kg	GB 2715 GB 2763	GB/T 5009.19
DDT	滴滴涕	0.05 mg/kg	GB 2715 GB 2763	GB/T 5009.19
Chloropicrin	氯化苦	2 mg/kg	GB 2715 GB 2763	GB/T 5009.36

表 A.1(续)

检测物质		限量	限量标准	检验方法标准
英文名称	中文名称			
Heptachlor	七氯	0.02 mg/kg	GB 2715 GB 2763	GB/T 5009.36
Aldrin	艾氏剂	0.02 mg/kg	GB 2715 GB 2763	GB/T 5009.36
Dieldrin	狄氏剂	0.02 mg/kg	GB 2715 GB 2763	GB/T 5009.36
Chromium	铬	1.0 mg/kg	GB 2762	GB/T 5009.123
Selenium	硒	0.3 mg/kg	GB 2762	GB/T 5009.93
Fluorine	氟	1.0 mg/kg	GB 2762	GB/T 5009.18
Benzo(a)pyrene	苯并(a)芘	0.005 mg/kg	GB 2762	GB/T 5009.27
Nitrite	亚硝酸盐(以 $NaNO_2$ 计)	3 mg/kg	GB 2762	GB/T 5009.33
Rare earths	稀土	2.0 mg/kg	GB 2762	GB/T 5009.94
Acephate	乙酰甲胺磷	0.2 mg/kg	GB 2763	GB/T 5009.103
Bentazone	灭草松	0.1 mg/kg	GB 2763	SN/T 0292
Carbendazim	多菌灵	0.05 mg/kg	GB 2763	GB/T 5009.38
Carbofuran	克百威	0.1 mg/kg	GB 2763	GB/T 5009.104
Mieyouniao	灭幼脲	3.0 mg/kg	GB 2763	GB/T 5009.135
Chlormiquat	矮壮素	5.0 mg/kg	GB 2763	—
Chlorothalonil	百菌清	0.1 mg/kg	GB 2763	GB/T 5009.105
Chlorpyifos	毒死蜱	0.1 mg/kg	GB 2763	GB/T 5009.145
Chlortoluron	绿麦隆	0.1 mg/kg	GB 2763	GB/T 5009.133
Cyanide	氰化物	5.0 mg/kg	GB 2763	GB/T 5009.36
Cypermethrin	氯氰菊酯	0.2 mg/kg	GB 2763	GB/T 5009.110
2,4-D	2,4-滴	0.5 mg/kg	GB 2763	GB/T 5009.175
Diazinon	二嗪磷	0.1 mg/kg	GB 2763	GB/T 5009.107
Dichlorphos	敌敌畏	0.10 mg/kg	GB 2763	GB/T 5009.20
Difenzoquat	野燕枯	0.1 mg/kg	GB 2763	GB/T 5009.200
Diflubenzuron	除虫脲	0.1 mg/kg	GB 2763	GB/T 5009.147
Dimethoate	乐果	0.05 mg/kg	GB 2763	GB/T 5009.20
Diniconazole	烯唑醇	0.05 mg/kg	GB 2763	GB/T 5009.201
Diquat	敌草快	2.0 mg/kg	GB 2763	—
Fenitrothion	杀螟硫磷	5.0 mg/kg	GB 2763	GB/T 5009.20
Fenthion	倍硫磷	0.05 mg/kg	GB 2763	GB/T 5009.20
Fenvalerate	氰戊菊酯	0.2 mg/kg	GB 2763	GB/T 5009.110
Fluroxypyr	氯氟吡氧乙酸	0.2 mg/kg	GB 2763	—

表 A.1（续）

检测物质		限量	限量标准	检验方法标准
英文名称	中文名称			
Glyphosate	草甘膦	5.0 mg/kg	GB 2763	—
Isofenphos-methyl	甲基异柳磷	0.02 mg/kg	GB 2763	GB/T 5009.144
Malathion	马拉硫磷	8.0 mg/kg	GB 2763	GB/T 5009.20
Methomyl	灭多威	0.5 mg/kg	GB 2763	SN/T 0582
Monocrotophos	久效磷	0.02 mg/kg	GB 2763	GB/T 5009.20
Paclobutrazol	多效唑	0.5 mg/kg	GB 2763	—
Paraquat	百草枯	0.5 mg/kg	GB 2763	SN/T 0293
Parathion	对硫磷	0.1 mg/kg	GB 2763	GB/T 5009.20
Parathion-methyl	甲基对硫磷	0.1 mg/kg	GB 2763	GB/T 5009.20
Permethrin	氯菊酯	2.0 mg/kg	GB 2763	GB/T 5009.106
Phorate	甲拌磷	0.02 mg/kg	GB 2763	GB/T 5009.20
Phoxim	辛硫磷	0.05 mg/kg	GB 2763	GB/T 5009.145
Pirimicarb	抗蚜威	0.05 mg/kg	GB 2763	GB/T 5009.104
Propiconazole	丙环唑	0.05 mg/kg	GB 2763	SN/T 0519
Quintozene	五氯硝基苯	0.01 mg/kg	GB 2763	GB/T 5009.136
Tebuconazole	戊唑醇	0.05 mg/kg	GB 2763	—
Triadimefon	三唑酮	0.1 mg/kg	GB 2763	GB/T 5009.126
Triadimenol	三唑醇	0.1 mg/kg	GB 2763	GB/T 5009.126
Trichlorfon	敌百虫	0.1 mg/kg	GB 2763	GB/T 5009.20
Zinc	锌	50 mg/kg	GB 13106	GB/T 5009.14
hydrogen-3	^{3}H	2.1×10^{5} Bq/kg	GB 14882	GB 14883.2
strontium-89	^{89}Sr	1.2×10^{3} Bq/kg	GB 14882	GB 14883.3
strontium-90	^{90}Sr	9.6×10^{1} Bq/kg	GB 14882	GB 14883.3
iodine-131	^{131}I	1.9×10^{2} Bq/kg	GB 14882	GB 14883.9
cesium-137	^{137}Cs	2.6×10^{2} Bq/kg	GB 14882	GB 14883.10
promethium-147	^{147}Pm	1.0×10^{4} Bq/kg	GB 14882	GB 14883.4
plutonium-239	^{239}Pu	3.4 Bq/kg	GB 14882	GB 14883.8
polonium-210	^{210}Po	6.4 Bq/kg	GB 14882	GB 14883.5
radium-226	^{226}Ra	1.4×10 Bq/kg	GB 14882	GB 14883.6
radium-223	^{223}Ra	6.9 Bq/kg	GB 14882	GB 14883.6
Natural thorium	天然钍	1.2 mg/kg	GB 14882	GB 14883.7
Natural uranium	天然铀	1.9 mg/kg	GB 14882	GB 14883.7

中华人民共和国出入境检验检疫行业标准

SN/T 2119—2008

进境观赏鳞球茎检疫操作规程

Rules of quarantine of ornamental bulbs for import

2008-09-04 发布　　2009-03-16 实施

中华人民共和国国家质量监督检验检疫总局 发布

前　言

本标准的附录A和附录B均为资料性附录。

本标准由国家认证认可监督管理委员会提出并归口。

本标准起草单位:中华人民共和国深圳出入境检验检疫局。

本标准主要起草人:屈娟、顾光昊、王伍、邓琼、陈枝楠。

本标准系首次发布的出入境检验检疫行业标准。

进境观赏鳞球茎检疫操作规程

1 范围

本标准规定了进境观赏鳞球茎检疫规程。

本标准适用于进境观赏鳞球茎的检疫。

2 规范性引用文件

下列文件中的条款通过本标准的引用而成为本标准的条款。凡是注日期的引用文件，其随后所有的修改单(不包括勘误的内容)或修订版均不适用于本标准，然而，鼓励根据本标准达成协议的各方研究是否可使用这些文件的最新版本。凡是不注日期的引用文件，其最新版本适用于本标准。

SN/T 1141 鳞球茎茎线虫检疫鉴定方法

SN/T 1146 烟草环斑病毒检疫鉴定方法

SN/T 1150 南芥菜花叶病毒检疫鉴定方法

3 术语和定义

下列术语和定义适用于本标准。

3.1

观赏鳞球茎 ornamental bulbs

植株地下部分(根、茎、叶)发生变态，大量贮存养分，膨大而呈球状或块状的供无性繁殖用的原球根多年生草本花卉的总称。按其自然形态，可划分为鳞茎、球茎、块茎、根茎和块根等五种类型。

3.2

栽培介质 cultural medium

用于贮存养分、保持水分或固定植物用的除土壤外的透气良好的有机或无机、人工或天然的固体物质。栽培介质分为无机栽培介质和有机栽培介质，具体种类参见附录A。

3.3

检疫批 lot

来自同一国家或地区、同一运输工具装载、同一收货人或发货人、同一品种名称的进境观赏鳞球茎。

3.4

检疫性有害生物 quarantine pest

对受其威胁的地区具有潜在经济重要性，但尚未在该地区发生或虽有发生但分布不广并进行官方防治的有害生物。

3.5

非检疫性有害生物 non-quarantine pest

就一个地区而言，不属于检疫性有害生物的有害生物。

3.6

限定的非检疫性有害生物 regulated non-quarantine pest

在种用植物中存在并危及这些植物的预期用途而在经济上造成无法接受的影响，因而在输入方领土内受到限制的非检疫性有害生物。

3.7

除害处理 disinfestation

利用化学或物理方法杀死有害生物的有效措施。

4 检疫依据

4.1 中国法定的植物检疫要求：

——《中华人民共和国进境植物检疫性有害生物名录》；

——《中华人民共和国进境动植物检疫许可证》、《引进种子、苗木检疫审批单》、《引进林木种子苗木和其他繁殖材料检疫审批单》中的检疫要求。

4.2 中国与贸易国政府间签定的双边植物检疫协定、协议或备忘录。

4.3 贸易合同中约定的植物检疫要求。

4.4 相关规定和要求。

5 检疫准备

5.1 受理进境观赏鳞球茎报检时，应审核贸易合同或信用证、发票和装箱单、《引进种子、苗木检疫审批单》或《引进林木种子苗木和其他繁殖材料检疫审批单》、出口国官方出具的植物检疫证书或转口植物检疫证书；观赏鳞球茎入境时，带有栽培介质的，还须审核国家质量监督检验检疫总局签发的栽培介质的《进出境动植物检疫许可证》。如经过除害处理的，植物检疫证书中需注明除害处理的方法、药剂、剂量、处理时间。

5.2 了解和掌握进境观赏鳞球茎在输出国(地区)有害生物的发生情况，结合第4章的检疫依据，确定检疫重点。

5.3 现场检疫应在进境口岸现场或在指定的地点(仓库或冷库)进行，要求环境清洁、光线充足，具备一定的防虫条件。检疫工具应包括：样品袋、样品标签、采样凭证、样品送检单、毛刷、剪刀、镊子、指形管、棉塞、放大镜、白瓷盘或白纸等。

6 现场检疫

6.1 核对货证

核对货物产地、品种、数量、包装标记和号码等与单证是否相符。

6.2 现场检查

6.2.1 观赏鳞球茎检查

重点检查是否有腐烂、开裂、疱斑、肿块、芽肿、畸形、害虫、虫蚀孔和杂草籽，检查是否带有土壤，用肉眼或放大镜检查有无活虫、螨类或软体动物。如发现有害生物为害情况严重的，或发现昆虫、螨类或软体动物应拍照留存。

6.2.2 栽培介质检查

重点检查是否带有土壤、害虫、植物枝残体等。

6.2.3 木质包装检查

重点检查木质包装是否经过检疫处理并加施检疫处理标识，是否带有天牛、白蚁、蠹虫等活虫，如属针叶树木质包装，检查是否有蓝变。

6.3 现场抽样

6.3.1 观赏鳞球茎抽样

按表1进行抽样，每份样品的抽样点不得少于5个，重点抽取发现有害生物为害状的染疫观赏鳞球茎。现场检疫中发现的昆虫、软体动物或杂草籽也应一并送实验室。每份样品为20粒。一批货物进口量不足一份样品的，应全检，发现有害生物为害状的染疫观赏鳞球茎或发现昆虫、软体动物或杂草籽要送实验室检验。

表 1 观赏鳞球茎抽样现场抽样数量

每批观赏鳞球茎粒数 N	抽样份数
$N \leqslant 500$	1
$501 \leqslant N \leqslant 2\ 000$	2
$2\ 001 \leqslant N \leqslant 5000$	3
$5\ 001 \leqslant N \leqslant 10\ 000$	4
$10\ 001 \leqslant N \leqslant 100\ 000$	每增加 10 000 粒，增取 1 份，不足 10 000 粒的余量，计取 1 份。
$100\ 001 \leqslant N$	每增加 30 000 粒，增取 1 份，不足 30 000 粒的余量，计取 1 份。

6.3.2 保湿用栽培介质取样

按五点取样法，每批抽取一份栽培介质复合样品，一份样品为 2 kg。

7 实验室检疫

7.1 仪器设备和试剂药品

7.1.1 鳞球茎实验室应具备以下设备：

——昆虫解剖、制片设备；

——昆虫饲养设备；

——病原菌分离设备；

——线虫分离设备；

——病毒检验、分子生物学检测设备；

——昆虫、病原菌、线虫镜检、鉴定设备；

——检验鉴定所需的其他设备。

7.1.2 根据需要的检验项目配制相应的试剂、药品、各种培养基(如：PDA 培养基、肉汁胨培养基等)和相关的鉴定参考资料。

7.2 检疫鉴定

根据真菌、细菌、病毒、线虫、螨类、昆虫、软体动物、杂草等检疫鉴定项目制定相应的检疫方案，采用形态学、血清学或分子生物学的方法进行各种有害生物的检疫鉴定，重点检疫观赏鳞球茎和栽培介质上可能传带的植物检疫性有害生物名录参见附录 B。鳞球茎茎线虫、烟草环斑病毒、南芥菜花叶病毒，分别按照 SN/T 1141、SN/T 1146、SN/T 1150 进行检疫鉴定。

8 隔离检疫

8.1 进境观赏鳞球茎，完成现场检疫和实验室检疫后：

a) 属于高风险的，进入国家隔离检疫圃隔离检疫；因科研、教学需要的，也可在专业隔离检疫圃隔离检疫；

b) 属于中风险的，在专业隔离检疫圃隔离检疫；

c) 属于低风险的，在所在地检验检疫机构指定的隔离检疫场(圃)隔离检疫。

8.2 在隔离期间，按《进境植物繁殖材料检疫管理办法》和《进境植物繁殖材料隔离检疫圃管理办法》的有关规定执行隔离检疫。

9 结果评定及处理

9.1 经检疫符合第 4 章规定的，判为合格，准许入境。

9.2 发现带有土壤，判定为不合格，禁止入境，做退货或销毁处理。

9.3 发现带有检疫性有害生物和政府间双边植物检疫协定、协议、议定书和备忘录中禁止传带的有害生物：

——有有效处理方法的，出具《检验检疫处理通知书》，经检疫除害处理合格后，准许进境；

——无有效处理方法或无法除害处理的判定为不合格，禁止入境，出具《植物检疫证书》，做退货或销毁处理。

9.4 发现带有限定的非检疫性有害生物的：

a) 限定的非检疫性有害生物未超过有关规定的，判定为合格，准予进境；

b) 限定的非检疫性有害生物超过有关规定的：

——有有效处理方法的，出具《检验检疫处理通知书》，经检疫除害处理合格后，准许进境；

——无有效处理方法或无法除害处理的判定为不合格，禁止入境，出具《植物检疫证书》，做退货或销毁处理。

9.5 发现带有合同规定禁止传带的其他有害生物的，判定为不合格，出具相关证书。

10 样品保存和归档

经实验室检验，发现我国检疫性有害生物的，应妥善保存，样品保存 2 个月～6 个月，以备复检、谈判和仲裁。保存期满后，需经灭菌处理。对图片、影像等资料和有害生物标本妥善保存。

检验检疫完毕 7 个工作日内将贸易合同、信用证、发票和装箱单、《引进种子、苗木检疫审批单》或《引进林木种子苗木和其他繁殖材料检疫审批单》、出口国官方出具的植物检疫证书、报检单、通关单、现场查验记录、出具的证书证单、检验检疫鉴定结果报告单等有关单证进行归档。

附　录　A
（资料性附录）
栽培介质的种类及中英文名称

A.1　栽培介质的英文名称和种类

栽培介质包括 potting substratum、potting soil、potting medium 等。栽培介质分有机栽培介质和无机栽培介质。

A.2　无机栽培介质的种类

砂、炉渣、矿渣、沸石、煅烧粘土、陶粒、蛭石、珍珠岩、片岩、火山岩、聚苯乙烯、聚乙烯、塑料颗粒、合成海绵等。

A.3　有机栽培介质的种类

来源为有机物并经高温、高压灭菌处理的介质，如泥炭、泥炭藓、苔藓、树皮、椰壳（糠）、软木、木屑、稻壳、花生壳、甘蔗渣、棉籽壳等。

附 录 B
（资料性附录）
进境观赏鳞球茎和栽培介质检疫性有害生物名录

B.1 此名录依据《中华人民共和国进境植物检疫性有害生物名录》（农业部 2007 年 862 号公告）、双边政府间植物检疫协定、协议和备忘录中订明的禁止传带的有害生物、国家质量监督检验检疫总局风险预警通报的有害生物制定。使用中根据有关法规、双边政府间植物检疫协定、协议和备忘录的变化、贸易合同的约定等进行变化。

B.2 检疫性有害生物名录见表 B.1。

表 B.1 检疫性有害生物名录

序 号	中文名	学 名
1	南芥菜花叶病毒	Arabis mosaic virus, ArMV
2	番茄环斑病毒	Tomato ringspot virus, ToRSV
3	烟草环斑病毒	Tobacco ringspot virus, TRSV
4	番茄斑萎病毒	Tomato spotted wilt virus, TSWV
5	香石竹细菌性萎蔫病菌	*Burkholderia caryophylli* (Burkholder) Yabuuchi et al.
6	郁金香黄色疱斑病菌	*Curtobacterium flaccumfaciens* pv. *oortii* (Saaltink et al.) Collins et Jones
7	风信子黄腐病菌	*Xanthomonas hyacinthi* (Wakker) Vauterin et al.
8	草莓滑刃线虫	*Aphelenchoides fragariae* (Ritzema Bos) Christie
9	松材线虫	*Bursaphelenchus xylophilus* (Steiner et Bührer) Nickle
10	腐烂茎线虫	*Ditylenchus destructor* Thorne
11	鳞球茎茎线虫	*Ditylenchus dipsaci* (Kühn) Filipjev
12	马铃薯白线虫	*Globodera pallida* (Stone) Behrens
13	马铃薯金线虫	*Globodera rostochiensis* (Wollenweber) Behrens
14	长针线虫属(传毒种类)	*Longidorus* (Filipjev) Micoletzky (The species transmit viruses)
15	根结线虫属(非中国种)	*Meloidogyne* Goeldi (non-Chinese species)
16	拟毛刺线虫属(传毒种类)	*Paratrichodorus* Siddiqi (The species transmit viruses)
17	短体线虫(非中国种)	*Pratylenchus* Filipjev (non-Chinese species)
18	香蕉穿孔线虫	*Radopholus similis* (Cobb) Thorne
19	毛刺线虫属(传毒种类)	*Trichodorus* Cobb (The species transmit viruses)
20	剑线虫属(传毒种类)	*Xiphinema* Cobb (The species transmit viruses)

中华人民共和国出入境检验检疫行业标准

SN/T 2367—2009

进出境植物种子种传病原检测操作规程

Procedures for the detection of seed-transmitted pathogens in importing and exporting seeds

2009-09-02 发布　　2010-03-16 实施

中华人民共和国国家质量监督检验检疫总局　发布

前　言

本标准的附录A、附录B、附录C、附录D、附录E、附录F、附录G、附录H、附录I和附录J均为资料性附录。

本标准由国家认证认可监督管理委员会提出并归口。

本标准起草单位：中华人民共和国厦门出入境检验检疫局。

本标准主要起草人：林石明、廖富荣、余芳平、陈青、陈红运、王宏毅、吴媛。

本标准系首次发布的出入境检验检疫行业标准。

进出境植物种子种传病原检测操作规程

1 范围

本标准规定了植物种子传播的病原真菌、细菌、病毒(包括类病毒)和线虫等病原微生物的检疫鉴定的程序和一般方法。

本标准适用于植物学概念的真种子和作为繁殖材料的果实(如:颖果、瘦果、核果、坚果等);不适用于植物营养器官的块根、块茎、鳞球茎、地下或地上茎、以及嫩枝和吸收枝等农业概念的“种子”,以及人工、人造种子。

经过化学或物理处理的种子(如种衣剂处理)可以参照本标准。

2 规范性引用文件

下列文件中的条款通过本标准的引用而成为本标准的条款。凡是注日期的引用文件,其随后所有的修改单(不包括勘误的内容)或修订版均不适用于本标准,然而,鼓励根据本标准达成协议的各方研究是否可使用这些文件的最新版本。凡是不注日期的引用文件,其最新版本适用于本标准。

GB/T 18085 小麦矮腥黑穗病菌检疫鉴定方法

植物检疫手册(国家质量监督检验检疫总局,2007)

3 术语和定义

3.1

种子 seed

各类植物繁殖材料的总称,包括三个涵义,即:

A 植物学概念的种子:由植物母株花器的胚珠发育而来的,经过雌雄配子的有性结合所产生,也称真种子;

B 植物学概念的果实:由植物母株的子房壁或花器的其他部分发育而来的外果皮,也称为“子实”或“子粒”,如多数禾本科作物的颖果,向日葵的瘦果,菊科蔬菜作物的双悬果,甜菜的小坚果,果树林木的坚果和核果等;

C 作为繁殖材料的植物营养器官:如马铃薯的块茎,甘薯的块根,葱蒜类的鳞茎,慈姑的球茎,甘蔗的地上茎,杨柳的嫩枝,以及莲的吸收枝等。

本标准所指种子为A、B所述。

3.2

种传病原 seed-transmitted pathogens

附着或寄生于种子外部、内部,或混杂于种子中,以种子作为载体或媒介传播为害新生植物体,引起新生植物体局部或系统侵染病害的植物病原物。种传病原包括植物病原真菌、细菌、病毒(含类病毒)和线虫。

Paul Neergaar(1979)试图将种子只是传带病原物而不会引起植物病害的一类病原物称为种带病害(seed-borne diseases),而将还会引起植物病害的称为种传病害(seed-transmitted diseases)。由于两者难于区分,本标准统一采用种传病害。

4 原理

4.1 病原真菌

4.1.1 以病菌的子实体或病组织混杂在种子中间,如小麦、大麦和黑麦等禾本科种子中的黑粉菌菌瘿、麦角;水稻种子中稻曲病的菌核等。病原菌与种子一起休眠后萌发,进行局部或器官专化性侵染。子实体和病组织可以用肉眼检查。

4.1.2　以繁殖体(无性或有性的孢子)或菌丝体附着在种子的表面,当种子萌发时进行局部或系统侵染。可以采用分离培养或洗涤方法进行检验。

4.1.3　以菌丝体潜伏在种子的种皮或颖壳内或种皮与颖壳之间,随着种子的萌发而萌发,引起局部侵染或系统侵染。可以采用萌发、分离培养的方法进行检验。

4.1.4　以菌丝体侵入种子的内部,特别是早期侵入,潜伏在种皮以内的组织中。肉眼可以观察到种子的表面的不同程度症状;由于是内部感染,需要用分离培养或萌发的方法进行检验。

4.1.5　以菌丝体潜伏在种胚内。在种子发育期间侵入种胚,并以休眠菌丝体的形式潜伏在种胚内。种子外表与正常的种子没有太大差别,播种后也会萌发,但是产生系统性侵染,如小麦的散黑粉菌。这类病害检验难度比较大,需要进行整胚检验或化学染色检验,或者试植检验。

4.1.6　参见附录A开展种传病原真菌的检验。如需要,植物病原真菌进行分离、培养、纯化,根据形态学特征、生物学特性以及必要时的致病性测定等进行鉴定。

4.2　病原细菌

4.2.1　细菌附着在种子表面。有些细菌在干燥条件下可以长期潜伏,保持休眠状态,随着种子萌发而侵染。

4.2.2　细菌潜伏在种子内部。有些细菌通过维管束由胚座,或由种子的珠孔侵入种子内部,潜伏在颖壳、胚乳或胚等,播种后扩散到维管束引起系统侵染。

4.2.3　参见附录B开展种传病原细菌的检测。如需要,植物病原细菌的检验进行分离、培养、纯化,主要是根据形态学特征、生物学特性、生理生化试验和必要时的致病性测定,以及血清学和分子生物学方法等进行检测鉴定。

4.3　植物病毒(包括类病毒)

4.3.1　种子外表传带病毒:病毒的颗粒污染种子的外表,如烟草花叶病毒。不同病毒的体外保毒期不同,有些可以长达近百年,有些只有几个星期。

4.3.2　种胚外部传带病毒:如甘蔗花叶病毒。

4.3.3　种胚内部传带病毒:种传病毒多数属于胚珠传染和花粉传染类型。

4.3.4　种传病毒的带毒率和存活期,不同的病毒在不同的寄主植物、不同品种、不同生产季节和不同的产地等存在较大的差异。开展检测过程中需要不断收集该方面的资料,总结分析检测结果。

参见附录C开展种传病毒的检测。植物病毒的检测鉴定主要采用生物学、血清学和分子生物学方法进行检测鉴定,以及电子显微镜的形态特征等。由于病毒在种子的分布情况与种植后小苗地发病情况具有较大的差异。有些虽然在种子的表皮污染有病毒的粒子,但是,在种子种植后并不能发病。为此,为了确定种传病毒的活性,需要选择正确的检测方法。

4.4　植物病原线虫

4.4.1　附着于种子外表。线虫的幼虫或成虫附着在种子的外表,或存活在土块中,或产生虫瘿混杂在种子中。

4.4.2　潜伏在种子内部。

4.4.3　植物病原线虫的检验需要根据种子带线虫的方式,采用肉眼检查、过筛检验、比重检验和漏斗分离检验等,并主要根据形态特征进行种类鉴定(参见附录D)。

5　主要仪器设备与试剂

5.1　仪器

——离心机(台式离心机、冷冻离心机、高速离心机);

——显微镜(20×～1 000×;或带底光源的立体显微镜,8×～100×);

——培养箱(5±2 ℃～50±2 ℃,带定时器,近紫外光或黑光灯光源);
——冰箱(−20±2 ℃);
——烘干箱;
——回旋式振荡器;
——天平;
——高压灭菌器;
——冰冻切片机;
——超净工作台;
——酶标仪;
——PCR 仪;
——电泳仪;
——凝胶成像系统;
——恒温水浴锅。

5.2 器具和器皿

——种子研磨器具(机);
——手持扩大镜;
——移液器;
——培养皿(直径 9.0 cm～12 cm);
——吸水纸或滤纸(直径 8.0 cm～11 cm);
——筛网(孔径 1 mm)。

5.3 试剂

染色剂、浮载剂、表面消毒剂及生化试剂等(参见附录 E)。

5.4 参照物质

植物病原真菌、细菌和植物病毒的检测鉴定,应采用参照菌株或其他适宜的阳性、阴性质控物。所采用的参照菌株或质控物应该是来自权威的机构,并经过必要的验证。

6 准备工作

在接受任务之后,开始检疫前需要对种子的种类进行正确的判定。查询该寄主植物种传病害的种类、带菌(毒)率和存活期等相关资料(参见附录 A 至附录 D),以及相关的文献资料;尽可能查阅原产地的病害发生情况;确定检验方案(包括检测项目和检测方法等)。

7 现场检查与取样

仔细检查有无土块、病残体、虫瘿、菌瘿等真菌的子实体、杂草籽和害虫;有无发霉、腐烂、病斑、疱斑、肿块、开裂、变色、畸形或发育不正常的种子。注意分辨由于生理性原因(如:缺素、温度、湿度、甚至毒素等)所引起的异常种子的区别。

重点抽取具有典型或有可疑症状的种子,或按种子千粒重随机扦取样品足够实验室检测所需要的种子数量。样品的扦取比例见《植物检疫手册》。

进行简明而准确的描述和记录,必要时还应照相和(或)录像。

8 直接检查

8.1 感官检验

用低倍放大镜或直接肉眼检查外表有明显症状的种子、可见的病原物子实体。检查病残体、菌瘿、菌核和虫瘿等;种子有无发霉、腐烂、病斑、疱斑、肿块、开裂、变色、畸形或发育不正常等情况;种子中是否有害虫、土块、杂草籽等。

8.2 过筛检验

利用病原物与种子的形状、大小的区别，通过网筛将病原体筛出，再挑拣或放大镜检查。

根据种子的大小，采用筛目不同的(2～3)层套筛，进行旋转连续筛理数分钟(采用电动筛选器效果更好)。筛理后，将各层筛上的试样倒入白色瓷盘内，摊成薄层，放大镜或肉眼检查，挑拣出病原物的子实体。

8.3 解剖检验

如果检查到病残体、虫瘿或菌瘿等组织结构，徒手切片或冰冻切片或石蜡切片，制片检查。必要时染色检查。记录形态特征，测量大小，并进行鉴定。

8.4 种衣剂的处理

经过种衣处理的种子由于抑制或掩盖目标菌的生长，影响检测结果。培养前需要用无菌水、酒精或其他的表面活性剂清洗种子表面的农药。采用以下的方法，如萌发培养或试植检验方法(见 8.3)。

9 植物病原真菌

9.1 洗涤检验

称取 50 g 或适量的种子，加无菌水 100 mL，在振荡器中振荡 5 min，取洗涤液在 1 000 r/m 离心 3 min，弃上清液，加适量席尔氏液(其配制方法见 GB/T 18085)镜检沉淀物。

本方法仅限于种子批数量相对较大的样品。对于具有典型形态特征的孢子、孢子梗等结构的病原真菌，可以采用此方法进行检验。

9.2 胚胎计数法(或染色检验法)

根据千粒重，称取种子(如小麦种子 100 g～120 g，约 2 000 粒～4 000 粒)，设 2 个重复。将样品倒入 1 L 新配置的 5%氢氧化钠溶液中，20 ℃下放置 24 h，完全浸透后，再将样品倒入适宜容器中，用温水洗涤，从果皮下分离出胚芽。将所收集胚芽放在 1 mm 孔径的筛网内，用更大孔径的筛网收集胚乳和种皮碎片。

把胚芽移入等量的甘油和水中，进一步分开胚芽和种皮。在通风厨中，把胚芽移到装有 75 mL 新鲜无水乳酚油的烧杯中，煮沸乳酚油，在沸点下清洗 30 s。

把胚芽转移到新鲜的微温甘油中。在带底光源解剖镜检查胚芽，可见到一些具有特征性的菌丝体(如小麦散黑粉菌为金褐色菌丝体，宽约 3 μ，菌丝体占据整个盾片。如果细胞壁变色，它们可能被散黑粉菌感染)。

本方法可以用于检验胚芽组织受到感染，如黑粉菌、内生菌等病害的检验。在检验过程中应该注意感染胚芽的各类真菌的菌丝体的差别。

9.3 萌发培养检验

9.3.1 吸水纸法

每个培养皿铺三张吸水纸(根据培养皿的直径选择吸水纸，通常直径为 9.0 cm；也可采取不同颜色的吸水纸以便观察)，用无菌蒸馏水浸透，后倒去多余的水。在无菌条件下，根据种子的大小，每个培养皿均匀地摆放适量的种子(10，25，50 或 100 粒，种子之间距离约 1 cm～2 cm)。培养皿在光管下约 25 cm处，不要重叠。

在 20 ℃～25 ℃恒温下(可根据种子和病原菌设计温度，如 20 ℃±2 ℃)，光暗交替处理(12 h 交替)或黑暗条件下，保湿培养 1 d～7 d，解剖镜检查种子上真菌生长情况，高倍显微镜子实体并鉴定。检查培养物，观察子实体(分生孢子、分生孢子梗、分生孢子器、分生孢子盘等)，记录侵染的部位、侵染百分率；菌落的密度、颜色等，进行鉴定。必要时，还需采用适宜的培养基进行分离、纯化培养。

以下方法是吸水纸法的改进。

2，4-D 吸水纸法：种子事先用 0.2%新鲜配置的 2，4-D 钠盐溶液浸泡处理，抑制种子萌发。其余方法同上。

冷冻吸水纸法：培养 1 d～3 d 后，转移培养皿到冰箱－20 ℃±2 ℃下培养 24 h。冰冻后，在20 ℃±

2 ℃下,12 h 光暗交替或黑暗条件下培养 5 d~7 d。其余方法同上。

9.3.2 琼脂平板法

将种子浸泡在 30%的双氧水中 30 min(3 份的双氧水与 1 份的种子),期间搅拌种子 1 次~2 次。倒去双氧水,并加无菌水搅拌 5 min。在无菌条件下,倒去无菌水,用无菌吸水纸吸干种子表面的水。检测带菌率则不进行表面消毒,直接用种子进行分离培养。

无菌条件下,在水琼脂培养基或麦芽汁琼脂培养基培养皿上,均匀摆放种子。在 20 ℃±2 ℃下,黑暗/近紫外光交替培养 10 d(培养皿在光管下约 25 cm 处,不要重叠)。之后,用解剖镜下检查培养物,用高倍显微镜下检查分生孢子等子实体结构。每 3 d 检查一次,将有变色污点的种子取出,记录侵染的部位、侵染百分率、菌落的形态、颜色等。必要时,还需纯化培养,或单孢子分离。

其他培养基的制备方法参见附录 F。

9.4 小苗症状检查

9.4.1 沙土培养法

挑取异常的种子,播种于蒸热消毒过的营养土或细沙中,将种子按合适间隔地播种后,覆盖约 3 cm 的基质,置于室温下(或 25 ℃,12 h 交替光照)。2 周后检查异常的幼苗,进行病原菌的分离;病毒检验则进行血清学试验(参见附录 G)和(或)分子生物学(参见附录 H)的方法进行检测和电镜检查。

9.4.2 试管琼脂法

对于比较小的种子,可以将种子播种于直径 16 mm、内装 10 mL 的水琼脂试管中,每管种子 2 粒或多粒,在 25 ℃(或适宜的温度)下培养,按 12/12 h 日光灯光照处理(为保持湿度,试管用铝箔覆盖)。当幼苗长出覆盖物时移出,进行病原菌的分离,病毒的血清学试验和(或)分子生物学的方法进行检测。

9.5 鉴定

9.5.1 形态鉴定

根据病原真菌的生长情况、培养的菌落特征、繁殖体的类型、大小进行鉴定。

9.5.2 血清学鉴定

使用检测鉴定试剂盒对植物病原真菌的种类(属或种)进行鉴定(参见附录 G)。

9.5.3 分子生物学鉴定

将所分离的病原真菌,设计特异性引物,并进行分子生物学检测鉴定(参见附录 H)。

9.5.4 致病性测定

致病性弱,具有致病性差异的生物型、型种或变种,以及生理小种的植物病原真菌的鉴定则需要进行致病性测定(参见附录 I)。

9.6 结果判定

具有典型特征性孢子等子实体结构或载孢体结构的,可根据形态特征进行鉴定。

无典型特征性形态特征的,结合形态特征、培养性状和致病性等,血清学和(或)分子生物学进行鉴定。

10 植物病原细菌

10.1 样品制备

根据种子的千粒重,称取检测所需的种子倒入新的、干净的塑料袋中。用研钵或在适宜的容器内粉碎,或用种子粉碎机粉碎。

防止种子之间的交叉感染,应戴手套或用 70%酒精擦拭或喷洒消毒所有接触表面、容器、手等。接触样品和处理样品前均需消毒。

10.2 检验方法

10.2.1 提取

根据所检测的种子数量,每 1 000 粒种子,或粉碎的种子,将把灭菌的 10 mL 无菌的生理盐水和吐温-20 溶液倒入烧瓶中,预冷 2 ℃~4 ℃处理 5 min~10 min,加入种子,悬浮。室温 20 ℃~25 ℃下,在振荡器上以 100 r/min～125 r/min 振荡 2 h～3 h。

10.2.2 配制十倍系列稀释液

静置种子洗涤提取液，收集上清液(母液)。无菌条件下，取 1.0 mL(或 0.5 mL)母液加 9.0 mL(或 4.5 mL)0.85%无菌生理盐水，配制成 10^{-1} 的稀释液。按此方法，根据需要，配制 10^{-2}、10^{-3}、10^{-4} 等十倍系列稀释液，并标记浓度。每次稀释前均需充分混均种子提取液或稀释液中。每次都应该使用新的吸头。稀释后应该最好在 30 min 内尽快使用；否则，应该保存在 4 ℃下保存备用。

10.2.3 涂布培养

培养基参见附录 F。从最高倍数(最低浓度)开始，依次吸取 0.1 mL 种子提取液的稀释液和母液，加到表面干燥的选择性或半选择性培养皿上。用弯曲的无菌玻棒均匀涂布。

在吸取过程中，每个培养皿应使用新吸头和玻棒。如果是从最低浓度到最高浓度(没有稀释)，一个吸头和一根玻棒就够了。

待到培养基完全吸收稀释液后，将培养皿倒扣过来。如有必要，可在生物安全柜或超净工作台用无菌气流吹干。

在 28 ℃～30 ℃下培养，3 d～4 d 后观察平板。

10.2.4 质控物

需要设置阳性和阴性对照(参照菌株)，以及无菌对照(无菌生理盐水和吐温-20 溶液。其稀释和培养方法同上。参照菌株的稀释倍数约为 10^2 CFU/mL～10^4 CFU/mL。每个处理至少设置 2 个重复。

10.2.5 检查平板

检查阳性对照和无菌对照。与典型的参照菌株的菌落比较，检查是否有相似的可疑菌落。如果没有，则再培养 1 d～3 d 即可；如果有，则用 YDC 培养基进行划区纯化培养。计算可疑菌落和其他菌落的数目。

10.2.6 纯化与鉴定

用记号笔在培养皿底部划线，从中心起分为 6 个区。取单个菌落"之"字形划线纯化。每个菌株间预留足够空间，以防菌落融合在一起。为了避免菌株间的交叉污染，每个菌落都要用新区，每个检测样最少需要纯化 6 个菌落。

在 28 ℃～30 ℃下培养 24 h～48 h，记录每个菌落的情况。如果怀疑菌落不纯，需要再次划线纯化。与参照菌株比较，挑取可疑菌落在 YDC 培养基培养繁殖，以备作致病性测定和其他鉴定之用。

10.3 鉴定

10.3.1 细菌自动鉴定仪的鉴定

自动鉴定系统按原理分为基于微生物的表型分析或微生物的基因型检测。

分离纯化的菌落，设置阴性和阳性质控物，按照所使用的"仪器操作说明"进行种类鉴定。

10.3.2 血清学检测鉴定

使用检测鉴定试剂盒对植物病原细菌的种(或属)进行鉴定(参见附录 G)。

10.3.3 分子生物学检测鉴定

将所分离的病原细菌，设计特异性引物，并进行分子生物学检测鉴定(参见附录 H)。

10.3.4 致病性测定

植物病原细菌的致病性测定主要是针对那些致病性比较弱，又有多种生理生化分化的生物型、型种或变种，以及生理小种的鉴定(参见附录 I)。

10.4 结果判定

根据在培养基上的菌落特征，致病性测定的结果，结合生理生化特性和/或血清学特性和/或分子生物学特性进行鉴定。

10.5 关键控制点

阳性对照或参照菌株所配制的稀释平板应能够产生具典型特征的单个菌落。

稀释平板的菌落数量应与稀释倍数相一致(每级的稀释倍数约以十倍率减少)。

无菌对照的稀释平板应该没有产生菌落。

致病性测定都应设阳性或参照菌株对照,并且产生典型的症状。

选择性或半选择性培养基中的抗生素的活性应该有质量保证。由于生产批号的不同而有变化,使用前应该进行必要的验证,并据此调节抗生素的浓度。

11 植物病毒

11.1 样品制备

11.1.1 样品数量

感染病毒的种子有时会表现外部异常症状,如种子变小或变大、不饱满、皱缩、畸形;种子破裂、坏死,种皮变色等,但是多数情况下病种子看起来是正常的。不同植物种类的种子、病毒,传带病毒的几率相差很大;根据所传带的植物病毒种类,病毒传带比例和存活期等,确定所需要检测的种子量。对于种子传带病毒的比例较低的,检测的种子数量最少应有 1 000 粒(大粒与特大粒种子除外);根据种子的大小将样品分成若干份检测样品,每份 25 粒~100 粒。

11.1.2 种子提取

将种子分成若干份,每份 25 粒~100 粒,放入适宜于研磨的容器中。

按一定比例,在每份样品中加入 10 mL~20 mL 提取缓冲液(参见附录 E)中研磨,直到将种子粉碎均匀。研磨工具可以是研钵或研磨机。

种子提取液用于接种指示植物(参见附录 J)、血清学检测(参见附录 G)或分子生物学检测鉴定(参见附录 H)等。种子提取液应在 3 h 内使用,否则应在 4 ℃下保存。

11.1.3 小苗培育

将种子经过加热保湿催芽或直接播种于小盆钵。培育至产生真叶,就可以进行生物学、血清学、分子生物学的检测等。

应选择适宜的栽培介质,如采用砂、珍珠岩或土壤;栽培介质均需要高压灭菌处理。虽然多数的栽培介质可循环使用,但是经过一段时间之后,需要更换。

11.1.4 组织提取

称取幼嫩植物组织(叶片、嫩茎等),分成若干份,每份 50 mg~100 mg,放入适宜于研磨的容器中,加入适宜的提取缓冲液(参见附录 E),研磨或在榨汁机上榨汁。

组织提取液用于接种指示植物(参见附录 J)、血清学检测(参见附录 G)或分子生物学检测鉴定(参见附录 H)等。

11.2 检测方法

11.2.1 生物学方法

11.2.1.1 接种

根据病毒的种类,选择适宜的指示植物(参见附录 J)。选 2 片~4 片最新完全展开的叶片,轻轻地弹去叶片上灰尘。将金刚砂撒在叶片表面,用棉签蘸取种子提取液,轻轻地摩擦叶面。在接种的组织提取液中加入硅藻土进行接种。

接种植物应培养于 18 ℃~22 ℃的温室或生长箱中。接种后 2 min~3 min 内,用水轻轻冲洗叶片,避免伤害接种叶片。

同样方法接种阳性(参照物质)和阴性对照(提取缓冲液),至少两株。

11.2.1.2 诱导系统侵染

接种植株在控制条件下(根据植物与所检测的病毒显症条件选择温度和光照)至少培育 14 d。

11.2.2 电子显微镜检查

样品用适宜的缓冲液中研磨、提取(见 11.1)。采用免疫电子显微镜进行观察。病毒抗体用 PBS 或

TBS缓冲液(pH7.4)稀释1 000倍(不同种类和批次的抗体稀释倍数可能不同)。室温下,将表面盖有Formvar膜的铜网在几滴病毒抗体溶液(10 μL～20 μL)中浸没5 min;铜网用20滴TBS或PBS缓冲液冲洗,用滤纸吸干多余缓冲液(但不能过分干燥);铜网在植物提取液(10 μL～20 μL)中浸没15 min以上(病毒浓度低则需2 h～12 h);用PBS或TBS缓冲液冲洗铜网,吸干多余缓冲液;在病毒抗血清溶液(用磷酸缓冲液50×～100×稀释TRSV抗血清)中再浸没15 min;用蒸馏水清洗铜网后加1%～2%乙酸铀酰染色,在4万倍透射电镜下检查。

11.3 鉴定

11.3.1 生物学方法

参照所检测的病毒在寄主植物和指示植物上所引起的典型症状,检查接种植物的症状。初步判定所检测到的病毒种类。

11.3.2 形态特征

根据电子显微镜所观察到的病毒粒子形态,对照病毒的典型特征,初步判定所检测到的病毒种类。

11.3.3 血清学检测鉴定

使用检测鉴定试剂盒对提取物进行血清学检测鉴定(参见附录G)。

11.3.4 分子生物学检测鉴定

设计特异性引物对提取物进行分子生物学检测鉴定(参见附录H)。

11.3.5 侵染力测定

植物种传病毒的侵染力测定,以及带毒率等定量检验是利用指示植物对某些病毒的特异性反应,参见生物学方法(见11.2.1)。

11.4 结果判定

根据血清学特性、(或)生物学特性、(或)分子生物学特性、(或)电镜检查的结果进行鉴定。

11.5 关键控制点

虽然多数的指示植物通常能够产生明显的症状,但并不是都会产生症状,而且可能其他病毒也会产生相同症状,注意区别其他病毒或其他原因(如:药害、灼伤等)所引起的类似症状。必要时,采用ELISA方法验证所产生的症状。

有些指示植物还可用于繁殖病毒,以便于血清学或免疫电子显微镜或电镜观察等检测鉴定。

12 植物病原线虫

12.1 漏斗检验法

将种子用双层纱布或吸水纸包好,或适当加以研磨,放入备好的漏斗内,漏斗的底部连接胶管和夹子(或其他设置),然后加水使种子浸没,在20 ℃～25 ℃下浸24 h。收集漏斗底部的溶液,生物体视显微镜检查;或2 000 r/min离心5 min后取下部沉淀液检查线虫。

主要用于检验种子外表所传带的线虫,如水稻干尖线虫(*Aphelenchoides besseyi*),以及外表没有症状的种子也可能携带大量的线虫。起绒草茎线虫(*Ditylenchus* spp.)的4龄幼虫和成虫不仅寄生在种皮上,种子内部或子叶中,还混杂于种子的残体内。严重感染的种皮开裂,子叶上出现坏死病斑。有时大量的线虫在种子表面形成聚集出团,特别是在种脐的沟缝中。

12.2 浸泡分离法

将虫瘿在湿润的滤纸上培养1 h～12 h后,充分吸涨的虫瘿,与正常的颖果比较,颜色变深、变软。用解剖针打开之后,就会释放出大量白色的幼虫。在20×～40×解剖镜下检查,测量长度和宽度。

或称取150 g或适量的种子,在400 mL的自来水中浸泡过夜。搅动种子,将浸泡水倒在烧杯里;杯中再加入100 mL的水,静置4 h,倒去上清液,取沉淀物检查。

六月禾科(禾本科)的粒线虫病(*Anguina* spp.),产生暗褐色至紫褐色或黑色的,圆形或卵形甚至雪茄状,约4 mm～5 mm长的虫瘿;其颖片、外稃和内稃均比正常的长数倍。

12.3 鉴定

根据所分离到的线虫的形态特征和(或)分子生物学特性进行种类鉴定。

13 样品保存

植物种子应在干燥、低温、蔽光的条件下保存。

所分离纯化的病原真菌、细菌的菌种可以在室温或低温下保存;或在矿物油、土壤、灭菌蒸馏水等材料中保存;或在冷冻、液氮中保存。

所分离的病毒可以保存在隔离检疫温室内,可以按照要求进行重复接种延续保存;或采集典型症状的叶片在超低温冰箱内保存,或经氯化钙脱水后,在超低温冰箱内保存。

所分离的植物病原线虫杀死后,则于固定液中保存;或制作成玻片保存。

附 录 A
（资料性附录）
主要种传病原真菌及其检验方法

表 A.1 主要种传病原真菌及其检验方法

真菌种类	寄 主	推荐检验方法
Acremonium strictum=*Neotyphodium strictum*	47,55	B,DFB
Neotyphodium lolii	51	B,DFB
Alternaria alternata	7,10,15,25,31,36,39,42,49,51	DFB,B
Alternaria brassicae	8	DFB,B
Alternaria brassicola	8,43	DFB,B
Alternaria burnsii	23	B
A lternaria carthami	13	B
A lternaria dauci	24	B,A
Alternaria dianthicola	25	B
Alternaria helianthi	31	B
Alternaria lini	34	B
Alternaria linicola	34	B,A
Alternaria padwickii	37	B
Ascochyta pinodes	41	A
Alternaria porri	4	DFB,B
Alternaria radicina	24	B,A
Alternaria raphani	43	DFB,B
Alternaria sesami	44	DFB,B
Alternaria sesamicola	44	DFB,B
Alternaria solani	35	B
Alternaria triticina	51	A
Alternaria zinniae	31,28,49	B
Ascochyta fabae	52	A,B
Ascochyta gossypii	30	B
Ascochyta pisi	41,52	A,B
Ascochyta rabiei	15	A,B
Aspergillus fiavus	4,6,9,17,54	DFB,B,A
Aspergillus fumigatus	17	B,A

表 A.1（续）

真菌种类	寄　　主	推荐检验方法
Aspergillus niger	4,6,9,17,54	DFB,B,A
Ascochyta sp.	2	B
Aspergillus sp.	45	DFB,B
Aspergillus versicolor	17	B,A
Beauveria bassiana	17	B,A
Bipolaris nodulosa	26	DFB,B
Bipolaris maydis	55	DFB,B
Bipolaris miyakei	27	B
Bipolaris oryzae	37	B
Bipolaris setariae	26,38,45	DFB,B
Bipolaris sorokiniana	33,51	DFB,B,A,SS
Botryodiplodia theobromae	1,3,5,6,9,12,14,18,19,30,40,50,54,55	DFB,B
Botrytis cinerea	1～4,10,13～15,25,28,30,31,34,36,41,42	DFB,B,A
Botrytis fabae	52	A,B
Cercospora beticola	7	B
Cercospora carthami	13	B
Cercospora kikuchii	29	D,B
Cercospora sojina	29	B
Cercospora corchori	19	DFB
Cercospora canescens	53	B
Cercospora cruenta	53	B
Cercospora sp.	47,49	B
Cercospora oryzae	37	B
Cercospora sesami	44	DFB,B
Claviceps purpureum	33,38,47,51	D
Cladosporium sp.	17	B,A
Colletotrichum acutatum	2,10,49	B
Colletotrichum corchori	18	DFB
Cladosporium cucumerinum	21	B
Colletotrichum dematium	7,9,11,12,15,16,20,22,29,32,34,39,46,48,49,53,54	DFB,B,A

表 A.1（续）

真菌种类	寄　主	推荐检验方法
Colletotrichum gloeosporioides	1	B
Colletotrichum gossypii	30	B,SS
Colletotrichum graminicola	47,49	B
Colletotrichun higginsianum	43	DFB,B
Colletotrichum lini	34	A
Colletotrichum lindemuthianum	1,2,14	B
Colletotrichum lindethianium	39,53	B
Colletotrichum sp.	36	B
Corynespora cassiicola	44	DFB,B
Curvularia lunata	38,45,47	DFB,B
Didymella bryoniae	16,22	B
Drechslera graminea	33	B,A,SS
Drechslera oryzae	37	B
Drechslera teres	33	B,A,SS
Drechslera tritici-repentis	51	DFB,B
Ephelis oryzae	37	D,W
Exserohilum rostratum	14,45	DFB,B
Fulvia fulva	35	B
Gloeocercospora sorghi	47	B
Fusarium avenaceum	1,7,10,33,49,51	DFB,B
Fusarium culmorum	51	DFB,B
Fusarium equiseti	1,3,4,7,10,12,25,30,34,40,45,49,50,52,54	DFB,B
Fusarium farinosa	7	W
Fusarium graminearum	33,47,51	DFB,B
Fusarium moniliforme	2～4,7,9～14,17～19,25,29,30,32,34,36～38,40～50,52,54,55	DFB,B
Fusarium pallidoroseum	1～4,7,9,10,12～4,18,19,25,29,30,34,36,40,41,45,46,48,49,50,52～55	DFB,B
Fusarium oxysporum	1,3,4,7,9,12,13,16,18,19,21,23,28～30,32,34,36,39,40,46,50,52～54	DFB,B,A

表 A.1（续）

真菌种类	寄　　主	推荐检验方法
Fusarium oxysporum f. sp. *ciceri*	15	A,B,SS
Fusarium oxysporum f. sp. *lycopersici*	35	B
Fusarium oxysporum f. sp. *pisi*	41	A,B
Fusarium solani	3,4,7,11～13,17～21,30,32,34,36,40,42,43,46,49,50,54	DFB,B
Fusarium subglutinans	2	B
Fusarium subglutinans	10	B
Fusarium subglutinans	40,49	A,B
Macrophomina phaseolina	1,3,5,6,9～11,17～19,29～32,39,40,44～46,49,50,53,54	DFB,B
Melampsora lini	34	W
Microdochium nivale	33,51	DFB,B
Myrothecium leucotrichum	1	B
Microdochium oryzae	37	B
Myrothecium roridum	18,40	B,DFB
Myrothecium verrucaria	1,12,18,49	DFB,B
Pestalotia neglecta	55	DFB,B
Pestalotia sp.	1,2,40	B
Peronospora farinosa	48	W,SS
Peronospora manschurica	29	D,W
Peronospora tabacina	36	SS
Peronospora viciae	41	W,SS
Peronosclerospora sorghi	47	E,W
Phaeoisariopsis griseola	39	B
Phomopsis vexans	46	B
Peronospora victae	52	W,SS
Pyricularia grisea	45	DFB,B
Phoma betae	7	A
Phoma exigua	34	B
Phoma exigua var. *exigua*	39	B,A
Phoma lingam	8	DFB,B

表 A.1（续）

真菌种类	寄　主	推荐检验方法
Phoma medicaginis var. *pinodella*	41	A
Phoma sorghina	47	B
Phoma sp.	1～5,9,10,14,27,36,40,49,50	DFB,B
Phomopsis sp.	1～3,5,14,29,31,50	B,A
Protomyces macrosporus	20	D,W
Puccinia arachidis	6	D
Puccinta calcirapae	13	W,D
Pyricularia grisea	26	DFB,B
Pyricularia oryzae	37	B
Rhizoctonia solani	30	B
Rhynchosportum secalis	33	DFB,B
Sarocladium oryzae	37	B
Sclerospora graminicola	38	E,W
Sclerotinia sclerotiorum	8,13,31,39,41	D,B,A
Septoria linicola	34	B
Sphacelotheca cruenta	47	W
Sphacelotheca reiliana	47	W
Sphacelotheca sorghi	47	W
Sphacelotheca reiliana	55	D,W
Stagnospora nodorum	33,51	DFB,A,SS
Stenocarpella macrospora	55	DFB,B,D
Stemphylium botryosum	4	DFB,B
Stenocarpella maydis	55	DFB,B,D
Tilletia barclayana	37	D,W
Tilletia controversa	51	D,W
Tilletia indica	51	D,W
Tilletia laevis	51	D,W
Tilletia tritici	51	D,W
Tolyposporium penicilariae	38	D,W
Uromyces betae	7	W
Uromyces viciae-fabae	52	W,D
Ustilaginoidea virens	37	D,W
Ustilago avenae	33	W
Ustilaeo hordei	33	W
Ustilago nuda	33	E

表 A.1（续）

真菌种类	寄　　主	推荐检验方法
Ustilago maydis	55	D,W
Ustilago tritici	51	E
Verticillium albo-altrum	13,30,31,46	B+A
Verticillium dahliae	13,30,48	B+A

注 1：本表主要根据 S. B. Mathur & Olga Kongsdal，2003，Common laboratory seed health testing methods for detecting fungi，ISTA；②International Rules for seed testing-annexe to chapter 7：Seed health testing methods，2005，ISTA。

注 2：表中第 3 列中字母含义为：

A——琼脂平板法；B——吸水纸法；DFB——冰冻吸水纸法；D——干种子检验法；E——胚胎计数法；SS——小苗症状检查；W——洗涤法。

注 3：表中第 2 列寄主的代码：

1——*Acacia* spp. 金合欢；
2——*Acer palmatum* 枫树；
3——*Albizia* spp. 合欢树；
4——*Allium* spp. 洋葱；
5——*Alnus maritina* 桤木；
6——*Arachis hypogaea* 花生；
7——*Beta vulgaris* 甜菜；
8——*Brassica* spp. 甘蓝、花菜、芥菜、白菜等芸苔属蔬菜；
9——*Cajanus cajan* 木豆；
10——*Calendula offcinalis* 万寿菊；
11——*Capsicum* spp. 辣椒；
12——*Caria papaya* 番木瓜；
13——*Carthamus tinctorius* 番红花；
14——*Cassia* spp. 决明子；
15——*Cicer arietinum* 鹊豆；
16——*Citrullus lanatus* 西瓜；
17——*Coffea* spp. 咖啡；
18——*Corchorus capsularis*(jude)；
19——*Corchorus olitorius* 黄麻；
20——*Coriandrum sativum* 芫荽；
21——*Cucumeris melo* 甜瓜等；
22——*Cucumeris sativus* 黄瓜；
23——*Cuminum cyminum* 欧莳萝；
24——*Daucus carota* 胡萝卜；
25——*Dianthus caryophyllus* 香石竹；
26——*Eleusine coracana* 鸭跖栗；
27——*Eragrotis tef* 恋风草；
28——*Gerbara jamesonii* 雏菊；
29——*Glycine max* 大豆；
30——*Gossypium* spp. 棉花；
31——*Helianthus annuus* 向日葵；
32——*Hibiscus esculentus* 黄秋葵；
33——*Hordeum vulgare* 大麦；
34——*Linum usitatissimum* 亚麻；
35——*Lycopersicon esculentum* 番茄；
36——*Nicotiana tabacum* 烟草；
37——*Oryza sativa* 水稻；
38——*Pennisetum glaucum* 御谷；
39——*Phaseolus vulgaris* 菜豆；
40——*Pinus* spp. 松树；
41——*Pisum sativum* 豌豆；
42——*Primula vulgaris* 报春花；
43——*Raphanus sativus* 萝卜；
44——*Sesamum indicum* 芝麻；
45——*Setaria italica* 狗尾草；
46——*Solanum melongena* 茄子；
47——*Sorghum bicolor* 高粱；
48——*Spinacia oleracea* 菠菜；
49——*Tagets erecta* 万寿菊；
50——*Tectona grandis* 柚木(teak)；
51——*Triticum aestivum* 小麦；
52——*Vicia faba* 蚕豆；
53——*Vigna unguiculata* 豇豆；
54——*Voandzeia subterranea*(bambarra groundnut)；
55——*Zea maydis* 玉米。

附　录　B
（资料性附录）
主要种传病原细菌及其寄主

表 B.1　主要种传病原细菌及其寄主

细菌种类	种传寄主
Agrobacterium tumefaciens	忽布
Erwinia carotovora	芹菜、辣椒、芫荽、扁豆、水稻、小麦、玉米、虞美人
Erwinia carotovora ssp. *atroseptica*	大豆、三叶草
Erwinia carotovora ssp. *carotovora*	烟草、三叶草、小麦
Erwinia chrysanthemi	水稻、小麦、玉米、扁豆(*Lupinus* sp.)
Erwinia herbicola	苜蓿、水稻、玉米
Erwinia nulandii	菜豆
Erwinia rhaphontici	小麦
Erwinia stwartii	玉米
Pseudomonas rubrilineans	玉米
Pseudomonas solanacearum	辣椒、大豆、番茄、三叶草
Pseudomonas syringae	芫荽、黄秋葵、三叶草、番茄、菜豆、豇豆、水稻、高粱、大麦、小麦、玉米等禾本科(六月禾科)植物
Pseudomonas syringae pv. *antirrhini*	金鱼草(*Antirrhinum* sp.)
Pseudomonas syringae pv. *apii*	芹菜
Pseudomonas syringae pv. *aptata*	甜菜
Pseudomonas syringae pv. *atrofaciens*	小麦、大麦
Pseudomonas syringae pv. *atropurpurea*	看麦娘(*Agropyron* sp.)、雀麦
Pseudomonas syringae pv. *cannabina*	大麻
Pseudomonas syringae pv. *coronafaciens*	燕麦
Pseudomonas syringae pv. *glycinea*	大豆
Pseudomonas syringae pv. *lachymans*	黄瓜等葫芦科作物
Pseudomonas syringae pv. *lapsa*	玉米
Pseudomonas syringae pv. *maculicola*	甘蓝
Pseudomonas syringae pv. *mellea*	烟草
Pseudomonas syringae pv. *panici*	黍属(*Panicum* spp.)
Pseudomonas syringae pv. *phaseolicola*	菜豆、豌豆、葛(*Pueraria* spp.)
Pseudomonas syringae pv. *pisi*	豌豆

表 B.1（续）

细菌种类	种传寄主
Pseudomonas syringae pv. *primulae*	报春花
Pseudomonas syringae pv. *sesami*	芝麻
Pseudomonas syringae pv. *striafaciens*	燕麦
Pseudomonas syringae pv. *tabaci*	烟草
Pseudomonas syringae pv. *tagetis*	万寿菊
Pseudomonas syringae pv. *tomato*	番茄、辣椒
Pseudomonas viridiflava	莴苣、菜豆、防风(*Pastinaca* spp.)
Pseudomonas xanthochlora	扁豆
Xanthomonas axonopodis	地毯草
Xanthomonas campestris pv. *alfafae*	苜蓿
Xanthomonas campestris pv. *campestris*	甘蓝
Xanthomonas campestris pv. *carotae*	胡萝卜
Xanthomonas campestris pv. *cucurbitae*	黄瓜(*Cucumis* spp.)、葫芦瓜(*Cucurbita* spp.)
Xanthomonas campestris pv. *glycines*	大豆
Xanthomonas campestris pv. *holcicola*	御谷、高粱
Xanthomonas campestris pv. *hoedei*	大麦
Xanthomonas campestris pv. *malvacearum*	棉花
Xanthomonas campestris pv. *oryzae*	水稻
Xanthomonas campestris pv. *oryzicola*	水稻
Xanthomonas campestris pv. *phaseoli*	扁豆、菜豆、豇豆
Xanthomonas campestris pv. *raphni*	甘蓝、萝卜
Xanthomonas campestris pv. *sesami*	芝麻
Xanthomonas campestris pv. *translucens*	大麦、小麦等禾本科植物、芫荽
Xanthomonas campestris pv. *versicatoria*	番茄、辣椒
Xanthomonas campestris pv. *vignicola*	豇豆
Xanthomonas campestris pv. *vitians*	莴苣
Xanthomonas campestris pv. *zinniae*	百日草
Xanthomonas rubrisorghi	高粱
注：本表主要根据 Richardson, M. J., An annotated list of seed-borne diseases, 4th edition, 1990, ISTA; Saettle, A. W., Schaad, N. W. and D. A. Roth, Detection of bacteria in seed, 1989, APS Press	

附 录 C
(资料性附录)
主要种传病毒及其寄主

表 C.1 主要种传病毒及其寄主

病毒种类	种传寄主
Alfalfa mosaic *Alfamovirus*(AMV)苜蓿花叶病毒	2,11,36,46,47,63
Apple mosaic *Ilarvirus*(ApMV)苹果花叶病毒	63
Apple stem grooving *Capillovirus*(ASGV)苹果茎沟病毒	
Arabis mosaic *Nepovirus*(ArMV)南芥菜花叶病毒	13,25,29,35,39,45,48,54,58
Arracacha A *Nepovirus*(AVA)滇芎 A 病毒	39
Arracacha B *Carlavirus*(AVB)滇芎 B 病毒	13
Artichoke yellow ringspot *Nepovirus*(AYRSV)菊芋黄环斑病毒	13,39,45,58
Asparagus 2 *Ilarvirus*(AV-2)天门冬 2 号病毒	5,39,45,66
Avocado sunblotch *Avsunviroid*(ASBVd)鳄梨日斑类病毒	43
Barley stripe mosaic *Hordeivirus*(BSMV)大麦条纹花叶病毒	6,26,28,60
Barley yellow dwarf *Luteovirus*(BYDV)大麦黄矮病毒	28
Bean common mosaic *Potyvirus*(BCMV)普通菜豆花叶病毒	4,46,63
Bean pod mottle *Comovirus*(BPMV)菜豆荚斑驳病毒	25
Bean yellow mosaic *Potyviridae*(BYMV)菜豆黄花叶病毒	34,37,62,63
Beet cryptic 2 *Alphacryptovirus*(BCV-2)甜菜隐潜 2 号病毒	7
Beet western yellows *Luteovirus*(BWYV)甜菜西方黄化病毒	7
Black gram mottle *Carmovirus*(BmoV)黑绿豆斑驳病毒	63
Blueberry leaf mottle *Nepovirus*(BLMV)乌饭树叶斑驳病毒	13,61
Broad bean mottle *Bromovirus*(BBMV)蚕豆斑驳病毒	63
Broad bean stain Comovirus(BBSV)蚕豆染色病毒	62
Broad bean true mosaic *Comovirus*(BBTMV)蚕虫真花叶病毒	62
Broad bcan wilt *Fabavirus*(BBWV)蚕虫萎蔫病毒	62
Brome mosaic *Bromovirus*(BMV)雀麦花叶病毒	60
Cacao necrosis *Nepovirus*(CNV)可可坏死病毒	25,46
Cacao swollen shoot *Badnavirus*(CSSV)可可肿枝病毒	59

表 C.1（续）

病毒种类	种传寄主
Carrot mottle *Umbravirus*(CmoV)胡萝卜斑驳病毒	23
Carrot red leaf *Luteovirus*(CtRLV)胡萝卜红叶病毒	23
Cassava green mottle *Nepovirus*(CGMV)木薯绿斑驳病毒	39
Cauliflower mosaic *Caulimovirus*(CaMV)花椰菜花叶病毒	52
Cherry leaf roll *Nepovirus*(CLRV)樱桃卷叶病毒	13,25,39,46,50,64
Cherry necrotic rusty mottle *Foveavirus*(CNRMV)樱桃坏死锈斑驳病毒	50
Cherry rasp leaf *Nepovirus*(CRLV)樱桃锉叶病毒	13
Chicory yellow mottle *Nepovirus*(ChYMV)菊苣黄斑病毒	15
Chrysanthemum stunt *Pospiviroid*(CSVd)菊矮化类病毒	14
Citrus exocortis *Pospiviroid*(CEVd)柑橘裂皮类病毒	35
Citrus tatter leaf *Capillovirus*(CiTLV)柑橘碎叶病毒	13
Coffee ringspot *Nucleorhabdovirus*(CoRSV)咖啡环斑病毒	17
Cowpea ahpid-borne mosaic *Potyvius*(CABMV)豇豆蚜传花叶病毒	46,63
Cowpea chlorotic mottle *Bromovirus*(CCMV)豇豆褪绿斑驳病毒	63
Cowpea mild mottle *Carlavirus*(CpMMV)豇豆轻型斑驳病毒	25,46,63
Cowpea mosaic *Comovirus*(CpMV)豇豆花叶病毒	63
Cowpea mottle *Carmovirus*(CpMoV)豇豆斑驳病毒	63
Crimson clover latent *Nepovirus*(CCLV)绛三叶草潜病毒	13
Cucumber green mottle mosaic *Tobamovirus*(CGMMV)黄瓜绿斑驳花叶病毒	20,30
Cucumber leaf spot *Aureusvirus*(CLSV)黄瓜叶斑病毒	20
Cucumber mosaic *Cucumovirus*(CMV)黄瓜花叶病毒	4,11,18,20～22,25,28,34,35,46,58,63
Eggplant mosaic *Tymovirus*(EMV)茄花叶病毒	39,45,55
Foxtail mosaic *Potexvirus*(FoMV)狗尾草花叶病毒	6
Grapevine Bulgarian latent *Nepovirus*(GBLV)葡萄保加利亚潜病毒	13
Grapevine fanleaf *Nepovirus*(CFLV)葡萄扇叶病毒	13,25
Groundunt rosette *Umbravirus*(GRV)花生丛簇病毒	4
Hydrangea mosaic *Ilarvirus*(HdMV)绣球花叶病毒	13

表 C.1（续）

病毒种类	种传寄主
Lettuce mosaic *Potyvirus*(LMV)莴苣花叶病毒	13,29,54
Lilac ring mottle *Carlavirus*(LacRSV)丁香环斑病毒	13
Lucerne transient streak *Sobemovirus*(LTSV)紫花苜蓿线条病毒	37
Lychnis ringspot *Hordeivirus*(LRSV)剪秋萝环斑病毒	7
Melon necrotic spot *Carmovirus*(MNSV)甜瓜坏死斑点病毒	18
Mulberry ringspot *Nepovirus*(MRSV)桑环斑病毒	25
Mung bean yellow mosaic *Begomovirus*(MYMV)绿豆黄花叶病毒	63
Oat mosaic *Bymovirus*(OMV)燕麦花叶病毒	6
Onion yellow dwarf *Potyviridae*(OYDV)洋葱黄矮病毒	1
Papaya ringspot *Potyviridae*(PRSV)番木瓜环斑病毒	21
Pea early browning *Tobravirus*(PEBV)蚕豆早枯病毒	47,62
Pea enation mosaic *Enamovirus*(PEMV)豌豆耳突花叶病毒	31,47
Pea mild mosaic *Comovirus*(PmiMV)豌豆轻型花叶病毒	47
Pea mosaic *Potyviridae*(PeMV)豌豆花叶病毒	34,47
Pea seed-borne mosaic *Potyviridae*(PSbMV)豌豆种传花叶病毒	32,47
Pea streak *Carlavirus*(PeSV)豌豆线条病毒	47
Peach rosette mosaic *Nepovirus*(PRMV)桃丛簇花叶病毒	4,13,34,46,63
Peanul stunt *Cucumovirus*(PSV)花生矮化病毒	34
Pelargonium zonate spot *Ourmiavirus*(PZSV)天竺葵环纹斑病毒	39
Pia seed-borne mosaic *Potyvirus*(PSbMV)豌豆种传花叶病毒	62
Potato *Potyvirus* Y(PVY)马铃薯 Y 病毒	35
Potato spindle tuber *Pospiviroid*(PSTVd)马铃薯纺锤形块茎类病毒	35,56
Potato virus T,*Trichovirus*(PVT)马铃薯 T 病毒	13
Potato virus U,*Nepovirus*(PVU)马铃薯 U 病毒	13,39
Potato X *Potexvirus*(PVX)马铃薯 X 病毒	39
Prune dwarf *Ilarvirus*(PDV)洋李矮缩病毒	50
Prunus necrotic ringspot *Ilarvirus*(PNRSV)李(属)坏死环斑病毒	21,50
Radish yellow edge *Alphacryptovirus*(RYEV)萝卜黄边病毒	52

表 C.1（续）

病毒种类	种传寄主
Raspberry ringspot *Nepovirus*(RpRSV)悬钩子环斑病毒	45,58
Red clover vein mosaic *Carlavirus*(RCVMV)红三叶草脉花叶病毒	62
Rice necrosis mosaie *Bymovirus*(RNMV)水稻坏死花叶病毒	40
Rubus chinese seed-borne *Nepovirus*(RCSV)中国悬钩子种传病毒	13,39
Ryegrass cryptic *Alphacryptovirus*(RGCV)黑麦草隐潜病毒	33
Satsuma dwarf *Nepovirus*(SDV)温州蜜柑矮缩病毒	46
Southern bean mosaic *Sobemovirus*(SBMV)南方菜豆花叶病毒	46,63
Sowbane mosaic *Sobemovirus*(SoMV)藜草花叶病毒	13
Soybean mosaic *Potyvirus*(SMV)大豆花叶病毒	25,46
Spinach latent *Ilarvirus*(SpLV)菠菜潜隐病毒	13,39,57
Squash mosaic *Comovirus*(SqMV)南瓜花叶病毒	13,16,18,19,21
Stawberry latent ringspot *Nepovirus*(SLRSV)草莓潜环斑病毒	2,3,13,38,41,44,54,56,58
Sunflower crinkle *Umbravirus*(SuCV)向日葵皱缩病毒	27
Sunn-hemp mosaic *Tobamovirus*(SHMV)菽麻花叶病毒	63
Tobacco etch *Potyvirus*(TEV)烟草蚀纹病毒	39
Tobacco mosaic *Tobamovirus*(TMV)烟草花叶病毒	11,12,35,39,45,51,63
Tobacco rattle *Tobravirus*(TRV)烟草脆裂病毒	49,54,64,65
Tobacco ringspot *Nepovirus*(TRSV)烟草环斑病毒	18,25,29,39,42,45,54,63,66
Tobacco streak *Ilarvirus*(TSV)烟草线条病毒	5,13,25,37,39,46,52,58,63
Tomato aspermy *Cucumovirus*(TAV)番茄不孕病毒	10,58
Tomato black ring *Nepovirus*(TBRV)番茄黑环斑病毒	2,7,9,13,25,27,29,35,39,46,48,49,54,58,63,66
Tomato mosaic *Tobamovirus*(ToMV)番茄花叶病毒	13,25,35,39,42
Tomato spotted wilt *Tospovirus*(TSWV)番茄斑萎病毒	4,53,62
Turnip mosaic *Potyvirus*(TuMV)芜菁花叶病毒	8,52

表 C.1（续）

病毒种类	种传寄主
Turnip yellow mosaic *Tymovirus*(TYMV)芜菁黄花叶病毒	8
Zucchini yellow mosaic *Potyvirus*(ZYMV)小西葫芦黄花叶病毒	21,22

注1：本表主要根据 Richardson, M. J., An annotated list of seed-borne diseases, 4th edition, 1990, ISTA。

注2：寄主的代码：

1——洋葱 *Allium* spp 包括韭菜、大葱、蒜；
2——苋菜 *Amaranthus* spp.；
3——芹菜 *Apium graveolens*；
4——花生 *Arachis hypogaea*；
5——芦笋 *Asparagus officinalis*；
6——燕麦 *Avena sativa*, *Avena* spp.；
7——甜菜 *Beta vulgaris*；
8——芸苔 *Brassica* spp.；
9——木豆 *Cajanus cajan*；
10——翠菊 *Callistephus chinensis*；
11——辣椒 *Capsicum* spp.；
12——番红花 *Carthamus tinctorius*；
13——藜属 *Chenopodium* spp.；
14——菊花 *Chrysanthemum* spp.，包括 *Dendranthema* spp.，*Leucanthemum* spp.；
15——菊苣 *Cichorium intybus*；
16——西瓜 *Citrullus lanatus*；
17——咖啡 *Coffea* spp.；
18——甜瓜 *Cucumis melo*；
19——葫芦 *Cucumis melo* var. inodorus；
20——黄瓜 *Cucumis sativus*；
21——南瓜 *Cucurbita* spp.；
22——葫芦科 Cucurbiaceae；
23——胡萝卜 *Daucus carota*；
24——香石竹 *Dianthus* spp.，*D. caryophyllus*；
25——大豆 *Glycine max*；
26——禾本科 Gramineae；
27——向日葵 *Helianthus* spp.；
28——大麦 *Hordeum* spp.；
29——莴苣 *Lactuca sativa*；
30——瓠、葫芦瓜 *Legenaria siceraria*；
31——香豌豆 *Lathyrus odoratus*；
32——兵豆 *Lens culinaris*；
33——黑麦草 *Lolium* spp. 包括多年生黑麦草，多花黑麦草，细穗毒麦（*L. remotum*），毒麦（*L. temulentum*）；
34——羽扇豆 *Lupinus* spp.；
35——番茄 *Lycopersicon esculentum*；
36——苜蓿 *Medicago* spp.，包括褐斑苜蓿（*M. arabica*），天蓝苜蓿（*M. lupulina*），紫花苜蓿（*M. sativa*）等苜蓿；
37——红花三叶草 *Melilotus* spp.；
38——薄荷 *Mentha arvensis*；
39——烟草 *Nicotiana tabacum*，*Nicotiana* spp.；
40——水稻 *Oryza sativa*；
41——欧洲防风 *Pastingaca sativa*；
42——天竺葵 *Pelargonium* sp.；
43——油梨 *Persea americana*；
44——欧芹 *Petroselinum crispum*；
45——矮牵牛 *Petunia* spp.；
46——菜豆属 *Phaseolus* spp.，包括红豆，赤豆，赤小豆（*P. angularis*），多花菜豆，红花菜豆，白芸豆（*P. coccineus*），利马豆（*P. lunatus*），菜豆（*P. vulgaris*）；
47——豌豆 *Pisum sativum*；
48——六月禾，早熟禾 *Poa* spp.；
49——马齿苋属 *Portulaca* spp.；
50——樱桃、李、桃 *Prunus* spp.；
51——梨 *Pyrus* spp.；
52——萝卜 *Raphanus sativus*；
53——瓜叶菊 *Senecio cruentus*；
54——千里光 *Senecio vulgaris*；
55——茄瓜 *Solanum melongena*；
56——茄属 *Solanum* spp.；
57——菠菜 *Spinacia oleracea*；
58——繁缕 *Stellaria media*；
59——可可 *Theobroma cacao*；
60——小麦 *Triticum aestivum*；
61——蓝莓 *Vaccinium* spp.；
62——蚕豆 *Vicia faba*；
63——豇豆 *Vigna* spp.，包括 *Vigna cylindrica*，*V. mungo*，*V. radiata*，*V. sesquipedalis*，*V. sinensis*，*V. unguiculata*；
64——三色堇 *Viola* spp.；
65——小苍兰 *Xanthium* spp.；
66——百日草 *Zinnia elegans*。

附 录 D
（资料性附录）
主要种传病原线虫及其寄主

表 D.1 主要种传病原线虫及其寄主

病原物种类	寄主植物种类
Anguina spp.	冰草属（*Agropyron* spp.），剪股颖属（*Agrostis* spp.），燕麦草属（*Arrhenatherum* spp.），雀麦属（*Brumus* spp.），野牛草（*Buchloe* spp.），黑麦草、水稻、六月禾、黑麦（*Secale* spp.），三毛草（*Trisetum* spp.），小麦
Anguina agropyroniflorus	冰草属
Anguina agrositis	翦股颖（*Agrostis* spp,），*Arctagrostis* spp.，鸭茅属 *Dactylis* spp.，*Dupontia* spp.，羊茅属（*Festuca* spp.），黑麦草（*Lolium* spp.），*Phalaria* spp.，梯牧草属（*Phleum* spp.）
Anguina funesta	黑麦草，以及一些禾本科作用（Gramineae，Poaceae）
Anguina tritici	*Apera* spp.，*Arctagrostis* spp.，野牛草（*Buchloe* spp.），拂子茅属（*Calamagrostis* spp.），苔草属（*Carex* spp.），鸭茅属（*Dactylis* spp.），*Digraphis* spp.，画眉草属（*Eragrostis* spp.），羊茅属（*Festuca* spp.），*Hollcus* spp.，大麦属（*Hordeum* spp.），小麦、燕麦、黑麦
Aphelenchoides arachidis	花生
Aphelenchoides besseyi	水稻，黍属（*Panicum* spp.）
Aphelenchoides blastophorus	翠菊
Aphelenchoides ritzemabosi	翠菊
Ditylenchus angustus	水稻
Ditylenchus dipsaci	葱、燕麦、甜菜、还阳参属（*Crepis* spp.），胡萝卜、起绒草、荞麦属（*Fagopyrum* spp.），毛耳菊属（*Hypochoeris* spp.），苜蓿、菜豆、豌豆、车前草、蒲公英属（*Taraxacum* spp.），三叶草、蚕虫
Rhadinaphelenchus cocophilus	椰子

注：本表主要根据 Richardson，M. J.，An annotated list of seed-borne diseases，4th edition，1990，ISTA

附 录 E
（资料性附录）
主要试剂及配制方法

E.1 染色剂

孟加拉红、丙酸钠、0.2%靓洋红、酸性复红溶液、1%2,3,5-三苯基氯化四唑。

E.2 浮载剂

乳酚油：苯酚结晶（水浴加热融化）20 mL、甘油 40 mL、蒸馏水 20 mL 混合而成。
甘油乳酸液：甘油 1 000 mL、乳酸 500 mL、蒸馏水 500 mL 混合而成。
水合氯醛碘液：1.5 g 碘和 5 g 碘化钾研合，加水溶解后加 100 g 水合氯醛，水 100 mL。
甘油：3%～5%。
4%甲醛溶液线虫固定液：福尔马林（40%甲醛）：蒸馏水＝1：9。
TAF 线虫固定液：三羟基乙胺：福尔马林：蒸馏水＝2：7：91。
FG 线虫固定液：福尔马林：甘油：蒸馏水＝10：1：89

E.3 消毒药剂（表面消毒剂）

——次氯酸钠（1～5%）；
——双氧水；
——酒精（75%）。

附 录 F
（资料性附录）
主要培养基及配制方法

F.1 真菌培养基

F.1.1 马铃薯葡萄糖（或蔗糖）培养基（PDA 或 PSA）：马铃薯 200.0 g；葡萄糖（或蔗糖）20.0 g；琼脂 15.0 g；蒸馏水 1 000 mL；pH6.5。

F.1.2 水琼脂培养基（WA）：琼脂 15.0 g；蒸馏水 1 000 mL；pH6.5

F.2 细菌选择性培养基

F.2.1 D_1 培养基：分离野杆菌属细菌

甘露醇	15 g	$MgSO_4$	0.2 g
$NaNO_3$	5 g	B.T.B	0.1 g
$Ca(NO_3)_2 \cdot 4H_2O$	20 mg	琼脂	15 g
K_2HPO_4	2 g	LiCl	6 g

溶于 800 mL 蒸馏水中，调 pH 至 7.2；定容至 1 L（下同）。

F.2.2 D_2 培养基：分离棒状杆菌属细菌

葡萄糖	10 g	Tris	1.2 g
酪朊水解物	4 g	NaN_3	2 mg
酵母浸膏	2 g	多粘菌素硫酸盐	40 mg
LiCl	5 g	琼脂	15 g
NH_4Cl	1 g	蒸馏水	1 000 mL
$MgSO_4 \cdot 7H_2O$	0.3 g		

pH=7.8

F.2.3 D_3 培养基：分离欧氏杆菌属细菌

蔗糖	10 g	B.T.B	60 mg
阿拉伯糖	10 g	甘氨酸	3 mg
酪朊水解物	5 g	硫酸十二烷基钠	50 mg
LiCl	7 g	酸性品红	100 mg
NaCl	5 g	琼脂	15 g
$MgSO_4 \cdot 7H_2O$	0.3 g	蒸馏水	1 000 mL

调节 pH=8.2，灭菌后 pH 降到 6.9～7.1。

F.2.4 D_4 培养基：分离假单孢杆菌属细菌

甘油	10 mL	酪朊水解物	1 g
蔗糖	10 g	硫酸十二烷基钠	0.6 g
NH_4Cl	5 g	琼脂	15 g
Na_2HPO_4	2 g～3 g	蒸馏水	1 000 mL

灭菌后 pH=6.8

F.2.5 D_5 培养基：分离黄单孢杆菌属细菌

纤维二糖	10 g	$MgSO_4 \cdot 7H_2O$	0.3 g
K_2HPO_4	3 g	琼脂	15 g

$Na_2H_2PO_4$	1 g	蒸馏水	1 000 mL
NH_4Cl	1 g	灭菌后 pH=6.8	

F.2.6 DYDC

酵母提取液(Bacto,Difco)	10.0 g	碳酸钙(细粉)	20.0 g
D-葡萄糖(Dextrose)	20.0 g	琼脂(Bacto Agar,Difco)	15.0 g

蒸馏水 1 000 mL

附　录　G
（资料性附录）
血清学检测方法——双抗体夹心酶联免疫吸附测定

G.1　试验材料

G.1.1　酶联板:使用有质量保证厂商生产的酶联板。

G.1.2　包被抗体:选择具有质量保证的特异性抗体。

G.1.3　酶标抗体:酶标记的抗体。

G.1.4　底物:对硝基苯磷酸二钠(pNPP)

G.1.5　包被缓冲液(pH9.6)

Na_2CO_3	1.59 g
$NaHCO_3$	2.93 g
NaN_3	0.20 g

蒸馏水定容至 1 L,4 ℃储存。

G.1.6　提取缓冲液(pH7.4;4 ℃储存)

PBST	1.0 L
Na_2SO_3	1.3 g
PVP(MW24 000～40 000)	20.0 g
NaN_3	0.2 g

G.1.7　PBST 缓冲液(洗涤缓冲液,pH7.4)

NaCl	8.0 g
Na_2HPO_4	1.15 g
KH_2PO_4	0.2 g
KCl	0.2 g
Tween-20	0.5 mL

蒸馏水定容至 1 L。

G.1.8　酶标抗体稀释缓冲液(pH7.4;4 ℃储存)

PBST	1 L
BSA(牛血清白蛋白)或脱脂奶粉	2.0 g
PVP(MW24 000～40 000)	20.0 g
NaN_3	0.2 g

G.1.9　底物缓冲液(pH,9.8)

$MgCl_2$	0.1 g
NaN_3	0.2 g
二乙醇胺	97 mL

溶于 800 mL 蒸馏水中,用 HCl 调 pH 值至 9.8;蒸馏水定容至 1 L,4 ℃储存。

G.2　试验步骤

G.2.1　包被抗体

按照要求的浓度和需要的体积(如每 8 孔通常需要 1 mL 的包被抗体溶液;每块 96 孔板需要 10 mL 的包被抗体溶液),用包被缓冲液稀释包被抗体,每孔加 100 μL,酶联板加盖或保鲜膜包好后,在室温下孵育 3 h～4 h 或 4 ℃冰箱中过夜(14 h～16 h)。清空酶标板孔中溶液,用 PBST 加满各个孔,3 min 后倒掉孔中的溶液,在吸水纸上拍干,重复(洗涤)2 次～3 次(或在洗板机上完成)。

G.2.2 样品制备

将待测样品按 1∶5(～10)(重量∶体积)加提取缓冲液,在研钵中研磨成浆状,用低速离心(如 2 000 r/min)10 min～15 min,取上清液(即检测样品)。阴性对照、阳性对照作相应的处理或按照说明书进行分样配制。

G.2.3 加样

包被完成后,将检测样品、阴性对照、阳性对照,加入酶标板中,100 μL/孔,加盖或保鲜膜包好,在 4 ℃下孵育过夜或室温下孵育 2 h。清空酶标板孔中的溶液,用 PBST 加满各个孔;3 min 后倒掉孔中的溶液,在吸水纸上拍干,重复(洗涤)2 次～3 次。

G.2.4 加酶标抗体

在使用前 10 min,按照要求和所需要的体积,用酶标抗体稀释缓冲液将酶标抗体稀释至工作浓度,在酶联板中每孔加 100 μL,加盖或保鲜膜包好,在室温下孵育 2 h。清空酶标板孔中的溶液,用 PBST 加满各个孔;3 min 后倒掉孔中的溶液,在吸水纸上拍干,重复(洗涤)3 次～5 次。

G.2.5 加底物并检测吸收值

在使用前,用底物缓冲液将底物(pNPP,硝基苯磷酸)稀释为 1 mg/mL(现配现用,注意避光)。按 100 μL/孔,加到酶联板中,室温下避光孵育显色 30 min～60 min 后,阳性对照明显变为黄色时,用酶标仪在 405 nm 处检测各孔的吸收值;或每孔加入 50 μL 的氢氧化钠(3 mol/L)或 50 μL 的硫酸(1 mol/L)终止反应后,再检测吸收值,读取 OD_{405} 值。

G.3 结果判断

对照(缓冲液、阴性及阳性)OD_{405} 值应该在质量控制范围内,即:阳性对照有明显的颜色反应,而阴性对照(和缓冲液)则无或 OD_{405} 值小于 0.15(<0.05 时,按 0.05 计);阳性对照 OD_{405} 值/阴性对照 OD_{405} 值大于 5～10;所设置的各个重复之间基本一致。否则,检测结果无法进行判断,需要重新检测。

在满足了上述质量要求后,结果原则上可判断如下:

——样品 OD_{405} 值/阴性对照 OD_{405} 值明显大于 2,判为阳性;

——样品 OD_{405} 值/阴性对照 OD_{405} 值明显小于 2,判为阴性;

——样品 OD_{405} 值/阴性对照 OD_{405} 值在阈值附近,判为可疑样品,应重新检测或用其他方法验证。

附 录 H
(资料性附录)
分子生物学检测方法

H.1 RT-PCR 检测方法

H.1.1 试剂

H.1.1.1 RNA 提取试剂:总 RNA 提取试剂可购买 TRIzol 试剂。

H.1.1.2 50×TAE

Tris	242 g
冰醋酸	52.1 mL
EDTA 钠·$2H_2O$	37.2 g

加水至 1 L,用时加水稀释至 1×TAE。

H.1.1.3 6×加样缓冲液:0.25%溴酚蓝,40%(质量浓度)蔗糖水溶液。

H.1.2 检测步骤

H.1.2.1 核酸提取

H.1.2.1.1 植物组织总 RNA 的提取

称取适量(如 1.0 g)植物组织倒在洁净的研钵中,加液氮迅速研磨成粉末状。研磨后的细粉,应随即进行 RNA 提取,或于超低温冰箱内保存备用。

取 50 mg~100 mg 粉末于 1.5 mL 离心管中,加入 1 mL TRIzol 试剂,室温放置 5 min。4 ℃ 12 000*g* 离心 10 min。把上清液转入到一新离心管中,加 0.2 mL 三氯甲烷,剧烈振荡 15 s,室温放置 2 min~3 min。4 ℃ 12 000 g 离心 15 min。把上层水相(约 600 μL)转移到新离心管中,加入 0.5 mL 异丙醇,混匀,室温下放置 10 min。4℃ 12 000 g 下离心 10 min,弃上清液。用 75%乙醇(至少 1.0 mL)洗涤沉淀一次。室温放置 5 min~10 min,晾干,加入 30 μL 无 Rnase 的双蒸水,反复吹吸数次,在 55 ℃~62 ℃水浴 10 min,充分溶解 RNA,置于−70 ℃保存备用。

H.1.2.1.2 植物组织中细菌 DNA 的提取

称取适量(如 1.0 g)植物组织倒在洁净的研钵中,加液氮迅速研磨成粉末状。研磨后的细粉,应随即进行 DNA 提取,或于超低温冰箱内保存备用。

取细粉(如 0.1 g)至灭菌的离心管(如 1.5 mL)中,加入含 2%β-巯基乙醇的 DNA 抽提缓冲液(如 1.0 mL),65 ℃水浴中孵育 30 min;12 000 r/min 离心 10 min,取上清液(如 700 μL)移至另一离心管(如1.5 mL),加入 10 μg/mL 的 RNaseA(如 5 μL),37 ℃水浴中孵育 30 min;加入等体积的三氯甲烷-异戊醇(24∶1),颠倒混匀,12 000 r/min 离心 10 min,移取上清液(如 600 mL)至新的离心管(如 1.5 mL);加入等体积的 CTAB 沉淀液,混匀,12 000 r/min 离心 10 min,弃上清液;加入氯化钠(如 600 μL)溶解沉淀,室温下静置 5 min;加入等体积三氯甲烷-异戊醇(24∶1),颠倒混匀,12 000 r/min 离心 10 min,再取上清液(如 600 μL)移至另一新的离心管(如 1.5 mL);加入 0.6 倍体积的异丙醇;混合后在室温下静置 30 min,使 DNA 沉淀,12 000 r/min 离心 10 min,弃上清液,用 70%乙醇洗涤沉淀两次,无水乙醇洗涤沉淀一次,晾干。加 TE 缓冲液(如 50 μL)溶解 DNA 沉淀,−20 ℃下保存备用。

H.1.2.1.3 细菌 DNA 的提取

将可疑菌落(包括阳性对照菌株)在斜面培养基上培养增殖 48 h,刮取或加无菌蒸馏水配制成略为浑浊的细菌悬浮液(如 $OD_{600\ nm}$约 0.05)。

将细菌悬浮液(如 10 mL)移入洁净的离心管(如 12 mL)中,12 000 r/min 离心 15 min,弃上清液。沉淀物中依次加入以下溶液:TE 缓冲液(如 5 mL),10%SDS 溶液(如 300 μL),20 mg/mL 的蛋白酶 K

(如 30 μL);混匀,37 ℃水浴中孵育 1 h。加入等体积的三氯甲烷-异戊醇(24∶1),混匀,10 000 r/min 离心 5 min,移取上清液至新的离心管;加入等体积的酚-三氯甲烷-异戊醇(25∶24∶1),混匀,10 000 r/min 离心 5 min,再将上清液移至另一新的离心管;加入 0.6 体积的异丙醇,轻轻混合至 DNA 沉淀,10 000 r/min 离心 5 min,弃上清液,用 70%乙醇洗涤沉淀,晾干;加 TE 缓冲液(如 50 μL)溶解 DNA 沉淀,-20 ℃下保存备用。

H.1.2.2 PCR 反应

H.1.2.2.1 引物序列

根据已报道基因序列设计寡核苷酸的上游引物和下游引物。

H.1.2.2.2 cDNA 合成(针对植物 RNA 病毒)

在 0.2 mL 或 0.6 mL 反应管中加入 1 μL 的下游引物、3 μL 的 RNA,95 ℃中 10 min,然后迅速冰上 5 min。然后继续加入 M-MuLV 反转录酶 0.5 μL、抑制剂 RNasin 0.5 μL、dNTP0.5 μL、5×RT buffer 2.5 μL、ddH_2O 补足到 12.5 μL,37 ℃水浴中 60 min,转到 95 ℃中 10 min,冷却后作为 PCR 模板。

H.1.2.2.3 PCR 扩增

根据具体情况调整反应体系中的各类试剂的量,或采用商业 PCR 试剂盒。检测时,以含病毒或细菌或含有目标片段的质粒作为阳性对照,以无病毒或细菌的植物组织作为阴性对照,以水代替模板作为空白对照。每个反应体系设置两个平行反应。一般 PCR 反应体系见表 H.1。

表 H.1 PCR 反应体系

试剂名称	加样量/μL
10×PCR 缓冲液	2.5
$MgCl_2$(25 mmol/L)	2.0
$dNTP_s$(10 mmol/L)	0.5
上游引物(10 μmol/L)	2.0
下游引物(10 μmol/L)	2.0
Taq 酶(5 U/μL)	0.2
cDNA 模板	2.0
ddH_2O	补足反应总体积为 25 μL

反应条件(参考):先在 95 ℃上预变性 3 min,然后在 94 ℃变性 50 s、退火 50 s(根据不同引物设置退火温度)、72 ℃延伸(根据不同扩增长度设置延伸时间,*Taq* DNA 聚合酶聚合速率约为 2 000 bp/min)进行 30 个循环,最后 72 ℃延伸 7 min。

H.1.2.2.4 琼脂糖电泳

H.1.2.2.4.1 制备凝胶

将 1×TAE 和电泳级琼脂糖按 1.0%~1.5%(质量浓度)配好,在微波炉中熔化混匀,冷却至 55 ℃左右。倒入已封好的凝胶平台上,插上样品梳。待凝胶凝固后,从制胶平台上除去封带,拔出梳子,放入已加入足够量的 TAE(缓冲液的电泳槽中(缓冲液没过凝胶表面约 1 mm)。

H.1.2.2.4.2 加样

用适量的(约 2 μL~3 μL)6×加样缓冲液分别与 8 μL 样品混合,次序加入到样品孔中,并加入一个合适的 DNA 分子量标准物作参考对照。

H.1.2.2.4.3 电泳

接通电源使 DNA 向阳极移动。当加样缓冲液中的溴酚蓝迁移至足够分离 DNA 片段时,关闭电源。把整块凝胶放入溴化乙锭溶液中染色 5 min 左右,取出后在装有纯水的盘中清洗,然后在凝胶成像系统中观察。

注意：溴化乙锭具有强致癌性，有中度毒性，使用时务必戴上一次性手套，并在规定区域内使用。

H.1.3 结果判断

阳性对照在预期大小处有扩增片段，而阴性对照和空白对照未出现与阳性对照大小一致的条带，待测样品出现与阳性对照大小一致的扩增条带，可判定为阳性。

阳性对照、阴性对照和空白对照正常，待测样品未出现与阳性对照一致的扩增条带，判定结果为阴性。

H.2 免疫捕捉（IC-RT-PCR）检测方法

H.2.1 免疫捕捉

将包被抗体用包被缓冲液以 1∶200 倍（根据说明）稀释，取 50 μL～100 μL 包被溶液于 0.6 mL 的离心管中；25 ℃中放置 3 h 或 4 ℃冰箱中过夜，然后用 PBST 缓冲液洗涤 3 次～5 次，去除残留溶液。

H.2.2 样品制备

按照 1∶5 或 1∶10 比例研磨样品，转入离心管中，4 200*g* 离心 5 min，上清液作为检测样品；向每个已包被抗体的离心管中加入样品上清液 100 μL，25 ℃放置 2 h～3 h 或 4 ℃冰箱中放置过夜；加入 PBST 缓冲液洗涤 3 次～5 次，双蒸水洗涤 1 次，去除残留溶液。

H.2.3 PCR 检测

H.2.3.1 方法选择

根据不同的生物体选择 PCR 或 RT-PCR 方法（如检测植物 RNA 病毒选择 RT-PCR 方法；检测 DNA 病毒则选择 PCR 方法；检测细菌等原核病原生物也常用 PCR 方法）。

H.2.3.2 反转录（RT）-PCR

向上述已捕捉了抗原的离心管中加入 1 μL 的下游引物、37.5 μL 的双蒸水，95 ℃中 10 min，然后迅速冰上 5 min。然后继续加入 M-MuLV 反转录酶 0.5 μL、抑制剂 RNasin 0.5 μL、dNTP 0.5 μL、5× RT buffer 10 μL，37 ℃水浴中 60 min，转到 95 ℃中 10 min，冷却后作为 PCR 模板。

在 25 μL 的反应体系中：2.5 μL 的 10× PCR buffer（含 20 mmol/L 的 Mg^{2+}），dNTP（每种各 10 mmol/）0.5 μL，*Taq* DNA 聚合酶（2.5 U/μL）0.5 μL，上游和下游引物各 2 μL（10 μmol/L），加入上述 DNA 模板 10 μL～15 μL，双蒸水补足体积。PCR 反应程序为：先在 95 ℃上预变性 3 min，然后在 94 ℃变性 50 s、退火 50 s（根据不同引物设置退火温度）、72 ℃延伸（根据不同扩增长度设置延伸时间，*Taq* DNA 聚合酶聚合速率约为 2 000 bp/min）进行 30 个循环，最后 72 ℃延伸 7 min。

反应完成后，取 6 μL 扩增产物在 1%～1.5%的琼脂糖凝胶上进行电泳，然后用 EB 染色，在凝胶成像系统上观察。

H.2.3.3 PCR 反应

向上述已捕捉了抗原的离心管中加入 50 μL 双蒸水，95 ℃水浴 10 min，自然冷却，作为 PCR 扩增的模板。在 25 μL 的反应体系中：2.5 μL 的 10× PCR buffer（含 20 mmol/L 的 Mg^{2+}），dNTP 0.5 μL（每种各 10 mmol/L），*Taq* DNA 聚合酶 0.5 μL（2.5 U/μL），上游和下游引物各 2 μL（10 μmol/L），DNA 模板 10 μL～15 μL，双蒸水补足体积。

PCR 反应程序为：先在 95 ℃上预变性 3 min，然后在 94 ℃变性 50 s、58 ℃退火 50 s、72 ℃延伸 50 s 进行 30 个循环，最后 72 ℃延伸 7 min。

取 6 μL 扩增产物在 1%～1.5%的琼脂糖凝胶上进行电泳，然后用 EB 染色，在凝胶成像系统观察。

H.2.4 电泳与检测结果的判定

见第 H.1 章。

附 录 I
（资料性附录）
致病性测定方法

I.1 供试材料

I.1.1 接种材料准备

根据供试植物的感病性和操作者的熟练程度，决定接种植株的数量，每个菌株设 2 个～3 个处理。选择健康、感病品种的种子在小盆钵中播种，培植至产生 3 片～4 片真叶。选取健康的植株的根部、茎部、或果实作为接种之用。

I.1.2 接种体准备

可疑菌落和阳性对照的菌株在完全培养基上繁殖后，根据需要，用无菌自来水配制悬浮液，或直接用菌块作为接种体。

I.2 接种方法

根据病原菌和所为害部位，以及所产生典型症状的不同，选择适宜的接种方法。

I.2.1 创伤接种法

在健康植株的组织(如：根、茎、果实等)，用解剖刀创伤，用消毒的棉花团蘸取病菌悬浮液，或直接将菌块紧贴在创伤处，盖上无菌的棉花团保湿，在适温下培养。

I.2.2 针刺接种法

选最幼嫩的 2 个叶片，用无菌的鸡毛刷或昆虫针刮取的菌落后在靠近叶缘的主叶脉处刺伤，至少接种六个点。在适温下保湿培养。

I.2.3 注射接种法

将病原菌的悬浮液直接注射健康植株的根部、茎部、或果实。伤口处盖上无菌的棉花团保湿，在适温下培养。

I.2.4 喷雾接种法

用喷雾的方法接种，直到流水。小苗罩上塑料袋(相对湿度应近 100%)，在适温下保湿培养。有时需要 2 d 后，白天去掉塑料袋，夜里再罩上。

I.3 症状检查

根据各类病害的显症情况，一般在 10 d～14 d 后，检查植株是否出现典型的症状。比较阳性对照或参照菌株的情况，注意与其他病原菌或其他原因所引起的症状的区别。

I.4 关键控制点

致病性测定都应设阳性或参照菌株对照，无菌对照。阳性质控物应该能够产生典型的症状，而无菌对照不应该产生症状。

喷雾接种时，喷雾后不要擦拭到叶片。

附　录　J
（资料性附录）
指 示 植 物

J.1　尾穗苋(老枪谷,*Amaranthus caudatus* L.)。

J.2　野南芥(*Arabis biesutus*)。

J.3　灰藜(*Chenopodium album*)。

J.4　苋色藜(*C. amaranticolor*)。

J.5　墙生藜(*C. murale*)。

J.6　昆诺藜(茴藜,*C. quinoa*)。

J.7　黄瓜(*Cucumis sativus*)。

J.8　笋瓜(*Cucurbita maxima* L.)。

J.9　西葫芦(*Cucurbita pepo*)。

J.10　曼陀罗(*Datura stramonium*)。

J.11　千日红(*Gomphrena globosa*)。

J.12　番茄(*Lycopersicum esculentum*)。

J.13　本氏烟(*Nicotiana benthamiana*)。

J.14　克里夫兰烟(*N. clevelandii*)。

J.15　心叶烟(*N. glutinosa*)。

J.16　黄花烟(*N. rustica* L.)。

J.17　普通烟(*N. tabacum*)。

J.18　白肋烟(*N. tabacum* cv. White Burley)。

J.19　三生烟(*N. tabacum* cv. *samsui*)。

J.20　三西烟(*N. tabacum* cv. *xanthi*)。

J.21　矮牵牛(*Petunia* x *hybrida*)。

J.22　菜豆(*Phaseolus vulgaris*)。

J.23　菜豆(*P. vulgaris*):"Pinto"品种。

J.24　长序菜豆(*P. lathyroides*)。

J.25　豌豆(*Pisum sativum*)。

J.26　豇豆(*Vigna unguiculata*)。

J.27　番杏(*Tetragonia expansa*)。

中华人民共和国出入境检验检疫行业标准

SN/T 2369—2009

进出境木制品检疫规程

Rules for the quarantine of woodwork for import and export

2009-09-02 发布　　2010-03-16 实施

中华人民共和国国家质量监督检验检疫总局　发布

前　言

本标准由国家认证认可监督管理委员会提出并归口。

本标准起草单位：中华人民共和国福建出入境检验检疫局、中华人民共和国厦门出入境检验检疫局。

本标准主要起草人：黄可辉、郭琼霞、詹开瑞、林石明、陈寿铃、李德福、林峰、姚向荣、郑耿。

本标准系首次发布的出入境检验检疫行业标准。

进出境木制品检疫规程

1 范围

本标准规定了进出境木制品的检疫方法和检疫结果的判定。

本标准适用于进出境木制品的检疫。

2 术语和定义

下列术语和定义适用于本标准。

2.1

木制品 woodwork

木料制成的及木料与其他材料混合制成的各种成品和半成品(不包括木包装)。

3 检疫依据

3.1 进境国家或地区的植物检疫要求。

3.2 政府间双边植物检疫协定、协议、议定书、备忘录和我国参加的地区性和国际性植保植检组织规定的检疫要求。

3.3 中国进出境植物检疫法律、法规及其相关规定。

3.4 贸易合同、信用证中订明的木制品植物检疫要求。

4 仪器和器具

——锯子、木凿、木工斧;

——体视显微镜、手持放大镜;

——线虫分离筛、白塑料布(约 1 m^2)、手电筒、毛刷、剪刀、镊子;

——样品袋、指形管、标本瓶、记号笔等。

5 检疫准备

5.1 审核报检资料,报检人应提供贸易合同(或信用证)、装箱单、发票等资料。

5.2 查阅有关法律法规和技术资料,确定检疫依据及检疫要求。

5.3 了解输出国产地疫情或进口国检疫要求,明确检疫重点。

6 现场检疫

6.1 检疫方法

6.1.1 核查货证

检查木制品的规格、数量、质量、批次代号、唛头标记和木制品的包装物等是否与报检单证相符。

6.1.2 包装物检疫

检查木制品的包装物,包括外包装及所含小件货样的内包装,检查包装物及其缝隙中有无害虫、杂草籽等有害生物及蛀孔等为害状,检查其有无夹带土壤等禁止进境物。

6.1.3 木制品检疫

6.1.3.1 病害检疫

对木制品进行病症检查,检查其有无松材线虫危害的蓝变症状,将可疑的样品装入样品袋供实验室分离检验鉴定。

6.1.3.2 **害虫、杂草检疫**

将木制品放置于白塑料布上，检查其是否有害虫，钻蛀性害虫的蛀虫孔、虫道及其虫粪等为害症状，将可能带有活虫的可疑样品装入样品袋，供实验室检验鉴定。同时，采用拍击方法进行查验，使隐藏的害虫、螨类和夹杂其中的杂草籽等振落于塑料布上，将检获的害虫、螨类、杂草籽装入指形管，供实验室检验鉴定。

6.1.3.3 **其他项目检疫**

检查木制品是否夹带土壤等禁止进境物。

6.1.4 **木制品的检疫处理**

在检疫的依据中有规定进行检疫处理的木制品，应按相关规定进行检疫处理。

6.2 抽查与送检

6.2.1 **抽查比例**

6.2.1.1 以一检疫批为单位，按下列比例抽样查验：

——10 件以下全部查验；

——11 件～100 件查验 10 件；

——101 件～1 000 件，每增加 100 件，查验数量增加 1 件；

——1 001 件以上，每增加 500 件，查验数量增加 1 件。

6.2.1.2 每件内含有小件的，查验数不少于该件内含有小件数的四分之一。

6.2.2 **抽查方法**

在木制品堆垛上、中、下等不同部位，随机抽取查验样品。

6.2.3 **样品送检**

将现场检疫发现的有害生物及有可疑症状的样品，标明报检号、品名、数量、取样地点、取样人和取样日期，送实验室进一步检验。

7 实验室检验与鉴定

7.1 病害检验与鉴定

对送检可疑样品进行病害症状检查，观察有无典型的蓝变症状，对有蓝变症状的样品进行线虫的分离检验与鉴定。

7.2 害虫、螨类检验与鉴定

对送检可疑样品进行虫害检查，将检获的害虫、螨类置于体视显微镜下检验鉴定。对难以直接鉴定的幼虫、虫卵、蛹进行饲养，需要时，连同样品一并置于害虫饲养箱中进行饲养，成虫羽化后进行检验与鉴定。

7.3 杂草检验与鉴定

将检获的杂草籽置于体视显微镜下检验与鉴定。

8 结果评定与处置

8.1 合格评定

经检疫，符合 3.1、3.2、3.3、3.4 的检疫规定，评定为合格。

8.2 不合格评定

检疫结果有下列情况之一的，评定为不合格：

——发现检疫性有害生物；

——发现禁止进境物；

——发现双边协定、协议、备忘录等条款中订明的有害生物；

——发现其他不符合本标准第3章规定。

8.3 **不合格的处理**

出境的，应针对情况实施检疫除害、重新加工等处理，并对处理结果进行复检，复检不合格的，作不准出境处理。

进境的，应实施检疫除害处理。无有效检疫除害处理方法的，作退货或销毁处理。

中华人民共和国出入境检验检疫行业标准

SN/T 2455—2010

进出境水果检验检疫规程

Rules for the inspection and quarantine of fruit for import and export

2010-01-10 发布　　　　2010-07-16 实施

中　华　人　民　共　和　国
国家质量监督检验检疫总局　发布

前　言

本标准附录 A 为资料性附录。

本标准由国家认证认可监督管理委员会提出并归口。

本标准起草单位：中华人民共和国广东出入境检验检疫局。

本标准主要起草人：郭权、何日荣、陈思源、林宗炘、钟伟强、陈晓路。

本标准系首次发布的出入境检验检疫行业标准。

进出境水果检验检疫规程

1 范围

本标准规定了进出境水果的检验检疫方法和检验检疫结果的判定。

本标准适用于进出境水果的检验检疫。

2 规范性引用文件

下列文件中的条款通过本标准的引用而成为本标准的条款。凡是注日期的引用文件，其随后所有的修改单(不包括勘误的内容)或修订版均不适用于本标准，然而，鼓励根据本标准达成的协议的各方研究是否可使用这些文件的最新版本。凡是不注日期的引用文件，其最新版本适用于本标准。

GB/T 8210—1987 出口柑桔鲜果检验方法

SN/T 0188 进出口商品重量鉴定规程 衡器鉴重

SN/T 0626—1997 出口速冻蔬菜检验规程

3 术语和定义

下列术语和定义适用于本标准。

3.1

水果 fruit

新鲜水果、保鲜水果与冷冻水果果实。

4 检验检疫依据

4.1 进境国家或地区的植物检验检疫法律法规和相关要求。

4.2 政府间的双边植物检验检疫协定、协议、议定书、备忘录。

4.3 中国进出境植物检验检疫法律法规及其相关规定。

4.4 进境植物检疫许可证、贸易合同和信用证等文本中订明的植物检验检疫要求。

5 果园、包装厂注册登记

5.1 果园注册登记

出境水果果园应经所在地检验检疫机构考核，取得注册登记资格。

5.2 包装厂注册登记

出境水果包装厂应经所在地检验检疫机构考核，取得注册登记资格。

6 检验检疫准备

6.1 审核报检所附单证资料是否齐全有效，报检单填写是否完整、真实，与进境植物检疫许可证、输出国官方植检证书、贸易合同(或信用证)、装箱单、发票等资料内容是否相符。进境水果应进行植检证书真伪性核查，有网上证书核查要求的应进行网上核查。

6.2 查阅有关法律法规和技术资料，确定检验检疫依据及检验检疫要求。

6.3 了解输出国产地疫情或输入国检验检疫要求，明确检验检疫规定。

7 现场检验检疫

7.1 检验检疫工具

瓷盘或白色硬质塑料纸、手持放大镜、毛刷、指形管、酒精瓶、酒精、剪刀、镊子、样品袋、标签、记号笔、照明设备、照相机等。查验有冷处理要求的进境水果还需要标准水银温度计、搅拌棒、保温壶、洁净的碎冰块、蒸馏水等工具和材料进行冷处理水果果温探针校正检查。

7.2 核查货证

7.2.1 进境水果核查货证

核查核对集装箱等运输工具、所装载货物的号码与封识、货物的标签、品名、唛头、封箱标志、规格、批号、产地、日期、数量、质量、件数、包装、原产国的果园或包装厂的名称或代码等是否与报检单证相符、是否符合第4章规定的检验检疫要求。

核查水果的种类、数(质)量,并检查其间是否夹带、混装未报检的水果品种,是否符合关于进境水果指定入境口岸的规定。经香港和澳门地区中转进入内地的进境水果,要核对货物、封识是否与经国家质量监督检验检疫总局认可的港澳地区检验机构出具的确认证明文件内容相符。

有热处理要求的进境水果应核查植物检疫证书上的热处理技术指标及处理设施等注明内容是否符合第4章规定的检验检疫要求。有冷处理要求的进境水果应核查植物检疫证书上的冷处理温度、处理时间和集装箱号码封识号及附加声明等注明内容,以及由输出国官员签字盖章的果温探针校正记录等,是否符合第4章规定的检验检疫要求。

7.2.2 出境水果核查货证

核对包装上的唛头标记、水果的件数和质量等是否与报检相符。

出境水果应来自经检疫注册登记的果园和包装厂,符合注册登记管理的有关要求。出境查验时还应核对果园、包装厂注册登记证书或其复印件,及水果包装箱上的水果种类、产地、果园和包装厂名称或注册号以及批次号等信息,是否符合第4章规定的检验检疫要求。果园与包装厂不在同一辖区的,还应核查产地供货证明,并对供货证明的数量进行核销。

7.3 运输工具及装载容器检验检疫

检查装运水果的集装箱、汽车、飞机或船舶等运输工具是否干净,有无有害生物、土壤、杂草或其他污染物。

7.4 进境水果冷处理核查

对有冷处理要求的进境水果,核查由船运公司下载的冷处理记录、检查果温探针安插的位置及对果温探针进行校正检查,是否符合第4章规定的检验检疫要求。

7.5 出境水果处理

有特殊处理要求的出境水果,包括出口前冷处理、运输途中冷处理、出口前蒸热处理和蒸热低温杀虫处理等处理,应按相关要求和处理指标进行处理,出具相应的处理报告和植检证书,在植物检疫证书中应包含冷处理或热处理相关信息。

7.6 包装物检验检疫

7.6.1 抽样前检查整批包装是否完整、有无破损,检查内外包装有无虫体、霉菌、杂草、土壤、枝叶及其他污染物。

7.6.2 带木包装或其他植物性包装材料的,按相关规定实施检疫。

7.7 抽样与取样

有双边植物检验检疫协定要求的、按双边协定要求进行抽查;无双边协定要求的,按随机和代表性原则多点抽样检查,抽查件数和取样数量如下:

a) 进境水果

以每一检验检疫批为单位进行抽查取样,抽查件数和取样数量见表1。可根据国内外近期有害生物的发生情况及口岸有害生物的截获情况，在范围内相应地调整抽查件数和取样数量。初次进口的水果品种及以往查验发现可疑疫情的，适当增加抽查件数。

表 1　进境水果抽查取样数量表

水果总数/件	抽查数量/件	取样量/kg
≤500	10(不足 10 件的，全部查验)	0.5～5
501～1 000	11～15	6～10
1 001～3 000	16～20	11～15
3 001～5 000	21～25	16～20
5 001～50 000	26～100	21～50
>50 000	100	50

b)　出境水果

以每一检验检疫批为单位进行抽查取样，按水果总件数的 2%～5%(不少于 5 件)随机开箱抽查，按货物的 0.1%～0.5%(不少于 5 kg)随机抽取样品，可根据国内近期有害生物的发生情况在范围内适当调整抽查件数和取样数量。

7.8　货物检验检疫

7.8.1　大船运输的，分上、中、下三层边卸货边检查。

7.8.2　集装箱装载运输的，必要时在集装箱中间卸出 60 cm 的通道进行查验。

7.8.3　抽样逐个检查水果是否带虫体、枝叶、土壤和病虫为害状。重点检查果柄、果蒂、果脐及其他凹陷部位；害虫检查包括实蝇类、鳞翅目、介壳虫、蓟马、蚜虫、瘿蚊、螨类等虫体(如：卵、幼虫、蛹及成虫)及其为害状，如虫孔、褐腐斑点、斑块、水渍状斑、边缘呈褐色的圆孔等；病害检查包括霉变、腐烂、畸形、变色、斑点、波纹等病害症状。

收集各种虫体、病虫果及其他可疑的样品，放入样品袋或指形管，作好标记并送实验室检验鉴定。

进境水果还应根据实际进境的水果品种和数(质)量，对进境动植物检疫许可证进行核销。

7.9　现场剖果

7.9.1　剖果数量

对抽查的水果现场剖果检疫。对于进境水果，以每一检验检疫批为单位按表 2 的规定进行剖果，首先剖检可疑果。发现有可疑疫情的，适当增加剖果数量。

表 2　现场剖果数量表

水果个体大小	剖果数量
个体较小的水果，如葡萄、荔枝、龙眼、樱桃等	每一抽查件数不少于 0.5 kg
中等个体的水果，如芒果、柑桔类、苹果、梨等	每一抽查件数不少于 5 个
个体较大的水果，如西瓜、榴莲、菠萝蜜等	每批不少于 5 个
香蕉	总件数 5 000 件以下的，不少于 5 kg； 总件数大于等于 5 000 件的，不少于 10 kg

对于出境水果，参照进境水果现场剖果数量进行剖果检查。

7.9.2　剖果后仔细检查果实内有无昆虫虫卵、幼虫及其为害状，有无霉变；收集可疑的样品，放入样品袋、作好标记并送实验室检验鉴定。

7.10　视频监控及拍照或录像

进境水果还应对查验过程按相关要求进行视频摄录保存。查验发现有害生物或可疑疫情的，对有害生物及疑受为害的果实、包装箱及装载的运输工具进行拍照或录像。

7.11 现场查验记录

记录内容包括:查验日期地点、单证核对情况、抽查数量、有害生物发现情况、现场查验人员、相关照片录像等。

8 实验室检验检疫

8.1 品质检验

8.1.1 感官检验

8.1.1.1 外观卫生检验

结合现场查验,检查果面有无破损、是否洁净,是否沾染泥土或不洁污染物。

8.1.1.2 品种规格检验

结合现场查验,检查品种是否具有本品种固有的色泽、形状,检验品种和规格是否符合相关标准规定。

8.1.1.3 风味检验

品尝其风味和口感是否具有本品种固有的风味和滋味,有无异味。

8.1.1.4 杂质检验

结合现场检验检疫,检查果实是否带有本身的废弃部分及外来物质。

8.1.1.5 缺陷检验

进境水果按 GB/T 8210—1987 中 5.4 执行。

出境水果按输入国家或地区要求执行。

8.1.1.6 可食部分检验

进境水果按 GB/T 8210—1987 中 5.7.3 执行。

出境水果按输入国家或地区要求执行。

8.1.1.7 可溶性固形物检验

进境水果按 GB/T 8210—1987 中 5.7.5 执行。

出境水果按输入国家或地区要求执行。

8.1.2 重量鉴定

进境水果按 SN/T 0188 执行。

出境水果按输入国家或地区要求执行。

8.1.3 微生物检验

进境水果按 SN/T 0626—1997 中 5.7 执行。

出境水果按输入国家或地区要求执行。

8.1.4 理化检验

进境水果果实中的糖、酸、维生素含量的测定方法按 GB/T 8210 执行。

出境水果按输入国家或地区要求执行。

8.1.5 有毒有害物质检验

根据输入国家或地区规定或标准、或合同信用证规定的方法进行有毒有害物质如重金属、农药残留等项目的检验;如无指定方法,按国家标准或检验检疫行业标准检验。

8.2 有害生物检疫鉴定

8.2.1 病害检疫鉴定

对抽取的样品进行仔细的症状检查,检查有无发霉、腐烂等典型病害症状,发现可疑症状的进一步做病原检查。

8.2.2 害虫、螨类检疫鉴定

将现场检验检疫中发现的害虫螨类样本和可疑病虫害水果放入白瓷盘,在光线充足条件下逐袋逐

个进行剖果与检查,检查是否有蛆状或其他害虫,将截获的害虫置于解剖镜或显微镜下检验鉴定。

对难以直接鉴定的幼虫、卵、蛹,应进行饲养,需要时连同样品一并置于昆虫饲养箱中进行饲养,成虫羽化后进行鉴定。

8.2.3 杂草检疫鉴定

将截获的杂草籽置于解剖镜或显微镜下或用其他方法进行检验鉴定。

9 结果评定与处置

9.1 合格评定

根据本标准检验检疫结果,对照第4章规定的检验检疫要求,综合判定是否合格。感官检验项目如无指定要求,附录A供参考。

经检验检疫,符合第4章规定的检验检疫要求的,评定为合格。

9.2 不合格评定

检验检疫结果有下列情况之一的水果,评定为不合格:

——发现检疫性有害生物的;

——发现禁止进境物的;

——发现协定应检有害生物的;

——发现包装箱上的产地、种植者或果园、包装厂、官方检验检疫标志等不符合检验检疫议定书要求或其他相关规定的;

——有毒有害物质检出量超过相关安全卫生标准规定的;

——发现水果检疫处理无效的;

——发现其他不符合第4章规定的。

9.3 不合格的处理

进境的,应实施检疫除害处理。无有效处理方法的,予以退货或销毁处理。

出境的,应针对情况进行除害处理或换货处理,并对处理后的货物进行复检,复检仍不合格的货物,作不准出境处理。

附 录 A
（资料性附录）
水果感官指标

表 A.1 水果感官指标表

项 目	判 断	
	合 格	不 合 格
包装	清洁，牢固	变形，不清洁
质量	符合规定	少于规定，或大于规定 2%
卫生	果面洁净，不沾染泥土或为不洁物污染	果面不洁，附有泥土等
形状	具该品种应有的果形特征	畸形
异品种	≤2%	＞2%
风味	具该品种正常的风味，无异味	有异味
杂质	不带有水果本身的废弃部分及外来物质	带有水果本身的废弃部分及外来物质
缺陷	一般缺陷或严重缺陷合计≤10%，其中严重缺陷＜3%	一般缺陷和严重缺陷合计＞10%，其中严重缺陷＞3%
注：上述项目中，杂质、卫生、风味、缺陷四项中有一项不合格，整批判为不合格；其余项目中有两项不合格，整批判为不合格。		

中华人民共和国出入境检验检疫行业标准

SN/T 2460—2010

出口橡子淀粉检验检疫规程

Inspection and quarantine rules of the export acorn starch

2010-01-10 发布

2010-07-16 实施

中华人民共和国国家质量监督检验检疫总局 发布

前　言

本标准由国家认证认可监督管理委员会提出并归口。

本标准起草单位:中华人民共和国湖北出入境检验检疫局。

本标准主要起草人:谭炳乾、邱国强、李庚如、王永双。

本标准系首次发布的出入境检验检疫行业标准。

出口橡子淀粉检验检疫规程

1 范围

本标准规定了出口橡子淀粉的现场检验检疫、抽样、实验室检验和结果判定与处置的方法。

本标准适用于出口橡子淀粉的检验检疫。

2 规范性引用文件

下列文件中的条款通过本标准的引用而成为本标准的条款。凡是注日期的引用文件，其随后所有的修改单(不包括勘误的内容)或修订版均不适用于本标准，然而，鼓励根据本标准达成的协议的各方研究是否可使用这些文件的最新版本。凡是不注日期的引用文件，其最新版本适用于本标准。

GB/T 5009.3 食品中水分的测定

GB/T 5009.9 食品中淀粉的测定

GB/T 5009.11 食品中总砷及无机砷的测定

GB/T 5009.12 食品中铅的测定

GB/T 5009.15 食品中镉的测定

GB/T 5009.17 食品中总汞及有机汞的测定

GB/T 5009.22 食品中黄曲霉毒素 B_1 的测定

GB/T 22427.5 淀粉细度测定

GB/T 22427.13 淀粉及其衍生物二氧化硫含量的测定

SN/T 0800.1 进出口粮油、饲料检验 抽样和制样方法

SN/T 0800.18 进出口粮油、饲料检验 杂质检验方法

3 检验检疫依据

3.1 进口国家或地区的检验检疫法律法规和相关要求。

3.2 贸易合同和信用证等文本中订明的检验检疫要求。

4 检疫准备

4.1 审核证单、了解产地情况和进口国的检验检疫要求，确定检验检疫重点和依据。

4.2 检疫工具的准备：抽样扦、磨砂有盖玻璃广口瓶或样品袋、手持放大镜、指形管、镊子、分样板、分样布及其他现场检验检疫工具。

5 现场检验检疫

5.1 现场检疫

检查生产现场、储存库等环境，是否存在检疫性有害生物及其他有害生物。

5.2 包装和标志检验

5.2.1 包装检验

抽样前检查整批货物的内外包装。

内、外包装袋应坚固、完整、清洁卫生、无污染和异味、适合长途运输，符合有关检验检疫规定。

5.2.2 标志检验

检查外包装袋上印刷的标志或标签上的品名、批号、规格、质量等，应与内容物相符，字迹应清晰完整。

加施检验检疫标志应符合有关规定。

5.3 重量鉴定

5.3.1 衡器要求

感量 0.2 kg,0.005 kg,量程应在被称物重量的 5 倍以内。

5.3.2 操作步骤

5.3.2.1 毛重

按报验批总数的 5%抽取,用已校核的衡器称量,但根据每件货物的差重幅度大小,可适当增加或缩减抽查比例,直至鉴定人员认为具有代表性为止。

5.3.2.2 皮重

在抽查的包件中,任取 5 件～10 件称取皮重,核算平均皮重。

5.3.2.3 净重

根据毛重与皮重核算出抽查毛重部分的总净值,如抽查毛重部分的总净重与规定总净重差重幅度在 0.2%以内的,认为全批净重相符;如超过 0.2%时,则按实衡净重计算全批重量。

5.4 抽样与制样

5.4.1 抽样数量

抽样以检验批为单位,按 SN/T 0800.1 进行。

10 袋以下,逐袋抽样。

10～100 袋,随意抽取 10 件。

101 袋以上,按货物总件数的平方根数抽取,见式(1)。

$$n = \sqrt{N} \quad \cdots\cdots (1)$$

式中:

N——检验批的总件数;

n——应抽取样品件数(n 值取整数,小数部分向上修约)。

5.4.2 抽样方法

根据报检单所载数量、包装、唛头等与实际堆存商品核对相符后,在堆垛四周上、中、下各部位以曲线形走向,分层随机确定抽样点。每件抽取样品数量应基本一致。每件至少取 200 g 作为原始样品,原始样品总量不得少于 2 kg。

在抽样过程中,如发现异常,应酌情增加抽样数量,必要时可停止抽样。

5.4.3 大样缩分

集中所取样品,倒于分样布上,混匀,使用分样板按四分法缩分出样品不少于 2 kg,倒入盛样容器内,密封,防止受潮。

5.4.4 样品标签

盛装样品的广口瓶或样品袋外部应贴上样品标签,注明产品名称、数量、贮存仓库、报检单号、抽样员姓名和日期。

5.4.5 样品的制备及保存

将所取原始样品缩分至 1 kg,均分成两份,装入洁净容器内,密封,标记,一份供检验,另一份避光保存直至合同规定的索赔期满或至少 6 个月。

6 实验室检验

6.1 品质检验

6.1.1 细度

有该检验要求时,按 GB/T 22427.5 规定方法检验。

6.1.2 水分

有该检验要求时，按 GB/T 5009.3 规定方法检验。

6.1.3 淀粉含量

有该检验要求时，按 GB/T 5009.9 规定方法检验。

6.1.4 杂质

有该检验要求时，按 SN/T 0800.18 规定方法检验。

6.2 卫生项目检验

6.2.1 二氧化硫

有该检验要求时，按 GB/T 22427.13 规定方法检验。

6.2.2 砷

有该检验要求时，按 GB/T 5009.11 规定方法检验。

6.2.3 铅

有该检验要求时，按 GB/T 5009.12 规定方法检验。

6.2.4 镉

有该检验要求时，按 GB/T 5009.15 规定方法检验。

6.2.5 汞

有该检验要求时，按 GB/T 5009.17 规定方法检验。

6.2.6 黄曲霉毒素 B_1

有该检验要求时，按 GB/T 5009.22 规定方法检验。

6.2.7 微生物指标

有该检验要求时，按有关要求及规定的方法检验。

6.3 有害生物鉴定

有害生物检疫和鉴定，按进口国家或地区的植物检验检疫法规和相关要求进行。

7 结果判定与处置

7.1 结果判定

将现场检验检疫、抽样检验样本中检验检疫结果对照相关标准、合同、信用证和检验检疫要求等，综合作出合格与否的判定。

7.2 检验检疫合格与处置

检验检疫合格，出具有关单证，准予出境。

7.3 检验检疫不合格与处置

7.3.1 检验检疫中发现不合格项目，即判定该批产品检验检疫不合格。

7.3.2 凡属于安全卫生项目不合格产品，出具《不合格通知单》，不准出境。

7.3.3 有有效处理方法的，监督货主进行处理，经处理、检验检疫合格的出具有关单证，准予出境。无有效处理方法的，不准出境。

中华人民共和国出入境检验检疫行业标准

SN/T 2476—2010

进境植物繁殖材料检疫规程

Quarantine rules of imported plant propagation material

2010-01-10 发布　　　　2010-07-16 实施

中华人民共和国国家质量监督检验检疫总局 发布

前　言

本标准由国家认证认可监督管理委员会提出并归口。

本标准起草单位：中华人民共和国深圳出入境检验检疫局。

本标准主要起草人：陈枝楠、胡献星、郑耘、仲建忠、邓琼、顾光昊。

本标准系首次发布的出入境检验检疫行业标准。

进境植物繁殖材料检疫规程

1 范围

本标准规定了进境植物繁殖材料的检疫程序。

本标准适用于进境植物繁殖材料的检疫。

2 规范性引用文件

下列文件中的条款通过本标准的引用而成为本标准的条款。凡是注日期的引用文件，其随后所有的修改单(不包括勘误的内容)或修订版均不适用于本标准，然而，鼓励根据本标准达成协议的各方研究是否可使用这些文件的最新版本。凡是不注日期的引用文件，其最新版本适用于本标准。

SN/T 1619 植物隔离检疫圃分级标准

SN/T 2122 进出境植物及植物产品检疫抽样

3 术语和定义

下列术语和定义适用于本标准。

3.1

植物繁殖材料 palnt propagation material

植物繁殖材料是植物种子、种苗及其他繁殖材料的总称，包括栽培、野生的可供繁殖的植物全株或者部分，如植株、苗木(含试管苗)、果实、种子、砧木、接穗、插条、叶片、芽体、块根、块茎、鳞茎、球茎、花粉、细胞培养材料(含转基因植物)等。

3.2

处理 treatment

官方许可的旨在杀灭、灭活或去除有害生物，或使其丧失繁殖能力或丧失活力的程序。

4 检疫依据

4.1 中国与贸易国政府间签定的双边植物检疫协定、协议或备忘录。

4.2 有关植物检疫要求的法规，包括：

——《中华人民共和国进出境动植物检疫法》及其实施条例；

——《进境植物繁殖材料检疫管理办法》(国家检验检疫局 1999 年第 10 号令)；

——《进境植物繁殖材料隔离检疫圃管理办法》(国家检验检疫局 1999 年第 11 号令)；

——《进境栽培介质检疫管理办法》(国家检验检疫局 1999 年第 13 号令)；

——《中华人民共和国进境植物检疫性有害生物名录》(农业部第 862 号公告)。

4.3 国家质量监督检验检疫总局或农业、林业行政主管部门发布的有关风险警示通报。

4.4 贸易双方合同或信用证等中约定的植物检疫要求。

5 受理报检

受理进境植物繁殖材料报检时，应审核下列单证：

a) 国家质量监督检验检疫总局签发的《进境动植物检疫许可证》(针对苗木携带的栽培介质、禁止进境特许审批的繁殖材料或因科学研究需要特许审批的植物繁殖材料的情况)；

b) 国家农业行政主管部门签发的《引进种子、苗木检疫审批单》或国家林业行政主管部门签发的《引进林木种子苗木及其他繁殖材料检疫审批单》；
c) 原产地国家或地区植物保护机构出具的官方《植物检疫证书》或转口国家或地区植物保护机构签发的《转口植物检疫证书》；
d) 贸易合同或信用证；
e) 同意调入函(适用于调离或隔离检疫场所在检验检疫机构辖区外的进境繁殖材料)；
f) 其他证明文件,如发票、海运提单或装箱单等。

6 现场检疫

6.1 核对品名、品种、批号、数量、唛头等是否与申报相符：
a) 与申报品名、品种、批号不符的,不符部分退运或销毁处理；
b) 实际数量超过申报的,超过部分作退运或销毁。实际数量少于申报的,查明原因；
c) 货证相符的,进入以下查验程序。

6.2 检查包装、铺垫材料、集装箱有无粘附土壤、害虫及杂草籽等。

6.3 植物繁殖材料检查：
a) 以批次为检疫单位；
b) 重点检查植物繁殖材料是否携带土壤、害虫、菌瘿、杂草籽等,其表面是否有明显病症。情况严重的,进行拍照或录像；
c) 带有栽培介质的,检查是否带有土壤、害虫、植物残体等。

6.4 现场抽查与抽样：
a) 出口国和我国签订双边协定的,按双边协定的要求抽查和抽样；
b) 未签订双边协定的,按 SN/T 2122 要求抽查和抽样；
c) 填写《现场检疫记录》和《抽样凭证》。

6.5 检疫性和限定的非检疫性有害生物的确定,根据《进出境动植物检疫许可证》、《引进种子、苗木审批单》、《引进林木种子苗木和其它繁殖材料检疫审批单》和双边议定书中规定的禁止进境的检疫性或限定的非检疫性有害生物名单,在送样单中注明检疫项目。必要时,注明检疫鉴定标准。

6.6 样品送实验室检验时,要求按照相关标准和规程保障样品的时效性和完整性。对于现场发现活的有害生物,要做好防止有害生物逃逸的防范措施,并按照要求对样品进行标识。

7 实验室检验

7.1 国家有检验鉴定标准的,按照有关国家标准或行业标准检验鉴定。

7.2 国家无具体检验鉴定标准的,可采用国际标准或先进国家/地区的标准实施检验鉴定。

7.3 没有检验鉴定标准的,可根据目标有害生物的生物学特性,参考以下方法进行检疫鉴定：
a) 真菌:症状诊断、吸水纸培养法、分离培养法、血清学和分子生物学方法等；
b) 原核生物:生化反应法、分离培养法、过敏性反应、血清学和分子生物学检验方法等；
c) 病毒及类病毒:生物学检验、血清学检验、免疫电镜、分子生物学等检验方法；
d) 线虫:直接观察分离法、染色法、漂浮法、混合器-贝曼漏斗法等；
e) 昆虫、螨类:直接镜检法,也可以辅以分子生物学检测方法；
f) 软体动物:直接镜检法；
g) 杂草:过筛镜检、洗涤镜检、直接镜检,也可以辅以分子生物学检测方法。

7.4 出具《实验室检验检疫结果报告》。

8 隔离检疫

8.1 按照《进出境动植物检疫许可证》或《引进种子、苗木审批单》、《引进林木种子苗木和其他繁殖材料检疫审批单》的规定对进境植物繁殖材料进行隔离检疫，根据SN/T 1619和《进境植物繁殖材料检疫管理办法》核定相应的隔离场所，确定隔离检疫时间和措施。特许审批入境繁殖材料需根据特许审批单的隔离要求调入植物检疫隔离三级圃(PEQS-3)实施检疫与监管。

8.2 植物繁殖材料在隔离种植期间，按照《进境植物繁殖材料检疫管理办法》和《进境植物繁殖材料隔离检疫圃管理办法》的有关规定执行。

8.3 隔离检疫完成后，出具隔离检疫结果和有关的检疫报告。

9 检疫结果评定及处理

9.1 现场检疫发现带有土壤的植物繁殖材料，判定为不合格，禁止入境，做退货或销毁处理。

9.2 经现场检疫、实验室检验和隔离检疫合格，未发现规定的检疫性有害生物和(或)合同约定的禁止携带的有害生物的植物繁殖材料，准予进境，出具《入境货物检验检疫证明》。

9.3 经现场检疫、实验室检验和(或)隔离检疫发现携带有检疫性有害生物的：

a) 有有效检疫处理方法的，出具《检验检疫处理通知书》，经检疫除害处理合格后，准予进境；

b) 没有检疫处理方法的或无法检疫除害处理的，判定为不合格，禁止入境，出具《检验检疫处理通知书》，需要索赔的出具《植物检疫证书》，作退货或销毁处理。

9.4 经现场检疫、实验室检验或隔离检疫，发现带有限定的非检疫性有害生物的：

a) 限定的非检疫性有害生物未超过有关规定的，判定为合格，准予进境；

b) 限定的非检疫性有害生物超过有关规定的，已有检疫除害处理方法的，出具《检验检疫处理通知书》，经检疫处理合格后，准予进境；没有检疫除害处理方法的，判定为不合格，禁止入境，出具《检验检疫处理通知书》，需要索赔的出具《植物检疫证书》，作退货或销毁处理。

9.5 发现合同约定禁止携带的其他有害生物的，判定为不合格，作退货或销毁处理，出具相关《植物检疫证书》。

10 信息上报

植物繁殖材料在进境检疫、隔离种植期间发现禁止进境检疫性有害生物等重大疫情的，除填写《进境植物疫情及有毒有害物质报告表》外，还应立即以书面形式向国家质量监督检验检疫总局报告。

11 样品保存和文案归档

11.1 样品保存

经实验室检验，发现检疫性有害生物的，样品至少保存6个月，以备复查、谈判和仲裁，保存期满后，应经无害化处理。对图片、影像等资料和有害生物标本妥善保存。

11.2 文案归档

检验检疫完毕7个工作日内将贸易合同、信用证、发票和装箱单、《引进种子、苗木检疫审批单》或《引进林木种子苗木和其他繁殖材料检疫审批单》、出口国官方出具的植物检疫证书、报检单、通关单、场查验记录、出具的证书证单、检验检疫鉴定结果报告单等有关单证进行归档。

中华人民共和国出入境检验检疫行业标准

SN/T 2478—2010

进出口面粉检疫操作规程

Rules for the quarantine of import and export wheat flour

2010-01-10 发布　　2010-07-16 实施

中华人民共和国
国家质量监督检验检疫总局 发布

前　言

本标准由国家认证认可监督管理委员会提出并归口。

本标准起草单位：中华人民共和国深圳出入境检验检疫局。

本标准主要起草人：章桂明、王中康、龙海、程颖慧、刘心娇、崔澍、王颖、顾光昊。

本标准系首次发布的出入境检验检疫行业标准。

进出口面粉检疫操作规程

1 范围

本标准规定了进出口面粉的检疫程序、方法和检疫结果的判定。

本标准适用于进出口贸易面粉的检疫。

2 规范性引用文件

下列文件中的条款通过本标准的引用而成为本标准的条款。凡是标注日期的引用文件,其随后所有的修改单(不包括勘误的内容)或修订版均不适用于本标准,然而,鼓励根据本标准达成协议的各方研究是否可使用这些文件的最新版本。凡是不标注日期的引用文件,其最新版本适用于本标准。

GB/T 18085 植物检疫 小麦矮化腥黑穗病菌检疫鉴定方法

GB/T 18087 植物检疫 谷斑皮蠹检疫鉴定方法

SN/T 0800.1 进出口粮油、饲料检验 抽样和制样方法

SN/T 1127 小麦印度腥黑穗病菌检疫鉴定方法

3 定义

下列术语和定义适用于本标准。

3.1

面粉 wheat flour

小麦经研磨并筛选其粉末而获得的可食用的精细粉状食物。

4 检疫依据

4.1 进境国家或地区的植物检疫要求。

4.2 政府间双边植物检疫协定、协议以及参加国际公约组织应遵守的规定和我国参加的地区性植物保护、植物检疫组织应遵守的规定。

4.3 中国的进出境植物检疫法律、法规和相关规定。

4.4 进境植物检疫许可证、贸易合同和信用证等文本中订明的植物检验检疫要求。

5 检疫准备

5.1 审核报检所附单证资料是否齐全有效,报检单填写是否完整、真实,与提供贸易合同(或信用证)、装箱单、发票等资料内容是否相符。

5.2 查阅有关法律法规和技术资料,确定检疫依据及检疫要求。

5.3 对进口面粉了解出口国家或地区的疫情情况,了解面粉产地疫情和装运港口周围疫情;对出口面粉了解进口国家或地区的检疫要求,明确检疫重点。

6 现场检疫

6.1 检疫工具

单管扦样器、抽样铲、样品袋、记号笔、刀具、手持放大镜、毛刷、指形管、剪刀、镊子、手电筒、标签等。

6.2 检疫方法

6.2.1 货证核查

核查货物的装载容器、规格、数量、批次代号、唛头标记和包装等是否与报检单证相符。

6.2.2 包装物检疫

检查货物的包装物包括外包装及所含小件货样的内包装，检查包装物及其缝隙中有无害虫、杂草籽等有害生物及蛀孔等危害状，检查其有无夹带土壤等禁止进境物。

6.2.3 运输工具检疫

检疫人员检验货舱，逐舱检查装运面粉的集装箱、汽车、飞机或船舶等运输工具是否干净，舱内应无活虫、昆虫残体、动植物及其产品残留物、垃圾、杂质等。

6.2.4 货物检疫

对面粉进行检查，检查其中菌瘿、昆虫、杂草籽、禁止进口物等，将可疑样品装入样品袋或指形管，贴上做好标记的标签，供实验室检疫鉴定。

7 抽样与制样

7.1 抽样件数与抽样部位

7.1.1 抽样件数

10 袋以下，逐袋抽样。

10 袋～100 袋，任取 10 件。

100 袋以上，按一批货物总袋数的平方根数抽取，抽取数量按式(1)计算。

$$n = \sqrt{N} \qquad \cdots\cdots (1)$$

式中：

N——一批货物的总袋数；

n——应抽取件数(n 值取整数，小数部分向上修约)。

7.1.2 抽样部位

实施仓库或船舱内抽样时，在堆垛四周按照正弦曲线从上、中、下层随机确定抽样点。

实施装卸时抽样时，根据装卸的速度和作批数量随机抽取。

7.2 抽样方法

按 7.1.2 确定的抽样点，使用单管扦样器或抽样铲等工具抽取份样，直至完成一个原始样品的抽样工作。具体操作按照 SN/T 0800.1 进行。

7.3 样品制备

按照 SN/T 0800.1 将每份复合样品制备成平均样品，并一分为两作为存查样品和送检样品。

7.4 样品的送检

7.4.1 样品应用样品袋进行盛装，并密封，样品应防止有害生物的污染。

7.4.2 抽取的样品应加以唯一性标识。样品标识应包括如下内容：报检号、样品编号、货物名称、抽样时间和抽样人。

7.4.3 样品的送检过程，应确保样品不受污染。

8 实验室检疫

8.1 病害检疫

将样品充分混匀取 5 g 置于三角瓶中，加入 100 mL 灭菌水，搅拌均匀后倒入直径为 9 cm 的玻璃培养皿中，使面粉溶液在培养皿中均匀成一薄层，再将培养皿置于解剖镜下镜检，用解剖针挑取孢子用于形态学检测或分子生物学鉴定。

小麦印度腥黑穗病菌检疫鉴定按 SN/T 1127 操作，小麦矮化腥黑穗病菌检疫鉴定按 GB/T 18085

操作,其他病菌按相关标准执行。

8.2 害虫检疫

8.2.1 电热检查

称取试样约 500 g 置于白色瓷盘内,用电热均匀缓慢加热迫使害虫活动,以检查是否带有害虫。

8.2.2 饲养检查

称取试样约 500 g 置于培养箱内饲养,检查是否有幼虫、成虫。此方法主要适用于面粉中卵的检查和潜伏于样品内部虫态的检查。其中谷斑皮蠹检疫鉴定按 GB/T 18087 操作。

8.3 螨类检查

称取试样约 500 g,用螨类分离器或用电热加温的方法检出面粉中的螨类。

8.4 杂草籽检疫

称取试样约 500 g 置于白色瓷盘内,挑出其中的杂草籽置于体视解剖镜下分类鉴定。

9 结果评定及处置

9.1 合格

经检疫未发现检疫性有害生物及符合 4.1、4.2、4.3、4.4 要求的,评定为合格。

9.2 不合格

经检疫发现检疫性有害生物或不符合 4.1、4.2、4.3、4.4 要求的,评定为不合格。有有效除害处理方法的,进行除害处理,合格后放行;无有效除害处理方法的,进境面粉作退回或销毁处理,出境面粉禁止出境,并按规定报国家质量监督检验检疫总局。

10 样品保存

留样样品应贴上标签,注明报检编号、货物名称、进口/出口国家、货主、数量、扦样日期和扦样人,在通风、干燥、防虫的条件下保存。合同规定索赔期限的,留样样品保存到合同规定的索赔有效期满为止;合同未规定索赔期限的,样品至少保存半年。

中华人民共和国出入境检验检疫行业标准

SN/T 2481—2010

进境马铃薯种薯检疫操作规程

Rules of quarantine on seed potatoes imported

2010-01-10 发布　　2010-07-16 实施

中华人民共和国国家质量监督检验检疫总局 发布

前　言

本标准的附录 A 为规范性附录。

本标准由国家认证认可监督管理委员会提出并归口。

本标准起草单位：中华人民共和国辽宁出入境检验检疫局、中华人民共和国深圳出入境检验检疫局、中国检验检疫科学研究院。

本标准主要起草人：王秀芬、陈枝楠、彭金火、李明福、刘伟、姜丽、王有福。

本标准系首次发布的出入境检验检疫行业标准。

进境马铃薯种薯检疫操作规程

1 范围

本标准规定了进境马铃薯种薯的检疫方法和程序。

本标准适用于进境马铃薯种薯的检疫。

2 术语和定义

下列术语和定义适用于本标准。

2.1

马铃薯种薯 seed potato

用于再种植的马铃薯块茎。

2.2

检疫性有害生物 quarantine pest

对受其威胁的地区具有潜在经济重要性但尚未在该地区发生，或虽已发生但分布不广并进行官方防治的有害生物。

2.3

限定的非检疫性有害生物 regulated non-quarantine pest

在栽种植物中存在并危及这些植物的预期用途而在经济上造成无法接受的影响，因而在输入方领土内受到限制的非检疫性有害生物。

3 检疫依据

3.1 中国法定的植物检疫要求：

——《中华人民共和国进境植物检疫性有害生物名录》；

——《中华人民共和国进境动植物检疫许可证》中的植物检疫要求。

3.2 中国与贸易国政府间签订的双边植物检疫协定、协议或备忘录。

3.3 贸易合同中约定的植物检疫要求。

3.4 相关规定和要求。

4 检疫审批

4.1 进境种薯入境口岸和种植地的直属检验检疫局审核进境种薯《进境动植物检疫许可证申请表》等相关材料并考核种植地隔离条件和防疫措施，签署初审意见报国家质量监督检验检疫总局(以下简称国家质检总局)审核。

4.2 国家质检总局签发《中华人民共和国进境动植物检疫许可证》。

5 检疫准备

5.1 审核报检资料，特别关注进境许可证；了解货物的基本情况，如货物产地、产区注册、品种、级别、数量等。

5.2 审核隔离种植地。隔离种植地应遵守如下原则：前三年未种植茄科作物；具备良好的隔离条件，如自然隔离或人为隔离。

5.3 查阅相关法律法规和资料、掌握进境马铃薯在输出国有害生物发生情况和可能传带的有害生物种类，并结合检疫依据确定检疫有害生物(见附录A)。

5.4 按检疫要求制定检疫方案，包括现场检疫、实验室检疫和隔离检疫。

6 现场检疫

6.1 货证核查

核对品种、批号、数量、包装唛头、种薯级别、产地等，核查货物是否与输出国或地区签发的《植物检疫证书》等证单申报相符。核查进境许可证、产区注册情况以及非疫区或非疫生产地情况。

6.2 包装、铺垫材料、集装箱检查

a) 包装是否为首次使用、是否清洁卫生；

b) 集装箱是否清洁；

c) 包装、铺垫材料和集装箱是否粘附土壤、害虫及杂草籽等。

6.3 种薯查验

6.3.1 查验数量和方法

以批为检疫单位，无批号标志的以品种为检疫单位，按5%～20%随机抽检，必要时加大抽查比例。10件或1 000个以下的，全部检查。

6.3.2 查验内容

a) 检查是否带有土壤，是否有明显病斑、害虫和其他异常；芽眼处是否有腐烂、肿大、干缩等异常；是否混有植物根、茎、叶等残体。

b) 对非检疫性有害生物造成的块茎缺损如有检疫要求的，按要求进行检查。

6.4 抽样

6.4.1 方法

以批为抽样单位，无批号的以品种为抽样单位。每份样品的抽样点不少于5个，随机抽取及针对取样。单位包装计为一个抽样点。

6.4.2 数量

6.4.2.1 随机样品

见表1。

表1 抽样数量一览表

种薯数量	抽样数量
500个以下	20
501～2 000个	40
2 001～5 000个	60
5 001～10 000个	80
10 001以上	每增加10 000个增取20个，不足10 000个的按10 000个计算。

6.4.2.2 针对性样品

在扦取随机样品时进行针对性抽样，抽取有病虫害危害状、畸形等异常马铃薯薯块，数量按实际情况而定。

7 实验室检验

7.1 对所取样品和查验发现的疑似病虫害薯块及土壤、害虫和杂草籽进行剖检、分离、培养、鉴定。

7.2 检疫方法有标准规定的，按照有关国家标准、行业标准检疫鉴定。

7.3 无具体标准的根据目标有害生物的生物学特性，参考以下方法进行检疫鉴定：

——真菌：形态学、血清学或分子生物学检验法等；

——原生生物：形态学、生物学、血清学或分子生物学检验法等；

——病毒类：生物学、血清学(免疫电镜)或分子生物学检验法等；

——线虫：形态学或分子生物学检验法等；

——昆虫：形态学或分子生物学检验法等；

——杂草：形态学或分子生物学检验法等。

8 隔离检疫

8.1 总则

隔离检疫分为隔离圃隔离检疫和隔离种植地检疫。按照每品种210个块茎(英国微型薯400个)抽取样品送国家质检总局指定的国家级隔离检疫圃进行温、网室隔离检疫。其余种薯调往国家质检总局批准的地点进行种植地隔离检疫。

8.2 隔离圃隔离检疫

8.2.1 检疫前准备

准备温室或网室、土壤、花盆，并相应地除虫和消毒灭菌。将马铃薯种薯种植于消毒的土壤和花盆内，待检。种植期间保持温、网室无虫。

8.2.2 生长期及收获期检疫

种薯生长期间，采集叶片或土壤样品针对检疫性有害生物进行至少三次的实验室检测。收获期检查种薯表面和内部检疫性有害生物症状表现。如有可疑症状，则进行实验室检测。

8.2.3 废弃物处理

检疫完毕后，将废弃土壤、花盆及植物残株进行消毒处理。

8.3 隔离种植地检疫

8.3.1 生长期检疫

根据议定书要求，针对检疫性有害生物至少进行三次的田间采样和实验室检测。

8.3.2 收获期检疫

收获时检查种薯表面和内部有无检疫性有害生物危害的症状。如有可疑症状，则进行实验室检测。

8.3.3 检疫监管

8.3.3.1 生长期监管

对种薯进行生长期监管，登记种植株数，记载生长期间出现的缺株情况及原因等。

8.3.3.2 后续监管

无疫情：隔离种植地进行轮作，4年内不得种植茄科作物。

发现疫情：隔离种植地进行轮作，4年内不得种植茄科作物；针对种植地块和周围进行染疫调查，防止疫情扩散。

9 结果评定及处置

9.1 入境口岸结果评定及处置

9.1.1 未发现土壤、昆虫、植物根、茎、叶等残体、议定书附件所列检疫性有害生物的，对马铃薯种薯实施隔离检疫。

9.1.2 以下情况作退运或销毁处理：

——来自非指定的有害生物非疫区或非疫生产地的；

——来自非输出国国家植物检疫机构注册的农场或种植地块的；

——包装上无官方标签、种薯的级别、品种名称、产地、种植地块的证书编号等信息的或标志信息不能辨别的，信息和输出国国家植物检疫机构提供信息不符的；

——发现土壤、昆虫、植物根、茎、叶等残体或议定书附件所列检疫性有害生物的；

——发现限定的非检疫性有害生物超标或非检疫性有害生物对种薯损伤超过最大允许量，无有效除害处理方法的。

9.1.3 发现限定的非检疫性有害生物超标或非检疫性有害生物造成的块茎缺损超出允许范围的，作除害处理。

9.2 隔离检疫结果评定及处置

9.2.1 隔离检疫期间发现检疫性有害生物的，整批马铃薯种薯作销毁处理。

9.2.2 隔离检疫期间未发现检疫性有害生物的，允许在国家质检总局批准的地点再种植，或在指定地点加工使用。再种植的，轮作期不少于4年。

10 样品保留与相关资料归档

10.1 样品留存

在进口马铃薯检疫过程中，检出的检疫性有害生物及其样品应保存6个月以上，以备复验、谈判和仲裁。

10.2 文案归档

全部检疫完成后，应及时将在整个检验检疫过程中形成的文案资料按类别进行整理归档，并妥善保存有害生物标本及有关图片、影像等资料。

附 录 A
（规范性附录）
双边议定书涉及的马铃薯有害生物

A.1 输华荷兰马铃薯种薯

A.1.1 检疫性有害生物名单

1） 马铃薯癌肿病菌 *Synchytrium endobioticum*；
2） 异常珍珠线虫 *Nacobbus aberrans*；
3） 马铃薯帚顶病毒 Potato mop-top virus(PMTV)；
4） 马铃薯纺锤块茎类病毒 Potato spindle tuber viroid(PSTVd)；
5） 香蕉穿孔线虫 *Radopholus similis*；
6） 马铃薯腐烂茎线虫 *Ditylenchus destructor*；
7） 鳞球茎茎线虫 *Ditylenchus dipsaci*；
8） 马铃薯白线虫 *Globodera pallida*；
9） 马铃薯金线虫 *Globodera rostochiensis*；
10） 奇氏根结线虫 *Ditylenchus destructor*；
11） 伪根结线虫 *Ditylenchus dipsaci*；
12） 马铃薯青枯病菌 *Pseudomonas solanacearum*；
13） 马铃薯黑环斑病毒 Potato balck ringspot virus(PBRSV)；
14） 马铃薯黄萎病菌 *Verticillium albo-atrum*；
15） 谷物根结线虫 *Melodogyne naasi*；
16） 马铃薯绯腐病菌 *Phytophthora erythroseptica*；
17） 马铃薯坏疽病菌 *Phoma exigua* var. *foveata*；
18） 烟草脆裂病毒 Tobacco rattle virus(TRV)；
19） 马铃薯 A 病毒 Potato virus A(PVA)；
20） 马铃薯 V 病毒 Potato virus V(PVV)；
21） 马铃薯 Y 病毒坏死株系 Potato virus Y(N strains)(PVY^n)；
22） 马铃薯甲虫 *Leptinotarsa decemlineata*；
23） 刻痕短体线虫 *Pratylenchus crenatus*；
24） 落选短体线虫 *Pratylenchus neglectus*；
25） 番茄斑萎病毒 Tomato spotted wilt virus(TSWV)；
26） 甜菜胞囊线虫 *Heterodora schachtii*；
27） 马铃薯奥古巴花叶病毒 Potato Aucaba mosaic virus(PAMV)。

A.1.2 限定的非检疫性有害生物名单

1） 马铃薯晚疫病菌(A_2)交配型 *Phytophthora infestans* mating type A_2；
2） 马铃薯黑痣病 *Phizoctonia solani*；
3） 马铃薯环腐病 *Clavibacter michiganensis* subsp. *sepedonicus*；
4） 马铃薯黑胫病 *Erwinia carotovora* subsp. *atroseptica*；
5） 马铃薯软腐病 *Erwinia carotovora* subsp. *carotovora*；
6） 马铃薯疮痂病 *Streptomyces scabies*；
7） 苜蓿花叶病毒 Alfalfa mosaic virus(AMV)；

8) 马铃薯 X 病毒 Potato virus X(PVX);

9) 马铃薯 Y 病毒 Potato virus Y(PVY);

10) 马铃薯 S 病毒 Potato virus S(PVS);

11) 马铃薯 M 病毒 Potato virus M(PVM);

12) 马铃薯卷叶病毒 Potato leaf roll virus(PLRV);

13) 甜菜黄化病毒 Beet yellow virus(BYV);

14) 穿刺短体线虫 *Pratylenchus penetrans*;

15) 马铃薯早疫病 *Alternaria solani*;

16) 马铃薯干腐病 *Fusarium avenaceum*;

17) *Fusarium* spp.;

18) 马铃薯银斑病 *Helmintrosporium solani*;

19) *Streptomyces* spp.;

20) 北方根结线虫 *Meloidogyne hapla*;

21) 南方根结线虫 *Meloidogyne incognita*。

A.1.3 输华荷兰马铃薯种薯应来自下列检疫性有害生物的非疫区:

1) 马铃薯癌肿病菌 *Synchytrium endobioticum*;

2) 异常珍珠线虫 *Nacobbus aberrans*;

3) 马铃薯帚顶病毒 Potato mop-top virus(PMTV);

4) 马铃薯纺锤块茎类病毒 Potato spindle tuber viroid(PSTVd);

5) 香蕉穿孔线虫 *Radopholus similis*。

A.1.4 输华荷兰马铃薯种薯生产地不得发生下列有害生物:

1) 马铃薯腐烂茎线虫 *Ditylenchus destructor*;

2) 鳞球茎茎线虫 *Ditylenchus dipsaci*;

3) 马铃薯白线虫 *Globodera pallida*;

4) 马铃薯金线虫 *Globodera rostochiensis*;

5) 奇氏根结线虫 *Ditylenchus destructor*;

6) 伪根结线虫 *Ditylenchus dipsaci*;

7) 马铃薯青枯病菌 *Pseudomonas solanacearum*;

8) 马铃薯黑环斑病毒 Potato balck ringspot virus(PBRSV);

9) 马铃薯黄萎病菌 *Verticillium albo-atrum*;

10) 谷物根结线虫 *Melodogyne naasi*。

A.2 输华加拿大马铃薯种薯

A.2.1 检疫性有害生物名单

1) 马铃薯晚疫病菌(A_2)交配型 *Phytophthora infestans* mating type A_2;

2) 马铃薯癌肿病菌 *Synchytrium endobioticum*;

3) 马铃薯黄萎病菌 *Verticillium albo-atrum*;

4) 马铃薯腐烂茎线虫 *Ditylenchus destructor*;

5) 鳞球茎茎线虫 *Ditylenchus dipsaci*;

6) 马铃薯白线虫 *Globodera pallida*;

7) 马铃薯金线虫 *Globodera rostochiensis*;

8) 长针线虫属 *Longidorus* spp.;

9) 短体线虫属 *Pratylenchus* spp.;

10) 拟毛刺线虫属 *Paratrichodorus* spp.;

11) 毛刺线虫属 *Trichodorus* spp.;
12) 剑线虫属 *Xiphinema* spp.;
13) 翠菊黄化植原体 Aster yellow phytoplasma;
14) 马铃薯纺锤块茎类病毒 Potato spindle tuber viroid(PSTVd);
15) 马铃薯 A 病毒 Potato virus A(PVA);
16) 马铃薯 Y 病毒坏死株系 Potato virus Y(N strains)(PVY^n);
17) 马铃薯丛枝植原体 Potato witches's-broom phytoplasma;
18) 马铃薯黄矮病毒 Potato yellow dwarf virus(PYDV);
19) 烟草脆裂病毒 Tobacco rattle virus(TRV);
20) 马铃薯黑环斑病毒 Potato balck ringspot virus(PBRSV);
21) 马铃薯甲虫 *Leptinotarsa decemlineata*。

A.2.2 种薯应产自下列检疫性有害生物的非疫区:
1) 马铃薯金线虫 *Globodera rostochiensis*;
2) 马铃薯癌肿病菌 *Synchytrium endobioticum*;
3) 马铃薯白线虫 *Globodera pallida*;
4) 马铃薯腐烂茎线虫 *Ditylenchus destructor*;
5) 鳞球茎茎线虫 *Ditylenchus dipsaci*(potato race);
6) 马铃薯黄矮病毒 Potato yellow dwarf virus(PYDV);
7) 马铃薯黑环斑病毒 Potato balck ringspot virus(Tobacco ringspot strain)。

A.2.3 种薯应产自下列检疫性有害生物的非疫产地
1) 烟草脆裂病毒 Tobacco rattle virus (TRV);
2) 马铃薯晚疫病菌(A_2)交配型 *Phytophthora infestans* mating type A_2;
3) 翠菊黄化植原体 Aster yellow phytoplasma;
4) 马铃薯丛枝植原体 Potato witches's-broom phytoplasma;
5) 马铃薯纺锤块茎类病毒 Potato spindle tuber viroid。

A.2.4 因非检疫性有害生物造成的块茎缺损允许度见表 A.1。

表 A.1

病症或缺损		最大允许量
湿腐,含腐烂		0.1%
干腐,含晚疫病		1%
黑痣病及疮痂病	轻度(占薯块表面 1%~5%)	10%
	中度(占薯块表面 5%~10%)	5%
茎端变色(超过 13 mm)		4%
缺损(不包括轻度疮痂和黑痣病)		5%

每一批输华的马铃薯种薯,被轻度和中度黑痣和疮痂病混合侵染的块茎数量不能超过该批数块总数的 10%。

A.3 输华美国阿拉斯加州马铃薯种薯检疫性有害生物名单

1) 马铃薯 A 病毒 Potato virus A(PVA);
2) 翠菊黄化植原体 Aster yellows Phytoplasma;
3) 马铃薯丛枝植原体 Potato witches'broom Phytoplasma;

4） 毛刺线虫 *Trichodorus Proximus*。

A.4 输华英国微型马铃薯种薯检疫性有害生物名单

1） 马铃薯星点病菌 *Colletotrichum coccodes*；
2） 致病疫霉 A2 型 *Phytophthora infestans*；
3） 马铃薯坏疽病菌 *Phoma exigua* var. *foveata*；
4） 马铃薯绯腐病菌 *Phytophthora erythroseptica*；
5） 马铃薯癌肿病菌 *Synchytrium endobioticum*；
6） 马铃薯黑白轮枝菌 *Verticillium albo-atrum*；
7） 腐烂茎线虫 *Ditylenchus dipsaci*；
8） 鳞球茎茎线虫 *Ditylenchus dipsaci*；
9） 马铃薯白线虫 *Globodera pallida*；
10） 马铃薯金线虫 *Globodera penetrans*；
11） 穿刺短体线虫 *Pratylenchus penetrans*；
12） 马铃薯 A 病毒 Potato virus A(PVA)；
13） 马铃薯 Y 病毒(N 株系)Potato virus Y(N strain)(PVY^n)；
14） 马铃薯 V 病毒 Potato virus V(PVV)；
15） 马铃薯奥古巴花叶病毒 Potato aucuba mosaic virus (PAMV)；
16） 马铃薯帚顶病毒 Potato mop-top virus(PMTV)；
17） 烟草脆裂病毒 Tobacco rattle virus (TRV)；
18） 番茄黑环病毒 Tomato black ring virus(ToBRV)；
19） 烟草环斑病毒 Tobacco ringspot virus(TRSV)；
20） 马铃薯丛枝植原体 Potato witches'broom phytoplasma；
21） 马铃薯环腐病 *Clavibacter michiganensis*。

中华人民共和国出入境检验检疫行业标准

SN/T 2504—2010

进出口粮谷检验检疫操作规程

Technique procedures of quality inspection and quarantine for imported and exported cereals

2010-03-02 发布　　2010-09-16 实施

中华人民共和国国家质量监督检验检疫总局 发布

前　言

本标准的附录 A 为规范性附录。

本标准由国家认证认可监督管理委员会提出并归口。

本标准起草单位:国家质量监督检验检疫总局、中华人民共和国辽宁出入境检验检疫局、中华人民共和国吉林出入境检验检疫局。

本标准主要起草人:侯天亮、于凤琴、王益愚、徐强、赵明纯、董玉辉、侯晓非、李炎、李晓岚。

本标准系首次发布的出入境检验检疫行业标准。

进出口粮谷检验检疫操作规程

1 范围

本标准规定了进出口粮谷的检验检疫程序及操作方法。

本标准适用于进出口粮谷类产品的检验检疫,包括各类小麦、大麦、大米、稻谷、豆类和粟类等。

2 规范性引用文件

下列文件中的条款通过本标准的引用成为本标准的条款。凡是注日期的引用文件,其随后所有的修改单(不包括勘误的内容)或修订版均不适用于本标准,然而,鼓励根据本标准达成协议的各方研究是否可使用这些文件的最新版本。凡是不注日期的引用文件,其最新版本适用于本标准。

GB 1350 稻谷

GB 2715 粮食卫生标准

GB/T 5497 粮食、油料检验 水分测定法

GB/T 8170 数值修约规则与极限数值的表示和判定

GB/T 17891 优质稻谷

GB/T 20264 粮食、油料水分两次烘干测定法

SN/T 0800.7 进出口粮食、饲料 不完善粒检验方法

SN/T 0800.13 进出口粮油、饲料 加工精度检验方法

SN/T 0800.18 进山口粮食、饲料杂质检验方法

SN/T 1124 集装箱熏蒸规程

SN/T 1442 磷化铝帐幕熏蒸操作规程

SN/T 1456 磷化铝随航熏蒸操作规程

SN/T 2016 TCK 疫麦环氧乙烷熏蒸处理方法

3 术语及定义

下列术语和定义适用于本标准。

3.1

批 consignment

进出口粮谷检验检疫,按申请人的申请作批,一般以同一发货人运交同一收货人由同一运载工具装运的同合同、同类别、同等级的粮谷为一批。

3.2

船批 shiplots

以装货的全船粮谷作为一批的称为船批。

3.3

舱批 holdlots

以装货粮谷的一个舱作为一批的称为舱批。

3.4

小批 a lot

因装货粮谷批量较大,或因其他情况,对整批货物分车、分仓、分层、分区或装货地点、装货先后划分小批次扦样、检验检疫时,其各个小批次称为小批。

3.5

筒仓批　silolots

以散装存放粮谷的一个筒仓作批的称为筒仓批。

3.6

单株样品；份样　increment

用标准扦样工具和规定扦样方法，从单个扦样点或单个包装中扦出的小量样品。

3.7

初始样品　primary sample

各个单株样品集中后组成的小批样品，一般散装粮谷不少于 8 kg、包装不少于 4 kg。

3.8

原始样品；平均样品　bulk sample

初始样品按规定方法缩分至一定数量后，用做小批全项目检验检疫的样品，一般散装粮谷不少于 4 kg、包装不少于 2 kg。

3.9

工作样品；供试样品　laboratory sample

从小批样品缩分出的供进行各单项检验检疫、检测的样品。

3.10

试验样品　test sample

从工作样品中分取，制取或随机勺取的用于实际检验检疫、鉴定的样品，在少数检验检疫、鉴定项目中，试验样品就是工作样品。

3.11

存查样品　restore sample

按规定扦样、分样程序从原始样品分取留存，供复查复验的代表小批或全批粮谷检验检疫的代表性样品，其数量应至少能满足一次检验检疫全项目检验检疫之用，一般为 1 kg。

3.12

特殊样品　identity sample

代表扦样、分样、检验检疫中发现的结块、变质、异味、大块杂质、土块、恶性杂质、有毒有害物质、杂草种子、仓储害虫等有害生物的局部样品或实物。

3.13

玉米杂质　maize admixture

3.13.1

筛下筛上物　throughs；screening

通过直径 1.0 mm 圆孔筛的物质，1.0～5.0 之间破碎中的杂质、5.0 以上完好玉米中的杂质。

3.13.2

矿物质　mineral matter

砂石、煤渣、砖瓦碎块及类似的其他无机坚硬物质。

3.13.3

其他物质　other matter

无使用价值的本品颗粒(胚乳呈黑褐色的烤焦粒胚乳变色变质超过体积二分之一以上的颗粒等)及本品以外的其他物质。

3.14

玉米破碎粒　maize broken kernel

指通过 5.0 mm 圆孔筛，留存在 1.0 mm 圆孔筛上的未变质玉米碎粒和整粒。

4 进出口粮谷检验检疫依据

——中华人民共和国法定的检验检疫要求；
——进口国家或地区进口检验检疫要求；
——中国政府与进口国家或地区政府签订的双边检疫协议、议定书、备忘录等；
——国际或区域性植保植检公约；
——贸易合同或信用证约定的检验检疫要求。

5 进出口粮谷检验检疫工作准备

5.1 审核进出口合同(或信用证)中的检验检疫要求，以及其他应有的证书和批准文件。

5.2 了解进出口国家或地区的检验检疫要求以及我国政府与进出口国家签订的双边植物检疫或植物保护协定、协议、备忘录、工作计划等。

5.3 根据进出口粮谷的包装、运输方式，结合5.1、5.2的情况明确检验检疫的重点。

5.4 扦样人员应了解货物的包装、存放方式等有关情况；为了扦取代表性样品，还应了解整批粮谷是否具备相关的扦样条件，都能被全面地、安全地取到样品。

5.5 检查扦样工具、设备、盛样器皿是否洁净、干燥、完好、是否有异味、扦样机件是否正常。如发现锈损、失灵等故障应整修后再使用。

5.6 塑料桶：容量至少可盛原始样品10 kg，作为现场逐点扦取的单株样品的收集盛放容器。

5.7 样品袋(筒)：细帆布袋内衬塑料薄袋，容量可盛样品4 kg～5 kg，或用不吸收水分的坚固材料制成的“可密闭”的样品袋。

5.8 分样器：钟鼎式标准二分之一分样器，用于现场对原始样品的缩分。

5.9 现场检验检疫及扦样工具：规格筛(1.0 mm～5.5 mm圆孔筛)、样品袋、油性记号笔、手持放大镜、指形管、镊子、小刀、标签、瓷盘、单管，双套管扦样器、取样铲、深层扦样器等。

6 现场检验检疫

6.1 运输工具检疫

6.1.1 出口粮谷装运前，对运输工具进行适载性检验，登轮验舱，逐舱检查，船内应无活虫、昆虫残体、动植物及其产品残留物、垃圾、杂质等；集装箱、车厢的检疫按照船舱方法。

6.1.2 进口粮谷卸货前，对装运车箱、车体，船舱四周的活虫、昆虫残体、动植物及其产品残留物、垃圾、杂质、检疫性有害生物等进行检查，向承运方了解有关装载和运输过程的相关情况，对大船装运粮谷，并在粮船靠泊前向船方了解配载、航行情况，必要时并应查阅航海日志，索取货物配载图，制定粮船表层粮谷的检验检疫计划方案。

6.2 散装粮谷现场检验检疫及表层样品扦取

扦样前检查堆存在库房、车皮、船舱的粮谷有无水湿结块、发热酸败、发霉变质、异味、熏蒸药剂残渣、大型杂质和其他异常情况，以及粮谷是否均匀、色泽，气味是否正常等检验检疫质量的一般情况，在按7.4规定的扦样要求及扦样点位的设立数量，在进行表层扦样的同时每个扦样点用扦样小铲或扦样探子，扦取至少0.2 kg粮谷，大粒粮谷用4.5 mm～5.5 mm圆孔筛、中粒粮谷用3.0 mm圆孔筛、小粒粮谷用1.0 mm圆孔筛进行筛检。用回旋法过筛，回旋次数6次～10次，用肉眼或放大镜检查筛下物中有无昆虫、杂草籽、粮谷残留物、小土壤颗粒；同时检查筛上物，注意挑选可疑粮谷病粒、菌瘿及大型土块、仓储害虫，并做初步感官鉴别，并作详细记录，将筛上筛下物装入样品袋，做好样品标签放入样品袋中带回实验室备查。将现场无法鉴别的昆虫、杂草籽、可疑粮谷病粒装入指形管并标识、外观气味异常的部分粮谷单独扦取样品作为特殊样品，一并带回实验室作进一步鉴别。筛检的同时应注意四周有无活虫，并考虑昆虫、杂草籽的生物学特性及卸货时形成的自然分布，针对性地增加筛检样点。

对进口大船、集装箱装运的散装粮谷在实施表层检验检疫时扦取的表层样品，主要用于进口粮谷中有害生物、检疫物、农残、重金属等检验检疫项目以作进一步的实验室检验检疫鉴定分析，以便结合现场检验检疫情况作出是否允许靠泊、卸货或采取有效技术手段处理后允许靠泊、卸货，不允许进口靠泊、卸货的决定。

对出口散装粮谷的检验检疫在实施表层检验检疫时，按规定同时扦取的表层样品，直接作为分批、分层扦取的检验检疫原始样品。

6.3 包装粮谷现场检验检疫

查明配载货物的粮谷包装的标记、品种、等级是否相符，包装有无破损、污染、异味，包装内外有无虫痕，并查看袋中的粮谷的一般检验检疫情况及包装内层四角、缝线等部位是否有有害生物的生存痕迹。在按第7章规定的扦样要求，进行扦样的同时，同步每点扦取约0.2 kg粮谷、并进行倒包检查，每车垛一般随机抽查3袋～5袋包装粮谷的检验检疫质量情况，发现问题可适当增加倒包数量，继续发现同样质量问题则识为确认问题，作为判定合格评定的依据。倒包操作要求是将抽查的袋装粮谷全部倒出，在干净的水泥或干净的铺垫物上检视，并按照6.2选择适宜的检验筛进行检疫筛选。作初步的检验检疫感官鉴定。

6.4 出口查验、检疫

6.4.1 散装检疫、查验、核验

对经预验合格的装载在车皮、卡车上未经卸货的散装粮谷，随机抽查申报总车数量的百分之三十，对随机抽查的车载散装粮谷每车选取4个～6个扦取点，扦取车批样品带回实验室备查，随机选取备查的车批样品的百分之十，按照7.2.1.2规定扦样作批量要求，将8个～10个车批样品混合为一个平均样品后，根据合同规定，品质规格要求的全部项目进行品质检验与预验结果核查。扦取样品的同时按照6.1进行车污染和外来物检查、按6.3的规定做法，取样筛选检疫。

6.4.2 袋装检疫、查验

对申报货总量的百分之三十，按照存放地点分别按比例，按照7.5扦取样品方法扦取样品车(堆垛)批样品备查，对备查样品按照6.4.1的做法，随机选取备查样品的百分之十，进行品质项目全面核查。并按照6.3选择适宜的检验筛进行检疫筛选。作初步的检验检疫感官鉴定。

每车/垛倒包3包～5包，将袋装粮谷置于干净的帆布或水泥台面，拆去包口缝线，缓慢地放到，双手紧握袋底两角，提起约50 cm高，拖倒约1.5 m长。全部倒出，从相当于袋的中部和底部用扦样铲扦取样品，每包，每点扦取样品的数量应一致。

拆包扦样：将袋口缝线拆开，用扦样铲从上部扦取所需样品，每包扦取样品数量应一致。

6.5 现场检验检疫工作记录

现场检验检疫、查验工作应有详细记录，单株样品中或堆存货物的局部、表面、内层等部位发现的水湿结块、发霉变质、异味、大块杂质、土块、化肥、动物或鸟类的排泄物及大石块、水泥、玻璃碎片等恶性杂质、有毒有害物质和杂草种子、麦蛾、象鼻虫、谷蠹、害虫幼虫、蟑螂或者其他仓储害虫种类与数量等情况，应做详细记录、单独拣取实物样品或标本，或现场拍照，或取得有关方面的书面确认。

7 现场扦样

7.1 原则

在扦样的过程中应始终遵守安全第一的原则，有时候整批粮谷扦样的地点并不安全。因此要意识到发生危险的可能性，不要冒不必要的风险，时刻注意自身的安全和他人的安全，避免在执行扦样任务的过程中受到伤害，同时严格按照程序要求进行扦样，以保证扦取样品的代表性、可靠性。

7.2 扦样做批量

7.2.1 散装

7.2.1.1 进出口散装粮谷大船与筒仓卸装载货物时，扦样作批数量最大为1 000 t。

7.2.1.2 进出口散装粮谷堆垛或车载、江轮或驳船装卸载货物时，扦样作批数量最大为500 t。

7.2.2 **袋装**

进出口袋装粮谷作批量为500 t。

7.3 散装粮谷扦样工具与设备

7.3.1 双套管扦样器(用于静态粮谷的扦样)

进出口粮谷的扦样可根据实际装载的运输工具、粮谷的粒型、货物存放方式选用不同规格、长度的双套管扦样器：常用的长110 cm，手柄长15 cm，锥体长6.5 cm，开有四个流粮口，每个开口为20 cm×1.8 cm，长250 cm、长300 cm等不同规格长度的双套管标准扦样器。

7.3.2 取样铲(用于动态粮谷的扦样)

铲长约为13 cm，宽约8 cm，边高4 cm，柄长8 cm。

7.3.3 自动机械化扦样器(用于动态粮谷的扦样)

具备机械化扦样设备的，可采用机械扦样，扦样设备主要包括四部分：

a) 分流型机械抽样器；

b) 旋转式缩分器；

c) 重力样品收集器；

d) 转盘式集样器。

具体操作按照各扦样设备说明书要求进行。

7.3.4 其他扦样工具

7.3.4.1 **艾利斯杯(ellis cup)(用于动态粮谷的扦样)**

一种手工扦样装置，由轻质铝制成，用于从输送带上运行的粮谷扦取样品。

7.3.4.2 **鱼鹰嘴式扦样勺(Pelican)(用于动态粮谷的扦样)**

一个皮制的袋子，约10 cm深、45 cm长，袋口四周镶入一根钢带，使开口固定，该扦样勺有一根约100 cm的长把。

7.4 扦样点数、部位的设立与要求

7.4.1 散装库房

每区面积不超过100 m^2，层深约1.5 m，各区均匀设立10个扦样点，超过或低于规定面积，按比例增加或减少扦样点数，层深上下或纵横向计每增加1.5 m增加10个扦样点，使用1.0 m双套管扦样器扦取粮谷样品，扦样点应设在距粮堆边缘约1.0 m处，也可直接采用每出入库房约100 t粮谷，使用1.0 m双套管扦样器随即均匀扦取10个扦样点扦取一个小样，每十个以下的小样可混合成一个初始样品，进而用二分之一分样器缩分出原始样品送试验室检验检疫。如图1所示：

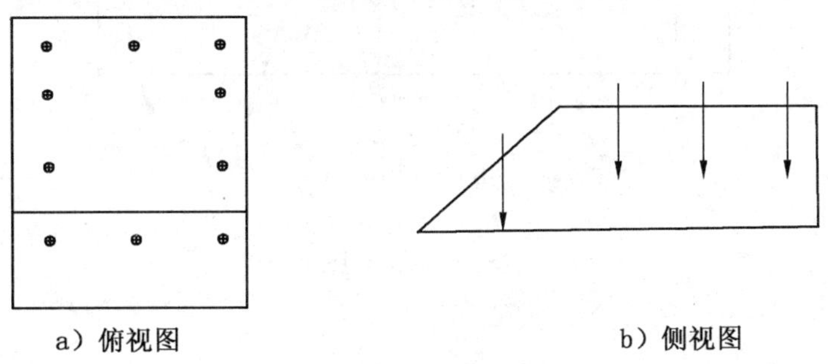

a) 俯视图　　　　b) 侧视图

图1 示意图

7.4.2 散装堆垛

散装露天堆垛设立扦样区面积不超过50 m^2，高度约1.5 m，各区均匀设立5个扦样点，超过设定面积的，按比例增加扦样点数，堆垛高度原则要求不超过1.5 m，表层相对平整，依据堆垛高度一般使用1.0 m双套管扦样器扦取粮谷样品，扦样点应设在距粮堆边缘约50 cm以内处，堆垛高度超过1.5 m可

采用深层双套管扦样探子，每约 500 t 扦取一个小批原始样品的总量不少于 8 kg。

7.4.3　车皮或卡车

7.4.3.1　一般原则

按照 7.2.1.2 规定的扦样作批量、7.4.3.2、7.4.3.3 规定扦样点数，将从组成一个扦样小批的不同车皮或卡车扦取的单株样品混合为一个总量不少于 8 kg 的原始样品。

7.4.3.2　敞棚车皮或卡车

以敞棚平底的车皮或卡车为单位设立扦样点，每车皮或卡车装载质量以约 15 t～60 t 计，在距车厢体边缘 30 cm 以内的区间均匀设立 7 个扦样点。装载粮谷深度 1.5 m，使用 1.0 m 扦样器，装载粮谷深度为 2.5 m 或以上(3.0 以下)时使用 2.0 m 扦样器，扦样点布局如图 2 所示：

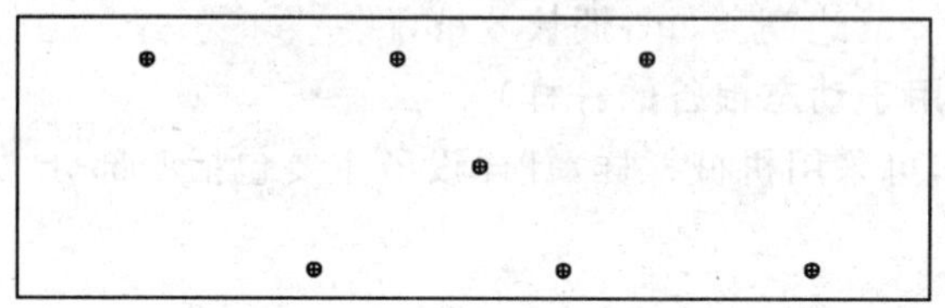

图 2　示意图

7.4.3.3　自卸封闭专用车皮或卡车

根据进料口与出料口的位置设立扦样点，每个进料口设立二到三个点位，用 2.0 m 扦样器在卸车之前扦取样品，扦样器插入向外侧的角度应大于 10，扦样点布局如图 3 所示：

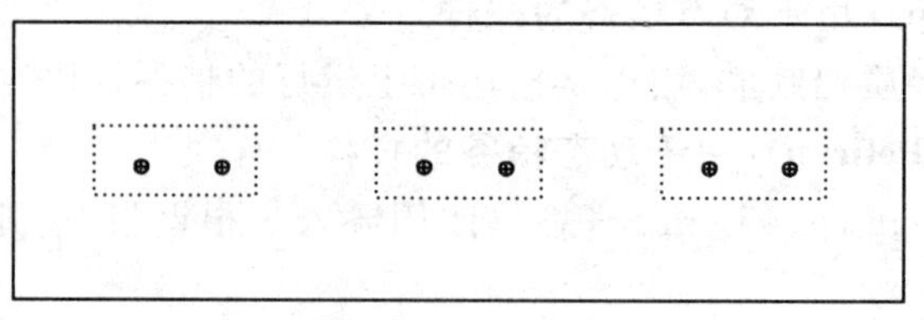

a) 顶部

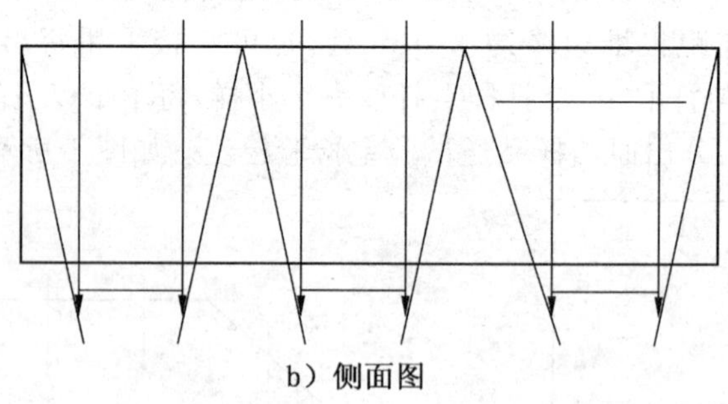

b) 侧面图

图 3　示意图

7.4.4　船舱

7.4.4.1　散装大船

在船舱表层设点，扦取第一小批样品后，以后掌握每装卸 1 000 t 增扦一份小批样品，每个小批样品都应从距离船舱四壁 1 m 以远的全面范围内均匀设点，至少从 50 个点扦取，使小批原始样品的总量不少于 8 kg。

7.4.4.2　江轮或小型驳船

装载数量在 100 t～500 t 的小型江轮或驳船扦样点数的设定按照 7.4.2 的规定，每约装卸 500 t，扦取一个小批初始样品，总量不少于 8 kg，装载数量不足 500 t 时，同一品种、品级的不同江轮或小型驳船的装载粮谷可以作为一个扦样小批，合并各扦样点的单株样品后，混合为一个总量不少于 8 kg 的小批初始样品。

7.4.5 筒仓

7.4.5.1 一般情况下，在筒仓内不采用人工扦样。具备机械化扦样设备的筒仓，出入筒仓的粮谷采用 7.3.3 规定的设备，掌握每出入筒仓 1 000 t 扦取一份小批样品。

7.4.5.2 不具备机械化扦样设备的筒仓，按照 7.3 规定的扦样工具、7.2.1.1 规定的作批量，根据实际情况采用动态或静态扦样方法，扦取代表性样品。

7.5 散装粮谷扦样操作

7.5.1 一般要求

根据进出口粮谷港口实际具备扦样条件和相关配备的设施情况，选择扦样工具。依据 7.4 设定扦样点数与要求，选择相应的操作方法。

7.5.2 双套管扦样器

根据进出口粮谷的对存放形式，选择适宜长度的双套管扦样器，按以下具体操作进行样品的扦取：手持扦样器，关闭流粮口，保持流粮口向斜上方用力将扦样器按与粮谷表层近于垂直的方向插入粮层，旋转扦样器手柄 180°打开流粮口，紧握探管上下移动几次，然后回旋手柄关闭流粮口，从粮层拔出扦样器，旋开流粮口，将扦取的粮谷样品无损失的倒入盛样桶中，此后，关闭流粮口，继续扦取第二、第三个扦样点的样品，直至扦完本小批应扦的各点。

7.5.3 取样铲

能够作到分层次扦样时，也可采用取样铲，从粮粒表面 10 cm 以下铲取一定数量的样品，将扦取的粮谷样品无损失的倒入盛样桶中，逐点扦取，直至扦完应扦各点单株样品。

7.5.4 机械扦样器

依据装卸货粮流速度，按每装卸 1 000 t 扦取一个样品，扦样频次至少设定 100 次的要求，按照设备具体参数设定方法设定。

7.6 袋装粮谷扦样

7.6.1 用具

7.6.1.1 单管扦样器

a) 单管扦样器，全长 65 cm～75 cm，槽口长 50 cm～55 cm，槽口宽 1.0 cm～1.8 cm，最大外径约 2.5 cm。适用于大豆、玉米及粒型相近的粮谷样品的扦样；

b) 单管扦样器，全长 50 cm，槽口长 40 cm，槽口宽 0.8 cm～1.5 cm，最大外径约 1.6 cm～2.0 cm。尖端部分约为 4 cm、为实心锥体。适用于小麦、大麦、荞麦等中小粒型粮谷样品的扦样。

7.6.1.2 双套管扦样器

见 7.3.1 规定，适用于吨袋装运的粮谷样品的扦取。

7.6.1.3 取样铲

见 7.3.2 规定，用于大粒和倒包粮谷的样品扦取。

7.6.2 扦样件数确定和扦样部位的设定

7.6.2.1 扦样件数

10 袋以下，逐袋扦取。

10 件～100 件，随机取 10 件。

100 件以上，500 t 以下，按一个小批货物总袋(件)数的平方根扦取，计算见式(1)：

$$n = \sqrt{N} \qquad (1)$$

式中：

N——一批货物的总袋(件)数；

n——应抽取件数(n 值取整数，小数部分向上修约)。

7.6.2.2 扦样部位

a) 实施仓库或露天扦样时，在堆垛四周按正弦曲线，从上中下层随机确定抽样点，根据式(1)确定抽样点数量。从抽样包件中随机抽取5%进行倒包，按(取样铲方法)结合倒包抽取样品，若发现包间差异明显或其他异常情况应增加倒包件数。使用单或双管扦样器时，扦样器长度应达到袋长度的百分之六十五以上或至少大于袋长二分之一；

b) 实施装卸过程扦样时，根据装卸速度和每小批应扦件数，均匀间歇扦取样品，也可将采用甩包集中扦取样品。

7.6.3 袋装扦样件数确定和扦样部位的设定与操作

7.6.3.1 一般原则

按7.6.2.1、7.6.2.2确定的扦样件数、部位与方式的选取，使用单、双套管扦样器或扦样铲逐点扦取，直至完成一个小批原始样品扦取。

7.6.3.2 单管扦样器

手握扦样器把柄，流粮口向下，从袋或袋的一角按对角线的方向插入袋内二分之一以上位置，旋转扦样约180°使流粮口向上，稍停片刻，使粮谷流入扦样器探管内，保持流粮口向上的方向拔出扦样器，从手柄端将样品倒入样品袋中，如上操作扦取应扦取包件数的总件数，每件扦取的单株样品数量应基本一致，各单株样品混合后组成原始样品。

使用单管扦样扦取袋装样品时，应从扦取包件中随机选取5%，进行倒包检查扦样，若发现包间差明显或其他异常情况，应增加倒包件数，用取样铲扦取样品。

对形状不一，粒度较大、不适于用单管扦样器扦样的包装粮谷应进行倒包、拆包，倒包数量应不少于扦取件数的20%。用取样铲扦取样品。

7.6.3.3 双套管扦样器

见7.5.2规定。

7.6.3.4 取样铲

将袋装粮谷置于干净的帆布或水泥台面，拆去包口缝线，缓慢地放倒，双手紧握袋底两角，提起约50 cm高，拖倒约1.5 m长。全部倒出，从相当于袋的中部和底部用扦样铲扦取样品，每包，每点扦取样品的数量应一致。

拆包扦样：将袋口缝线拆开，用扦样铲从上部扦取所需样品，每包扦取样品数量应一致。

7.7 样品的盛装、标识和接收

7.7.1 样品的盛装

样品应用容量适宜的规定容器盛装并密封，样品应防止任何外来杂质的污染、日晒、雨淋，避免其质量变化及外来生物的感染与寄生、繁衍等外部因素对样品引起的变化。

7.7.2 样品的标识

抽取的样品应加以唯一性标识。样品标识应包括以下内容：报检号、样品编号、货物名称、抽样时间和抽样人。

7.7.3 样品的传递与接收

应缩短样品传递和接收的时间，确保样品品质不发生变化。

7.8 扦样报告

7.8.1 扦样报告应真实地反映现场抽样工作过程和货物状况。

7.8.2 扦样报告应包括以下内容：货物堆放地点、包装情况、数量、质量、标记、批次或班次、扦样时环境状态、货物状态、扦样方法及时间、扦样件数、样品个数、样品编号及现场检验检疫情况等。发现异常情况时,应作详细记录。必要时应附以实物、样本、照片或有关方面书面认证资料。

8 外观、气味检验检疫与工作样品制备及程序

8.1 一般要求

以感官方法鉴定样品的颜色、光泽、匀整度、洁净度和气味。

8.2 环境条件

8.2.1 光线要求

在现场进行外观检验检疫应当避开日光直射。实验室内应在北向的房间内,又不低于 500 1x 照度的漫射光或采用人工合成光源。

8.2.2 检验检疫工作台面要求

粮谷外观的检验检疫台面应平滑洁净、色调柔和、无耀目反射光,或用符合上述要求的单色厚衬纸铺垫。

8.3 外观及气味鉴定

8.3.1 将盛样筒(袋)启开,双手捧起适量的小批样品或从现场扦取的可疑样品,嗅辨样品气味是否正常、有无异味。然后将全部样品倒在分样台上,用两块分样板贴紧台面,将样品铲起后,在任其散落,再调转 90°角重复次操作,如此混合 3 次～4 次。将平均样品平铺在样品盘或检验台上厚度 3 cm 在北向自然光线下综合鉴定样品或捧起样品,斜向光源方向,肉眼观察其组成、色泽、粒型、品种等级和整齐程度健全程度等。

正常粮谷应鲜明匀整,有该粮谷本品固有的外观、颜色、光泽和气味。凡色泽呆暗、没有生命力,或含有有毒、有害物质,或发热、霉变、酸败,或有烧焦、土腥、鱼腥、化肥、皮革、油哈、杀虫剂等气味以及特殊物质异味感染者,均应视为不正常。

8.3.2 合同规定应符合标准样品时,应首先检查标样封识,确认标样保管良好无损,然后在同样环境条件下对照,作出检验检疫评定。

8.3.3 对于寒冷天气下从现场扦取的平均样品,应盛装在密闭的容器内在室内放一段时间,使粮温慢慢升到室温后,再开始检验。

8.4 气味及味道的理化检验法

8.4.1 对于难于用 8.3.1 规定的方法作出气味及味道判定的样品,可取少量或取 10 g 左右样品,置于有盖的杯中,注入 60 ℃～70 ℃温水,浸没样品,覆盖放置 2 min～3 min 后,将水倾去,在杯口处嗅辨气味。

8.4.2 对于粮谷的味道品尝。可取 2 g 左右已磨碎的纯净粮谷,仔细咀嚼鉴定,也可制成熟食品品尝。每次品尝前都应清水漱口。

8.4.3 对于不易判断其性质和污染程度的异味,采用国际化学或仪器分析方法鉴定。

8.5 结果表示

外观与气味检验检疫结果以“正常”或“不正常”表示。对不正常加以说明。

8.6 工作样品制备及程序

8.6.1 样品制备程序

采用人工或分样器从原始样品逐一缩分制备检验检疫、检测样品。

8.6.2 工作样品制备

对需要进行理化、真菌毒素、生物转基因检测、病害鉴定的项目应制备工作样品,以供理化分析、生物鉴定实验室使用其制备试验样品,工作样品的试样量约为 500 g。

除合同、有关标准、方法明确规定作批量外,对进口船运粮谷的理化、真菌毒素、生物转基因检测、病害鉴定的项目的检测鉴定以舱作批、出口粮谷以筒仓或 3 000 t～5 000 t 以下作批。

约 500 g 试样从构成工作样品的各个平均样品中等份缩分取之,并做标识、记录。

8.6.3 试验样品制备

一般情况下,按照附录A的规定制备各检验检疫感官项目的试验样品数量。附录A中未列的粮谷,可根据粒型、粒度相近的按照采用。

8.6.4 交付检验检疫、检测、分析

将各缩分好的工作样品倒入样品袋中、已称量的试样样品倾入小盘,并用染毛刷刷净天平盘上遗留的微小、轻小物质并入样品。投入记有报验号、品名、批次号及相关的船、舱、筒仓、库名、货位号、待验项目及样品质量(g)等的样品标签到样品袋、小盘中,交付检验检疫检、检测分析。

8.7 感官检验检疫项目鉴定方法

8.7.1 水分

一般采用GB/T 5497规定的方法,高水分粮谷采用GB/T 20264规定的方法。

8.7.2 杂质

除本标准的规定玉米外,其他粮谷按照SN/T 0800.18进行检验。

8.7.3 不完善粒

除本标准的规定玉米外,其他粮谷按照SN/T 0800.7进行检验。

8.7.4 稻谷、大米

8.7.4.1 稻谷:杂质、不完善粒,按照GB/T 17891、GB 1350检验。

8.7.4.2 大米精度:按照SN/T 0800.13检验方法进行。

8.8 容重检验仪器用具

8.8.1 天平

天平感量0.1 g。

8.8.2 容重器

8.8.2.1 国产HGT-1000型1 L排气式容重器、检测小麦等粮粒大小相近的中小粒型谷物的容重。

8.8.2.2 国产GHCS-1000型1 L排气式容重器、检测玉米等粮粒大小相近的中大粒型谷物的容重。

8.8.2.3 其他类型的容重器:在进出口粮谷的贸易合同中明确规定了容重检测方法和特定容重检测设备的按贸易合同要求、可参照国际公认的谷物容重检测方法规定的操作规则进行。

8.8.3 操作要点

在平稳光洁工作台上安装好容重器各部件,校准零点,将缩分的约1 000 g试样装入漏斗筒,再使其流入中间筒,然后通过拔插刀的操作,使其随同排气砣落入容量筒内,再插回插刀,倒出插刀上多余的试样,拔出插刀,在容重器天平上称量,所得重量即1 L试样的克数值。

9 检疫处理

9.1 处理原则

9.1.1 出口粮谷按照检疫依据规定和要求,按输入国家或地区标准检疫,不合格的,在检验检疫人员的监督下进行除害处理,无有效除害处理方法的,不准出境。

9.1.2 进口粮谷检出活的检疫性有害生物,进行除害处理,无法进行除害处理的,作销毁处理或不准入境处理。

9.2 处理方法

9.2.1 有害生物的检疫处理按SN/T 1124、SN/T 1442、SN/T 1456操作。

9.2.2 TCK疫麦的检疫处理按SN/T 2016处理。

9.2.3 经国家质量监督检验检疫总局批准的其他有效的处理方法。

10 检验检疫结果的评定及处置

10.1 并批计算

每批粮谷的检验检疫数据结果应为各小批样品检验检疫结果的加权平均值、安全卫生项目除外,并应符合 GB 2715;质量、安全卫生与有害生物项目综合评价应符合第 4 章规定的要求。

10.2 检验检疫结果数字的处理

10.2.1 检验结果数字的修约,除合同另有规定外,一律按 GB/T 8170 进行处理。

10.2.2 出证的小批检验检疫结果的数字尾数也按 10.2.1 的规则处理,但应较证书多取一位数,即当要求出证结果为小数后一位时,上述结果取小数后两位,规定两位时则取三位。

10.2.3 **检验检疫项目有效数字的规定:**

——水分:0.1%;

——杂质总量:0.1%;

——杂质子项:0.01%;

——不完善粒、损伤粒总量:0.1%;

——不完善粒、损伤粒子项:0.01%;

——异色粒:0.1%;

——容重:0.0;

——发芽率:0.1%;

——杂草种子:粒/kg;

——仓储害虫:头/kg。

10.3 复核

进出口粮谷检验检疫除在整个现场检验检疫、扦样、室内检验检疫、结果计算过程中要对每项操作、每份样品、每个数据、每张记录单证、每件仪器认真核实外,在正式签发结果前还要进行全面复核,各项数据、单证都要有专人负责复核签字。

10.4 复验

10.4.1 申请检验检疫关系人对检验结果有异议,在规定期限内向主管部门提出复验要求经审查认为确有道理者。

10.4.2 发现已签发的检验检疫证书结果不准确或有疑问者。

10.4.3 对于 10.5.2 的复验,应按复验结果重新签发证书。

10.4.4 复验仍应按本检验检疫规程规定的方法、程序、操作、使用本方法标准规定的仪器工具进行。必要时,经国家质量监督检验检疫总局批准,也可借鉴国内外其他方法、标准进行验证后签发结果。

10.5 结果评定及处置

10.5.1 **合格评定**

检验检疫结果符合 10.1 规定的评定为合格。

10.5.2 **不合格评定**

检验检疫结果不符合 10.1 规定的评定为不合格。

10.5.3 **检验检疫合格处置**

经检验检疫符合 10.1 要求的进出口粮谷,评定为合格的粮谷并出具相应证单放行。

10.5.4 **检验检疫不合格处置**

10.5.4.1 经检验检疫不符合 10.1 要求的,但有有效处理方法的,通知并监督货主或代理作熏蒸、定点加工等处理措施,经处理并复检合格后,出具相应证单放行。

10.5.4.2 经检验检疫不符合 10.1 要求的,又无有效处理方法的,不准进出境并签发《进出境货物不合格通知书》,同时出具《进出境检验检疫施封通知书》,对不合格货物进行有效的封识、退运管理和监督管理、签发证书。

11 样品保存和处理

留样样品应贴上标签,注明报检编号、货物名称、进出口国家、数量、扦样日期和扦样人,在通风、干燥、防虫的条件下保存。合同规定索赔期限的，留样样品保存到合同规定的索赔有效期满为止，合同未规定索赔期限的，样品保存半年。

验余样品在整批样品检验检疫工作完成后，可根据报验人的要求，退回报验人。

12 归档备案

检疫工作完毕后，应将报检资料、各种检验检疫记录、证稿等及时交递有关部门归档备案。

附 录 A
（规范性附录）
粮谷感官检验检疫项目的试样量

表 A.1 粮谷感官检验检疫项目的试样量

检验检疫项目	品名	试样量(最小)/g
水分及挥发物	中小粒粮谷	50
	大粒粮谷	100
大型杂质	中小粮谷	500
	大粒粮谷	1 000
小样杂质、不完善粒、理性纯度及互混、粒型、粒度、杂草种子、仓储害虫	粟、小米等小粒粮谷	20
	小麦、大麦、高粱、荞麦等中粒粮谷	100
	玉米、大豆、小豆、绿豆、中小粒芸豆、小扁豆等	200
	蚕豆、大粒芸豆等	400
品种纯度、香米纯度	大麦、小麦、香米	10
规格及均匀度	青豆、黑豆、大豆、芸豆等	100
千粒重、发芽率	粮谷	100
降落值	小麦	300
加工精度	大米	20
破碎、红线(斑)粒、黄米、损伤粒	大米	50
糠粉	大米	100
稻谷、带壳稗子、矿物质、异种粮	大米	1 000

中华人民共和国出入境检验检疫行业标准

SN/T 2512—2010

出口杂交水稻种子检疫管理规范

Administrative rules for quarantine of export hybrid rice seeds

2010-03-02 发布　　2010-09-16 实施

中华人民共和国
国家质量监督检验检疫总局　发布

前　言

本标准附录A为规范性附录,附录B为资料性附录。

本标准由国家认证认可监督管理委员会提出并归口。

本标准起草单位:中华人民共和国湖南出入境检验检疫局。

本标准主要起草人:陈小帆、陈白莙、谭九洲、左静、张华茂、何湘利、王伏强。

本标准系首次发布的出入境检验检疫行业标准。

出口杂交水稻种子检疫管理规范

1 范围

本标准规定了出口杂交水稻种子的检疫管理要求。

本标准适用于出口杂交水稻种子产地、生产、贸易过程的检疫管理、检查和处置。

2 规范性引用文件

下列文件中的条款通过本标准的引用而成为本标准的条款。凡是注日期的引用文件，其随后所有的修改单(不包括勘误的内容)或修订版均不适用于本标准，然而，鼓励根据本标准达成协议的各方研究是否可使用这些文件的最新版本。凡是不注日期的引用文件，其最新版本适用于本标准。

GB 4404.1 粮食作物种子 第1部分:禾谷类

GB 7415 农作物种子贮藏

GB/T 20478 植物检疫术语

ISPMs No.10 关于建立非疫产地和非疫生产点的要求(IPPC国际植物检疫措施标准)

关于加强进出境种苗花卉检验检疫工作的通知(国质检动函[2007]831号)

3 术语与定义

GB/T 20478、ISPMs No.10中确立的以及下列术语和定义适用于本标准。

3.1

生产资料 means of production

出口杂交水稻种子生产过程中投入的包括生产用种、工器具、农业化学投入品等。

4 产地基本要求

产地应由有法人或非法人代表的组织，按国质检动函[2007]831号规定，在出入境检验检疫机构注册登记，且具备以下条件：

a) 应有一定规模的、集中连片的、能行使有效管理的生产面积；

b) 未发生或最近连续3年以上未发生进口国关注的检疫性有害生物；产地如有进口国关注的检疫性有害生物发生，应能够通过实施检疫措施或检疫处理，使出口种子不携带上述检疫性有害生物；

c) 应具备良好耕作条件，种子生产田在灌水系统上游，地势较高，距生活区较远；灌溉水源无国内和进口国关注的检疫性有害生物；

d) 应具备自然的隔离条件；必要时，可在产地外围、产地内建立缓冲区加以隔离，缓冲区的检疫要求与非疫生产点相同；

e) 应建立出口杂交水稻种子检验检疫管理体系；

f) 应有具备资质的植保员，有具备省级以上种子检验员资格的检验员；

g) 每年生产前，应组织有关人员就有关双边协议、有害生物监测与控制、生产技术等内容进行培训，并保留这些培训记录。

5 生产过程控制要求

5.1 生产资料

5.1.1 用种要求

5.1.1.1 生产用种应获得种子管理部门的批准。

5.1.1.2 生产用种应符合 GB 4404.1 的要求。

5.1.1.3 生产用种应在无进口国关注的植物检疫性有害生物发生的地区选种；或所用种子经官方检疫机构证明不带进口国关注的植物检疫性有害生物。

5.1.2 工器具要求

所有与种子接触的操作器具(如：手套、靴、衣物、工器具、加工机械等)使用前、后均应消毒，防止交叉污染。

5.1.3 农业化学投入品要求

农业化学投入品应符合国家和进口国法律法规要求。

5.2 田间管理要求

5.2.1 稻种在播种前应进行消毒灭菌或其他有效除害处理。

5.2.2 与种子接触的操作人员双手及盛放稻种或秧苗的器具均应进行消毒处理。

5.2.3 在秧苗三叶期和移栽前 3 d～5 d 用药剂防治 1 次～2 次。

5.2.4 推行科学的水肥管理措施和栽培制度，把握适时播种和移栽；做到合理密植、科学施肥与合理排灌，适时露晒田。

5.2.5 以农业防治为基础，合理地使用农药，积极保护利用自然天敌。禁止使用高毒、高残留、大量杀伤自然天敌的农药。

5.2.6 加强田间检验检疫，以保证稻种在生产过程中的生物学混杂、机械混杂、变异、疫情及其他不可预见因素对稻种质量的影响被及时发现并进行有效控制。

5.3 有害生物控制要求

5.3.1 以产地生态系统为基础，运用生态学、经济学和环境保护学原理，采用综合防治措施，以达到控制进口国关注的检疫性有害生物和预防潜在的检疫性有害生物发生目的。

5.3.2 根据有害生物的特性，在产地和缓冲区(如适用)开展有害生物监测和预警制度，以核实产地无疫状态；或准确掌握有害生物发生消长状态。

5.3.3 产地一旦发现进口国关注的检疫性病、虫、杂草，应立即通报检验检疫机构。任何所关注的有害生物发生迹象均应立即采取控制措施，达到有效根除和防止其扩散蔓延。对所采取的处理措施还应进行监督以确保有效。

5.3.4 产地应能够通过实施有效的检疫措施，使出口种子不携带进口国所关注的检疫性有害生物。

6 种子加工要求

6.1 种子入库前应进行加工。种子加工包括清理、精选、烘干、包装等过程。

6.2 产地有与稻种生产量相适应的、自行加工的设施、设备(如：烘干设备、清理、精选、包装设备)和专供晒晾稻种的场地。加工机械在使用中能达到加工防疫、加工质量要求。

6.3 装袋前的种子应进行检验、检疫。种子中不得夹带病粒、活虫、杂草种子等，种子净度符合 GB 4404.1 的要求。

6.4 合格的种子装入种袋后，袋内外应附附录 A 规定标签，按顺序入库储藏并作好标识，严禁品种混杂堆放。

7 储藏与运输要求

7.1 产地有专用的、标识明显的出口稻种储存仓库(或隔离的库区)。稻种储藏库应具有通风、降温设施。库内清洁、干燥，有防潮、防虫、防鼠、防雀设施。

7.2 仓库在存放种子前应进行消毒处理。仓库存放种子过程中，应定期进行检查和熏蒸处理。

7.3 入库前稻种水分应控制在 12%以内。

7.4 库内种子包装应堆放整齐，与地面和墙体保持适当间距。堆垛之间保持适当距离。

7.5 库内温湿度、水分、虫害等变化情况应随时掌握和记录。防止稻种在储藏期间遭受虫蛀、发生霉变或遭受鼠、雀危害，确保种子质量。种子储藏还要符合 GB 7415 的要求。

7.6 有专职检查人员保证所有运输工具清洁卫生，无病、虫、杂草、泥土等侵染/污染源。

7.7 来自疫区的运输工具应经过有效处理后方可使用。

7.8 运输过程中须采取保护措施，避免路途中感染有害生物。

8 出口杂交水稻种子检验检疫管理体系要求

出口杂交水稻种子检验检疫管理体系的内容应包括：

a) 基础文件：产地资质证明，管理体系资质证明，组织机构与人员，产地地理位置与地块图，产地环境资料，加工厂、储存库平面图，相关法律法规、标准依据等；

b) 管理制度：人员培训，有害生物监测与控制，农业化学投入品使用，良好农业规范实施，加工厂、储存库的主要设施、设备，主要农资供应商，记录，溯源体系，产品召回，检查等过程，应形成制度文件化，产地年产量、产品出口国别、贸易方式等均应形成档案；

c) 体系运行：建立的检验检疫管理体系运行正常，具有可追溯性；

d) 记录：检验检疫管理体系运行情况应予以记录并保存，参见附录 B；

e) 检查：每年在适当时间至少进行 1 次检验检疫管理体系运行情况内部检查，检查应有记录，并形成检查报告。

9 管理审核要求

在适当时间，出入境检验检疫机构应对出口杂交检验检疫管理体系运行情况进行管理审核。

10 管理审核的处置要求

10.2.1 管理审核中发现下列情况之一的，出入境检验检疫机构将作出暂停 1 年出口的决定：

a) 产地发生进口国所关注的检疫性有害生物，无有效检疫措施；

b) 种子的农业化学投入品检测结果不符合进口国法规、标准。

10.2.2 管理审核中发现下列情况之一的，出入境检验检疫机构将作出取消注册登记资质的决定：

a) 检疫与质量安全管理体系运行情况异常，尤其是不按规定对有害生物进行监测与控制；

b) 用于出口的杂交水稻种子来源于非注册登记产地；

c) 出现检疫与安全质量事故；

d) 检验检疫机构日常监督检查和管理审核发现不符合，在限期内仍不改进的。

附 录 A
（规范性附录）
出口杂交水稻种子溯源标签（格式）

产地省：（英文） 产地名称： （ORIGIN） 注册登记号： （REGISTERED NO.） 地块号码： （BLOCK＃） 收获日期： （DATE HARVESTED）

图 A.1 出口杂交水稻种子溯源标签（格式）

附　录　B
（资料性附录）
出口杂交水稻种子管理记录表（格式）

表 B.1　出口杂交水稻种子有害生物监测与防控记录表（格式）

出口杂交水稻种子产地名称								植保员		
日期	田块编号（名称）	面积（亩）	病虫害名称	发生程度	采取措施	使用药剂	主要成分	使用浓度	使用量（瓶/袋）	备注
注：监测、跟踪检查有害生物发生情况与控制效果。										

表 B.2　出口杂交水稻种子农药/化肥购进和领用记录表（格式）

产地名称			农药/化肥名称		
农药/化肥生产厂			农药登记号（临时登记号）		
农药/化肥经销单位			农药/化肥保管员		
购入日期	购入数量（瓶、袋）	使用日期	领用数量（瓶、袋）	结余（瓶、袋）	领用人签字

表 B.3 出口杂交水稻种子产地储存记录(格式)

仓库名称/编号					仓库保管员	
种子生产田块编号	入库时间	入库数量(包/公斤)	出库时间	出库数量(包/公斤)	结余/合计	备注

表 B.4 出口杂交水稻种子产地检验结果单(格式)

种子产地名称								种子检验员			
检验日期	田块编号	品种名称	种子数量	纯度	净度	发芽率	水分	千粒重	符合等级	处理意见	备注

表 B.5　出口杂交水稻种子田间生产管理记录(格式)

出口杂交水稻种子产地名称				
日期	田块编号	品种名称	田间管理活动记录	记录人

注：施用农药以外的田间管理填写本表。如灌溉、翻耕、锄土、播种、施肥、除草、防冻、采收等；其中灌溉注明水源，施肥注明肥料种类、生产企业、成分等。

中华人民共和国出入境检验检疫行业标准

SN/T 2516—2010

出口杨梅检验检疫规程

Rules for inspection and quarantine of waxberry for export

2010-03-02 发布　　　　2010-09-16 实施

中　华　人　民　共　和　国
国家质量监督检验检疫总局　发布

前　言

本标准的附录 A 为资料性附录。

本标准由国家认证认可监督管理委员会提出并归口。

本标准负责起草单位:中华人民共和国宁波出入境检验检疫局。

本标准主要起草人:梁铭明、邱亚红、陆士益、张雅芬。

本标准系首次发布的出入境检验检疫行业标准。

出口杨梅检验检疫规程

1 范围

本标准规定了出口保鲜杨梅的检验检疫方法和结果的评定。

本标准适用于出口保鲜杨梅的检验检疫。

2 规范性引用文件

下列标准所包含的条文，通过在本标准中引用而构成为本标准的条文。本标准出版时，所示版本均为有效。所有标准都会被修订，使用本标准的各方应探讨使用下列标准最新版本的可能性。

GB 2762 食品中污染物限量

GB/T 5009.38 蔬菜、水果卫生标准的分析方法

GB/T 5009.145 植物性食品中有机磷和氨基甲酸酯类农药多种残留的测定

GB/T 5009.146 植物性食品中有机氯和拟除虫菊酯类农药多种残留的测定

SN/T 0188 进出口商品重量鉴定规程 衡器鉴重

3 术语和定义

下列术语和定义适用于本标准。

3.1

保鲜杨梅 fresh waxberry

新鲜杨梅经过加工整理包装后，保鲜出口的杨梅。

3.2

杂质 impurity

来自杨梅本身以外的混杂物，分为一般杂质和恶性杂质。

3.3

一般杂质 general impurity

混入产品中对人体的健康无影响的外来混杂物，如：杨梅的叶等。

3.4

恶性杂质 harmful impurity

混入产品中对人体的健康会造成危害或影响的外来混杂物，如：碎玻璃、金属物、昆虫、毛发等。

3.5

机械伤 mechanical wound

由于受外界影响造成的杨梅表面发生的损伤。

3.6

伤果 injured fruit

单个刺伤或碰压伤果面面积超过果面总面积十分之一的杨梅果实。

3.7

色泽 color

本品种成熟期固有的颜色和光泽。

3.8

风味 taste

果实的滋味、质地、香气、果汁的多少等。

3.9

腐烂果 rot fruit

杨梅果实遭受病原物的侵染，细胞的中胶层被病原物分泌的酶所分解，导致细胞分离，组织崩溃，果实的一部分或全部丧失食用价值。

3.10

畸形果 abnormal fruit

与正常形态不同的杨梅。

3.11

污染物 contaminants

杨梅种植、加工、包装、贮存、运输、销售、直至食用过程或环境污染所导致产生的任何物质，这些非有意加入的物质为污染物，包括除农药、兽药和真菌毒素以外的污染物。

3.12

检验检疫批 lot of inspection and quarantine

报检的出口杨梅中，来自同一个果园，在相同生产条件下，在同一包装厂加工包装，输往同一国家或地区的集合组成一个检验检疫批。

4 果园和包装厂注册登记

4.1 果园注册登记

出境杨梅果园应经所在地出入境检验检疫机构考核，取得出境水果果园注册登记证书。

4.2 包装厂注册登记

出境杨梅的包装厂应经所在地出入境检验检疫机构考核，取得出境水果包装厂注册登记证书。

5 抽样

5.1 抽样条件

本检验检疫批产品已经全部加工包装结束，在合适的区域码放整齐，并具有工厂厂检有效期内的合格报告。

5.2 抽样方法

从堆垛的上下内外及四周均匀随机抽取代表性样品。

5.3 抽样数量

5.3.1 检验抽样量

5.3.1.1 按表1检验抽样数量所列出的要求抽取样品。

表1 检验抽样数量

批量/件	取样数/件
100 以下	5
101～300	7
301～500	9
501～1 000	10
1 000 以上	最少 15

5.3.1.2 实验室检验抽样量：从抽取的每件样品中随机抽取若干数量杨梅，组成实验室检验样，样品的

质量至少 2 kg。

5.3.2 检疫抽样数量

5.3.2.1 检疫抽查件数

批量在 10 件以下的(含 10 件),全部检查。

批量在 10 件以上的,按表 2 检疫抽查件数所列的比例抽查。若发现可疑疫情,可适当增加抽查比例。

表 2 检疫抽查件数

批量/件	抽查/%	备　注
100 以下	10	每批抽查件数不少于 10 件
101～300	10～5	
301～500	5～4	
501～1 000	4～3	
1 001～2 000	3～2	
2 001～5 000	2～1	
5 000 以上	1～0.2	

5.3.2.2 实验室检疫取样量

检疫取样结合抽查进行。按表 3 检疫取样量所列要求抽取。

表 3 检疫取样量

批量/件	样品数量/份	样品质量
100 以下	1	每份代表样品的质量为 2 kg～10 kg
101～300	1～2	
301～500	2～3	
501～1 000	3～4	
1 001～2 000	4～5	
2 001～5 000	5～6	
5 000 以上	7	

6 检验检疫

6.1 检验检疫场所条件

光线充足,通风良好,温度适宜,清洁卫生,无异味。

6.2 检验检疫工具

6.2.1 操作台

易于清洗消毒,台面平整,大小适宜的不锈钢操作台。

6.2.2 衡器

经国家计量部门鉴定合格,并在规定的有效期内,最大称量值应低于被衡样品质量的 5 倍。特殊情况下,可适当放宽,但不得高于被衡样品质量的 10 倍。衡器精度要求不得大于被衡样品质量的 1%。

6.2.3 天平

感量 0.1 g,0.01 g。

6.2.4 白搪瓷盘

完好,大小能均匀铺开样品,清洁卫生,无异味。

6.2.5 常用工具

不锈钢刀，镊子，放大镜，试管，指形管，分组器(板)，游标卡尺：0 cm～15 cm。

6.2.6 样品袋

大小适宜，清洁、卫生，便于密封。

6.3 检验

6.3.1 包装检验

6.3.1.1 检查包装材料是否完整牢固，无异味，无污染，无毒无害，适合贮藏运输要求。

6.3.1.2 检查外包装唛头(标记)、批号是否相符。

6.3.2 数/质量检验

6.3.2.1 数量检验

现场清点包装完整的产品件数。

6.3.2.2 质量检验

抽查件数与质量鉴定结果的处理按 SN/T 0188 规定进行。

6.3.3 感官检验

将 5.3.1.1 所取的样件，逐件开启，取出所有杨梅，平铺于瓷盘内进行感官检验。

感官检验项目包括色泽、风味、品种、组织形态、规格、杂质等。

a) 色泽检验：检验产品色泽是否正常。
b) 风味：正常杨梅风味新鲜、酸甜适口、肉质柔软、多汁、无异味、无霉变。
c) 品种：检验产品有无异品种混入。
d) 组织形态：检验产品是否果形完整，去蒂完全，成熟度合适。畸形果，带虫孔果，机械伤果分别挑出，分别用天平称出质量，计算与样品果的质量比例。
e) 规格：用分组器(板)或游标卡尺测定单个样品杨梅的果形大小，或用感量 0.01 g 的天平测定单个样品杨梅的质量。
f) 杂质：检验产品有无恶性杂质及一般杂质。

6.3.4 污染物检验

将 5.3.1.2 抽取的检验样品送实验室按进口国规定的方法或 GB 2762 中规定的方法进行检测。

6.3.5 农药残留检验

将 5.3.1.2 抽取的检验样品送实验室按进口国规定的方法或 GB/T 5009.38、GB/T 5009.145、GB/T 5009.146 进行检测。

6.4 检疫

6.4.1 环境检查

检查运载工具或货物存放场所地面，四周环境卫生，有无害虫活动。

6.4.2 开件(箱)检查

对抽查到的货物，开件(箱)检查包装物的底部，四周，缝隙有无害虫活动；借助放大镜检查果实表面有无病虫害，果实是否有腐软的现象，必要时做剖果检查；检查果实是否带有泥土、枯叶等。发现有害虫或可疑病症的或有异常形态的果实应携带回实验室做进一步的检验和鉴定。

6.4.3 实验室检疫

6.4.3.1 虫害检查

参考附录 A，检查是否有杨梅果实有害生物。

镜检：将检获的害虫置于解剖镜或显微镜下镜检鉴定。

饲养：将难以直接鉴定的幼虫、虫卵、蛹置于害虫饲养箱中进行饲养，至蜕变成虫，便于鉴定。

6.4.3.2 病害检验

镜检：挑取样品病部的病菌，在显微镜下直接进行鉴定。

分离培养:必要时将可疑病害症状部位表面消毒后,置于保湿的吸水纸上或培养基中培养后,再对病菌进行鉴定。

6.5 贮存

6.5.1 杨梅贮存场所应清洁卫生,不得与有毒有害有异味有污染的物品混存放。

6.5.2 杨梅宜采用冷藏保存。

6.6 运输

6.6.1 应采用无污染的交通运输工具,不得与其他有毒有害物质混装混运。

6.6.2 杨梅运输宜采用冷藏保存。

6.6.3 杨梅应减少贮藏时间,在保质期内尽快出口。

7 检验检疫结果评定

7.1 检验结果评定

按本标准检验后,对照杨梅进口国或地区强制性技术规范;法律法规;合同和信用证以及我国法律法规、强制性技术规范等要求进行综合评定,符合要求的检验批为合格批,否则为不合格批。

注:合格品的感官指标不合格率不得超过5%,感官指标指杨梅的果形、色泽等。

7.2 检疫结果评定

按本标准检疫后,按照输入国家或地区进境植物检疫要求;中国法定的植物检疫要求;政府间双边植物检疫协定,议定书,备忘录及我国参加地区性或国际性公约组织应遵守的规定;贸易合同,信用证等有关植物检疫要求来评定,符合要求的为合格批,否则为不合格批。

8 不合格产品的处置

8.1 经检验不合格产品的处置

凡因污染物、农药残留等安全卫生项目不合格的产品评定为不合格,不准出口。返工整理后能达到要求的,经复验合格后出口。

8.2 经检疫不合格产品的处置

有有效除害处理方法的,货主或其代理人按检疫处理标准进行除害处理,处理合格后,出具相应单证放行。无有效除害处理方法的,不准出境。

附 录 A
（资料性附录）
杨梅主要有害生物

A.1 黑腹果蝇 *Drosophila melanogaster*：又称杨梅果蝇、红眼果蝇。双翅目、果蝇科、果蝇属。

A.2 拟果蝇 *Drosophila simulans*：双翅目、果蝇科、果蝇属。

A.3 高桥氏果蝇 *Drosophila takahashii*：双翅目、果蝇科、果蝇属。

A.4 伊米果蝇 *Drosophila immigrans*：双翅目、果蝇科、果蝇属。

A.5 小黄卷叶蛾 *Adoxophyes fasciata*：鳞翅目、卷叶蛾科。

A.6 褐带长卷叶蛾 *Homona coffearia*：鳞翅目、卷叶蛾科。

A.7 拟小黄卷叶蛾 *Adoxophyes cyrtosema*：鳞翅目、卷叶蛾科。

A.8 拟后黄卷叶蛾 *Archips micaceana*：鳞翅目、卷叶蛾科。

A.9 枯叶夜蛾 *Adris tyrannus*：鳞翅目、夜蛾科。

A.10 杨梅小细蛾 *Phyllonorycter* sp：鳞翅目、细蛾科。

中华人民共和国出入境检验检疫行业标准

SN/T 2542—2010

进境植物繁殖材料隔离检疫操作规程

Rules of isolate quarantine for imported plant propagating materials

2010-03-02 发布　　2010-09-16 实施

中华人民共和国国家质量监督检验检疫总局 发布

前　言

本标准的附录 A、附录 B、附录 C 和附录 D 均为规范性附录。

本标准由国家认证认可监督管理委员会提出并归口。

本标准由中华人民共和国上海出入境检验检疫局负责起草。

本标准主要起草人：白章红、杨翠云、黄晓璪、高辉。

本标准系首次发布的出入境检验检疫行业标准。

进境植物繁殖材料隔离检疫操作规程

1 范围

本标准规定了进境植物繁殖材料隔离检疫程序。

本标准适用于进境植物繁殖材料在隔离期间的检疫工作。

2 规范性引用文件

下列文件中的条款通过本标准的引用而成为本标准的条款。凡是注日期的引用文件，其随后所有的修改单（不包括勘误的内容）或修订版均不适用于本标准，然而，鼓励根据本标准达成协议的各方研究是否可使用这些文件的最新版本。凡是不注日期的引用文件，其最新版本适用于本标准。

GB/T 20478 植物检疫术语

SN/T 1619 植物隔离检疫圃分级标准

3 术语和定义

GB/T 20478 确立的以及下列术语和定义适用于本标准。

3.1

植物繁殖材料 plant propagating material

包括植物种子、种苗及其他繁殖材料，指栽培、野生的可供繁殖的植物全株或部分，如植株、苗木（含试管苗）、果实、种子、砧木、接穗、插条、叶片、芽条、块根、块茎、鳞茎、球茎、花粉、细胞培养材料（含转基因植物）等。

3.2

隔离检疫 quarantine in isolated area

将进境植物繁殖材料在认可的隔离检疫场（圃）进行种植或培养。主要用于对境外引进的可能潜伏危险病虫害的种子、苗木及其他繁殖材料进行隔离试种、繁育及各种检疫试验，防止区域性危险性病虫向引种地区传播的重要措施。

3.3

隔离检疫圃 post-entry quarantine station

与周围环境分开的隔离种植场地，包括用于防止有害生物传入/传出的专门设备和设施。如围墙、温室、网室、人工气候室等。

4 检疫依据

4.1 中国法定的检疫要求：

——《中华人民共和国进出境动植物检疫法》及其实施条例；

——《中华人民共和国进境植物检疫性有害生物名录》及相关法规规定的危险性有害生物；

——《进境植物繁殖材料隔离检疫圃管理办法》。

4.2 双边政府间植物检疫协定、协议和备忘录中订明的禁止传带的有害生物。

4.3 检疫审批规定禁止传带的有害生物。

4.4 贸易合同（信用证）约定的禁止传带的其他有害生物。

4.5 中国政府的其他有关规定。

5 隔离检疫要求

5.1 隔离检疫场所要求

进境植物隔离检疫圃的分级见 SN/T 1619 的规定。

根据植物繁殖材料在输出国(地区)有害生物的发生情况、植物繁殖材料的类别、引入植物繁殖材料的用途等因素,进行风险分析,确定相应风险控制措施,进入相应的隔离场地实施隔离检疫。

5.2 人员与防护要求

5.2.1 进入植物繁殖材料隔离检疫场所的操作人员,应严格按照隔离检疫圃和其他隔离检疫场地的进出要求规范操作,不得从事其他与检疫工作无关的事情。

5.2.2 对具有高风险的植物繁殖材料进行隔离检疫操作时,应在具有风淋或淋浴设施的场所内进行,工作人员应穿相应的实验防护服。

5.2.3 无关人员未经允许不得进入隔离检疫场地。

6 隔离检疫程序

6.1 接样

送检人员将需隔离植物繁殖材料送入植物隔离检疫圃或隔离种植场地前,应填写《隔离检疫植物繁殖材料接收单》(见附录 A),并由接样人员验收签字。

6.2 初检

6.2.1 预备

核对《隔离检疫植物繁殖材料接收单》后,检疫人员根据隔离植物繁殖材料的种类、品种、产地及可能传带的有害生物等情况采取如下一种或几种检疫方法进行初步检疫,并填写《植物繁殖材料初检记录表》(见附录 B)。

6.2.2 肉眼直观检查

将植物繁殖材料和外包装放在供检查用的实验台上,保证充分照明。用目测或借助放大镜直接检查外包装材料和植物繁殖材料是否带有土壤、虫瘿、菌瘿、杂草及病虫害为害症状;借助解剖刀或针剖开被害虫和病菌为害的茎、芽、根等可疑部分进行直接观察;或对害虫种类进行直接鉴别。

6.2.3 显微镜和解剖镜检查

取样品病变部分或病症材料制片后,置于显微镜下直接检查鉴定。将初检发现的害虫在解剖镜下观察鉴定。

6.2.4 过筛检验

根据进境的植物种子样品选择合适孔径的分样筛进行过筛检验,分离出种子和杂物,鉴定筛出物。

6.2.5 初检后处理

经初检确认携带禁止进境检疫性有害生物的,根据 8.1.2 的要求对引进的植物繁殖材料予以销毁或除害处理;经除害处理后的引进植物繁殖材料继续进行隔离检疫。不能确认是否携带禁止进境检疫性有害生物的,直接进行隔离检疫。

6.3 隔离检疫

6.3.1 制定隔离检疫计划

对需隔离检疫的植物繁殖材料,根据进境的植物繁殖材料类别、数量、产地、有害生物发生及风险分析报告等背景资料制定隔离检疫计划书,明确隔离种植的期限、时间、地点、栽培管理要点和生长期检疫方法。该计划由专职检疫员制定,隔离场负责人审核同意后执行。

6.3.2 种植前隔离设施处理

隔离检疫圃或隔离种植场地在使用前后,应对温室、用具、土壤等进行消毒处理,并采取控制昆虫和啮齿动物的措施,如设置黄皿诱蚜、昆虫、鼠诱捕器等。

对隔离温室可采用紫外灯消毒、药剂熏蒸等处理方法。

6.3.3 繁殖材料的隔离种植

种子、种球和苗木类：将隔离的植物材料以批次或品种为单位隔离种植在不同的区域，严禁不同批次的繁殖材料混合种植，以防止互相污染。

试管苗类：将隔离的试管苗放在温湿条件适合的温控生长箱或生长温室内，定期检查试管苗的生长情况，在培养过程中还需要分苗、练苗和定殖。

花粉和细胞培养材料类：需要具备组织培养的条件，并配置生长箱和超净工作台，选择合适的培养基接种花粉和细胞类，在培养过长中观察植物生长及携带有害生物情况。

6.3.4 栽培管理措施

根据隔离植物的相关栽培管理资料，采用适当的栽培管理措施，保证土壤、肥料、温度、水分、光照等需满足隔离植物生长的要求。记录隔离检疫环境的温度、湿度数据，有特殊要求的作物同时记载其他数据，填写《隔离检疫日常检查记录表》(见附录 C)。

6.3.5 隔离期间疫情调查

管理员每周 2 次观察隔离繁殖材料生长和有害生物发生情况，进行详细记录和准确描述，将有害生物发生、发展过程记载于《隔离检疫日常检查记录表》(见附录 C)，发现异常情况应在 24 h 内报告专职检疫员。

6.3.6 采样送检

将发现的病菌子实体、昆虫、螨类、软体动物等有害生物，以及发病的植株特别是症状明显的部位送实验室进行分离鉴定。除重点检查和采集有症状的样品外，每个随机检查点至少采集一份随机样品，以防止一些隐症病害的漏检。

7 实验室检疫

7.1 检测方法

7.1.1 国家有标准规定的，按照有关国家标准或行业标准实施检疫鉴定。

7.1.2 国家无标准规定的，可采用国际标准或先进国家/地区的标准实施检疫鉴定。

7.1.3 没有具体标准的根据有害生物的生物学特性，参照以下方法检疫鉴定：

——真菌和细菌：采用分离培养、致病性测定和分子生物学等方法检疫鉴定；

——病毒：采用鉴别寄主反应、免疫电镜、血清学和分子生物学等方法检疫鉴定；

——害虫：采用昆虫饲养、显微镜及解剖镜观察和分子生物学等方法检疫鉴定；

——线虫：采用线虫分离、显微镜镜检和分子生物学等方法检疫鉴定；

——杂草：采用过筛检查、显微镜及解剖镜镜检和分子生物学等方法检疫鉴定。

7.2 检测记录和报告

实验室检疫人员在每项检测项目完成后，出具《实验室检测结果报告》(见附录 D)，检测结果由实验室检测人员填写，实验室负责人审核。

8 隔离检疫处理

8.1 繁殖材料的检疫处理

8.1.1 隔离种植期间未发现进境植物检疫性有害生物、潜在危险性有害生物、政府及政府主管部门间签定的双边植物检疫协定、协议、备忘录和议定书中订明的有害生物、其他有检疫意义的有害生物的，予以放行。

8.1.2 经检疫发现进境植物检疫性有害生物、潜在危险性有害生物、政府及政府主管部门间签定的双边植物检疫协定、协议、备忘录和议定书中订明的有害生物、其他有检疫意义的有害生物的，或管制的非检疫性有害生物超过有关规定的，有有效除害处理方法的，隔离植物按检疫机构认定的方法进行除害处理，除害处理后经检验合格的，予以放行。无有效除害处理方法的，作销毁处理。

8.2 防护及废弃物处理

8.2.1 对隔离种植繁殖材料的包装和铺垫材料、检验后的病组织或有害生物体、栽培过程中产生的枯枝落叶以及隔离结束后的植物繁殖材料等进行焚烧处理。

8.2.2 对繁殖材料隔离种植前后使用的土壤、基质材料、盆钵及有关器具，对实验室检测产生的可能携带有害生物的废物、废水以及直接用于有害生物检测的器皿等进行灭菌处理。灭菌主要包括：高压高温灭菌、洗衣粉水浸泡灭菌等。

8.2.3 种植前后的隔离温室进行紫外线照射消毒，时间为 0.5 h；隔离种植过程中产生的灌溉废水需专门收集，经次氯酸钠和广谱杀菌剂消毒处理。

9 归档和样品保存

9.1 每批次隔离种植物应建立专门档案并由专人管理。包括：入境货物报检单、植物检疫证书、植物繁殖材料接收单、隔离检疫初检报告、监管记录、隔离检疫计划书、实验室检测结果报告等。

9.2 对植物繁殖材料隔离期间的图片、影像等资料和有害生物标本妥善保存。

附　录　A
（规范性附录）
隔离植物检疫繁殖材料接收单格式

隔离植物检疫繁殖材料接收单

样品编号：	送检单位：
单位地址：	联系人：
电话：	传真：
电子信箱：	邮编：
植物名称：	植物类别：
植物品种：	植物部位：
产地：	入境口岸：
入境数量：	入境日期：
货值：	包装材料情况：
送样数量：	接样日期：
隔离植物繁殖材料情况说明： 送检方（签名、盖章）：　　　　接样人（签名）： 年　月　日	

附　录　B
（规范性附录）
植物繁殖材料初检记录表格式

植物繁殖材料初检记录表

<table>
<tr><td>样品编号：</td><td>植物名称：</td></tr>
<tr><td>植物品种：</td><td>植物数量：</td></tr>
<tr><td colspan="2">直观检查结果：</td></tr>
<tr><td colspan="2">显微镜或解剖镜检查结果：</td></tr>
<tr><td colspan="2">过筛检查结果：</td></tr>
<tr><td colspan="2">处理意见：

检疫人员：

年　月　日</td></tr>
</table>

附　录　C
（规范性附录）
隔离检疫日常检查记录表格式

隔离检疫日常检查记录表

<table>
<tr><td colspan="2">样品编号：</td><td colspan="2">植物名称：</td><td colspan="2">植物品种：</td></tr>
<tr><td colspan="2">植物类别：</td><td colspan="2">种植数量：</td><td colspan="2">种植地点：</td></tr>
<tr><td colspan="3">隔离开始时间：　　　　年　月　日</td><td colspan="3">隔离结束时间：　　　　年　月　日</td></tr>
<tr><td colspan="6">隔离场地及种植基础条件：</td></tr>
<tr><td>观察日期</td><td>生育期</td><td colspan="3">栽培管理要点或有害生物发生情况记录</td><td>记录人</td></tr>
<tr><td></td><td></td><td colspan="3"></td><td></td></tr>
<tr><td></td><td></td><td colspan="3"></td><td></td></tr>
<tr><td></td><td></td><td colspan="3"></td><td></td></tr>
<tr><td></td><td></td><td colspan="3"></td><td></td></tr>
<tr><td></td><td></td><td colspan="3"></td><td></td></tr>
<tr><td></td><td></td><td colspan="3"></td><td></td></tr>
<tr><td></td><td></td><td colspan="3"></td><td></td></tr>
<tr><td></td><td></td><td colspan="3"></td><td></td></tr>
<tr><td></td><td></td><td colspan="3"></td><td></td></tr>
<tr><td></td><td></td><td colspan="3"></td><td></td></tr>
<tr><td></td><td></td><td colspan="3"></td><td></td></tr>
<tr><td></td><td></td><td colspan="3"></td><td></td></tr>
<tr><td></td><td></td><td colspan="3"></td><td></td></tr>
<tr><td></td><td></td><td colspan="3"></td><td></td></tr>
<tr><td></td><td></td><td colspan="3"></td><td></td></tr>
<tr><td></td><td></td><td colspan="3"></td><td></td></tr>
</table>

附 录 D
（规范性附录）
实验室检测结果报告格式

实验室检测结果报告

<table>
<tr><td>样品编号：</td><td>委托单位：</td></tr>
<tr><td>植物名称：</td><td>植物品种：</td></tr>
<tr><td>取样数量：</td><td>取样部位：</td></tr>
<tr><td>产地：</td><td>检疫地点：</td></tr>
<tr><td>送检时间：</td><td>检验时间：</td></tr>
<tr><td colspan="2">症状描述：</td></tr>
<tr><td colspan="2">主要仪器和试剂：</td></tr>
<tr><td colspan="2">检测方法及依据：</td></tr>
<tr><td colspan="2">检测记录/结果：</td></tr>
<tr><td colspan="2">检疫样品处理：</td></tr>
<tr><td>检疫人员(签名)：
年 月 日</td><td>实验室负责人：
年 月 日</td></tr>
</table>

中华人民共和国出入境检验检疫行业标准

SN/T 2546—2010

进境木薯干检验检疫规程

Rules for the inspection and quarantine of importing cassava tuber flake

2010-05-27 发布　　2010-12-01 实施

中华人民共和国国家质量监督检验检疫总局 发布

前　言

本标准按照 GB/T 1.1—2009 给出的规则起草。

本标准由国家认证认可监督管理委员会提出并归口。

本标准负责起草单位：中华人民共和国山东出入境检验检疫局。

本标准参加起草单位：中华人民共和国江苏出入境检验检疫局、中华人民共和国广东出入境检验检疫局、中华人民共和国深圳出入境检验检疫局。

本标准主要起草人：孙建国、李玉亮、郑家利、张成标、吴新华、何日荣、王峻。

进境木薯干检验检疫规程

1 范围

本标准规定了进境木薯干(片、块)检验检疫方法和检验检疫结果评定。

本标准适用于进境木薯干(片、块)、木薯粒的检验检疫。

2 规范性引用文件

下列文件对于本文件的应用是必不可少的。凡是注日期的引用文件,仅注日期的版本适用于本文件,凡是不注日期的引用文件,其最新版本(包括所有的修改单)适用于本文件。

GB 2715 粮食卫生标准

GB 5508 粮食、油料检验 粉类含砂量测定法

SN/T 0800.1 进出口粮油、饲料检验 抽样和制样方法

SN/T 0800.5 进出口粮油、饲料检验 淀粉含量检验方法

SN/T 0800.8 进出口粮油、饲料检验 粗纤维含量检验方法

SN/T 0800.18 进出口粮油、饲料检验 杂质检验方法

SN/T 0800.19 进出口粮油、饲料检验 水分及挥发物检验方法

3 术语和定义

下列术语和定义适用于本文件。

3.1

木薯干(片、块) cassava tuber flake

自种植地里收获新鲜木薯根茎,经去掉杆茎、泥沙或木薯皮,再切片后干燥或干燥后压碎而制成木薯干(片、块)。

3.2

木薯粒 cassava pellets

将木薯干粉碎,再用制粒机制成木薯粒。

3.3

杂质 foreign matter

非本品物质(包括本品蒂根、茎杆)及失去使用价值的本品;含砂量在合同中没有特别规定的,归属杂质项目。

3.4

霉变 moulded

表面生霉或因热伤使内部糖化变黄,内心可见褐色、黑色部分超过整片(块)五分之一,但仍有使用价值的本品(表面生霉较轻可以擦掉,内部色泽正常的浮霉片为完好木薯干)。

3.5

碎沫 oddments

通过 $\phi3.0$ mm 圆孔筛下物。

3.6

虫蛀 wormy

被害虫蛀蚀的木薯干(片、块)。

3.7

色泽、气味 color、odor

一批木薯干(片、块)固有的色泽和气味。

4 检验检疫依据

4.1 我国政府与输出国家或地区政府签订的双边或多边协议、议定书、备忘录等规定的检验检疫要求。

4.2 我国法律、行政法规和国家质量监督检验检疫总局规定的检验检疫要求。

4.3 《中华人民共和国进境动植物检疫许可证》列明的检疫要求。

4.4 贸易合同(或信用证)规定的有关检验检疫要求。

5 检验检疫准备

5.1 应审核报检单证中有无输出国家或地区官方机构出具的植物检疫证书、合同(或信用证)条款中的检验检疫要求、其他应有的证书和批准文件。

5.2 了解输出国家或地区疫情、疫病流行情况。

5.3 根据进境木薯干种类、包装、运输方式,结合5.1、5.2的情况,明确检验检疫重点。

5.4 准备规格套筛、塑料样品袋、手持放大镜、指形管、测毒仪器、防护设备、取样铲、三角纸、镊子、美工刀、标签、锤子等现场检验检疫工具。

6 现场检验检疫

6.1 锚地或表层检验检疫

整船装载进境木薯干应在锚地或靠泊后卸货前进行检验检疫。检验检疫人员登轮后,向乘运人了解货物装载、运输、海事、检疫处理等情况,索取货物配载图及有关资料,核对货、证是否相符,必要时查阅航海日志。采取肉眼观察、过筛或倒袋等方法,检查甲板、舱壁、货物表层、包装物有无病媒生物、啮齿动物、活虫、昆虫残体、虫蛀、水湿、霉变、杂质、熏蒸剂残渣等,检查货物色泽、气味是否正常,抽取代表性样品连同发现的可疑物品一并带回实验室检验。

6.2 卸货时检验检疫

6.2.1 原始样品的抽取

6.2.1.1 需要品质检验的,按SN/T 0800.1的规定执行。

6.2.1.2 不需要品质检验的,每舱按不少于3层~5层采集,抽样点和抽样量的确定按SN/T 0800.1的规定执行。

6.2.1.3 抽样时应用取样铲(取样铲规格见SN/T 0800.1)均匀抽取,使样品中的木薯干(片、块)、碎沫、杂质等货物组成部分具有充分代表性。

6.2.2 抽查检验检疫

根据卸货进度,用随机方法分舱、分层进行抽检,每舱不少于三次,采取肉眼观察、过筛或倒袋等方法,检查舱角、舱壁、货物、包装物有无活虫、杂质、霉变或污染等,检查整批货物的色泽、气味是否正常。

6.3 集装箱、车厢装载进境木薯干的检验检疫

在参照上述方法进行检验检疫的同时还应注重查看集装箱箱体是否完整，检查集装箱外表包括角件、叉车孔、地板下部等是否带有软体动物、杂草、土壤等。

6.4 特殊情况的处理

在卸货过程中发现重大疫情时，应及时采取防止疫情扩散的有效措施。正在卸货的应立即停卸，对已卸和未卸货物作除害处理，对被病虫害污染的装卸工具和场地，也应作除害处理。发现严重水湿、霉变、杂质等情况的，应将该类货物单独存放并作好相关记录(以便单独检验或处理)，必要时应对现场进行拍照、录像或要求相关当事人确认。

6.5 安全保障措施

6.5.1 整船装载木薯干锚地或表层检验检疫时，应待船方打开舱盖、充分通风散气、将熏蒸剂残渣及其污染货物清除干净、并确认安全后，方可在船方陪同下实施检验检疫。

6.5.2 在卸货过程中进行现场检验检疫时，下舱前应要求停止卸货和确认舱内安全(防止舱内缺氧和货物大面积滑动)，并要求船方陪同或保护。检验检疫人员应当两人以上共同作业。

6.5.3 对已做熏蒸处理的集装箱、车厢装载进境木薯干，应在开箱前对箱内熏蒸剂浓度进行检测。熏蒸剂残留量超标的，应运往安全地点进行通风、散毒，并经检测合格后，方可实施检验检疫。

6.5.4 应具备一定的防护设备，确保人身安全。

6.6 平均样品的制备

按 SN/T 0800.1 的规定执行。制样时应使原始样品各组成部分都有相同的概率进入平均样品。

7 实验室检验

7.1 试样制备

试样制备按附录 A 操作。将平均样品在感量为 0.1 g 天平上称量后，以每次约 250 g 在 ϕ3.0 mm 圆孔筛上进行过筛，倒出筛上物及筛下物，并分别在感量为 0.1 g 天平上称量，按式(1)计算筛下物(碎沫)含量。根据碎沫含量，结合 SN/T 0800.1 配制存查样品和理化检验用样品分别不少于 1 000 g 和 200 g，所剩样品在感量为 0.1 g 天平上称量后作为试样，试样量(m)不少于 1 500 g。

$$碎沫 = \frac{f}{\overline{m}} \times 100\% \quad \cdots\cdots(1)$$

式中：

f——ϕ3.0 mm 圆孔筛下物质量，单位为克(g)；

$\overline{m}$——平均样品质量，单位为克(g)。

7.2 害虫检验

7.2.1 仪器设备及试剂、药品

7.2.1.1 昆虫解剖设备、昆虫鉴定设备、玻璃器皿、白搪瓷盘、毛刷等。

7.2.1.2 根据检验项目配制相应的试剂及药剂。

7.2.2 检验方法

7.2.2.1 目检样品周围及内部，看是否存在虫体及其残体等检疫物，并及时挑出或检出。

7.2.2.2 过筛检查:将代表样品倒入规格套筛内,用"回旋法"过筛,把筛上物和筛下物分别倒入白瓷盘内,将虫蛀块拣出并在感量为 0.1 g 天平上称量后用小锤砸碎,分别拣出或挑出其中的害虫,并按式(2)、式(3)计算害虫含量和虫蛀率:

$$害虫含量(头/kg)=\frac{p}{m} \quad \cdots\cdots(2)$$

$$虫蛀=\frac{d}{m}\times 100\% \quad \cdots\cdots(3)$$

式中:

p ——害虫数量,单位为头;

d ——虫蛀块质量,单位为克(g);

m ——试样质量,单位为克(g)。

7.2.2.3 电热检查:用电热均匀缓慢加热代表样品至 40 ℃~50 ℃,迫使害虫活动,以便检查过筛难于分拣出来的害虫。

7.2.2.4 将害虫放在解剖镜下检查,观察其形态学特征,确定其种类。

7.3 卫生检验

7.3.1 将 7.1 中的理化检验用样品按照检验项目的要求进行全部粉碎,待充分混合后供卫生检验用。

7.3.2 检验项目及方法按 GB 2715 和国家质量监督检验检疫总局规定的检验要求确定。

7.4 品质检验

7.4.1 试样制备同 7.3.1。

7.4.2 检验项目按照合同(或信用证)的要求确定。

7.4.3 合同(或信用证)有约定检验方法的,首先按约定方法执行,没有约定检验方法的,按照下列检验方法执行:

——含砂量:按 GB 5508 检验;

——淀粉:按 SN/T 0800.5 检验;

——粗纤维:按 SN/T 0800.8 检验;

——杂质:按 SN/T 0800.18 检验;

——水分:按 SN/T 0800.19 检验。

8 结果评定及处置

8.1 结果评定

8.1.1 合格评定

检验检疫结果符合第 4 章的,评定为合格。

8.1.2 不合格评定

检验检疫结果不符合第 4 章的,评定为不合格。

8.2 合格、不合格处置

8.2.1 检验检疫合格处置

对检验检疫合格的,出具相应证单放行。

8.2.2 检验检疫不合格处置

8.2.2.1 经检疫发现有害生物，具备有效除害处理方法的，经除害处理合格后，方可销售或使用。

8.2.2.2 经检疫发现检疫性有害生物，且无有效除害处理方法的，作退运或销毁处理。

8.2.2.3 经卫生检验不合格的，可作加工处理、改做他用、退运或销毁处理。

9 存查样品的保存

凡经检验检疫不合格的，一般保存存查样品到索赔案处理完毕为止；合同没有订明索赔期限的，一般保存存查样品期限为1年，特殊情况的，可适当延长保存期限。

凡经检验检疫合格的，存查样品保存6个月。

附　录　A
（规范性附录）
木薯干（片、块）试样制备流程图

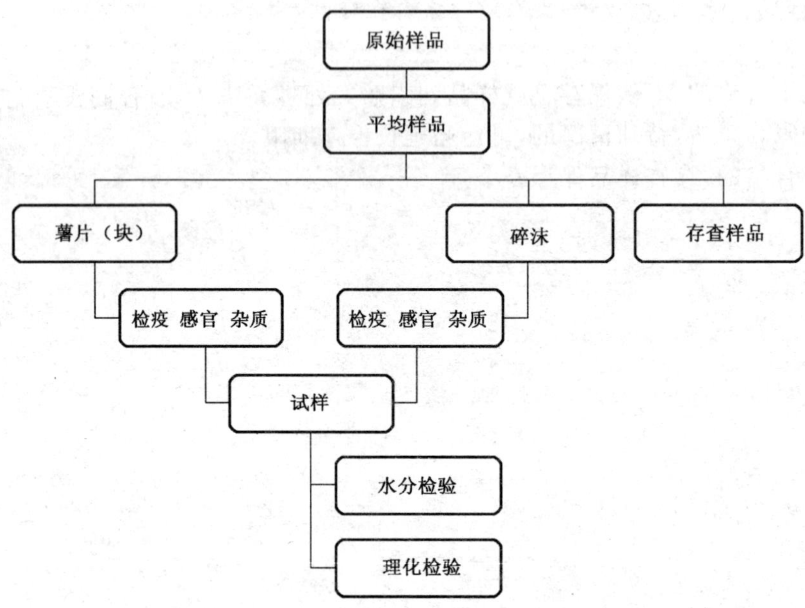

图 A.1　木薯干（片、块）试样制备流程图

中华人民共和国出入境检验检疫行业标准

SN/T 2555—2010

出口蔬菜种子检验检疫操作规程

Rules for the inspection and quarantine of vegetable seeds for export

2010-05-27 发布　　　　2010-12-01 实施

中华人民共和国
国家质量监督检验检疫总局　发布

前言

本标准按照 GB/T 1.1—2009 给出的规则起草。

本标准由国家认证认可监督管理委员会提出并归口。

本标准起草单位：中华人民共和国山西出入境检验检疫局。

本标准主要起草人：丁三寅、党海燕、程新峰、武建生、李惠萍、吴海军。

出口蔬菜种子检验检疫操作规程

1 范围

本标准规定了出口蔬菜种子应实施的检验检疫内容和工作程序。

本标准适用于出口蔬菜种子的检验检疫和监督管理。

2 规范性引用文件

下列文件对于本文件的应用是必不可少的。凡是注日期的引用文件，仅所注日期的版本适用于本文件。凡是不注日期的引用文件，其最新版本(包括所有的修改单)适用于本文件。

GB/T 3543(所有部分) 农作物种子检验规程

3 术语和定义

下列术语和定义适用于本文件。

3.1

蔬菜种子 vegetable seed

供种植蔬菜而非消费或加工用的籽实。

3.2

注册登记号 register number

从事出口蔬菜种子生产经营单位向所在地检验检疫机构申请注册登记，填写《出境种苗花卉生产经营企业注册登记申请表》及提交相关证明材料，经检验检疫机构考核合格后而取得的注册登记号。

3.3

一般包装 general package

最小单位包装大于0.5 kg的包装。

3.4

小包装 small package

最小单位包装不大于0.5 kg的包装。

3.5

田间检疫 field inspection

依据我国的相关法规及输入国家或地区的检疫要求或贸易合同中订明的检疫条款，在蔬菜作物生长期间，对蔬菜作物病虫草害发生情况进行田间调查的过程。

3.6

种子批 lot of seed

同一产地、同一品种、同一收获季节和质量基本一致、在规定数量之内的种子。

4 检验检疫依据

4.1 输入国家或地区的检验检疫要求。

4.2 政府间双边植物检疫协议、议定书和备忘录等。

4.3 我国的进出境植物检疫法律、法规和强制性国家技术规范。

4.4 贸易合同或信用证中有关检验检疫要求。

5 仪器及用具

5.1 仪器

解剖镜、显微镜、离心机、酶标仪、PCR 仪、培养箱、烘箱、净度分析台等。

5.2 用具

不同型号套筛、扦样器、镊子、手持放大镜、指形管、手电筒、毛刷、样品袋、现场检验检疫记录单等。

6 现场检验检疫

6.1 货证核查

核对品名、品种、数量、质量、注册登记号、生产批号、唛头标记等是否与实际申报相符。

6.2 包装及种子检验检疫

检查包装材料是否干净、卫生、完好，通过肉眼或放大镜检查包装外部、铺垫材料及运输工具等是否有土壤、害虫、菌瘿、杂草籽等。种子应查验其净度，观察其形态、特征等是否一致；重点查看筛上、筛下物中是否带有土壤、害虫、虫瘿、菌瘿和杂草籽等。现场检验检疫过程中查出的害虫、虫瘿、菌瘿、杂草籽等材料连同扦取的代表性样品及有关单证一起送至实验室进行鉴定和检测。

6.3 查验数量及方法

6.3.1 查验数量

一般抽查总件数的 5%～20%，最少不少于 10 件，10 件以下全部查验。

6.3.2 查验方法

根据不同有害生物的分布规律及生物学特性，种子数量，堆放形式等因素，随机抽取有代表性样品。

6.4 抽样

6.4.1 概述

以种子批为单位随机抽取样品。无批号的以品种为单位随机抽取样品。

6.4.2 一般包装

一般包装的蔬菜种子的扦样按表 1 和表 2 的要求执行。

表 1 一般包装种子批的数量及相应扦样最低份数

种子批的数量/kg	扦样最低份数
＜10	1
11～100	2
101～500	3

表 1　一般包装种子批的数量及相应扦样最低份数（续）

种子批的数量/kg	扦样最低份数
501～1 000	4
1 001～2 000	5
2 001～5 000	6
5 001～10 000	7
10 001～100 000	每增加 5 000 kg 扦取 1 份样品；不足 5 000 kg 的余量计取 1 份样品
>100 001	每增加 50 000 kg 扦取 1 份样品；不足 50 000 kg 的余量计取 1 份样品
注：每品种种子少于 5 kg 的，取其 10%作为样品。	

表 2　每份样品的质量

种子类型	每份样品质量/g
大粒种子，如菜豆、南瓜、西葫芦等	300～1 000
中粒种子，如甜菜、甜瓜等	150～500
小粒种子，如番茄、茄子、甜椒、辣椒等	100～500
微粒种子，如白菜等	10～30

6.4.3　小包装

小包装种子的扦样按表 3 的要求执行。

表 3　小包装种子袋数（容器数）及相应样品最低份数

种子袋数（容器数）/袋（听）	样品最低份数
<100	1
101～500	2
501～1 000	3
>1 000	1 000 袋以上每增加 500 袋增取 1 份，不足 500 袋的余量计取 1 份样品。
注 1：每品种种子不足 50 袋的，取其 10%做样品。 注 2：每 10 袋计做 1 份检验样品。	

7　田间检疫

7.1　调查时间

按不同蔬菜的栽培方式、生长季节及病虫害发生特点来确定。在主要病虫害危害症状较明显的阶段或流行高峰期进行调查。一个品种一般在一个生长期内应调查两次，至少也要调查一次；双边议定书中有特殊规定的按特殊规定执行。

7.2 调查方法

生长期田间检疫应根据不同蔬菜品种，采取针对性检查和随机抽查相结合的方法进行，主要观察叶面、果荚、茎杆以及根部等部位有无病虫害危害。抽查面积不少于总面积的5%～20%，随机抽查的最低选点数按表4要求执行。

表4 抽查面积与随机抽查的选点数关系表

种植面积/亩	抽查点数
1～5	10
6～10	15
11～50	30
51～100	50
100以上	每增加2亩增加1点
注：每点不少于50株或5 m^2。	

7.3 检疫记录

田间检疫调查中发现可疑病虫草害时，应采集病虫草害样品，每一种样品采集5份～10份，并做好田间检疫的原始记录。所有田间检疫中采集的样品要及时送实验室进行检疫。

8 实验室检验

8.1 净度、发芽率、品种纯度等项目检验：按照GB/T 3543的规定执行。

8.2 细菌、病毒性病害检验：采用生物学、生化、酶联免疫(ELISA)、PCR、RT-PCR、基因、蛋白芯片等检验方法。

8.3 真菌病害检验：采用直接检验、洗涤检验、吸水纸培养检验、琼脂培养基培养检验、生物学检验、免疫学检验等方法。

8.4 害虫检验：采用过筛、剖粒、染色法、比重法等方法。

8.5 线虫检验：采用改良贝尔曼漏斗法和漂浮分离法等方法。

8.6 杂草检验：采用直接检查、过筛检查等方法。

9 监督管理

9.1 出口蔬菜种子生产经营单位应向所在地检验检疫机构申请注册登记，经检验检疫机构考核合格后方能出口。

9.2 出口蔬菜种子生产经营单位要建立种植、加工、包装、储运、出口等全过程质量安全保障体系，完善溯源记录，加强对有害生物的监测与控制，采取有效措施防止病虫害发生与扩展蔓延。

9.3 出口蔬菜种子生产经营单位要建立产品进货和销售台账，且至少保存2年。

9.4 出口蔬菜种子在生长期间，由所在地检验检疫机构实施田间检疫和疫情监测。经田间检疫发现有检疫性和限定的非检疫性有害生物时，应对染疫植株做拔除销毁处理，必要时进行检疫除害处理。

10 结果评定与处置

10.1 经现场检验检疫、田间检疫和实验室检验，检验检疫结果符合第4章规定，评为检验检疫合格，准许出境。

10.2 经现场检验检疫、田间检疫和实验室检验，检验检疫结果不符合第4章规定，但有有效处理方法的经处理并复检合格，评为检验检疫合格，准许出境。

10.3 经现场检验检疫、田间检疫和实验室检验，检验检疫结果不符合第4章规定，且无有效处理方法的，评为检验检疫不合格，禁止出境。

10.4 样品保存：根据种子抽样量不同，每批号(品种)的样品保留一份，样品保存期限为6个月。

中华人民共和国出入境检验检疫行业标准

SN/T 2586—2010

进出境组培苗检疫规程

Quarantine rule on import and export seedlings in tissue culture

2010-05-27 发布　　　　2010-12-01 实施

中华人民共和国国家质量监督检验检疫总局 发布

前　言

本标准按照 GB/T 1.1—2009 给出的规则起草。

本标准由国家认证认可监督管理委员会提出并归口。

本标准负责起草单位:中华人民共和国云南出入境检验检疫局。

本标准主要起草人:曹云华、丁元明、李生贵、寸东义、杜宇、刘忠善。

进出境组培苗检疫规程

1 范围

本标准规定了进出境组培苗的检疫方法。

本标准适用于各种进出境组培苗的检疫。

2 规范性引用文件

下列文件对于本文件的应用是必不可少的。凡是注日期的引用文件，仅注日期的版本适用于本文件，凡是不注日期的引用文件，其最新版本(包括所有的修改单)适用于本文件。

SN/T 1157 进出境植物苗木检疫规程

中华人民共和国进出境动植物检疫法

中华人民共和国进出境动植物检疫实施条例

中华人民共和国进境植物检疫性有害生物名录

进境植物繁殖材料检疫管理办法

进境植物繁殖材料隔离检疫管理办法

3 术语和定义

下列术语和定义适用本文件。

3.1

组织培养 tissue culture

在无菌条件下，将离体的植物器官(如：根、茎、叶、花、果实、种子等)、组织(如：形成层、花药组织、胚乳、皮层等)、细胞(体细胞和生殖细胞)以及原生质体，培养在人工配制的培养基上，给予适当的培养条件，使它们得以继续生长、分化，形成完整植株的过程。

3.2

组培苗 seedling in tissue culture

经过组织培养成功生长的植物幼苗称为组培苗。

3.3

检疫性有害生物 quarantine pest

对受其威胁的地区具有潜在经济重要性、但尚未在该地区发生，或虽已发生但分布不广并进行官方防治的有害生物。

3.4

非检疫性有害生物 non-quarantine pest

就一个地区而言，不属于检疫性有害生物的有害生物。

3.5

限定的非检疫性有害生物 regulated non-quarantine pest

在种植用植物中的存在影响了这些植物的预定用途，并产生无法接受的经济影响，因而在输入方领土内受到管制的非检疫性有害生物。

4 检疫依据

4.1 进境检疫

《中华人民共和国进出境动植物检疫法》、《中华人民共和国进出境动植物检疫实施条例》、《中华人民共和国进境植物检疫性有害生物名录》、《进境植物繁殖材料检疫管理办法》、《进境植物繁殖材料隔离检疫圃管理办法》我国的植物检疫法律法规规定。

我国与贸易国家间签定的双边植物检疫协定、协议、备忘录以及参加国际公约组织应遵守的规定。

贸易合同或信用证等中约定的植物检疫要求。

4.2 出境检疫

进境国家或地区官方的植物检疫要求。

我国与贸易国家间签定的双边植物检疫协定、协议、备忘录。

贸易合同、信用证等关于植物检疫的条款。

5 受理报检

5.1 进境组培苗

5.1.1 报检时应附有国家农业行政主管部门签发的《引进种子、苗木审批单》或国家林业行政主管部门签发的《引进林木种子苗木和其他繁殖材料检疫审批单》。

5.1.2 因科学研究需要特许审批的组培苗(如进行某种植物病毒研究的植物毒株),应有国家质量监督检验检疫总局签发的《进出境动植物检疫许可证》。

5.1.3 出口国家或地区植物保护组织机构出具的官方《植物检疫证书》或转口国家或地区植物保护机构签发的《转口植物检疫证书》。

5.1.4 贸易合同或信用证。

5.1.5 发票、提单或装箱单等。

5.2 出境组培苗

5.2.1 报检时应提供贸易合同、信用证等有关进口国家的植物检疫要求。

5.2.2 取得出境种苗花卉生产经营注册登记资格。

6 现场检疫

6.1 进境检疫

6.1.1 核对货物的品种、批号、数量、唛头等是否与报检单相符。

6.1.2 货证不符的作退货或销毁处理。

6.1.3 货证相符的进入以下程序:

——检查包装和铺垫材料,看是否有害虫、杂草籽等;

——检查组培苗的容器是否有破损。如有破损,检查是否有病菌感染。

6.1.4 抽样数量按 SN/T 1157 的规定抽取。

6.1.5 样品检查:检查样品有无害虫危害症状,有无斑点、花叶、畸形、干焦等病害症状。填写现场检疫报告和送样单。组培苗是否为脱毒苗,具体脱的那种病毒,填写送样单交于实验室做病毒检测。

6.2 出境检疫

6.2.1 进行生产基地注册登记，在生产期间进行监控。

6.2.2 现场检查组培苗的容器有无损坏，有无病害症状。按标准抽取样品，并根据进口国的检疫要求，填写送样单，详细说明需要检测的病害名称。组培苗为脱毒苗的需要进一步做病毒的检测。

6.2.3 将样品和送样单交于实验室做病害的检测。

7 实验室检验

7.1 样品处理

现场抽取的组培苗样品需置于单独的培养架上，不与其他种苗放在一起，避免污染。

7.2 病毒检测

7.2.1 双抗体酶联免疫吸附测定(DAS-ELISA)检测：将待测植物样品组织进行研磨，并按质量和抽提缓冲液 1∶10 的比例稀释，制备的汁液分别盛装于 Eppendorf 管中，低速离心后吸取上清液作为待测样品。阴性对照的健康叶片做同样处理，样品抽提缓冲液作为空白对照。或者按商品 ELISA 试剂盒进行操作。样品 OD_{405}/阴性对照 OD_{405} 值明显大于 2，结果判定为阳性；OD_{405}/阴性对照 OD_{405} 值在阈值附近，判为可疑样品，需重做一次或者用其他方法进行验证；OD_{405}/阴性对照 OD_{405} 值明显小于 2，判为阴性。DAS-ELISA 检测为阳性和可疑样品的，进一步做 RT-PCR 和实时荧光 RT-PCR 检测。

7.2.2 RT-PCR 方法：RNA 提取按照商品 RNA 试剂盒进行操作。

7.2.3 实时 RT-PCR：RNA 提取按照商品 RNA 试剂盒进行操作。样品经 DAS-ELISA 或 RT-PCR 检测为阴性，证明样品不携带病毒，脱毒完全。样品经 DAS-ELISA 检测为阳性，如果 RT-PCR 检测结果为阳性，且序列测定结果为目的序列；或者经实时荧光 RT-PCR 检测为阳性，可判定样品携带病毒。

7.3 结果报告

做好室内检验、鉴定的原始记录，出具实验室检验检疫结果报告。

8 隔离检疫

经现场检疫和实验室检验后的组培苗，按《进境植物繁殖材料检疫管理办法》和《进境植物繁殖材料隔离圃管理办法》进行隔离试种。

9 样品保管

经实验室检测完毕的样品，可置于培养架上 1 个～2 个月。检出病毒的植株可提取病毒毒源 −20 ℃作长期保存，其植株做病毒灭活后销毁。

10 检疫结果评定及处理

10.1 进境组培苗

10.1.1 经现场检疫、实验室检验和隔离检疫，未发现检疫性有害生物，准许进境，出具《入境货物检验检疫证明》。

10.1.2 经现场检疫、实验室检验和隔离检疫发现带有检疫性有害生物，判定为不合格，做退货或销毁处理。

10.1.3 经现场检疫、实验室检验和隔离检疫，发现带有限定的非检疫性有害生物，有检疫除害处理方法的，处理后经检疫合格的，准许进境；没有除害处理方法的，判定为不合格，禁止进境。

10.1.4 合同规定禁止传带的其他有害生物，判定为不合格，出具相关证书。

10.2 出境组培苗

10.2.1 符合 4.2 的要求，允许出境。

10.2.2 不符合 4.2 的要求，禁止出境。